Wellensiek → Handbuch Resilienz-Training

Widmung

Für unsere Hütte auf der Lamarkalm, hoch in den Bergen, die mir Stille und Kraft schenkt.
Für Hans und Hilda Huber, die diesen bezaubernden Ort erschaffen haben.
Und für meinen Mann Atréus, der diesen Platz für uns gefunden hat.

Sylvia Kéré Wellensiek

Handbuch Resilienz-Training

Widerstandskraft und Flexibilität für Unternehmen und Mitarbeiter

Nach der Methode H.B.T. Human Balance Training

BELTZ

Sylvia K. Wellensiek
Dipl.-Ing. Innenarchitektur, Trainerin, Therapeutin (Physio- und Psychotherapie nach HPG), Coach, Autorin, leitet ein Trainings- und Ausbildungsinstitut am Starnberger See. Mit Freude und Leidenschaft unterstützt sie Unternehmen, Teams und Führungspersönlichkeiten aus Wirtschaft und Spitzensport in den Themenbereichen Persönliches und Organisationales Resilienz-Training, Unternehmenskultur, Führung, Kommunikation, Life-Balance sowie Persönliche Exzellenz. Ihre Arbeit versteht sie als Bewusstseinstraining.
Im Fokus steht die konsequente Wahrnehmung und Verbindung von Körper, Gefühl, Verstand und Seele.

Mit Gastbeiträgen von Reinhard Feichter, Erik Händeler, Rudolf Kast, Susanne Leithoff und Uwe Rotermund.

Lektorat: Ingeborg Sachsenmeier

www.beltz.de
Herstellung: Sarah Veith
Satz: Beltz Bad Langensalza GmbH, Bad Langensalza
Druck: Beltz Druckpartner GmbH & Co. KG, Hemsbach
Reihengestaltung: glas ag, Seeheim-Jugenheim
Umschlaggestaltung: Sarah Veith
Umschlagabbildung: Florian Mitgutsch, München
Abbildungen Kapitelaufmacherseiten: Skulpturen von Edda Koch-Königer
Printed in Germany

ISBN 978-3-407-36504-0

Inhaltsverzeichnis

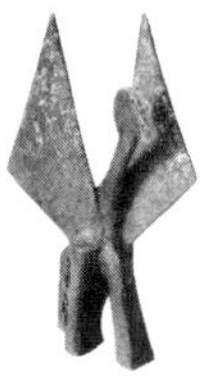

01
Resilienz – Widerstandskraft und Flexibilität in Zeiten ständigen Wandels

02
Die gezielte Entwicklung persönlicher Resilienz

03
Die umfassende Ausbildung organisationaler Resilienz

04
Die besondere Position der Führungskraft

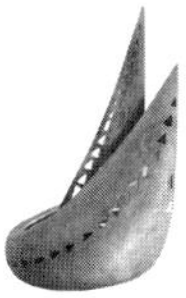

05
Das Zusammenspiel im Team und an den Schnittstellen

06
Burnout-Prävention und Gesundheitsmanagement

07
Die Verantwortung der Geschäftsführung

Download zum Buch

Eine Übersicht über die einzelnen Übungen steht auf unserer Internetseite www.beltz.de als kostenloser Download zur Verfügung.

Einleitung

Das Thema »Resilienz« gerät erst langsam ins Blickfeld

In den letzten 25 Jahren als Therapeutin, Coach und Trainerin konnte ich hautnah die Folgen unserer gesellschaftlichen Veränderung studieren. Die Anforderungen der heutigen Arbeitswelt sind enorm gestiegen und verlangen von Mitarbeitern, Führungskräften und Geschäftsführern gleichermaßen eine hohe Kompetenz an Selbststeuerung, Komplexitätsbewältigung und Stressresistenz.

Wer sich heute auf den globalisierten Märkten behaupten möchte, muss sein Unternehmen und seine Mitarbeiter höchst flexibel dirigieren können. Die Geschwindigkeit, in der sich Informationen, Know-how, Innovationen und Alleinstellungsmerkmale drehen, ist enorm. Um sich bei diesem Tempo von den weltweiten Mitbewerbern nicht abhängen zu lassen, müssen Führende kreative Vordenker sein. Es scheint, als würde die globalisierte Arbeitswelt – mit all ihren ökologischen und ökonomischen Herausforderungen – von uns Erdenbürgern einen Bewusstseinssprung verlangen.

Beweglichkeit, Flexibilität, Freude an fließender Veränderung, gepaart mit hohem Werteverständnis und der Widerstandskraft, sich nicht verbiegen zu lassen, all das und noch viel mehr gehört heute zum normalen Anforderungsprofil von Verantwortungsträgern. In der Summe bilden diese Fähigkeiten eine hohe Messlatte. Sie lassen sich gezielt trainieren – nur braucht es hierfür klar strukturierte Schulungsangebote, die Menschen Schritt für Schritt an das erwartete Kompetenzprofil heranführen.

Die gesellschaftliche Auseinandersetzung mit diesen spannenden Themen gerät langsam in Gang. Allerdings gestaltet sich die Beschäftigung mit persönlicher und organisationaler Resilienz, ähnlich wie wir dies vom Thema »Demografie« her kennen, in den meisten Fällen noch sehr schleppend. Dabei werden heute schon eine Vielzahl von Mitarbeitern von der Flut komplexer Fragestellungen und Probleme förmlich überrollt. Egal, mit welcher Branche ich es zu tun habe – ein Großteil der Menschen, ob sie nun die Rolle des Geschäftsführers, einer Führungskraft oder die eines Mitarbeiters ausfüllen, befindet sich am Anschlag seiner Kräfte – und dabei handelt es sich nicht um sogenannte »Weicheier« oder »Jammerlappen«. In vielen Fällen betrifft es die engagierten Mitarbeiter und Führungskräfte, die sich einsetzen, Verantwortung übernehmen, gewissenhaft ihren Aufgaben nachgehen, Konflikte bewältigen, Netzwerke pflegen. Diese für ein Unternehmen – und für eine Gesellschaft – so wichtigen Leistungsträger geraten unter den heutigen Anforderungen mehr und mehr unter Druck.

Brandschutz für die Seele unbekannt

Die meisten der Betroffenen wissen sich in dieser Situation nicht zu helfen. Sie spüren die Anzeichen einer schleichenden Überforderung mit einhergehendem Leistungsabfall – können dies aber nirgendwo angemessen artikulieren. Die Folge davon ist ein dramatischer Anstieg psychosozialer Erkrankungen, auf den unser Gesundheitssystem in keiner Weise vorbereitet ist.

Im Herbst 2010 unternahm ich eine bundesweite Vortragsreise mit dem Titel: »Resilienz – Widerstandskraft in Zeiten ständigen Wandels«. Ziel der 14 Vorträge war es, über die Möglichkeit aufzuklären, aktiv aus einem gesunden Menschenverstand heraus mit den Herausforderungen unserer heutigen Welt umzugehen. Sowohl auf wirtschaftlichem, gesellschaftlichem als auch auf privatem Gebiet sehen wir uns mit einer noch nie da gewesenen Komplexität konfrontiert, die wir in der Regel aus uns selbst heraus meistern müssen. An diesem Auftrag können wir Menschen uns verschleißen und ausbrennen … oder über uns selbst hinauswachsen und in eine neue Lebensqualität durchbrechen.

Die Resonanz zum Thema war enorm. Zum Teil erschienen über 100 Personen aus verschiedensten Organisationen und Gesellschaftsfeldern: Vertreter der Wirtschaft genauso wie von Versicherungs- und Finanzdienstleistern, aus Krankenhäusern und Pflegeeinrichtungen, aus Kindergärten, Schulen und Universitäten, von der Regierung, der Polizei, der Bundeswehr oder dem Roten Kreuz.

Viele berichteten, die Atmosphäre an ihrem Arbeitsplatz habe sich drastisch verändert – die Ursachen hierfür sind meistens multikausal. Als Hauptgründe werden Arbeitsverdichtung genannt, stetige Informationsüberflutung, mangelnde Wertschätzung, zerfallende soziale Beziehungen bis hin zu einem »Sinnvakuum«. Die Konsequenzen dieser verschiedenen Einflussfaktoren ergeben zusammen eine Negativspirale, die in vielen Unternehmen schmerzhaft spürbar wird.

Wie mir die vielfältigen Aussagen der Teilnehmenden verdeutlichten, wächst langsam, vielleicht noch zögerlich, das Interesse daran, nicht mehr zu warten, bis Erkrankungen und Leistungsausfälle tatsächlich auftreten. Es gilt, vorher – präventiv – zu handeln und die Widerstandskraft sowie Belastungsfähigkeit einzelner Personen und auch der gesamten Organisation systematisch zu stärken. Hierfür existieren mehr und mehr fundierte Angebote. Allerdings äußerten viele der Vortragsgäste, sie wüssten nicht, wie sie diesem Thema in ihrer Organisation angemessen Gehör verschaffen könnten.

Burnout vorprogrammiert! Haben wir den Verstand verloren?

Im Folgenden möchte ich Kernaussagen zusammenfassen, die in den Gesprächen immer wieder vorgetragen wurden:

- »Die Arbeitsbedingungen haben sich komplett verändert, es wird aber noch aus dem alten ›Mindset‹ heraus agiert.«
- »Den klassischen ›Changeprozess‹ gibt es nicht mehr, da ein Prozess einen definierten Anfang und ein Ende hat. Heute ist alles ständig in Veränderung – das bedarf einer neuen inneren Haltung.«
- »Menschen werden schlimmer ausgebeutet, als es mit Maschinen überhaupt möglich wäre. Arbeitnehmern wird immer mehr aufgeladen, ohne auf Ressourcen und Regeneration zu achten.«
- »Maßnahmen, die in den Notzeiten der Krise implementiert wurden und unter der Angst vor Arbeitsplatzverlust von den Arbeitnehmern akzeptiert wurden, werden nicht zurückgenommen. Zum Beispiel werden abgebaute Stellen nicht neu besetzt, es existieren keine Urlaubs- oder Krankenvertretungsregelungen und vieles mehr.«
- »Viele Führungskräfte haben schlichtweg keine Zeit zum Führen und sind für die anspruchsvolle Aufgabe der Selbst- und Mitarbeiterführung unzureichend ausgebildet.«
- »Die Unternehmenskultur, oftmals schick in Hochglanzbroschüren aufbereitet, verkommt zum reinen Lippenbekenntnis. Uneingelöste Versprechen sind absolute Motivationskiller und resultieren in gefühlter ›Sinnlosigkeit‹ – das beschleunigt einen Burnout turbomäßig.«
- »›Führen mit Zielen‹ verfehlt immer öfter die gut gemeinte Wirkung und schafft durch unrealistische Zielsetzungen Druck ohne Ende.«
- »Menschen mit Leistungsabfall werden weiterhin stigmatisiert – Sprachlosigkeit verhindert den kreativen Umgang mit einer psychischen Erkrankung, zum einen in der Prävention, zum anderen im direkten Umgang und in der Wiedereingliederungsphase.«

Wirtschaft und Politik negieren die Brisanz der Thematik

Vor dem Hintergrund der Demografie und dem ansteigenden Fachkräftemangel erscheint es unhaltbar, dass wir mit der physischen und psychischen Belastung von uns allen fahrlässig umgehen! Klinikmanager warnen derweilen: Psychosoziale Krisen bedrohen als Massenphänomen Wirtschaft und Gesellschaft. Eine angemessene medizinische und therapeutische Versorgung ist in Deutschland und auch weltweit nicht mehr möglich. Diese Alarmzeichen scheinen aber niemanden wirklich zu beunruhigen und zu proaktiven Schritten anzuregen.

Stellen Sie sich vor, Sie haben einen Unfall und werden mit einem gebrochenen Bein ins Krankenhaus eingeliefert. Anstatt dass Ihnen sofort Hilfe zuteil wird, bekommen Sie einen Behandlungstermin in ungefähr neun Monaten genannt. Bis dahin müssen Sie mit Ihrer Verletzung allein zurechtkommen. Bei körperlichen Verletzungen gilt solch ein Verhalten als undenkbar, skandalös, schlagzeilenverdächtig – die Presse würde sich mit Lust auf dieses Thema stürzen. Für viele psychisch Erkrankte ist diese Situation dagegen bittere Realität. Allein um einen Termin bei einem Psychotherapeuten zu bekommen, von einem Klinikplatz ganz abgesehen, müssen sie in den meisten Fällen monatelang warten. Kein Hahn kräht danach.

Diese Denk- und Verhaltensweisen können wir uns nicht mehr leisten

Wir sollten Mut fassen und unsere bisherigen Denk- und Verhaltensweisen einer radikalen Prüfung unterziehen. Wir müssen der zunehmenden Geschwindigkeit ein Gegenwicht von Ruhe setzen. Diese Ruhe kann von innen kommen.

Info

Resilienz

Die Fähigkeit zu innerer Stärke wird in der Psychologie als Resilienz beschrieben. Resiliente Mitarbeiter können auf die Anforderungen wechselnder Situationen flexibel reagieren – eine lebenswichtige Fähigkeit, vor allem wenn der äußere und innere Belastungsdruck steigt. Im wirtschaftlichen Kontext übersteigt die Definition des Begriffs »Resilienz« die individuelle Fähigkeit und inkludiert darunter auch die organisationale Fähigkeit, sich schnell und erfolgreich an ständig verändernde Anforderungen, intern wie extern, anzupassen.

Diese Definition unterstreicht, dass eine direkte Abhängigkeit zwischen der Stärke und Wirksamkeit aller Organisationsmitglieder und der Fähigkeit des Unternehmens als Ganzes besteht. Sie beinhaltet auch, dass ein Unternehmen Strukturen ausbilden sollte, in denen die individuelle Resilienz der Führungskräfte und Mitarbeiter gedeihen kann.

Unternehmen und Mitarbeiter widerstandsfähig machen

Wer sein Unternehmen dauerhaft stabil und anpassungsfähig gestalten möchte, muss auf mehreren Ebenen gleichzeitig denken, planen und handeln. Er sollte

- die Einzelperson – egal ob Vorstand, Geschäftsführer, Führungskraft oder Mitarbeiter – in ihrer individuellen Rolle und Befähigung stärken und zu optimaler Umsetzung befähigen,
- das Zusammenspiel der einzelnen Akteure und Teams optimieren sowie
- auf struktureller Ebene Bedingungen schaffen und dauerhaft implementieren, die eine kraftvolle Potenzialentfaltung ermöglichen.

Hierbei ist das feine, oft empfindliche Zusammenspiel der sachlichen und menschlichen Ebene zu beachten.

Langjährige Erfahrungen zeigen mir, dass jeder Mensch zu erstaunlicher Entwicklung fähig ist. Dies verlangt nur eine Voraussetzung: Er muss sich für einen konstanten Lernprozess entscheiden und ihn beharrlich verfolgen. Das gilt gleichermaßen für Teams und ganze Organisationen.

Der einzelne Mensch kann lernen, mit sich selbst sorgsam und achtungsvoll umzugehen. An seinem Arbeitsplatz sollte er daher Bedingungen vorfinden, die ihm eine Lebensbalance erlauben.

Die körperliche Gesundheit genauso wie die emotionale, mentale und geistig-seelische Ausgeglichenheit ist und bleibt die Basis von jedweder Leistungsfähigkeit. Eine Gesellschaft, die diese Wahrheit übergeht und negiert, wird an den Folgen schwer zu tragen haben. Weitaus klüger und auch günstiger wird es für sie sein, so schnell wie möglich Wege zu eruieren, um die vielfältigen Belastungen und den anhaltenden Druck angemessen zu bewältigen.

Mit dem vorliegenden Buch möchte ich Ihnen, liebe Leserin, lieber Leser, meine Erfahrungen der letzten Jahre vorstellen. Mein Anliegen ist es zum einen, Einzelpersonen als auch Teams und Organisationen Hintergrundwissen, erprobte Übungen und praktische Erfahrungen an die Hand zu geben, um die eigene Resilienz gezielt zu entfalten und zu stärken. Zum anderen möchte ich zu einer gesellschaftlichen Diskussion anregen, die aus meiner Sicht schon lange überfällig ist: Was nützt uns unser ganzer Wohlstand, wenn wir dabei unsere Gesundheit, unser Lebensglück und unser Menschsein verlieren?

Zur Methode H.B.T. Human Balance Training

Das H.B.T. Human Balance Training versteht sich als offenes Erkenntnisfeld, das Menschen dazu einlädt, sich selbst zu ergründen, ihre ursprünglichen Potenziale zu entdecken und das eigene Selbst in alle Richtungen zu entfalten. Die Arbeitsmethode ist ein sich weiterentwickelndes Konzept und folgt dem Anliegen, den Menschen in seinen vielschichtigen Dimensionen wahrzunehmen und zu begleiten. Die fundierte Persönlichkeitsentwicklung des Einzelnen bildet die Grundlage für vernetzte, ausgereifte Gruppen- und Organisationsprozesse.

Wer eine aufmerksame Unternehmens- und Führungskultur kreieren und praktisch realisieren möchte, sollte alle Mitarbeiter der Firma auf ihren unterschiedlichen Verantwortungsebenen bewusst in den Veränderungsprozess involvieren. So startet die Methode auf verschiedenen Unternehmensebenen gleichzeitig.

Bevor ich mich mit einer Person oder einer Organisation auf einen tieferen Prozess einlasse, hinterfrage ich zunächst die Bereitschaft zu wirklicher Veränderung. Kulturentwicklung bedeutet Persönlichkeitsentwicklung – nur durch die Kraft und Aufmerksamkeit jedes Einzelnen lassen sich Werte zuverlässig im bewegten Arbeitsalltag verankern. Dabei sollten Geschäftsleitung und Führungskräfte ihren Mitarbeitern als inspirierende und authentische Vorbilder vorangehen und mit beharrlicher Handlungskonsequenz die gemeinsame Entwicklung vorantreiben.

In dem Beratungs- und Trainingsansatz des H.B.T. Human Balance Trainings werden alle Personen gleichermaßen wahrgenommen, respektiert und in die Umsetzungspflicht genommen. Durch das gleichzeitige Bearbeiten komplexer, miteinander vernetzter Themen werden positive Synergien extrahiert und miteinander nachhaltig zur Wirkung gebracht.

Dieses Arbeitsmodell entstand durch meine persönliche Lebensgeschichte und durch meinen eigenen Entwicklungsweg im Abgleich zu anderen Arbeitsmethoden und Erfahrungen. Alle Gedanken, Methoden, Schaubilder und Übungen, die in dem vorliegenden Buch aufgelistet werden, sind durch praktische Arbeit herangereift. Das H.B.T. Human Balance Training versteht sich als praxisnahes Bewusstseinstraining, das folgende Grundsätze miteinander verbindet:

- → Das Begreifen eines Menschen in seinen vielfältigen Dimensionen von Körper, Verstand, Emotion und Seele sowie die gleichzeitige Bearbeitung aller Ebenen
- → Das Erfassen eines einzelnen Menschen als Teil eines größeren Ganzen
- → Die Wahrnehmung von Bewusstsein als ruhigem, reflektierenden Spiegel
- → Die Verankerung in einem bewussten Sein als Quelle immanenter Kraft und Ganzheit
- → Authentische Prozesssteuerung durch Achtsamkeit, offene Wahrnehmung und Präsenz
- → Klarheit und Transparenz im mehrperspektivischen Übungsaufbau

Das Training vereint Erkenntnisse und Methoden des Coachings und der Organisationsentwicklung, der humanistischen und transpersonalen Psychotherapie, der Körpertherapie und Körperarbeit, west-östlicher Weisheitslehren, der Neurobiologie und der Stressforschung. Es folgt dem Leitbild einer klaren, einfach verständlichen Vermittlung, die jeden Menschen, gleich wo er steht, aufmerksam und wertschätzend abholt und begleitet (mehr dazu ab S. 58 und S. 91).

Das H.B.T. Human Balance Training betrachte ich als eine Zusammenstellung bekannter Inhalte in einer besonderen Form der Ausrichtung, Auswahl und Abfolge. Gerade diese spezielle Auswahl und Ordnung bedingen die fruchtbaren Resultate der Methode. Die H.B.T.-Übungsaufbauten entstanden während der praktischen Arbeit. Ich bin mir sicher, dass ähnliche Übungen schon existieren und das Training vielfältige gedankliche Überschneidungen zu anderen Techniken aufweist.

Der integrale Arbeitsansatz eignet sich ganz besonders, um das Thema »Resilienz« aus verschiedensten Perspektiven anzuvisieren. Die ganzheitliche Herangehensweise entspricht der Komplexität der heutigen Zeit. Wer mehr über die Methode – unabhängig vom Kontext der inneren Widerstandskraft – erfahren möchte, findet vielfältige Aspekte in dem Buch »Handbuch Integrales Coaching. Praxis und Theorie für fundierte Einzelbegleitung: Hintergrundwissen, Tools und Übungen« (2010).

Zum Gebrauch des Buches

An wen wendet sich dieses Buch?

Dieses Buch wendet sich an jeden, den das Thema »Resilienz« interessiert beziehungsweise fasziniert. Es kann zum einen zum Selbstcoaching verwendet werden, zum anderen als inspirierendes Methoden- und Übungsbuch, um Einzelpersonen, Gruppen und Organisationen in fundierten Entwicklungsprozessen zu unterstützen. Die Inhalte richten sich an Coaches, Trainer, Berater, Personaler, Führungskräfte, Geschäftsführer, Psychotherapeuten, Ärzte, Pädagogen, Sporttrainer … In der von mir angebotenen Ausbildung zum Resilienz-Berater versammeln sich unterschiedliche Menschen mit höchst individuellen Motiven, sich in einem integralen Trainings- und Beratungsansatz fortzubilden.

Wie ich schon im »Handbuch Integrales Coaching« betonte, möchte ich auch an dieser Stelle darauf hinweisen, dass ich Coaching und Training als eine sehr verantwortungsvolle Arbeit erlebe, die hohe Fachkenntnis voraussetzt. Mit von Burnout betroffenen Personen zu arbeiten verlangt neben langjähriger Coachingerfahrung auch Zusatzausbildungen im psychotherapeutischen Bereich sowie medizinische Grundkenntnisse über die Krankheit mit ihren Symptomen. Das vorliegende Buch möchte über Inhalte und mögliche Arbeitsweisen einen Überblick schenken, ersetzt aber keinesfalls eine fundierte Ausbildung.

Zum Aufbau der Buchteile und ihrer Inhalte

Der erste Teil des Buches widmet sich dem Terminus »Resilienz« und seiner Bedeutung. Persönliche als auch wirtschaftliche und gesellschaftliche Aspekte werden dabei reflektiert und in ihrem direkten Kontext untersucht. Darüber hinaus präsentiere ich die Grundlagen der H.B.T.-Methode, damit der Leser den Aufbau und die Systematik des Resilienz-Trainings nachvollziehen kann. Zudem berichte ich von meinen eigenen Lebenserfahrungen zum Thema »Innere Stärke«.

Teil II befasst sich intensiv mit der Einzelperson in ihrer kompetenten Selbststeuerung. Teil III stellt die Möglichkeiten der organisationalen Resilienz vor. Im vierten Teil des Buches werden diese grundsätzlichen Aspekte unter dem Fokus der Aufgabenstellung einer Führungskraft weitergehend dekliniert. Teil V fügt diese verschiedenen Gesichtspunkte der einzelnen Personen in der Beschreibung eines Teamtrainings zusammen. In diesen Buchteilen werden konkrete Übungen und Trainingsleitpfade erörtert, die sich im Laufe der letzten Jahre als besonders wirksam herauskristallisiert haben. Die jeweilige Übungsbeschreibung ist in den meisten Fällen direkt auf den Teilnehmer zugeschnitten, das heißt, der Text ist in Form eines Trainings-Handouts formuliert.

Anstelle von einzelnen Fallbeispielen habe ich zu jeder Übung meine Erfahrungen unter der Überschrift »Aus der Praxis« zusammenfassend dargelegt.

Buchteil II und VI reflektieren die gesamte Organisation mit ihren vielfältigen Aspekten; das Thema »Gesundheitsmanagement« findet hierbei besondere Beachtung. Der letzte Buchteil ist für die Geschäftsführung konzipiert, um dieser besonders geforderten Personengruppe auch noch eine hilfreiche Unterstützung zu offerieren. Bei einzelnen Inhalten, die an anderer Stelle noch präzisiert werden, ist ein Verweis auf die jeweilige Seitenzahl angefügt. Eine Liste von weiterführenden Literaturempfehlungen findet sich am Ende des Buches.

Danke

Von ganzen Herzen möchte ich mich bei meinem Mann Atréus Georg Heimgärtner für all seine Unterstützung und unsere intensiven, kostbaren Gespräche bedanken. Gemeinsam konnten wir in den letzten Jahren tiefgehende Erfahrungen auf dem weiten Feld der Resilienz-Entfaltung sammeln – viele seiner Reflexionen und Beobachtungen sind in das Buch mit eingeflossen.

Besonderer Dank geht an meine Eltern und Geschwister, durch die ich in meinem Leben große Unterstützung erfahren darf. Unser gemeinsames »Dranbleiben« auch an schwierigen Themen hat mir wichtige Erfahrungen vermittelt. Beziehungen brauchen oftmals Zeit – wer sich Geduld schenkt, erfährt Kraft und Zusammenhalt, das haben wir miteinander entdecken können.

Vielmals danken möchte ich auch meinen Gastautoren Erik Händeler, Dr. Reinhard Feichter, Susanne Leithoff, Rudolf Kast und Uwe Rotermund, die sich sofort vom Thema Resilienz begeistern ließen. Dank auch an die Bildhauerin Edda Koch-Königer, die mir die Bilder von ihren wunderbaren Licht-Skulpturen zur Verfügung stellt.

Auch Dr. Dorothea Hartmann, Dr. Matthias Becker, Stephan Greb, Gerhard Leppmeier, Dr. Christof Horn, Dörte Fischer und Gaby Hoffmann danke ich für ihre aufmerksamen Hinweise und Ratschläge bei den Inhalten des Buches. Susanne Lippert, Melanie Vogler und Heinz Kowalski danke ich für die freundschaftliche, kollegiale Kooperation.

Meine Lektorin Ingeborg Sachsenmeier vom Beltz Verlag möchte ich noch ganz besonders erwähnen. Es ist mir eine große Freude, mit ihr gemeinsam Bücher gestalten zu dürfen. Herzlichen Dank für das große Engagement und die wunderbare Zusammenarbeit.

01

Resilienz – Widerstandskraft und Flexibilität in Zeiten ständigen Wandels

Edda Koch-Königer: Gleich fliegen wir

Resilienz – ein ungenutzter Rohstoff

»In unserem Inneren schlummern Potenziale, die wir nicht einmal ansatzweise ausschöpfen. Unser Bewusstsein, unsere Fähigkeit zur Selbstreflexion und balancierten Selbststeuerung ist ein ebenso kostbarer Rohstoff wie Öl, Kohle oder Erdgas. Mit dieser geistigen Kraft, die in uns ruht, können wir vielen Herausforderungen die Stirn bieten – wir müssen uns diese ureigenen Kraftquellen nur erschließen!«

(Eigenzitat)

Woher stammt der Begriff »Resilienz«?

Von der Werkstoffkunde in die Psychologie

Info

Resilienz

Das Wort »Resilienz« kommt aus dem Lateinischen *(resilire)* und bedeutet »zurückspringen« oder »abprallen«. Im Deutschen existiert keine allgemein gültige Definition für diese Vokabel – sie wird als Synonym für Widerstandsfähigkeit, Belastbarkeit oder Flexibilität benutzt. Im Englischen wird das Adjektiv »resilient« im Sinne von Materialeigenschaften wie »elastisch« oder »unverwüstlich« gebraucht. Es beschreibt die Fähigkeit eines Werkstoffs, nach einer Verformung durch Druck- oder Zugeinwirkung wieder in seine alte Form zurückzukehren. Der Terminus veranschaulicht also die Toleranz eines Systems gegenüber von innen oder von außen kommenden Störungen. Ein resilientes System kann Irritationen ausgleichen oder ertragen, bei gleichzeitiger Aufrechterhaltung der eigenen Integrität. Es übersteht Verformungen, ohne dabei die eigene, ursprüngliche Form einzubüßen. Das assoziierende Bild dabei ist das Stehaufmännchen, das sich aus jeder beliebigen Lage wieder aufzurichten vermag.

Mitte des zwanzigsten Jahrhunderts begann sich die Psychologie für dieses Konzept zu interessieren. Bisher richtete die psychologische Forschung ihren Fokus fast ausschließlich auf die negativen Einflüsse von biologischen und psychosozialen Risikofaktoren wie beispielsweise Armut, Hunger, Gewalt, Traumatisierung, Unfälle, Krankheit, Scheidung der Eltern. Man wandte sich hauptsächlich den Kindern und Jugendlichen zu, deren psychische Entwicklung einen ungünstigen Verlauf genommen hatte. Die Forschung konstatierte bislang, dass psychosoziale Risikofaktoren stets nachteilig auf die Entwicklung eines Menschen wirken. Das Resilienz-Modell hingegen inspiziert das Phänomen, warum es Menschen gelingt, an seelischen Krisen und Überforderungen nicht zu zerbrechen, sondern ganz im Gegenteil daran zu wachsen und ihr Selbstbewusstsein auszubilden.

Die Amerikanerin Emmy E. Werner lieferte hierfür einen wichtigen Beitrag. Die Entwicklungspsychologin begleitete in einer Längsschnittstudie über 40 Jahre lang die Entwicklung von fast 700 Kindern, die im Jahre 1955 auf der Hawaii-Insel Kauai geboren wurden. Die Untersuchung führte Werner gemeinsam mit Kinderärzten, Psychologen und Mitarbeitern der Gesundheits- und Sozialdienste durch. Erforscht wurden dabei die biologischen und psychosozialen Risiko- und Stressfaktoren als auch die Schutzfaktoren (Ressourcen in der eigenen Person und im Umfeld), welche Einfluss auf die Konstitution der Kinder nahmen. Die Kinder wurden erstmals in der pränatalen Entwicklungsperiode und dann im Alter von ein, zwei, zehn, 18, 32 und 40 Jahren nochmals untersucht. 210 dieser Kinder wuchsen unter sozial schwierigen Bedingungen auf und waren chronischer Armut, Krankheit, Disharmonien in der Familie, Alkoholsucht oder Scheidung der Eltern ausgesetzt. Erstaunlicherweise zeigten ein Drittel dieser Kinder während des gesamten Untersuchungszeitraums keinerlei Verhaltensauffälligkeiten. Sie waren selbstbewusst, leistungsorientiert und zuverlässig. Sie wurden weder straffällig noch wiesen sie Schul- oder Drogenprobleme auf.

Im Alter von 40 Jahren traten in dieser Gruppe die wenigsten Todesfälle und Gesundheitsprobleme auf. Keiner verursachte Probleme mit dem Gesetz oder benötigte Sozialhilfe. Alle hatten Arbeit, die meisten Ehen waren stabil, die Personen schauten positiv in die Zukunft und offenbarten Mitgefühl für andere Menschen in Not.

Emmy Werner konnte verschiedene Faktoren identifizieren, die diese Kinder beziehungsweise Erwachsenen von den anderen zwei Dritteln unterschieden. Es waren zum einen schützende Charaktereigenschaften, über die die Kinder selbst verfügten. Sie wurden als gutmütig, liebevoll und ausgeglichen beschrieben. Außerdem waren sie kommunikativ, wenig ängstlich, konnten analysieren und planen. Sie besaßen gute Problemlösefähigkeiten und konnten Dinge realistisch einschätzen.

Darüber hinaus gab es psychisch schützende Faktoren in ihrem Umfeld. Wichtig war, dass die Kinder eine stabile Bindung an einen Erwachsenen aufbauen konnten und von diesem zuverlässig unterstützt wurden. Die resilienten Kinder neigten dazu, sich in Krisenzeiten nicht nur auf Eltern zu verlassen, sondern suchten auch bei Verwandten, Freunden, Nachbarn oder älteren Menschen in ihrer Gemeinde Rat und Trost. Die Verbindungen mit Freunden aus stabilen Familien hielten oft ein Leben lang und halfen den Kindern, eine positive Lebensperspektive zu generieren. Ein Lieblingslehrer oder ein Pfarrer konnte für die Kinder zum positiven Rollenmodell werden.

Die Längsschnittstudie deckte Einflussfaktoren auf, die das Risiko von psychosozialen Störungen beziehungsweise Erkrankungen mildern beziehungsweise einschränken konnten:

- angeborene Eigenschaften des Individuums,
- Fähigkeiten, die der Einzelne in Interaktion mit seiner Umwelt entfaltete,
- umgebungsbezogene Faktoren.

Diese Ergebnisse weisen daraufhin, dass eine gezielte Resilienz-Förderung auf vielen Ebenen gleichzeitig ansetzen kann: bei der Selbststeuerung des Einzelnen, in seinem Kontakt zu anderen Menschen und bei den umgebenden Einflussfaktoren. Resilienz fungiert nicht als Eigenschaft, die ein Mensch von Natur aus mitbringt. Es ist nach heutigem Stand der Forschung kein angeborenes Persönlichkeitsmerkmal, sondern eine Fähigkeit, die im Rahmen der Mensch-Umwelt-Interaktion erworben wird (Rutter 2000). Es beschreibt eine Veranlagung, die in jedem Menschen unterschiedlich ausgeprägt ist und aktiv angestoßen sowie gestärkt werden kann.

Bruno Hildebrand, Professor für Mikrosoziologie und Psychotherapeut, verwendet in diesem Zusammenhang den Begriff des Musters:

> »Im Verständnis der Forschung handelt es sich bei der Resilienz … um Handlungs- und Orientierungsmuster, die Individuen in der Konfrontation mit und der Bewältigung von widrigen Lebensumständen herausbilden.«
>
> *(Hildebrand 2006, S. 205)*

Der Begriff des Handlungs- und Orientierungsmusters hebt hervor, dass es einem resilienten Menschen möglich ist, die eigenen Denk-, Fühl- und Verhaltensweisen positiv auszurichten und proaktiv zu gestalten. Neben dieser konstruktiven Selbststeuerung gelingt es ihm, unterstützende Faktoren in seiner Umgebung, zum Beispiel Menschen, die seine Person oder seine Arbeit wertschätzen, zu erkennen und gezielt zu nutzen. Aus dieser Kombination kreiert er sich einen souveränen Umgang mit Schwierigkeiten; denn es geht nicht darum, Problemen aus dem Weg zu gehen, sondern sie gut zu meistern. Resilienz entsteht demnach durch einen wechselseitigen Austausch zwischen Mensch und Umwelt, der Aktivierung von inneren und äußeren Ressourcen.

Verwandte psychologische Modelle

Einen wesentlichen Beitrag zum Perspektivwechsel in der Psychologie leistete auch der Soziologe Aaron Antonovsky. Dieser entwarf in den 1970er-Jahren das Konzept der Salutogenese und schuf einen Gegenpol zu der üblichen pathogenetischen Sicht, die sich den Störungen und Defiziten zuwendet.

Antonovsky entwickelte die Salutogenese als ein Konzept der Entstehung von Gesundheit. Ins Zentrum seiner Antwort auf die Frage »Wie entsteht Gesundheit?« platziert Antonovsky einen »sense of coherence« (SOC), einen »Sinn für Kohärenz«, sprich »Kohärenzgefühl«.

> »Das Kohärenzgefühl ist eine globale Orientierung, die ausdrückt, in welchem Ausmaß eine Person ein durchdringendes, dynamisches Gefühl des Vertrauens darauf hat, dass
> - die Stimuli, die sich im Verlauf des Lebens aus der inneren und äußeren Umgebung ergeben, strukturiert, vorhersehbar und erklärbar sind;
> - die Ressourcen zur Verfügung stehen, um den Anforderungen zu begegnen, die diese Stimuli stellen;
> - diese Anforderungen Herausforderungen sind, die Anstrengung und Engagement lohnen.« (Antonovsky 1997, S. 36)

Er entdeckte, dass bestimmte Einstellungen Stress abmildern. Dies sind die drei Gefühle: Verstehbarkeit, Handhabbarkeit und Sinnhaftigkeit des eigenen Lebens. Zusammengenommen ergeben sie das Kohärenzgefühl.

Das Konzept der Salutogenese ist eng verwandt mit dem Resilienz-Modell, deshalb sieht man Antonovsky auch als Wegbereiter für die soziologische Auseinandersetzung mit den von Emmy Weber erforschten Phänomenen, integriert es doch die psychische und soziale Seite von Menschen. Allerdings ging er davon aus, dass die Entwicklung des Kohärenzgefühls mit dem frühen Erwachsenenalter abgeschlossen sei. Die Resilienz-Forschung beschreibt dagegen, es sei ein Leben lang möglich, Denk- und Verhaltensweisen zu verändern beziehungsweise weiterzuentwickeln. Ein Mensch sei jederzeit in der Lage, in sich selbst oder in seinem Umfeld neue Ressourcen zu generieren, die ihm helfen, Krisen zu meistern. Diese Beobachtung wird von der Neurobiologie derweilen bestätigt.

> »Ein menschliches Gehirn zeichnet die zeitlebens vorhandene Fähigkeit aus, einmal im Hirn entstandene Verschaltungen und damit die von ihnen bestimmten Denk- und Verhaltensmuster, selbst scheinbar unverrückbare Grundüberzeugungen und Gefühlsstrukturen, wieder zu lockern, zu überformen und umzugestalten.«
>
> *(Hüther 2005, S. 23)*

Diese wissenschaftliche Erkenntnis kann ich aus meiner Praxiserfahrung ganz und gar bestätigen.

Neben der Salutogenese gibt es andere psychologische Modelle, die dem der Resilienz nahestehen: Vulnerabilität, Selbstwirksamkeit, Hardiness oder Coping beschäftigen sich alle mit der menschlichen Fähigkeit, mit schwierigen Erlebnissen, Stressoren oder anhaltenden Belastungen einen konstruktiven Umgang zu finden. Es sind durchweg Konzepte, die sich der Erforschung persönlicher Eigenschaften verschreiben. Das Verständnis der Resilienz geht darüber weit hinaus, da es die Bedeutsamkeit der äußeren Faktoren und die Interaktion von Mensch und Umwelt integriert. Es scheint mir ein übergeordnetes System abzubilden.

Darüber hinaus fand in den letzten Jahrzehnten erfreulicherweise ein Paradigmenwechsel in der Psychologie statt. Die neue Forschungsausrichtung nimmt statt der bisherigen Defizitorientierung die Ressourcen und Stärken von Menschen in den Blick. Sie möchte auf das Erleben und Verhalten von Menschen positiv einwirken. Entsprechend nennt sich die Forschungsrichtung »Positive Psychologie«.

Die Erfahrungen eines außergewöhnlichen Menschen

An dieser Stelle möchte ich besonders den Lebensweg und das Wirken von Viktor Frankl hervorheben. Der österreichische Neurologe und Psychiater überlebte unter unvorstellbaren Umständen den Holocaust. Sein bewegendes Buch »... trotzdem Ja zum Leben sagen« aus dem Jahr 1946 legt ein unvergleichliches Zeugnis darüber ab, wie es einem Menschen gelingt, unter grauenhaften Bedingungen nicht nur zu überleben, sondern dabei auch die eigene Integrität zu bewahren. Schon kurz nach Ende des Krieges vertrat er die Ansicht, vor allem Versöhnung könne einen sinnvollen

Ausweg aus den Katastrophen des Weltkrieges und des Holocaust weisen. Seine von ihm formulierte Methodik, die Logotherapie, nimmt an, der Mensch sei existenziell auf Sinn ausgerichtet, nichterfülltes Sinnerleben könne in psychischen Krankheiten resultieren und psychische Erkrankungen würden von einem eingeschränkten individuellen Sinnbezug begleitet.

Sein Leben und seine Arbeit stehen für mich außerhalb der normalen Forschungsarbeit. Sie spannen eine Brücke über unvorstellbare menschliche Abgründe und sind ein Aufruf an uns alle, sich immer wieder neu für Werte und tief verstandene Menschlichkeit einzusetzen.

Sieben Säulen und sieben Schlüssel der Resilienz

Die US-amerikanischen Wissenschaftler Karen Reivich und Andrew Shatté postulierten 2003 in ihrem Buch »The Resilience Factor« sieben Faktoren, um Veränderungen besser bewältigen zu können. Diese sieben »Säulen« sind tragfähige Eigenschaften, um Krankheiten, Verluste, Überbelastungen, Probleme im Privat- oder Berufsleben besser meistern zu können.

Optimismus, Akzeptanz, Lösungsorientierung, Verlassen der Opferrolle, Übernahme von Verantwortung, Netzwerkorientierung und Zukunftsplanung – diese internen und externen Ressourcen definierten sie als Standbeine, auf denen der Mensch sicher durch Krisen wandern kann. Je mehr solcher »Beine« eine Person ausgeprägt hat, umso fester steht sie und gerät nicht ins Wanken. Neben diesen Säulen postulierten die Wissenschaftler auch sieben Schlüssel zur Resilienz, die eine Anleitung zum »richtigen Denken« liefern sollten: Gedanken beobachten, Denkfallen identifizieren, Eisberg-Überzeugungen aufspüren, Problemlösekompetenz trainieren, Katastrophendenken stoppen, Beruhigen und Fokussieren, Resilienz-Praktiken in Echtzeit praktizieren. Aus ihren wissenschaftlichen Erkenntnissen ergibt sich der Schluss, dass sich Resilienz gezielt fördern und trainieren lässt – nicht nur in der Kinder- und Jugendzeit, sondern das ganze Leben lang.

Das Interesse an innerer Widerstandskraft nimmt stetig zu

In den letzten Jahren rückt das Thema der inneren Widerstandsfähigkeit immer mehr in den öffentlichen Fokus: zum einen in der Kinder- und Jugenderziehung. Dies wurde deutlich in dem Vortrag »Kinder sind mehr wert«, den Annette Drüner 2009 auf der didacta in Hannover hielt:

> »Investitionen in gute Fürsorge und Bildung von Kindern sind gesellschaftlich ausgesprochen lukrativ. Eine Studie des »Instituts der deutschen Bildung« in Köln von 2007 errechnete eine achtprozentige Rendite bei Investitionen in die frühkindliche Bildung für den Staat und 13 Prozent für die Volkswirtschaft.

> Durch achtsame Beziehungen zu den Jüngsten legen wir in ihnen also ein Konto von werthaltigen Erinnerungen an, die sich später auszahlen. Der Gewinn für die einzelne Person kann in Zeiten von Depression und Burnout nicht hoch genug eingeschätzt werden. Kinder, die zu resilienten Menschen heranwachsen, bringen die beste Prophylaxe gegen viele Zivilisationserkrankungen mit und sind damit den Herausforderungen des Lebens gut gewachsen!«

Zum anderen nimmt das Thema der inneren Widerstandskraft auch in der Erwachsenenbildung einen immer größeren Raum ein. Dieses Interesse korrespondiert im engen Zusammenhang mit dem dramatischen Anstieg der psychosozialen Erkrankungen, der zunehmend in der Öffentlichkeit reflektiert wird. Die Printmedien agieren dabei, wie so oft, als treibender Faktor. Im Jahre 2000 erschienen zum Thema »Burnout« nur etwa 65 Artikel in den großen, meinungsbildenden Zeitungen und Magazinen. 2005 waren es bereits 300 Artikel, im ersten Halbjahr von 2010 waren es schon 600 Artikel.

Der Begriff »Burnout«, der in den meisten Fällen die medizinische Diagnose einer Depression, Befindlichkeitsstörung oder anhaltender Erschöpfung ummantelt, ist ein Symptom. Die drastische Zunahme dieser Erkrankungsbilder quer durch alle Berufsbilder und Branchen unterstreicht, dass unsere Gesellschaft kollektiv dazulernen sollte – und zwar möglichst schnell!

Nicht nur im Kontext von Einzelpersonen wird »Burnout« beschrieben, sondern auch für ganze Organisationen. Am 30.12.2010 veröffentlichte die Nachrichtensendung »heute« ein Interview mit dem Unternehmensberater Gustav Greve (s. auch S. 172 ff.), der sich in seinem aktuellen Buch »Organizational Burnout« (2010) dem Thema widmet und versteckte Phänomene ausgebrannter Organisationen aufdeckt. Von einem Burnout spricht Greve dann, wenn eine tiefe, anhaltende Erschöpfung vorhanden ist und die Unfähigkeit der Erholung aus eigener Kraft fehlt.

Im Gegenzug leitet sich das Wort »Unternehmensresilienz« ab, das die Widerstandskraft eines ganzen Unternehmens meint. Resilienz, gleichermaßen auf die individuelle wie organisationale Ebene orientiert, wird in der Wirtschaft quasi als Gegenmittel verstanden, um Lösungen für all diese schwierigen, kaum zu greifenden Probleme zu finden.

Darüber hinaus wird der Terminus auch für Gemeinschaften und Kulturen verwendet. Der Historiker Greg Bankoff forscht seit Langem über »Katastrophenkulturen«, die Erdbeben, Vulkanausbrüche, Taifune, Überschwemmungen und anderes überstanden und aus ihnen gelernt haben. Er spricht in diesem Kontext von resilienten Gemeinschaften. Dies können zum Beispiel europäische Juden in den USA oder US-Amerikaner japanischer Abstammung und in USA lebende Vietnamesen (Boat People) sein. Auch in der Organisationsforschung gibt es eine lange Tradition der Analyse, Risiken und Katastrophen von Unternehmen und Institutionen (Perrow 1989) und das Unerwartbare wie auch das Lernen von Unternehmen in Extremsituationen (Weick/Sutcliffe 2003) zu erforschen.

Die zunehmenden Turbulenzen der letzten Jahre auf wirtschaftlicher, politischer und ökologischer Ebene werden künftig keine singulären Ereignisse bleiben, sondern in immer schneller werdender Folge auftreten. Die vielfältigen Themen der Globalisierung, die Herausforderungen der Energie- und Umweltpolitik, drohende Staatsbankrotte oder andere Finanzdebakel – all das und noch viel gravierendere Probleme wie Naturkatastrophen, kriegerische Auseinandersetzungen oder Terrorismus – verlangen von uns Erdenbürgern einen Bewusstseinssprung. Wir müssen so schnell wie möglich einen neuen Umgang mit komplexen Zusammenhängen und den daraus resultierenden Chancen und Schwierigkeiten erlernen.

Das vorliegende Buch widmet sich dem Gedanken der inneren Widerstandskraft und Flexibilität in facettenreicher Form. Neben den Möglichkeiten zur persönlichen Belastungsfähigkeit und Stärke werden die Potenziale eines Teams und auch ganzer Organisationen reflektiert. Durch meine vielfältigen Erfahrungen der letzten Jahre ist es mir ein Anliegen, dem heutigen Resilienz-Verständnis neue Blickpunkte hinzuzufügen.

Bestandsaufnahme: Wie steht es um unsere psychosoziale Gesundheit?

Mehr seelische Erkrankungen durch Stress im Job

In »Zeit online« war am 23. März 2010 in der Sparte »Beruf« Folgendes zu lesen:

> »Der Job macht immer mehr Menschen psychisch krank, das ergab eine Analyse der Bundespsychotherapeutenkammer. Bereits elf Prozent aller Fehltage gingen auf das Konto psychischer Erkrankungen. Damit habe sich die Zahl solcher Krankschreibungen seit Mitte der 1990er-Jahre fast verdoppelt. Für ihre Analyse hatte die Kammer Daten gesetzlicher Krankenkassen ausgewertet. Die Behandlungskosten für depressive Störungen lägen inzwischen bei mehr als vier Milliarden Euro im Jahr. Die Kammer hatte die jüngsten Fehltage-Daten der Kassen AOK, TK, DAK, BKK und GEK verglichen. Danach waren zum Beispiel AOK-Versicherte im Jahr 2008 durchschnittlich drei Wochen im Jahr wegen psychischer Probleme krankgeschrieben, Barmer-Versicherte sogar fünfeinhalb Wochen. Besonders häufig betroffen von psychischen Erkrankungen seien Frauen, sagte Kammerpräsident Rainer Richter. Männer flüchteten sich bei zu starken psychischen Belastungen oft in eine Sucht, zum Beispiel Alkohol. Als eine Ursache für die langen Fehlzeiten sehen die Psychotherapeuten wachsende Anforderungen im Job. Besonders häufig führe eine Vielzahl verantwortlicher Aufgaben unter Zeitdruck, aber mit geringem Einfluss auf die Arbeit zu psychischer Belastung. Beschwerden häuften sich, wenn dazu noch schlechter Lohn, wenig Anerkennung für die Arbeit, kaum persönliche Wertschätzung und minimale Aufstiegschancen kämen. Solche Belastungen bringe vor allem der Dienstleistungssektor inklusive der vielen Pflegejobs mit sich. Psychische Leiden könnten aber auch Menschen treffen, die in ihrem Job mit vielen unkalkulierbaren und negativen Erlebnissen zu tun haben. Als Beispiel nannte Richter eine Telefonistin, die sich im Minutentakt mit unzufriedenen Kunden auseinandersetzt.
> Nicht weniger belastend für die Seele ist es der Analyse nach, gar keinen Job zu haben oder ständig um den Arbeitsplatz fürchten zu müssen. Ein entscheidender Faktor für ein Erkrankungsrisiko bleibe bei allen Jobs, welchen Stellenwert ein Mensch der Arbeit in seinem Leben einräume, betonte Richter. Arbeitnehmer, die in ihrer Partnerschaft oder einem Hobby große Erfüllung fänden, litten bei einer wenig geliebten Arbeit seltener unter Psychostress.«

Die Zahlen sprechen Bände

Diese und ähnliche Einschätzungen werden im Moment in unterschiedlichen Kontexten veröffentlicht. Burnout kristallisiert sich als Leiden unserer modernen Gesellschaft heraus: Wenn Menschen hoher Komplexität ausgesetzt sind, viel leisten, oft unter Zeitdruck stehen, aber fortlaufend zu wenig Wertschätzung erfahren und entmutigt werden, steigt die Gefahr, dass die Psyche nachhaltig leidet und mit schwerer Erschöpfung reagiert. Als Risikofaktor dafür gilt eine hohe Arbeitsbelastung, wenn sie dem Beschäftigten keinen Freiraum lässt, um seine Arbeit individuell zu gestalten. Besonders belastend wirkt sich auch der Dienst direkt am Menschen aus, etwa in Pflegeeinrichtungen, in Krankenhäusern oder in Schulen. Das höchste Risiko der Erkrankung verbirgt sich allerdings in der Gruppe der Arbeitslosen, die nur schwer eine neue (Lebens-)Aufgabe finden, unter dahinschwindendem Selbstvertrauen leiden und sich längerfristig an der Armutsgrenze entlanghangeln.

Im Folgenden möchte ich auf einige Erhebungen hinweisen, die mir freundlicherweise von Herrn Kowalski, dem Leiter des Instituts für betriebliche Gesundheitsförderung (BGF) in Köln, zur Verfügung gestellt wurden. Im Rahmen einer gemeinsamen Vortragsreihe präsentierte er folgende aktuelle Daten. Die Zahlen sprechen für sich:

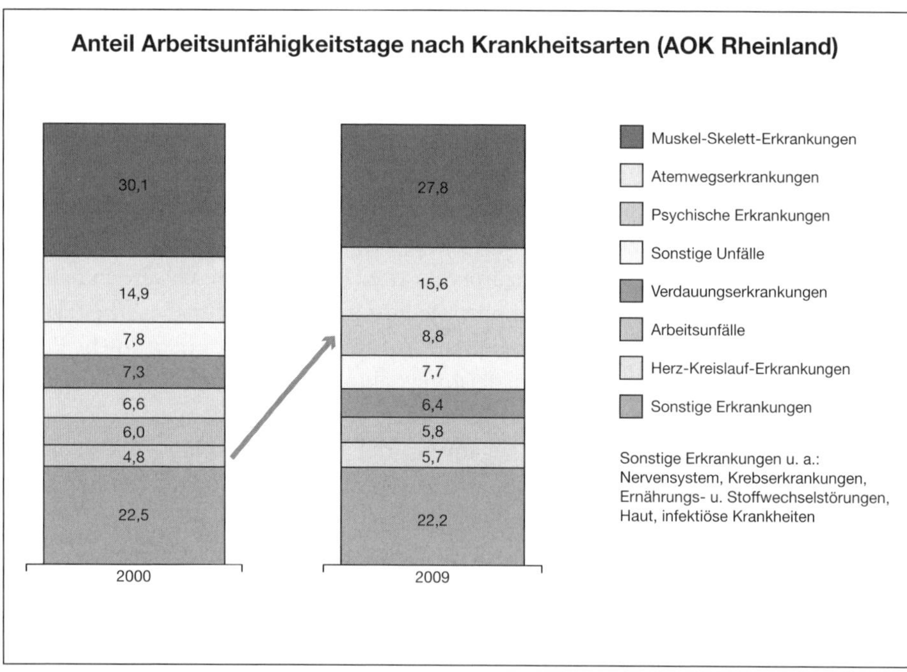

Entwicklung der Arbeitsunfähigkeitsfälle je 100 Versichertenjahre (AOK Rheinland)

Indexdarstellung Jahr 2000 = 100 Prozent

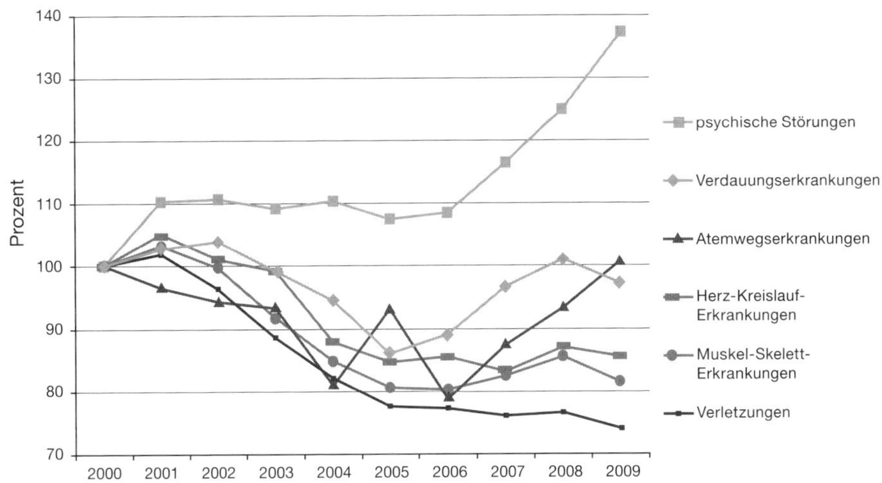

Arbeitsunfähigkeitstage je 100 Versichertenjahre (AOK Rheinland) Psychische Erkrankungen und Verhaltensstörungen

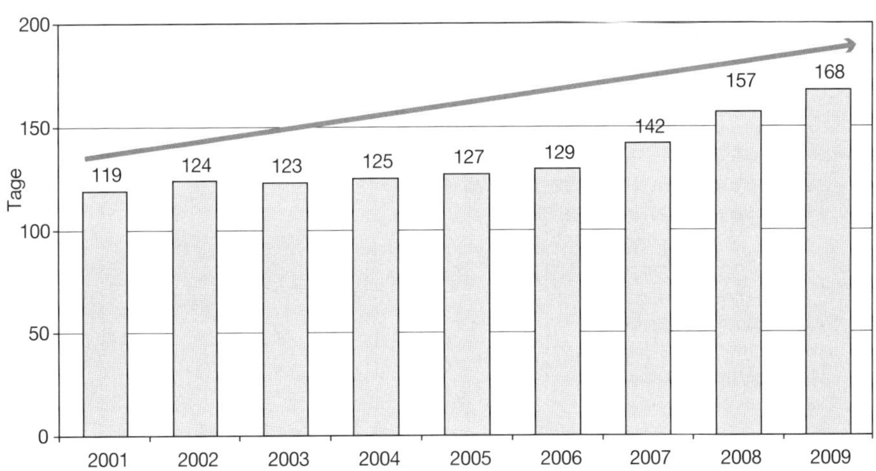

Arbeitsunfähigkeitstage aufgrund Psychischer Erkrankungen
Männer und Frauen (AOK Rheinland)

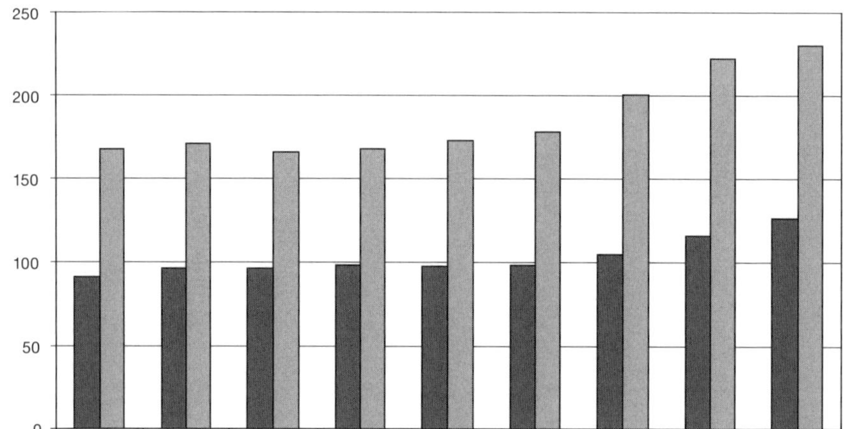

	2001	2002	2003	2004	2005	2006	2007	2008	2009
■ Männer	91,6	96,8	96,8	98,6	98,2	98,55	104,85	116,73	127,02
□ Frauen	168,3	171,7	166,6	168,3	173,55	178,53	201,35	222,77	230,09

Psychische Erkrankungen, Anteil einzelner Diagnosen
(AOK Rheinland, 2009)

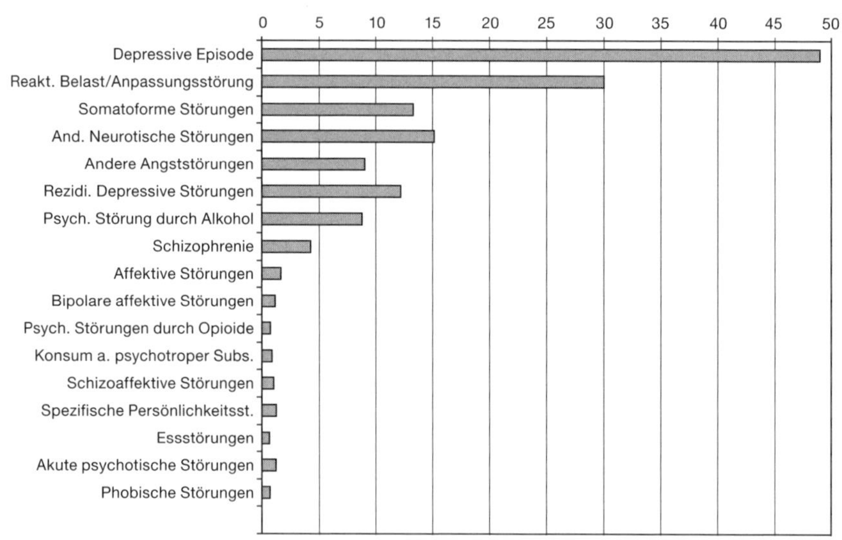

Besonders interessant fand ich noch folgende Charts:

Rentenzugänge wegen verminderter Erwerbsfähigkeit nach Diagnosegruppen – von 2006 bis 2008 –

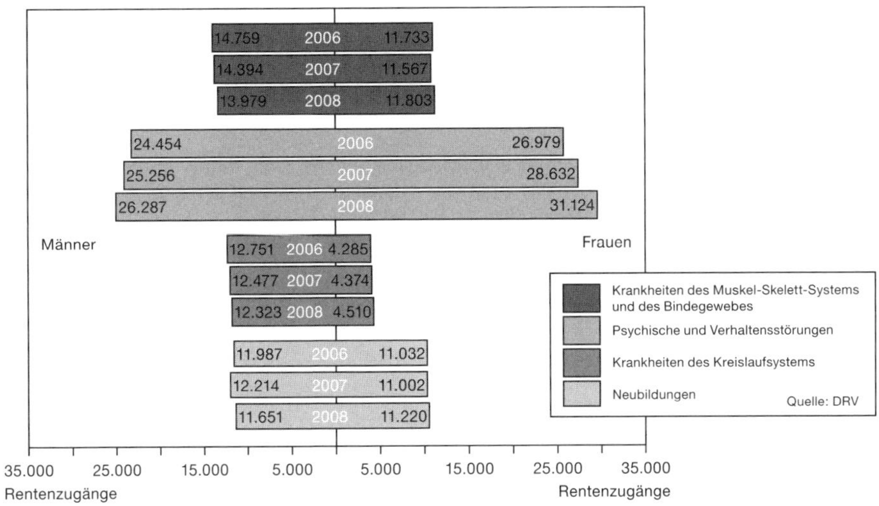

Quelle: Sicherheit und Gesundheit bei der Arbeit 2008, Unfallverhütungsbericht 2008, BAuA

Zunahme psychischer Störungen

- Jeder dritte bis vierte Erwachsene erhält eine aktuelle Diagnose aus dem Bereich der psychischen und Verhaltensstörung (12-Monats-Prävalenz)
- Die Zahl der verordneten Psychopharmaka hat sich in den letzten drei Jahren verdoppelt
- Das ärztliche und psychologische Behandlungsangebot schafft keine zusätzliche Nachfrage, sondern hinkt dem Behandlungsbedarf hinterher

Problemlage, zum Beispiel:

- Etwa 50 Prozent der Depressionen werden von den Hausärzten nicht richtig erkannt (Jacobi u.a. 2002)
- Viele Patienten werden wegen Rückenbeschwerden krank geschrieben, obwohl eine psychische Störung vorliegt (Ulrich 2008)
- Viele Patienten werden einige Monate wegen anderer Diagnosen behandelt, obwohl eine psychische Störung vorliegt
- Wann ist eine psychische Störung behandlungsbedürftig?
- Wie steht es um die wahrgenommene Behandlungsbedürftigkeit der Betroffenen?
- Was geschieht in den vier bis sechs Monaten Wartezeit auf eine psychotherapeutische Fachbehandlung?

Diese nur kurz zusammengefassten Aussagen und Fragen spiegeln den Umfang des Themas und die vielfältigen Konsequenzen der ansteigenden Erkrankungen wider. Unser Gesundheitssystem ist für die drastische Zunahme psychischer Erkrankungen schlichtweg nicht ausgerüstet. Viele Hausärzte erkennen die Krankheit nicht und stellen zunächst falsche Diagnosen. Um Behandlungstermine bei Psychotherapeuten oder in Kliniken zu bekommen, muss der Patient oft lange warten.

Auch nach einer Therapie geht es nicht sorglos weiter. Psychosozial Erkrankte leider unter einem hohen Drehtüreffekt, das heißt, sie kommen zurück an ihren Arbeitsplatz und geraten viel zu schnell wieder in alte Denkmuster und Handlungsweisen. Häufig fehlt das Verständnis der Kollegen und Vorgesetzten beziehungsweise die angemessene Abstimmung mit dem weiteren Umfeld. Die Krankheit bricht dementsprechend häufig wieder aus. Neben den leidvollen Erfahrungen des Betroffenen zieht die Erkrankung aber noch viel weitere Kreise. Die direkten Familienangehörigen, oft auch Arbeitskollegen und Mitarbeiter, sind in zweiter Reihe mitbeteiligt, sie leiden ebenso unter den Symptomen einer schleichenden Erschöpfungserkrankung, die letztendlich alle Lebensbereiche mit einem grauen, lähmenden Schleier überzieht.

Stress als Sprungbrett in ein neues Bewusstsein

Stressreaktionen aus neurobiologischer Sicht

Gerald Hüther schreibt in seinem Buch »Biologie der Angst« (2009, S.110 ff.):

> »Alles um uns herum, was lebendig ist und in seiner Harmonie gestört wird, versucht mit allen ihm zur Verfügung stehenden Mitteln, die verloren gegangene Harmonie wiederzufinden, zunächst die alte, und wenn das nicht geht, eben eine neue [...] Eine Zelle kann sich nur verändern, indem sie die Art des Zusammenwirkens ihrer Teile verändert. Wir können uns nur verändern, indem wir die Art des Zusammenwirkens derjenigen Zellen verändern, die unser Verhalten bestimmen. Und eine Gesellschaft kann sich nur verändern, wenn sich diejenigen verändern, die diese Gesellschaft so machen, wie sie ist.
> Wir haben die Stressreaktion nicht deshalb, damit wir krank werden, sondern damit wir uns ändern können. Krank werden wir erst dann, wenn wir die Chancen, die sie uns bieten, nicht nutzen. Wenn wir die Herausforderungen, die das Leben bietet, vermeiden, ebenso, wie wenn wir immer nur ganz bestimmte Herausforderungen suchen [...] Wenn wir uns weigern, diese Angst (vor Veränderung) zuzulassen und unsere Ohnmacht einzugestehen, ebenso, wie wenn wir unfähig sind, nach neuen Wegen zu suchen, um sie überwindbar zu machen. Auch das gilt für jeden Einzelnen ebenso wie für Gemeinschaften oder Gesellschaften, die sie alle zusammen bilden.«

Burnout – ein Symptom tiefer liegender Probleme

Es scheint, als hätten wir Menschen uns auf ein Wildwasser eingeschifft, mit dessen Turbulenzen wir erst umzugehen lernen müssen. Je umfassender wir die Vernetzung im Äußeren vorantreiben, umso rascher müssen sich unser Auffassungsvermögen und unser Potenzial weiterentwickeln, Dinge in eine rechte Beziehung zu setzen. Wir sind umgeben von vielschichtigen Konstellationen, die eine immer feinere Differenziertheit von unserem Geist verlangen. Das flächendeckende Auftreten von Erschöpfungssymptomen ist nur ein Hinweis darauf, dass unser bisheriges Mindset, das sich in gemächlicheren Zeiten ausgeprägt hat, mit den heutigen unberechenbaren Wendungen und Verwirbelungen einer globalisierten Arbeitswelt noch nicht zusammenpasst. Wir befinden uns in einem normalen evolutionären Prozess, der die Spezies

Mensch herausfordert, neue Fertigkeiten und Anpassungsverhalten auszubilden. Stresssymptome sind eine Einladung oder eine mehr oder wenig dringliche Aufforderung, als Einzelperson und im Kollektiv weiterzuwachsen. Wir stehen an einer neuen Schwelle der Evolution, die uns dazu aufruft, wunderbare, unausgeschöpfte Anlagen und Talente unseres Menschseins zu erforschen und zu entfalten.

Gerade der Umgang mit Komplexität und Geschwindigkeit verlangt von uns eine völlig neue, innere Haltung. Wir sollten dem zunehmenden Lebenstempo ein Gegengewicht von Ruhe setzen. Diese Ruhe und innere Stärke kann von innen kommen, aus der eigenen Mitte eines Menschen heraus.

Jeder Mensch, der sich dafür entscheidet, sich selbst besser kennenzulernen und dadurch seine Selbstwirksamkeit systematisch zu erweitern, kann ungeheure Entwicklungsschritte machen. Er muss sich nur auf einen kontinuierlichen Lernprozess einlassen und mit fröhlicher Beharrlichkeit dranbleiben.

Unser Bewusstsein ist ein unerforschtes Organ

In unserem Inneren schlummern Potenziale, die wir nicht mal ansatzweise ausschöpfen. Unser Bewusstsein, unsere Fähigkeit zur Selbstreflexion und balancierten Selbststeuerung ist ein ebenso kostbarer Rohstoff wie Öl, Kohle oder Erdgas. Mit dieser geistigen Kraft, die in uns ruht, können wir vielen Herausforderungen die Stirn bieten – wir müssen uns diese ureigenen Kraftquellen nur erschließen! Unser Bewusstsein ist wie ein unerforschtes Organ unseres Organismus und wartet darauf, entdeckt zu werden. Es birgt ungeahnte Möglichkeiten, die jeder von uns nutzen kann.

Den Zugang zur eigenen inneren Kraft und Ruhe wünschen sich viele Menschen … und sind oftmals weit davon entfernt. Sie sagen: »Ich fühle mich wie ein Hamster im Rad«. Diesen Satz habe ich in den letzten Jahren bestimmt hunderte Male gehört. Alle haben die Sehnsucht, dieser Tretmühle zu entfliehen und zu einem »Fels in der Brandung« zu werden. Nur – kaum einer weiß den Weg dorthin.

Meine Erfahrung aus Seminaren der letzten Jahre ist erschütternd und alarmierend: Egal mit welcher Gruppierung ich es zu tun habe, ein Drittel der Teilnehmer berichtet mir, dass sie am Anschlag ihrer Kräfte sind. Sie erleben sich selbst oftmals als leer, urlaubsreif, ausgepresst, überdreht, von sich selbst abgeschnitten. Diesen Menschen fällt es immens schwer, nach der Arbeit abzuschalten, manche können beim besten Willen ihre Batterien nicht mehr aufladen. Wie bei einer Autobatterie ist ihr innerer »Energiepegelstand« zu weit unten, als dass sie sich selbst wieder aufladen könnten.

Ein weiteres Drittel berichtet, dass sie mit ihrer Leistungsfähigkeit noch ganz gut zurechtkommen. Sie leiden zwar auch unter einem anhaltenden Druck, der beständig an ihren Kräften zehrt, aber sie schaffen es immer wieder, sich dieser Erschöpfung zu entwinden und sich selbst etwas Gutes zu tun. In den meisten Fällen befindet sich tatsächlich nur ein Drittel meiner Seminarteilnehmer im Vollbesitz ihrer Kräfte. Sie strahlen Energie und Lust an ihrer Arbeit aus, und mit ihnen kann ich während des

Seminars professionell arbeiten. Diese Gespräche über ihre tatsächliche Befindlichkeit ereignen sich wohlgemerkt nur im Schutz des Seminarraums. Der Transfer in die tägliche Arbeitswelt ist aus Gründen der Angst vor Ausgrenzung selten gegeben.

Schlummernde Potenziale wecken

All diese Beobachtungen verleiten mich zu dem Schluss, dass viele Rollen, ob in Unternehmen, in Schulen, in Krankenhäusern oder in der Politik, von Menschen besetzt werden, die trotz all ihrer Bemühungen ihr wahres Potenzial nicht einbringen können. Dieser Umstand wird vielerorts wissend hingenommen und einfach unter den Teppich gekehrt. Dabei wird doch gerade jetzt, bei all unseren drängenden Problemen, die wir in Deutschland – und weltweit – zu lösen haben, das gesamte geistige, körperliche, emotionale und seelische Potenzial von Menschen dringend gebraucht!

Richten wir unseren Blick also auf Selbstbewusstsein, Selbstkenntnis, Reflexionsfähigkeit, Verbindung zu sich selbst und dadurch auch Verbindung zu anderen. Organisationen sollten ihre Mitarbeiter dazu ermutigen, sich selbst differenziert wahrzunehmen und Verantwortung zu übernehmen für Leistungskraft und auch Leistungsgrenzen. Die Gesundheit und Kreativität der Mitarbeiter, die sich aus dem physischen, emotionalen, geistigen und seelischen Potenzial eines Menschen subsumieren, sind in der Wissensgesellschaft das höchste Gut und größte Kapital. Kein Unternehmer würde seinen Maschinenpark regelmäßig bis an die Leistungsgrenze beanspruchen, da er genau weiß, welche Überlastungsschäden mit den einhergehenden negativen Konsequenzen und Folgekosten dies verursachen würde.

Wer heute gesund bleiben möchte, muss sich selbst gut kennen und steuern können. Er sollte ein Verständnis darüber besitzen, wie er seine persönlichen Kraftspeicher auffüllen und bis zu welcher Belastungsgrenze er sich auf Dauer einbringen kann. Zahlreiche Aspekte spielen dabei eine Rolle: Selbstorganisation und Zeitmanagement, Effizienz und Effektivität, Priorisieren, Delegieren, klares, deutliches Kommunizieren, Entscheiden, auf den Punkt kommen, gelungene Kommunikation, Wertschätzung, Respekt vor sich selbst und anderen …

Menschen, die sich untereinander vertrauen, können so vieles miteinander bewältigen. Offenheit im Gespräch verschafft die Möglichkeit, kreativ nach Lösungen zu suchen. Allerdings bedeutet dieses Zusammensein ein hohes Maß an Selbstverantwortung und Eigenmanagement.

Viele Menschen haben Scheu davor, sich mit sich selbst auseinanderzusetzen

Hier liegen Krux und Schlüssel zugleich: Die Kunst, uns selbst zu managen, sollten wir beherrschen beziehungsweise lernen! Dafür gilt es zu begreifen, dass von uns eine neue Offenheit für psychische Vorgänge erwartet wird, die uns bisher weder im Kindergarten, in der Schule noch in Ausbildungen oder an der Universität gezielt vermittelt wurde. Wo konnten wir Selbststeuerung bisher erwerben? Wo erfuhren wir einen selbstverständlichen Umgang mit persönlicher Reflexion und Innenschau? Hatten wir Vorbilder, die ihrem Herz und ihrer Seele lauschten und diesen Empfindungen Ausdruck verliehen?

In unserem Bildungssystem wird der Verstand getrimmt, der IQ gefördert – nur für die Lösung unserer heutigen Aufgaben sollten wir Menschen die Fähigkeiten unseres gesamten Organismus trainieren und nutzen. Unsere emotionale Intelligenz (EQ) gehört genauso gefördert wie unsere ethisch-moralische und spirituelle Intelligenz (SQ) und unser ausgeprägtes, ganz natürliches, angeborenes Körperwissen. Alle großen Philosophien und Religionen betonen die Ganzheit unseres Wesens, das sich aus Körper, Herz, Verstand und Seele subsumiert. All diese Ebenen in uns gilt es, in ihren Bedürfnissen und Fähigkeiten wahrzunehmen, zu aktivieren und gezielt miteinander auszubalancieren.

Mut zur Musterbrechung

Wem seine persönliche Weiterentwicklung wirklich am Herzen liegt, der sollte sich die Mühe machen, tiefer zu schauen und seine eigenen Denk-, Gefühls- und Verhaltensweisen sorgfältig auf den Prüfstand zu stellen. Unser Auto fahren wir regelmäßig in die Werkstatt und über den TÜV. Warum nicht auch unseren eigenen Organismus? Er bedarf gleichermaßen der sorgfältigen Hege und Pflege, um uns viele lange Jahre für ein glückliches und aktives Leben zu Diensten zu stehen.

Bei diesem »TÜV« stoßen wir sehr schnell auf eine kuriose Erkenntnis: Wie stark doch unser Leben von den Erfahrungen und Prägungen der ersten Kinderjahre geprägt ist! Unsere Eltern waren die maßgeblichen Vorbilder, aus denen wir unsere Wirklichkeitskonstrukte und Lebensstrategien generiert haben. Im Klartext heißt das: Im Äußeren haben wir zwar den Übertritt in die globalisierte Wissens- und Informationsgesellschaft vollzogen. Unser Mindset ist dieser Realität aber leider noch gar nicht gewachsen. Viel zu oft agieren wir aus tief eingeprägten Verhaltensweisen, die sich aus den Erfahrungen unserer Eltern im Krieg, in der Nachkriegszeit und Industriegesellschaft geformt und verfestigt haben. So prallen in uns alte Glaubenssätze wie zum Beispiel: »Erst die Arbeit, dann das Vergnügen.« – »Genug ist nicht genug.« – »Nicht geschimpft, ist genug gelobt« auf eine gänzlich neue Arbeitswelt. Viele Mitarbeiter sind heute offenen Märkten ausgesetzt, die kein Ende kennen. Wenn sie sich auch selbst kein Ende setzen können, ist die Überanstrengung vorprogrammiert (mehr dazu ab S. 130).

Wer sich dem Thema »Resilienz« zuwendet, braucht den Mut, genau hinzuschauen und zum Teil altvertraute, liebgewonnene Angewohnheiten hinter sich zu lassen. Ein wunderbares Beispiel hierfür fand ich kürzlich in der Diplomarbeit von Markus Steininger mit dem Titel »Anpassungsfähigkeit landwirtschaftlicher Familienbetriebe im Vollerwerb im Ackerbaugebiet«, die er 2010 an der Universität in Wien, im Studienfach Landwirtschaft, Studienschwerpunkt Agrarökonomik erstellt hat, und die sich mit der aktuellen Situation von Landwirten auseinandersetzt.

↗ Beispiel

Anpassungsfähigkeit landwirtschaftlicher Familienbetriebe

»Die neoklassische Betriebswirtschaftslehre nimmt an, dass ein landwirtschaftlicher Betrieb gewinnorientiert ist. Dazu ist er meist nach Vergrößerung bestrebt, gut mechanisiert, hoch spezialisiert, und kapitalintensiv. Es wird davon ausgegangen, dass die wesentlichen Entwicklungen, am Betrieb und in den Rahmenbedingungen, vorhersehbar sind und damit in der Planung berücksichtigt werden können. Der Betrieb hat daher sowohl eine kurz- wie auch mittel- und langfristige Planung nach der er zum Beispiel Investitionen tätigt. Domschke und Scholl (2002, S. 29) sehen in der Planung einen langfristigen Prozess, um Lösungen für Probleme zu haben, die in den nächsten zwei bis zehn Jahren entstehen können.

Der bäuerliche Lebens- und Arbeitsprozess ist jedoch einem raschen und dynamischen Wandel unterworfen, bei dem herkömmliche Strategien zur Entscheidungsfindung nicht immer zielführend sind (Knöbl u. a. 1999, S. 2). Grundsätzlich stellt sich die Frage, ob die klassischen Instrumente zur Problemlösung und zur Organisation der landwirtschaftlichen Betriebe in der derzeitigen, schnelllebigen Zeit und den dynamischen Rahmenbedingungen noch zweckmäßig sind (Darnhofer 2005). Um auch bei schnellen, meist unvorhersehbaren Änderungen bestehen zu können, muss ein landwirtschaftlicher Betrieb resilient sein.

Resilienz kann folgendermaßen definiert werden: Es ist die Fähigkeit eines Systems, trotz Schocks und Störungen seine Funktionen zu wahren (Gunderson/Holling 2002). Diese Definition wird in dieser Arbeit verwendet.

Die Resilienz eines Betriebs wird durch die Wechselbeziehung zwischen dem Betrieb und der Betriebsführung sowie zwischen dem Betrieb und seinem Umfeld gestärkt oder geschwächt. Für eine Betriebsführerin liegt die Herausforderung daher darin, die Stärken des Betriebs zu nutzen (Betriebsstruktur, Kapital, Interessen der Familienmitglieder etc.) und auf die Anforderungen und Möglichkeiten des Umfelds einzugehen (dörfliche Gemeinschaften, Vermarktungswege, Netzwerke zur Informationsbeschaffung etc.). Dadurch können Betriebsführerinnen ihre Stärken nutzen, Schocks abpuffern und ihren Betrieb weiterentwickeln (Darnhofer u. a. 2010). Berkes (2007) hat vier Attribute identifiziert, die eine wesentliche Rolle bei der Anpassungsfähigkeit von Systemen spielen. Es kann davon ausgegangen werden, dass diese Attribute auch eine wesentliche Rolle bei der adaptiven Führung, das heißt anpassungsfähigen Betriebsführung, spielen (Darnhofer 2010). Diese vier Attribute sind:

- Lernen, mit Veränderung und Unsicherheit zu leben statt sich an einer unrealistischen »Sicherheit« und Vorhersehbarkeit beziehungsweise Planbarkeit zu orientieren.
- Vielfalt statt einseitiger Spezialisierung, die eine Anpassung an eine Änderung in den Rahmenbedingungen wesentlich erschweren kann
- Weiterentwicklung und Lernbereitschaft statt der Annahme, dass ein Betrieb so bleiben kann, wie er derzeit organisiert ist beziehungsweise, dass das vorhandene Wissen ausreicht, um auch zukünftigen Herausforderungen erfolgreich begegnen zu können.
- Selbstorganisation und Verknüpfungen statt der Abhängigkeit von externen Institutionen für betriebliche Entscheidungen und der Organisation der betrieblichen Abläufe.« (2010, S. 3 f.)

Was ist unser Auftrag hier auf Erden?

Weiterentwicklung und Lernbereitschaft – allein diese zwei Wörter tragen jede Menge Zündstoff in sich. Wir alle wissen von uns selbst gut genug, wie mühsam es ist, sich aus alten Rillen zu lösen und gänzlich neue Wege einzuschlagen. Je höher der innere und äußere Druck steigt, umso eher setzen wir uns in Bewegung, überwinden unsere Ängste und probieren neue, ungewohnte Lösungsansätze. Den zehn Landwirten, die in der Diplomarbeit interviewt werden, zolle ich höchsten Respekt, da sie sich mit großem Mut aus familiären und dörflichen Traditionen lösen und Neuland betreten.

Resilienz ruft auf, in Bewegung zu bleiben, mit Veränderungen mitzugehen, Vertrauen in den Lebensfluss und in die Schöpferkraft zu entwickeln, mit uns selbst in Verbindung zu stehen, mit anderen Menschen Netzwerke zu bilden, die Chancen des Lebens zu erkennen und bloß nicht den Kopf in den Sand zu stecken. All diese Eigenschaften zielen in Richtung Lebensweisheit und finden sich in den Religionen und Philosophieschulen unserer Weltgeschichte geschildert. So dient die heutige Zeit für uns alle als eine gewaltige Chance, um in eine neue, höhere Qualität unseres Menschseins zu springen.

Die Bedeutung von Resilienz für unsere Gesellschaft

Memorandum: Zur psychosozialen Lage in Deutschland

Dem folgenden offenen Brief von einigen Klinikärzten – einer der Erstunterzeichner war Dr. Joachim Galuska, Leiter der Klinikgruppe und Akademie Heiligenfeld in Bad Kissingen – folgte im Herbst 2010 ein Bericht im Fokus (Nr. 43, 25.10.2010, Burn-Out-Alarm). Der Brief spiegelt das Engagement von vielen Menschen wider, die die Entwicklung der letzten Jahre erschreckt und wachgerüttelt hat. Vielen ist bewusst, dass wir uns im Moment in einer Sackgasse befinden und uns schnellstens Auswege schaffen sollten. Vom Reden bis zum Handeln ist es bei uns Menschen aber ein weiter Weg – und wenn nicht richtig »die eigene Hose brennt«, setzt sich kaum einer in Bewegung. Dennoch sollten wir nicht warten, bis sich die Politik oder öffentliche Institutionen das Thema endlich auf die Agenda setzen – dazu ist unsere Lage zu brisant. Die Finanz- und Wirtschaftskrise hat uns gerade erst vor Augen geführt, in welch kurzer Zeit sich unsere Lebensverhältnisse blitzartig verändern können.

> »Wir sind Fachleute, die Verantwortung für die Behandlung seelischer Erkrankungen und den Umgang mit psychosozialem Leid in unserer Gesellschaft tragen. Wir möchten unsere tiefe Erschütterung über die psychosoziale Lage unserer Gesellschaft zum Ausdruck bringen.
> In unseren Tätigkeitsfeldern erfahren wir die persönlichen Schicksale der Menschen, die hinter den Statistiken stehen. Seelische Erkrankungen und psychosoziale Probleme sind häufig und nehmen in allen Industrienationen ständig zu.
> Circa 30 Prozent der Bevölkerung leiden innerhalb eines Jahres an einer diagnostizierbaren psychischen Störung. Am häufigsten sind Depressionen, Angststörungen, psychosomatische Erkrankungen und Suchterkrankungen.
> Der Anteil psychischer Erkrankungen an der Arbeitsunfähigkeit nimmt seit 1980 kontinuierlich zu und beträgt inzwischen 15–20 Prozent.
> Der Anteil psychischer Erkrankungen an vorzeitigen Berentungen nimmt kontinuierlich zu. Sie sind inzwischen die häufigste Ursache für eine vorzeitige Berentung. Psychische Erkrankungen und Verhaltensprobleme bei Kindern und Jugendlichen nehmen kontinuierlich zu. Psychische Störungen bei älteren Menschen sind häufig und nehmen ständig zu.
> Nur die Hälfte der psychischen Erkrankungen wird richtig erkannt, der Spontanverlauf ohne Behandlung ist jedoch ungünstig: Knapp ein Drittel verschlechtert

sich und knapp die Hälfte zeigt keine Veränderung, chronifiziert also ohne Behandlung.
In allen Altersgruppen, bei beiden Geschlechtern, in allen Schichten und in allen Nationen zunehmenden Wohlstands nehmen seelische Erkrankungen zu und besitzen ein besorgniserregendes Ausmaß.
Die gesellschaftlichen Kosten der Gesundheitsschäden durch Produktivitätsausfälle, medizinische und therapeutische Behandlungen, Krankengeld und Rentenzahlungen sind enorm. Eine angemessene medizinische und therapeutische Versorgung ist weltweit nicht möglich. Trotz der kontinuierlichen Zunahme an psychosozialen medizinischen Versorgungsangeboten ist die Versorgung auch in Deutschland angesichts der Dynamik und des Ausmaßes der seelischen Erkrankungen nur in Ansätzen möglich.
Die Ursache dieser Problemlage besteht nach unseren Beobachtungen in zwei gesellschaftlichen Entwicklungen:

- → Die psychosoziale Belastung des Einzelnen durch individuellen und gesellschaftlichen Stress, wie zum Beispiel Leistungsanforderungen, Informationsüberflutung, seelische Verletzungen, berufliche und persönliche Überforderungen, Konsumverführungen usw. nimmt stetig zu.
- → Durch familiäre Zerfallsprozesse, berufliche Mobilität, virtuelle Beziehungen, häufige Trennungen und Scheidungen kommt es zu einer Reduzierung tragfähiger sozialer Beziehungen und dies sowohl qualitativer als auch quantitativer Art.

Die Kompetenzen zur eigenen Lebensgestaltung, zur Bewältigung psychosozialer Problemlagen und zur Herstellung erfüllender und tragfähiger Beziehungen sind den Anforderungen und Herausforderungen dieser gesellschaftlichen Entwicklungen bei vielen Menschen nicht gewachsen.
Angesichts der vorherrschenden gesellschaftlichen Orientierung an materiellen und äußeren Werten werden die Bedeutung des Subjektiven, der inneren Werte und der Sinnverbundenheit dramatisch unterschätzt.

- → Wir benötigen einen gesellschaftlichen Dialog über die Bedeutung des Subjektiven, des Seelischen, des Geistig-Spirituellen, des sozialen Miteinanders und unseres Umgangs mit Problemen und Störungen in diesem Feld.
- → Wir benötigen einen neuen Ansatz zur Prävention, der sich auf die grundlegenden Kompetenzen zur Lebensführung, zur Bewältigung von Veränderungen und Krisen und zur Entwicklung von tragfähigen und erfüllenden Beziehungen konzentriert.
- → Wir benötigen eine Gesundheitsbildung, Erlernen von Selbstführung und die Erfahrung von Gemeinschaft schon im Kindergarten und in der Schule, zum Beispiel in Form eines Schulfaches ›Gesundheit‹.
- → Wir benötigen eine ganzheitliche, im echten Sinne psychosomatische Medizin, die die gegenwärtige Technologisierung und Ökonomisierung der Medizin durch eine Subjektorientierung und eine Beziehungsdimension ergänzt.

- → Wir benötigen eine Wirtschaftswelt, in der die Profit- und Leistungsorientierung ergänzt wird durch eine Sinn- und Lebensorientierung für die Tätigen.
- → Wir benötigen einen integrierenden, sinnstiftenden und soziale Bezüge erhaltenden Umgang mit dem Alter.
- → Wir benötigen eine das Subjektive und Persönliche respektierende, Grenzen achtende und Menschen wertschätzende Medienwelt.
- → Wir benötigen ein politisches Handeln, das bei seinen Entscheidungen die Auswirkungen auf das subjektive Erleben und die psychosozialen Bewältigungsmöglichkeiten der Betroffenen reflektiert und berücksichtigt.
- → Wir benötigen mehr Herz für die Menschen.«

Wann wacht die Gesellschaft auf?

»Resilienz – was haben Führungskräfte aus der Krise gelernt?« – das war der Leitgedanke einer Umfrage, die Egon Zehnder International im April 2010 unter 836 Spitzenmanagern aus aller Welt durchgeführt hat (Ergebnisse dieser Studie können unter www.egonzehnder.de abgerufen werden). Die Ergebnisse weisen auf viele spannende Facetten hin, von denen ich an dieser Stelle einen Aspekt besonders herausgreifen möchte. Nur eines von fünf Unternehmen in Deutschland verfügt über eingespielte Verfahren, Krisen frühzeitig zu erkennen und sich auf sie vorzubereiten. In Deutschland wird sogar nur in jedem achten regelmäßig über solche Szenarien diskutiert und versucht, sie aktiv zu gestalten. Es ist zu vermuten, dass diese Erhebung in anderen Einrichtungen wie Schulen, Krankenhäusern, bei der Polizei oder der Bundeswehr ähnlich ausfallen dürfte. Die Gewerkschaft der Polizei hat sich im Herbst 2010 zum Beispiel laut und deutlich zu Wort gemeldet, da die Beamten in eine zunehmende Überforderung geraten. Zusatzbelastungen wie aktuelle Terrorwarnungen oder Einsätze bei Demonstrationen – alles noch vorauszuahnende Aufgabenstellungen – bringen den Polizeiapparat jetzt schon an die Grenzen seiner Tragfähigkeit. Diese Beschreibungen von Überlastung und Gefühlen der Ohnmacht hören wir auch von der Berufsgruppe der Lehrer, von Ärzten, vom Pflegepersonal, von Fluglotsen und anderen Berufen.

Volkswirtschaftlich steigt die finanzielle Belastung durch psychosoziale Erkrankungen rasant an. Von 2002 bis 2008 maximierten sich die Ausgaben für psychische Erkrankungen um 32 Prozent. Die Gesamtausgaben für alle Krankheiten kletterten um 16 Prozent. 5,2 Milliarden Euro kosteten 2008 die Behandlungen von Depressionen. Psychische Krankheiten sorgten 2009 für Produktionsausfälle von vier Milliarden Euro. Die Ausgaben für Psychopharmaka erhöhten sich von 2002 bis 2008 um rund 70 Prozent. Bisher werden präventive Maßnahmen einer Resilienz-Förderung hingegen kaum wahrgenommen.

Im Gegensatz dazu berichtet Bernhard Simon, Sprecher der Geschäftsführung des Logistikunternehmens Dachser GmbH & Co. KG, von einem anderen Weg, den seine Firma eingeschlagen hat:

> »Wenn ein wirtschaftliches Subsystem wie ein Unternehmen seine Strategie und seine Philosophie umfassend formuliert, ist sein Weg zunächst klar vorgezeichnet. Wir sprechen in diesem Zusammenhang von einer geplanten Evolution, womit ein systematischer, die strategische Entwicklung einbeziehender Lernprozess institutionalisiert wird. Lernende Organisationen haben den Vorteil, dass sie Änderungen der Systemumwelt konstruktiv aufnehmen können. Doch natürlich sind Krisen wie die derzeitige Weltwirtschaftskrise sehr ernst zu nehmen. Dachser hat mit seinem Komplexitätsmanagement die wesentlichen Zusammenhänge im Blick. Dies zeigt sich in ganzheitlichem Denken und Handeln. Die Dynamik des Systems wird ständig eingeschätzt – bis auf die Ebene unserer weltweit mehr als 300 Niederlassungen und der einzelnen Mitarbeiter. So gelingt es uns beispielsweise, die spezifischen Kundenbedürfnisse immer wieder neu zu erkennen und entsprechende Lösungen zu finden. Zudem begleiten wir unsere Mitarbeiter bei den Veränderungsprozessen und unterstützen sie umfassend. Wir stärken so die Resilienz des Logistiksystems von Dachser und nehmen jeglicher Krise den Beigeschmack von Katastrophe.« (Zehnder 01/2010, S. 22)

Komplexitätsmanagement antizipiert eine extrem hohe Lernbereitschaft und eine geschärfte Aufmerksamkeit. Auf Erfahrungen aufbauen und routiniert handeln, das sind Fähigkeiten, die in alltäglichen Bereichen wertgeschätzt werden und in Notlagen retten können. Aber in Ausnahmesituationen sind ganz andere Qualitäten gefragt. Wenn wir mit einem noch nie da gewesenen Ereignis konfrontiert werden, können vertraute Denkmuster blind machen und fatale Folgen auslösen. Für eine Einschätzung präzedenzloser Ereignisse sind Routinen eher irreführend. Es verlangt Selbstvertrauen, Entscheidungskraft, Forschergeist und Sensibilität, um mit neuen Lebenskonstellationen konstruktiv umzugehen.

Betrachten wir das Thema »Resilienz« in einem größeren Kontext: Es gibt Länder, in denen Naturkatastrophen quasi zum Alltag gehören. An dieser Stelle können wir von anderen Gesellschaften lernen, die es verstanden haben, aus schicksalhaften Krisen und Katastrophen gestärkt hervorzugehen. Besonders die arme Bevölkerung versteht es, sich nach existenziellen Verlusten zu reorganisieren und zerstörte Gebiete nicht einfach aufzugeben. Diese sogenannten Resilienz-Gemeinschaften zeichnen sich durch eine hohe Eigenverantwortung und Selbstorganisation aus. Informelle und formelle Selbst- und Nachbarschaftshilfe etablieren sich in der Art von wechselseitiger Hilfe. Hören wir dazu den Politikwissenschaftler und Direktor des Kulturwissenschaftlichen Instituts (KWI) in Essen, Claus Leggewie:

> »Die meisten bürgerschaftlichen Zusammenschlüsse sind nicht zufällig dort zu verzeichnen, wo Erdbeben, Taifune und andere extreme Ereignisse besonders häufig vorkommen, während die Selbstorganisationsquote in Gesellschaften, die Risiken in hohem Maße delegieren und formalen Organisationen und Versicherungen die Vorsorge überantworten, vergleichsweise gering ist. Resilienz-Gemeinschaften, die auf den ersten Blick nach der Entgegennahme von Befehlen und Anordnungen

in Notstandsregimen klingen, zeichnen sich also durch ein hohes Maß an Teilhabe und Selbstorganisation aus. Bürgerbeteiligung ist somit eine wichtige Voraussetzung für eine effektiv organisierte Katastrophenvorsorge. Diese Beispiele mögen demonstrieren, wie man mit einem aktiven Risikomanagement effizient auf die gewachsene Verwundbarkeit moderner Gesellschaften reagieren kann – und dabei vom »Süden« der Welt lernt.
Wir im Norden starren zu sehr auf einzelne bekannte Risiken (wie eine Inflation) und müssen uns besser wappnen gegenüber Gefahren und Gefährdungen, die so umfassend sind wie der Klimawandel und deren Ausprägung uns noch nicht bekannt ist. Und wir vertrauen zu sehr auf technische Beobachtungs- und Warnsysteme oder auf Katastrophenhilfe, statt unsere eigenen Präferenzen und Prioritäten daraufhin zu prüfen, ob sie einer Begegnung mit unvorhergesehenen Risiken standhalten.« (Zehnder 01/2010, S. 27)

Es gibt keine umfassendere Prävention, als sein Bewusstsein zu stärken

Info

Prävention

Prävention (vom lateinischen *praevenire* für »zuvorkommen, verhüten«) wird im medizinischen Kontext als Schutz vor Krankheit verstanden. Auch der Begriff »Prophylaxe« bezeichnet vorbeugende Maßnahmen, um ein unerwünschtes Phänomen oder eine widrige Entwicklung zu vermeiden. Ganz allgemein kann die Vokabel mit »vorausschauender Problemvermeidung« übersetzt werden.

Prävention ist als erster Schritt schon einmal gut, doch sollten wir an dieser Stelle noch radikaler denken: Es geht weniger um Problemvermeidung, sondern um Potenzialentfaltung. Wer es schafft, sich durch nichts entmutigen zu lassen, Widrigkeiten und Rückschläge wegzustecken, auch unter schwierigsten Bedingungen Format und innere Haltung zu zeigen und in scheinbar hoffnungslosen Situationen einen Ausweg zu finden – dieser Mensch ist lebenstüchtig und innovativ. Er wird weder auf Institutionen noch auf Obrigkeiten schauen, mit der Anspruchshaltung: Meine Probleme werden von anderen gelöst! Nein, er wird Schwierigkeiten selbst anpacken und es immer wieder schaffen, gewohnte Pfade des Denkens, Fühlens und Handelns zu verlassen. Sein eigenes Bewusstsein, sein Reflexionsvermögen und seine Adaptionsfähigkeit sind ihm ausreichender Nährboden, um sich immer wieder neue Ressourcen zu erschließen. Seine guten Einfälle und seine Intuition werden ihn erfolgreich und glücklich machen. Für diese innere Haltung lohnt es sich, zu kämpfen und sie sich Schritt für Schritt anzueignen.

Warum Gesundheit das Wirtschaftswachstum bestimmt

Erik Händeler

Gesundheit wird zum knappen Gut und entwickelt sich so zum neuen Wohlstandsmotor im nächsten Kondratieff-Strukturzyklus

In den öffentlichen Debatten taucht das Gesundheitssystem nur als Problem auf, mit seinen Verteilungskämpfen, steigenden Kosten und ausufernden Defiziten. Die Diskussion könnte ganz anders verlaufen – über ein Gesundheitssystem als Schlüssel dafür, die meisten anderen gesellschaftlichen Probleme zu lösen, wie Staatsverschuldung, Arbeitslosigkeit oder schlingernde Sozialversicherung. Denn wenn Unternehmen über die zu hohen Lohnnebenkosten klagen, dann stecken dahinter steigende Krankheitsverluste. Im Gesundheitszustand der Deutschen sind die größten, bislang schlafenden Ressourcen der Volkswirtschaft zu mobilisieren – ein Antrieb für einen lang anhaltenden Wirtschaftsboom. Doch bis dahin muss sich das Gesundheitswesen grundlegend ändern: Der Einzelne wird mehr Verantwortung für seinen Lebensstil übernehmen, die Arbeitskultur muss sich entschleunigen, und die Akteure sollten das Geld der Krankenkassen auch mit der Gesunderhaltung der Gesunden verdienen können.

So könnte es funktionieren

Deutschland 2020: Otto Normalpatient bekommt von seiner Krankenkasse einiges geboten. Sie bezahlt ihm den Gesundheitstrainer, der ihm das Know-why und Lust an langsamer Bewegung vermittelt, die den Stoffwechsel in den Zellen belebt; den Ernährungsberater, der ihm – je nachdem, ob er eher ein Eiweiß- oder ein Kohlehydratetyp ist – einen ausgewogenen Speiseplan vorschlägt; mit wenigen Tricks sorgt ein Schlafberater dafür, dass er gesünder schläft; Mediatoren und Seelsorger haben ihm geholfen, seine persönlichen Beziehungen zu klären und zu versöhnen und so den Druck auf seinen Organismus zu verringern; Resilienz-Trainer unterstützen ihn darin, seine innere Widerstandskraft und psychische Gesundheit systematisch zu stärken.

Dadurch wird er nicht nur seltener krank, weil Körper, Geist und Seele besser und mit mehr Ressourcen auf weniger Defekte reagieren. Otto N. steht auch länger als seine Gleichaltrigen vor zehn Jahren mit Freude im Berufsleben (was schon aus demografischen Gründen notwendig wurde). Er wird am Ende nicht mehr nach langer

Pflegebedürftigkeit, sondern – so lustig das klingt – gesund sterben. Das Krankheitsreparatursystem der alten Industriegesellschaft hat sich inzwischen völlig neu organisiert zu einem Gesundheitssystem, bei dem ein Großteil der Krankenkassenbeiträge für die Prävention verwendet wird. Und wer privat Geld ausgibt für gesunderhaltende Waren und Dienstleistungen, der kann es von der Steuer absetzen – wie seine Beiträge zur beruflichen Weiterbildung auch.

So ganz freiwillig geschieht das allerdings nicht. Denn wenn er krank wird, kostet die Behandlung jetzt in den meisten Fällen sein Geld. Noch zehn Jahre zuvor war Otto N. ein Vorbeugemuffel wie alle anderen auch gewesen, der Rückenschule und Krebsvorsorgeuntersuchungen mied, die neonbunten Fitnessclowns zu Recht als unnötige Stressoren wahrnahm, und schnell vergaß, was er bei Kuren gelernt hatte. Jetzt trägt die Gemeinschaft der Versicherten die Kosten, wenn jemand krank wird, nur nach Krankheitsart und nur zu einem gewissen Anteil. Den Rest zahlt jeder selbst bis höchstens zehn Prozent seines Bruttoeinkommens. Wer nichts verdient, zahlt eben zehn Prozent von Null, also nichts hinzu – das solidarisch finanzierte Gesundheitswesen konnte durch die leichte Zuzahlung im Prinzip und gegen die reinen Marktbefürworter erhalten werden. Damit strömte eine ungeheure Geldmenge in das ausgedorrte Gesundheitswesen – Geld, das zuvor nur weitervererbt oder volkswirtschaftlich unproduktiv in Luxusgütern verpulvert worden war.

Soweit das Szenario.

Wirtschaft hat vor allem mit dem realen Leben zu tun

Wer aus diesem Traum aufwacht, erlebt das Gesundheitswesen heute in einer Sackgasse. Niemand glaubt mehr wirklich, dass Beitragserhöhungen und da oder dort ein paar Euro Zuzahlung das System retten können. Niemand nimmt die Interessenskämpfe der verschiedenen Verbände im Gesundheitswesen wirklich noch als Kampf für das Gemeinwohl ernst. Da wirkt das – sich hartnäckig haltende – Gerücht wie frommes Wunschdenken, der Gesundheitsmarkt werde in den nächsten Jahrzehnten zum Wachstumsmotor der Wirtschaft. Denn die Krankenkosten werden trotz steigender Kassenbeiträge immer weniger bezahlbar, der Sozialstaat alter Prägung steht vor dem Zusammenbruch. Dabei liegt im Gesundheitswesen der Schlüssel zu den gesamtgesellschaftlichen Problemen von der Staatsverschuldung bis hin zur Rente – wenn man Wirtschaft anders betrachtet, als es die etablierten ökonomischen Modelle meist sehen.

Dort verläuft das Denken etwa folgendermaßen: Wenn wir die Beiträge für die Krankenkassen um soundso viel erhöhen – wie wirkt sich das auf das Bruttosozialprodukt aus? Seriöse Wirtschaftsforschungsinstitute rechnen dann, wie die Lohnkosten und Preise stiegen, weswegen weniger gekauft werde und das Volkseinkommen um 0,x Prozent zurückgehe. Regt sich da Widerspruch? Nein, keiner. Und das ist seltsam. Kommt es doch darauf an, wie die höheren Krankenkassenbeiträge verwendet werden: Wird damit bestehende Krankheit erträglich gemacht – oder die Gesundheit von jemandem erhalten, der dadurch weiterarbeiten kann? Wird damit nur die Verwaltung eines zusätzlichen Verteilungskampfes finanziert – oder den Menschen Spaß an gemächlicher Bewegung vermittelt und so Zivilisationskrankheiten vorgebeugt? Werden damit teurere neue Medikamente bezahlt, die nicht mehr können als ihre billigeren Vorgängerpräparate, oder wird damit eine neue Therapie finanziert, die es einem Menschen wieder ermöglicht, seinen wesentlichen Tätigkeiten nachzugehen? Werden psychische Erkrankungen erst behandelt, »wenn das Kind schon in den Brunnen gefallen ist«, oder gezielt auf Prävention gesetzt?

Auf diese Nachfragen haben die etablierten Ökonomen keine Antwort. Das Leben hinter den Zahlen und Geldbeträgen spielt dort keine Rolle – sie halten monetäre Größen tatsächlich für die entscheidende Wirklichkeit. Anders der russische Ökonom Nikolai Kondratieff (1892–1938): Preise, Zinsen, Löhne, Wachstum, langfristige Staatsausgaben, Geldmenge – das alles ist für ihn nicht die Ursache, sondern nur die Folge der ökonomischen Entwicklung. Er sieht den Motor der Wirtschaft in den Verbesserungen des realen Lebens, die den Menschen Zeit und Kraft sparen, um damit etwas anderes anzufangen – so entstehen dann Wachstum, Arbeitsplätze und Wohlstand.

Das funktioniert so: Unternehmen arbeiten mit einem bestimmten Mix an Produktionsfaktoren. Aber die wachsen nicht im selben Maße wie die gesamte Wirtschaft. Irgendwann gibt es einen Produktionsfaktor, der in Relation zu teuer wird und der Wirtschaft den Atem abdrückt. Ein Blick in die Vergangenheit zeigt: In der Entwicklung der Menschheit gab es immer bestimmte Knappheiten, die sich aufstauten und das Wirtschaftswachstum niedrig hielten. So hatten die englischen Unternehmer des ausgehenden 18. Jahrhunderts einen Mangel an mechanischer Energie. Mit Tierkraft kamen sie einfach nicht mehr hinterher, ihre Bergwerke zu entwässern oder Spinnräder effizienter anzutreiben, um der großen Nachfrage nach Kohle, Erz und Garn gerecht zu werden. Deswegen beknieten sie schließlich James Watt von der Universität Edinburgh, eine Dampfmaschine zu erfinden. Dieser tüftelte 12 Jahre daran herum, bis sie endlich ausreichend effizient war. Textil- und Eisenindustrie konnten nun viel mehr produzieren, die ganze Wirtschaft profitierte davon in einem gigantischen Boom.

Das bedeutet: Dinge werden nicht aus Zufall oder Jux und Spielerei (weiter-)entwickelt und angewendet – oft wurden dieselben Erfindungen zur selben Zeit unabhängig voneinander gemacht. Sondern Innovationen entstehen, weil es dafür eine wirtschaftliche Notwendigkeit gibt, schrieb Nikolai Kondratieff vor 80 Jahren. In den 1820er-/1830er-Jahren wurde Transport zur teuersten Knappheitsgrenze – deswegen musste dann die Eisenbahn gebaut werden. Auch der Computer wurde nicht deshalb erfunden, weil ein paar Leute gerne mit dem Gameboy spielten, sondern weil die Informationsflut so anschwoll, dass die Firmen eben eine elektronische Kiste brauchten, die Informationen effizienter verwaltete. Mit diesem Argument, dass sich an den Knappheiten von heute die Märkte und Strukturen von morgen entwickeln, können wir in die Zukunft schauen: Überall in der Welt explodieren die Krankheitskosten.

Nach über 200 Jahren Industrialisierung bremsen gesundheitliche und ökologische Schäden die Gesellschaften, sich wirtschaftlich weiterzuentwickeln. Vor allem chronische Komplexkrankheiten, Allergien, vegetative Störungen und psychisch bedingte Leiden beeinträchtigen die kreativen und produktiven Beziehungen des Menschen zu seinem sozialen Umfeld – privat und in der Arbeit. Die Nachrichtenlage im Gesundheitswesen ist grauenvoll, eine Schreckensmeldung jagt die nächste. Die Krankenkassen machten in den vergangenen Jahren meist Defizite, und die großen Reformen halfen wieder nicht, die Beiträge zu senken – allenfalls Schulden konnten danach ein bisschen abgetragen werden. Dass – je nach Rechnung – 14 bis 20 Prozent unseres Einkommens in den Gesundheitssektor fließt, ist neu. 1869 gab eine durchschnittliche Arbeiterfamilie in Hamburg bei 175,8 Talern Jahreseinkommen 60 Taler für Brot aus, 50,3 Taler für Kartoffeln, 30 für Miete und 20 für Kleidung – Arzneimittel erscheinen erst unter Sonstiges mit 3,5 Talern. Die Kosten des Krankheitswesens steigen schon lange schneller als Löhne und Produktivität. 1970 lag der Beitragssatz in Deutschland noch bei 8,2 Prozent, heute bei etwa 15 Prozent, bei geringeren Leistungen und höheren Zuzahlungen. Während die Wirtschaft im vergangenen Jahrzehnt im Durchschnitt zwischen ein und zwei Prozent wuchs, stiegen zum Beispiel die Arzneikosten jedes Jahr um acht Prozent.

Die Meinungen darüber, warum die Krankheitskosten steigen, gehen auseinander. Das demografische Argument ist nicht zwingend: Die genetische Ausstattung des Menschen taugt für weit über 100 Jahre; wenn die Menschen früher mit 40 Jahren gestorben sind – das war unnormal. Es ist normal, rüstig 80 Jahre alt zu werden. Was wir derzeit angesichts unseres Wissensfortschritts erleben, ist also nicht – oh Gott! – eine Überalterung, sondern schlicht eine Normalisierung. Auch der technische Fortschritt muss kein Kostentreiber sein – fortschrittliche Verfahren wie zum Beispiel Endoskopie sparen Geld ein. Kaum einer wagt auszusprechen, was das System sprengt: Das meiste Geld der Krankenkassen wird für die Folgen des individuellen Lebensstils in den vorangegangenen Jahrzehnten ausgegeben.

Und der Kostendruck im Gesundheitswesen nimmt weiter zu (müssen eben zwei anstatt wie bisher drei Krankenschwestern auf einer Station zusehen, wie sie mit der Arbeit zurechtkommen). Beim Personal kann man aber nur bis zu einem gewissen Punkt sparen: Denn irgendwann bekommt man keine Pfleger mehr. In vielen Krankenhäusern fehlen bereits Ärzte, weil immer weniger bereit sind, zu diesen Bedingungen zu arbeiten – ein geregelter Achtstundentag beim medizinischen Dienst der Krankenkassen ist attraktiver. Die Politik behauptet, die heutigen Leistungen des Gesundheitswesens für den Einzelnen würden so bleiben, während sie gleichzeitig das Gesamtsystem deckelt und Nullrunden verordnet. Das eine hängt aber mit dem anderen zusammen: Schon kurzfristig wird der Einzelne schlechter versorgt werden, wenn nicht dem Gesamtsystem mehr Ressourcen zugeführt werden. Stattdessen liefern sich die Akteure einen immer härteren Verteilungskampf. Dabei sind heute erst ein Drittel aller Krankheiten therapierbar, und in Zukunft sollen es zwei Drittel sein, aber immer weniger von allen sind bezahlbar. Sollte es wie nach jedem Kondratieffzyklus zu einem Crash kommen, jetzt, nachdem die Produktivitätsfortschritte ausbleiben, die uns der Computer brachte und dessen Infrastruktur weitgehend fertig investiert ist, würde auch das Gesundheitssystem noch weiter in die Enge getrieben.

Die Gesundheitspolitik von heute löst diese Probleme nicht, sondern verschiebt sie in die Zukunft. Sie gaukelt den Menschen vor, man müsse nur die Verteilungsgesetze verfeinern oder die Beiträge ein bisschen erhöhen, ansonsten könne man so in dem bisherigen System bleiben wie bisher. Noch traut sich kaum ein Politiker die Wahrheit zu sagen: Das jetzige Krankheitssystem ist nicht mehr in der Lage, die gewaltig ansteigende Nachfrage nach Gesundheit zu befriedigen, und es ist so nicht mehr finanzierbar. Denn was passiert, wenn alles bleibt, wie es ist? Die Bewahrer des heutigen Systems verkennen, dass das System ohne drastischen Umbau einstürzen wird. Die Krankenkassenbeiträge werden weiter steigen – aber bis zu welchem Prozentsatz? Werden wir in ein paar Jahrzehnten die Hälfte des Bruttolohns in die Krankenkasse abführen? Das wird die Lohnkosten für die Arbeitgeber so in die Höhe treiben, dass manche Arbeitsplätze in Deutschland nicht mehr konkurrenzfähig sind. Die Probleme werden bleiben: Die Gesundheitsanbieter werden immer weniger wirtschaftlich arbeiten, die Kranken immer schlechter versorgt werden. Dabei geht es gar nicht in erster Linie um Geld, sondern um den realen Gesundheitszustand der Bevölkerung, ihren Lebensstil, ihrer Gedankenhygiene.

Die Kondratiefftheorie wird in diesem Zusammenhang für das Gesundheitswesen wichtig, weil sie aussagt: Physische und psychische Gesundheit ist die neue aufgestaute volkswirtschaftliche Knappheitsgrenze, die im Moment das Wachstum niedrig hält. Die Schäden für die gesamte Volkswirtschaft verdeutlichen: Der vermeintliche Kostenfaktor »Gesundheit« wird der künftig entscheidende Produktionsfaktor für die Wirtschaft in der Informationsgesellschaft, eine wirtschaftliche Macht. Gesundheit, und zwar im ganzen, also auch im seelischen und sozialen Sinne, die Lebensarbeitszeit mit produktiver Gedankenarbeit – das ist heute die neue Knappheitsgrenze im Sinne der Kondratiefftheorie, die das Wachstum niedrig hält. Deswegen werden sich daran die neuen Strukturen und Märkte entwickeln.

Kondratieffs Theorie erklärt auch das Wachstumspotenzial, das im Gesundheitswesen steckt. Nicht monetäre Effekte treiben demnach die Wirtschaft, sondern das, was beim realen, täglichen Wirtschaften an Ressourcen eingespart wird: Aus der tiefen, lang anhaltenden Wirtschaftskrise der 1820er-/1830er-Jahre haben uns nicht die zusätzlichen Eselskarren herausgezogen, die wir den bestehenden hinzufügten, sondern die völlige technische, soziale und organisatorische Erneuerung des Transportwesens durch die Eisenbahn, die viel mehr Menschen und Güter als bisher zu weit geringeren Kosten transportierte. Nicht das zusätzlich zirkulierende Geld hat die Wirtschaft angetrieben – die Löhne für die Gleisarbeiter und Bahnhofsvorsteher, der Umsatz mit Eisenschienen, die Ausgaben für Lokomotivfabriken –, sondern die eingesparten Ressourcen: Anstatt drei Wochen mit dem Pferd von New York nach Chicago reiten zu müssen, kostete diese Reise mit der Bahn einen Geschäftsmann nun nur noch drei Tage. In den eingesparten zweieinhalb Wochen konnte er etwas anderes machen, als auf dem Pferderücken zu sitzen. Seine in dieser Zeit zusätzlich erbrachte Leistung ist der Wachstumseffekt für die Wirtschaft.

Auch der künftige Gesundheitsmarkt wird vor allem Ressourcen einsparen: Nicht die zusätzlichen Ausgaben für Gentechnik oder Medikamente treiben die Wirtschaft an, sondern wenn man mithilfe der Gentechnik Organe züchten und transplantieren kann, kann ein Mensch wieder Vollzeit arbeiten oder Kinder hüten oder der Gesellschaft sonstwie dienen, und er wird viele Jahre länger leben. Nicht die Ausgaben für Gesundheitsaufklärung und Prävention treiben die Wirtschaft, sondern eine wachsende Selbstbeteiligung wird die meisten dazu bringen, sich mehr zu bewegen und gesundheitsverträglicher zu essen, sodass sie weniger von Zivilisationskrankheiten betroffen werden. Das zunehmende Verständnis über die Zusammenhänge von Körper, Geist und Seele (Psychosomatik) wird die Entwicklung neuer Behandlungskonzepte forcieren. Verschiedene Ärzte und Gesundheitsanbieter werden sich vernetzen, um gemeinsam an der Gesundheit eines Menschen zu verdienen.

Ein Kondratieffzyklus ist jedoch keine Sache einer einzelnen Branche, sondern eine gesamtgesellschaftliche Erscheinung. Wie die Eisenbahn, das Auto und der Computer die gesamte Gesellschaft neu strukturiert haben, so wird auch das Knappheitsfeld »Gesundheit« alle Bereiche des Lebens verändern: Von der Schulbildung, der Arbeitsorganisation über eine neuformierte Sozialversicherung bis hin zu neuen Gesundheitsberufen und Industrien wie der Gentechnik. Nicht noch mehr von Demselben ist die Zukunft, sondern völlig anders müssen das System, die Verhaltensweisen und zum Teil auch die Technologien sein, mit denen wir physische und psychische Gesundheit vor allem erhalten und erst dann reparieren. Übergänge zwischen zwei Strukturzyklen waren bisher immer von Unruhe und Auseinandersetzungen geprägt. Aber nur dann, wenn wir auch politisch undankbare Probleme ungeschminkt angehen, werden wir den Bestand an Arbeitsplätzen erhöhen, die Krankheitskosten in eine ausgewogene Relation zu unserer Leistungsfähigkeit bringen und die Produktivität unserer Volkswirtschaft so steigern, dass wir wieder die Ressourcen erwirtschaften, die wir brauchen, um die Renten zu finanzieren, die Krankenkassen zu stabilisieren und Schulen und Universitäten ausreichend auszustatten.

Innovationen

Aus der drohenden Zahlungsunfähigkeit des Gesundheitswesens führen uns drei Wege: Innovationen, Selbstbeteiligung und Prävention. Die Knappheitsgrenze Gesundheit macht es wirtschaftlich rentabler, mehr Geld in die Entwicklung von Medikamenten, neuen Diagnoseverfahren, Medizintechnik und dem Unterricht und Training von balancierter Selbststeuerung zu stecken, die heutige Heilverfahren billiger oder effizienter machen. Das ist der Grund, warum Gentechnik, Nanotechnik oder präventive Psychohygiene Zukunftsmärkte sind – als Hilfen, länger gesund zu bleiben. In manchen Fällen werden sie Kosten senken, in vielen anderen aber werden sie zunächst mehr kosten, obwohl sie – rein ökonomisch gedacht – das Geld wieder erwirtschaften, wenn der Patient entsprechend länger gesund lebt. Kann sein, dass manche dieser neuen Verfahren sogar so teuer sind, dass sich die Krankenkassen weigern, sie zu zahlen. Dann wird die Ungleichheit im Land zunächst weiter zunehmen, weil sich sehr teure Operationen oder Medikamente vielleicht nur die ganz Reichen leisten können. Doch schon heute kann nicht jeder im feinen Restaurant essen gehen, nicht jeder kann sich einen Wellnessurlaub leisten, nicht jeder eine gesündere Wohnlage bezahlen, ganz zu schweigen von Kranken in der Dritten Welt, denen oft schon mit einem minimalen Bruchteil unserer Krankenkosten mehr als geholfen wäre.

Auch in der Vergangenheit war es so, dass eine neue Basisinnovation nicht für jeden erschwinglich war. Das Auto war zunächst das Spielzeug der sehr reichen Leute. Doch je mehr Reiche sich ein Auto leisteten, umso mehr lernten die Hersteller, konnten sie billiger und besser herstellen, bis sich auch ein Student einen VW-Käfer leisten konnte. Ebenso wird es mit den vielen neuen Gesundheitsinnovationen sein, die die Kassen finanziell überfordern. Dafür müssen die Versicherten in ihre eigene Tasche greifen, und sei es nur für einen Anteil der Behandlungskosten – zumindest für die Reichen kein Problem. Doch je öfter sie angewendet wurde, je mehr Erfahrungen die Ärzte damit sammeln, je mehr Personal daran ausgebildet sind, je größer die Stückzahlen von Apparaten, neuartigen dritten Zähnen und Arzneien werden, umso billiger werden diese, und umso mehr Menschen werden sie sich leisten können.

Selbstverantwortung

In manchen Familien erkranken die Mitglieder seit Generationen mit Anfang 60 an Krebs – die Gene der Vorfahren können wir uns nicht aussuchen. Und auch auf manche Lebensumstände haben wir keinen Einfluss – daher muss das solidarische Gesundheitswesen erhalten bleiben. Doch irgendwann werden wir krank zum Arzt gehen, und er wird uns sagen: »Wenn Sie wollen, dass ich Sie jetzt behandle, dann haben Sie das sofort per Lastschrift zu bezahlen. Wissen Sie, ich habe einfach keine Lust mehr auf Ärztekammer und Punktesystem. Sie müssen schon selbst mit der Krankenkasse herumstreiten, was Sie davon noch erstattet bekommen.« Nach dem Zusammenbruch des heutigen Gesundheitssystems wird die Wirklichkeit umso grausamer, ungerechter und zuzahlungsintensiver sein, je mehr wir uns heute einem präventiven Gesundheitssystem verweigern, in dem das größte Wachstumspotenzial für die Volkswirtschaft liegt.

Gesunderhaltung kann aber nicht funktionieren, wenn die Leute nicht mitmachen. Das heutige Gesundheitssystem funktioniert nach dem Prinzip: »Wie ich mit meinem Leben umgehe, das geht dich überhaupt nichts an. Aber wenn ich dann krank werde, sollt ihr alle für meine Reparatur und Pflege zahlen.« Als in der Masse der Industriegesellschaft Leben und Arbeitsweisen noch relativ unterschiedslos vergleichbar waren, machte das Sinn. Doch jetzt in der individualisierten Informationsgesellschaft sind die Freiräume des Einzelnen größer. Das meiste Geld der Krankenkassen wird für die Folgen des individuellen Lebensstils ausgegeben. Immer mehr Kinder sind dick und haben die Krankheitssymptome alter Menschen. Es kann sein, dass die nächste Generation eine niedrigere Lebenserwartung haben wird als die ihrer Eltern. Zu wenig Schlaf macht müde, dumm, vorzeitig alt und ruiniert die Gesundheit. Im Schlaf repariert der Körper Zellen und Organe und lässt den Körper wachsen, auch das Immunsystem wird aufgerüstet. Wer das Rauchen aufgibt und täglich zudem Obst und Gemüse isst, hat eine gute Chance, länger gesund zu leben. Wer sich selbst und seine Belastungsgrenzen kennt, kann einem Burnout durch kluge Lebensgestaltung entgehen.

Einst haben wir mit besserer Hygiene Pest und Kindbettfieber präventiv besiegt. Heute haben wir es mit Seuchen wie der körperlichen Faulheit zu tun, euphemistisch auch »Bewegungsmangel« genannt. Sie verursacht einen Großteil der Zivilisationskrankheiten samt Todesfolgen. Denn der Körper leidet darunter, dass er nicht in Schwung kommt – ohne Bewegung gibt es kaum Stoffwechsel, die Zellen werden dann zu schlecht versorgt und nicht mehr repariert, das Immunsystem vernachlässigt. Oder unsere Gedankenhygiene: Alles, was uns ärgert, wütend macht, ängstigt, sorgt gleichermaßen dafür, dass wir unseren Körper anspannen. Doch ein Muskel, der auch nur zu einem Drittel angespannt ist, wird nicht mehr durchblutet, und wer nicht mehr durchblutet wird, der ist schon fast tot.

Herz-Kreislauf-Störungen, Krebs, Diabetes, Übergewicht, Rückenschmerzen, Schlaflosigkeit oder Kopfschmerzen sind nicht naturgegeben, sondern schlicht die Folgen einer rein sitzenden Lebensweise, für die wir nicht konstruiert sind. Während sich also Gesundheitsministerin, Krankenkassen und Ärzte um die Beiträge der Bürger streiten, bleiben die größten Reserven von zig Milliarden Euro schlicht unberührt. Nur wenig mehr moderate, tägliche Bewegung könnte die Lohnnebenkosten in Deutschland stark entlasten. Kleine Regenerationspausen, gekoppelt mit gezielten Entspannungsübungen, würden die Anzahl der psychosozialen Erkrankungen sofort sinken lassen.

Die Krankenkassen haben zwar längst mit Präventionsangeboten und einem Bonussystem reagiert. Doch es wird von der Bevölkerung zu wenig angenommen: Oft zu kompliziert, zu anstrengend, und überhaupt: Warum solle man etwas an seinem Lebensstil ändern, wenn es doch der Arzt ist, der einem jederzeit quasi kostenlos Medikamente verschreibt, die die Krankheit wieder vertreiben. Kurz: Die Prävention scheitert daran, dass der ökonomische Druck der aufgestauten Knappheitsgrenze Gesundheit nicht an den Einzelnen weitergegeben wird, sich die Krankenkassenbeiträge der Berufstätigen aber nicht mehr wie bisher einfach weiter anheben lassen. Die Lösung ist jedoch nicht ein Gesundheitsfaschismus, in dem der Staat zwangsweise dem Einzelnen vorschreibt, wie er zu essen, wie er sich zu bewegen oder was er zu tun hat. Niemandem kann verboten werden, unbeweglich und Chips konsumierend die Abende vor dem Fernseher zu verbringen, nachdem er den ganzen Tag auf einem Bürosessel saß. Aber wer sich in seiner Freiheit so entscheidet, der kann künftig nicht mehr so wie bisher von den anderen verlangen, sie sollten sich die Konsequenzen seines Verhalten aufbürden lassen.

Gegen eine höhere Selbstbeteiligung wird eingewendet, dass es nur wenige Kranke sind, welche die meisten Kosten verursachen: 20 Prozent der Versicherten verursachen 80 Prozent der Kosten, fünf Prozent der Patienten die Hälfte der Arzneikosten. Deswegen würden vor allem chronisch Kranke und alte, oft mittellose Menschen davon getroffen werden. Es mag ja stimmen, dass der Mensch in seinen letzten Jahren die höchsten Krankheitskosten verursacht. Nur: Bei einer Politik der Selbstbeteiligung geht es weniger um die Kranken von heute als um die vielen, die übermorgen lieber nicht krank werden sollen.

Ob und wie sehr er im Alter krank oder sogar pflegebedürftig ist, hängt vor allem von seinem Lebensstil in den vorangegangenen Jahrzehnten ab, ja sogar von seinem Lebensstil in der Jugend. In den Lebensstil des Einzelnen kann man aber nicht eingreifen, ohne die persönliche Freiheit zu verletzen. Deswegen wird die neue Gesundheitspolitik einen öffentlichen Rahmen schaffen, in dem der Einzelne die Verantwortung für seine Gesundheit nicht an die Ärzte oder an den Staat delegiert, sondern selbst wahrnimmt, und in dem der Einzelne die Konsequenzen seines Handelns spürt. Wie zu Beginn eines jeden langen Strukturzyklus sind die Fragen offen: Wer wird die Gesunderhaltung koordinieren – der Hausarzt oder die Krankenkasse? Oder völlig neue Einrichtungen?

Die wirtschaftliche Dynamik dieses Systems wird ungeheuer sein. Ärzte verdienen heute nur an Kranken. Und wenn sie dem Patienten raten, sich mehr zu bewegen, dann tun sie es nur aus Nächstenliebe, aber nicht aus beruflich-monetären Gründen. Künftig sollten sie an Gesundheit verdienen. Wenn ein Hausarzt für eine längere Behandlung 200 Euro kostet, dann wird man sich überlegen, ob man nur zu dem geht, der einem Blut abnimmt und ein Medikament verschreibt, oder ob man zu dem geht, der den Patienten auch zur Seite nimmt und mit ihm spricht: »Was ist in Ihrem Leben eigentlich passiert, dass Sie jetzt einen Tinnitus im Ohr haben? Und übrigens: Ich bin vernetzt mit zahlreichen anderen Gesundheitsanbietern – Seelsorgern, Gymnastiktrainern, Ernährungsberater – und wir zusammen können Ihre Gesundheit optimieren.«

Dazu wird es nötig, die medizinischen Fachgrenzen zu verlassen. In Gesundheitszentren – die können sich neu bilden, aber ebenso eine Weiterentwicklung heutiger Kreiskrankenhäuser sein – arbeiten alle medizinischen Berufe künftig im Team zusammen. Das gehört zu den Querschnittsstrukturen des sechsten Kondratieff wie heute ansatzweise in der Finanzberatung. Dort optimieren verschiedene Spezialisten die Vermögenssituation eines Kunden aus ihrer fachlichen Sicht. In den Wissenschaften nehmen fachübergreifende Projektgruppen ebenfalls zu. Ebenso werden die Gesundheitsberatungsberufe arbeiten: Ein Ernährungsberater, zusammen mit einem Fitnessberater, einem Homöopathen, einem Psychotherapeuten, einem Resilienz-Trainer, einem Allgemeinmediziner. Bisher wurden Ärzte dafür ausgebildet, alleine zu entscheiden. Sie sind Einzelkämpfer, die sich schwer zusammenschließen lassen, um ihre unterschiedlichen Fachkenntnisse auf einen Patienten gemeinsam anzuwenden. Die Ärzte der Zukunft sind vor allem Teamplayer mit hoher sozialer Kompetenz – auch untereinander.

Prävention

Diese präventiven Behandlungen sollen jedoch nicht aus der privaten Tasche, sondern von den Krankenkassen bezahlt werden. Damit würde die Gesundheitspolitik das, was sie den Versicherten bei einer höheren finanziellen Selbstbeteiligung im Krankheitsfall nimmt, über die Prävention auch wieder zurückgeben – der dritte Weg aus der Zahlungsunfähigkeit. Das wäre auch sozial. Heute werden alle Schichten im Krankheitsfall versorgt, doch Dienstleistungen und Produkte der Gesunderhaltung können sich nur die Reichen leisten. In einem System, in dem Prävention von der Solidargemeinschaft bezahlt wird, können sich die weniger gebildeten und weniger wohlhabenden Gesellschaftsschichten ebenso Gesundheit leisten; dafür funktioniert die Krankenkasse im Krankheitsfall nur noch wie eine Teilkaskoversicherung wie beim Auto. Dann ist der ökonomische Druck für den Einzelnen da, selbst Verantwortung für seine Gesundheit zu übernehmen. Der reale Gesundheitszustand der Bevölkerung steigt.

Die Gesundheitspolitik dieses Systems wird die Menschen befähigen, ihren Lebensstil selbstverantwortlich zu reformieren. Zum Beispiel, indem sie Information nicht den Fitnessgauklern mit hohem Unterhaltungswert und fragwürdigem Nutzen überlässt, sondern über Hintergründe des eigenen Körper und der Psyche aufklärt, damit die Menschen selbst zum Regisseur ihrer Gesundheit werden. Dazu gehört – wie übrigens schon vor der rein naturwissenschaftlichen Medizin üblich, bei Hippokrates im alten Griechenland oder bei den Visionen, welche die Heilige Hildegard von Bingen niederschrieb – moderates körperliches Training und der Mut zur Langsamkeit, Ernährung, Gedankenhygiene, soziale Beziehungen, Werthaltung. Und auf einmal sind es Kernfragen des Lebens, die im Zentrum der Auseinandersetzung stehen.

Wahrscheinlich werden die großen Parteien bald anfangen, ihre Programme auf ein vorsorgendes Gesundheitssystem umzuschreiben. Vielleicht auch nicht. Dann könnte es laufen wie seinerzeit beim ökologischen Problem und den Grünen: Dass die volkswirtschaftlichen Kräfte realer Gesunderhaltung so stark werden, dass sich daraus eine eigene Partei gründet.

Die Bedeutung von Resilienz für Unternehmen und ihre Mitarbeiter

Statt Nebenprodukt gezielte Förderung

Schon immer zeichneten sich erfolgreiche Unternehmen durch besondere Innovationskraft, Flexibilität und Anpassungsfähigkeit aus. Gerade im Mittelstand finden sich tatkräftige, beherzte Geschäftsführer, die das Auf und Ab der Konjunktur nicht bejammern, sondern lieber die Ärmel hochkrempeln. Durch schwierige Umstände geraten sie nicht in eine passive Dulderrolle – nein, ganz im Gegenteil. Widerstände entzünden in ihnen eine Art Sportsgeist, sich nicht unterkriegen zu lassen. Diese meist sehr charismatischen Persönlichkeiten sind getragen von einem starken Wertekanon und klaren Zielen. Ihr Wirken scheint wie in einem größeren Bogen sinnhaft aufgehoben. Auch sie werden enttäuscht und verletzt – aber ihre gefestigte Persönlichkeit lässt sie diese Rückschläge verschmerzen. Ihre schon gewonnenen Schlachten stärken ihnen den Rücken.

In diesen Firmen weht von Natur aus der Geist der Resilienz, da er von der Geschäftsführung in authentischer Form vorgelebt wird. Der gängige Führungsstil und die Organisationsstruktur richten sich danach aus. Oftmals wird darüber nicht bewusst reflektiert, da diese proaktive Orientierung ein ganz natürlicher Bestandteil ihrer Unternehmenskultur ist. In diesem Fall entsteht Resilienz als Nebenprodukt eines charakterstarken Geschäftsführers, der Risiken und Turbulenzen nicht scheut, sondern als Faktum anerkennt. Diese Fähigkeit rüstet das Unternehmen mit ungemeinen Wettbewerbsvorteilen aus.

Denn die immer schnellere Abfolge von ökonomischen, politischen und umweltbedingten Erschütterungen fordert letztendlich alle Organisationen heraus, solide Bewältigungskompetenzen zu generieren. Zudem ist innere Kraft und Robustheit nicht nur in Extremsituationen ein immenser Vorteil, sondern verleiht der gesamten Geschäftsentwicklung eine besondere Dynamik. Wer Veränderungen nicht mehr als Störfaktor vermeiden möchte, sondern als Katalysator für einen Salto nach vorne begreift, der ist für die kommende Zeit gut gerüstet. Denn er wird seinen gesamten Firmenaufbau, ob auf personeller oder struktureller Ebene danach konzipieren. Wer die Kernbotschaft der Resilienz zuverlässig und dauerhaft in seiner Organisation implementieren möchte, wird sie auch als Kernpunkt in der Unternehmenskultur und strategischen Fokussierung verankern. Das Gleiche gilt für das Thema »Gesundheit«.

Gesundheit als Zukunftsvermögen

Das Buch »Die Gesundarbeiter« von Siegfried Gänsler und Thorsten Bröske widmet sich dem Thema ausführlich (2010, S. 11 f.):

> »Gesundheit wird noch in diesem Jahrzehnt eines der großen strategischen Themen für Unternehmen werden – mit einem neuen, viel höheren Stellenwert als heute … Die Dimension des Themas Gesundheit für Unternehmen wird in unseren Augen vergleichbar sein mit anderen Großthemen, die aus einer Randposition des Tagesgeschäfts in nur wenigen Jahren auf die strategische Agenda des Managements gelangten. Unternehmensberater nennen dies den Übergang vom ›nice to have‹ zum ›mission critical‹ […] Dafür gibt es zahlreiche Vorläufer: vor 30 Jahren die IT, vor 20 Jahren das Umweltmanagement und in den letzten Jahren zum Beispiel das große Thema Compliance. Gesundheit wird zur Zukunftsressource für Unternehmen […]
> Beispiel Umweltschutz: Am Anfang sah man nur die Kosten, heute zeigt sich, welchen Vorteil er im weltweiten Wettbewerb bringt. Sogar der Bundesverband der Deutschen Industrie (BDI) konstatiert: ›Deutsche Unternehmen sind Marktführer bei Umweltschutztechnologien und bieten zahlreiche Lösungen für kosteneffizienten Klimaschutz an.‹ Wäre das nicht ein erstrebenswertes Ziel für uns alle, wenn man innerhalb der nächsten zehn Jahre einen solchen Satz auch über Gesundheit und Arbeit sagen könnte?«

Die Praxis zeigt: Leichter gesagt, als getan. Theoretisch klingen all diese Dinge plausibel und nachvollziehbar. In der Praxis offenbart sich aber, dass gerade Themen, die die Verwandlung von eingeschliffenen Denk-, Gefühls- und Verhaltensweisen fordern, sich nur mit großer Geduld und hohem Überzeugungsaufwand konkretisieren lassen.

Ein Unternehmen steht auf zwei Beinen

Entscheidet sich ein Unternehmen, sich dem Thema »Resilienz« zu widmen, besteht die Herausforderung, weiche und harte Faktoren gleichermaßen auf den Prüfstand zu legen. Dabei muss das empfindliche Zusammenspiel der Sach- und Beziehungsebene beachtet werden. Denn Unternehmen stehen wie auf zwei Beinen: Zum einen auf der Sach- und Strukturebene mit messbaren Zahlen, Daten, Fakten. Zum anderen auf der Beziehungs- und Kulturebene. Beide Beine sollten möglichst gleich stark ausgeprägt sein – ist eines der Beine kürzer gewachsen, gleich welches, »humpelt« das Unternehmen. Dieses »Humpeln« kann sich einerseits ausdrücken in sinkenden Ertragsspannen, zu hohen Fehlerquoten oder Kundenbeschwerden, zum anderen in unzufriedenen Mitarbeitern, zunehmender Fluktuation, schwindendem Vertrauen, Präsentismus oder ansteigender Krankenquote. Diese subtile Gesamtdynamik gilt es zu erfassen und schrittweise aufzuschlüsseln.

Wer sein Unternehmen krisenfest machen möchte, sollte daher auf verschiedenen Ebenen gleichzeitig agieren, wie ich bereits in der Einleitung betont habe. Es gilt,

- → die Einzelperson – ob Vorstand, Geschäftsführer, Führungskraft oder Mitarbeiter – in ihrer individuellen Rolle und Befähigung zu stärken,
- → das Zusammenspiel der einzelnen Akteure und Teams zu optimieren,
- → auf struktureller Ebene Möglichkeiten aufzuzeigen, die eine umfassende betriebliche Resilienz-Entwicklung ermöglichen.

Hierfür braucht es ein durchdachtes, systematisches Vorgehen.

Vernetzte Ebenen

Wer eine stabile, umfassende Resilienz-Kultur kreieren und praktisch umsetzen möchte, sollte alle Mitarbeiter der Firma auf ihren unterschiedlichen Verantwortungsebenen bewusst in den Veränderungsprozess mit einbeziehen. Als Erstes gilt es, die Blickpunkte, Anliegen und Erfordernisse der Geschäftsleitung herauszufiltern und die realistischen Möglichkeiten des Unternehmens in Bezug auf Strukturveränderungen, Unternehmenskultur, Führungskräfteschulung, Personalentwicklung zu klären. Dabei erscheint es angebracht, auf der Sachebene die vorhandenen Ressourcen zu überprüfen, Kosten und Nutzen abzuwägen und die Unternehmensstrategie mit der Personalstrategie abzugleichen.

Auf menschlicher Seite ist die Bereitschaft zu wirklicher Veränderung zu betrachten. Resilienz-Entwicklung bedeutet Persönlichkeitsentwicklung – nur durch die Kraft und Aufmerksamkeit jedes Einzelnen lassen sich Werte zuverlässig im bewegten Arbeitsalltag verankern. Dabei sollten Geschäftsleitung und Führungskräfte ihren Mitarbeitern als inspirierende und authentische Vorbilder vorangehen und mit beharrlicher Handlungskonsequenz die gemeinsame Entwicklung vorantreiben. Die Klarheit und Konsequenz der Verantwortungsträger im Unternehmen sind der Treibstoff für fundierte Veränderung.

Nach der Geschäftsleitung gilt es, den Mitarbeitern in ihren Blickpunkten und Anliegen sehr genau zuzuhören. Sie sind meistens nah am Geschehen des Verkaufs, des Vertriebs oder der Produktion und sammeln tagtäglich wichtige Basisinformationen.

Das Bindeglied zwischen Geschäftsleitung und Mitarbeitern sind die Führungskräfte. Sie nehmen bei der konkreten Umsetzung eine besonders wichtige Rolle ein, da sie den direkten Draht zu den Teammitgliedern haben. Die Qualität der Beziehung zwischen Mitarbeiter und direktem Vorgesetzten hat maßgeblichen Einfluss auf erbrachtes Engagement und Leistungsfähigkeit.

Gerade von Führungskräften wird heutzutage ein ungeheures Repertoire von Fertigkeiten verlangt. Gefragt sind Kompetenzen wie souveräne Selbststeuerung, innere Festigkeit und hohe Stressresistenz, Selbstvertrauen, Freude an Neuerungen, klare Werteverankerung, kreatives Denken, einfühlsame Kommunikations- und Beziehungsfähigkeit, natürliche Autorität, um Mitarbeitern in schwierigen Zeiten Halt und Ausrichtung zu geben, Einschätzungsvermögen für die Belastbarkeit von Teammitgliedern, die Fähigkeit, Prioritäten setzen zu können, um Wesentliches von Unwesentlichen zu trennen und, und, und. Welche Führungskraft wurde auf diese Aufgabe umfassend vorbereitet? Und wer findet in seinem Vorgesetzten ein klares Vorbild beziehungsweise erfährt von ihm Rückendeckung, um diesem Leistungsprofil gerecht zu werden?

In unserem Beratungs- und Trainingsansatz werden alle Ebenen gleichermaßen registriert, in den individuellen Bedürfnissen geachtet und in die Umsetzungspflicht genommen. Durch die gleichzeitige Bearbeitung komplexer, miteinander vernetzter Themen werden positive Synergien freigesetzt und miteinander nachhaltig zur Wirkung gebracht.

Veränderung beginnt im Geist

Ein weiterer sehr wesentlicher Aspekt ist die grundsätzliche Art und Weise der Zusammenarbeit. Was es heutzutage braucht, ist ein tief verstandenes Miteinander, kein Neben- oder gar Gegeneinanderarbeiten. Leider werden viele Firmen immer noch vom klassischen Zwei-Fronten-Krieg beherrscht, auch wenn er sich noch so subtil darstellen mag. Mitarbeiter stöhnen unter unrealistischen Zielen und nicht zu erfüllenden Leistungsvorgaben. Die Geschäftsführung vertritt die Einstellung, dass ihre Forderungen für das Fortbestehen der Organisation unumgänglich sind und die Arbeitnehmer zu wenig unternehmerisches Denken an den Tag legen.

Beide Seiten sollten ihre Aussagen immer wieder neu hinterfragen und aus einem größeren Verständnis für Zusammenhänge aufeinander zugehen. Denn diese kraftraubenden internen Diskussionen mit all ihren Kollateralschäden – ständige Konflikte und Reibungsverluste, Aufbau von abgekapselten Fürstentümern, Motivationskiller, innere Kündigung, psychosozialer Stress – können wir uns bei den externen Herausforderungen nicht mehr leisten. Es ist ein hoher Anspruch, innerhalb globalisierter Märkte – mit all ihren ökonomischen und ökologischen Anforderungen – ein nachhaltiges Wirtschaften zu realisieren. Hierfür sollten Organisationen ihre gebündelte Kraft auf diese Aufgaben richten, anstatt sich in hausgemachten Grabenkämpfen zu verschleißen.

Resilienz-Entwicklung hat immens mit Vertrauen und Zusammenhalt zu tun. Teams und Gruppen, die sich emotional aufeinander einlassen und sich mental zusammenschweißen, haben große Chancen, ihre PS voll auf die Straße zu bringen. Die Voraussetzung hierfür sind Respekt und Achtung vor jedem einzelnen Gruppenmitglied. Jeder der Beteiligten sollte einen Gewinn aus dem Zusammenspiel ziehen können, dann bringt auch er gerne seine Kraft und sein Engagement in den großen Topf mit ein. Dieser Zusammenhalt sollte nicht nur in den einzelnen Teams herrschen, sondern auch an den firmenübergreifenden Schnittstellen der einzelnen Bereiche.

Natürlich ist dieser Geisteswandel nicht von einem zum anderen Tag zu realisieren – und doch kann er gelingen. Meine langjährige Erfahrung zeigt: Vitalität und Widerstandskraft kann in Einzelpersonen, Teams und Organisationen gezielt geweckt beziehungsweise trainiert werden. Es braucht nur die klare Entscheidung dazu und die Möglichkeit zu kontinuierlichen Lernprozessen. Wer mit Witz und Biss dranbleibt, kann ungeheure Gipfel bezwingen.

Grenzüberschreitung mit System

Ein interessantes Beispiel aus dem Spitzensport ist hierfür Hans Kammerlander, ein Extrem-Alpinist, mit dem zusammen ich öfter Seminare leite. Wenn Hans mit seinen Teamkollegen zu einer schwierigen Expedition aufbricht, in der sie für Monate die Zivilisation verlassen, sind diese Menschen auf Gedeih und Verderb aufeinander angewiesen. Ihr Denken, Reden und Handeln haben direkte, spürbare Konsequenzen, die von ihnen selbst ausgebadet werden müssen. Das Bild: Eine Kette ist nur so stark wie ihr schwächstes Glied. Dies wird ihnen täglich, ja manchmal stündlich vor Augen geführt. Hans berichtet in seinen Vorträgen auf ungemein herzliche, menschliche Art davon, wie viel Lehrgeld er und seine Kollegen gezahlt haben, bis sie zunehmend begriffen haben, wie wichtig, neben allen harten Fakten, die weichen Faktoren sind.

Jedes Expeditionsmitglied achtet penibel auf seinen persönlichen Energiehaushalt und meldet sofort seinen Kollegen, wenn er spürt, dass Defizite auftauchen. Atmosphärische Störungen im Team können nicht ausgesessen werden, da jeder unterschwellige Konflikt sich im präzisen Zusammenspiel am Berg auswirken würde. Probleme werden nicht verdrängt oder totgeschwiegen, sondern möglichst wertfrei und neutral angesprochen. Sie werden weder über- noch unterbewertet. Gemeinsam, im offenen Gespräch, gelingt es ihnen meistens, widrigste Umstände zu meistern – da sie nicht nur sprichwörtlich an einem Seil ziehen.

Besonders beeindruckend ist für mich auch ihre Art, sich auf die verschiedensten Eventualitäten ihrer Expedition vorzubereiten. Grundlage ist dabei eine präzise Vorausplanung unter Miteinbeziehung verschiedener Krisensituationen und deren Eskalationsstufen. Mögliche Zukunftsszenarien werden durchgespielt, oft mithilfe einer besonderen mentalen Technik der inneren Visualisierung. Vielfältige Handlungsoptionen werden dabei nicht nur durchdacht, sondern durchfühlt. Dieses assoziierende Eintauchen in den »Worst Case« fungiert als eine Art Impfung für ihren gesamten Organismus. Sie bereiten ihren Körper, ihre Gefühlswelt, die Macht ihres Willens und die Überzeugungskraft ihrer Seele darauf vor, mit unmenschlichen Belastungen und den verbundenen Ängsten und Zuständen tiefer Ohnmacht und Einsamkeit umzugehen. Hans betont oftmals, dass ihm diese präzise Vorbereitung schon mehrfach das Leben gerettet hat.

Neben diesem planvollen Vorgehen verstehen diese Abenteurer es aber auch, blitzschnell von ihren ausgearbeiteten Strategien abzuweichen. Da die Natur für jegliche Überraschung gut ist, stehen sie quasi stündlich vor der Entscheidung, ihrem besprochenen Tagesplan zu folgen oder in die freie Improvisation überzugehen. Diese Balance zwischen akribischer Vorausschau und intuitivem Handeln bietet ihnen den größten Spielraum, um Handlungsoptionen zu identifizieren. Die eigenen Grenzen zu kennen und sie klar sowie deutlich zu kommunizieren, schenkt ihnen die Möglichkeit, Grenzüberschreitungen systematisch anzulegen und durchzuführen. Ihre geistige Kraft, die sie über Jahre geschult haben, ist ihnen ihr zuverlässigster Sparringspartner – und so heißt es in Bergsteigerkreisen: »Der stärkste Muskel beim Klettern ist der Kopf.«

Viele dieser Erkenntnisse, die unter extremen Umständen gereift sind, lassen sich auf den Unternehmensalltag übertragen, der manches Mal ebenfalls mit Extremsituationen aufwartet.

Resilienz ist aus meiner Sicht ein hoch faszinierendes Thema, um miteinander ins Gespräch zu kommen und Geschäftsführung – oder Führung an sich – aus ganz anderen, auch abenteuerfreudigen Perspektiven zu entdecken. Ein Konsens über den Umfang der zu erwartenden Herausforderungen bildet die Basis, um vielfältige Strategien und Handlungsoptionen auszuloten. Wichtig ist, dass die Beschäftigung mit Grenzsituationen vor deren Eintreten passiert. Nur im Zustand der emotionalen Ruhe und Gelassenheit kann der Verstand Weitsicht und Ideenreichtum kultivieren. Sobald Anspannung auftritt und Stresshormone in der Blutbahn zirkulieren, schränkt sich das Denkvermögen immens ein. Adrenalin setzt uns Scheuklappen auf und verleitet uns zu simplen Fight-or-Flight-Reaktionen. Focusing ist im Geschäftsleben eine angemessenere Methode, um Gefahren mit Klugheit und Besonnenheit begegnen zu können.

Auch ich habe mich in meinen Coachings und Trainings für eine weitsichtige und besonnene Arbeitsmethode entschieden, die viele unterschiedliche Aspekte einer Einzelperson und der gesamten Organisation inkludiert. Im Folgenden möchte ich einen kurzen Überblick über die Methodik liefern; weiterführende Beschreibungen finden sich im »Handbuch Integrales Coaching« (2010).

Das H.B.T. Human Balance Training – eine integrale Arbeitsmethode

Ein Arbeitskonzept, das über viele Jahre hinweg gewachsen ist

Gleichgewicht in sich selbst und in der gesamten Lebensführung zu finden – mit dieser Thematik ringt die Mehrzahl meiner Klienten. Gleichgewicht in der Selbst- und Mitarbeiterführung, in der Strategie und Unternehmensleitung – diese Themen rücken auch in vielen Firmenseminaren in den direkten Fokus. Profit oder Werte, Kunden- oder Mitarbeiterorientierung, berufliche oder private Erfüllung, harte Linie oder Kooperation, Kopf oder Bauch, Tun oder Lassen …

Die äußere Welt subsumiert sich aus Gegensätzen und Widersprüchen, die eine klare Entscheidung oft erschweren. Durch ihre Geschwindigkeit verstärkt unsere heutige Zeit die ewige Menschheitsfrage: Wie komme ich mit der Dualität zurecht? Wie schon gesagt: Durch die komplexen Aufgabenstellungen der globalisierten Welt braucht es mehr denn je anstelle des Entweder-oder-Denkens ein Sowohl-als-auch-Verständnis.

Der Wunsch nach umfassender Begleitung und balancierter Weiterentwicklung von einzelnen Personen, Teams und Organisationen liegt der Entwicklung des H.B.T. Human Balance Trainings zugrunde. Es ist eine Methode, die in vielen Jahren gewachsen ist und die ich bisher mit unzähligen Klienten erproben und weiterentwickeln konnte. Sie speist sich zum einen aus vielfältigen Impulsen, die ich von meiner Familie, meinem Mann, von meinen Lehrern, meinen Klienten, Bekannten, Freunden, Büchern, Artikeln und vor allem vom Leben selbst erfahren durfte. Zum anderen aus den Beobachtungen und resultierenden Erkenntnissen, die ich in meiner eigenen Person entdeckte.

Das H.B.T. Human Balance Training vereint Erkenntnisse und Methoden des Coachings und der Organisationsentwicklung, der humanistischen und transpersonalen Psychotherapie, der Körpertherapie und Körperarbeit, west-östlicher Weisheitslehren, der Neurobiologie und der Stressforschung. Die konsequente Verbindung von Körper, Verstand, Emotion und Seele steht im Mittelpunkt der Arbeit, die ich als Bewusstseinstraining verstehe. Die innere Haltung und das klare Rollenverständnis des Coachs, die Verankerung in einer offenen Bewusstseinsweite, die achtsame Prozesssteuerung und die mehrperspektivischen Übungen bedingen die Qualität des integralen Coachings.

Die Methode zeichnet sich durch sechs Grundsätze aus, die sich in den Aspekten der Analyse (Diagnose), der Selbststeuerung des Coachs, der Beziehung zwischen

Coach und Klienten, des Prozessablaufs sowie der persönlichen Entwicklung und Selbstwirksamkeit des Klienten widerspiegeln. Die Grundsätze lauten:

→ Das Begreifen eines Menschen in seinen vielfältigen Dimensionen von Körper, Verstand, Emotion und Seele und die gleichzeitige Bearbeitung aller Ebenen.
→ Das Erfassen eines einzelnen Menschen als Teil eines größeren Ganzen.
→ Die Wahrnehmung von Bewusstsein als ruhigem, reflektierendem Spiegel.
→ Die Verankerung in einem bewussten Sein als Quelle immanenter Kraft und Ganzheit.
→ Authentische Prozesssteuerung durch Achtsamkeit, offene Wahrnehmung und Präsenz.
→ Klarheit und Transparenz im mehrperspektivischen Übungsaufbau.

In diese sechs Grundthemen wird der Klient Schritt für Schritt eingeführt und seinen Vorkenntnissen sowie seiner inneren Tragfähigkeit entsprechend damit vertraut gemacht. Mithilfe der Human-Balance-Kompasse können komplexe Zusammenhänge übersichtlich abgebildet werden. Diese Abbildungen dienen der Orientierung und Zuordnung verschiedener Themenbereiche.

Ein ganzheitliches Verständnis von Menschen und Organisationen

Die Ganzheit des Menschen

Wir Menschen sind komplexe Wunderwerke. Obwohl mit größter Individualität ausgestattet, ähneln wir uns doch frappierend. Gleich wie unterschiedlich sich Biografien und Lebensumstände von Personen darstellen, sind sie in ihren Grundbedürfnissen und tieferen Anliegen schier deckungsgleich. Diese analogen, wiederkehrenden Inhalte illustriere ich mit dem Human-Balance-Kompass.

Der Kompass fungiert als Sinnbild einer Orientierungshilfe in der großen Landkarte der Menschenkunde. Er ermöglicht, die unterschiedlichen Lebensthemen, die einen Menschen bewegen, übersichtlich zu visualisieren. Gleichzeitig weist er auf die zentrale Bedeutung des Bewusstseins hin, das als ruhiger, reflektierender Spiegel in der Mitte all dieser Lebensbewegungen liegt.

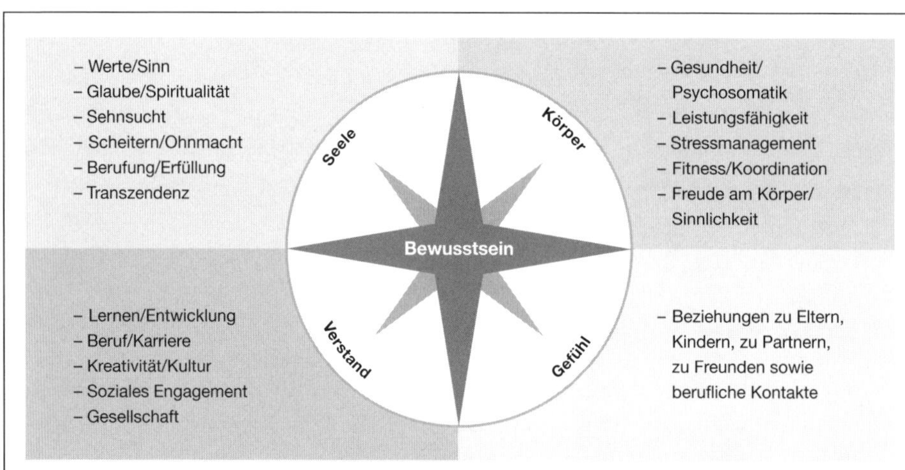

Neben den Grundthemen, die die meisten Menschenleben ausmachen, können mit der Struktur des Kompasses auch spezifische Herausforderungen aufgeschlüsselt werden. Abgesehen von dem Nutzen für das Resilienz-Training möchte ich hier nur kurz auf weitere Anwendungsmöglichkeiten eingehen.

Im Kontext eines Führungskräftecoachings lassen sich signifikante Themen herausfiltern.

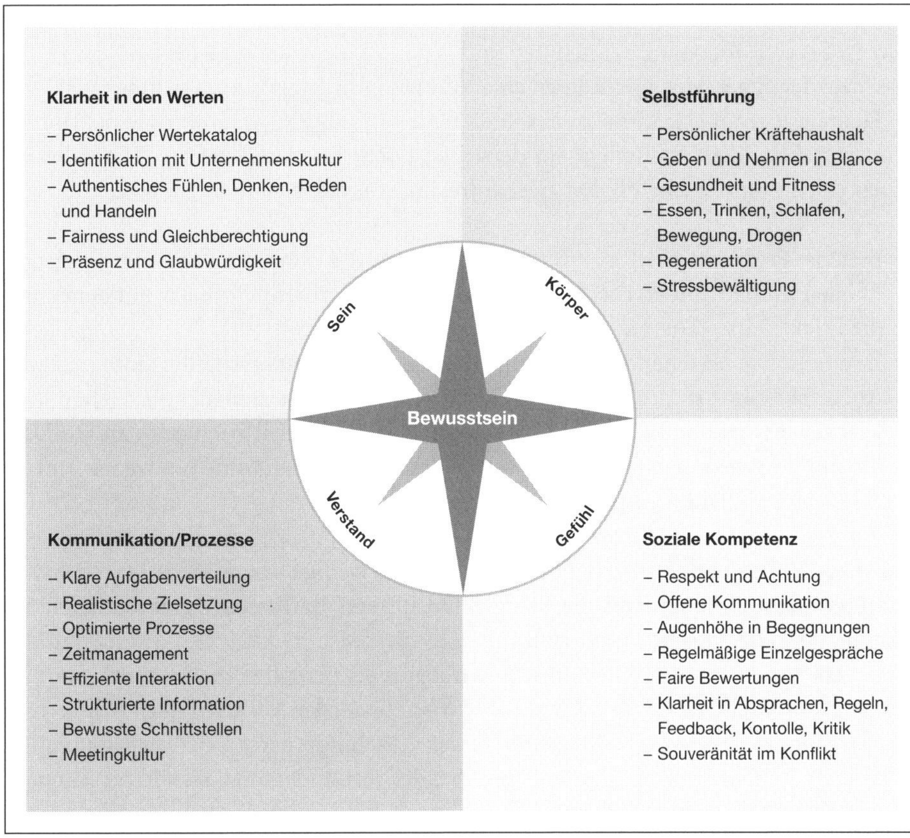

Auf der Basis der Inhalte des Kompasses kann nicht nur ein Coaching- und Trainingsprozess ganzheitlich angelegt werden. Auch im Kontext einer Unternehmensberatung kann zum Beispiel die Personalabteilung direkt von dieser Struktur profitieren und eine schlüssige Personalentwicklung ableiten. Die Kreation eines genauen, umfassenden Kompetenzprofils kann Grundlage sein von Stellenanzeigen und Assessment-Centern, Anstellungsverträgen sowie Einarbeitung, Weiterbildung, Beurteilung und anderem mehr. Diese integrale Führungskultur sollte natürlich in Abstimmung mit der allgemeinen Unternehmenskultur konzipiert werden.

Die Grundmatrix des Kompasses lässt sich jederzeit auf die Herausforderungen anderer Berufsbilder übertragen, wie zum Beispiel die individuelle Situation eines Lehrers oder eines Arztes, eines Handwerkers, eines Anwalts und so weiter.

Vom Symptom zur Wurzel

Die übersichtliche Darstellung hilft, den Klienten von Anfang an mit den Grundzügen ganzheitlichen, systemischen Denkens vertraut zu machen (»systemisch« kommt aus dem Griechischen und bedeutet »das Gebilde, das Zusammengestellte, Verbundene«).

Durch die Sichtbarmachung fällt es leicht, einzelne Probleme und Themenfelder in einem größeren Kontext wahrzunehmen und genau zu inspizieren. Es liegt auf der Hand, dass viele der abgebildeten Inhalte in einer direkten Abhängigkeit zueinander stehen.

Einstein formulierte den wunderbaren Satz: »Die signifikanten Probleme, vor denen wir stehen, lassen sich nicht auf derselben Ebene lösen, auf der wir sie geschaffen haben.« Seine Aussage beinhaltet zwei aufregende Aspekte:

- → Erstens: Probleme sind in ihrer Darstellung und Auswirkung auf verschiedenen Ebenen wahrnehmbar. Das heißt, dass wir Ebenen eruieren müssen, auf denen wir die Effekte eines Themas untersuchen können.
- → Zweitens: Die bestehenden Probleme sind von uns selbst erschaffen worden. Diese Annahme gibt uns die gewaltige Freiheit, auf genaue Spurensuche zu gehen: Mit welcher meiner Denk-, Fühl- oder Verhaltensweise erschaffe ich mir eine Realität, die mir zum Problem wird? Und welche Handlungsspielräume besitze ich, um zu einem tragenden Lösungsweg zu gelangen?

Um diese umfassende, präzise Forschungsarbeit erledigen zu können, erscheint es äußerst hilfreich, die natürlichen Fähigkeiten unseres Bewusstseins zu studieren, zu erkennen und umfassend zu nutzen.

Bei der Arbeit mit den Klienten setze ich den reflektierenden Bewusstseinsraum als Ausgangspunkt ein, um aufmerksam die Körperebene, den Verstand, die Gefühle und die Bewegung der Seele zu studieren und in den Coachingprozess gleichzeitig einbinden zu können. All diese Ebenen sind eng miteinander verbunden und agieren beziehungsweise reagieren immer im Verbund. Eine unangenehme Emotion färbt unmittelbar die Gedankenwelt. Auch drückt sie sich direkt im Körper aus – durch Veränderung der Haltung, der Spannung und des Atems. Die Seele – dieser hochsensibel und fein gestimmte Kern unserer Person – ist mit ein wenig Übung deutlich wahrzunehmen. Bei Wohlbefinden präsentiert sich unser innerster Kern wach und lebendig. Diese intensive Präsenz können wir wunderbar beobachten, sobald wir flirten. Steht uns ein Mensch gegenüber, den wir besonders schätzen und in dessen Umgebung wir uns aufgeregt-wohl fühlen, blüht unser Innerstes auf: Wir können vor Eloquenz und Heiterkeit sprühen. Unsere Augen – die direkten Spiegel unserer Seele – leuchten von innen. Genauso können sie sich in Zeiten des Kummers und der Enttäuschung mit einem traurigen Schleier verhüllen. Dann hängen auch die Schultern, und die Stimme klingt belegt.

Alle Ebenen und Sinneskanäle unseres gesamten Organismus sind miteinander verknüpft und reagieren in einer Sprache. Die Einbeziehung all dieser unmittelbaren, authentischen Regungen und Äußerungen sehe ich für einen tief gehenden Coachingprozess als unerlässlich an.

Um einen Lernprozess nachhaltig verankern zu können, braucht es die Beteiligung von Emotionen, das beweist die Neurobiologie derweilen eindrucksvoll. Ich möchte diese Aussage noch differenzierter betrachten. Aus meiner Sicht erscheint es unentbehrlich, neben der Verstandesebene ganz bewusst die Körperwahrnehmung, die Gefühlsebene und auch noch tiefer liegende Empfindungen, Ahnungen und Sehnsüchte der Seelenebene anzusprechen und zu berücksichtigen. Die bewusste, gemeinsame Aktivierung aller Ebenen erzeugt immense Vorteile und Möglichkeiten:

Vorteile und Möglichkeiten der Methode

Für die Analyse Der Coach erhält eine Vielzahl von Informationen, die den bewussten und unbewussten Ebenen des Klienten entspringen.

Für die Selbststeuerung des Coachs Der Coach kann sich selbst und seine Stimmungen auf allen Ebenen beobachten – dadurch erhält er frühzeitig Hinweise, wenn er sich zum Beispiel in einer Übertragungssituation befindet.

Für die Beziehung zwischen Coach und Klienten Der Coach kann dem Klienten auf verschiedenen Sinneskanälen Inhalte vermitteln, durch bewusst eingesetzte Körpersprache, Mimik, Wortwahl, Sprachmodulation, Ausdruck der Gefühle, der körperlichen und seelischen Empfindungen – und auf den gleichen Kanälen empfangen.

Für den Prozessablauf Der Coach kann die Arbeitsebene wählen, die für die Struktur des Klienten und den jeweiligen Prozessverlauf angemessen erscheint. Er kann zum Beispiel zwischen Gespräch, Übungen mit Körperwahrnehmung, Übungen mit nach innen oder nach außen gerichtetem Bewusstsein, feinenergetischen Prozessen wechseln.

Für die persönliche Entwicklung und Selbstwirksamkeit des Klienten Der Klient kann die dominante Vormachtstellung des Verstandes wahrnehmen und sich Schritt für Schritt mit den Regungen seiner anderen Dimensionen vertraut machen. Er lernt, auf vielen Ebenen gleichzeitig bewusst zu kommunizieren. Die Einbeziehung vieler Sinneskanäle schafft die Möglichkeit, neuronale Verschaltungen schnell und dauerhaft umzubauen.

Der Mensch als Ganzes – und Teil eines großen Ganzen

Der folgende Human-Balance-Kompass bildet die einzelne Person in den vielfältigen Verflechtungen zu ihren Mitmenschen und ihrer Umwelt ab.

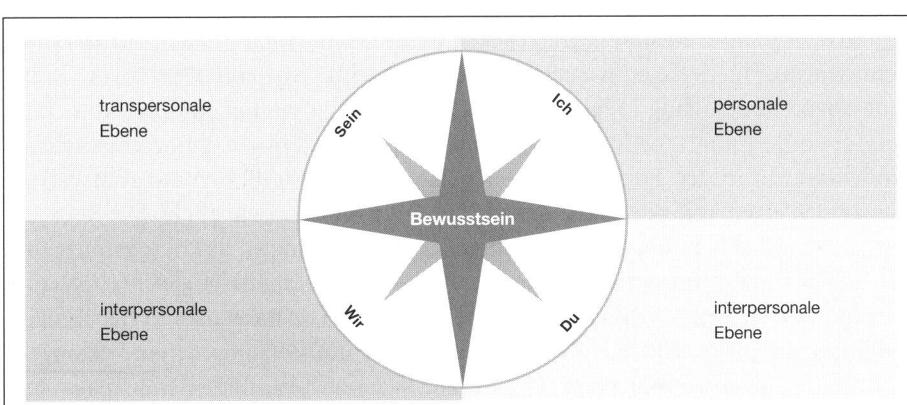

Jeder Mensch an sich ist schon ein kleines Universum. Zugleich ist er Teil eines großen Ganzen, mit dem er in vielfältigen Systemen verknüpft ist. Am Anfang seiner Biografie erlebt er sich im System seiner Herkunftsfamilie. Abhängig davon, ob er als Erstgeborener zur Welt kommt, als Einzelkind aufwächst oder Teil einer Geschwisterschar ist, übernimmt er von Lebensbeginn an eine bestimmte Rolle. Diese Rolle prägt ihn ebenso wie auch alle anderen Konstellationen, durch die er sich im Laufe seines Lebens bewegt.

Neben der Familie befindet sich ein Mensch in unterschiedlichen sozialen Netzwerken. Das können der Kindergarten sein, die erste Spielbande auf der Straße, die Klasse in der Grundschule, die weiterführende Schulen, der Ausbildungsbetrieb, die Universität, der Arbeitsplatz, soziale Verbände, Sportvereine, politische Gremien, die Kirchengemeinde, der private Freundeskreis. In all diesen Gruppierungen nimmt der Mensch einen bestimmten Platz ein. Er positioniert sich bewusst oder unbewusst in einer bestimmten Rolle oder Funktion. In dieser Konstellation wirkt er auf andere ein – und andere wirken auf ihn.

Dieses äußerst komplexe Geschehen möchte ich mithilfe der nächsten Kompasse reflektieren. Sie symbolisieren die einzelnen Facetten der menschlichen Bezogenheit:

- Der Quadrant »Ich« signalisiert die Bezogenheit zu mir selbst, die Ausdruck findet in der Entfaltung meiner eigenen Individualität.
- Das »Du« repräsentiert die Bezogenheit in der direkten Beziehung, im Austausch mit einem einzelnen Gegenüber.
- Der Quadrant »Wir« spiegelt die Bezogenheit innerhalb einer Gruppe oder eines größeren Netzwerks wider.
- Das »Sein« deklariert die Verbindung zu einer höheren Schöpferkraft, die Ausdruck findet in dem Sinnverständnis und den Werten eines Menschen.

Entwicklungsstufen in allen Lebensfeldern

All diese Aspekte begleiten uns Menschen unser Leben lang. Abhängig vom Lebensalter und dem persönlichen Reifegrad rücken verschiedene Inhalte in den Vordergrund, damit wir uns durch sie entwickeln können. Betrachten wir zum Beispiel die Beziehungsebene: Am Anfang rangiert der Bezug zu unserer Mutter und unserem Vater ganz im Vordergrund – denn sie sind unsere Welt. Danach treten die Geschwister und Großeltern mit in den Fokus. In späteren Jahren ist es die Beziehung zum Partner oder zu den eigenen Kindern, die in den Mittelpunkt des Lebens rückt. Die Bezogenheit zu mir selbst befindet sich in direktem Zusammenhang zu der Bezogenheit zum Du. Wer sich selbst nuanciert wahrnehmen und steuern kann, ist gleichermaßen in der Lage, sein Gegenüber differenziert zu verstehen und dadurch in einen lebendigen, einfühlsamen Dialog zu treten. Dies ist auch die Voraussetzung für eine gelungene Partizipation an einem Wir, einer Gruppe. Wer sich selbst in seinen Bedürfnissen und Eigenschaften kennt, kann diese zum Wohle des Ganzen in eine Gemeinschaft einbringen. Die reife Beziehung zu sich selbst dient als Grundlage für eine reife Partnerschaft und ebenso für eine engagierte Verantwortung innerhalb eines größeren Verbundes, ob auf familiärer, beruflicher oder gesellschaftlicher Ebene. Diese innere Reife findet Ausdruck in der Verantwortung und Fürsorge für sich selbst, seine Mitmenschen und der Schöpfung gegenüber.

Mithilfe der Kompassstruktur lassen sich vielfältige Lebensthemen im Überblick anvisieren. Diese Struktur bietet die Handhabung, mehrperspektivische Erfahrungsräume und Übungen abzuleiten. Themen lassen sich nicht nur in ihrem gegenwärtigen Zusammenhang inspizieren. Auch ihre unterschiedliche Entwicklungsgeschichte lässt sich sichtbar und somit bearbeitbar gestalten.

Übertragung auf unterschiedliche Konstellationen

Wie bereits erklärt, wende ich die Grundmatrix dieses Kompasses in verschiedenen Kontexten an.

In der Begleitung und Beratung eines Unternehmens interpretiere ich die einzelnen Felder wie folgt: Unternehmenskultur und Spirit, Gesundheit und Life-Balance, Beziehung und Führung, Kommunikation und Prozesse.

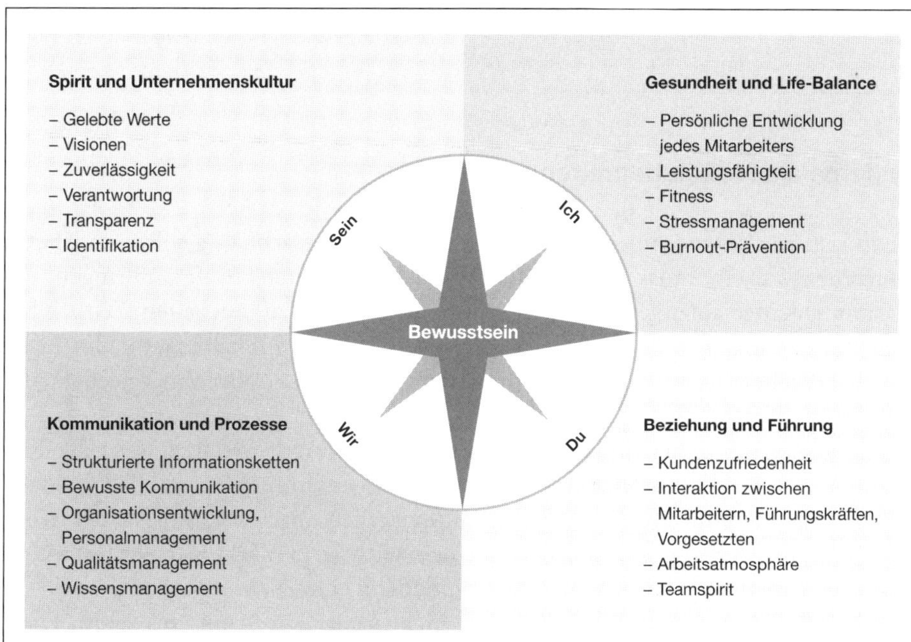

Möchte sich ein Unternehmen in einem dieser vier Bereiche nachhaltig weiterentwickeln, zeigt die Erfahrung, dass es äußerst hilfreich ist, die Vernetzung zu anderen Prozessfeldern von Anfang an zu beachten. Nehmen wir das Beispiel Gesundheitsmanagement. Das physische und psychische Wohlbefinden und die persönliche Leistungsfähigkeit der einzelnen Mitarbeiter hängen von vielen verschiedenen Faktoren ab. Ein wesentlicher Aspekt davon ist, mit wie viel Druck und Belastung der Einzelne umzugehen hat.

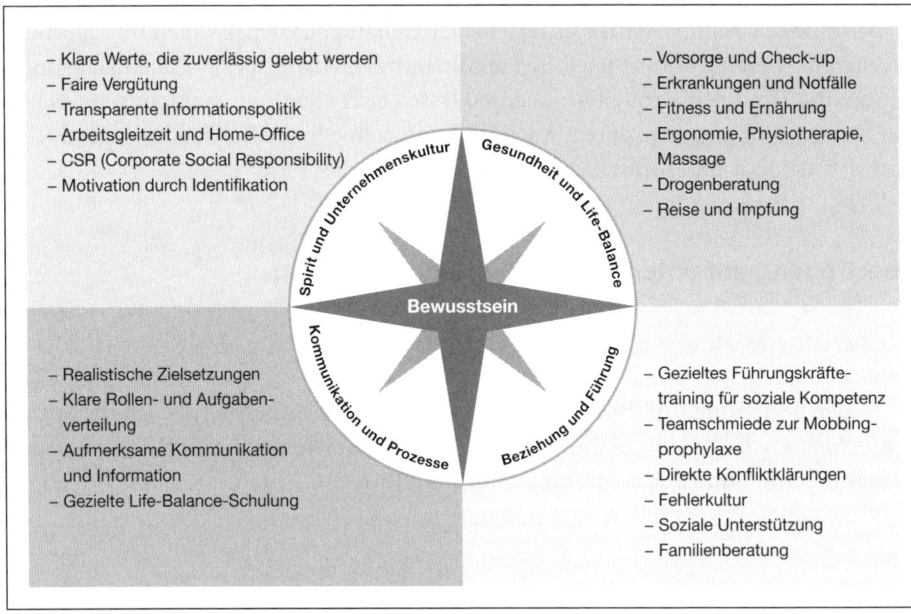

Systeme als Mobile begreifen

Wenn sich ein Unternehmen entschließt, fundiert und nachhaltig solch ein Thema weiterzuentwickeln, muss es die nötige Geduld und Tiefenschärfe aufbringen, um Zusammenhänge aufzudecken und Themen im Verbund zu bearbeiten. Zeitlich bedeutet es zu Anfang mehr Einsatz, um diese vielschichtigen Inhalte zu durchdringen und zu begreifen. In der Umsetzung offenbart sich aber ein hoher Synergieeffekt, der vielerlei Probleme auf einmal aus dem Weg räumen kann.

Ein System, ob klein oder groß, ist immer wie ein Mobile. Wechselt einer der Teilnehmer seine Position, bringt er Bewegung in das Gesamtgefüge. Seine »Gewichtsverlagerung« zieht die anderen Personen unweigerlich mit. Dieses Phänomen ist für den Coaching- und Trainingsprozess ungemein wichtig. Es macht klar, wie viel Macht und Verantwortung jeder einzelne Akteur innerhalb eines Netzwerks besitzt.

Einen anderen Menschen können wir nicht verändern – nur uns selbst. Diese Erkenntnis mag zwar einerseits schmerzhaft sein, da sie den Weg versperrt, Verantwortung auf andere abzuschieben. Andererseits schenkt sie die ungeheure Freiheit, durch eigenes Engagement auf größere Zusammenhänge einwirken zu können. Es gilt, die eigene innere Haltung zu verändern, die eigene Resonanz, die eigene Position. Denn so wie ich in den Wald hineinrufe, so schallt es auch zurück. Dieser systemische, mehrperspektivische, integrale Blick auf Zusammenhänge schafft folgende Vorteile und Perspektiven:

Vorteile und Möglichkeiten der Methode

Für die Analyse
Vielschichtige Themenfelder können im Zusammenhang und in ihrer gegenseitigen Abhängigkeit betrachtet und gleichzeitig bearbeitet werden.

Für die Selbststeuerung des Coachs
Der Coach hat eine stabile Grundmatrix, vergleichbar mit einer Landkarte, die ihm hilft, sich in der biografischen Komplexität seines Klienten zurechtzufinden. Durch die klare Struktur kann er sich überlappende psychische Entwicklungslinien systematisch verfolgen.

Für die Beziehung zwischen Coach und Klient
Der Klient erlebt, dass jedes Thema seines Lebens im Coachingprozess willkommen ist und eine sinnhafte Zuordnung findet. Diese Weite der Betrachtung schafft eine Atmosphäre von geistiger Freiheit, Kreativität und großer Offenheit.

Für den Prozessablauf
Die Kompasse konstituieren eine hervorragende Grundlage für einen mehrperspektivischen Übungsaufbau. Durch die einfache, schnell verständliche Struktur kann sich der Klient gut orientieren. Komplexe Themen werden sichtbar und damit auch greifbar gemacht. Bestimmte Themen erfahren durch die weitsichtige Inspektion eine wohltuende Relativierung.

Für die persönliche Entwicklung und Selbstwirksamkeit des Klienten
Der Klient kann seine Schwierigkeiten aus einem erweiterten Blickwinkel wahrnehmen. Oft löst sich ein Problem, sobald ein anderes Thema konsequent bearbeitet wird. Statt an einer Stelle Verhaltensweisen zu vermindern, gilt es, an einer anderen Stelle Verhalten zu verstärken. Diese ganzheitliche Betrachtung erzeugt mehr Spielräume zum Handeln. Der Klient kann dort ansetzen, wo er sich stabil und sicher fühlt.

Der systemische Blick bleibt im Rahmen eines Einzelcoachings unerlässlich. Besondere Bedeutung gewinnt er in der Arbeit mit Teams und ganzen Organisationen. Die klare Grundmatrix hilft, verzweigte Themen abzubilden und zu gliedern.

Die Sprengkraft von Achtsamkeit und Bewusstheit

Die Potenziale unseres Bewusstseins entdecken

Wir Menschen, rund um den Erdball, sind durch unsere Gene und soziokulturellen Einflüsse in vielen Denk-, Fühl- und Handlungsweisen unterschiedlich ausgeprägt. Trotz aller Verschiedenheiten verbindet uns eine Fähigkeit, die jedem Erdenbürger innewohnt: Wir sind mit einem reflektierenden Bewusstsein ausgestattet, das uns die Möglichkeit schenkt, uns unserer selbst gewahr zu werden. Wir alle besitzen die Kraft der Selbstreflexion, die es uns erlaubt, uns in unseren vielschichtigen Regungen zu registrieren, zu hinterfragen und gezielt weiterzuentwickeln. Diese Begabung muss allerdings trainiert werden, damit sie Schritt für Schritt ihre volle Wirkung entfalten kann.

Die große Herausforderung der Komplexitätsbewältigung rückt die Fähigkeit der Achtsamkeit mehr und mehr in den Fokus. Es folgt zunächst eine Betrachtung von Claus Leggewie:

> »Neue Probleme lassen sich nicht einfach mit dem Rückgriff auf bewährte Denkschulen lösen. Auch die Finanzkrise ist keine zyklische Schwankung im System, sondern ein Indikator für eine Funktionsgrenze des Systems selbst.
> Um auch nur zu einer hinreichenden Problembeschreibung zu kommen, ist eine Kultur der Achtsamkeit vonnöten, die nicht alles Neue in die Schubladen gesicherten Wissens zwängt. Achtsamkeit bewirkt die dauernde Prüfung und Korrektur bestehender Erwartungen, eine erhöhte Aufmerksamkeit für mögliche Fehler und Abweichungen – kurz: ein permanentes Lernen in einer Umgebung, die in ständiger Veränderung begriffen ist. Wo Erfahrung hinderlich ist und Pläne problematisch sind, gelten Fehler nicht mehr per se als schlecht, sondern als wichtige Indizien dafür, welchen Lauf die Dinge nehmen können. Während man normalerweise Fehler zu vermeiden und, wo sie geschehen, möglichst zu vertuschen sucht, werden Fehler jetzt als wertvolle Hinweise wahrgenommen. […] Der Preis einer extrem technisierten, arbeitsteiligen und komplex institutionalisierten Lebenswelt ist ihre große Verwundbarkeit.« (Zehnder 2010, S. 26)

Wer meine Arbeit kennt, weiß, wie viel Aufmerksamkeit ich in den Coachings und Trainings darauf verwende, die Fähigkeit des offenen Gewahrseins zu schulen. Achtsamkeit heißt nichts anderes, als präsent und aufmerksam zu sein – jetzt im Moment. Gedanken, Gefühle und Empfindungen, die aus mir selbst hervortreten oder mir von meiner Umwelt zugetragen werden, beobachte ich dabei möglichst offen und wertfrei. Dieses ruhige Schauen auf das, was ist, verändert zunächst meine Wahrnehmung. Betrachtungen entzerren sich dabei, Details treten prägnanter hervor. Die Überlagerung von Gedanken, Gefühlen, Körperempfindungen und Botschaften der Seele lässt nach und schenkt mehr und mehr Transparenz und Zuordnung. In sich verknäulte Gemengelagen lassen sich durch Präsenz und Aufmerksamkeit entwirren und schrittweise ordnen.

Achtsamkeit ist ein Training des Geistes. Durch die zunehmende Informationsflut, die täglich auf uns eindringt, neigt unser Verstand zu schnellem und sprunghaftem Denken. Werden wir bei konzentrierter Arbeit immer wieder unterbrochen, wird die Kompaktheit unseres Verstandes durchlöchert. Oft jagt er dahin, saust, wie mit Siebenmeilenstiefeln ausgestattet, zwischen der Vergangenheit und der Zukunft hin und her. Nur selten befindet er sich dabei in der Gegenwart. Wobei dieser eine Moment im Hier und Jetzt das einzige Zeitfenster ist, in dem wir aktiv auf unsere Lebensgestaltung einwirken können.

Wer Ski läuft, kennt das Phänomen: Wenn ich direkt über meinem Ski stehe, kann ich meine ganze Kraft dazu einsetzen, einen leichten, eleganten Schwung in den Schnee zu zeichnen. Lehne ich mich zu weit zurück (in die Vergangenheit) oder zu weit nach vorne (in die Zukunft) ächzen Ski und Bindung unter mir und lassen sich nur mit Mühen dazu bewegen, die gewünschte Richtung einzuschlagen. Von der Sturzgefahr ganz abgesehen. Und eine »bella figura« gebe ich dabei auch nicht ab!

Unser Geist möchte genauso trainiert werden wie unser Körper. Unser Verstand, der häufig wie ein aufgedrehtes Kind herumtobt, gehört ruhig und bestimmt an die Hand genommen und beruhigt. Unsere wirren Gedanken gehören gekämmt – damit sie genau das tun, wofür sie eigentlich geschaffen sind: jeden Moment klare Entscheidungen zu treffen und unsere täglichen Schritte in eine sinnvolle, zusammenhängende Bahn zu lenken.

Forschungslabore der Bewusstseinsentfaltung

Die Fähigkeit, uns unser selbst gewahr zu sein, unser Bewusstsein zu erweitern und dadurch in neue Qualitäten des Seins vorzustoßen, wurde in vielen Kulturepochen der Menschenentwicklung hervorgehoben und zumeist im religiösen Kontext gepflegt. Sie wurde und wird mit dem Begriff »Meditation« oder »Kontemplation« beschrieben.

Info

Meditation

Das Wort »Meditation« kommt aus dem Lateinischen und bedeutet »Ausrichtung zur Mitte«, auch in der Konnotation »das Nachdenken über«. Durch Achtsamkeits- und Konzentrationsübungen soll sich der Geist beruhigen und sammeln. In östlichen Kulturen gilt sie als eine grundlegende und zentrale Übung der Bewusstseinserweiterung.

Was die Techniken der Meditation betrifft, existiert ein breites Spektrum von Verfahren. Es gibt Arten, die die konzentrierte Innenschau mit Bewegung verknüpfen, wie zum Beispiel Variationen des Yoga, Tai Chi, Qigong oder die Gehmeditation des Zen. Zudem gibt es eine Vielzahl von stillen Meditationsmethoden, in denen das regungslose Verharren in einer bestimmten Körperposition im Vordergrund steht. Bei der Sitzmeditation kann die Aufmerksamkeit auf verschiedene Objekte gerichtet werden. Oft ist es der eigene Atem oder eine bestimmte Körperregion, ein Mantra, ein Bild oder eine emotionale Qualität. Ziel dabei ist es, den umherschweifenden Geist immer wieder auf eine bestimmte Betrachtung zu fokussieren.

Die angestrebten Bewusstseinszustände werden – je nach Tradition – mit Begriffen wie Stille, Leere, Panorama-Bewusstsein, Eins-Sein, Im-Hier-und-Jetzt-Sein oder Frei-von-Gedanken-Sein charakterisiert. Gerade im Osten wurde der Erforschung des Geistes größte Aufmerksamkeit gewidmet. Das Bewusstsein des Menschen galt als ein wissenschaftliches Labor, in dem er subjektive Experimente durchführen konnte. Durch akribische Aufzeichnungen wurde klar, dass sich bestimmte Wahrnehmungen nicht nur bei einer Person, sondern bei vielen anderen wiederholten, sodass man von einem kollektiven Erfahren sprechen konnte.

Mehr und mehr wird Meditationspraxis auch im säkularen, vom religiösen Kontext losgelösten Rahmen vermittelt. Die aktuellen Forschungsergebnisse der Neurowissenschaftler (s. S. 72) machen viele Menschen neugierig, da die Beruhigung des Geistes vielfältige Möglichkeiten offeriert.

Sich gelassen in der inneren Mitte zu verankern, fällt zu Anfang natürlich immens schwer. Es mag ungewohnt und unbekannt erscheinen – manche Menschen macht Meditation sogar erst nervöser statt ruhiger. Mit einigen »Trainingseinheiten« zeigt sich aber Besserung – und plötzlich wird deutlich, dass auch auf diesem Terrain Übung den Meister macht. Wer einmal in den Genuss eines verlangsamten, transparenten Geisteszustands gekommen ist, wird leicht danach »süchtig« werden. Diese Kunst der fokussierten Gedankenströme bietet im Alltag eine besondere Ausgangsposition, um komplexe Dinge mit ganz anderer Klarheit zu betrachten. Da ich es in meinen Trainings oftmals mit Personen zu tun habe, die mit dieser Form der inneren Versammlung noch nie in Berührung gekommen sind, achte ich besonders auf die Dosierung der ersten Übungen zum Thema. Mit Stille spielen – das ist mein Leitgedanke, mit dem ich Menschen auf eine leichte, ihnen angenehme Art mit dieser besonderen Form der Bewusstseinsschärfung und -erweiterung vertraut machen möchte (mehr dazu ab S. 105 und S. 159).

Die H.B.T.-Methode legt besonderen Wert darauf, dass der Coach und Trainer darin geschult ist, im Bewusstseinsraum des offenen Gewahrseins verankert zu sein. Von hier aus kann er Schritt für Schritt den Klienten mit der Erfahrung des Innehaltens und der Achtsamkeit vertraut machen. Durch weiterführende Übungen kann der Klient sein Bewusstseinsspektrum stetig vertiefen. Daraus ergeben sich die folgenden Möglichkeiten und Vorteile.

Möglichkeiten und Vorteile der Methode

Für die Analyse
Da dieser offene Bewusstseinsraum nicht mit einer einzelnen Perspektive identifiziert ist, kann er Zusammenhänge mehrperspektivisch untersuchen und komplexe Umstände wie in einem Forschungslabor kontrollieren.

Für die Selbststeuerung des Coachs
Die Verankerung im offenen Bewusstseinsraum schafft eine Verbindung zu einer tieferen Seinsebene der Ganzheit und Einheit. Schicksalhafte Umstände in der Biografie des Klienten können in einem anderen, existenzielleren Licht gesehen und bezeugt werden.

Für die Beziehung zwischen Coach und Klient
Aus dieser Seins-Haltung entsteht ein Feld, das inneres Wissen und Heilkraft freisetzt. Durch die Einbettung in ein höheres Sein können schmerzhafte Geschehnisse eine Verortung in einer größeren Ordnung erfahren. Die Beziehung zwischen Coach und Klient ist in einen mehrdimensionalen existentiellen Kontext eingebettet.

Für den Prozessablauf
Aus dieser offenen Schau lässt sich die Abfolge eines Prozesses fließend gestalten. Kein Blickwinkel bleibt dabei ausgeschlossen, alles ist willkommen, die Gewichtung der Inhalte folgt achtsam dem Erleben des Klienten. Durch das Heraustreten aus dem emotionalen, körperlichen, mentalen und seelischen Geschehen können verstrickte Situationen entwirrt und in ihrer Verflechtung transparent werden.

Für die persönliche Entwicklung und Selbstwirksamkeit des Klienten
Muster und Prägungen können von außen betrachtet werden, lassen so das Reaktive und Zwanghafte deutlich werden und neue, freiere Handlungspfade erkennen. Durch die Verankerung im »neutralen Raum« können emotional aufgeheizte, dynamische Situationen heruntergekühlt und entschleunigt werden. Achtsamkeit bedeutet auf neurobiologischer Ebene eine Vorerregung der involvierten Hirnareale und lässt so den Coachingprozess in tieferer Art wirken. Achtsamkeit und Meditation verändern Funktion und Struktur des Gehirns, das heißt, die im Coaching erarbeiteten Inhalte verankern sich nachhaltig im Alltag des Klienten.

Neben dieser Vielzahl der möglichen Effekte möchte ich noch einen anderen, grundsätzlichen Aspekt beschreiben. Bin ich als Coach im offenen Gewahrsein verankert, trete ich meinem Klienten immer mit Respekt und großer Aufmerksamkeit entgegen. Ich begrüße ihn durch meine innere Haltung von Seinsgrund zu Seinsgrund. Dieses offene, achtsame Geschehen kommt bei meinem Gegenüber stets an – selbst wenn ich es in einer Gruppe mit einer Vielzahl von Teilnehmern zu tun habe. Persönlichkeitsmerkmale wie Alter, Geschlecht, Status verschwinden in den Hintergrund, und es öffnet sich spontan ein Raum der Neugierde, des Interesses, der natürlichen Erforschung.

Dieses Wunder der intuitiven Öffnung habe ich so oft schon erleben dürfen. Jedes Mal bin ich wieder erstaunt und berührt, in welch kurzer Zeit Vertrauen wachsen kann. Heute weiß ich: Vertrauen ist kein Zufallsprodukt – es entfaltet sich durch Resonanz. Die Gedanken, die Gefühle, die Schwingungen, die sich in mir bewegen und die ich ausstrahle, kommen direkt beim anderen an – und lösen bei ihm in Bruchteilen eine Reaktion aus. Fühlt sich mein Klient oder der Teilnehmer eines Seminars in seiner ureigenen Wesensart gesehen und geachtet, hat er höchste Motivation, mit mir in ehrlichen Austausch zu treten. Diese Art des Zusammenseins bildet die beste Ausgangsposition für einen fundierten, zügigen, effektiven Prozess. Sie ist Ausdruck einer neuen Kultur des Bewusstseins, die nicht nur im Coaching, sondern in so vielen anderen Gesellschaftsfeldern dringend gebraucht wird.

Bewusstseinsforschung im Kontext Stress

In unserer Gesellschaft nimmt das Bewusstsein an sich leider keinen großen Stellenwert ein. Seiner Erforschung ist von der Seite der Wissenschaft her auch bisher keine große Beachtung geschenkt worden. Zwar definierte im Jahr 1892 William James in seinem grundlegenden Werk »Psychologie« die Psychologie als »die Beschreibung und Erklärung des Bewusstseins als solches«. Doch wurde diese Fokussierung leider nicht weiterverfolgt.

> »In den letzten 100 Jahren ist diese klare Aufgabenstellung der Psychologie weitgehend verloren gegangen. Sowohl in den Grundlagenforschungen wie auch in den Anwendungsbereichen wurden Theorien und Modelle entwickelt, die ein gemeinsames Merkmal aufweisen: Die Kategorie des Bewusstseins ist darin ›vergessen‹. In der psychologischen Forschung finden sich bislang keine Studien, in denen Bewusstsein als eine unabhängige Variable im Studiendesign berücksichtigt wird. In den Ausbildungen zum anwendungsorientierten professionellen Handeln ist die gezielte und kompetente Modulation des Bewusstseins bislang nicht im Curriculum enthalten.« (Belschner 2007, S. 3)

So schreibt Professor Dr. Belschner, Herausgeber der Buchreihe »Psychologie des Bewusstseins«.

Am ehesten bemühen sich im Moment die Neurowissenschaften darum, Bewusstseinsphänomene zu deskribieren und zuzuordnen. Ein zentrales Element dabei ist die Suche nach neuronalen Korrelaten von Bewusstsein. Man versucht, bestimmten mentalen Zuständen ein neuronales »Substrat« gegenüberzustellen. Dieser Recherche nach Korrelaten kommt die Tatsache entgegen, dass das Gehirn teilweise funktional gegliedert ist. So kann im Idealfall aufzeigt werden, welche verschiedenen Hirnareale durch Lerntätigkeiten vergrößert oder verkleinert werden.

Das Thema »Stress« erfährt dabei besondere Aufmerksamkeit. Neurowissenschaftler haben derweilen detailliert entschlüsseln können, wie Dauerbelastungen das menschliche Gehirn regelrecht verwüsten können. Ständiger Druck mindert die Plastizität des Gehirns – und mündet dadurch in Depression, Angststörung, Vergesslichkeit und Schlafstörungen. Gleichzeitig wurde eindeutig bewiesen, dass das Gehirn, bei richtigem Gebrauch, diesen Stressauslösern gar nicht so hilflos ausgeliefert ist, wie es lange vermutet wurde. In unserem Kopf schlummern ungeheure Potenziale der Regeneration und Weiterentwicklung.

Unser Gehirn lässt sich substanziell verändern

Physiologische Resonanzen von dauerhaftem Stress auf Körper und Gehirn lassen sich rückgängig machen. Eine besondere Rolle spielt dabei die Gehirnstruktur Hippocampus, die dafür sorgt, dass ein Mensch gerade kleine Veränderungen in seiner Umgebung registriert. Es scheint so, dass anhaltende Belastungen die Entstehung neuer Nervenzellen gerade im Hippocampus verhindern und dabei ein feines Gleichgewicht stören. Denn dieses Hirnareal bildet normalerweise ein Gegengewicht zu den Schaltkreisen der Amygdala, die die Angst und das Gefühl der Bedrohung steuert.

Neurobiologen haben sich in den letzten Jahren auf genaue Spurensuche begeben, inwieweit sich die Auswirkungen der neuen Zivilisationskrankheit an der Wurzel behandeln lassen. Ihre erste Erkenntnis war: Körperliche Aktivität ist ein starkes Mittel, um die Folgen von Stress zu vermeiden. Doch wie sich nun zeigt, ist die körperliche Bewegung nicht die einzige Maßnahme gegen die Konsequenzen der Dauerbelastung. Auch Meditation – bei den Wissenschaftlern oft als »Gymnastik des Geistes« bezeichnet – kann nachhaltig die Architektur des angegriffenen Gehirns verändern. Meditierende mögen davon schon ewig überzeugt sein, viele Ärzte und Naturwissenschaftler dagegen haben diese Möglichkeit lange kategorisch abgelehnt. Wenn das Gehirn lernt, so die klassische Lehrbuchweisheit, ändere es zwar seine Arbeitsweise, niemals aber die Struktur seiner Zellen und Gewebe. Diese Annahme ist derweilen widerlegt, da zunehmend Beweise dafür sprechen, dass Meditation Funktion und Struktur des Gehirns verändert.

Bei Langzeitmeditierenden wies die Psychologin Sara Lazar verdickte Hirnrinde in den Regionen nach, die für die Aufmerksamkeit, Reizverarbeitung und die Wahrnehmung des Köperinneren zuständig sind (s. http://www.spiegel.de/wissenschaft/mensch/2008). Verkümmerte Nervenzellen im Hippocampus beginnen wieder zu sprießen. Auch lassen sich durch Meditation Hirnregionen im limbischen System aktivieren, die für Güte und Mitgefühl zuständig sind. All diese Beobachtungen lassen die Forscher zu dem Schluss gelangen, dass sich Eigenschaften wie Empathie, Rücksichtnahme oder Gewaltfreiheit trainieren lassen, wie man ein Musikinstrument oder eine Sportart erlernt – am besten schon in der Kindheit.

Gleichzeitigkeit von Bewegung und Ruhe erfahrbar machen

Neben der Erfahrung des offenen Gewahrseins birgt der Bewusstseinsraum noch eine ganz andere Kostbarkeit – das Erleben von Ruhe und Stille in der eigenen Wesensmitte. Stille liegt im Wesensgrund eines jeden Menschen verborgen. Mithilfe einfacher Übungen lässt sich diese immanente Ruhe für jeden Menschen erfahrbar machen.

Übung

Wahrnehmung schärfen

Beobachten Sie sich einmal selbst: Da ist Ihr Körper mit seinen sich schnell wandelnden Empfindungen und Befindlichkeiten, die unablässig zwischen Wohl- und Unwohlsein hin- und herpendeln. Mal ist es dem Körper warm oder kalt, er fühlt sich wach oder müde, verspürt Hunger oder Durst. Er kann angespannt sein und sich überfordert fühlen – dann wieder brummt er selig und entspannt.
Eng verknüpft mit den Körperempfindungen wandern auch die Gefühle und Gedanken unentwegt zwischen den Polen des Wohlergehens und der Missstimmung hin und her. Ein bedrückender Gedanke der Sorge oder Angst trägt immer auch ein beengendes Gefühl im Schlepptau, das sich blitzschnell auf den Körper niederschlägt. Genauso verbinden Glück und Freude diese Ebenen in ihrer Befindlichkeit. In der weiteren Betrachtung bezeichne ich dieses unablässige Schwingen zwischen hell und dunkel als Dualität.
Sobald Sie Ihre Aufmerksamkeit nach innen wenden, wie zum Beispiel während einer Meditation, können Sie Ihre sich schnell verändernden Gedanken, Gefühle und Körperempfindungen sorgfältig beobachten. Sie werden feststellen, dass diese spontan kommen und gehen, ohne dass Sie darauf Einfluss nehmen können. Betrachten Sie diese Informations- und Empfindungsketten genauer, entdecken Sie Zwischenräume. Gedanken und Gefühle haben einen Anfang und ein Ende. Dazwischen liegt eine Pause, ein schmaler Spalt, in dem Stille aufblitzt. Bei genauer Reflexion entdecken Sie neben der unablässigen Bewegung der dualen Ebenen auch eine beständige Ruhe in sich. In diesen Raum können Sie sich regelrecht hineinsinken lassen. Während Sie sich auf physischer, mentaler und emotionaler Ebene in relativ gut greifbaren Bildern, Definitionen und Konzepten wahrnehmen und schildern können, betreten Sie nun einen anderen Bereich Ihrer selbst.

Dualität und Einheit:
Die Ebenen der ständigen Veränderung und der Raum der Stille

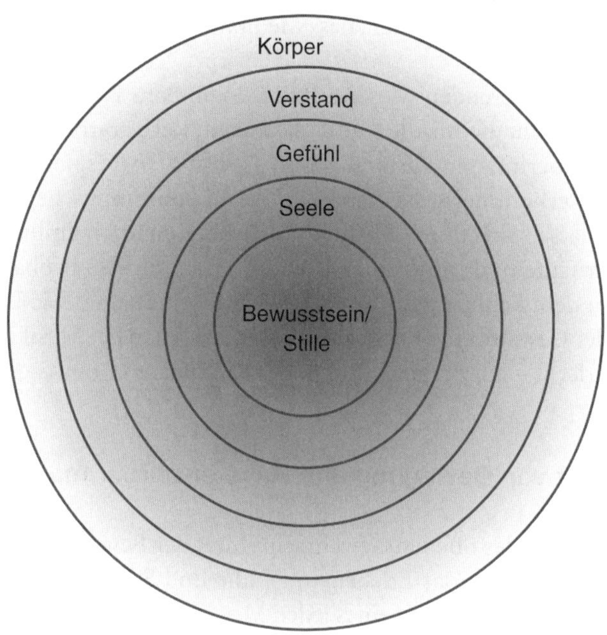

Dieser Raum der Stille schwingt in einem ruhigen Strom, der alle Polaritäten und Gegensätze vereint. Ihr persönliches Empfinden definiert sich nun nicht mehr über Eigenschaften wie: ich bin eine Frau, ich bin ein Mann, ich bin Deutsche(r), ich bin verheiratet, berufstätig, habe Kinder …

In diesem Bewusstseinsraum entfallen all diese Attribute. Sie erleben sich in Ihrem Sein.

Diese Wahrnehmung mag ungewohnt sein, aber sie ist nicht mehr als ein Blickpunktwechsel: Vom Tun zum Sein. Während sich die dualen Ebenen – Körper, Gedanken und Gefühle – wie eine Sinuswelle beständig heben und senken, herrscht in unserem Wesenskern tiefe Stille. Unsere Wesensmitte ist wie das Auge im Zyklon – sie ist der einzig ruhende Pol im Trubel des stetig vorandrängenden Lebens.

Dualität und Einheit:
Die Ebenen der ständigen Veränderung und der Raum der Stille

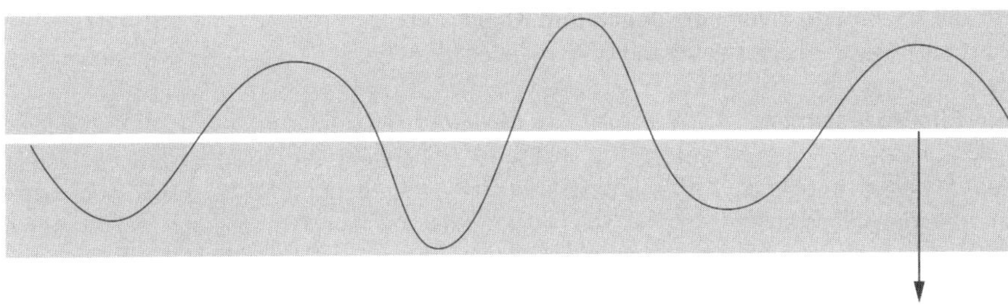

Verankerung im heilen, heilenden Raum

Während der Coachings und Trainings möchte ich meinen Klienten auf eine natürliche, ihm angenehme Art und Weise mit dem stillen Innenraum des Bewusstseins vertraut machen. Und so habe ich über die Jahre zu einer Übung gefunden, die für viele Personen sehr schnell zugänglich und nachvollziehbar ist. Zum einen schenkt sie die Erfahrung des ruhigen Beobachters. Zum anderen verknüpft sie dieses Ereignis mit einem intensiven, einprägsamen Erleben auf körperlicher und feinstofflicher Ebene (s. S. 159 ff.). Der Klient lernt, sich diesen Innenraum selbstständig zu erschließen. Durch regelmäßige Übungen, die ihn pro Tag 10 bis 20 Minuten abverlangen, wird ihm die Möglichkeit des inneren Ausruhens immer vertrauter. Nach und nach kann er die gleichzeitige Wahrnehmung von Bewegung und Stille vertiefen. Daraus ergeben sich folgende Potenziale und Vorteile:

Möglichkeiten und Vorteile der Methode

Für die Analyse
Während der genauen Standortbestimmung können »anstrengende Themen« angerührt werden – die Verankerung im Raum der Stille schenkt dem Klienten einen Moment des Ausruhens und Innehaltens.

Für die Selbststeuerung des Coachs
Auch der Coach, der oft in Berührung steht mit schwerwiegenden Lebensthemen, kann sich in diesem übergeordneten Raum der Einheit ausruhen. Dadurch vermeidet er unbewusstes Schutzverhalten und Abstumpfen – er kann dem Schicksalsweg des Klienten gegenüber geöffnet bleiben, ohne dass er sich selbst überlastet.

Für die Beziehung zwischen Coach und Klient
Das gemeinsame Erleben des stillen Raums schenkt der Beziehung eine andere Dimension.

Für den Prozessablauf
Durch die Verankerung in dem inneren Raum der Ruhe steht dem Klienten eine beständige Ressource zur Verfügung. Gerät er in eine emotionale Übererregung, kann ihn der Coach direkt an diese Ressource anschließen. Daraus bildet sich eine sichere Prozesssteuerung, die selbst intensive, emotional aufgeladene Arbeitsschritte stabilisiert.

Für die persönliche Entwicklung und Selbstwirksamkeit des Klienten
Mit dem Zugang zu seiner inneren Mitte besitzt der Klient ein machtvolles Handwerkszeug zur Selbstheilung, Selbststeuerung und Selbstwirksamkeit.

Meine persönlichen Erfahrungen mit innerer Stärke

»Die Erde schenkt uns mehr Selbsterkenntnis als alle Bücher, weil sie uns Widerstand leistet.«

Antoine de Saint-Exupéry (1939, S. 9)

Lauschen – Staunen – Nichtwissen

↗ Beispiel

Heute Morgen bin ich schon früh zu einer Skitour aufgebrochen. Als ich vor unsere Berghütte trat, schlug mir klirrende Kälte entgegen. Meine Wangen waren in kürzester Zeit eiskalt – dem übrigen Körper wurde es aber schnell warm, da es hinter dem kleinen Haus gleich bergauf geht. Vor mir lag ein stilles Rund von Berggipfeln, auf deren Kuppen ein schmaler goldener Sonnenschimmer lag. Der Schnee glänzte bläulich, durchwebt mit einem violetten Pastellschimmer. Unter meinen Skiern knirschte der bruchharsche Schnee, vor meinem Mund bildeten sich kleine Hauchwölkchen.
Mitten hinein in diese wundersam dröhnende Bergstille warf mir ein Vogel aus seinem geschützten Tannenversteck ein kurzes Zwitschern hinüber. Als ich den Bach überquerte, gluckste das Wasser unter der gefrorenen Eisdecke.
Je länger ich aufstieg, umso ruhiger wurde mein Schritt. Was für ein Genuss! Meinen Körper durchliefen rhythmische, gleitende Bewegungen, die sich durch den Neigungswinkel des Berges nicht aus dem Takt bringen ließen. Ich konzentrierte mich darauf, nur die Muskeln arbeiten zu lassen, die ich für den Bewegungsablauf auch wirklich brauchte.
Es ist immer wieder überraschend, wie kraftsparend ich mich durch diese innere Aufmerksamkeit fortbewegen kann.
Nach zwei Stunden stand ich am Gipfel – die Sonne strahlte und mich erwartete ein atemberaubender Panoramablick ins Karwendel und die Zillertaler Alpen. Mein ganzer Organismus pulste und freute sich des Lebens.

So ein Morgen füllt meine Energiespeicher grenzenlos auf. Von meinen kleinen Abenteuern in den Bergen, bei denen mein Körper und mein Geist gefordert werden und mein Herz und meine Seele in die tiefe Naturstille hineingleiten dürfen, zehre ich monatelang.

Still sein. Nicht reden müssen. Dem Wind lauschen, der die Bergkiefern zaust. Den Schneekristallen hinterherstaunen, die er dabei von den Zweigen wirft. Mich berühren und anfüllen lassen, von einer Kraft, die zwischen all diesen Sinneseindrücken schwingt und nicht erklärbar ist …

Ich fürchte mich so vor der Menschen Wort.
Sie sprechen alles so deutlich aus:
Und dieser heißt Hund und jenes heißt Haus
Und hier ist Beginn und das Ende dort.

Mich bangt auch ihr Sinn, ihr Spiel mit dem Spott,
sie wissen alles, was wird und war;
Kein Berg ist ihnen mehr wunderbar;
Ihr Garten und Gut grenzt gerade an Gott.

Ich will immer warnen und wehren: Bleibt fern.
Die Dinge singen hör ich so gern.
Ihr rührt sie an: sie sind starr und stumm.
Ihr bringt mir alle die Dinge um.

Rainer Maria Rilke

Meine eigene Resilienz eroberte ich mir Schritt für Schritt

Als Kind war ich verträumt. Ich liebte es, draußen im Garten zu spielen, auf Bäume zu klettern oder über Steine zu balancieren. Ich konnte stundenlang im Gras sitzen und mich mit Käfern und Gänseblümchen unterhalten. Meine Eltern sind geistig offene Menschen, sehr werteorientiert, großherzig und zuverlässig. So empfand ich mein Elternhaus als eine weite Schale, in der wir uns drei Geschwister behütet und dennoch frei bewegen konnten.

Leider traten in der Beziehung meiner Eltern häufig Spannungen auf. Meine Mutter erkrankte immer wieder, was mich sehr bedrückte und traurig stimmte. Diese äußere Anspannung übertrug sich zunehmend auf meinen ganzen Organismus. Da ich als Kind die Inhalte der Auseinandersetzungen nicht begreifen und interpretieren konnte, agierten in mir nur die Zug- und Druckkräfte, die ich im Raum verspürte und von denen ich mich nicht abgrenzen konnte. Über meine versonnene Kinderseele legte sich nach und nach ein Netz voller Fragezeichen.

Auch in der Schule fühlte ich mich nicht sehr wohl. Highlights waren die Unterrichtsstunden bei den Lehrern, die ich gerne mochte und von denen ich mich gesehen und angenommen fühlte. Fehlte dieser menschliche Bezug, nahm ich den Lernstoff nur mit großer Überwindung auf. Das Gleiche erlebte ich im Sportverein. Als ausgeprägter Bewegungsmensch faszinierte mich die Leichtathletik – Laufen und Springen entsprachen meinem angeborenen Naturell. Die Trainer waren allerdings recht streng, eckig und kantig – so entdeckte ich bei ihnen keine Bezugspunkte, um anzudocken. Als Jugendliche fühlte ich mich sehr, sehr einsam und fand in der Welt der Erwachsenen wenig Orientierung, um kraftvoll und beherzt ins Leben durchzustarten.

Rückblickend kann ich feststellen, dass ich als Kind empfindsam und durchlässig war und ich meine damalige Stressresistenz als eher gering einschätzen würde. Da ich immens von Zuneigung und Wertschätzung abhängig war, durchlebte ich viele emotionale Höhen und Tiefen, die mich sehr viel Kraft kosteten. Was mich aber schon immer erfüllte, war eine tiefe Sehnsucht, ein glückliches Leben führen zu können. Ich war dankbar, leben zu dürfen, und wollte dieses Lebensgeschenk nicht mit ständigen Sorgen und Nöten zuschütten. Ich versuchte, mein Leben zu nutzen – diese Kraft brannte regelrecht in meiner Brust. Diese innere Ausrichtung half mir als Jugendliche, mich von der Welt meiner Eltern mehr und mehr abzulösen und mich auf den Weg zu machen, mir ein eigenes, für mich stimmiges Lebensgefüge zusammenzubauen. Ich brauchte viele Jahre, bis ich dieses Ziel erreichte. Aber dieser lange Lernprozess stattete mich mit so viel wichtigen Erkenntnissen und Erfahrungen aus, dass ich heute immens dankbar bin, dass ich mir mein Lebensglück schrittchenweise erobern durfte.

Meine persönliche Resilienz, die sich in mir mittlerweile in ausgeprägter Weise konstituiert hat, habe ich mir tatsächlich hart errungen. Die in diesem Buch vorgestellten Übungen sind letztendlich ein Extrakt all meiner Erfahrungen zu diesem Thema. Manchmal begegnen mir in den Kursen Menschen, die von Natur aus resilient sind. Sie wirken wie mit einem psychischen Schutzfilm ausgerüstet und strahlen unglaublichen Optimismus und positive Kraft aus. So war ich nie – das hat sich bei mir ganz anders angefühlt. Und genau aus diesem Grund kann ich aus all meiner Lebenserfahrung bestätigen: Resilienz lässt sich gezielt trainieren. Und wenn man die richtige Technik dafür anwendet, ist es gar nicht schwierig! Zusammenfassend kann ich resümieren, dass meine Resilienz-Entfaltung durch die Mischung von Unterstützung und Widerstand richtig in Fahrt gekommen ist.

Schutzfaktoren

Lese ich die Erkenntnisse der Resilienz-Forscher zum Thema »Schutzfaktoren«, kann ich einiges davon bestätigen. Auch für mich als Kind war es von ausschlaggebender Bedeutung, neben meinen Eltern noch weitere Bezugspersonen zu haben, die mir Halt und Ausrichtung vermittelten. Da wir in einer Art Großfamilie lebten, konnte ich jeden Nachmittag meine Tante besuchen, die sich in rührender Form um uns Kinder kümmerte. Die Eltern meiner Mutter hatten in Bayern einen Bauernhof gepachtet, und wir durften sie jede Ferien besuchen. Diese Zeit war ganz besonders schön! Zum einen genoss ich den Kontakt zu diesen zwei besonderen Menschen, zum anderen konnten wir die ganzen Ferien über mit den Bauernbuben spielen. Meine Mutter, die uns in den Ferien begleitete, hatte nichts dagegen, dass wir von morgens bis abends draußen herumflitzten. Wenn es Essen gab, läutete sie mit einer Kuhglocke – da mussten wir sofort »stramm« stehen. Ansonsten hatten wir immense Freiräume, um uns auszuprobieren und auszutoben.

Wenn mich etwas bedrückte, hatte ich in diesem Naturraum ganz andere Ressourcen, um mich auszubalancieren, als in der Stadt. Wie oft steckte ich meine Kindernase in das Fell einer gutmütigen Haflingerstute und fand bei ihr Wärme und Trost! Oder ich verkroch mich mit meinem Schmusetier in einer unserer Höhlen unter den Büschen und verlor mich in meinen Träumen. Oder ich kletterte in einen Baumwipfel und konnte dort oben meinem jugendlichen Herzschmerz und Selbstmitleid nachhängen, bis mich die Spiele der anderen wieder lockten. Das Zusammensein mit meinen beiden Schwestern war auch ein ganz besonderes Geschenk. Natürlich zankten und rauften wir uns ordentlich, aber spätestens, wenn wir ins Bett gingen, versöhnten wir uns wieder und erzählten uns im Dunkeln Fantasiegeschichten.

Schon als Kind suchte ich mir, meinem Naturell entsprechend, instinktiv Erlebnisse, die in meinem Inneren eine Balance herstellten zwischen positiven und negativen Erfahrungen. Natur, Bewegung, Stille, Kunst und Poesie – das waren und sind auch noch heute für mich die »Honigtöpfe«, in die ich mich hineinsetzen kann, um entleerte Speicher wieder aufzufüllen. Ich habe gelernt, mir diese Kraftquellen aus mir selbst heraus zu erschließen. Mein zweiter Anker sind tragfähige, sorgfältig gepflegte Beziehungen. Jeden Tag aufs Neue versuche ich, möglichst viele Begegnungen sinnvoll und wertschätzend zu gestalten und im offenen, direkten Kontakt mit meinem jeweiligen Gegenüber zu stehen.

Neben all diesen wunderbaren Aspekten des Lebens kenne ich letztendlich nur eine unerschütterliche Quelle, aus der ich mich unablässig ernähren kann: meine Verbindung zur großen Schöpferkraft. Ohne es weiter beschreiben zu können, lehnt sich mein innerstes Wesen an eine mich umfassende und durchströmende Energie an, ohne die ich nicht existieren würde. Dieser Kraft vertraue ich mich täglich neu an und lasse mich mehr und mehr von ihr tragen. Gerade in Momenten, in denen ich mich aufrege, mich etwas beunruhigt oder verwirrt, verankere ich mich in dieser größeren Bewusstheit. Dort wohnt die Ruhe im Sturm. Hier finde ich die umfassendste Resilienz, die ich empfinden kann.

»Wir sind nicht menschliche Wesen,
die eine göttliche Erfahrung machen.
Wir sind göttliche Wesen,
die eine menschliche Erfahrung machen.«

Teilhard de Chardin

Das Besondere des H.B.T.-Resilienz-Trainings

Klar definierte Schritte zur persönlichen und organisationalen Resilienz

Aus all den bisher vorgetragenen Gedanken möchte ich folgende Zusammenfassung ableiten: Die Resilienz-Forschung hat sich seit den 50er-Jahren des letzten Jahrhunderts hauptsächlich mit der Widerstandskraft von Kindern und Jugendlichen beschäftigt. Mehr und mehr schwappte der Begriff in die Erwachsenenbildung hinüber; in den letzten Jahren wird er auch im Kontext der Organisationsentwicklung benutzt. Die rapide Zunahme von psychosozialen Erkrankungen lenkt zunehmend das Interesse auf die innere Widerstandskraft von Einzelpersonen und Unternehmen.

Die sieben gängigen Resilienz-Faktoren – auch sieben Säulen genannt – lauten:

→ Optimismus
→ Akzeptanz
→ Lösungsorientierung
→ Verlassen der Opferrolle
→ Übernahme von Verantwortung
→ Netzwerkorientierung
→ Zukunftsplanung

Diese Grundgedanken dienten mir zu einer Weiterentwicklung des bisherigen Modells. Aus meiner vielfältigen Praxiserfahrung kristallisierten sich folgende Arbeitsstufen zur Entwicklung persönlicher und organisationaler Resilienz heraus.

Zehn Schritte für die persönliche Resilienz-Förderung:

→ Innehalten – die Kunst der kleinen Pause
→ Standortbestimmung und Rollenklärung
→ Das Energiefass füllen
→ Den Lebensrucksack entlasten
→ Die inneren Antreiber ausbalancieren
→ Grenzen setzen – Grenzen wahren – Grenzen öffnen
→ Konflikte aktiv angehen
→ Konsequente Ausrichtung auf Handlungsspielräume
→ Halt im Netzwerk
→ Verankerung in der eigenen Kraft und Ruhe

Zehn Schritte für die organisationale Resilienz-Förderung:

- → Genaue Standortbestimmung mit der Geschäftsführung
- → Projekt- und Kommunikationsplanerstellung
- → Gezieltes Resilienz-Training der Führungskräfte
- → Systematisches Einzelcoaching von »Schlüsselpersonen«
- → Resilienz-Schulung der Mitarbeiter
- → Stärkung der Teams und Schnittstellen
- → Konfliktklärung zur Verminderung von Reibungsverlusten
- → Ausbildung eines internen Resilienz-Beraters, der den Trainingstransfer begleitet
- → Überprüfung und Weiterentwicklung von Strukturen
- → Erfolge feiern, Resilienz für das Employer-Branding nutzen

Diese Arbeitsstufen werden ausführlich in den Buchteilen II und III vorgestellt, hervorzuhebende Inhalte im weiteren Buchverlauf vertieft.

Eine ganzheitliche Arbeitsmethode eignet sich besonders zur Resilienzförderung

Mit dem integralen Arbeitsansatz H.B.T. Human Balance Training konnte ich in den letzten Jahren so gute Erfahrungen sammeln, dass ich davon überzeugt bin, dass sich eine integrale Vorgehensweise ganz besonders für das Training der Komplexitätsbewältigung eignet.

Die meisten meiner Klienten, die sich zu einem Resilienz-Training oder Einzelcoaching anmelden, befinden sich in einer für sie schwierigen Lage. Oft haben sie sich über Jahre oder Jahrzehnte in eine Lebenskonstellation hineinmanövriert, die ihre persönlichen Bewältigungsstrategien heillos überfordert. Bei einigen dieser Personen verknüpft sich die gegenwärtige Überforderung mit seelischen Gewichten, die sich in ihrem Lebensrucksack verbergen. Eine schwierige Kindheit, Verlust, Krankheit, Traumatisierung oder andere Schicksalsschläge binden ihre Lebensenergie in tiefen Schichten ihres Seins. Diese Menschen verlangen nach höchstem Respekt und großer Aufmerksamkeit, damit sie Vertrauen fassen können und sich ihre Seele schrittweise entlasten kann. Eine Unterscheidung zwischen beruflichen und privaten oder gegenwärtigen und vergangenen Inhalten ist an dieser Stelle nicht zielführend, da all diese Themen ineinandergreifen und eine Gesamtdynamik entwickelt haben.

Oft ergreifen mich diese Lebensgeschichten mit all ihren kniffligen Problemstellungen so sehr, dass ich mich frage, ob ich diesen Menschen auch nur eine kleine Unterstützung bieten kann. Der stufenweise, achtsame Trainingsaufbau schenkt mir und dem Klienten aber immer wieder ein festes und zugleich weit gespanntes Gerüst, in dem sich Heilung, Versöhnung und befreite, kraftvolle Ausrichtung ereignen können. Die konsequente Würdigung und Miteinbeziehung von Körper, Gefühl, Verstand und Seele, verknüpft mit dem feinstrukturierten Bewusstseinstraining, lassen den Klienten in kurzer Zeit erste Erfolgserlebnisse spüren. Das schenkt ihm Mut und Hoffnung, sich auf die folgenden Trainingsschnitte mit ganzem Engagement einzulassen.

Die gleiche Erfahrung mache ich auch in der Arbeit mit Teams und ganzen Unternehmen. Die vorgetragenen Probleme wirken auf den ersten Blick äußerst verzwickt und schier unlösbar. Mit der systematischen Vorgehensweise des H.B.T.-Modells können sich allerdings auch noch so verfahrene Situationen zum Guten wenden. Systemisches Denken gepaart mit gesundem Menschenverstand können auch an dieser Stelle in kurzer Zeit konstruktive Entwicklungen in Gang setzen. Zur nachhaltigen Veränderung einer Unternehmens- und Führungskultur braucht es allerdings eine ernst gemeinte Beharrlichkeit und Klarheit in der Ausrichtung und Umsetzung.

Wirkliche Veränderung anstoßen

Oft berichten Klienten und Seminarteilnehmer von der Vielzahl der Seminare und Coachings, die sie im Laufe ihres Berufslebens schon besucht haben. Leider hatten nur wenige der von ihnen besuchten Kurse und Einzelbegleitungen die nachhaltige Wirkung, die sich der Klient gewünscht hätte. Wobei es nicht an den vorgetragenen Inhalten oder den einzelnen Reflexionen und Übungen lag, die sie innerhalb der Trainings erfuhren. Das große Problem gründete auf der konsequenten Umsetzung der gewonnenen Erkenntnisse.

Viele der Klienten hegten während der Schulungsmaßnahme oder im Coaching eine klare Vorstellung davon, welche Veränderungen sie in ihrem Alltag einleiten möchten. Doch kaum waren sie zu Hause oder zurück an ihrem Arbeitsplatz, zerbröckelten die guten Vorsätze, und ihren alten, eingefahrenen Denk- und Handlungsmustern fiel wieder die Vorherrschaft zu. Diese Erfahrung hat viele der Teilnehmer schon so enttäuscht und verbittert, dass sie zu Anfang der Kurse mit großer Skepsis dasitzen, manchmal sogar von tiefem Misstrauen erfüllt.

Auch ich kann in diesem Moment nur eine Einladung aussprechen, dass wir gemeinsam in ein Forschungslabor eintreten. Mein Angebot ist, dass sie ihre Frustration über vorhergehende Erlebnisse möglichst differenziert und wertfrei überprüfen können. Bei näherer Betrachtung kristallisiert sich oft heraus: Die besonderen Bedingungen eines Seminars bieten einen kreativen, schützenden Raum, in der sich der Klient neu erfahren und ausprobieren kann. Die ihn umgebende »Nährlösung«, die ihm Kraft und Mut gibt, etwas Ungewohntes auszuprobieren, wird in vielen Fällen von dem Coach oder Trainer initiiert und durch die entstehende Gruppendynamik gestützt. In dem Moment, in dem dieser Energieschub für den Klienten nicht mehr spürbar ist, macht er die schmerzliche Erfahrung, dass er aus eigener Kraft die angestrebte Veränderung nicht realisieren kann.

So ist es meines Erachtens von zentraler Bedeutung, den Klienten von Anfang an in eine selbstverantwortende Haltung zu bringen. Diese innere Wachheit ermöglicht es ihm, viele der neuen Schritte zwar mit meiner Unterstützung, aber gleichzeitig aus eigener Kraft zu realisieren. Der Schlüssel hierfür ist Präsenz und Achtsamkeit beim

Coach und Klienten gleichermaßen während des gesamten Prozessverlaufs. Ziel ist, dass der Klient während des Coachings oder Trainings nicht nur ein neues Gefühls-, Denk- oder Verhaltensmuster einstudiert, sondern es so stark verinnerlicht, dass sich die hinterlegte neurobiologische Struktur mitverändert. Das heißt, der Klient verlässt das Coaching neuronal anders vernetzt, als er gekommen ist.

Dr. Christian Gottwald hat dazu interessante Erfahrungen gesammelt. Die neurobiologischen Aspekte einer bewusstseinszentrierten Psychotherapie finden Sie im Internet unter: www.gehirnundkoerper.de/artikel/IV-Gottwald.pdf. Stand Dezember 2009.

> »Ein neurobiologisch inspiriertes, die psychische Struktur veränderndes körperpsychotherapeutisches Vorgehen verlangt einen besonderen Umgang mit Bewusstseins- und Aufmerksamkeitsprozessen. Aufmerksamkeit bedeutet neurobiologisch eine Vorerregung in den mit Aufmerksamkeit bedachten assoziierten affektiven, sensorischen und motorischen Feldern des Gehirns. Aufmerksamkeit ist nachgewiesenermaßen eine große Unterstützung, wenn nicht eine Voraussetzung, für tiefer greifende Veränderungen in den neuronalen Strukturen (Wolf Singer 2001). Auf dem Boden derartiger neurobiologischer Forschungen darf vermutet werden, dass psychotherapeutische Prozesse erst in einer aufmerksamen Bewusstseinshaltung voll wirksam werden. In einer bewusstseinszentrierten Körperpsychotherapie wird das gegenwärtige Erleben und Verhalten fokussiert aufmerksam beobachtet. Gleichzeitig werden die unterliegenden neuronalen Muster mit aufgerufen und durch ein neues Erleben erweitert.«

Diese Erfahrung kann ich ganz und gar bestätigen. Ein Klient, der die einzelnen Prozessschritte mit voller Aufmerksamkeit in all seinen Sinnen durchwandert, lernt schnell und intensiv. Durch regelmäßiges Innehalten und vertiefende Achtsamkeitsübungen zeige ich dem Klienten, wie er seine neue Erfahrungswelt fest »in seinen Zellen« verankern kann. Gerade an dieser Stelle erscheint mir die gleichzeitige Bearbeitung von physischer, mentaler, emotionaler und seelischer Ebene von hoher Bedeutung.

Freude, Humor und Sinnenglück beim Lernen

Ein weiterer, ganz wesentlicher Aspekt ist die Gesamtatmosphäre während eines Trainings beziehungsweise Coachings. Wir kennen es von uns selbst am besten: Wer sich wohlfühlt und Spaß an der Sache hat, lernt gerne und schnell. Wissensaufnahme ist eng an die begleitenden Emotionen gekoppelt. Ich brauche mich nur an meine Schulzeit zu erinnern. Die Fächer, in denen ich einen spannenden, inspirierenden, zugewandten Lehrer hatte, fielen mir leicht. Ich freute mich auf die Stunde und hatte Lust, mich daran zu beteiligen und meine Leistungsfähigkeit unter Beweis zu stellen. Der Zauberschlüssel zum munteren Lernen war ehrlich gemeinte Wertschätzung. Fühlte ich mich von einem Lehrer als Person gesehen und geachtet, öffneten sich meine Wissensspeicher, und ich konnte die von ihm präsentierte Information wie ein Löschblatt aufsaugen. Dies führte meistens zu einem Erfolgserlebnis meinerseits – ein pfiffig vorgetragenes Referat, ein interessanter Versuchsaufbau, der mir eingefallen war, ein gelungener Aufsatz, der mir Lob und Anerkennung brachte. Diese Erlebnisse wurden dann zum Ansporn für nächste Lernexperimente – ich denke noch heute gerne an diese Sternstunden der Schulzeit. Diese Erfahrung aus der Praxis bestätigt auch die Neurobiologie:

> »Wirklich motiviert ist nur jemand, der auf Grund eigener Erfahrungen Freude an der Sache empfindet. Andere Menschen durch Strafe oder Versprechen motivieren zu wollen, ist hirntechnischer Unsinn. Nur im Zustand der Begeisterung kommt es im Mittelhirn zur Aktivierung des Belohnungszentrums, nur so stellt sich Bereitschaft zur Höchstleistung her … Freudlos verbrachte Tätigkeit verblasst dagegen in der Erinnerung. Eine Erfahrung hat stets auch eine emotionale Komponente. Das unterscheidet sie von rein auswendig gelerntem Wissen. Mehrere solcher emotional gefärbten Erfahrungen in einem gewissen Kontext verdichten sich in der präfrontalen Großhirnrinde der Stirn zu einer inneren Haltung … Man kann niemanden dazu motivieren, seine innere Einstellung ändern zu wollen, aber man kann ihn dazu einladen, ermutigen und inspirieren, eine neue Erfahrung zu machen, die ihm Freude bereitet. Und das können diejenigen am ehesten, denen diese Tätigkeit selbst Freude macht.« (Hüther in: Niehaus/Thielicke 2010, S. 97)

In den Resilienz-Trainings beherzige ich folgende Grundsätze:

- → Inhalte, die ich vortrage, sollte ich möglichst am eigenen Leib erfahren haben und mit meiner ganzen Präsenz, Lebenserfahrung und inneren Haltung ausdrücken und vermitteln.
- → Der Klient sollte so schnell wie möglich ins eigene Erleben und Spüren kommen. Jedes Erfolgserlebnis, das er während des Trainings aufnehmen kann, wird von ihm bewusst abgespeichert und als Ressource für den Alltag gesichert.
- → Inhalte werden aus verschiedenen Betrachtungsperspektiven aufgeschlüsselt und in leichter Veränderung immer wieder neu aufgegriffen. Diese Wiederholung spricht nacheinander oder miteinander die körperliche, emotionale, mentale und seelische Ebene an und kann so in vielfältiger Form im Organismus verwurzelt werden.
- → Schlichte, einprägsame Bilder und eine gut verständliche Sprache helfen dem Gegenüber, sich mit seinem bisherigen Erfahrungsschatz einzuklinken. Sobald ich begreife, in welcher (Bilder-)Sprache mein Klient beheimatet ist, versuche ich, ihn auf dieser Ebene so feinnervig wie möglich abzuholen.
- → Einfühlsamer Humor und Mutterwitz helfen ungemein, selbst problemgeladene, kummervolle Situationen mit Freundlichkeit zu betrachten.

Resilienz bedeutet für mich ein weit gespanntes Themenfeld, das mich in vielfältiger Form mit Menschen zusammenarbeiten lässt. Je mehr ich in die Thematik eindringe, umso intensiver wird meine mentale, emotionale und spirituelle Intelligenz gelockt, sich zu entfalten. Ich freue mich, wenn von meiner Faszination und Begeisterung einige Funken überspringen. Die folgenden Buchteile widmen sich ganz der spannenden Praxis.

02

Die gezielte Entwicklung persönlicher Resilienz

Edda Koch-Königer: Entwicklung I: Lernen, den Drachen zu reiten

»Woraus aber erwächst Selbstvertrauen? Überschaut man die Forschungsergebnisse, so schält sich als das Wichtigste heraus: Selbstvertrauen wächst aus der wiederholt gemachten Erfahrung, sich nach Niederlagen aus eigener Kraft wieder aufgerichtet zu haben. Die Gewissheit, es daher auch künftig zu können.«

(Reinhard K. Sprenger in »Gut aufgestellt« (2008, S. 86)

Aufbauende Trainingsstufen

In zehn Schritten zu persönlicher Resilienz

Wie ich es eingangs schon beschrieben habe, ist mir das Thema »Resilienz« durch die Bedürfnisse meiner Klienten »zugewachsen«. Seit ein paar Jahren begegnen mir innerhalb meiner Seminare und Einzelcoachings immer mehr Personen, die schlichtweg am Ende ihrer Kräfte sind. Gleich ob es sich um ein Teamtraining handelt, eine Führungskräfteschulung oder ein Karrierecoaching – das zentrale Thema, das all die definierten Schulungsinhalte überlagert, ist die Frage nach dem Zustand des persönlichen Energiehaushalts. Die meisten Teilnehmer berichten mir, dass sie eine balancierte Selbststeuerung oder ein differenziertes Selbstmanagement zu keiner Phase ihres Lebens – zum Beispiel in der Schule, während der Ausbildung, an der Universität oder im Beruf – systematisch erlernen konnten. Lange Zeit brauchten sie diese ausgereiften Fähigkeiten auch gar nicht, da ihr natürliches Verständnis, mit sich selbst und anderen umzugehen, genügte, um die täglichen Belastungen des Alltags zu bewältigen. In den letzten Jahren wandelte sich aber ihre Lebenssituation. Durch die zunehmende Komplexität geraten sie nun mehr und mehr ins Schleudern. Ihnen fehlen die nötigen Kompetenzen, um mit der veränderten Situation angemessen umgehen zu können.

Aus diesen Bedürfnissen heraus explorierte ich zunächst Übungen der Selbststabilisation, die ich jeweils mit den aktuellen Trainingsinhalten verknüpfte. Das Thema der inneren Stärke und ausgereiften Selbstwirksamkeit faszinierte mich zunehmend. Auf lange Sicht entwickelten sich Schulungen, die ihren Fokus ausschließlich auf die gezielte Resilienz-Förderung richteten. Ich experimentierte mit zwei verschiedenen Modellen: einem Zehntagestraining, das sich aus fünfmal zwei Tagen zusammensetzte, und einem Fünftagestraining, das sich in Form von zweimal zweieinhalb Tagen konstituierte. Zu Anfang bevorzugte ich den längeren Trainingsaufbau. Da manche Firmen aber für einen Kurs von zehn Tagen kein Budget zur Verfügung stellen und ich auch auf deren finanzielle Realität eingehen wollte, habe ich mehr und mehr Erfahrung mit der kürzeren Abfolge gesammelt und dabei ebenfalls hervorragende Ergebnisse erzielen können (s. »Evaluation eines Resilienz-Trainings«, S. 98 ff.).

So oder so erscheint es mir wesentlich, ein Training immer in aufeinanderfolgenden Stufen, also in einzelnen Modulen zusammenzufügen, die thematisch in sich klar strukturiert sind. Während einer Trainingseinheit definiert der einzelne Teilnehmer kleine realistische Lernschritte, die er in seinem Alltag umsetzen möchte. In der Zeit zwischen den Modulen (vier bis acht Wochen) widmet er sich dem praktischen Transfer und gewinnt dabei die unterschiedlichsten Erfahrungen. Ein Sparringspartner an der Seite oder eine kleine Lerngruppe wirken bei diesem Prozess hilfreich und katalysierend.

Beim nächsten Schulungstermin werden die gesammelten Erkenntnisse in Ruhe auf den Prüfstand gebracht, und der Klient kann seine bisherige Vorgehensweise korrigieren beziehungsweise verstärken oder feinjustieren. In den einzelnen Modulen werden die vorhergehenden Inhalte wieder aufgegriffen – dieses wiederholte Lernen schenkt dem Gehirn die Möglichkeit, die gewünschten Entwicklungsschritte immer tiefer zu verankern. Ein Follow-up nach einem längeren Zeitraum (sechs bis zwölf Monate) unterstützt den nachhaltigen Lernerfolg ungemein. Der Klient hat während dieses Zeitraums eine innere Anbindung an die Gruppe und weiß, dass er in absehbarer Zeit Reflexion, Wertschätzung, Feedback beziehungsweise Korrektur für sein bisheriges Verhalten erfährt. Das spornt an und schenkt Verbundenheit, Stabilität und Sicherheit.

Unabhängig von der Länge des Trainings haben sich die folgenden Themen für mich als unerlässlich herauskristallisiert. Sie dienen mir als Richtschnur, um die herum ich einen Trainingsablauf kreiere. Dieser gilt sowohl für Gruppentraining als auch für Einzelcoaching. Ich favorisiere folgende zehn Schritte für die persönliche Resilienz-Förderung:

- Innehalten – die Kunst der kleinen Pause
- Standortbestimmung und Rollenklärung
- Das Energiefass füllen
- Den Lebensrucksack entlasten
- Die inneren Antreiber ausbalancieren
- Grenzen setzen – Grenzen wahren – Grenzen öffnen
- Konflikte aktiv angehen
- Konsequente Ausrichtung auf Handlungsspielräume
- Halt im Netzwerk finden
- Verankerung in der eigenen Kraft und Ruhe

Diese Inhalte werden im Folgenden (ab S. 105) ausführlich beleuchtet. Die klare Themenfolge ist äußerst hilfreich, um in der großen Flut der Informationen einer oder mehrerer Personen nicht den Überblick zu verlieren. Ausgestattet mit dieser Landkarte ist es mir möglich, mich vertrauensvoll meiner intuitiven Prozesssteuerung zu überlassen. Im Einzelcoaching wähle ich die »Tür«, die sich bei meinem Klienten gerne und einfach öffnet, das heißt, ich variiere mit der Abfolge der Inhalte. Da in mir fest fundiert ist, welche »Stützpunkte« ich während des Prozesses sicher ansteuern werde, kann ich die Reihenfolge meiner Vorgehensweise der jeweiligen Situation anpassen. Bei Gruppen halte ich mich meistens genauer an den Ablauf, lasse mir aber auch hier Handlungsspielräume offen, um aufmerksam auf die Bedürfnisse meiner Teilnehmer zu fokussieren. Schieben sich weiterführende Themen mit großer Dringlichkeit in den Vordergrund, wechsle ich den Ablauf der Übungen, um ganz nah an der »Energie« der Gruppe dranzubleiben. Der folgende Kompass dient mir dabei als Orientierung, alle relevanten Themen im Blick zu behalten:

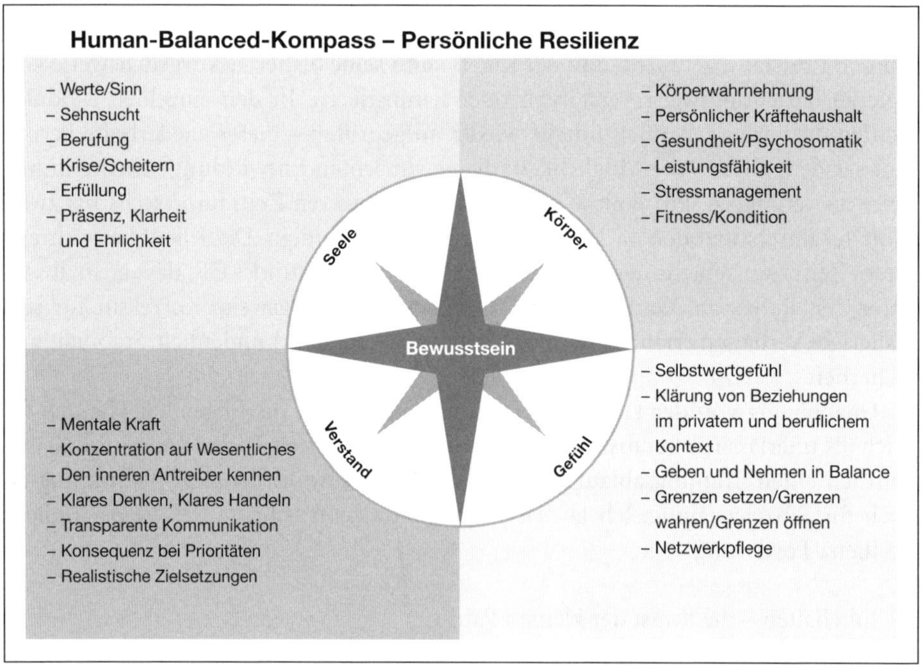

Insgesamt betrachtet, halte ich resilienzfördernde Maßnahmen für eine anspruchsvolle Thematik. Die meisten Inhalte verlangen den Teilnehmern geistige Offenheit, Mut zur Klarheit und große Disziplin in der Realisierung ab. Als Coach und Trainer gilt es, diese innere Haltung persönlich zu verkörpern und ein glaubhaftes, couragiertes Vorbild abzugeben. Wer innere Stärke dauerhaft entfalten und kultivieren möchte, muss an vielen Stellen über seinen Schatten springen und eingefahrene Muster sowie Konventionen hinter sich lassen. Viele der Teilnehmer kommen allerdings mit einem so hohen Leidensdruck, dass sie bereit sind, komplett neue Wege einzuschlagen. Das Training fordert von allen Beteiligten ehrliches Engagement sowie hohen Einsatz und schenkt dafür ungemeine Freude und Lebensqualität.

Grundregel: Transparente Übungsaufbauten und achtsame Prozesssteuerung

Ein klarer Übungsaufbau offeriert Überblick

Mit dem H.B.T. Human Balance Training habe ich für meine Arbeit Leitlinien geschaffen, die mir als solides Gerüst dienen (s. auch S. 58 f.).

Eine der Regeln ist der klare, mehrperspektivische Übungsaufbau, den ich in unterschiedlichen Formen anwende. Die H.B.T.-Kompasse bieten mir in vielen Fällen eine gute Grundlage, um diese Methodik meinen Klienten übersichtlich näherzubringen. Wobei jedes Schaubild nur als eine Annäherung fungieren kann – als ein Versuch, um die ungeheure Komplexität der menschlichen Wirklichkeit einzufangen.

Da während eines Trainings- und Coachingsprozesses in einem Menschen unendlich viele Eindrücke, Erinnerungen, Gefühle, Gedanken gleichzeitig auftauchen, möchte ich ihn durch relativ simple Übungsaufbauten in einer übersichtlichen Forschungsstruktur verankern.

Diese schnell zugängliche Trainingsmethodik generiert folgende Vorteile und Chancen:

Info

Vorteile und Möglichkeiten der Methode

Für die Analyse Der Klient wird durch keine komplizierte Übungsanweisung abgelenkt. Er kann sich gut orientieren sowie sich ganz und gar auf seine persönlichen Eindrücke und Inhalte konzentrieren.

Für die Selbststeuerung des Coachs Der Coach erfährt durch den klaren Handlungsstrang und die eindeutigen Übungen Ruhe und Sicherheit. Auch er kann sich ganz und gar auf die vielfältigen Eindrücke einlassen, die er beim Klienten und in sich selbst wahrnimmt.

Für die Beziehung zwischen Coach und Klient Der Klient spürt die Souveränität und Sicherheit seines Coachs. So kann sich die Beziehung in Klarheit, Respekt und Vertrauen entfalten. Durch die stabilisierende Struktur im Hintergrund bleibt viel Raum für Intuition und Spontaneität.

Für den Prozessablauf Der Prozess kann sich ruhig und übersichtlich entfalten. Die hohe Komplexität verunsichert nicht, sondern kann als große Bereicherung erfahren werden.

Für die persönliche Entwicklung und Selbstwirksamkeit des Klienten Der Klient kann die Übungen zu Hause wiederholen und für sich alleine vertiefen. Genauso kann er sie zum Beispiel mit seinem Lebenspartner, Mitarbeitern oder Freunden wiederholen. Das erzeugt die Basis für tief gehende Gespräche, um Verständnis füreinander zu katalysieren.

Durch die klaren, eindeutigen Strukturen können sich die Teilnehmer gegenseitig durch die Übungen moderieren. So konnte ich schon Gruppen bis zu 100 Personen durch komplexe Themen praxisnah begleiten.

Achtsame Prozesssteuerung schafft Raum für Intuition und Authentizität

Der klare Handlungspfad und die transparente Übungsstruktur schenken dem Coach und Trainer einen zuverlässigen Weg, in dem sich Lernprozesse intuitiv und authentisch entfalten können.

Die Erfahrung der letzen Jahrzehnte hat mir demonstriert, dass der Klient den Weg seiner Entwicklung, Entfaltung und Heilung in sich birgt. All meine Sinne, mein offenes Gewahrsein, mein Fachwissen und meine eigenen Lebenserfahrungen fungieren als Resonanzboden, auf den die vielfältigen Informationen meines Klienten fallen können. Meine Methodik entspringt einem klaren Aufbau und beruft sich auf diesen während des gesamten Prozessverlaufs. Gleichzeitig bin ich in meiner inneren Haltung dem Klienten gegenüber offen, fließend, strömend, der intuitiven Wahrnehmung anvertraut. Obwohl ich ein vielschichtiges Konzept besitze, bleibe ich konzeptfrei.

- → Ich folge der Bewegung der Seele meines Klienten.
- → Ich wähle die Tür, die sich leicht und gerne öffnet.
- → Ich öffne mich der Wahrheit des Augenblicks und folge ihr mit all meiner Wachheit, Präsenz und fachlichen Fundiertheit.

Wahrnehmung verfeinern

Um diese intuitive Offenheit nicht zu verwechseln mit meinen eigenen Gefühlen, Wünschen, Verletzungen, Erwartungen, die ich auf meinen Klienten leicht projizieren könnte, wende ich auch an dieser Stelle den Human-Balance-Kompass an.

Wir Menschen sind ausgestattet mit einem hochsensiblen Instrumentarium, um feinste Schwingungen und Stimmungen in uns selbst und anderen aufzunehmen. Die Neurowissenschaft kann dieses Phänomen ansatzweise erklären und spricht an dieser Stelle von Spiegelneuronen (Rizzolatti 1995). Sie ermöglichen es uns, ganz und gar in die Haut des anderen hineinzuschlüpfen und uns einfühlsam auf ihn einzustellen.

Diese Informationskanäle, die wir neben unserem rationalen Alltagsbewusstsein besitzen, versuche ich im nächsten Kompass (s. gegenüberliegende Seite) abzubilden. Ich bleibe dabei in der Quadrantenstruktur von Körper, Gefühl, Verstand und Seele und verfeinere ihre Inhalte.

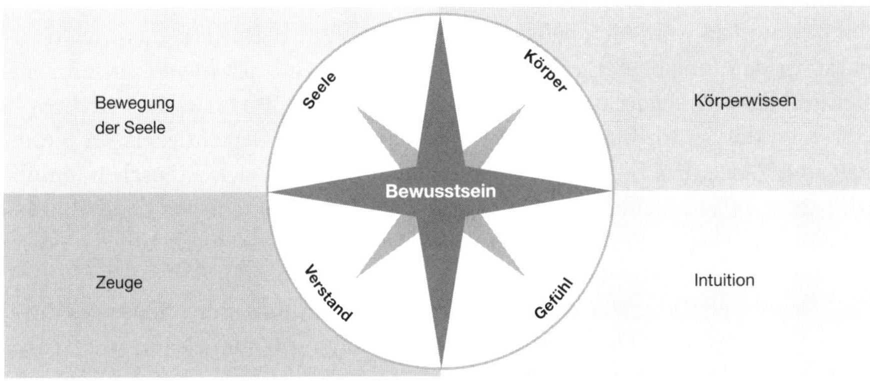

Im normalen Alltagsbewusstsein sendet mir mein Körper Botschaften darüber, ob ihm warm oder kalt ist, ob er sich hungrig, durstig, satt, unruhig, entspannt oder gestresst fühlt. Registriere ich meinen Körper auf einer verfeinerten Ebene, entdecke ich, dass er eine Schatztruhe voller authentischer, nicht zu manipulierender Wahrnehmungen ist. Mein Körper spricht in jeder Situation eine tiefere Wahrheit aus. Er signalisiert mir, ob er sich in der jeweiligen Situation mit dem jeweiligen Gegenüber wohlfühlt oder ob es ihm »die Nackenhaare aufstellt«. Meinem Körper »dreht es den Magen um« oder ihm »verschlägt es die Sprache«. Der Volksmund beschreibt viele dieser spontanen Regungen der Physis, die sich unvermittelt einstellen und einer psychischen Erregung direkten Ausdruck verleihen. Leider gehört es zum Paradigma unserer Gesellschaft, Körperwissen vielfach zu verdrängen. Dieser starke Verdrängungsmechanismus, oft bereits in den Kindertagen eintrainiert, ist eine der Ursachen dafür, dass im Moment so viele Menschen in ein Krankheitsbild wie Burnout hineinrutschen. Der Körper sendet Hunderte von Signalen, bis er zu radikaleren Methoden greift, um »seinen Besitzer« anzuhalten und zum Zuhören zu zwingen.

Genauso wie das Körperwissen oft übergangen wird, erfährt die Intuition häufig eine stiefmütterliche Aufmerksamkeit. Sie ist ein Spürsinn, der leiseste Ahnungen und Anmutungen auffängt und in unser Bewusstsein transportiert. Dabei scheint sie mit einem weiten Feld des Wissens um Zusammenhänge verknüpft zu sein. Fragt man erfolgreiche Menschen – gleich auf welchem Feld –, in welcher Form sie ihre wichtigsten Entscheidungen getroffen haben, fällt die Antwort einhellig aus: intuitiv, aus dem Bauch heraus. Sie können es sich nicht erklären, woher die Eingebung kam, aber sie wussten einfach, welche Entscheidung die richtige war. Sie vertrauten sich selbst, handelten aus ihrer ureigenen Kraft heraus – und erfuhren positive Verstärkung.

Neben diesem feinfühligen Spürsinn tragen wir zudem den Zeugen in uns. Dieser wundervolle Ratgeber, der neutral und nüchtern, aus einer übergeordneten Perspektive Zusammenhänge betrachten und sortieren kann. Der Zeuge bewahrt im größten Trubel eine unerschütterliche Klarheit und Gleichmut. Er ist ein fester Anker, sobald die Emotionen hochschwappen, und ist somit eine wesentliche Instanz, die mich als Coach vor Übertragung und Gegenübertragung schützen kann.

Auch die Seele sendet mir authentisch ihre Nachrichten. Sie ist eng mit dem Körper verknüpft, und so werde ich hellwach, sobald ich zum Beispiel in meinem Muskelapparat Anspannung bemerke. Bin ich wach genug, wende ich mein Ohr sofort nach innen und lausche genau auf die Nachrichten, die mein Innerstes zu berichten hat. Die Seele ist der Sensor für Stimmigkeit, für Fairness, für Gerechtigkeit, für Sinnhaftigkeit und Werte. Überraschenderweise haben unendlich viele Menschen ein übereinstimmendes Gefühl für Anstand und Aufrichtigkeit – dementsprechend öffnet sich ihre Seele dem Gegenüber und ist zu einem lebendigen Austausch bereit – oder sie verschließt sich und zieht sich zurück.

In Mittelpunkt dieser Ebenen verorte ich das alles umfassende offene Gewahrsein. Dieses Sensorium in uns birgt große Kostbarkeiten (s. »Handbuch Integrales Coaching« 2010, Teil II »Gezieltes Bewusstseinstraining«). Für die offene, authentische Prozesssteuerung offerieren diese verschiedenen Ebenen einen starken Rahmen, in dem ich meine Wahrnehmungen und Empfindungen überprüfen und auch gegenchecken kann. Für den Klienten bedeutet die Schulung in dieser Feinsensorik einen bedeutenden Gewinn für ein differenziertes Selbsterleben und eine stabile Selbststeuerung.

»Achtsame Prozesssteuerung« ist ein Feld, in dem es unendlich viel zu lernen gibt. Ich übe mich darin schon seit vielen Jahren und entdecke immerzu neue Facetten der Vertiefung. Folgende Möglichkeiten und Vorteile ergeben sich:

Info

Vorteile und Möglichkeiten der Methode

Für die Analyse Die genaue Standortbestimmung entfaltet erst durch offene Präsenz ihre volle Wirkung. Themen können in aller Ruhe durchleuchtet werden. Schwierige Themen, selbst tabuisierte Inhalte können durch die wertfreie, präsente Haltung aufmerksam betrachtet werden.

Für die Selbststeuerung des Coachs Der Coach kann sich ganz und gar auf die authentischen Wesensbewegungen des Klienten einlassen, ohne sich von ihnen »auf Abwege« ziehen zu lassen. Damit folgt er dem lebendigen Fluss des Geschehens und arbeitet immer mit dem, was ihm der Klient – oft unbewusst – von alleine anbietet.

Für die Beziehung zwischen Coach und Klient
Der Klient erlebt die Begleitung des Coachs als stimmige, sanfte Steuerung und kann ein vertrauensvolles Verhältnis zu ihm aufbauen. Dieses Vertrauen bildet eine stabile Basis, um auch konfrontative Sequenzen respektvoll zu gestalten.

Für den Prozessablauf Die differenzierte Modulation der eigenen Bewusstseinszustände unterstützt den Coach in der umfassenden Wahrnehmung und Begleitung des Klienten. Neben seiner fundierten Fachkenntnis kann er sich auf seine innere Stimme verlassen und selbst durch widersprüchliche, unlogische Konstellationen einen sicheren Kurs fahren.

Für die persönliche Entwicklung und Selbstwirksamkeit des Klienten Der Klient lernt, die Haltung der Achtsamkeit und wachen Präsenz direkt in seinem Alltag einzusetzen. Mithilfe der verschiedenen Sinneskanäle kann er Verhaltensweisen und Entscheidungen vielschichtig hinterfragen und sich mehrdimensional weiterentwickeln.

Spielregeln in der Gruppenarbeit

Achtsamer und respektvoller Umgang ist die Basis der gesamten Gruppenarbeit

Zu Anfang eines Resilienz-Trainings stelle ich meinen eigenen Werdegang und die Hauptaspekte des H.B.T. Human Balance Training in Ruhe vor. Im Anschluss daran sind die einzelnen Teilnehmer eingeladen, von sich zu berichten. Ich bitte sie, einige Worte zu ihrem beruflichen Werdegang zu sagen und mir ihre Anliegen und Wünsche für das Training darzulegen. Oft kommt es schon in dieser ersten Runde zu detaillierten Erzählungen über persönliche Probleme, Sorgen, Nöte und Schicksalsschläge. Spätestens nach diesem Einstieg wird jedem der Teilnehmer bewusst, dass er sich die nächsten Tage intensiv mit sich selbst und der Lebensgeschichte seiner Kollegen auseinandersetzen kann. Noch bevor wir in die erste Pause gehen, bitte ich die Teilnehmer, ihre Wünsche bezüglich Regeln der Zusammenarbeit zu äußern.

↘ Übung **Spielregeln in der Gruppenarbeit**

Einführung Da sich die Teilnehmer während des Trainings intensiv mit privaten, vertraulichen Themen beschäftigen, ist es mir überaus wichtig, von Anfang an auf absolute Diskretion und Verschwiegenheit hinzuweisen. Die Integrität jedes Einzelnen muss gesichert sein. Jeder Teilnehmer hat eine andere Art, sich in die Gruppe einzubringen. Der eine öffnet sich schnell und sucht freimütig den Austausch, ein anderer hält sich zunächst scheu zurück und braucht Zeit, um die anderen zu beschnuppern. Diesen verschiedenen Menschentypen möchte ich einen sicheren, stabilen Rahmen anbieten, in dem sie sich entspannt und ohne Druck bewegen können. Dazu befrage ich die Gruppe erst einmal selbst nach erwünschten Regeln, damit die unterschiedlichen Bedürfnisse und Vorstellungen klar und deutlich ausgesprochen werden können.

Ziel Teilnehmer stecken sich ihr eigenes Spielfeld der Zusammenarbeit und des gegenseitigen Umgangs ab.

Material Flipchart, Stifte, Pinnwand.

Übungsablauf Überlegen Sie sich, unter welchen Bedingungen Sie sich in der Gruppe wohlfühlen und Sie sich im Gespräch öffnen und konstruktiv zusammenarbeiten können. Hinterfragen Sie die einzelnen Vorschläge aufmerksam, und finden Sie gemeinsam kurze, prägnante Beschreibungen, die Sie auf einem Flipchart festhalten.
Dazu gehören zum Beispiel: den anderen ausreden lassen, aufmerksames Zuhören, Beiträge ernst nehmen – keine abwertenden, flapsigen Witze,

- → ehrliches, wertschätzendes Feedback,
- → absolute Vertraulichkeit,
- → sich kurz fassen,
- → Intensität der Übung selbst steuern können,
- → Pünktlichkeit, ausgeschaltetes Handy.

Achten Sie darauf, dass jeder Teilnehmer in die Dialogrunde miteinbezogen wird.
Die Spielregeln bleiben während des gesamten Seminars gut sichtbar aufgehängt. Sollten abgesprochene Spielregeln nicht eingehalten werden, können Sie sich gegenseitig daran erinnern. Manchmal wird das »Spielfeld« während der Arbeit nach Bedarf erweitert.

Aus der Praxis

Spielregeln decken unbewusste Verhaltensweisen auf

Spielregeln sind eine tolle Sache, da sie blitzartig die unterschiedlichen Charaktere der Teilnehmer zutage treten lassen. Innerhalb eines Teamtrainings lassen sie die unter der Oberfläche schlummernden, subtilen Verhaltenskodexe aufblitzen.

Ich erinnere mich an ein Kommunikationsseminar mit einer jungen Vertriebstruppe, die schon während der Vorstellungsrunde einen eher schnoddrigen Umgang pflegte. Auf meine Frage nach Spielregeln rutschte einer Auszubildenden spontan heraus: »Ich möchte endlich ernst genommen werden.« Bumm! – Nach dieser Aussage herrschte tiefes Schweigen und das junge Mädchen wandte sich mit Schamesröte im Gesicht auf ihrem Stuhl. Nachdem ich nachfragte, wie sie das meinte, formulierte sie, ohne Namen zu nennen, ein konkretes Beispiel, in dem sie sich übergangen gefühlt hatte. Ihre Ausführungen beschämten einige der Teilnehmer, da sie genau wussten, dass sie mit ihrem unbedachten Umgangston sich gegenseitig Verletzungen zufügen konnten, ohne dass darüber reflektiert wurde. Dieser eine Satz gab dem ganzen Training einen Leitgedanken mit auf die Reise. Die jungen Leute hinterfragten in großer Offenheit ihre bisherigen Gepflogenheiten und fanden bald Freude daran, sich aufmerksam und wertschätzend anzusprechen. Einer ihrer Chefs, der erst am zweiten Tag zu dem Training dazustieß, fiel fast aus allen Wolken, als er von der Gruppe darauf hingewiesen wurde, er solle seine flapsigen Witze einstellen.

Die Sprache der Teilnehmer hat einen nicht zu unterschätzenden Einfluss auf den Fortgang des Trainings. Je differenzierter und einfühlsamer miteinander kommuniziert wird, umso eher vertieft sich die Forschungsarbeit. Die Wortwahl fungiert als Spiegel der wahrgenommenen Gefühle und Empfindungen. Wertschätzende Kommunikation ist der Katalysator für Vertrauen und Offenheit. Da ich in der Kleingruppenarbeit nicht ständig bei jedem Gedankenaustausch anwesend sein kann, übe ich diesen respektvollen Umgang in der Großgruppe ein. Dieses respektvolle Miteinander »überprüfe« ich dann durch meine regelmäßigen Besuche in den einzelnen Arbeitsteams.

Der Austausch in der kleinen Gruppe hilft gerade schüchternen Personen, sich zu zeigen und einzubringen. Außerdem entsteht die Möglichkeit zu ausführlichen

Dialogen. Das gemeinsame Gespräch dient dem einzelnen Teilnehmer dazu, Inhalte klar zu formulieren und durch die Reflexion der anderen noch weitere Impulse dazuzugewinnen. Zum einen ist es spannend, ein direktes Feedback zu sich selbst zu erhalten, aber zum anderen auch der Geschichte eines anderen in Ruhe zu lauschen. Im Anschluss selbst Feedbackgeber zu sein, kann hilfreich beziehungsweise herausfordernd sein. So kann sich ein Lernprozess aus verschiedenen Blickpunkten zusammenfügen. Nach der Kleingruppenarbeit findet ein Austausch in der großen Runde statt, in der der Coach und Trainer die Erkenntnisse jedes einzelnen Teilnehmers überprüft und gegebenenfalls nachsteuern kann.

Evaluation eines Resilienz-Trainings

Sorgfältige Datenerhebung als Grundlage für Entscheidungen

Um die Wirksamkeit eines Trainings einer genauen Prüfung unterziehen zu können, bedarf es einer differenzierten Evaluation. Im Folgenden möchte ich eine Datenerhebung präsentieren, die ich in Zusammenarbeit mit einem großen Unternehmen mit 11.000 Mitarbeitern durchführen konnte.

↗ Beispiel

Bis es zu der Realisierung des Resilienz-Trainings kam, galt es, einige Hürden zu nehmen. Los ging es beim Betriebsrat des Unternehmens: Dort häuften sich warnende Stimmen von Mitarbeitern, die durch Strategiewechsel und anspruchsvoll formulierte Ziele des Unternehmens mehr und mehr unter Druck gerieten. Der Vorsitzende des Betriebsrats meldete dies der Personalabteilung, die der Geschäftsführung die Durchführung einer resilienzfördernden Maßnahme vorschlug. Nach längerem Hin und Her stellte die Geschäftsleitung hierfür ein Budget zur Verfügung. Die Personalabteilung veranlasste eine bundesweite Ausschreibung und ließ sich final Konzepte von sechs verschiedenen Anbietern vorlegen. Nach einer ausführlichen Präsentation entschieden sich die Verantwortlichen für das H.B.T.-Konzept.
Im ersten Jahr wurden zwei Pilotprojekte ausgeschrieben, um zum einen die Resonanz der Mitarbeiter zu testen und zum anderen gleichzeitig den Gehalt der Methodik auf Herz und Nieren zu prüfen. Für das erste Training – zweimal zweieinhalb Tage – wurden jeweils maßgeschneiderte Fragen entworfen, die die Teilnehmer anonym vor und nach den Modulen ausfüllten. Daraus resultierte die folgende Auswertung. Neben den hier angesprochenen Folien erstellte die Personalabteilung eine genaue Aufschlüsselung der Rollen der einzelnen Teilnehmer (Mitarbeiter, Teamleiter, Bereichsleiter und so weiter). Das Ergebnis ließ die Geschäftsleitung sofort aufhorchen. Gegenläufig zu ihrer Erwartungshaltung hatten sich hauptsächlich Führungskräfte mit hohem Verantwortungsgrad gemeldet. Diese Tatsache sensibilisierte die Unternehmensleitung ungemein für die Thematik. So konnten neben einem fortlaufenden Trainingsangebot, das in ihren Weiterbildungskatalog aufgenommen wurde, noch weitere Maßnahmen im Unternehmen etabliert werden (Vortrag und Workshop auf einem Kongress der Geschäftsleitung und der oberen Führungsebene, Einzelcoachings, Resilienz-Trainings für Teams, Ausbildung eines internen Resilienz-Beraters, fortlaufende Austauschgruppen, Supervision der Lernschritte). Diese vielversprechende Entwicklung konnte gerade durch die sorgfältigen Evaluationen in Gang gesetzt werden.

Aufbau einer Befragung

Im ersten Modul dreht es sich um die persönliche Standortbestimmung der einzelnen Teilnehmer, die zu Anfang eines Trainings ausgefüllt wird – natürlich anonym. Dazu erfolgt dann eine erste Auswertung:

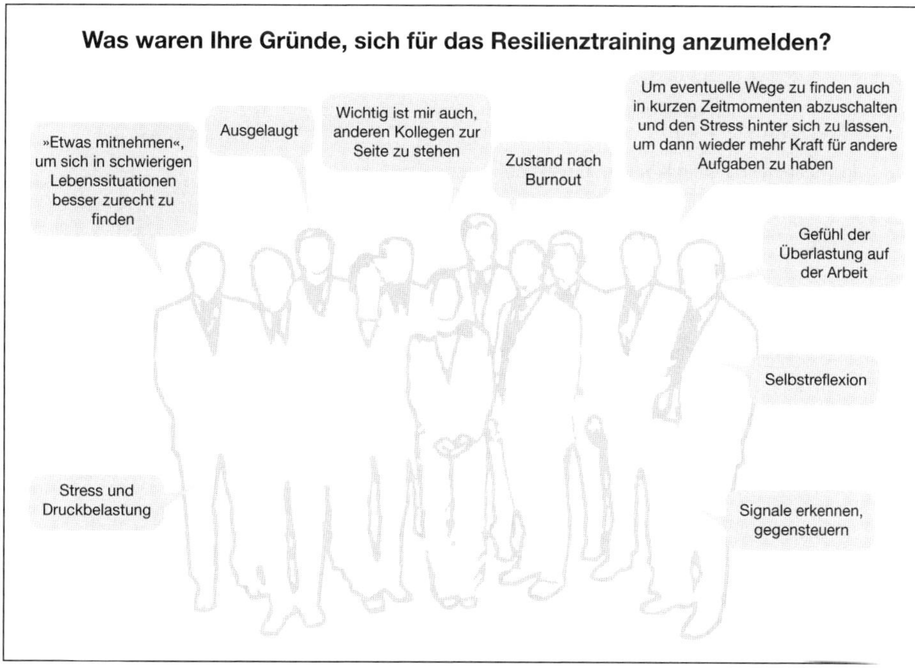
Was waren Ihre Gründe, sich für das Resilienztraining anzumelden?
»Etwas mitnehmen«, um sich in schwierigen Lebenssituationen besser zurecht zu finden
Ausgelaugt
Wichtig ist mir auch, anderen Kollegen zur Seite zu stehen
Zustand nach Burnout
Um eventuelle Wege zu finden auch in kurzen Zeitmomenten abzuschalten und den Stress hinter sich zu lassen, um dann wieder mehr Kraft für andere Aufgaben zu haben
Gefühl der Überlastung auf der Arbeit
Selbstreflexion
Stress und Druckbelastung
Signale erkennen, gegensteuern

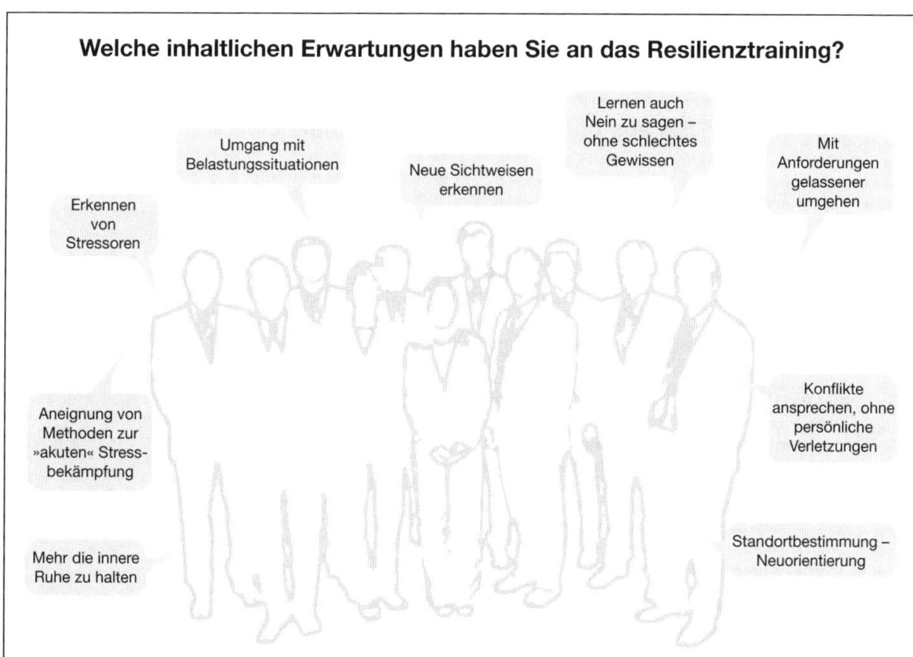
Welche inhaltlichen Erwartungen haben Sie an das Resilienztraining?
Erkennen von Stressoren
Umgang mit Belastungssituationen
Neue Sichtweisen erkennen
Lernen auch Nein zu sagen – ohne schlechtes Gewissen
Mit Anforderungen gelassener umgehen
Aneignung von Methoden zur »akuten« Stressbekämpfung
Konflikte ansprechen, ohne persönliche Verletzungen
Mehr die innere Ruhe zu halten
Standortbestimmung – Neuorientierung

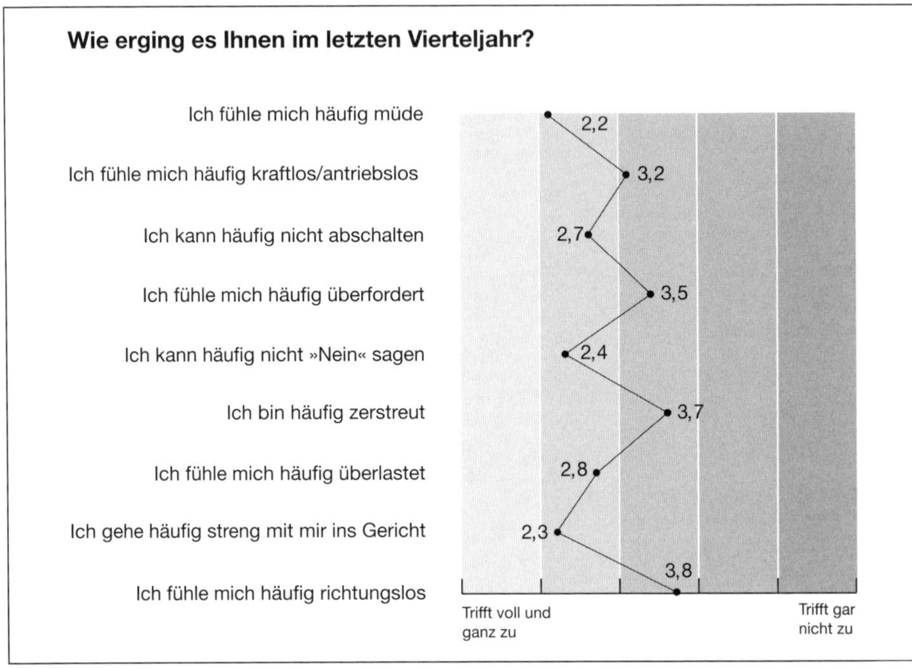

Am Ende des ersten Moduls wird genau überprüft, wie die behandelten Themen aufgenommen und verarbeitet wurden. Auch das Gesamtempfinden der Teilnehmer wird beleuchtet.

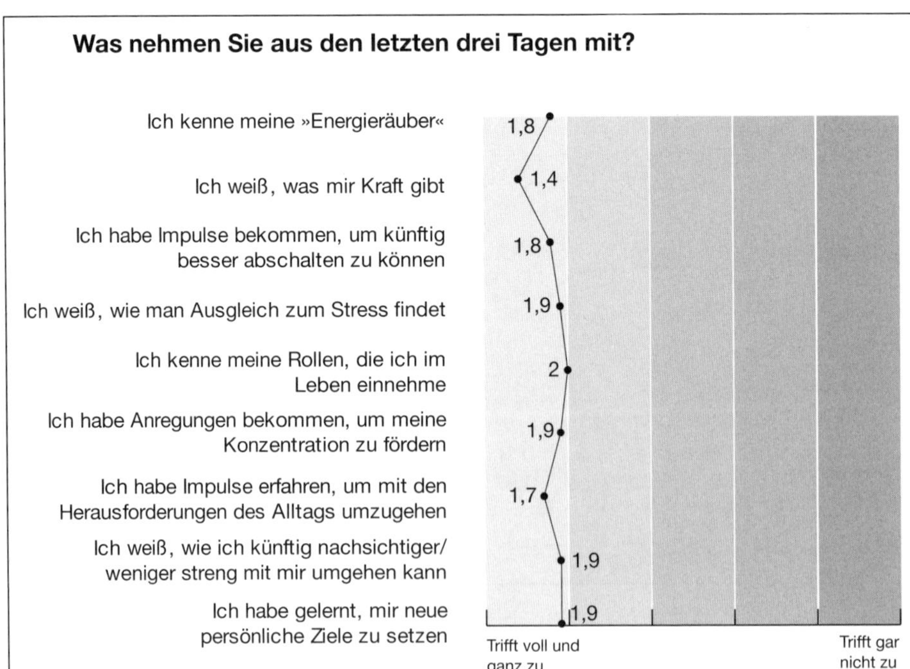

Im Moment fühle ich mich …[1)]

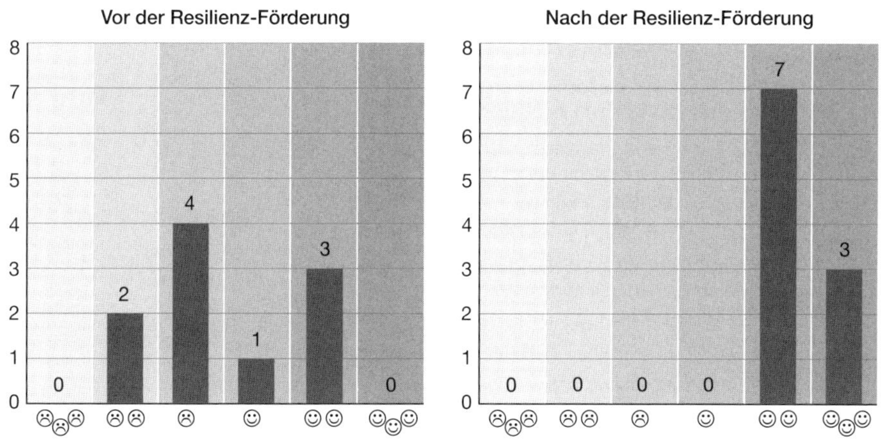

[1)] Die Erhebung basiert auf den Rückmeldungen von zehn Teilnehmerinnen und Teilnehmern der Resilienz-Förderung. Darunter eine Person aus dem Bereich Betriebliche Gesundheitsförderung die aus beruflichen Interesse, ohne konkreten Problemhintergrund, an der Maßnahme teilgenommen hat.

Neben diesen Fragen wird auch eine genaue Erhebung der Qualitäten des Trainers anvisiert, wobei folgende Parameter abgefragt werden: Fachkenntnis, Vorbereitung, sachlogischer Aufbau, persönliches Engagement, Vermittlung der Inhalte.

Am Anfang des zweiten Moduls füllen die Teilnehmer weitere Bögen aus.

Welche inhaltlichen Erwartungen haben Sie an das zweite Resilienz-Modul?

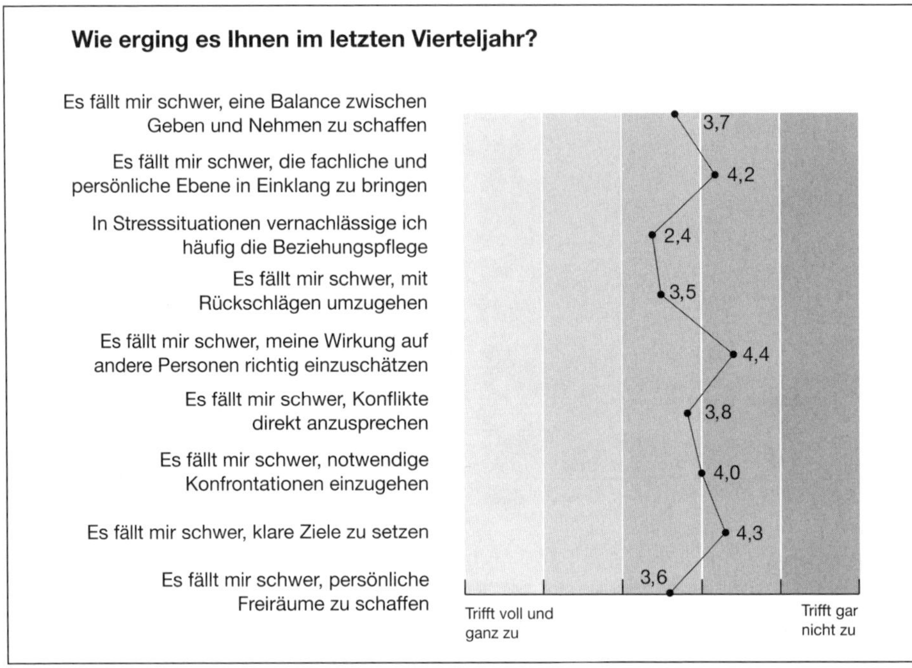

Die Ergebnisse des zweiten Moduls werden von den Teilnehmern ebenfalls genau reflektiert. Am Ende ergibt sich daraus ein Gesamtblick auf die Trainingsmaßnahme.

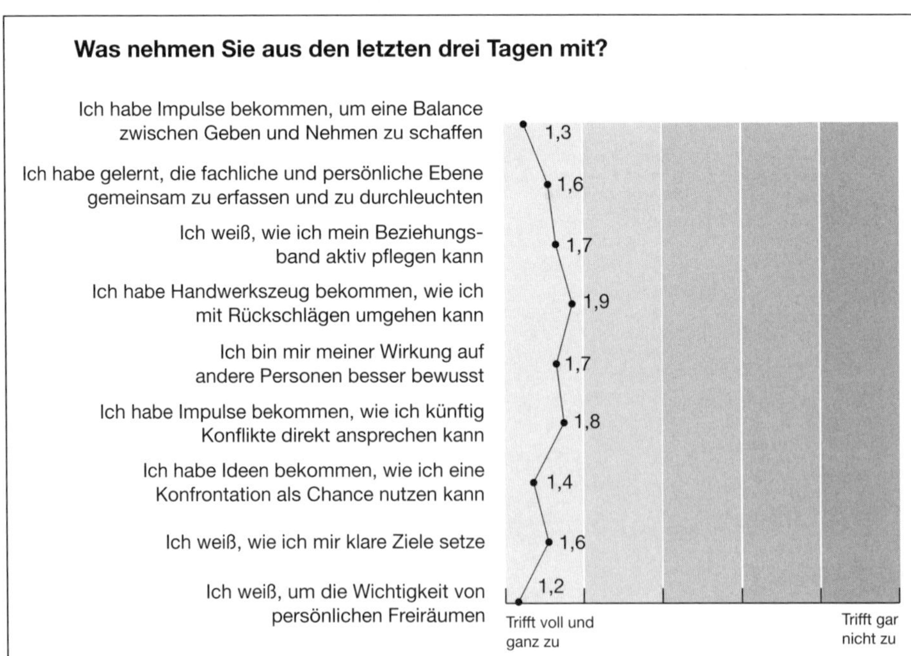

Im Moment fühle ich mich ...[1)]

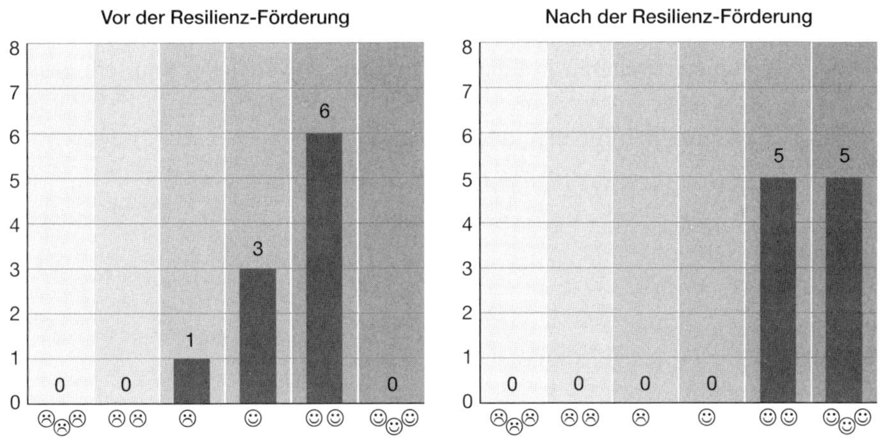

[1)] Die Erhebung basiert auf den Rückmeldungen von zehn Teilnehmerinnen und Teilnehmern der Resilienz-Förderung. Darunter eine Person aus dem Bereich Betriebliche Gesundheitsförderung die aus beruflichen Interesse, ohne konkreten Problemhintergrund, an der Maßnahme teilgenommen hat.

Stimmungsverlauf während des gesamten Piloten

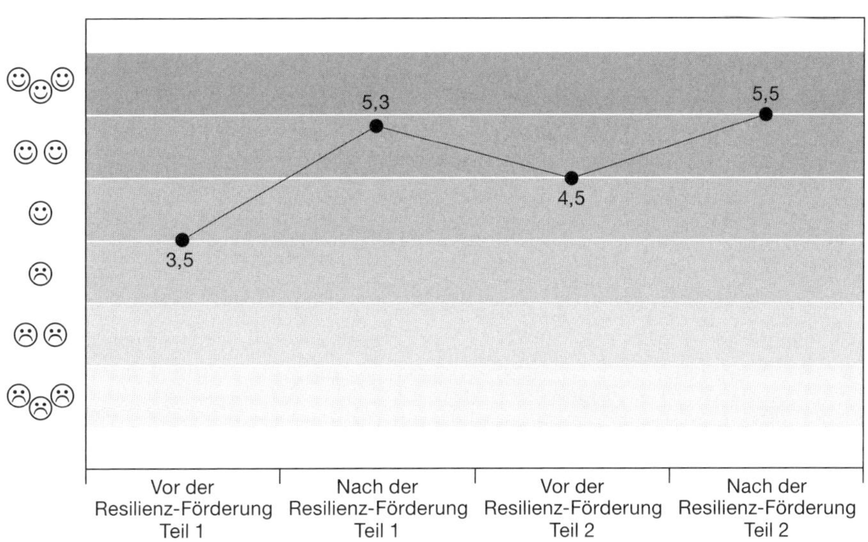

Für mich als Trainer und Coach ist diese differenzierte Art der Auswertung ein wichtiger Gradmesser für die Wirkweise der einzelnen Inhalte. Sie ist ein Spiegel, in dem ich mich selbst unter verschiedenen Aspekten überprüfen und weiterentwickeln kann.

Die Resilienz-Trainings werden durch ein Follow-up nach einem Jahr fortgesetzt; dort wird es zu einer weiteren Evaluation kommen, auf die ich schon sehr gespannt bin.

Nun zu den einzelnen Inhalten des Trainings.

Innehalten – die Kunst der kleinen Pause

»Nie hatte die Welt ›Lehrmeister der Stille‹ nötiger als heute, und gerade heute findet man sie seltener denn je. Man bräuchte sie in den Schulen: zehn Uhr – eine Stunde ›Stille‹. Eine schwierige Lektion, sind wir doch dermaßen auf den ständigen Lärmpegel in den Städten eingestellt, dass wir gar nicht mehr fähig sind, die Stille zu ›hören‹. Dennoch wäre es einen Versuch wert. Hätte man mir damals in der Schule im Philosophieunterricht gleich zu Anfang beigebracht, still zu sein und mich zu fragen, wer ich eigentlich bin, wäre mir vielleicht damals schon etwas klarer geworden.«

(Tiziano Terzani in »Noch eine Runde auf dem Karussell«, 2007, S. 672)

Die Wahrnehmung von sich selbst ist Grundlage innerer Kraft

Wer Kraft und Ruhe aus sich selbst heraus generieren möchte, braucht die Fähigkeit zur Selbstwahrnehmung. Innehalten – in sich selbst hineinspüren und neben den Gedanken auch den eigenen Gefühlen, Empfindungen und Körperwahrnehmungen Aufmerksamkeit zu schenken – diese Fähigkeit gilt es bei vielen Menschen zu entzünden beziehungsweise zu stärken und systematisch aufzubauen. Eigentlich ist uns diese simple Eigenwahrnehmung mit in die Wiege gelegt worden – als Baby und Kleinkind sind wir noch ganz ursprünglich mit all unseren authentischen Regungen verknüpft und können sie spontan zum Ausdruck bringen. Abhängig von der Reaktion der Außenwelt auf diese unvermittelt hervorgebrachten Regungen bewahren wir uns diese Gabe der Verbundenheit zu uns selbst. Oder wir verlernen sie durch Anpassungsmechanismen an die Regeln und Grenzen, die uns unsere direkten Bezugspersonen aufzeigen. Spätestens in der Schul- und Ausbildungszeit verinnerlichen wir einen gewissen Verhaltenskodex, den uns Umfeld und Gesellschaft vorgeben.

Unsere Kultur ist immens durch den Verstand geprägt. Wir haben ihm auch viel zu verdanken. Seit Descartes‘ »Cogito ergo sum« hat sich unsere Zivilisation in schier unvorstellbarer Weise weiterentwickelt. Neben dieser Verstandesleistung erscheint es aber gerade jetzt unabdingbar, weitere Fähigkeiten unseres Organismus zu erkennen und gezielt zu entfalten. Die Mehrzahl meiner Kursteilnehmer – die unter zum Teil massiven psychosomatischen Erkrankungen leiden – erklären, ihr Körper habe ihnen unmissverständliche Signale seiner schleichenden Überlastung gesendet. Diese Alarmzeichen haben sie schlichtweg ignoriert und ausgeblendet. Ebenfalls ihr Gefühl, die Intuition, hat ihnen mehrmals vor Entscheidungen zu- oder abgeraten – auch diesem inneren Spürsinn konnten sie sich nicht anvertrauen. Selbst den Botschaften ihrer Seele, die den Wert und die Sinnhaftigkeit mancher Unternehmung schon im

Vorfeld in Frage stellten, wollten sie kein Gehör schenken. Psychosomatische Erkrankungen sind Ausdruck davon, dass sich die Seele mithilfe körperlicher Einschränkungen Gehör verschafft. Wem es vor Kopfweh schier den Schädel sprengt, wer den lästigen Ton im Ohr nicht mehr los wird oder mit ständigen Magenproblemen zu kämpfen hat, obwohl sich organisch keine Entzündung identifizieren lässt – all diese Personen werden von ihrem Körper gezwungen, stehen zu bleiben, auf die Bremse zu steigen, um ihre bisherige Lebensweise auf den Prüfstand zu stellen.

Viele dieser extrem schmerz- und kummervollen Erfahrungen können wir uns ersparen, wenn wir schon viel früher – möglichst bei den ersten Überlastungssymptomen – offen hinhören und mit oft ganz simplen Maßnahmen unserem Organismus eine Möglichkeit der Regeneration bieten. Hierzu möchte ich eine klassische Erfahrung aus meinem eigenen, bewegten Leben schildern.

Wie schnell überladen wir uns mit Informationen?

↗ Beispiel

Diesen Herbst waren wir auf einer besonderen Hochzeit in Südtirol eingeladen. Ein Bozener und eine Mailänderin gaben sich das Ja-Wort und suchten sich für dieses Fest einen außergewöhnlichen Rahmen aus: Briol, ein Gasthof an der Ostflanke des Rittens, nur zu Fuß zu erreichen, da die holprige, schmale Fahrstraße ausschließlich den Zulieferern des Hotels offenstand. Samstagfrüh packten wir unsere Rucksäcke mit dem »schönen Gwand« für den Abend und einem warmen Pyjama, denn eine Heizung gab es auf den Zimmern überraschenderweise nicht, wie uns auf der Einladungskarte schon schmunzelnd angekündigt wurde.

Normalerweise bin ich für solch kleine Abenteuer sofort zu haben, aber an diesem Morgen war mir alles zu viel. Ich hatte eine sehr anstrengende, eindrucksvolle Woche hinter mir. Neben zwei Vorträgen führte ich ein Seminar und ein Einzelcoaching durch – mit der daran geknüpften Reisetätigkeit war ich immens vielen Menschen begegnet und hatte die unterschiedlichsten Gespräche geführt. Ich hatte im Laufe der Woche so viele Informationen abgespeichert, dass sich mein Hirn, mein Herz und meine Seele gegen jeglichen weiteren Input regelrecht wehrten. Die Vorstellung, am Abend schon wieder eine Gruppe von noch so herzlichen und interessanten Menschen kennenzulernen, ließ mich innerlich schaudern. Mein ganzes System schrie danach, erst einmal die Impressionen der letzten Tage verarbeiten zu dürfen, bevor neue Wahrnehmungen dazukamen. In solch einem Zustand fühlt sich mein Körper richtig schlecht an – er ist schlapp, und sein einziger Wunsch ist es, sich auf das Sofa zu verkriechen und die Decke über den Kopf zu ziehen.

Da mein Mann diesen Zustand unter hoher Belastung von mir kennt, tat er wie immer das Richtige. Er packte mich einfach ins Auto und sorgte für den angemessenen Tagesablauf. Er ließ mich während der Fahrt ein wenig von meinen Gedanken und Gefühlen erzählen – mein Verstand konnte sich dabei schön »ausblubbern«. Nach unserer Ankunft in Südtirol ging es aber nicht mehr ums Reden, sondern ums Spüren, die Sinne weit aufsperren und genießen. Nachdem wir unser Auto auf einem Waldparkplatz abstellen konnten, wanderten wir durch einen wunderbaren Herbstwald, an dem der frühe Winter schon zu nagen begann. Es nieselte leicht, der Waldboden roch intensiv nach faulenden Blättern und Pilzen, ab und an leuchtete uns noch ein goldenes oder rotes Blatt entgegen, ansonsten umfingen uns eher gedeckte Farben. Am Gegenhang, dem Schlernmassiv, blitzten schon die ersten Schneefelder. Nach einer kurzen Stärkung mit einem Teller Schlutzkrapfen im Gasthof Dreieich stiegen wir, die beeindruckende, alte Bauernhofarchitektur bewundernd, weiter auf. Als wir Briol

erreichten, saß ein Teil der Hochzeitsgesellschaft schon fröhlich parlierend und trinkend am Kachelofen – ein verführerisches Bild.
Wir stellten unsere Rucksäcke aber nur kurz auf das Zimmer und verloren uns bis zur einbrechenden Dunkelheit in den Wäldern. Wir entdeckten erstaunliche Baum- und Felsformationen, einen verwunschenen Wasserfall, kleine, blühende Heidelbeersträucher … und als Krönung einen alten ausgewaschenen Plattenweg, der sich zwischen den Bäumen Richtung Gipfel den Berg hinaufzog. Es war herrlich! Mehr und mehr traten all die vielen Bilder der letzten Woche in den Hintergrund. Von Minute zu Minute beruhigte sich mein dahinplappernder Geist, und in mir breitete sich Ruhe aus. All meine Sinne entfalteten ihre Antennen, und ich genoss die Gerüche und Geräusche dieses mir noch fremden Platzes in den Bergen. Ich schwitzte ordentlich und langsam rückte sich mein Körpergefühl wieder gerade. Die Wahrnehmung meiner selbst war nicht mehr durch Gedanken, Informationen und Erinnerungen an andere Personen überlagert, sondern wieder klar und direkt. Besondere Freude machte es mir, die ehrwürdigen, unregelmäßigen Steinplatten hinaufzuwandern und hinunterzuhüpfen – danach fühlte ich mich von jeder Last befreit. Frei für neue Begegnungen! Plötzlich freute ich mich auf all die neuen Menschen, die ich heute vielleicht noch kennenlernen durfte – und so kam es auch. Es wurde ein ganz besonderer, schöner, festlicher Abend, an dem ich so vieles von der Südtiroler und Mailänder Kultur aufnehmen konnte – ein großes Geschenk!

Anhand dieses kleinen Beispiels möchte ich eine simple Wahrheit der alten Zen-Meister verdeutlichen.

»In ein volles Glas lässt sich nichts mehr einschenken.«

Selbst mir, die sich seit Jahren, Jahrzehnten mit Achtsamkeit und Innehalten beschäftigt, passiert es immer wieder, dass mich der Trubel des täglichen Geschehens hinwegwirbelt. Meine »Speicher« sind so voll, dass ich mich mental und emotional überladen und blockiert fühle. Manchmal hält mich dieser Zustand so gefangen, dass ich in eine Haltung des passiven Konsumierens verfalle – ich blättere in Zeitungen, surfe im Internet oder zappe durch die Fernsehprogramme. All das lenkt mich ab, verbessert meinen Zustand der inneren Überfütterung aber nicht.

Der zielführendere und schnellere Weg ist es, aktiv für eine »Entladung« zu sorgen durch gute Gespräche, Stille, Natur, Sinneseindrücke, Bewegung. Wenn ich mich selbst dafür nicht aufraffen kann, ist es enorm hilfreich, wenn mich ein anderer Mensch anstupst und mich daran erinnert, wie einfach das Innehalten ist. Genauso wie wir andere ebenfalls an die vielfältigen Möglichkeiten einer kleinen Auszeit erinnern können.

Während unseres Wochenendausflugs hatte ich natürlich perfekte Bedingungen, um aus meinem Kopfkarussell auszusteigen – wir sahen und nutzten sie auch. In vielen Fällen langt aber schon ein kleiner Spaziergang, einige Körperübungen bei frischer Luft, ein Moment Ruhe, der nur mir selbst gehört und der mir Raum schenkt, mich zu spüren.

Vom geistreichen Nichtstun

> »Es ist schon erstaunlich: Mit unserem Körper gehen wir längst pfleglicher und klüger um als mit unserem Geist. Unzählige Diätratgeber lehren uns, beim Essen Maß zu halten, wir machen Frühjahrs- und Herbstkuren und achten auf den Body-Mass-Index. Doch all das, was in Bezug auf das Essen Common sense ist, scheint im Umgang mit Informationen nicht zu gelten. Dort frönen wir häufig einer ungezügelten Völlerei, überreizen unser Denkorgan mit zu vielen, falschen oder unwichtigen Informationen und kommen kaum auf den Gedanken, dass unser Gehirn dies alles ja verdauen muss und dass es – wie jedes Organ – Zeiten der Regeneration braucht.
> ›Auf die Balance kommt es an‹, sagt Ernst Pöppel (Psychologe und Biologe). ›Menschen brauchen immer beides: den Austausch mit anderen Menschen, aber auch den Bezug zu sich selbst, die innere Autonomie‹. Und gerade an Gelegenheiten, sich selbst zu begegnen fehlt es vielen Menschen. ›Stille ist essenziell, um sich konzentrieren zu können. Sie nimmt den Druck von uns, der durch den Lärm von außen entsteht.‹ Der Kommunikationsterror, dem wir permanent ausgesetzt seien, sei gerade zu Gift. Pöppel sagt deshalb gerne: ›Wenn ganz Deutschland jeden Tag für eine Stunde nicht kommunizieren würde, dann hätten wir hier den größten Innovations- und Kreativitätsschub, den man sich vorstellen kann.‹« (*Ulrich Schnabel* im Artikel »Vom geistreichen Nichtstun«, Die Zeit, Nr. 49, vom 02.12. 2010, S. 39)

Die folgende Übung ist ein guter Einstieg, um sich mit der Kunst der kleinen Pause vertraut zu machen und den Klienten erste Erfahrungen sammeln zu lassen.

↘ Übung

Übung: Innehalten im Alltag

Einführung Innehalten bedeutet, den Arbeitsalltag für einen kleinen Moment zu unterbrechen. Treten Sie innerlich und äußerlich einen Schritt zurück aus dem täglichen Geschehen. Legen Sie eine kurze Pause ein, und widmen Sie sich einen Moment lang ganz sich selbst. Dieses bewusste In-sich-hinein-Empfinden ist die einfachste Möglichkeit, um mit der eigenen Mitte in Kontakt zu treten.

Ziel Sie sensibilisieren sich für die Möglichkeit von kurzen Pausen im Alltag. Sie erfahren, wie schnell und unkompliziert sich Ihr Körper öffnen und entspannen kann. Sie erleben, wie Sie sich in nur wenigen Minuten tief regenerieren können. Sie lernen, sich in Ihrer ureigenen Kraft und Mitte zu verankern. Diese Übung können Sie ganz bewusst einsetzen,

- → wann immer Sie bemerken, dass Sie nicht im direkten Kontakt zu sich selbst stehen,
- → wenn Sie sich geistig oder körperlich erschöpft oder unter Spannung fühlen,
- → vor oder während schwieriger Gespräche beziehungsweise Situationen, in denen Sie Ihre innere Ruhe bewahren möchten,

- nach schwierigen Gesprächen beziehungsweise Situationen, um sich neu zu sammeln, Anspannungen abzustreifen, das Erlebte wirken zu lassen,
- nach schönen Erlebnissen, um das Erfahrene tief in den Zellen zu genießen und zu verankern

Die kleine Pause bietet dem Bewusstsein die Gelegenheit, sich von Außenreizen zu lösen und den Fokus nach innen zu wenden.

Übungsablauf Nehmen Sie sich einen Augenblick Zeit, und suchen Sie sich einen Platz, an dem Sie für einen Moment unbeobachtet sind (je geschulter Sie im Innehalten sind, umso eher können Sie diesen kurzen Augenblick der Rückbindung an sich selbst auch innerhalb eines Gespräches erleben, beim S-Bahnfahren, beim Warten in einer Schlange im Supermarkt, beim Autofahren, wenn Sie an einer roten Ampel stehen und in vielen anderen Situationen). Schenken Sie sich einen Moment der absoluten Ruhe:

- Nichts muss geschehen.
- Sie spüren Ihren Atem.
- Lauschen Sie in sich hinein.
- Seien Sie einen Augenblick lang in Berührung mit sich selbst.
- Schenken Sie Ihren authentischen Empfindungen ganze Aufmerksamkeit.

Wenn es Ihnen Freude macht, dann widmen Sie sich auch Ihrem Körper. Dehnen und Strecken Sie Ihren Körper. Bewegen Sie Ihre Glieder, wie es Ihnen Freude bereitet und gerade in den Sinn kommt. Durch die Bewegung vertieft sich Ihr Atem. Es ist, als würden Sie ein Fenster öffnen und frische Luft in die Zellen hineinlassen. Die kleine Erquickung wirkt tief. Sie kann Gedanken und Gefühlen eine andere Richtung geben.

Probieren Sie es aus – das Ganze dauert nicht länger als eine halbe Minute.

Wenn Sie mehr Zeit haben, dann wenden Sie sich bewusst Ihren Fußsohlen zu. Bewegen Sie ein wenig Ihre Füße. Dabei rutscht Ihre Selbstwahrnehmung, die sich im Alltagstrubel meistens auf Kopfhöhe befindet, einmal durch den ganzen Körper nach unten. Sie erinnern sich, dass Sie festen Boden unter Ihren Füßen haben. Sie senken in Ihrer Vorstellungskraft dicke Wurzeln in den Boden. Von den Füßen aus wandern Sie wieder nach oben. Sie prüfen, ob Ihre Knie im Stehen durchgedrückt sind oder ein wenig federn dürfen. Sie befühlen die Spannung Ihrer Muskeln im Gesäß und in der Bauchdecke. Sie laden die Zellen dazu ein, sich zu entspannen und überflüssige Spannung abzugeben. Meistens weitet sich der Bauchraum und der Atem vertieft sich.

Dann besuchen Sie den Brustraum, die Schultern, den Nacken, das Kiefergelenk. Es ist nur ein kurzes Hallo-Sagen, eine freundschaftliche Berührung mit der Einladung: Erleichtere dich, werde weiter, freier …

Mit ein wenig Übung dauert dieser Spaziergang durch den Körper zwei bis drei Minuten.

Er verändert Kleinigkeiten in der Körperhaltung, der Aufrichtung, der Durchlässigkeit.

Gehaltene Energie kommt sofort ins Fließen. Ihre Grundstimmung verändert sich.

Es ist ein simpler Mechanismus, der sich auf der Körperebene besonders gut nachvollziehen lässt:

- Anspannung trennt Sie von sich ab.
- Öffnen sich jedoch Ihre Zellen durch Entspannung,
- kommen Sie sofort in Berührung mit all Ihren Sinnen.
- Sie können in sich hineinlauschen, tasten, schnuppern, sich selbst wahrnehmen.
- Der Atem hebt und senkt sich.

- → Sie werden ruhig.
- → Zeit steht still.
- → Sie tauchen ein in weiten Raum.
- → Nun kehren Sie wieder in den Alltag zurück.

Während sich Ihr Bewusstsein wieder auf die Außenwelt richtet, bleibt Ihr Selbstgefühl in Ihrer Mitte verankert. Diese Verankerung kann Sie eine ganze Weile begleiten. Irgendwann tragen Sie äußere Geschehnisse wieder fort aus Ihrer Ruhe. Nach einer Weile bemerken Sie es. Dann halten Sie wieder inne.

Aus der Praxis

Mit Stille spielen

Da mir in den Kursen immer wieder Menschen begegnen, die mit Achtsamkeit, ruhigen Körperübungen wie Yoga, Qui Gong oder Tai-Chi oder anderen Meditationsformen nur wenig Erfahrung haben, ist es mir ein Anliegen, an das Thema »Stille« eher spielerisch heranzugehen. Für den einen mögen die genannten Techniken eine wunderbare Möglichkeit sein, um mit sich selbst mehr und mehr in Kontakt zu treten und den eigenen Geist langsam zur Ruhe kommen zu lassen. Ein anderer sucht sich andere Wege, um die Verbundenheit zu sich selbst zu stärken und sein Inneres zu beruhigen.

So suche ich für das Resilienz-Training immer Seminarorte aus, die eine direkte Anbindung an Natur und Stille haben. Manchmal miete ich mich in Klöster ein, deren dicken Wände jegliches Handynetz unterbrechen und deren Zimmer ohne Fernseher auskommen. Die Kursteilnehmer werden in puncto äußere Reize und Informationsflut auf Schonkost gesetzt – dafür bieten diese Plätze aber umso mehr Naturerleben und Möglichkeiten zu stiller Einkehr.

Der erste Aufschlag in dieser Welt trifft manchen der gehetzten Teilnehmer hart. Einer von ihnen fühlte sich tatsächlich wie auf Entzug und äußerte zu Anfang eines Seminars – deutlich gereizt –, ihm würden all seine gewohnten Knöpfe fehlen (Fernsehen, Radio, Internet). Trotz seines ersten Ärgers ließ er sich auf dieses Experiment offen ein, und nach drei Tagen hatte sich seine Wahrnehmung komplett verändert. Er genoss die Ruhe um sich herum und überlegte sich, wie er diese wohltuende Erfahrung in seinen Alltag integrieren könnte. Selbst nach so kurzer Zeit spürte er die gewaltige Wirkung einer reizveränderten Umwelt.

Weniger reden, spazieren gehen, nichts tun, in der Sonne dösen, den Garten pflegen, malen, singen, bildhauern, Marmelade kochen, mit Tieren umgehen, Musik hören, Schönes betrachten– es gibt unendlich viele Zugänge zum eigenen, heilen, stillen Raum.

In jedem Menschen befindet sich eine Kathedrale, in der er Platz nehmen kann.

Wer still wird, lässt Unterdrücktes zu Wort kommen

Innehalten – das kann beruhigen oder in größte Unruhe versetzen. Die Hetze durchs Leben ist oft auch eine Flucht und bietet die Möglichkeit, unangenehmen Tatsachen auszuweichen. So ist die zunehmende Achtsamkeit für die eigenen Gefühle, Gedanken und Empfindungen gleichzeitig eine Heldenreise. Sich selbst zu begegnen kann bedeuten, sich unangenehmen, bisher verdrängten Themen zu stellen. Die gewonnenen Eindrücke können Anlass dafür sein, das eigene Leben in die Hand zu nehmen und neue Ordnungen herzustellen.

Die nun folgenden Übungen begleiten diesen Prozess der Selbsterkenntnis in strukturierter und dosierter Form. Ein Leben lässt sich nicht von heute auf morgen umkrempeln – »Gewaltaktionen« schaffen oft nur neue Brüche und Verletzungen für sich selbst und andere. Kleine, realistische Schritte der Erkenntnis und Umsetzung, welche die beteiligten Personen nachvollziehen und gegebenenfalls auch mitgehen können, sind aus meiner Erfahrung das zielführendste Mittel einer fundierten Persönlichkeitsentwicklung.

Standortbestimmung und Rollenklärung

Das Leben im Netzwerk betrachten

Wer in Ruhe und Klarheit auf sein Leben schaut, wird schnell bemerken, wie viele verschiedene Inhalte und Themenfelder sich ständig miteinander verzahnen. Der folgende Kompass bietet einen Überblick über das weit verzweigte Feld, das Menschsein ausmacht.

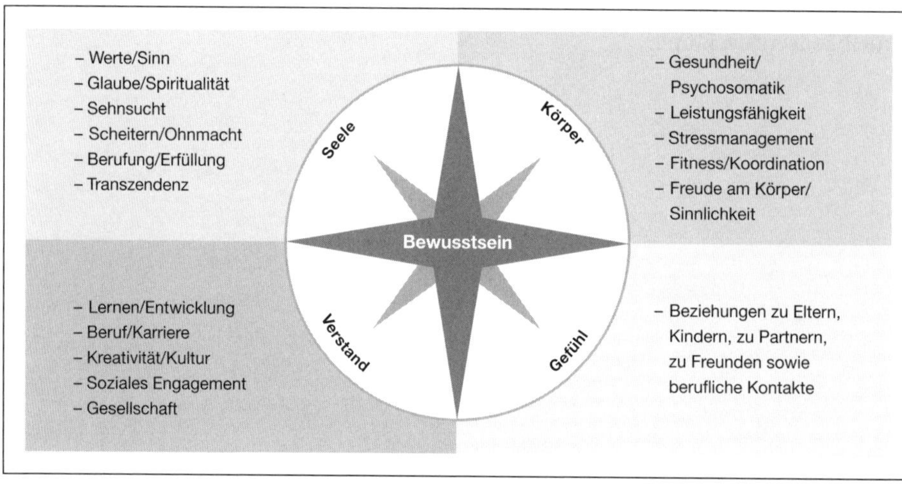

Die meisten Personen, die ein Training beziehungsweise ein Einzelcoaching besuchen, schildern zunächst Problemstellungen, die ihnen im Moment am vordringlichsten erscheinen. Sie berichten von gesundheitlichen Einschränkungen, vom Stress im Job, von Konflikten mit Einzelpersonen oder auch Schwierigkeiten mit sich selbst. Ihre Wunschvorstellung – im Coaching auch Zielformulierung genannt – ist die schnellstmögliche Beseitigung dieser Störung ihres Lebensflusses. Manchmal existiert für ein Problem tatsächlich eine schnelle Lösung. In vielen Fällen sind Spannungen aber multikausal, das heißt, ihr Ursprung speist sich aus verschiedenen Quellen, die auf den ersten Blick nicht ersichtlich sind.

Von daher lade ich meine Klienten ein, ihr gesamtes Leben aus einer forschenden Perspektive zu betrachten. Forschen heißt möglichst wertfrei und mit einem gewissen Abstand auf Zusammenhänge zu schauen. Es ist spannend, ohne vorschnelle Schlüsse zu ziehen, die Wechselwirkung von vielschichtiger Gemengelage auf sich wirken zu lassen. Was ist ein Symptom? Und wo verbirgt sich die Wurzel von

Geschehnissen? Bewusstsein steht inmitten des Kompasses – zur steten Erinnerung, dass es einer gründlichen Reflexion bedarf, um Zusammenhänge tiefer zu durchdringen.

Überprüfung der eigenen Verhaltensmuster

Balancierte Selbststeuerung ist für eine ausgeglichene innere Kraft unerlässlich. Wer seine persönlichen Verhaltensweisen genauer überprüfen möchte, wird sich interessante Fragen stellen:

- Inwieweit gestalte ich mein Leben selbst und wirke aktiv auf die für mich veränderbaren Faktoren ein?
- In welchen Situationen lasse ich mich von äußeren Faktoren beeinflussen und fremdbestimmen?
- Habe ich äußere Einflüsse schon so weit verinnerlicht, dass ich mich selbst zu Dingen zwinge, die mir nicht guttun?

Bei den meisten Menschen sind diese drei Kräfte die »Grundmatrix«, aus der heraus sie ihre Entscheidungen treffen. Egal, wie sie ihr Leben zusammenbauen, es speist sich aus Wünschen und Anliegen ihrer eigenen Person, aus Bedürfnissen und Ansprüchen ihres Umfeldes und gleichzeitig aus meist unbewussten Stimmen ihres Selbst, die Repräsentanzen von übernommenen Glaubenssätzen sind (zum Beispiel der innere Antreiber, der Perfektionist in uns, das schlechte Gewissen und vieles andere mehr). Diese raffinierte, nicht schnell zu durchschauende Melange gilt es, schrittweise transparent zu machen. Zwanghaftigkeiten und Verstrickungen in Denk- und Verhaltensweisen lassen sich erst auflösen, wenn sich die dahinterliegende Motivation aufdeckt. Jedes noch so kurios wirkende Verhalten entspringt einer inneren Logik, die es zu verstehen und zu respektieren gilt.

Jeder Mensch, und wenn er noch so überlastet und gestresst vor mir sitzt, hat sich seine Lebenssituation aus verschiedenen Gründen kreiert – und diesen Umstand muss er zunächst begreifen. Welchen Nutzen zieht die Person bisher aus ihrem Lebenskonzept? Auch wenn es unlogisch sein mag, fühlen sich viele Menschen trotz aller empfundenen Qualen in ihren verstrickten Verhältnissen wohl, da dadurch sehr subtile Bedürfnisse befriedigt werden. Dies sollte man ohne Bewertung anerkennen. Daran schließt sich eine kreative Spurensuche an, ob diese Anliegen nicht auch auf anderen, besseren Wegen gestillt werden können.

Die nun folgenden Übungen helfen dem Klienten, die Komposition seines Lebens wahrzunehmen und auf respektvolle, achtsame Art zu hinterfragen. Als Erstes geht er dem Thema seiner übernommenen Rollen nach. Wie viele Hüte habe ich auf? Und was geben und nehmen mir die einzelnen Verantwortungen, die ich übernommen habe?

Übung **Der Rollenkuchen**

Einleitung Die folgende Übung dient dazu, übernommene Rollen im Leben zu überprüfen. Manche Rollen sind von Geburt an definiert: Tochter oder Sohn, Enkelkind, Schwester, Bruder und so weiter. Andere wählen wir uns im Leben durch Beziehungen (Ehe, Elternschaft), durch Freundschaften sowie Aufgaben und Verpflichtungen im beruflichen oder gesellschaftlichen Umfeld. Jede der Rollen verknüpft sich mit einem Anforderungsprofil, das durch unsere eigenen Vorstellungen und Ansprüche entsteht, durch die Bedürfnisse meines Gegenübers oder durch eine klar umrissene Aufgabenbeschreibung (zum Beispiel die Stellenbeschreibung im Beruf).
Je wirksamer wir die von uns übernommenen Rollen ausfüllen, umso wohler fühlen wir uns, und umso stabiler gestalten sich Beziehungen. Unerfüllte Aufgaben und Erwartungen münden dagegen oft in Konflikte und Reibungsverluste. Es ist es sehr spannend, sein Leben aus diesem Blickwinkel zu betrachten. Über- und Unterforderungen werden schnell sichtbar, Konflikte in Beziehungen decken sich auf und offenbaren neben dem Symptom auch meistens schon ihren Ursprung.

Möglichkeit der Kleingruppenarbeit Diese Übung kann alleine – in anschließender Reflexion mit dem Coach – ablaufen, aber auch im Rahmen einer Kleingruppenarbeit. Hierfür finden sich zwei bis drei Teilnehmer zusammen und ziehen sich an einen ruhigen Platz zurück. Jeder absolviert die ersten fünf Schritte zunächst alleine, danach kommen die Teilnehmer in einen offenen Austausch über ihre Erkenntnisse. Das Gespräch dient dazu, Inhalte klar zu formulieren und durch die Reflexion der anderen noch weitere Impulse dazuzugewinnen. Zum einen ist es spannend, ein direktes Feedback zu sich selbst zu erhalten, aber auch der Geschichte eines anderen in Ruhe zu lauschen und im Anschluss selbst Feedbackgeber zu sein. So kann sich ein Lernprozess aus verschiedenen Blickpunkten zusammenfügen. Nach dieser Kleingruppenarbeit findet ein Austausch in der großen Runde statt, in der der Coach und Trainer die Erkenntnisse jedes einzelnen Teilnehmers abruft.

Ziel Sie schaffen sich einen Überblick darüber,
- → in welchen Lebensfeldern Sie Rollen übernommen haben,
- → wie viel Zeit und Energie jede Rolle in Anspruch nimmt,
- → wie kompetent Sie sich selbst in den einzelnen Rollen wahrnehmen,
- → was Ihnen eine Rolle gibt und nimmt,
- → wie zufrieden Sie mit der bisherigen Rollenverteilung sind beziehungsweise welchen Veränderungswunsch Sie haben.

Material Flipchart oder DIN-A3-Papier, Stifte.

Übungsablauf
Schritt 1: Tragen Sie alle Aufgaben und Verantwortungsbereiche auf einem Flipchartbogen oder auf einem DIN-A3-Papier zusammen, die Sie in Ihrer privaten und beruflichen Lebenssituation ausfüllen, wie zum Beispiel:
- → Mutter/Vater
- → Schwester/Bruder
- → Tochter/Sohn
- → Ehefrau/Ehemann oder Partnerin/Partner
- → Schwiegertochter/Schwiegersohn
- → beruflich: selbstständig, angestellt, Führungskraft, Geschäftsführung

- → Teammitglied
- → Betriebsrat
- → im Verein tätig

Schritt 2: Erstellen Sie zunächst eine Ist-Analyse. Zeichnen Sie einen großen Kreis auf das Papier als Sinnbild eines Zeitkuchens für vierundzwanzig Stunden oder eine Woche (ein Monat/ein Jahr), und unterteilen Sie das Rund in einzelne »Kuchenstücke«. Jede Unterteilung steht für eine Rolle. Mit der jeweils dargestellten Breite symbolisieren Sie, wie viel Zeit beziehungsweise Energie Sie die jeweilige Aufgabe kostet (gehen Sie dabei intuitiv vor, und drücken Sie Ihre gefühlte Wirklichkeit aus).

Schritt 3: Schreiben Sie zu jeder Rolle in Stichworten Ihre Vorstellung einer positiven Kompetenzerfüllung. Bewerten Sie Ihre persönliche Aufgabenbewältigung. Zur Einschätzung der Rollenkompetenz können Sie das Ampelsystem wählen:
- → Grün – erlebe mich auf Sach- und Beziehungsebene in der Thematik als gut aufgestellt, fühle mich wohl mit der gestellten Aufgabe.
- → Gelb – erlebe mich zum Teil kompetent, zum Teil aber auch steigerungsfähig im Aufgabenfeld, möchte mich gezielt verbessern.
- → Rot – erlebe mein Verhalten als unzureichend und habe dringenden Entwicklungsbedarf.

Schritt 4: Markieren Sie am Rande durch Plus- und Minussymbole, ob Ihnen diese Rolle etwas gibt beziehungsweise nimmt.

Schritt 5: Treten Sie einen Schritt zurück, und lassen Sie das Ganze auf sich wirken. Fühlen Sie sich wohl mit der jetzigen Situation? Oder werden Sie unruhig, wenn Sie Ihre Standortbestimmung betrachten?
Erstellen Sie auf einem weiteren Blatt einen Soll-Zustand: Reflektieren Sie über Ihre aktuelle Rollenverteilung und definieren Sie Ihre Veränderungswünsche. Wichtig ist dabei abzugleichen, ob Ihre persönlichen Rollenerwartungen und das daraus abgeleitete Selbstbild realistisch sind. Durch die gleichzeitige Betrachtung verschiedener Rollen und Aufgabenfelder lassen sich gegenseitige Abhängigkeiten sofort erkennen. Veränderungen in einer Rolle bringen Bewegungen in allen anderen Lebensfeldern mit sich.

Aus der Praxis

Erste Erkenntnis: Wo bleibt die Zeit für mich selbst?

Der Rollenkuchen ist ein hervorragender Einstieg, um einer Person ihr gesamtes Lebensnetzwerk plakativ vor Augen zu führen. Meistens fallen den Teilnehmern schon bei dieser Übung einige Schuppen von den Augen. Sie bemerken, dass ein Tag tatsächlich nur 24 Stunden hat und eine Woche nur sieben Tage. Ihre zugefallenen und übernommenen Verantwortlichkeiten würden aber oft einen Tag mit 30 Stunden verlangen. Es ist also obsolet zu priorisieren.

Auffallend oft zeigt sich, dass kein »Kuchenstück« für die Zeit mit sich selbst aufgelistet wird – weder in der Ist- noch in der Soll-Analyse. Die Beziehung zu sich selbst ist permanent überlagert durch die Beziehung zu anderen Personen oder Aufgabenstellungen. Natürlich sind wir selbst immer dabei – ganz gleich, ob wir arbeiten gehen, uns um die Kinder kümmern, die Eltern pflegen oder im Tennisklub den Kassenwart abgeben. Um eine lebendige, warme, achtsame Verbindung zu mir selbst zu haben, braucht es aber freie Zeiten, die nur mir gehören. In denen ich mich spontan meinen aktuellen Bedürfnissen zuwenden kann, ob das Stillsein ist, Spazierengehen, Musizieren oder ins Kino gehen. Wie auch immer die Zeitgestaltung aussieht – ich bin in diesem Moment nicht fremd-, sondern eigenbestimmt.

Diese Zeit für mich kann auch ein festes Ritual sein – wie eine morgendliche Meditationszeit. Ein Kursteilnehmer schrieb mir einige Wochen später: »Seit dem Seminar gehe ich jeden Morgen eine halbe Stunde durch mein Dorf oder den angrenzenden Wald. Ich begrüße den Tag in Ruhe, auf meine Art – und das schenkt mir den ganzen Tag über ein anderes Gleichgewicht.«

Manche Klienten sind in ihrem Tagesablauf so eingespannt, dass zwischen ihren diversen Rollenwechseln kaum ein Haarbreit Zeit bleibt, das sie mit sich selbst verbringen könnten. Ich denke dabei an alleinerziehende Elternteile, oft Frauen, oder auch Personen, die ihre Eltern hingebungsvoll pflegen. Die Fürsorge für andere Menschen nimmt so viel Raum ein, dass sich derjenige wie in einem Schraubstock der Pflichten fühlt.

In diesen Situationen gilt es, besonders sorgfältig und einfühlsam hinzuschauen, inwieweit sich doch kleine Ritzen und Freiräume erschaffen lassen. Meistens finden sich Möglichkeiten, Aufgaben ein wenig umzuverteilen und so eine Gewichtsverlagerung zu erreichen. Gerade Menschen, die viel geben, müssen extrem auf ihren persönlichen Energiepegel achten – diesem Thema widmet sich die nächste Übung im Detail.

Das Energiefass füllen

Geben und Nehmen im Gleichgewicht

> **Der Römische Brunnen**
> Aufsteigt der Strahl und fallend gießt
> Er voll der Marmorschale Rund,
> Die, sich verschleiernd, überfließt
> In einer zweiten Schale Grund;
> Die zweite gibt, sie wird zu reich,
> Der dritten wallend ihre Flut,
> Und jede nimmt und gibt zugleich
> Und strömt und ruht.
>
> *Conrad Ferdinand Meyer*

Dieses wunderbare, lautmalerische Gedicht aus dem Jahre 1882, in dem Conrad Ferdinand Meyer die Fontana dei Cavalli Marini in der Villa Borghese beschreibt, veranschaulicht in traumwandlerischer Reduktion das Grundprinzip von nachhaltigem Wirtschaften: Erst muss ich etwas besitzen, um es anschließend weitergeben zu können.

Ruhiges Strömen entsteht durch die vorhandene Wassermenge und einen offenen Flusslauf. So ist es beim Lauf des Wassers zu beobachten – und auch bei der Energie eines Menschen. Wer sich selbst gut kennt und bewusst seine Kraftspeicher aufzufüllen vermag, besitzt Stärke, die auf andere ausstrahlt, und eine natürliche, authentische Art, anderen etwas zu geben.

Oder mit einem anderen Bild ausgedrückt: Der persönliche Kräftehaushalt funktioniert wie eine Speisekammer. Erst muss ich etwas hineinlegen, um etwas herausholen zu können.

So einfach funktioniert auch unser Organismus – wir müssen seine Ressourcen auffüllen und stärken, um Leistung abrufen zu können. Warum tun wir Menschen uns so schwer damit, diese simple Wahrheit zu akzeptieren und ihr Rechnung zu tragen?!

> »Wir haben bislang immer die Natur als eine Sache gesehen, die wir betrachten, ohne sie auch in uns zu suchen.«
>
> *Lothar Weichert* (2006, S. 143)

Was Tiere und Naturvölker aus ursprünglichem Instinkt heraus beherrschen, ist dem zivilisierten Menschen leider komplett verlorengegangen: Wir spüren keine intuitiven Mechanismen mehr in uns, um die Gesunderhaltung der Natur und unserer selbst zu gewährleisten. Zu viele Triebe im Menschen drängen zu Ausbeutung und Raubbau an der Umwelt, an anderen Personen und an uns selbst. Auch hier befinden wir uns in einem filigranen Netzwerk der Abhängigkeiten.

Die Bezogenheit zu sich selbst interagiert in direktem Zusammenhang zu der Bezogenheit zum Du. Wer sich selbst nuanciert wahrnehmen und steuern kann, ist gleichermaßen in der Lage, sein Gegenüber differenziert zu verstehen und dadurch in einen lebendigen, einfühlsamen Dialog zu treten. Dies ist auch die Voraussetzung für eine gelungene Partizipation an einem Wir, einer Gruppe. Wer sich selbst in seinen Bedürfnissen und Eigenschaften kennt, kann diese zum Wohle des Ganzen in eine Gemeinschaft einbringen. Die reife Beziehung zu sich selbst dient als Fundament für eine reife Partnerschaft und ebenso für eine engagierte Verantwortung innerhalb eines größeren Verbundes, ob auf familiärer, beruflicher, gesellschaftlicher oder ökologischer Ebene.

An dieser Verbundenheit zu uns selbst, an unserem Bewusstsein über unsere Grundbedürfnisse und die Anliegen sowie Erfordernisse anderer Personen und der Umwelt müssen wir täglich arbeiten. Bewusstseinsentfaltung verlangt ein systematisches Training, das schon in kurzer Zeit Wunder bewirken kann.

Ohne diese Sensibilisierung und gezielte Schulung verlieren bei den heutigen Arbeitsverhältnissen zu viele Menschen ihr persönliches Gleichgewicht. Sie überschätzen ihre persönliche Leistungsfähigkeit und übernehmen sich tagtäglich. Der einzelne Mensch, aber auch Gruppen und ganze Organisationen müssen Verständnis darüber gewinnen, was ihnen Energie sowie Kraft verleiht und was ihnen Stärke entzieht (s. S. 231). In diesem Kapitel widmen wir uns zunächst der Einzelperson.

Den persönlichen Energiehaushalt kennen und sorgfältig pflegen

Um den eigenen Energiepegel richtig einschätzen und steuern zu können, gilt es, Körper, Gefühl, Verstand und Seele, diese vier verschiedenen und doch so eng miteinander verbundenen Ebenen, in ihrer Wechselwirkung zu begreifen. Burnout, das Sich-ausgebrannt-Fühlen, oder andere psychosoziale Erkrankungen stehen in direktem Zusammenhang damit, ob ein Mensch Balance findet zwischen Anstrengung und Entspannung, zwischen Leistung und Regeneration. Die folgende Übung habe ich schon mit Hunderten von Menschen initialisieren können; sie ist trotz oder gerade wegen ihrer Schlichtheit extrem wirksam.

Heutzutage finden wir fast in jeder Zeitung aufwendig gestaltete Stresstests, mit denen wir unterschiedlichste Parameter unserer Lebensführung reflektieren können. Aus der zusammengerechneten Punktezahl resultiert dann eine Zuordnung in eine bestimmte (Gefahren-)Gruppe. Meine Erfahrung der letzten Jahre demonstriert, dass es zum Einstieg solch aufwendige Verfahren gar nicht braucht. Die allermeisten Menschen wissen ganz genau, auf welchem Energielevel sie sich bewegen und ob es nicht schon lange an der Zeit ist, auf die eigene Gesundheit zu achten. Mit den nun folgenden Fragen möchte ich Menschen ermutigen, genau in sich hineinzuhorchen und differenziert ihre verschiedenen Wahrnehmungen aufzuschlüsseln.

Übung

Das Energiefass

Einführung Um sowohl im Beruf als auch im Privatleben kraftvoll und gesund agieren zu können, scheint es angebracht, den eigenen Energiehaushalt genau zu untersuchen. Denn: Auf Dauer können wir unserem Energiesystem nur so viel entnehmen, wie wir auch zuverlässig wieder nachfüllen können. Dafür wähle ich gerne das Bild vom Energiefass (Sie können ebenso als Bild eine Energiebatterie wählen). Das soll unterstreichen, dass sich in unserem Organismus ein Kraftspeicher befindet, der sich an vielen Tagen unseres Lebens von alleine auflädt. Zu Belastungszeiten benötigt er aber unsere aktive Unterstützung, um sein Level halten beziehungsweise wieder nachfüllen zu können.

Ziel Sie gewinnen Verständnis darüber, wie es um Ihren aktuellen Energiehaushalt bestellt ist, und definieren Maßnahmen, um ihn bewusst anzuheben. Sie spüren dabei differenziert in die einzelnen Dimensionen von Körper, Gefühl, Verstand und Seele hinein.

Material Flipchart, Schreibbrett, Stifte, Klebebänder oder Seile.

Möglichkeit zu Kleingruppenarbeit Die Übung kann alleine ausgeführt werden oder in einer Zweiergruppe. Dabei besteht die Möglichkeit, dass

- die zwei Teilnehmer die Schritte 1–5 für sich alleine machen und sich danach zu einem Gespräch zusammensetzen,
- einer der Teilnehmer die Rolle des Coachs übernimmt und seinen Kollegen mit offenen Fragen durch die Übung moderiert.

Danach kommt es zu einem Austausch in der gesamten Gruppe.

Übungsablauf

Schritt 1: Malen Sie intuitiv auf das Flipchart ein Energiefass (Energiebatterie) als Sinnbild Ihres persönlichen Energiehaushalts. Dieser kann nach Tagesform stark schwanken, deswegen sollten Sie einen Mittelwert der letzten Monate aufzeichnen. Das Fass kann rund und prall sein oder auch klein und schmal – diese Abbildung sollte ein authentischer Spiegel Ihrer gefühlten Wirklichkeit sein.

Schritt 2: Als Erstes stellen Sie sich die Frage: Zu wie viel Prozent ist mein Fass gefüllt? Definieren Sie, ohne groß nachzudenken, eine Prozentzahl, zum Beispiel: »Im Moment geht es mir sehr gut, mein Energiefass fühlt sich zu 90 Prozent gefüllt an. Oder aber: Ich bewege mich schon seit längerer Zeit am Rande meiner Kräfte. Die Füllung meines Energiefasses schwankt zwischen 20 bis 40 Prozent.«

Schritt 3: Legen Sie sich mithilfe der Seile beziehungsweise Klebebänder am Boden acht Felder aus, und bezeichnen Sie sie folgendermaßen: Körper plus, Körper minus, Gefühl plus, Gefühl minus, Verstand plus, Verstand minus, Seele plus, Seele minus.

Energiefass

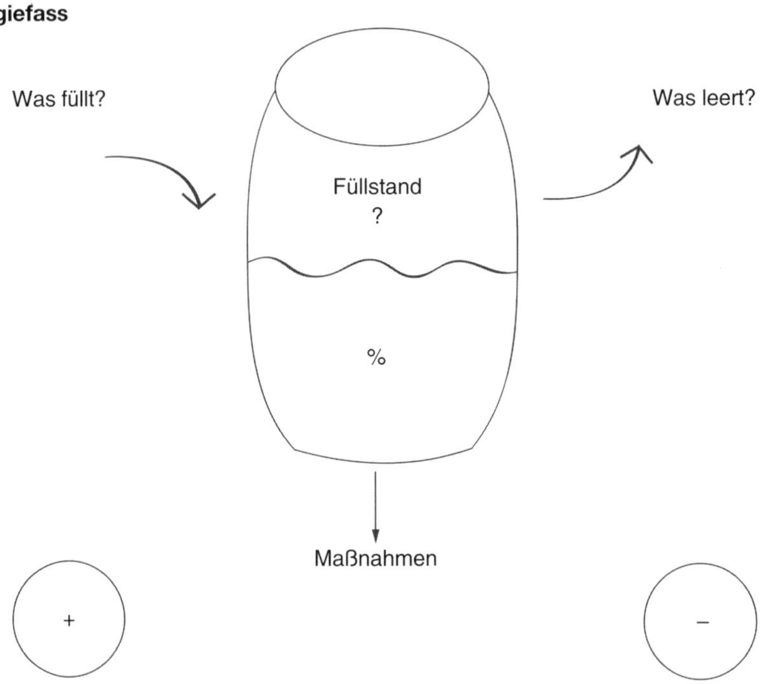

Schritt 4: Nun bearbeiten Sie die folgende Frage: Durch welche Aktivitäten, Situationen, Begebenheiten füllt sich mein Fass …

→ … auf körperlicher Ebene? Dabei stellen Sie sich auf das Feld »Körper plus« und spüren in Ihre Empfindungen und Gedanken hinein. Sie können sich diese Wahrnehmungen selbst auf einem Schreibbrett notieren – oder Ihr Übungskollege moderiert Sie durch die Übung hindurch und notiert für Sie die Erkenntnisse.
→ … auf emotionaler Ebene? Sie stellen sich auf das Feld »Gefühl plus«, weiter wie oben.
→ … auf mentaler Ebene? (wie oben)
→ … auf seelischer Ebene? (wie oben)

Auf gleiche Weise erforschen Sie den Gegenpol: Durch welche Aktivitäten, Situationen, Begebenheiten leert sich mein Fass? Dabei stellen Sie sich jeweils auf die vier Minusfelder.
Die Reihenfolge der Felder können Sie sich frei wählen.

Schritt 5: Fassen Sie Ihre bisherigen Erkenntnisse zusammen und widmen sich nun der dritten Frage: Mit welchen Maßnahmen kann ich meinen Energiehaushalt langfristig und dauerhaft stärken? Definieren Sie kleine, realistische Schritte, um Ihre Energiespender zu vermehren und den Energieräubern nach und nach die Kraft zu entziehen.

Schritt 6: Danach kommt es zwischen Coach und Klient oder in der Zweiergruppe zu einem genauen Austausch. Dabei sollte detailliert herausgefiltert werden, welchen direkten Einfluss die Person auf ihren persönlichen Energiehaushalt nehmen kann. Wichtig ist dabei, Zusammenhänge aufzudecken und dementsprechend passende, praxistaugliche Maßnahmen zu definieren.

Aus der Praxis

Freiräume müssen oftmals aktiv besetzt werden

Mit dieser Übung landen wir mitten im »Eingemachten«, denn sie extrahiert in kurzer Zeit viele Details, die einen Menschen erfreuen und stärken, aber auch solche, die bedrücken, belasten und schwächen. Durch das systematische Vorgehen können viele Dinge, die im Alltagstrubel unter den Teppich rutschen und schnell verdrängt werden, an die Oberfläche treten. Um den Klienten an dieser Stelle respektvoll und einfühlsam begleiten zu können, helfen die Spielregeln der Gruppenarbeit (s. S. 95).

Der Ablauf beginnt mit der Frage nach dem Pegelstand der Energiebatterie. Diese spontan geäußerte Zahl ist zumeist ein guter Spiegel der tatsächlichen Verfassung des Menschen. Die Zahl schafft Betroffenheit und weckt Selbstverantwortung.

Während der differenzierten Selbsterforschung gelangen viele verschiedene Facetten zum Ausdruck, die den Klienten zum Teil schon lange Kraft kosten. Alles, was sich auf der Gefühls- und Seelenebene abspielt, ist meist in die eine und die andere Richtung hoch aufgeladen. Manche Beziehungen schenken Energie und rauben sie gleichzeitig – dieses Phänomen lässt sich oftmals innerhalb von Familiensystemen beobachten.

»Eigentlich weiß ich ja schon alles, nur – ich ändere nichts an der Situation«, diesen Satz höre ich sehr, sehr oft. Die Aussage ist eine gute Basis, um nun tiefer zu gehen. Ungefähr ab dem 40. Lebensjahr haben viele Menschen so viel Erfahrung und Selbstkenntnis gesammelt, dass sie ihre individuelle Situation recht gut einschätzen können. Was ihnen fehlt, ist das Handwerkszeug, um ihr Wissen, ihre Vorsätze und innersten Wünsche tatsächlich umzusetzen. Im Laufe des Resilienz-Trainings lernen sie, diese Lücken zu schließen. Ab dann liegt es in ihrer eigenen Selbstverantwortung und Disziplin, die Realisierung konsequent anzugehen.

Den Lebensrucksack entlasten

Die Entwicklung von Prägungen und Mustern

Es ist ein seltsames Phänomen, dem wir alle unterliegen: Immer wieder produziert unser Handlungsrepertoire Gefühls-, Denk- und Verhaltensweisen, die für unser Wohlbefinden und unsere Gesundheit, unsere Lebensgestaltung und Beziehungsqualität, unsere Potenzialentfaltung und Zielerfüllung einschränkend bis destruktiv wirken. Wir erkennen ungute Dynamiken, wollen uns von ihnen lösen, sind voller Überzeugung und besten Willens ... und scheitern an der Verwirklichung unserer Wünsche oft schon auf den ersten Metern. Wie von einem geheimen, unsichtbaren Zauberband umschlungen, kleben wir an unseren Mustern und Prägungen – als hätten wir keinen freien Willen und keine Handlungsgewalt über unsere Entscheidungen. Um diesen Umstand zu durchdringen, können wir auf die wissenschaftlichen Erkenntnisse der Entwicklungspsychologie und Neurobiologie zurückgreifen. Schauen wir als Erstes in die frühe Kinderzeit.

Jeder Mensch nimmt während seiner Wachstumszeit im Mutterbauch, als Baby, Kleinkind und Jugendlicher eine Menge von Informationen auf, die ihn in seiner Sichtweise der Welt entscheidend prägen. Innerhalb der Familie, der Schule, einer dörflichen, religiösen oder kulturellen Gemeinschaft und Gesellschaft erlernt er Denk- und Verhaltensweisen, die sich tief in seinem Nervensystem verankern.

Da wir Menschen eine sehr lange Reifungszeit von mindestens 14 Jahren durchlaufen, sind wir auf die Zugehörigkeit zu einem uns schützenden »Rudel« extrem angewiesen. Intuitiv passen wir uns den tradierten Denk-, Gefühls-, und Handlungsmustern unserer Familie an. Wir müssen innerhalb dieses Systems einen gesicherten Platz finden, der unseren Grundbedürfnissen nach Ernährung, nach Zuwendung und Aufmerksamkeit sowie nach Geborgenheit und Wachstum entspricht. Viele Familien kreieren über Generationen hinweg spezifische Verhaltensweisen, die ihnen innerhalb des größeren Gesellschaftssystems Überleben, Sicherheit, Anerkennung und Vorteile verschaffen.

So kommt es zur Herausbildung hochspezialisierter Fertigkeiten und Stärken, wie es beispielsweise in Handwerks- oder Kaufmannsdynastien und Künstler-, Akademiker- oder Adelsfamilien zu beobachten ist. Neben den fachlichen Kompetenzen erzeugt jede Gruppe individuelle Strukturen und Strategien in den Bereichen »Beziehung, Kommunikation und Alltagsbewältigung«. Diese häufig wiederholten Handlungsmuster verursachen im Gehirn Verschaltungen, die sich mit der Zeit festigen und in Automatismen enden.

Handlungsmuster erkennt man bei anderen Personen viel leichter als bei sich selbst. Bei einem Besuch bei Freunden kann man prächtig studieren, welche Stimmung innerhalb einer Familie herrscht und wie sie sich auf die einzelnen Familienmitglieder niederschlägt. Schon beim Eintreten in ein Haus spürt man die Atmosphäre, die in diesen Räumen schwingt. Man kann beobachten, mit welcher Körperhaltung und Mimik sich die Menschen bewegen. Wie sie aufeinander zugehen und sich berühren. Welche Worte sie im Umgang wählen und welche tief eingeprägte Weltsicht ihrer Kommunikation zugrunde liegt. Die Eltern fungieren dabei als das direkte Vorbild für ihre Kinder. Ihre Lebensart vermittelt eine Grundhaltung, mit den vielfältigen Situationen des Lebens umzugehen. Kinder saugen jede Verhaltensweise, Aussage und Ausstrahlung auf wie ein Schwamm und kopieren sie. Mithilfe ihres enorm plastischen, lernfähigen Gehirns sind sie in der Lage, jede Fähigkeit, Vorstellung und Überzeugung der Personen, mit denen sie aufwachsen, auszumachen und tief zu verinnerlichen. Früh gelernte Strategien gehören so selbstverständlich zu ihrem eigenen Handlungsrepertoire, dass sie sich in ihrem späteren Leben über ihre Resonanzen und deren Sinnhaftigkeit kaum mehr Gedanken machen.

Ureigene Prägungen und Muster erkennen

Gerade die Neurobiologie hat in den letzten Jahren bahnbrechende Erkenntnisse über den Aufbau und die Fähigkeiten des menschlichen Gehirns sammeln können. So berichtet der Neurobiologe Gerald Hüther in seinem spannenden Buch »Bedienungsanleitung für ein menschliches Gehirn« (2009):

> »Jahrzehntelang war man davon ausgegangen, dass die während der Hirnentwicklung ausgebildeten neuronalen Verschaltungen und synaptischen Verbindungen unveränderlich sind. Heute weiß man, dass das Gehirn zeitlebens zu adaptiven Modifikationen und Reorganisationen seiner einmal angelegten Verschaltung befähigt ist. Ein menschliches Gehirn ist in der Lage, einmal entstandene Programme wieder aufzulösen oder zu überschreiben, sobald sie die weitere Entfaltung der geistigen und emotionalen Potenzen zu behindern beginnen. Um derartige Programmierungen wieder aufzulösen, müssen sie als bereits erfolgte Installationen bewusst gemacht und erkannt werden.«

Die Voraussetzung dafür, eingeschliffene Verhaltensweisen nachhaltig zu verändern, ist also das bewusste Verstehen, wie die darunterliegende Programmierung ausgebildet ist. Um diese tiefen Strukturen zu identifizieren, müssen wir unsere Wahrnehmung verfeinern und Verständnis darüber gewinnen, welche der übernommenen Handlungsmuster uns heute einschränken beziehungsweise Druck und Belastung vermehren statt abbauen.

An dieser Stelle sei noch mal auf die Resilienz-Forschung von Emmy Werner verwiesen (s. S. 18 f.). Genetik und Sozialisation haben große Anteile an der Entwicklung unserer Persönlichkeit. Neben diesen Faktoren agieren aber noch andere Kräfte in uns – die Stärke und der Lebenswille des ureigenen Wesens. Welche Erfahrungen ein Mensch in seinen allerersten Lebensjahren durchläuft, ist nicht zwingend ausschlaggebend für seine weitere Entwicklung. Prägend ist vor allem sein individuelles Vermögen, diese Erlebnisse in ein sinnhaftes Bezugssystem zu stellen und für sich positiv zu verarbeiten. Das eine Kind verliert durch eine autoritäre, missachtende Bezugsperson seinen Lebensmut und leidet von Anfang an unter einem fragilen Selbstvertrauen. Ein anderes Kind lässt sich von solch einem entmutigenden Beziehungsfeld nicht aufhalten und sucht sich andere Ressourcen, um seine Persönlichkeit zu entfalten.

In der Begleitung meiner Klienten durfte ich schon unzählige Biografien im Detail nachverfolgen, und ich bin immer wieder aufs Neue überrascht, wie vielfältig Menschen auf ihr Schicksal reagieren. Der eine beantwortet Lebensfragen ideenreich und durchsetzungsstark, ein anderer eher verzagt, sich wegduckend oder angepasst, die eigenen Bedürfnisse verdrängend. So oder so, irgendwann verlangt unsere individuelle Wesenskraft, sich in ihrer ureigenen angeborenen Form im Leben ausdrücken und einbringen zu können. Dieser Druck von innen schenkt den notwendigen Schub, um sich mit den eigenen Potenzialen gezielt auseinanderzusetzen.

Schicksalhafte Verkettungen aus einer existentiellen Perspektive betrachten

Die folgende Übung lenkt den Klienten in die Selbsterforschung seiner Vergangenheit. Er untersucht, welche Faktoren in seinem Umfeld seine angeborene Resilienz unterstützen und zur Entfaltung gebracht haben. Genauso betrachtet er die Einflüsse, die eine natürliche Reifung seines Selbstvertrauens und seiner Widerstandskraft eher verhindert haben. Selbstvertrauen, welches Ausdruck eines natürlichen Urvertrauens ins Leben ist, erwächst am einfachsten, wenn Eltern es selbst besitzen und ihren Kindern vorleben. Meistens kann ein Mensch nur das authentisch weitergeben, was kraftvoll »in seinen Zellen pulst«. Wenn man sich vor Augen hält, unter welchen Umständen viele Eltern selbst aufgewachsen sind, wird klar, dass wir uns immer wieder in einer unseligen Verkettung befinden: Kinder, die mit eingeschränkter Förderung aufgewachsen sind, reifen zu Frauen und Männern heran, die versuchen, ihren Liebsten ein gutes Leben zu erschaffen, dabei aber ihren eigenen schmerzhaften Prägungen nicht entkommen können. Visieren wir aus der Zeugenposition die Lebensverhältnisse der Eltern und Großeltern an, wird deutlich, dass vielen keine einfache Vorgeschichte beschieden war.

Mithilfe der Biografielinie werden dem Klienten vergangene Erfahrungen ins Bewusstsein gerufen, die ihn heute noch beeinflussen. Dabei geht es niemals um eine Anklage der Eltern oder anderer Personen. Alle Geschehnisse sollten in einem viel weiteren, existenziellen Licht inspiziert werden. Wir Menschen können schicksalhafte Umstände nicht erklären. Wir können uns nur der höheren Weisheit des Lebens anvertrauen. In dieser Dimension liegt die größte Kraft der Heilung und Versöhnung verborgen – sie gilt es zu erwecken.

Übung **Die Biografielinie**

Einführung Im Laufe unseres Lebens sammeln wir Erfahrungen, die das Bild von unserem Selbst ausmachen. Es gibt Erlebnisse, die wir in frühen Kindertagen machen, die uns besonders prägen, da sie ungefiltert in unser Zellsystem wandern. Das Gleiche gilt für ein heranwachsendes Kind, denn es fällt auch ihm schwer, Aussagen und Handlungen von Erwachsenen angemessen zu deuten. Es ist klein und betrachtet Dinge aus der Kinderperspektive. So ist es ihm nicht möglich, Ereignisse zu relativieren oder umfassend zu hinterfragen.
Etliche Erwachsene tragen bis ins hohe Alter Aussagen der Mutter, des Vaters, der Großeltern, einer Verwandten, eines Lehrers, eines Pfarrers, eines Sporttrainers oder von anderen Personen in sich. Diese Sätze wirken nach: sie unterstützen, bauen auf oder schränken ein, sind destruktiv. Dabei ist es keineswegs ausschlaggebend, was der Mensch erlebt hat, sondern welche Schlüsse er daraus gezogen hat und in welcher Form seine Verarbeitung stattfand.
Aufgrund dessen arbeiten wir nur indirekt mit der Vergangenheit. Sie legen zwar eine Zeitschiene, mit deren Hilfe Sie rückwärts wandern. Bei dieser Arbeit tauchen aber hauptsächlich diejenigen Ereignisse auf, die immer noch eine Macht über Sie haben. Das heißt, wir arbeiten mit gegenwärtig aktiven Mustern.

Ziel Sie betrachten Ihre gesamte Lebenslinie. Sie begeben sich auf die Suche nach Spuren: nach Erlebnissen, Prägungen, Glaubenssätzen und übernommenen Handlungsmustern, die Sie in Ihrer inneren Kraft und in Ihrem Selbstvertrauen unterstützt beziehungsweise eingeschränkt haben.

Material Langes Seil, Moderationskarten, Schreibbrett und Stifte.

Möglichkeit zur Kleingruppenarbeit Die Übung kann alleine oder in Zweiergruppen durchgeführt werden. In der Zweiergruppe führen die Teilnehmer zunächst Schritt 1–5 alleine durch, danach gehen sie gemeinsam durch ihre Biografielinien: Der eine erzählt, der andere hört aufmerksam zu und fragt nach, wenn er an bestimmten Stellen Unklarheiten erkennt oder zu einer Vertiefung anregen möchte. Nach der Übung kommt es zu einem Austausch in der Gesamtgruppe.

Übungsablauf Tragen Sie Erlebnisse zusammen, die Sie in Ihrer Entwicklung geprägt haben. Dies gilt für fördernde wie einschränkende Erlebnisse gleichermaßen. Es können Erfahrungen mit Ihren Eltern sein, mit Großeltern, Geschwistern, Lehrern, Mitschülern, Freunden, in der Dorfgemeinschaft oder der näheren Umgebung im Stadtteil, in der Kirche, im Sportverein, aber auch später noch in der Ausbildungszeit, im Beruf, in der Ehe, in der Elternschaft und so weiter.

Schritt 1: Als Erstes sammeln Sie alle Ihre Erinnerungen buntgemischt auf einem Schreibbrett. Nehmen Sie sich dazu ausreichend Zeit. Meistens tauchen tief vergrabene Erinnerungen auf.

Schritt 2: Übertragen Sie die wichtigsten Erinnerungen (es können 10–15 sein) auf Moderationskarten. Beschreiben Sie sie mit einigen prägnanten Wörtern und versehen Sie diese auch mit einem Symbol.

Schritt 3: Nehmen Sie anschließend das lange Seil und legen Sie Ihr gesamtes Leben aus (starten Sie schon vor der Geburt). Die Höhen und Tiefen, die Ihre persönliche Lebensgeschichte ausmachen, werden mithilfe des Seils bildhaft widergespiegelt durch die Ausschläge nach oben und unten.

Biografielinie

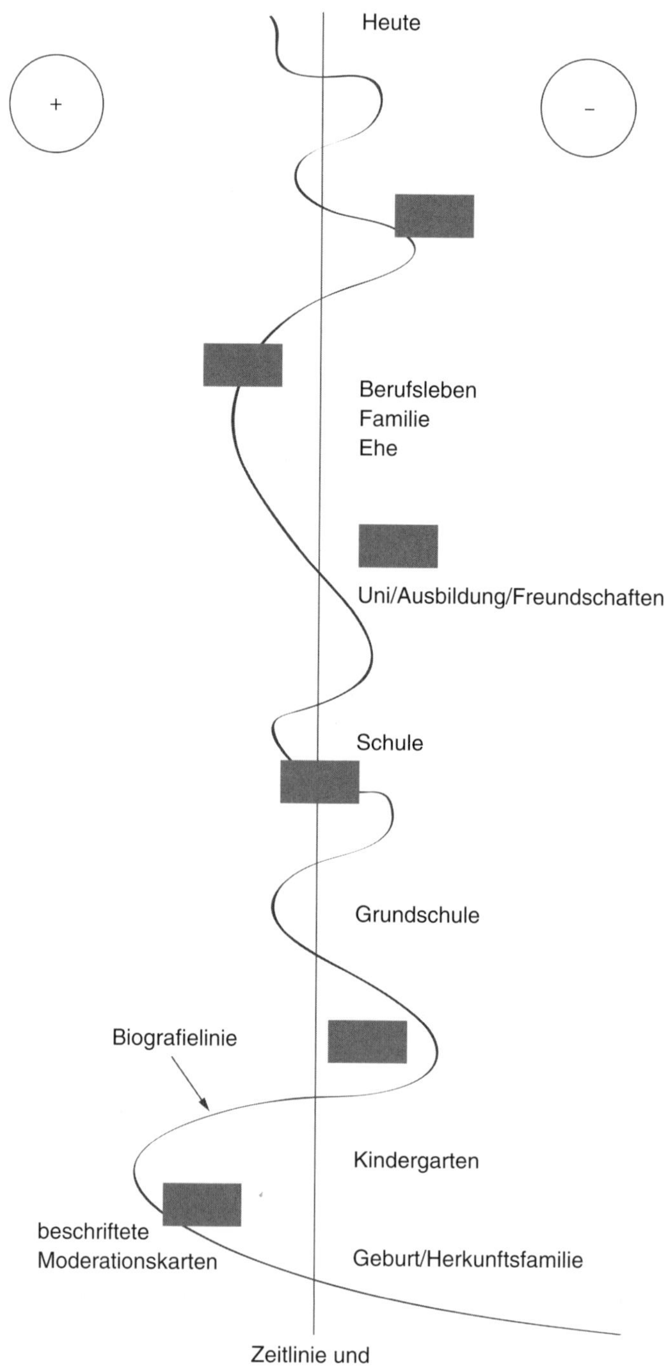

Schritt 4: Dann platzieren Sie die Moderationskarten nach der zeitlichen Abfolge der Ereignisse in die Lebenslinie hinein.

Schritt 5: Sobald das Schaubild liegt, treten Sie einen Schritt zurück und betrachten Ihre Lebenslinie als Ganzes.

Schritt 6: Gehen Sie nun Schritt für Schritt die Lebenslinie durch und fragen Sie sich:
→ Was habe ich da erlebt?
→ Wie habe ich die Erfahrungen verarbeitet?
Sie können die Linie als Ganzes durchwandern und die Erlebnisse insgesamt wirken lassen. Oder aber Sie bleiben bei einem Ihnen wesentlich erscheinenden Ereignis stehen und vertiefen die Wahrnehmung.

Schritt 7: Lassen Sie zum Abschluss der Übung die Vielzahl der Erlebnisse ganz bewusst auf sich wirken. Machen Sie sich deutlich, was Sie im Leben schon alles gemeistert haben. Verankern Sie Ihre Wahrnehmung in Ihren Fähigkeiten und Talenten. Stärken Sie ganz gezielt Ihr Selbstvertrauen und den Stolz auf sich selbst.

Aus der Praxis

Versöhnung und Integration setzen ungewöhnliche Kräfte frei

Leider habe ich im Laufe der Jahre erfahren müssen, wie viel psychische und auch physische Entbehrung, Vereinsamung, Bedrohung bis hin zu Gewalt viele Kinder ertragen müssen. Bei näherer Prüfung erscheinen die Verhaltensweisen der Eltern nur in absoluten Sonderfällen als böswillig, oftmals eher als Ausdruck ihrer eigenen Hilflosigkeit. Diese Erkenntnis ändert an den erfahrenen Schmerzen nichts, schafft aber für die Verarbeitung der Verwundungen an Herz und Seele eine andere Ausgangslage.

Gerade in der Wirtschaftswelt, wo es oftmals um Leistung und Funktionstüchtigkeit geht, haben viele Personen gelernt, den unliebsamen Beginn ihres Lebens komplett zu verdrängen. Es ist unglaublich, zu welchen Entwicklungen Menschen fähig sind, die mit unseligen Voraussetzungen an den Start gegangen sind.

↗ Beispiel

Vor Kurzem berichtete mir ein Klient von seinem verwahrlosten Kinderzimmer. Beide Elternteile waren drogenabhängig, und das Kind musste sich morgens selbstständig herrichten, um in die Schule aufzubrechen. Wie viel Tapferkeit in so einem Kinderherz erwachsen kann! Der kleine Junge entschied sich selbstständig, in eine andere Lebenswirklichkeit durchzubrechen. Er suchte sich Helfer dabei: Lehrer, Freunde, Eltern der Freunde … Er hat es geschafft – unter vollem Einsatz seiner Kräfte. Nach besten Schul- und Universitätsabschlüssen (Ausbildung natürlich selbst finanziert!) fand er einen hervorragenden Job und eine ihn liebende Frau. Gemeinsam gründeten sie eine Familie und erschufen sich ein warmes, geborgenes Zuhause. Trotz dieses Lebensglücks erschien er immer noch getrieben und unter ungeheurem Druck stehend, ständig etwas schaffen beziehungsweise beweisen zu müssen.

Auf solch eine Konstellation treffe ich oft. Die meisten Teilnehmer der Resilienz-Trainings haben sich schon ein gutes Leben erschaffen, doch Sie können es nicht richtig genießen. Es gelingt ihnen nur selten, die Schätze dieses Lebens wirklich auszuschöpfen. Ihr inneres Empfinden wurzelt noch in der Vergangenheit, verhaftet an früheren Umständen. Die Biografielinie schenkt ihnen die Möglichkeit, Zusammenhänge transparent zu gestalten und mit alten Geschichten abzuschließen. Personen, die sich von den Ereignissen der Vergangenheit lösen konnten und in ihrem eigenen Leben angekommen sind, können sich oftmals umdrehen, alte Schmerzen noch einmal durchleben, sie respektvoll verabschieden und dadurch Versöhnung zulassen.

Jede Kränkung oder Verletzung, die wir in uns tragen, bedeutet Gewicht im Lebensrucksack. Sobald Herz und Seele aus einer größeren Perspektive und Erfüllung heraus loslassen können, entlasten wir uns. Mit diesem Prozess erlösen wir sowohl uns selbst von Druck und Schwere als auch die andere Person, die uns wissend oder unwissentlich Schaden zugefügt hat.

Versöhnung kann man nicht verordnen, befehlen, beschleunigen, manipulieren oder gar erzwingen. Diese innere Heilung ereignet sich in einer Atmosphäre der absoluten Freiwilligkeit. Dazu möchte ich mit meiner Arbeit beitragen und einen stabilen, warmherzigen, wertfrei untersuchenden Raum schaffen, in dem sich die Teilnehmer mit all ihren Empfindungen erfahren können. Wer die bitteren, kummervollen Seiten seines Lebens schrittweise integrieren kann – in dem wächst eine tiefe, vertraute Lebensverbundenheit. Vertrauen in sich selbst und in die Schöpfung ist eine zuverlässige Basis, auf der man fest stehen kann.

Farnpflanzen im Wald

Hier noch ein Bild zum Thema, ein Beispiel aus der Natur, das ich während der Kurse gerne vermittle:

↗ Beispiel

Auf einem Spaziergang im Wald sieht man zwischen den hohen Bäumen niedrige Farnpflanzen wachsen. Gemäß ihrem Standort unter dem Baumgeflecht erhalten sie mal mehr und mal weniger Sonnenstrahlen. Abhängig vom Lichteinfall entwickelt sich die Ausformung der Blätter. Die Blätter, die mehr Sonne erhalten, können sich ganz und gar entrollen, werden breit und fest und leuchten in einem satten Grün. Die anderen dagegen, die sich im Schatten befinden und nur selten oder gar nie die direkte Sonneneinstrahlung erleben, können ihr Potenzial einfach nicht entfalten. Das diffuse Licht im Wald schenkt ihnen keinen ausreichenden Wachstumsimpuls. Sie bleiben braun und eingerollt am Stamm der Pflanze und vertrocknen. So wachsen die Farne ungleichmäßig heran. Auf der sonnigen Seite sprießen Blätter, die ihre ganze Schönheit und Vitalität ausleben können. Auf der Schattenseite wachsen nur kleine, vertrocknete Stumpen, von denen man nur erahnen kann, welches eigentliche Erscheinungsbild sie unter besseren Lebensbedingungen liefern würden. Trotz aller Einschränkungen ist jede Pflanze schön, genau so wie sie ist, und mit einem ihr innewohnenden Gleichgewicht ausgestattet.

Das Bild der Farnpflanze erinnert mich an unsere eigene Potenzialentfaltung. Eigenschaften, die in unserer Entwicklung von Eltern und Lehrern beachtet und gefördert werden, denen bildhaft gesprochen »Licht und Wärme« geschenkt werden, können sich frei entwickeln, wachsen und gedeihen. Fähigkeiten, die im Kind nicht erkannt werden und auf keine Resonanz stoßen, unterliegen der Gefahr zu verkümmern.

An dieser Stelle spielt Resilienz eine große Rolle. Resiliente Kinder verstehen es auf intuitive Art und Weise, sich Unterstützung aus ihrer Umgebung zu suchen, um sich auch unter ungünstigen Umständen entwickeln zu können. Sie schlüpfen emotional zum Beispiel bei den Familien ihrer Freunde unter und erfahren dort den Widerhall auf ihre Person, den sie benötigen, um ihr Selbstbewusstsein auszubilden.

Als Jugendliche und Erwachsene können wir mehr und mehr Einfluss darauf nehmen, mit welchen Personen wir uns umgeben. Finden wir privat und beruflich Partner, die uns Aufmerksamkeit und Wertschätzung entgegenbringen, können viele Anteile unseres Selbst noch im hohen Alter nachreifen.

Unabdingbar hierfür erachte ich die Entscheidung, für unseren Reifeprozess selbst die Verantwortung zu übernehmen. Als Kind waren wir abhängig von der Zuwendung der Erwachsenen. Je älter wir werden, umso stärker liegt die Persönlichkeitsentwicklung in unserer Hand. Wir können lernen, uns unsere Freunde bewusst auszusuchen. Wir können lernen, uns von Menschen innerlich abzugrenzen, deren Verhaltensweisen uns Kraft und Selbstvertrauen entziehen. Da wir uns selbst Wertschätzung und Respekt entgegenbringen können, liegt es in unserem eigenen Handlungsspielraum, mögliche Potenziale zum Sprießen zu bringen.

Die Freundschaft zu sich selbst gehört genauso gehegt und gepflegt wie eine Beziehung zu einem anderen Menschen, einem Tier oder einer Pflanze. Integrationsarbeit befasst sich also nicht nur mit den Einwirkungen anderer Personen auf uns, sondern auch mit unserer eigenen Einflussnahme. In uns klingen viele Stimmen, die uns oft unbewusst durch den Tag dirigieren. Ein besonders interessanter Gesprächspartner ist dabei der »innere Richter«, häufig auch »innerer Antreiber« oder »Perfektionist« genannt.

Den inneren Antreiber ausbalancieren

Gleichgewicht finden

Der »innere Richter« ist eine Instanz in uns, die helfen soll, uns innerhalb einer Gruppe zurechtzufinden. Es ist eine Kontrollfunktion, die tief in unserer Evolution verwurzelt liegt. Sie folgt einem reflexhaften Instinkt, dass wir uns innerhalb einer Gruppe anpassen, um überleben zu können. Gerade wir Menschen sind viele Jahre auf den Schutz und die Zugehörigkeit zu unserer Familie, unserem »Rudel« angewiesen. So beobachten wir von frühsten Kindertagen an die Verhaltensweisen unserer Eltern beziehungsweise der Großfamilie und kopieren sie. Grundüberzeugungen unseres sozialen Systems werden dabei unbewusst übernommen und verwandeln sich in uns zu Glaubenssätzen: »Du sollst nicht laut sein!«, »Du sollst nicht aus der Reihe tanzen!«, »Sei fleißig!«, »Streng dich an!«, »Lass dich nicht hängen!« und viele andere mehr. Diese Appellsätze, die wir zunächst von anderen Personen hören, übernehmen wir ungeprüft in unser eigenes Selbstgespräch. Obwohl wir die Aussagen ablehnen und unter ihnen leiden, finden sie subtilen Zugang in unsere eigene Wahrnehmung und Interpretation der Welt. Je älter wir werden, umso mehr traktieren wir uns selbst mit den antreibenden Stimmen unserer Eltern und Lehrer.

An sich ist die Instanz des inneren Richters nicht böse. Denn dieser Antreiber bringt uns manches Mal auf Trab und hilft uns, die eigenen Bequemlichkeiten, aber auch Ängste zu überwinden. Allerdings braucht er einen kräftigen Gegenspieler, damit er nicht überhandnimmt und uns ständig unter Druck hält. Wenn das passiert, wenn also der innere Richter nicht mehr kontrolliert werden kann, dann torpediert er ungehindert unser natürliches Selbstwertgefühl und unsere Gesundheit.

Wir leben jetzt zwar in der globalisierten Wissens- und Informationsgesellschaft, aber unser Mindset ist dieser Realität noch nicht gewachsen. Viel zu oft agieren wir aus tiefen Prägungen heraus, die beim Aufbau der Industriegesellschaft sinnvoll waren. Glaubenssätze wie »Genug ist nicht genug«, »Erst die Arbeit, dann das Vergnügen« oder »Nicht geschimpft ist genug gelobt« kollidieren mit offenen Märkten, uneingeschränkter Informationsflut, hohem Stresspegel. Um sich selbst aus dem Schraubstock dieses anspruchsvollen, ewig unzufriedenen Perfektionisten zu entwinden, ist es hilfreich, die eigenen, sich wiederholenden Grundaussagen zu kennen und nach und nach auszuhebeln. Mit den folgenden zwei Übungen kann sich der Klient mit dieser wichtigen Thematik vertraut machen. Die Identifizierung und der Ausgleich des inneren Richters sollten den Klienten sowohl während des Resilienz-Trainings als auch in seinem Alltag als ständige Aufgabe präsent sein.

Übung

Identifizierung und Zuordnung von Glaubenssätzen

Einführung Häufig sind es nicht nur die Belastungen von außen, die uns unter Druck setzen. Wir selbst sind uns immer wieder der ärgste Antreiber und Kritiker. Jeder Mensch hat im Laufe seines Lebens Glaubenssätze und Überzeugungen übernommen, mit denen er sich unterstützen, aber auch bremsen kann. Mithilfe dieser Übung soll die Herkunft solcher Glaubenssätze transparent gemacht werden.
Sie widmen sich nun intensiv Ihrer Mutter, Ihrem Vater und anderen Sie prägenden Personen. Sie nähern sich diesen Menschen sowohl in gedanklicher Form als auch in Schrift- und Bildersprache. Das Medium »Malen« aktiviert neuronal andere Hirnregionen und bereichert uns mit neuen, frischen Impulsen.

Ziel Bewusstmachen von eingeprägten Gefühls-, Denk- und Handlungsmustern. Diese Prägungen werden den verursachenden Personen zugeordnet, zum Beispiel Mutter, Vater, Großeltern oder einer anderen Person. Dabei wird zwischen unterstützenden und einschränkenden Prägungen unterschieden.

Material DIN-A3-Papier, Bunt- und Wachsmalstifte, Schreibbrett, Stifte.

Möglichkeit zur Kleingruppenarbeit Diese Übung kann alleine – in anschließender Reflexion mit dem Coach – konkretisiert werden oder auch im Rahmen einer Kleingruppenarbeit. Hierfür finden sich zwei bis drei Teilnehmer zusammen und ziehen sich an einen ruhigen Platz zurück. Jeder erledigt zunächst die ersten vier Schritte alleine, danach kommen die Teilnehmer in einen offenen Austausch über ihre Bilder und Erkenntnisse. Das Gespräch dient dazu, Inhalte klar zu formulieren und durch die Reflexion der anderen noch weitere Impulse dazuzugewinnen. Nach dieser Kleingruppenarbeit findet ein Austausch in der großen Runde statt, in der der Coach und Trainer die Erkenntnisse jedes einzelnen Teilnehmers abruft.

Übungsablauf

Schritt 1: Horchen Sie in sich hinein, und nehmen Sie wahr, mit welchen kritischen Aussagen Sie sich selbst bewerten. Klassische Appellsätze, die häufig auftauchen, lauten beispielsweise:

→ »Meine Erfolge sind nicht gut genug! Ich muss besser werden, noch perfekter!«
→ »Erst die Arbeit, dann das Vergnügen!«
→ »Ich muss gut sein, um Anerkennung zu erfahren!«
→ »Nicht geschimpft ist genug gelobt!«
→ »Ich darf nicht auffallen!«
→ »Ich will niemandem zur Last fallen!«
→ »Ich muss anderen Menschen helfen!«
→ »Ich darf nicht Nein sagen!«
→ »Wenn ich an mich selbst denke, bin ich ein Egoist!«
→ »Nur Angeber weisen auf eigene Erfolge hin!«

All die Sätze und Stimmungen, die in Ihnen auftauchen, schreiben Sie nieder.

Schritt 2: Genauso wie Sie eine kritische, oftmals abwertende Stimme in sich tragen, begleitet Sie ein »unterstützender Ratgeber«. Diese Stimme kann sich wie ein Berg im Rücken anfühlen, der Schutz und Kraft spendet. Horchen Sie hier ebenfalls offen in sich hinein. Mit welchen Sätzen vermitteln Sie sich selbst Mut und Vertrauen? – Die Sätze können lauten:

→ »Ich schenke mir selbst Respekt und Achtung.«
→ »Ich weiß um meine Qualitäten und meine Kompetenz.«

- »Ich erlaube es mir, ein glückliches Leben zu führen.«
- »Ich achte meine Bedürfnisse und sorge für mich selbst.«
- »Ich folge meiner Berufung und entfalte meine Potenziale.«
- »Ich gestehe mir zu, gut für mich zu sorgen.«
- »Über kleine Erfolge freue ich mich.«
- »Wenn mir etwas gelingt, lobe ich mich selbst.«
- »Ich achte darauf, dass Geben und Nehmen im Gleichgewicht sind.«

Schritt 3: Legen Sie Bilder von den prägenden Personen Ihres Lebens an (zum Beispiel Mutter, Vater, Großeltern, Lehrer). Das Thema des jeweiligen Bildes ist Folgendes: Wie habe ich diese Person erlebt? Was habe ich an kraftvollen, unterstützenden Überzeugungen von diesen Menschen mitgenommen? Was war eher hinderlich oder einschränkend? Dazu skizzieren Sie die Person (zum Beispiel in einer typischen Körperhaltung, Mimik oder Bewegung oder symbolhaft als Tier, Pflanze) und vermerken am Rand des Bildes die jeweiligen Eigenschaften beziehungsweise Werte, Überzeugungen, Glaubenssätze, die diesen Menschen ausmachen. Die einzelnen Bilder erstellen Sie hintereinander, die Reihenfolge können Sie frei wählen.

Schritt 4: Mit den gleichen Inhalten legen Sie nun ein Bild von sich selbst an. Wie erleben Sie sich in Ihrem Ausdruck und Ihrer Kraft? Welche Glaubenssätze und vielleicht unbewussten Überzeugungen transferieren Sie an andere? Durch welche Brille betrachten Sie die Welt, positiv wie negativ?

Schritt 5: Legen Sie alle Bilder auf dem Boden aus, und wählen Sie eine für Sie passende Zuordnung. Lassen Sie Ihre Darstellungen auf sich wirken. Schauen Sie »hinter die Abbildungen«. In einem intuitiv entstandenen Bild verstecken sich durch die Symbolik, die Farbauswahl und Komposition viele kleine Botschaften, die Ihnen beim Malen gar nicht bewusst waren. Durch die Bildbetrachtung können sich neue Aspekte ergeben, die durch ein reines Gespräch nicht sichtbar geworden wären.

Schritt 6: Sobald Ihnen klar wird, von welchen unbewusst übernommenen Mustern Sie sich bisher haben steuern lassen, sind Sie in der Lage zu entscheiden: Welche der Prägungen möchte ich in mein weiteres Leben übernehmen? Welche möchte ich an die jeweilige Person dankend »zurückgeben«? Überlegen Sie sich ein kraftvolles Ritual, mit dem Sie belastende Glaubenssätze und Überzeugungen ablegen können.

Aus der Praxis

Uralte Dynamiken unterbrechen

Beispiel

In einem Resilienz-Training war ein Mann, der immer wieder betonte, wie schwer es ihm fiel, sich von seinem inneren Richter zu lösen. Er beschrieb diese Stimme in sich als extrem dominant, die keine seiner Handlungen unkommentiert ließ. Was er auch machte, »der Peitschenschwinger« mischte sich ein und suggerierte ihm, dass sein Handeln nicht gut genug sei. Auch innerhalb des Kurses schubste dieser ihn durch die Übungen und schenkte ihm nur selten die Möglichkeit, einen neutralen Blick darauf zu werfen. Während er in der beschriebenen Übung die verschiedenen Blätter anlegte, torpedierte ihn diese Stimme mit Beschimpfungen: »Du machst das nicht richtig! Du verstehst die Übung nicht! Was bringt dir das Ganze überhaupt?!« Nun wollte er verzweifelt das Handtuch werfen. In einer Einzelarbeit wiederholte ich mit ihm die Biografielinie unter der Fragestellung: »Wann

durftest du in deinem Leben etwas machen? Wann musstest du in deinem Leben etwas machen?« Diese beiden Perspektiven riefen viele Erlebnisse und Erinnerungen wach. Mehr und mehr rückte seine Mutter in den Fokus der Betrachtung. Die Frau hatte ein schweres Kriegsschicksal erlitten. Sie verlor als Kind einen Teil ihrer Familie und war lange auf der Flucht, bis sie in einem kleinen Ort Unterschlupf finden konnte. Sie war durch und durch von der Erfahrung geprägt, nicht auffallen zu wollen und still und fleißig ihre Arbeit zu verrichten. Diese Grundeinstellung hatte sie ihrem Sohn quasi mit der Muttermilch mitgegeben. Überdurchschnittliche Leistung abzuliefern war der Leitsatz der Familie geworden. Dieser tief eingeprägte Glaubenssatz saß meinem Klienten nun im Nacken.
Ich stellte symbolisch zwei Stühle auf, einen für ihn und einen für seine Mutter, und lud ihn ein, sich auf den Platz seiner Mutter zu setzen. Nachdem er sich in das Lebensgefühl dieser Frau hineinversetzte, bat ich ihn, aus ihren Augen auf sein Leben zu schauen. Aus dieser Perspektive stieg ein tiefer Schrecken in ihm auf und es platzte aus ihm heraus: »Kind, du darfst doch mein Leben nicht wiederholen! Mein tiefster Wunsch ist doch immer gewesen, dass du es besser hast als ich. Dafür habe ich mein Leben lang gekämpft.«
Der ganze Prozess berührte in sehr. Wir betrachteten nochmals in Ruhe seine Bilder der ihn prägenden Personen. Er fasste nochmals die besondere Lebenssituation seiner Mutter und die daraus resultierenden Appellsätze zusammen und versammelte sie auf einem Blatt. Er ging raus in den Garten und gestaltete für sich ein Ritual, mit dem er sich bei seiner Mutter bedanken konnte für den ungeheuren Einsatz, den sie für seine persönliche Entwicklung gebracht hatte. Danach gab er ihr all die einschränkenden Glaubenssätze zurück und löste sich somit bewusst von ihrer Lebensgeschichte ab. In den nächsten Stunden und Tagen fühlte er sich immer befreiter – und das sah man ihm deutlich an.

Vielen Personen hilft es, wenn sie ihrer Mutter oder ihrem Vater einen Brief schreiben, um aus der Erwachsenenperspektive bestimmte Situationen noch einmal zu reflektieren und auf diese Weise »geradezurücken«. Weitere Rituale können sein: Die Glaubenssätze werden auf ein Blatt Papier übertragen und dem Feuer, dem Wasser oder der Erde übergeben. Durch diese Prozesse kann sich ein Mensch von hemmenden Grundeinstellungen selbst erlösen, die ihn bisher wie in einer Zange festgehalten haben. Nun ist sein Weg frei, neue Erfahrungen zu sammeln.

Achtsamkeit erlöst von Prägungen

Nach der Bewusstmachung der Glaubenssätze gehen wir in der Gruppenarbeit noch einen Schritt weiter. Nun geht es um die praktische Umsetzung der guten Erkenntnisse direkt in den Alltag hinein. Sobald ein Mensch eine Verhaltensweise identifiziert hat, die er abstellen möchte, gilt es systematisch ans Werk zu gehen. Denn Prägungen sitzen, wie wir an dem Beispiel gesehen haben, leider sehr tief. Ihre Wurzeln reichen weit ins Unbewusste hinein und haben so eine ungeheure Macht über uns. Mein Ziel ist also, dem Klienten einen Trainingsplan an die Hand zu geben, mit dem er sein unbewusstes Denken, Fühlen und Handeln diszipliniert beobachten und transparent gestalten kann. Dazu muss er Handlungsabläufe in einzelne Teilschritte zerlegen. Denn: Eine gute alte, eingefahrene Verhaltensspur können wir nicht mal eben, quasi nebenbei, verlassen. Und dennoch ist es nicht gar so dramatisch wie gedacht. Es braucht die richtige Technik, Beharrlichkeit und eine gute Portion Humor, um sich langfristig von »alten Bekannten« im System zu verabschieden.

Als Erstes müssen wir den genauen Aufbau der Reiz-Reaktions-Kette durchdringen. Ich beschreibe ein Beispiel, das bei vielen Teilnehmern des Trainings in den Vordergrund rückt: Obwohl sie sich überfordert fühlen, können sie nicht klar und deutlich »Nein« sagen (s. auch nächstes Kapitel). Sobald zum Beispiel ihr Vorgesetzter den Raum betritt und einen Stapel Akten mit der Bitte um Bearbeitung auf den Tisch legt (Reiz), springt in ihnen ein bestimmtes Muster an, das sie schon oft wiederholt haben (Reaktion). Sie sagen »Ja«, obwohl sie »Nein« sagen wollen. Zu der Arbeitsbelastung gesellt sich nun noch der Ärger über die eigene »Dummheit«.

Diese zwanghaften Automatismen lassen sich nur dadurch erklären, dass sie sich in unserem Gehirn schon so tief als »Gedankenautobahnen« eingeprägt haben, dass unser Organismus immer wieder auf die breite ausgefahrene Spur einbiegen möchte. Viel schwieriger fällt es uns natürlich, einen neurobiologischen Trampelpfad anzulegen, also Denk- und Handlungsweisen auszuprobieren, die wir bisher noch nicht angewandt haben. Sobald wir Stresshormone im Blut haben, greift unser System sowieso auf alte, schon bekannte Programme zurück und verwehrt uns automatisch den Zugriff auf neue Handlungsoptionen. So gilt es doppelt aufzupassen: Zum einen müssen wir unsere Prägungen kennen und genau wissen, bei welchen »Reizen« wir immer wieder schwach werden. Zum anderen brauchen wir einen achtsamen Tagesablauf, um nicht permanent unter Stress zu stehen. Wenn diese zwei Parameter stimmen, können wir durch achtsames Innehalten selbst uralte Dauerbrenner aus unserem Verhaltensrepertoire streichen.

Reaktionskette

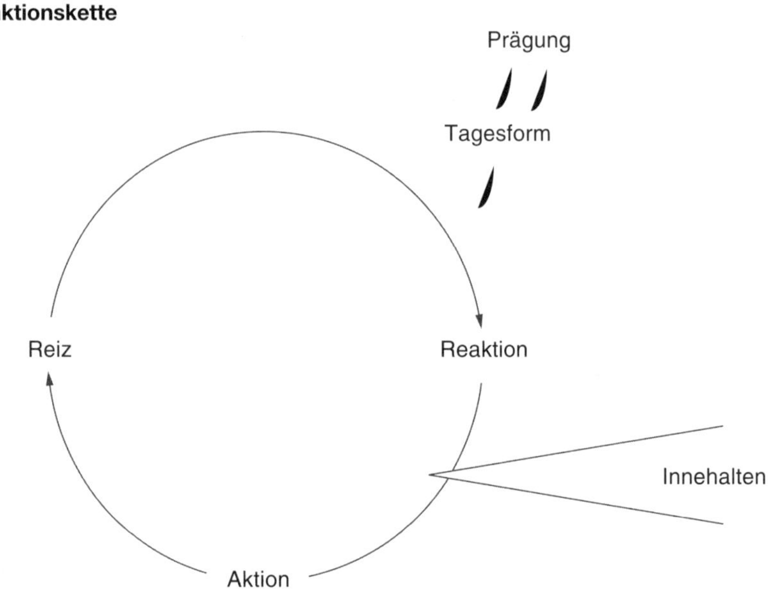

Die nächste Übung zeigt die Zusammenhänge auf und hilft, systematisch damit umzugehen.

Info

Training des Achtsamkeitsmuskels

Einführung Erinnern wir uns an die gute Nachricht des Neurobiologen Gerald Hüther, was ein menschliches Gehirn gegenüber allen programmgesteuerten Konstruktionen auszeichnet: »[…] die zeitlebens vorhandene Fähigkeit, einmal im Hirn entstandene Verschaltungen und damit die von ihnen bestimmten Denk- und Verhaltensmuster, selbst scheinbar unverrückbare Grundüberzeugungen und Gefühlsstrukturen, wieder zu lockern, zu überformen und umzugestalten.« (2009, S. 23). Oft befahrene Spuren bezeichnet die Neurowissenschaft als Gedankenautobahn, neu angelegte Verschaltungen als Trampelpfad.

Ziel Loslösung von hinderlichen eingefahrenen Mustern und Prägungen. Training einer steten Aufmerksamkeit und Handlungskonsequenz. Erkennen und Erweiterung von persönlichen Wirklichkeitskonstrukten.

Übungsablauf

→ Nehmen Sie wahr, wie ein klassisches Handlungsmuster bei Ihnen funktioniert.
→ Beobachten Sie, wie ein bestimmter Reiz (zum Beispiel eine für Sie kränkende Aussage) eine bestimmte Reaktion in Gang setzt (zum Beispiel Wut, Angriff, Rückzug, Trotz).
→ Beim nächsten Auftreten dieses Reizes treten Sie innerlich einen Schritt zurück, atmen einige Male tief durch und probieren statt der automatischen Reaktion eine bewusst gewählte Aktion aus. Die kurze Unterbrechung der Reiz-Reaktions-Kette lässt biochemische Vorgänge in sich zusammenfallen und schafft neurobiologisch Raum für eine neue Verschaltung.
→ Studieren Sie präzise die Resonanz der Handlungsvariation auf Sie und Ihr Gegenüber und welche Folgen es auf den Fortgang Ihres Gesprächs hat.
→ Wenn Ihnen die Wirkung gefällt, dann fangen Sie an, damit zu spielen. Treten Sie immer wieder geistig und emotional einen Schritt zurück und treffen Sie eine bewusste Entscheidung: Gedankenautobahn oder Trampelpfad.
→ Nehmen Sie es sportlich und trainieren Sie Ihren Achtsamkeitsmuskel Schritt für Schritt.
→ Üben Sie auf einfachem Terrain und steigern Sie langsam den Schwierigkeitsgrad. Beginnen Sie mit dem Training in Situationen, in denen Sie emotional nicht weggeschwemmt oder von einer Erregung überflutet werden. Als Beispiel des aufbauenden Lernens: Auch das Radfahren begannen Sie wahrscheinlich erst auf glatter Straße mit Stützrädern, bevor Sie sich ins Gelände wagten oder sich heute gar Single-Trails hinunterstürzen.
→ Freuen Sie sich an kleinen Erfolgen, und schenken Sie sich selbst Schmunzeln und Geduld.
→ Übung macht den Meister. Mit der Zeit wird sich Ihre neurobiologische Festplatte umgestalten, und Sie werden authentisch anders agieren.

Reflektieren Sie regelmäßig Ihre Erfolge – auch wenn diese am Anfang noch »klein« erscheinen. Gerade diese fast unmerklichen Veränderungen initiieren in der Summe kraftvolle, glaubwürdige Veränderungen.

Aus der Praxis

Bei dieser Übung trennt sich die Spreu vom Weizen

»Es ist so schwierig, aus der alten Rille rauszukommen!« Ich kann nicht sagen, wie oft ich diesen, unter großem Stöhnen und Seufzen hervorgebrachten Satz im Kontext »Reiz-Reaktions-Unterbrechung« schon gehört habe. Bei mir hat sich dadurch inzwischen eine andere Rille ausgeformt, denn ich antworte stoisch: »Es ist nicht schwierig, sondern ungewohnt. Das ist ein großer Unterschied.«

↗ Beispiel

Während meiner Sturm- und Drangzeit bin ich viel Motorrad gefahren. Durch Anregung eines früheren Lehrers gehörte es im Frühling ganz selbstverständlich dazu, ein Sicherheitstraining beim ADAC zu absolvieren. Jedes Jahr aufs Neue übte ich mich in Vollbremsungen, Geschicklichkeitsparcours und Ausweichmanövern. Eine der Übungen ist mir ganz besonders im Gedächtnis haften geblieben: Es wurde der klassische Gefahrenmoment beim Passieren einer engen Straße simuliert – ein parkender Autofahrer reißt unvermittelt seine Tür auf, und einige Meter vor meinem Vorderrad taucht ein sperriges Hindernis auf. Der menschliche Reflex ist, wie gebannt auf die Gefahr zu starren. Da wir unsere Fahrspur aber dorthin legen, wo wir hinschauen, ist in diesem Moment nicht die Autotür das größte Problem, sondern unser zwanghafter Trieb, wie die Maus vor der Schlange zu erstarren.
Auch hier geht es um das Training des Achtsamkeitsmuskels. Nachdem wir das Hindernis fixiert und eingeschätzt haben, sollten wir so schnell wie möglich den Blick lösen und uns ausschließlich auf die nächstliegende Ausweichmöglichkeit konzentrieren. Ja, das fand ich damals auch nicht so leicht! Aber spätestens nach einem Nachmittag mit einigen »Rutscherles«, viel Lachen – hauptsächlich über die eigene komische Figur, die ich bei meinen ersten Manövern abgab – wirkte das Ganze schon gar nicht mehr monströs, sondern eher spannend und herausfordernd. Ein gesunder Sportsgeist hilft in vielen Bereichen.

Auch wenn es um andere Musterbrechungen geht. Je bereitwilliger wir uns von unserem Selbstmitleid lösen und mit Neugierde auf unbekannte Aufgaben schauen, umso eher können wir eine frische Erfahrung sammeln, die sich sofort positiv auf unsere Neurobiologie niederschlägt. Unser Gehirn ist ein ausgesprochener Lustlerner. Alles, was ihm Spaß macht und mit Stolz erfüllt, möchte es wiederholen. So ist es mir ein großes Anliegen, den Teilnehmern schon während des Trainings möglichst viele positive Erfahrungen der Prägungsumschreibung zu ermöglichen beziehungsweise bewusst zu machen.

Wer erst einmal auf den Geschmack gekommen ist, wird nicht mehr locker lassen, sich von destruktiven Glaubenssätzen zu befreien. Wer es schafft, seinen inneren Richter freundlich, aber bestimmt an die Leine zu legen, der bricht in seinem Lebensgefühl zu gänzlich neuen Ufern auf. Neben dieser Freude und dem Qualitätsgewinn für die eigene Tagesgestaltung braucht es weiterhin Disziplin und Durchhaltevermögen. Das nächste Thema eignet sich wunderbar zum täglichen Zirkeltraining der geistigen Muskulatur.

Grenzen setzen – Grenzen wahren – Grenzen öffnen

Die Umsetzung guter Erkenntnisse verlangt Klarheit und Konsequenz

Mit dem Durchlaufen der bisher vorgestellten Übungen hat der Klient seine Biografie und seine derzeitige Lebensgestaltung sorgfältig aufgeschlüsselt. Gefühls-, Denk- und Handlungsmuster wurden auf ihre Wirkungsweise hin überprüft. Dahinterliegende Beweggründe und Motivationen wurden in ihren subtilen Verästelungen bis zu ihren Ursprüngen zurückverfolgt.

Der Klient hat neben dieser sorgfältigen Bestandsaufnahme Ziele und Visionen generiert, in welche Richtung er sein Leben lenken möchte. Konkrete erste Maßnahmen zur direkten Umsetzung in seinem Alltag wurden definiert. Mit den beiden Übungen »Innehalten« und »Training des Achtsamkeitsmuskels« kann er sofort loslegen – sie sollten ihm zur täglichen Routine werden, da sie die Basis der fundierten Persönlichkeitsentwicklung bilden. Achtsamkeit sichert Praxistransfer.

Das Thema »Grenzen« spielt in viele der behandelten Themenbereiche mit hinein. Beim Rollenkuchen, der die gesamte Lebenseinteilung abbildet, geht es um Prioritäten und Umstrukturierung. Beim Energiefass werden Energiefresser identifiziert und eingebremst, stärkende Faktoren dagegen gefördert. Bei der Biografielinie werden behindernde Einflüsse und Gewichte der Vergangenheit verabschiedet, die goldenen, leuchtenden Stunden dagegen nähergeholt. Bei der Balance des inneren Antreibers wendet sich der Blick intensiv der eigenen Gedankenstruktur zu. Unter Druck setzende Appellsätze und Ähnliches werden auf Eis gelegt, wertschätzende, unterstützende Kommentare bewusst gefördert.

Die verschiedenen Übungen verfolgen alle dasselbe Ziel: eine respektvolle, sorgfältige Umschichtung der tief verankerten Verhaltensweisen sich selbst und anderen gegenüber. Körper, Gefühl, Verstand und Seele werden dabei gleichermaßen involviert, da sich Muster und Prägungen auf all diesen Ebenen gleichzeitig manifestieren. Dieser Prozess verlangt verschiedene Fähigkeiten: klare Ausrichtung, differenzierte Wahrnehmung, Mut zur Veränderung, Beharrlichkeit in der Umsetzung. Eine weitere Kernkompetenz ist der souveräne Umgang mit Grenzen.

Gerade in einem Resilienz-Training stellen viele der Teilnehmer fest, wie schwer es ihnen fällt, ihre eigenen Bedürfnisse wahrzunehmen und diese klar und deutlich auszusprechen. Sie bemerken, wie schwer ihnen das Neinsagen fällt. In der nächsten Betrachtung geht es aber nicht nur um die Fähigkeit der persönlichen Abgrenzung, sondern es werden gleichzeitig drei verschiedene, miteinander verwobene Perspektiven eingenommen:

→ Kann ich mir selbst und anderen angemessene Grenzen setzen?
→ Wahre ich in gleicher Form die Grenzen anderer Personen?
→ Kann ich einmal gesetzte Grenzen auch wieder öffnen?

Noch einmal ein Ausflug in die Entwicklungspsychologie

Auch an dieser Stelle agieren wir Menschen aus einer Mischform aus Genetik, Sozialisation und eigener Wesensausprägung. Und wieder spielen die Prägungen der ersten Monate und Jahre eine große Rolle. Jedes Wesen, das zur Welt kommt, hat ein sehr individuell ausgeprägtes Verhältnis zu Nähe und Freiraum. Trotz unserer Grundbedürfnisse an Berührung und Kommunikation ist jeder Mensch ein wenig anders »gestrickt«. Der eine ist extrovertiert und sucht schon als Baby und Kleinkind rege den Kontakt, ein anderer ist eher scheu, in sich zurückgezogen und kommt erst langsam aus dem Schneckenhaus.

Für Eltern ist es natürlich eine gewaltige Herausforderung, das kleine Kind in seiner natürlichen Grundstruktur zu erkennen und in seinem eigenen Rhythmus von Nähe und Abgrenzung frei schwingen zu lassen, anstatt ihm ein funktionales Geschehen überzustülpen. Das beginnt schon in den ersten Monaten bei der Art der Berührung, des Tragens, des Fütterns, des Wickelns, des Anziehens.

> »Grenzen sollen schützen und Raum geben! Sie geben Geborgenheit und Freiheit! Dazu sind für Kinder wenige, klare und dynamische Strukturen notwendig. Die vielen kleinen Grenzen, was man so tut und nicht tut, sind verhandelbar und kulturell äußerst verschieden. Sie sollten den erziehenden Erwachsenen eine Übung in Offenheit und Kooperation sein und nicht als Starrheit wie ›solange du deine Füße unter meinem Tisch hast‹ daherkommen.
> An einer Grenze erfährt das Kind sein Ich und das Nicht-Ich-Sein. Diese Grenze gestaltet sich immer wieder neu, sie muss mit dem Kind mitwachsen, dynamisch sein, ihm durch Erweiterung neue Räume eröffnen, nur so kann es wachsen und immer größere Weltzusammenhänge kennen lernen. Nur so kann es sich zum Ich, vom Ich zum Du und Wir entwickeln, kann übergreifende bis hin zu transpersonalen Bezüge erkennen und Verantwortung für sich und die Welt übernehmen. Dieser Prozess macht Erziehung so anstrengend und so anspruchsvoll.« (*Annette Drüner* in einem Vortrag in der Ausbildung zur Krippenberaterin »Geborgen und Frei – Kinder bis drei« im Diakonischen Werk Hannover 2009)

Es ist nachvollziehbar, dass ein Kind, das von Anfang an in einer für ihn angemessenen Art berührt und begleitet wird, seine natürliche Kompetenz der Grenzgestaltung von klein auf entfalten kann. Es bleibt verbunden mit seinen ursprünglichen Wahrnehmungen und drückt sie spontan aus. Durch die aufmerksame Begleitung der Eltern, im Kindergarten und in der Schule lernt es, die ihm gesetzten Grenzen zu akzeptieren und auf die Anliegen anderer einzugehen.

»Liebe den anderen wie dich selbst.« – Diese wunderbare, so einfach klingende Botschaft ist tief in unserer Kultur und unserem Wertesystem verankert und wird doch so selten angewandt. Den meisten Erwachsenen, denen ich begegne, fällt es unendlich schwer, sich selbst zu spüren und die Erfordernisse ihres Wohlbefindens aktiv, ohne schlechtes Gewissen, zu gestalten. Diesem Verhalten folgte ich auch lange, lange Jahre meines Lebens. Bis ich erkannte, dass es Betrug an mir selbst und auch an meinem Gegenüber ist. Denn meine vordergründige Bescheidenheit, war nur ein Teil der Wahrheit. Auf subtilen Wegen holte ich mir am Ende doch, was ich brauchte. Das war dann eher auf undurchsichtige, manipulierende Art als klar, transparent und direkt.

Es ist menschlich, uns selbst eher für gutmütig zu halten und zu behaupten, dass die anderen uns schnell über den Tisch ziehen und ausnutzen können. Bei genauer Hinterfragung zeigt sich schnell, dass das Prinzip der Grenzüberschreitung sich unterbewusst auch im eigenen Verhalten eingeschlichen hat. Ein kooperatives, konstruktives Zusammenleben mit sich selbst und anderen ergibt sich aus dem Resonanzprinzip »Was du nicht willst, das man dir tu›, das füg auch niemand andrem zu!«. Genauso gilt: »Was du anderen gestattest und angedeihen lässt, solltest du dir selbst auch zugestehen!«

Es gilt, Verantwortung für Beziehungsgestaltung zu übernehmen

Beim Thema »Grenzen« verwende ich gerne das simple Bild der Einzeller – die meisten kennen diese kleinen Tierchen mit Zellhaut und Zellkern aus dem Biologieunterricht. Sie liegen eng aneinander, und sobald eines der Lebewesen seinen Körper einzieht, fließt sein Nachbar hinterher und schließt automatisch die entstandene Lücke. Dieses Phänomen lässt sich in unserem Alltag ständig beobachten: Sobald ein Mensch nicht klar und deutlich ausspricht, was er denkt und fühlt beziehungsweise nicht ausdrückt, welchen Raum er für sich in Anspruch nimmt, wird ein anderer diesen Platz für sich in Anspruch nehmen. Und das ist gar nicht böse gemeint oder egoistisch – nein, es ist quasi ein Naturgesetz.

Diese Beobachtung kann zu einem radikalen Umdenken führen. Menschen, die sich ständig ausgenutzt fühlen, und denen es schwerfällt, ihre Grenzen klar und deutlich aufzuzeigen, können ihren eigenen Handlungsspielraum entdecken. Sie können sich dazu entscheiden, aus der Opferrolle in die Täterposition zu wechseln: Nicht der andere ist schuld, weil er meine Grenzen nicht achtet, sondern ich bin verantwortlich, meine persönlichen Anliegen eindeutig zu vertreten. Denn nur wenn ich unmissverständlich meine Grenzen aufzeige, kann sich mein Gegenüber an diesem »Schlagbaum« orientieren.

Gerade werteorientierten, aufmerksamen, höflichen Menschen fällt es immens schwer, Klartext zu sprechen. Sie stehen sich mit ihrer eigenen Freundlichkeit selbst im Weg, Durchsetzungskraft zu entwickeln. Sie sollten ganz besonders überprüfen, ob ihre Zurückhaltung nicht auch ein gutes Schlupfloch ist, um Konflikten aus dem Weg zu gehen. Um Werte tatsächlich realisieren zu können, braucht es eindeutiges

Auftreten, im Reden und ebenso in der Körpersprache. Darauf zu warten, dass der andere sich aus Anstand maßvoll verhält, ist manches Mal eine Entschuldigung, sich selbst nicht eindeutig zu positionieren. Je früher ein klares Profil signalisiert wird, umso freundlicher und diplomatischer kann der Tonfall dabei bleiben. Dabei handelt es sich nicht um egozentrisches, selbstbezogenes Verhalten – ganz im Gegenteil. Ein ausgewogenes, gesundes Selbstvertrauen agiert immer maßvoll.

↘ Übung

Grenzen setzen – Grenzen achten – Grenzen öffnen

Einführung Wir haben es ständig mit Grenzen zu tun – egal ob im Privatleben oder im Beruf –, die mir ein anderer setzt oder die ich meinem Gegenüber aufzeige – oder eben auch nicht. Daher ist es wichtig, diese Grenzen aufzuzeigen. Je konkreter und eindeutiger dieser Austausch geschieht, umso einfacher kann sich ein Zusammenleben gestalten. Denn viele Konflikte entwickeln sich nur, da die beteiligten Personen ihre authentischen Gefühle und Gedanken nicht zeigen, »herumdrucksen« und ihre eigentlichen Anliegen verschweigen. Diese verschleierten Wahrheiten können schwelende Konflikte auslösen, die zu nimmersatten Energiefressern werden.

Dabei lässt sich beobachten, dass die Thematik wie eine Waage aufgehängt ist: Ein Mensch, der an einer Stelle zu wenig Grenzen setzt und Überforderungen sowie Kränkungen schluckt, schafft sich an anderer Stelle Gegengewichte, mit deren Hilfe er diesen Druck an andere weitergibt. Es gilt stets: Wer schluckt, fängt irgendwann das Spucken an – ob in lauter und aggressiver Form oder subtil und leise. Je differenzierter man seine eigenen Verhaltensweisen beobachtet, umso angemessener kann man sich selbst an dieser Stelle steuern. Dabei gilt es, tief sitzende Glaubenssätze, die einen immer wieder attackieren, freundlich, aber konsequent in die Schranken zu weisen. Damit wir seelisch, körperlich, geistig und emotional gesund bleiben, ist es wichtig, unsere persönlichen Bedürfnisse wahrzunehmen und sie klar und eindeutig zu kommunizieren.

Ziel Das Verhalten zum Thema »Grenzen« genau aufschlüsseln. Transparent darstellen, wie die subtilen Beziehungsgeflechte aussehen. Klarheit und Konsequenz erreichen.

Material Moderationskarten, Stifte, Seile oder Klebebänder.

Möglichkeiten der Kleingruppenarbeit Diese Übung kann alleine – in anschließender Reflexion mit dem Coach oder im Rahmen einer Kleingruppenarbeit durchgeführt werden. Hierfür finden sich zwei bis drei Teilnehmer zusammen und ziehen sich an einen ruhigen Platz zurück. Jeder absolviert Schritt 1–3 zunächst alleine, danach gehen die Teilnehmer in einen offenen Austausch über ihre Erkenntnisse. Nach dieser Kleingruppenarbeit findet ein Austausch in der großen Runde statt, in der der Coach oder Trainer die Erkenntnisse jedes einzelnen Teilnehmers abruft.

Übungsablauf

Schritt 1: Legen Sie mit den Seilen einen inneren und äußeren Kreis. Der innere Kreis symbolisiert Ihren persönlichen Standpunkt, aus dem heraus Sie in die Übung starten. Den äußeren Kreis unterteilen Sie in drei Felder:

→ Bereich 1: Wem gegenüber sollten Sie klare Grenzen setzen?
→ Bereich 2: Wessen Grenzen sollten Sie respektvoller achten?
→ Bereich 3: In welchen Situationen sollten Sie Grenzen öffnen?

Schritt 2: Stellen Sie sich zunächst in den inneren Kreis, und lassen Sie die Fragen auf sich wirken. Betreten Sie nach Ihrer bevorzugten Reihenfolge die drei Untersuchungsräume – zwischen den Feldwechseln treten Sie immer wieder in den inneren, neutralen Kreis zurück. Achten Sie dabei auf die Botschaften von Körper, Herz, Verstand und Seele. Definieren Sie Personen sowie Situationen und beschriften Sie jeweils eine Moderationskarte, die Sie in dem jeweiligen Feld niederlegen.

Schritt 3: Passen Sie zum Schluss die Größe der Felder der tatsächlichen Gewichtung der Themen an, um den Umfang der jeweiligen »Baustelle« sichtbar zu machen. Dies verdeutlicht Ihre Rollenpräferenz.

Schritt 4: Treten Sie einen Schritt zurück, und lassen Sie das Ganze in Ruhe auf sich wirken. Gehen Sie in Ruhe Ihre Erkenntnisse durch. Es ist obsolet zu erkennen, dass Sie nicht nur Opfer sind, sondern auch immer wieder als Täter agieren. Vielleicht treten Sie an mancher Stelle zu devot auf, an einer anderen zu dominant. Dieses Ungleichgewicht gilt es Schritt für Schritt neu zu ordnen.

Schritt 5: Legen Sie sich einen genauen Maßnahmenplan an, in welcher Form Sie die Thematik anpacken und in kleinen, realistischen Schritten für sich verändern möchten. Darin sollten Sie Ihr Verhalten sich selbst gegenüber genauso berücksichtigen wie Ihr Auftreten gegenüber anderen Personen.

Aus der Praxis

Grenzen setzen macht Angst

Viele der Teilnehmer berichten, dass ihnen diese Übung richtig unter die Haut fährt. Sie fördert schlummernde Wahrheiten zutage. Diese sind nicht immer leicht zu akzeptieren. Sich von jemand anderem unter Druck gesetzt zu fühlen, ist bei allem Ungemach noch einfacher zu ertragen als die Erkenntnis, die gleichen Mechanismen selbst anzuwenden. Viele Grenzüberschreitungen manifestieren sich über Jahre, und es bedarf entschiedener Kraft, aus solch eingeschliffenen Verhältnissen auszubrechen.

↗ Beispiel

Ich sehe einen Teilnehmer vor mir: Ein älterer Mann mit einem »Herz wie ein Bergwerk«. Er hat sich sein Leben lang auf allen Ebenen für andere Personen und Projekte eingesetzt und sich oft dabei zerrissen. Zum einen in seinem Beruf, wo er bei Aufgabenverteilungen nie »Nein« sagen konnte. Dementsprechend bog sich sein Schreibtisch unter Zusatzprojekten, auf die sich seine Kollegen nur selten einließen. Wertschätzung und Anerkennung erfuhr er dafür nur selten. Privat übernahm er innerhalb der Großfamilie ebenfalls viele Verantwortungen bis hin zur aktiven Pflege seiner Eltern und Schwiegereltern. Die weiteren Geschwister seiner Frau hielten sich eher dezent im Hintergrund; sie wussten ja, dass er alle Aufgaben mit größter Fürsorge und Sorgfaltspflicht erledigte. Sein Rollenverständnis hatte sich in frühester Kindheit in seiner Herkunftsfamilie ergeben. Die Eltern waren arm und betrieben einen Bauernhof, das Kind musste von klein auf voll mitarbeiten.
Der Mann rührte mich ganz besonders. Man sah ihm an, an welchem Rand der Kräfte er sich bewegte – und das tat mir sehr leid. Er hatte Angst vor Liebes- und Anerkennungsverlust, wenn er seiner Familie und seinem Chef eröffnen sollte, dass er auf diese Art und Weise nicht mehr weitermachen könne. Wir entwarfen gemeinsam einen »Schlachtplan« der

kleinen Schritte, um ihm ein Halteseil mitzugeben, an dem er die ersten Schritte ausrichten konnte. Diese gelangen ihm tatsächlich – beim nächsten Kurs berichtete er uns voller Stolz, dass es ihm gelungen wäre, die ersten klaren Grenzen zu ziehen und zu halten. Seine Augen strahlten, während er davon erzählte. Er hatte Nein gesagt – und die Welt war trotzdem nicht untergegangen.

Viele unserer Ängste speichern wir in Kinder- und Jugendtagen ab, wo wir selbst noch klein sind und die Erwachsenenwelt groß und übermächtig erscheint. Da wir in starken Abhängigkeiten zu unseren Bezugspersonen stehen, verbinden sich mit dem Thema »Grenzen setzen« häufig starke Konflikte – diese Erfahrung haben wir tief eingespeichert. Als Erwachsener haben wir ganz andere Grundvoraussetzungen, unsere Anliegen klar und angemessen vorzutragen und in Absprache mit anderen zu realisieren. Unsere Angst davor ist also ungleich größer im Vergleich zu den Schwierigkeiten, die wir dann möglicherweise tatsächlich durchzustehen haben.

Konflikte aktiv angehen

Ärger hat immer einen lebensbejahenden Kern

»Der erste Schritt zum vollständigen Artikulieren unseres Ärgers besteht darin, die andere Person von jeglicher Verantwortung für diesen Ärger zu trennen. Wir machen uns frei von Gedanken wie: ›Er, sie oder die anderen haben mich wütend gemacht, weil sie das und das getan haben.‹ Solche Gedankenmuster führen dazu, dass wir unsere Wut nur oberflächlich ausdrücken, indem wir andere beschuldigen oder bestrafen ... Das Verhalten anderer Menschen kann ein Auslöser für unsere Gefühle sein, ist aber nicht ihre Ursache ... Eine Reaktionsmöglichkeit besteht darin, mit dem Licht unseres Bewusstseins unsere eigenen Gefühle und Bedürfnisse zu erhellen. Anstelle einer verkopften Analyse der Fehler einer anderen Person entscheiden wir uns für den Kontakt mit der lebendigen Energie, die in uns ist. Diese Lebensenergie ist direkt vor unserer Nase, ganz einfach zugänglich, wenn wir uns darauf konzentrieren, was wir in jedem einzelnen Augenblick brauchen.« (*Marshall B. Rosenberg* in: »Gewaltfreie Kommunikation – Aufrichtig und einfühlsam miteinander sprechen«, 2001, S. 137 ff.)

Aggression ist Energie

In einer meiner Ausbildungsgruppen befindet sich eine Frau, die von ihrer Nationalität halb Deutsche, halb Italienerin ist. Sie wuchs in Sizilien auf, und das spürt man heute noch. Nicht nur in ihrer Verbindung zum Essen, das sie wunderbar genießen, regelrecht zelebrieren kann. Auffallend ist auch ihr offenes Verhältnis in puncto Auseinandersetzung und Streit. Ihr erscheint es ganz natürlich, dass sich Menschen auseinandersetzen, dabei auch einmal lauter gesprochen wird, Emotionen hochkochen, es mal kracht. Und dann versöhnt man sich wieder, und mit bereinigter Luft geht das Leben weiter.

Diese unangestrengte Streitkultur besitzen wir Deutsche leider nicht. Konflikte werden bei uns oftmals umgangen, ausgesessen, herunter- oder hochgespielt. Wer von uns blickt schon auf ein Elternhaus zurück, in dem mit Lust und Laune kontrovers diskutiert wurde? Ein guter Streit ist eine hohe Kunst. Jeder der Kontrahenten hat seinen Blickpunkt, den er vortragen möchte und den es zu beachten gilt. Tragfähige Lösungen können nur miteinander, unter Berücksichtigung aller Beteiligten gefunden werden. Um tatsächlich Verständnis für den anderen zu wecken, müssen oftmals alte Verletzungen und Kränkungen benannt und schrittweise aus dem Weg geräumt werden.

Jede vergrabene Wunde bindet Energie. Alles, was wir runterschlucken, lagert sich in unserem Organismus ab und schafft subtile Druckstellen, die psychische und/oder physische Wirkung zeigen. Was wir verdrängen, bedrängt uns von innen. Aggression ist pure Lebensenergie. Menschen, die Ärger und Kummer in ihrem Herzen verschließen, fesseln wichtige Lebenskraft, die ihnen an anderer Stelle fehlt. Manche Personen wirken seltsam verstockt, als würden sie mit angezogener Handbremse fahren. Meistens kauen sie dabei an alten Geschichten, und ihre Aufmerksamkeit teilt sich zwischen Vergangenheit und Gegenwart.

Verdrängung schwächt von innen – wir kennen es alle aus eigener Erfahrung. Damit ein Mensch seine Potenziale und Talente frei entfalten kann, benötigt er die Kompetenz, mit Konflikten souverän umzugehen. Resilienz inkludiert per se hohe emotionale Intelligenz, die Verstrickungen elegant zu lösen vermag.

Mit den nächsten drei Übungen gewinnt der Klient Zugang zu verschiedenen Facetten einer Konfliktlösung.

↘ Übung **Blickpunktwechsel**

Einführung Wir Menschen sind in umfangreiche Netzwerke eingebunden. Ob in der Familie, im Freundeskreis, in der Arbeit, im Verein, in der Kirche oder in ehrenamtlichen Positionen – in vielen unserer Aktivitäten haben wir uns mit anderen abzustimmen, wir müssen mit ihnen kommunizieren. Gelingt der Austausch, dann ist die Basis für eine effiziente Interaktion geschaffen. Kommunikation verläuft dabei nur zum Teil über die Gesprächsebene. Der bekannte Affektforscher Rainer Krause geht davon aus, dass 90 Prozent der Kommunikation über Körperhaltungen, Verhalten, Mimik und Gestik abläuft. Dazu kommen die Wortwahl, die einzelnen Betonungen, der Sprachfluss. Ein gelungener Austausch, in dem alle Beteiligten sich verstanden fühlen und gleichzeitig den anderen verstanden haben, ist eine große Kunst, die ein lebenslanges, spannendes Übungsfeld abgibt. Diese Übung soll Ihnen nun dabei helfen, sich für Ihre persönliche Ausstrahlung auf andere zu sensibilisieren.
Eine Begegnung von zwei Personen lässt sich in verschiedene Wahrnehmungsebenen zerlegen:

- → Das Ich mit der Fragestellung: »Was löst die Begegnung in mir aus? Welche Gedanken, Gefühle, Körperwahrnehmung bewegen mich?«
- → Das Du: »Was denkt, fühlt, erlebt wohl mein Gegenüber? Wie geht es mir an seiner Stelle? Wie wirke ich auf meinen Gesprächspartner?«
- → Der Zeuge: »Was passiert zwischen den beiden Menschen? Was nimmt der Zeuge wahr?«

Wer die Dynamik einer Beziehung verstehen möchte, sollte sich dieser drei Ebenen ganz genau bewusst werden und sie am ganzen Leib durchleben.

Ziel Die Übung schenkt die Möglichkeit, in die »Haut« Ihres Gegenübers hineinzuschlüpfen, um genau zu verstehen, wie Sie auf die andere Person wirken und welche Reaktionen Sie in ihr auslösen. Beherrschen Sie die Technik des einfühlsamen Hineinversetzens, können Sie, unabhängig von der Anwesenheit oder Gesprächsbereitschaft eines anderen, Beziehungen fundiert untersuchen.

Diese Technik erlernen Sie am besten mit Unterstützung des Seminarleiters und der Gruppe. Ziel ist, dass Sie die Technik selbstständig in Ihren Tagesablauf einbauen und durchführen können, um Beziehungen im beruflichen wie privaten Kontext vielschichtig zu hinterfragen. Die Übung sollte möglichst präventiv eingesetzt werden, sobald heikle Gespräche anstehen, Beziehungen in Schieflage geraten und Konflikte sich noch vor einer Eskalation befinden.

Übungsaufbau Stellen Sie drei Stühle auf für die drei Positionen »Ich«, »Du« und »Zeuge«. Die Stühle können frei im Raum gruppiert oder auch als Abbild der »energetisch gefühlten« Beziehung positioniert werden. Das heißt, der Abstand und die Zugewandtheit der Stühle verdeutlichen bildhaft die gefühlte Nähe beziehungsweise Distanz zwischen den beiden aktiven Personen.

Möglichkeit der Kleingruppenarbeit Die Übung kann alleine konkretisiert werden, bietet sich aber besonders als Kleingruppenarbeit an. Die optimale Gruppenstärke liegt bei drei bis vier Teilnehmern. Eine Person durchläuft die Schritte 1–3 und wird dabei von der Moderation eines Kollegen begleitet. Die anderen fungieren als Zeugen, die auf feine Details der Körpersprache, der Mimik, der Wortwahl und des Redeflusses achten.
Sollte sich der Klient für die unten gezeigte Variante in der Durchführung entscheiden, agieren die zwei Personen als Rollenspieler.

Übungsablauf
Schritt 1: Setzen Sie sich als Erstes auf den Ich-Stuhl, und schildern Sie die Beziehung frank und frei aus Ihrer Sicht. Verleihen Sie dabei Ihren wahren Gefühlen echten Ausdruck. Alles ist willkommen, was sich offenbaren mag, auch wenn es in diesem Moment sehr einseitig wirkt. Hinterfragen Sie Emotionen wie Wut, Aggression, Resignation in Ruhe, um auch tiefer liegenden Gefühlen die Möglichkeit für Ausdruck zu geben.

Schritt 2: Als Nächstes setzen Sie sich auf den Stuhl des Gegenübers. Spüren Sie zu Anfang aufmerksam in diese Person hinein: »Was für ein Lebensgefühl hat dieser Mensch? Wie viel Selbstvertrauen besitzt er? Wie mag er sich wohl in seinem Privatleben fühlen? Welchen Belastungen hat er standzuhalten, welche Bedürfnisse muss er erfüllen? Was sind seine Ziele und Erwartungen, welche Visionen und Herzensanliegen verfolgt er? Wofür brennt er mit Leidenschaft? Was lehnt er ab? In welchen Situationen fühlt er sich bedroht?« Dieses tiefe Hineinversetzen in das Lebensgefühl der anderen Person ist Basis des weiteren Prozesses. Nehmen Sie sich Zeit und Muße, um in den anderen Menschen facettenreich hineinzufühlen. Erst wenn Sie in dieser, Ihnen ungewohnten, Wahrnehmungsperspektive intensiv angekommen sind, gehen Sie zum nächsten Teil der Übung über.
Nun beschreiben Sie die Qualität Ihrer gemeinsamen Beziehung aus den Augen Ihres Gegenübers. Sie erforschen dadurch, wie Sie auf den anderen wirken und was Sie in ihm auslösen. Achten Sie dabei besonders auf unterschwellige Signale, die Sie selbst aussenden. Es geht also nicht nur um das gesprochene Wort, sondern im Besonderen auch um Ausstrahlung, Mimik, Gestik. Welche Doppelbotschaften transportieren Sie womöglich, was sagt der Verstand, was sprechen Körper, Herz und Seele?

Schritt 3: Setzen Sie sich auf den Stuhl des Zeugen und schauen Sie sich die ganze Situation von außen an. Sie beschreiben die Beziehungskonstellation aus dem Blickwinkel eines Außenstehenden. Aus dieser Position heraus können Sie leichter das Resonanzverhalten der beiden Personen nachvollziehen: So wie man in den Wald hineinruft, so schallt es zurück.

Variante der Übung Nachdem der Klient die drei Stühle durchlaufen hat, können zwei seiner Kollegen als Rollenspieler fungieren. Sie können den Platz des Klienten und seines Gegenübers einnehmen und alleine durch Körpersprache, Mimik und Haltung die Situation nachspielen. Zur Vertiefung des Eindrucks können sie auch einen Satz, quasi als prägnante Zusammenfassung der dargestellten Gefühle, aussprechen. Der Klient lässt das Ganze auf sich wirken und kann nochmals neue Erfahrungen dazu sammeln.

Schritt 4: Im Anschluss kommt es zu einer Austauschrunde in der Kleingruppe, danach erfolgt ein Wechsel in den Rollen. Die Übung wird so oft wiederholt, bis jeder der Teilnehmer eine ihm wichtige Beziehungssituation durchspielen konnte. In der großen Runde werden die gesamten Erfahrungen reflektiert und zusammengefasst.

Aus der Praxis

Ich verliere mein Feindbild

Für die meisten meiner Klienten ist diese Übung zu Anfang eine große Herausforderung. Es ist zwar leicht gesagt, sich in einen anderen Menschen hineinzuversetzen. Aber tatsächlich vorurteilsfrei, mit Haut und Haar, in die Situation einer anderen (oft ungeliebten) Person hineinzuschlüpfen, braucht Offenheit und Geübtheit. Natürlich können wir nie sicher wissen, wie das Gegenüber genau empfindet, denkt und interpretiert. Dennoch ist es beeindruckend, wie schnell und einfühlsam wir uns in die Erlebniswelt von anderen einfinden können – und somit viel besser verstehen, wie unser Verhalten auf sie wirkt.

Den anderen kann ich nicht verändern – aber an mir selbst kann ich aktiv arbeiten. Wenn ich mich verändere, zieht mein Gegenüber oft mit und wechselt ebenfalls die Position. Hier öffnen sich vielfältige Spielräume der aktiven Beziehungsgestaltung. Es braucht allerdings meine Entscheidung dazu, den anderen aus meinem vorgefertigten »Feindbild« zu entlassen – das heißt manches Mal, über den eigenen Schatten zu springen. Die Freude über einen sauber ausgetragenen Konflikt lässt diese Anstrengung aber locker verschmerzen. Die nächste Übung bietet sich an, wenn sich zwischen zwei Menschen viele unterschiedliche, kritische Themen so angehäuft haben, dass sie sich schon zu einem undurchsichtigen Knäuel verknotet haben.

↘ Übung

Was trennt uns – was verbindet uns?

Einleitung Die meisten meiner Klienten bewegen sich durch komplexe Beziehungsfelder. In vielen Unternehmen werden bestimmte Aufgaben und Ziele von Projektteams erledigt. Diese Teams werden häufig aus Spezialisten rekrutiert, die sich mit der Zeit zusammenraufen müssen. Es gibt Mitarbeiter und Führungskräfte, die gleichzeitig in unterschiedlichen Arbeitsgruppen agieren, oftmals sitzen ihre Vorgesetzten an einem anderen Standort, sodass die Kommunikation über Telefonkonferenzen stattfindet. Das erschwert den Austausch. Missverständnisse, kontroverse Meinungen oder Hakeleien auf der Beziehungsebene können sich durch mangelnde Kommunikation immer weiter aufbauschen – bis ein massiver Konflikt vorliegt.

Auch privat leben viele Menschen derweilen in Patchworkfamilien. Sie haben sich von ihren vorherigen Partnern getrennt und bringen in die neuen Beziehungen mannigfache Altlasten mit ein. Da dreht es sich zum einen um menschliche Themen wie zum Beispiel die Angst vor einem neuerlichen Scheitern, Misstrauen bei bestimmten Verhaltensweisen, Aufmerksamkeit, die nicht dem neuen Partner, sondern den Kindern zuteil wird. Zum anderen handelt es sich um ganz praktische Angelegenheiten wie Finanzen, Besuchszeiten, rechtliche Auseinandersetzungen mit dem alten Partner, Wohnverhältnisse. Das Gesamtpaket, das auf einer neuen, frisch erblühenden Partnerschaft lastet, kann so groß sein, dass es erdrückend erscheint. Für solch eine oder ähnliche Konstellationen ist die beschriebene Übung extrem hilfreich.

Ziel Sie erzeugen Transparenz über die Themen und Einflussfaktoren, die auf eine Beziehung eindringen. Sie verschaffen sich einen Überblick und können für klar abgegrenzte Themen gezielte Lösungswege ansteuern.

Material Zwei Stühle, Moderationskarten in den Farben Gelb, Orange, Rot sowie Stifte, Seile.

Möglichkeit der Kleingruppenarbeit Die Übung kann alleine absolviert werden oder in einer Zweiergruppe. Dabei besteht die Möglichkeit, dass

→ die zwei Teilnehmer die Schritte 1–5 für sich alleine machen und sich danach zu einem Gespräch zusammensetzen oder
→ einer der Teilnehmer die Rolle des Coachs übernimmt und seinen Kollegen mit offenen Fragen durch die Übung moderiert.

Danach kommt es zu einem Austausch in der Gesamtgruppe.

Übungsablauf

Schritt 1: Sie positionieren die Stühle als Platzhalter für sich und die andere Person. Sie achten dabei auf Abstand, Ausrichtung, Höhenverhältnisse der Sitzmöbel als Sinnbild der erlebten Beziehung.

Schritt 2: Nacheinander setzen Sie sich auf die beiden Stühle und spüren in die Position von sich selbst beziehungsweise des Partners ganz genau hinein. Sie widmen sich dabei folgender Frage: Welche Themen stehen zwischen uns? Sie beschriften die Moderationskarten:

→ Rot – brandheiße Themen, die emotional hoch aufgeladen sind und viel Gewicht innerhalb der Beziehung haben,
→ Orange – mittelheiße Themen, die auch wichtig sind,
→ Gelb – nicht so wesentliche Themen, dennoch erwähnenswert.

Pro Thema beschriften Sie eine Karte – einmal aus Ihrem Blickwinkel heraus – dann aus der Position Ihres Gegenübers. Die Karten legen Sie auf den Boden und ordnen Sie Ihrem Empfinden nach den Stühlen (Personen) zu.

Schritt 3: Mithilfe der Seile und Karten symbolisieren Sie die Fragen: Was verbindet uns? Oder auch: Auf welche Art sind wir verbunden? Dadurch wird sichtbar, wie stark die Bindung beziehungsweise Abhängigkeit zwischen Ihnen beiden ist.

Schritt 4: Nun gehen Sie die einzelnen Karten durch und sortieren diese mithilfe der Fragen:

→ Welche Themen gehören innerhalb der Beziehung geklärt und bearbeitet?
→ Welche der Themen sollten mit anderen Personen bearbeitet werden (zum Beispiel mit den eigentlich betroffenen Personen wie der oder die Vorgesetzte; oder mit einem Mediator, Rechtsanwalt, Finanzberater, Arzt, Ernährungsberater, Coach).

Schritt 5: Erstellen Sie einen Plan für eine realistische Vorgehensweise, um die gesamte Konstellation inklusive der brisanten Themen konstruktiv anzusprechen und verbessern zu können. Dieser Übungsaufbau eröffnet verschiedene Blickpunkte gleichzeitig:

- → Er zeigt Ihnen die Gefühle und Themenbereiche auf, in denen Sie sich mit Ihrem Partner verbunden fühlen. Neben den Problemstellungen wird der Blick auch auf das Kraftvolle und Schöne der Beziehung gelenkt.
- → Offene Themen und Streitpunkte werden klar definiert und übersichtlich dargestellt.
- → Sie haben dabei nicht nur Ihren eigenen Blickpunkt im Fokus, sondern versetzen sich in das Lebensgefühl Ihres Partners. Allein diese Wahrnehmungsverschiebung weckt Verständnis und öffnet den Blick für neue Lösungsmöglichkeiten.
- → Ineinander verstrickte Themen werden auseinanderdividiert und für sich allein betrachtet. Nacheinander wird überprüft, wer für die Lösung zuständig sowie kompetent erscheint, danach dementsprechend ein Maßnahmenkatalog entwickelt.

Die nüchterne, facettenreiche Betrachtung schafft Klarheit. Emotionale und sachliche Themen werden voneinander getrennt – dadurch kann sich die Beziehung entlasten und durch kleine, realistische Schritte zu einer gesunden Basis zurückfinden.

Aus der Praxis

Große Emotionen gehören in kleine, verdauliche Happen aufgeteilt

Die Systematik der Übung hilft dem Klienten, unterschiedliche Themenfelder sauber voneinander abzugrenzen. Oftmals verzahnen sich Sach- und Beziehungsebene, und Gefühle verschleiern den sachlichen Blick. Das Sichtbarmachen dieser Überschneidungen offeriert die Möglichkeit zu tieferer Klärung. Heiße, emotional hoch aufgeladene Inhalte können mit etwas Abstand heruntergekühlt und aus einer relativierenden Position anvisiert werden. Wie bei vielen Übungsaufbauten wird auch hier die Ressource, das Guthaben der Beziehung, mit ausgelegt. Der gleichzeitige Blick auf das Positive und Negative der Beziehung generiert ein neues Gleichgewicht in der Bewertung.

Auch diese Übung verlangt vom Klienten Einfühlungsvermögen und Mut zum Hinschauen. Natürlich ist es viel einfacher, die eigene Position als alleinige Wahrheit zu skizzieren – aber dieser einseitige Blickwinkel ist keine nachhaltige Basis von Lösung und Kooperation. Konfliktlösung verlangt immer eine Portion Großherzigkeit … und auch Humor. Oft gilt es, den Teilnehmer aktiv zu ermutigen und zu unterstützen, diese innere Haltung einzunehmen.

Die folgende Übung fokussiert neben den gegenwärtigen Aspekten einer Beziehung nun auch auf die Vergangenheit, den gemeinsamen Werdegang zweier Personen.

Übung **Die Beziehungslinie**

Einführung In dem Moment, wo wir einem Menschen begegnen, beginnt sich eine Geschichte zu entspinnen. »Wir können nicht nicht kommunizieren«, stellte so trefflich der Kommunikationswissenschaftler Paul Watzlawick fest. Mit jeder Geste, jedem Gesichtsausdruck, mit der Art, aufeinander zuzugehen, ins erste Gespräch zu finden, ergibt sich zwischen Menschen der berühmte erste Eindruck: Können wir miteinander? Stimmt bei uns die Chemie? Haben wir Anknüpfungspunkte, pulst Herzlichkeit zwischen uns … oder bleibt die Begegnung eher reserviert, ernst und steif? Diese erste Impression fungiert zunächst als Brille, durch die hindurch wir die nächsten Kontakte wahrnehmen. Manchmal verfestigt sich der Anschein, den wir gewonnen haben – andere Male revidieren wir das Bild, das sich in uns gebildet hatte. Mit jeder Begegnung sammeln wir neue Erfahrungen: Sieht mich der andere? Erfahre ich Wertschätzung? Kann ich frei und offen mit ihm reden? Hält er sich an Absprachen? Aus deren Summe bildet sich ein Beziehungsband. Nähe und Harmonie stärken im Allgemeinen das Vertrauen zueinander, Distanz und divergierende Meinungen wecken eher Vorsicht und eine abwartende Haltung. Mithilfe einer Beziehungslinie können die Entstehungsgeschichte und der Fortlauf einer Gemeinschaft abgebildet und im Zusammenhang begutachtet werden. Die Gesamtschau illustriert Wechselwirkungen und Dynamiken, die sich oft unbemerkt in eine Verbindung eingeschlichen haben und das Geschehen subtil einfärben.

Ziel Sie können für sich alleine – oder mit Ihrem Gegenüber gemeinsam – Ihre Beziehungsgeschichte untersuchen. Dabei entdecken Sie sowohl Freuden als auch Ärgernisse, die auf Ihre jetzige Situation Einfluss nehmen. Durch Gespräch, Verständnis und Versöhnung können Altlasten aus dem Weg geräumt werden, um Platz zu machen für eine neue Beziehungsqualität.

Material Drei beziehungsweise sechs Seile, Moderationskarten, Stifte.

Möglichkeiten zur Kleingruppenarbeit Die Übung kann alleine gemacht werden oder in einer Zweiergruppe. Dabei bestehen die Möglichkeiten, dass

- → die zwei Teilnehmer die Schritte 1–5 für sich alleine auslegen und sich danach zu einem Gespräch zusammensetzen oder
- → einer der Teilnehmer die Rolle des Coachs übernimmt und seinen Kollegen mit offenen Fragen durch die Übung moderiert.

Danach kommt es zu einem Austausch in der großen Gruppe.

Übungsablauf

Schritt 1: Nehmen Sie sich drei Seile, und legen Sie mit dem ersten eine Zeitschiene für die Länge der Beziehung (das können Jahre sein oder Monate, Wochen …). Unterteilen Sie die Achse in kleinere Abschnitte, und markieren Sie diese Meilensteine mit Moderationskarten, auf denen Sie die jeweiligen Daten notieren.

Schritt 2: Wählen Sie für sich und das Gegenüber jeweils ein Seil und legen Sie nun Ihre gefühlte Wirklichkeit des Beziehungsverlaufs aus. Die Zeitachse dient gleichzeitig als Bezugspunkt für Nähe und Ferne. Erlebten Sie mit der anderen Person einen schönen Moment, in dem Sie sich miteinander wohlfühlten, Informationen leicht und locker hin- und herfließen konnten und Sie sich produktiv unterstützten, nähern sich die Seile an. Bei Dissonanzen, Streitigkeiten, Kränkungen, die Ärger und Distanz hervorriefen, wandern die Seile je nach Ihrer Wahrnehmung auseinander. Die Seile können sich aufeinander zubewegen, parallel laufen, sich berühren, auseinandergehen … Bilden Sie ein möglichst genaues Abbild der erlebten Situationen nach.

Schritt 3: Treten Sie zurück und betrachten Sie die vor Ihnen liegende Beziehungsgeschichte aus diesem Abstand. Spüren Sie nach, wie sich Konstellationen Schritt für Schritt ergeben – und in welcher Form sie das Beziehungsgeflecht beeinflusst haben.

Schritt 4: Gehen Sie beide Beziehungslinien ab, spüren Sie mit Körper, Herz, Verstand und Seele in Ihre eigenen Erlebnisse und in die Ihres Partners hinein. Öffnen Sie sich für die verschiedenen Dimensionen und Perspektiven einer Begegnung.

Schritt 5: Schauen Sie nach vorne und formulieren Sie Ihre Wünsche, in welche Richtung sich die bisherige Konstellation künftig weiterentwickeln soll. Definieren Sie die Möglichkeiten, wie Sie persönlich auf das Geschehen konstruktiv mit einwirken wollen.

Aus der Praxis

Kränkungen werden oft über Jahre unverheilt mitgeschleppt

Es ist immer wieder überraschend festzustellen, wie tief und nachhaltig sich Zurückweisungen, Kümmernisse oder Angriffe, Beleidigungen und Demütigungen in Herz und Seele einprägen können. Oft verbergen sich hinter aktuellen Konflikten uralte Geschichten, an die sich die beteiligten Personen kaum mehr erinnern können. Dennoch sind sie auf der emotionalen Ebene gespeichert und steuern auf subtile Art die gegenwärtige Auseinandersetzung. Auch wenn es dem Klienten nicht leicht fallen mag, mit Ruhe und Klarheit in die Vergangenheit zu schauen: Das Aufdecken von Zusammenhängen ist häufig die Voraussetzung dafür, die jetzige Situation entlasten und ausbalancieren zu können.

↗ Beispiel

Kürzlich begleitete ich einen Geschäftsführer und einen ihm unterstellten Bereichsleiter durch eine Konfliktklärung. Beide legten mithilfe der Seile zunächst ihre persönliche Version der letzten 17 Jahre aus, die sie in der Firma in unterschiedlichen Funktionen gemeinsam verbracht hatten. Allein dieses Sichtbarmachen ihrer unterschiedlichen Wahrnehmungen lieferte die erste Erklärung für die massive Spannung, die zwischen den beiden existierte. Insgesamt verbrachten wir vier aufregende, anstrengende Stunden, um die vielen verschiedenen Details und Blickpunkte, die sich aus den beiden Beziehungslinien ergaben, zu reflektieren und aufzuarbeiten. Durch diese intensive Beschäftigung mit zunächst »ollen Kamellen« kamen sich die beiden Herren näher. Nach einer emotionalen Aussprache war es ihnen möglich, konstruktiv nach vorne zu schauen und ihren Fokus auf ihre Potenziale und Stärken zu richten. Sie verabredeten feste Spielregeln, um die bekannten Reibungsflächen, die sie in der Vergangenheit immer wieder Zeit und Nerven gekostet hatten, möglichst zu vermeiden. Die Umsetzung der Vereinbarungen fiel ihnen im bewegten Arbeitsalltag zunächst nicht leicht – ihre Chemie hatte sich aber spürbar verbessert. Sie begegneten sich mit hohem Respekt – und diese Haltung zeigte in ihrer Zusammenarbeit nach und nach Wirkung.

Auch Konfliktklärungen gehören geübt – am besten startet man dabei mit kleineren Geschichten und hebt sich die »Gefühlsbomben« für den gehobenen Trainingsstand auf. Je sicherer der Klient im Umgang mit delikaten Gemengelagen wird, umso freudiger beginnt er, Handlungsspielräume zu erkennen und aktiv auszubauen.

Konsequente Ausrichtung auf Handlungsspielräume

»Es gibt nur wenige Misslichkeiten in dieser Welt, die sich nicht in einen persönlichen Triumph umkehren lassen, wenn man einen eisernen Willen und das nötige Geschick besitzt. Was die Menschen voneinander unterscheidet, ist nicht das, was wir mit auf den Weg bekommen haben, sondern das, was wir daraus machen.«

(Nelson Mandela in »Weisheit« (2009, S. 112)

Selbstverantwortung schenkt Freiraum

Die Frage nach den persönlichen Verantwortungsbereichen und Spielräumen gestaltet sich oftmals als Aha-Erlebnis. Viele der Kursteilnehmer berichten zunächst

- von engen Regeln, in denen sie sich bewegen,
- einem Sack voll Pflichten, denen sie nicht entkommen können,
- unrealistischen Zielvorgaben, denen sie sich zu unterwerfen haben oder
- Lehmschichten, an die sie regelmäßig stoßen und die ihnen die Luft nehmen.

All diese Faktoren sind Mitauslöser ihrer psychischen und physischen Erschöpfung. Die gefühlte Ohnmacht hat sich in ihrem Organismus eingenistet und einen hohen Leidensdruck aufgebaut. Dieser braucht zunächst ein Ventil, um Dampf ablassen zu können.

So höre ich häufig in den Vorstellungsrunden der Resilienz-Trainings erschütternde Berichte, die die Verzweiflung und Ratlosigkeit mancher Teilnehmer zum Ausdruck bringen. Diesen Beschreibungen gilt es zunächst sorgfältig und respektvoll zuzuhören. Der aufgestaute Kummer braucht Raum, um sich auszudrücken. Allein durch diese Anerkennung der persönlichen Situation fühlt sich der Klient etwas freier, die angestauten Gefühle können ein Stück weit abfließen. Diese Austauschrunde erzeugt noch einen weiteren Effekt: Der Klient bemerkt, dass er in seinen Empfindungen und Wahrnehmungen nicht alleine ist, da alle Teilnehmer ihr Päckchen zu tragen haben.

Nach dieser ersten, meist intensiven Gesprächsrunde, in der auch immer eine gute Portion Selbstmitleid mitschwingt, geleite ich die Teilnehmer konsequent auf die Spur, um ihre persönlichen Spielräume und Handlungsfelder wahrzunehmen und schrittweise auszufüllen. Jede der bisher vorgestellten Übungen dient diesem Zweck – die nun folgende Übung visiert die Thematik der Eigenverantwortlichkeit im besonderen Maße an.

Übung

Veränderbare und unveränderbare Welt

Einleitung Studiert man Fragebögen von Unternehmen in Bezug auf Engagement und Loyalität ihrer Mitarbeiter, lässt sich in vielen Fällen ein direkter Zusammenhang herstellen: Mitarbeiter, die Vertrauen in ihre Person und Arbeitsleistung verspüren und denen Freiräume zu selbstverantwortlichem Agieren eingeräumt werden, fühlen sich in der Regel wohl und bringen sich kraftvoll sowie ideenreich an ihrem Arbeitsplatz ein. Mitarbeiter, denen der Raum zum Mitdenken und Mitgestalten eingeschränkt wird, schieben oftmals Dienst nach Vorschrift und bringen nur einen Teil ihrer Kapazitäten ins Unternehmen ein. Zudem gehören sie zu der höchst anfälligen Gruppe für psychosoziale Erkrankungen.
Das Gefühl der Selbstbestimmung trägt also ungemein zur Potenzialentfaltung, zum Wohlbefinden und zur Gesundheit bei. Wobei wir Menschen gut mit Einschränkungen und Unterordnungen zurechtkommen können. In Extremsituationen verstehen wir es sogar, unseren Freiraum auf ein Minimum zu beschränken. Manche Menschen müssen diesen Bereich, bedingt durch Krankheit oder Freiheitsentzug, sogar ganz in ihr Inneres verlegen. Neben den Bereichen der Fremdbestimmung brauchen wir zum Ausgleich aber auch klar definierte Felder, in denen wir frei denken und frei handeln können.
Resiliente Personen haben eine besondere Begabung, Handlungsspielräume zu erkennen und aktiv zu besetzen. Sie klagen nicht lange über das, was nicht geht, sondern nutzen jegliche Möglichkeit, die sich ihnen bietet, das Beste aus Situationen herauszuholen. Bei Themen, auf die sie keinen Einfluss nehmen können, lassen sie innerlich los und verschwenden keine Energie mit nutzlosen Gedanken über das Für und Wider. Diese frei werdenden Kräfte aktivieren sie zielgenau dazu, die Geschehnisse, auf die sie einwirken können, kreativ zu gestalten.

Ziel Die Übung möchte Sie darin unterstützen, Klarheit zu schaffen über veränderbare und unveränderbare Themenfelder Ihres privaten und beruflichen Lebens. Da sich diese Bereiche immer wieder verschieben, ist die folgende Übung eine Blitzlichtaufnahme, die es regelmäßig auf neuen Stand zu bringen lohnt.

Material Seile oder Klebebänder, Moderationskarten, Stifte, Papier.

Möglichkeiten zur Kleingruppenarbeit Die Übung kann alleine durchgeführt werden oder in einer Kleingruppe. Die zwei oder drei Teilnehmer führen die Schritte 1–4 für sich alleine durch und setzen sich danach zu einem Gespräch zusammen.
Danach kommt es zu einem Austausch in der Gesamtgruppe.

Übungsablauf

Schritt 1: Legen Sie sich am Boden zwei Felder aus, und beschriften Sie diese mit
- → veränderbare Welt beziehungsweise
- → unveränderbare Welt.

Schaffen Sie mit einem Bodenanker, einem beschrifteten Papier, das die Position des Zeugen symbolisiert, einen neutralen Platz.

Schritt 2: Betreten Sie nacheinander die beiden Erlebnisräume, beim Wechsel treten Sie zwischendurch immer wieder auf den neutralen Platz. Spüren Sie in die beiden Felder hinein, und achten Sie auf die Botschaften von Körper, Herz, Verstand und Seele.

Schritt 3: Beschriften Sie die Moderationskarten mit Themen, die Sie den jeweiligen Feldern zuordnen.

Schritt 4: Inspizieren Sie diese Einteilung aus der Zeugenperspektive. Wie betrachten Sie bisher das Thema »Handlungsspielräume«? Lässt sich Ihr Verhalten an diesem Punkt verbessern? Durch welche Veränderungen in Ihrer inneren Haltung beziehungsweise in äußeren Verhaltensweisen können Sie in sich Entlastung und neue Ausrichtung erreichen?

Aus der Praxis

Vom Tun und Lassen

Die Fragestellung nach veränderbaren oder unveränderbaren Lebensfeldern erhitzt zumeist die Gemüter. Viele der Teilnehmer haben schon große Anstrengungen auf sich genommen, um enervierende Druckpunkte aus ihrem Leben zu entfernen – und sind daran immer wieder gescheitert. Aus ihrer Wahrnehmung konnten sie auf für sie ausschlaggebende Faktoren zu wenig Einfluss ausüben – daran bissen sie sich bisher die Zähne aus.

Oftmals verleitet uns das Leben, an bestimmten Inhalten festzuhalten, regelrecht festzukleben, besonders wenn wir denken, auf unserem Recht beharren zu müssen. Für diese Situationen gibt es keine einfache Pauschallösung. Manch einer gewinnt seinen Frieden, indem er zehn Jahre für eine Sache kämpft und nicht locker lässt. Ein anderer erzeugt innere Ruhe, indem er den Kampf beendet und darauf wartet, welche Lösung ihm das Leben vielleicht von ganz anderer Seite anbietet.

»Wer loslässt, hat die Hände frei.« – Diese Aussage schafft Raum für neue Untersuchungen. Kann ich durch Loslassen Entlastung finden? Gewinne ich bei diesem Prozess der Ablösung oder verliere ich? Diese Fragen können tief nach innen führen und verlangen eine genaues Hinschauen, Hinfühlen …

Meine bisherige Erfahrung beweist, dass uns das Leben immer Spielräume lässt, uns zu bewegen und weiterzuentwickeln. Wer die Verantwortung einer Situation auf sich nimmt und nicht wartet, dass von außen die Lösung auftaucht, erkennt kleine Zwischenräume und Lücken, die ihm Luft zum Atmen und zum Agieren schenken. Dabei ergeben sich neue Prioritäten, Richtungen werden korrigiert, Ideen ausprobiert.

Schaue ich auf mein bisheriges Leben, kann ich keine Regel ableiten, die immer passt. Manches Mal halte ich penetrant an einer Ausrichtung fest und spüre, dass das Leben Geduld von mir einfordert. An anderer Stelle bemerke ich, dass sich eine bestimmte Tür jetzt im Moment gar nicht öffnen möchte. Ich wechsele den Fuß und suche mir einen anderen Weg, der sich mir leichter und bereitwilliger erschließt.

Intuition, Flexibilität und Unterscheidungskraft sind an dieser Stelle nützliche Gesprächspartner, die mir immer wieder aufs Neue helfen, den richtigen Kurs einzuschlagen.

Halt im Netzwerk

»Es ist keineswegs so, dass einzig und allein das im Lauf des Lebens erworbene Wissen und Können zur Bewältigung einer bestimmten Belastung oder Bedrohung beiträgt und so verhindert, dass eine unkontrollierbare Stressreaktion in Gang gesetzt wird. Auch das Gefühl, dass man nicht allein ist, dass jemand da ist, den man um Rat fragen kann, der einem zur Seite steht, der zuhört, tröstet und mitfühlt, führt dazu, dass die Angst verschwindet und die Stressreaktion angehalten wird.«

Gerald Hüther (2009, S. 52)

Aktiv Unterstützung suchen

Wer erst einmal weiß, welche Veränderung er einleiten möchte, ist in der Lage, alle denkbaren Ressourcen flott zu machen, die ihm dabei helfen können. Zum einen wird dieser Mensch alle Fähigkeiten und Kompetenzen nutzen, die in seiner eigenen Person liegen. Zum anderen wird er möglichst viele unterstützende Kräfte in seinem Umfeld ausloten, die er für seine Pläne in Anspruch nehmen kann.

Auch hier erscheint eine systematische Vorgehensweise hilfreich. Unterstützungen können sich auf sachlicher und fachlicher Ebene finden, ebenso auf menschlicher. Manchmal benötigt es Fachwissen und Informationen, um weiterzukommen, an anderer Stelle braucht es den Rat oder die Mitwirkung anderer Personen, um Ziele zu erreichen.

Um Hilfe in Anspruch nehmen zu können, benötigt es zunächst die persönliche Bereitschaft und geistige Offenheit, auf andere Menschen zuzugehen und um ihre Verstärkung zu bitten. Das mag einfach klingen, bedeutet für manche Menschen aber ein schier unüberwindbares Hindernis. An dieser Stelle befinden wir uns wieder auf dem geheimnisvollen Feld der Muster und Prägungen. Gute Ratschläge und Appellsätze wie »Jetzt mach doch nicht alles alleine, gib endlich mal ab!« werden im besten Fall rational begriffen und für gut geheißen. Darunter tickt aber eine andere Wirklichkeit. Viele Kinder, die in frühester Jugend gelernt haben, im Familiensystem eine verantwortungsvolle, tragende Rolle zu übernehmen, haben diese Haltung so stark verinnerlicht, dass es sie extrem verunsichert, sobald sie sich auf andere Menschen verlassen sollen.

In Familien, wo Elternteile erkrankt sind, Alkoholismus oder andere Abhängigkeiten vorherrschen oder durch eine Landwirtschaft viel Arbeit gemeinsam zu bewältigen ist, kann das Kind kaum lernen, sich vertrauensvoll an einen Erwachsenen anzulehnen und von ihm den nötigen Schutz zu erfahren. Dieser Mensch hat tief in seinen Zellen abgespeichert, dass er sich letztendlich immer nur auf sich selbst verlassen kann. Diese innere Überzeugung verbietet es ihm, zu delegieren, um Rat zu fragen, Verantwortungsbereiche aufzuteilen. Im beruflichen Kontext fungieren diese Menschen als Macher mit hoher Leistungsfähigkeit und großer Kompetenz. Sie können dominant auftreten und wirken schnell arrogant. Meist schlummert in ihnen eine tiefe Sehnsucht, endlich loslassen zu können und sich anlehnen und ausruhen zu dürfen. Ihre tief vergrabenen Erfahrungen lassen diesen Schritt aber unmöglich erscheinen. Mit diesem Mindset sind sie für einen Burnout prädestiniert.

Übungen wie »Den Lebensrucksack auspacken«, »Den inneren Antreiber ausbalancieren« und »Grenzen setzen – Grenzen wahren – Grenzen öffnen« sind für sie immens wichtig, damit ihre bisherigen Denk-, Gefühls- und Verhaltensmuster aufdecken können. Tritt dem Klienten seine tunlichst verdrängte Vergangenheit ins Bewusstsein, kann es erst einmal zu großen Tränen kommen. Tränen, die ein tapferes Kinderherz so lange hinuntergeschluckt hat und die nun endlich fließen dürfen. Uralte Verhärtungen und Belastungen können sich mithilfe einfühlsam gesteuerter Prozesse lösen und den Weg freigeben für gänzlich neue Beziehungsformen.

Ist dieser auf die innere Erlebniswelt fokussierte Prozess abgeschlossen, verlagert sich die Betrachtung wieder auf äußere Zusammenhänge. Mit der folgenden Übung möchte ich dem Klienten sein bisheriges soziales Netzwerk vor Augen führen.

↘ Übung

Netzwerkdiagramm

Einleitung Jeder Mensch baut sich im Laufe seines Lebens ein soziales Netzwerk auf, das sich aus privaten und beruflichen Kontakten zusammensetzt. Es speist sich aus der Familie, aus alten und neuen Freunden, aus Bekannten, aus beruflichen Kontakten. Innerhalb dieses Netzes gibt es Beziehungen, die stark ausgeprägt oder eng verwachsen sind. Sie konnten sich über viele Jahre festigen. Andere dagegen sind eher lose Begegnungen, die keinerlei Verbindlichkeiten in sich tragen. Keine Beziehung gleicht der anderen – und alle wollen auf ihre Art und Weise gehegt und erhalten sein.
In der heutigen Arbeitswelt, in der Zeit ein so kostbares Gut geworden ist, haben viele Menschen kaum mehr die Muße, sich Freundschaften bewusst zu widmen. Soziale Kontakte bröckeln vor sich hin. Häufig erinnert man sich erst an die »Freunde«, wenn einen der Notstand trifft. Ein typisches Beispiel hierfür ist die Situation der Kündigung. In so einer misslichen Lage wird oftmals das persönliche Netzwerk aktiviert, um wertvolle Kontakte zu aktivieren. In diesem Moment wird deutlich, wie viel Unterstützung und Kreativität in solchen Verbindungen liegen kann – oder auch nicht. Wer sein Netzwerk wie einen großen Garten versteht, den er ständig im Auge behält und dem er regelmäßig die nötige Hege und Pflege angedeihen lässt, der kann sich auf dieses tragende Geflecht verlassen. Die folgende Übung führt das individuelle Beziehungsgeflecht plastisch vor Augen.

Ziel Der Klient beschäftigt sich mit dem Anlass, den Inhalten und der Qualität seiner einzelnen Beziehungen. Die Übung kann für die Untersuchung des beruflichen Kontextes, aber auch des privaten Umfelds genutzt werden. Durch die Gesamtschau kann sein Verhalten auf eine bestimmte Rollenpräferenz überprüft werden.

Material Stifte, Papier, Moderationskarten, Seile, Klebebänder.

Möglichkeiten zur Kleingruppenarbeit Die Übung kann alleine gestaltet werden oder in einer Kleingruppe. Zwei oder drei Teilnehmer führen die ersten vier Schritte zunächst für sich alleine durch und setzen sich danach zu einem Gespräch zusammen.
Danach kommt es zu einem Austausch in der großen Gruppe.

Übungsablauf
Schritt 1: Sie werden nun Ihr gesamtes privates und berufliches Beziehungsgeflecht in einem Schaubild visualisieren. Tragen Sie auf einem Blatt Papier alle Menschen oder Personengruppen zusammen, die in Ihrem Leben eine Bedeutung haben. Bezeichnen Sie den Anlass und den Inhalt der Begegnung.
Übertragen Sie diese Namen jeweils auf eine Moderationskarte, finden Sie zudem ein Symbol für die Qualität dieser Beziehung: Erfreut oder belastet Sie der Mensch, erfahren Sie Glück oder Kummer mit ihm, Stress oder Entspannung, Resignation oder Unterstützung?
Für sich selbst legen Sie ebenfalls eine Moderationskarte an.

Schritt 2: Legen Sie nun alle Karten als Spiegel Ihrer gefühlten Beziehungsqualitäten auf dem Boden aus. Als Erstes platzieren Sie Ihre eigene Karte in der Mitte – als Nächstes gruppieren Sie die einzelnen Personen um sich herum, ganz nach der wahrgenommenen Nähe beziehungsweise Ferne, die sich in Ihrer Begegnung ausdrückt. Liegen alle Karten auf dem Boden aus, nehmen Sie die Seile und Klebebänder, um die Intensität der einzelnen Verbindungen bildlich zu signalisieren. Fühlen Sie sich mit einer Person eng und fest verbunden, können Sie dieses Gefühl mithilfe der Materialien nachbilden. Genau das Gleiche gilt natürlich auch für weniger starke Beziehungen.

Das Netzwerkdiagramm

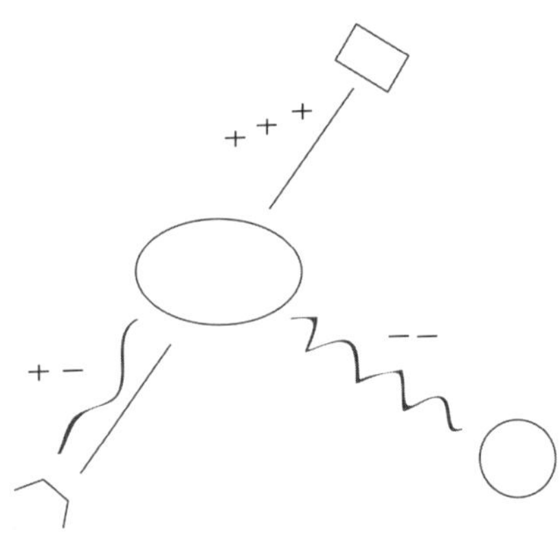

Schritt 3: Sobald Sie Ihr Beziehungsdiagramm vollendet haben, können Sie die Darstellung mit ein wenig Abstand auf sich wirken lassen. Achten Sie dabei auf die direkten, authentischen Impulse Ihres Körpers, der Gefühle, des Verstands und der Seele. Nach der Außenbetrachtung können Sie sich auch mitten in das Diagramm hineinstellen und nun diesen Eindruck auf sich wirken lassen.

Schritt 4: Begutachten Sie die einzelnen Beziehungen im Überblick. An welchen Stellen trägt Ihr Netzwerk und schenkt Ihnen einen zuverlässigen Lebensrahmen? Und wo kommt es hingegen zu Irritationen, Störungen und dünnen, brüchigen Verbindungen? Fühlen Sie sich wohl mit der jetzigen Situation oder möchten Sie dieses Beziehungsgeflecht erweitern, verkleinern, stärken, ausdünnen? Gehen Sie in Ruhe all diesen Fragen und Aspekten nach, und leiten Sie davon realistische Maßnahmen ab.

Aus der Praxis

Das Netzwerk der Gruppe trägt

Übungen, die einem Klienten Zusammenhänge plastisch und unmissverständlich vor Augen führen, gehen immer direkt unter die Haut. Stellt sich der Teilnehmer zusätzlich noch in das von ihm kreierte Schaubild hinein, vertiefen sich seine Eindrücke durch die körperlichen und emotionalen Phänomene, die sich in ihm ausbreiten. Beim Netzwerkdiagramm erfährt der Klient also mit Haut und Haar, mit welchen Beziehungsgeflechten er sich umgibt und in welcher Art die einzelnen Begegnungen auf ihn wirken. Diese Erfahrung kann positive oder negative Gefühle in ihm auslösen, in vielen Fällen auch beides zugleich.

Das Thema »Resilienz« kann in dieser Konstellation besonders intensiv untersucht werden. Der Klient spürt auf intensive Art, welche seiner Verbindungen ihm Liebe, Selbstvertrauen und Geborgenheit schenken oder ihm dagegen Stress und Belastung aufladen. An dieser Stelle greift wieder das Bild des Energiefasses: Was schenkt mir Kraft – was nimmt mir Kraft? Und in Erweiterung: Wem schenke ich Kraft – wem entziehe ich Kraft? Welche Möglichkeiten liegen in meiner Hand, um das private und berufliche Netzwerk zu verbessern und dadurch meine eigene, innere Stärke und Ruhe auszubauen?

Auch bei dieser Erforschungsarbeit dient die Kleingruppe als hilfreicher Resonanzboden. Im Verlauf des Seminars gewinnt das Netzwerk der Gruppe eine immer größere Bedeutung. Für die meisten Teilnehmer ist der offene, vertrauensvolle Austausch und Umgang eine Wohltat. Sie erleben, wie förderlich und hilfreich sich ein wertschätzendes Beziehungsgeflecht ausdrücken kann. In ihrem Organismus speichert sich also eine gute Erfahrung mit anderen Menschen ab – dies kann als Inspiration für eine neue Ausrichtung im Alltag dienen.

Halt im Netzwerk der Schöpfung

Neben den Sozialkontakten, die uns vielfältige Anbindungen schenken, können wir uns aber auch in einem viel größeren Netz des Lebens aufgehoben wissen. Hierzu möchte ich eine Geschichte von einem lieben Kollegen von mir aufgreifen. Bernd Osterhammel, ein begnadeter Pferde- und Menschenversteher, schrieb mir letztlich folgende Begebenheit:

↗ Beispiel

»Vertrauen ins Leben: Meine Mutter Elsbeth wohnte als Kind in den Kriegsjahren oft bei ihrer alleinstehenden Oma in Bruch, einem kleinen Ort im Oberbergischen. Es war ihre Lieblingsoma und sie wohl Omas Lieblingsenkelkind. Mama beschreibt ihre Oma als furchtbar arm, gläubig, liebenswert und sehr zufrieden. In den letzten Kriegsjahren verbringt meine Mutter wieder ein Kindheitswochenende in Bruch, als es nachmittags etwa um drei Uhr an der Türe klopft. Als die Großmutter öffnet, steht dort ein völlig ausgehungerter Soldat, zerlumpt und am Ende seiner Kräfte. Er ist auf dem Weg nach Hause. Er bittet meine Urgroßmutter um ein Butterbrot. Meine Mutter sieht dann zu, wie die alte Frau das letzte Stück Brot und die letzte Butter zu Butterbroten verarbeitet und dem hungrigen Soldaten gibt. Nachdem dieser weitergezogen ist, sagt meine kindlich besorgte Mutter: ›Aber Oma, was sollen wir denn jetzt heute Abend essen?‹ – worauf die Oma sagt: ›Aber es ist doch noch nicht Abend, Kind.‹

Meine Mutter erzählt weiter: Gegen fünf Uhr klopft es wieder an der Türe und es kommt eine alte Nachbarin, die wohl weiß um die Armut der alten Frau, und bringt ein frisch gebackenes Brot, etwas Butter und einen Liter frische Milch. Die Großmutter bedankt sich sehr erfreut und schaut die Enkelin mit den Worten an: ›Siehst du, Elsbeth!‹

Ich wünsche euch allen dieses Vertrauen und die Gewissheit: Der Kreislauf fängt mit Geben an.«

Verankerung in der eigenen Kraft und Ruhe

Präsenz und Offenheit

»There is nothing to do and nowhere to go.« Diesen Satz hörte ich von dem amerikanischen Zen-Lehrer Richard Baker Roshi vor vielen Jahren im Rahmen eines Vortrags, in dem er sich mit innerer Ruhe und Ausgeglichenheit beschäftigte.

»Es gibt nichts zu tun und du musst nirgendwo hingehen.« Dieser Satz schlug beim Auditorium ein wie eine Bombe – und auch mein Innerstes nahm diesen Satz mir großer Faszination und gleichzeitigem Widerstand auf. »Wie meint er das? Ich habe doch ständig etwas zu erledigen und flitze die ganze Zeit durch die Gegend. Es handelt sich wahrscheinlich um ein völlig unrealistisches Statement, das sowieso nur buddhistische Mönche umsetzen können, die den lieben langen Tag auf ihrem Kissen sitzen.« Ich hatte auf solche unrealistischen Äußerungen überhaupt keine Lust, den anderen Zuhörern ging es wohl ähnlich, denn es dauerte nicht lange, dass Richard Baker Roshi mit ungehaltenen Fragen und Statements in Beschlag genommen wurde.

Diese nahm er äußerst gelassen zur Kenntnis und erzählte dann ausführlich: Zu Anfang seiner Beschäftigung mit dem Zen-Buddhismus trennte er noch zwischen den Phasen, in denen er sich zurückzog und seinen Meditationsübungen nachging sowie den alltäglichen Abläufen seines Lebens. In dem einen Bereich fand er Ruhe und Ausgeglichenheit, in dem anderen verlor er diese innere Kraft wieder ganz schnell. Je mehr er diesen Mechanismus studierte, reifte in ihm ein tiefer Wunsch. Er wollte die Stille und innere Zentrierung, die er während seiner Kontemplationsübungen erfuhr, direkt in das tägliche Tohuwabohu hineintransportieren. Zur Erinnerung schrieb er sich den zitierten Satz auf mehrere Zettel und heftete diese an seinen Badezimmerspiegel, seine Wohnungstür, sein Autolenkrad, seinen Schreibtisch und so weiter. Damals gab es noch keine Handys, sonst hätte er dieses ebenfalls beklebt.

Durch die kleinen Schilder, auf die sein Blick im Alltag oft fiel, hatte er eine ständige Erinnerung, sich von Hektik und Stress nicht forttragen zu lassen. Während er all seinen beruflichen und privaten Aufgaben, Verantwortungen und sonstigen Tätigkeiten nachging, übte er sich darin, dass ein Teil seiner Aufmerksamkeit in einem inneren Raum der Stille verblieb. Dadurch erlebte er wundersame Momente der Gleichzeitigkeit: Während er voll in Aktion war, Gespräche führte, Meetings leitete, von einem Termin zum nächsten reiste oder seine Steuererklärung erledigte, spürte er, wie ein Teil von ihm ruhig, offen, präsent und »unbewegt« blieb. Diese gleichzeitige Wahrnehmung von Bewegung und Stille faszinierte ihn zunehmend. Endlich hatte er einen Weg gefunden, um eine Verbindung herzustellen zwischen seinen morgendlichen Körper- und Meditationsübungen und seinen quirligen, anstrengenden Berufserfahrungen.

Mich inspirierte seine Erzählung sehr, da ich zu diesem Zeitpunkt ebenfalls noch trennte: Morgens und abends erfreute ich mich an meinen Yogaübungen, die mich innerlich entspannten und gleichzeitig mit vitaler Kraft aufluden. Den Tag über verlor ich dieses besondere Wohlgefühl der wachen Gelassenheit aber recht schnell. Nach dem Vortrag begann ich, mir im Alltag immer genauer auf die Finger zu schauen, in welchen Momenten ich aus meiner Balance herausfiel. Ich experimentierte mit unterschiedlichen Achtsamkeitsübungen, bis ich für mich das »Innehalten« kreierte (s. S. 105). Diese Übung hilft mir immens, tagsüber die Verbundenheit zu mir selbst aufrecht zu erhalten und sogar noch zu vertiefen.

Eine weitere Praxis wuchs mir genauso ans Herz, und ich binde sie schon seit langen Jahren in meinen Tagesablauf ein.

↘ Übung

Die innere Quelle

Einführung In unserem Kulturkreis sind wir es gewohnt, zwischen Zeiten der Ruhe und Besinnung und Phasen der Aktivität zu trennen. Um Stille zu erfahren, suchen wir besondere Orte auf oder wählen Tätigkeiten, in denen sich Innenschau ereignen kann – wie zum Beispiel beim Kirchgang, bei Besuchen von Seminaren, in der Meditation, beim Chorgesang, beim Malen, Pilgern und anderem mehr. Aus meiner Sicht sind all diese Erfahrungen wunderbare Übungsfelder, um uns mit der Ganzheit unserer eigenen Person vertraut zu machen. Es sind aber Zwischenschritte, die uns helfen sollen, diese innere Verankerung jederzeit präsent spüren zu können. Diese Übung hilft, einen einfachen, persönlichen Bezug zur Stille zu finden.

Ziel Die Reflexion eines Mittelpunkts der Ruhe und Kraft im eigenen Körper. Übung der schnellen Verankerung in der eigenen Mitte. Beobachtung von Gedanken, Gefühlen und Körperempfindungen. Sinnliches Erleben von Ruhe und Kraft. Ausdehnung dieser Kraft. Stärkung des Gleichgewichts auf körperlicher und energetischer Ebene.

Übungsablauf »Setzen Sie sich auf Ihrem Stuhl möglichst aufrecht hin. Am besten rutschen Sie mit Ihrem Gesäß vorne an die Stuhlkante. Beide Füße stehen fest auf dem Boden, die Hände können ineinander gelegt im Schoß liegen.
Stellen Sie sich vor, aus Ihren Füßen und aus Ihren Sitzknochen wachsen kleine Wurzeln in den Boden. Schenken Sie sich das Bild einer starken Erdung und Verwurzelung in Ihrer Basis. Sobald Sie in Ihrem unteren Körperteil eine feste Verbindung zum Boden fühlen, richten Sie Ihre Aufmerksamkeit auf Ihre Wirbelsäule. Suggerieren Sie sich selbst, Sie seien so geschmeidig wie ein gut gewachsener Schilfhalm oder eine Mohnblume.
Mit Ihrem Ein- und Ausatmen bewegen Sie nun Ihre Wirbelsäule als würde ein warmer Wind Sie streifen. Sie können sie leicht nach vorne und hinten und auch seitlich schwingen lassen, bis Sie das Gefühl haben, dass sich Ihre Wirbel stabil und geschmeidig aufeinander aufbauen. Das aufrechte Sitzen sollte Sie in dieser Position nicht anstrengen.
Nun besuchen Sie Ihre Bauchdecke und laden sie ein, sich gemütlich zu entspannen. Während sich der Atemfluss vertieft, kann sich der Bauch ausdehnen und Raum einnehmen. Achten Sie dabei darauf, dass Sie von Ihrem Hosenbund nicht eingeschränkt werden.

Auch die Schulter- und Halspartie kann locker und frei auf der Wirbelsäule aufsitzen. Bewegen Sie so lange Ihren Körper in kleinen schwingenden Bewegungen, bis Sie das Gefühl haben, in der richtigen Körperspannung anwesend zu sein.
Wenden Sie nun Ihre Aufmerksamkeit nach innen, und nehmen Sie sich selbst als feinstofflichen Körper wahr! Horchen Sie hinein, ob Sie an irgendeiner Stelle Ihres Organismus eine Verdichtung von Ruhe und Kraft erleben. Diese Dichte kann sich bei Ihnen im Bauchraum befinden oder auf der Höhe des Solarplexus, in der Brust, in der Kehle oder auf der Stirn …
Sobald Sie diesen Punkt spüren, legen Sie bitte für einen kurzen Moment Ihre Hand auf die Stelle (damit der Coach verfolgen kann, was im Klienten vorgeht).
Nehmen Sie in diesem Raum der Stille Platz. Machen Sie nichts weiter, als da zu sein. Ihr Atem kommt und geht. Genauso wie Gedanken, Gefühle, Körperwahrnehmungen. Auch wenn diese Regungen Ihre Aufmerksamkeit gewinnen, bleibt Ihr Sein in der Stille verankert. Kosten Sie diesen Zustand aus. Genießen Sie die Ruhe in sich selbst.
Wenn Sie möchten, können Sie noch einen Schritt weitergehen. Stellen Sie sich vor, dieser Raum der Ruhe sei eine Quelle, aus der Kraft, Licht und Ton entspringt. Wenn es Ihnen entspricht, können Sie das Bild einer Sonne nehmen, die sich nun in alle Richtungen gleichzeitig ausbreitet.
Das Licht fließt von Ihrem Mittelpunkt gleichmäßig in die untere Körperhälfte und in die obere Körperhälfte. Achten Sie darauf, dass sich das Licht gleichmäßig nach oben und unten verteilt. Lassen Sie das Licht auch ganz bewusst in die rechte und linke Körperhälfte einfließen. Danach auch in die vordere und hintere Seite Ihres Körpers.
Diesen Zustand der energetischen Balance genießen Sie einige Minuten. Prägen Sie sich dieses Gefühl der Ausgeglichenheit tief in Ihre Körperzellen ein, damit es im Alltag jederzeit für Sie schnell abrufbar wird.

Aus der Praxis

Die Reise beginnt in mir selbst

»Die innere Quelle« ist für viele Menschen eine wunderbare Möglichkeit, ihre ersten Erfahrungen auf dem Gebiet der Meditation zu sammeln. Durch die fließende Anleitung während der Übung fällt es ihnen leicht, ihre Gedanken und Wahrnehmungen zu fokussieren und nicht abschweifen zu lassen. Die meisten erleben schnell einen Ort der Ruhe in sich und genießen das Gefühl der inneren Ausgeglichenheit, das sich im weiteren Verlauf einstellt. Sie merken, wie unkompliziert ein Zugang zur »inneren Mitte« sein kann, und verlieren ihre Berührungsängste davor. Bei regelmäßiger Wiederholung spüren sie die wohltuende Wirkung dieser kleinen Auszeit. Nun beginnen Sie zu experimentieren und verknüpfen das Innehalten im Alltag mit der »Quelle« oder dem »Hasen«. Diese kurzen Regenerationszeiten mitten im hektischen Alltag sind Gold wert – und bilden eine feste Basis beim Training der persönlichen Resilienz. Dort, inmitten meines Selbst gründet sich meine innere Haltung, meine Ausrichtung und Potenzialentfaltung.

Ein Mensch, der um seine eigenen Quelle von Ruhe und Kraft weiß, den kann nichts wirklich erschüttern. Wo er geht und steht, trägt er ein Stück Heimat mit sich – Heimat in sich selbst, dass ihm Ausruhen und Sicherheit schenkt. Diese Verbundenheit ist paradoxerweise immer da – auch wenn er sie nicht bemerkt und in seine üblichen Stressmuster verfällt. Durch eine kleine Auszeit kann er sich aber schnell wieder entsinnen und an sich selbst »rückbinden«. Die Verbindung zu sich selbst bildet einen festen Anker, um sich vom Tagesgeschehen nicht ständig durchrütteln zu lassen, sondern die eigene Souveränität zu bewahren. Denn die braucht es gerade im Berufsalltag dringend.

Für die körperliche Gesundheit wird in Betrieben schon viel getan; dafür sorgen die Gesetze des Arbeitsschutzes, der Arbeitssicherheit und Arbeitszeitregelung. Um Menschen aber insgesamt, sowohl physisch als auch psychisch bei ihrer Arbeit gesund zu erhalten und zu schützen, müssen wir heute weiterdenken. Regelmäßige kleine Pausen der Regeneration, verbunden mit körperlichen und geistigen Entspannungsübungen, sollten fest im betrieblichen Gesundheitsmanagement verankert werden. Das würde dem einzelnen Mitarbeiter immens helfen, seine persönliche Ausgeglichenheit bewahren zu können.

Der nächste Buchteil beleuchtet diese spannende Verschränkung von persönlicher und organisationaler Resilienz. Immer wieder lauten die Fragen: »Was schenkt Belastungsfähigkeit, Widerstandskraft und Flexibilität? Was entzieht Stärke, Vitalität und Beweglichkeit?« Genauso wie es bei einer Einzelperson genau hinzuschauen gilt, sollte auch eine Organisation sehr sorgfältig betrachtet werden.

03

Die umfassende Ausbildung organisationaler Resilienz

Edda Koch-Königer: Balance

»Eigentlich kann es sich kein Unternehmen leisten, nicht auf die Resilienz seiner Mitarbeiter zu achten. In Projektarbeit, bei der stets Zeitdruck herrscht, finanzielle Budgets einzuhalten sind und die nachgeschobenen Anforderungen flexible Reaktionen erfordern, ist die Gesundheit und Stabilität der Mitarbeiter die Basis für den Erfolg.«

(Robert Kronthaler, Deutscher Rentenversicherungs-Bund, in seinem Vortrag »Das Unternehmenspotenzial – Investition in weiche Faktoren!«, Benediktushof, September 2010)

Was zeichnet ein resilientes Unternehmen aus?

Resilienz verlangt den Mut zur Klarheit

Durch meine Tätigkeit als Coach, Trainerin und Beraterin habe ich die Chance, mit den unterschiedlichsten Unternehmen und Organisationen in einen intensiven, offenen Austausch zu treten. Unterschiede ergeben sich durch die Branche, die Mitarbeiterzahl, den Organisationsaufbau, die Börsennotierung, die internationale oder bundesweite Aufstellung, die Profit- oder Non-Profit-Orientierung. Die Bandbreite der Optionen und Spielformen ist immens – und dennoch haben alle Unternehmen eines gemein: Sie setzen sich aus Menschen zusammen. Meinem Erleben nach »menschelt« es tatsächlich überall – und das nicht zu knapp!

Da ich nicht nur in der Rolle der Beraterin agiere, sondern mit Geschäftsführenden und Führungskräften oftmals Einzelcoachings durchführe, gewinne ich zumeist recht zügig Einblick in tiefer liegende Verflechtungen hinter den Fassaden. Nach bisherigen Erfahrungen bin ich voll und ganz davon überzeugt, dass die harten und weichen Faktoren gleichermaßen ausschlaggebend für den Erfolg eines Unternehmens sind. Die enge, subtile Verknüpfung von menschlichen und sachlichen Einflussgrößen mag auf den ersten Blick nicht sofort erkennbar sein, drückt sich im Alltag aber permanent aus. Je intensiver und differenzierter sich eine Bestandsaufnahme und Analyse gestaltet, umso vielschichtiger blättern sich diese filigranen Geflechte und Verschlingungen auf.

Wie viele Entscheidungen werden wider den gesunden Menschenverstand getroffen, da verdeckte, verschwiegene persönliche Anliegen das Geschehen manipulieren? Wie viel Zeit, Geld und Nerven werden im täglichen Ablauf allein durch schlechte, unzureichende Kommunikation verschleudert beziehungsweise aufgerieben? Wie viele Informationen werden firmenintern nicht weitergegeben, weil einzelne Personen oder Bereiche ihre Macht insgeheim oder offensichtlich ausbauen möchten? Wie viele wichtige Aufgabenfelder in Unternehmen werden vernachlässigt, da Schlüsselpositionen schlichtweg falsch besetzt sind? Werfe ich in einer Geschäftsführerrunde diese Fragen auf, können zwischen breitem Grinsen und betretener Schockstarre die unterschiedlichsten Reaktionen auftreten. Eines ist sicher –, die anwesenden Personen wissen ganz genau, auf welche oft totgeschwiegenen Inhalte meine Fragen abzielen. Nun gilt es, einen adäquaten, respektvollen Weg zu finden, die Decke des Schweigens, die oft jahrelang über Missstände gebreitet wurde, anzuheben und die darunter versteckten Problemstellungen konstruktiv aufzugreifen. Ohne ehrliches Hinschauen und Hinterfragen können gebundene Kräfte nicht freigesetzt werden. Hier eine Reflexion von Dr. Dorothee Hartmann (in: Lernen in Organisationen, 2011):

»Bei Organisationsmitgliedern aller Ebenen zeigt sich, dass nur solche Informationen weitergegeben werden, die für sie selbst günstig sind, alle anderen werden herausgefiltert und verschwiegen. Auf diese Weise entstehen Spiele, die dieses positive Bild von einem selbst bestätigen. Auch das Nicht-Eingestehen von Fehlern gehört als wichtiger Bestandteil zu den Spielen. In der Konsequenz erhalten Vorgesetzte entscheidende Informationen nicht, während die Mitarbeiter die Vorgaben und Rahmenbedingungen systematisch verändern. Aus der Organisationsforschung und auch der Praxis wissen wir (Argyris/Schön 1999): Für ein effektives Handeln ist die Überwindung derartiger defensiver Handlungsmuster notwendig. Doch dies ist nicht einfach, denn die Menschen im Unternehmen befinden sich in einer doppelten Klemme: Werden die defensiven Routinen, also Vertuschungen, Zugeben von Fehlern, Rückhalten von Informationen et cetera, nicht angesprochen, dann werden diese Verhaltensweisen weiter zunehmen; werden sie hingegen thematisiert, dann wird man wahrscheinlich Schwierigkeiten ernten. Diese ›double bind‹ bewirkt also, dass defensive Routinen geschützt und verstärkt werden – auch von Menschen, die diese gerade abschütteln wollen. Diese Schutzhaltung wird wiederum vertuscht und dadurch schwer diskutierbar. Dies macht die Routinen so gut wie unberührbar, ja verstärkt sie sogar noch und fördert die rasche Ausbreitung. Die Lage wird immer komplizierter, da sich defensive Routinen besonders dann stark entfalten, wenn sie von jemand erkannt und angegangen werden. So kann das unkonstruktive Verhalten weiter in der Organisation Fuß fassen und beständig für Bedingungen seines Erhalts sorgen. Die defensiven Routinen rühren im Wesentlichen von einem unzureichenden Wahrnehmungs- und Reflexionsprozess her.«

Die besten Strukturen nützen nichts, wenn sie nicht von Personen ausgefüllt werden, die innerlich gereift und gefestigt sind. Genauso wenig helfen große Menschlichkeit und Werteorientierung, wenn sie sich nicht mit nötigem Fachwissen und durchsetzungsstarkem Umsetzungs-Know-how paaren. Wer sich dem Thema »Resilienz« verschreibt, der sollte all diese verschiedenen Facetten betrachten können und wollen. Wahre Widerstandskraft kann erwachsen, wenn man den Mut zur Klarheit fasst und sich die Freiheit erlaubt, auch unangenehme, bisher verdrängte, tabuisierte Themen anzupacken.

Es braucht angemessene Ausbildungen

Eines ist auf den ersten Blick erkennbar: Organisationen zeichnen sich durch hohe Komplexität aus. Wer ein solches vielschichtiges System durchdringen, begreifen und führen möchte, braucht ein ausgereiftes Verständnis für das Zusammenwirken menschlicher und fachlicher Faktoren. Diese systemische Klarsicht antizipiert sowohl eine mentale als auch emotionale und geistig-moralische Intelligenz. Zudem braucht der Führende geeignete, der individuellen Situation angemessene Instrumente, mit denen er Komplexität steuern kann. In den bisherigen Managementlehren und -ausbildungen wird die Lenkung der sachlichen Komponenten auf vielfache Weise vermittelt. Die emotionale Seite erfährt eine vernachlässigte Behandlung. Die defizitäre, einseitige Förderung und Ausbildung unseres eigentlichen menschlichen Potenzials beginnt im Kindergarten und wird in der Schule sowie an den Hochschulen systematisch fortgesetzt. Für eine fundierte Persönlichkeitsreifung – Lehrfach »Führung und Selbstmanagement« – werden in Studiengängen zumeist drei bis vier Veranstaltungen eingeplant, in denen diese Themen theoretisch abgehandelt werden. Der Umfang der Schulung, von ihrer Qualität ganz abgesehen, beträgt prozentual einen Bruchteil der gesamten Ausbildung. Dieser Umstand hinterlässt im praktischen Berufsalltag seine Spuren. Die meisten Führungskräfte, die mir vor Ort in Unternehmen begegnen, sind für ihre anspruchsvolle Aufgabe, der klaren und zugleich einfühlsamen Steuerung von Mitarbeitern, unzureichend bis gar nicht vorbereitet.

Solange die Sonne scheint und das Unternehmensschiff sich in ruhigen Gewässern bewegt, mögen diese dramatischen Ausbildungsversäumnisse noch auszugleichen sein. Sobald der Sturm aufzieht, werden die Defizite allerdings sichtbar. So hat die Finanz- und Wirtschaftskrise in vielen Organisationen die eigentliche Wahrheit der internen Unternehmens- und Führungskultur zutage gefördert und in kurzer Zeit weite Flächen emotionaler Verwüstung hinterlassen. Vertrauen baut sich über viele Jahre auf und kann in wenigen Tagen oder gar Stunden zerstört werden. Diese schmerzhafte Erfahrung mit all ihren Konsequenzen löst nach und nach ein Umdenken aus.

> »Die fachliche Schulausbildung ist die eine Seite. Was für uns immer wichtiger wird, ist aber die emotionale Intelligenz. Mit anderen Menschen umgehen zu können, anderen Dinge vermitteln zu können, sich selbst präsentieren zu können –, das entscheidet sehr stark über den Erfolg in einem Unternehmen. Hierfür braucht es Persönlichkeitsbildung. Und dieser Faktor kommt in deutschen Schulen tatsächlich bisher zu kurz.« (Frank Appel, Vorstandsvorsitzender Deutsche Post, im General-Anzeiger vom 08.12.2010, S. 3)

Hierzu ein spannender Praxisbericht von Dr. Silvie Klein-Franke, Hochschullektorin und Fachbereichsleiterin von Personal & Organisationsentwicklung und Wirtschaft & Management (BA, Diplom) am Management Centrum in Innsbruck, einer Hochschule, an der ich seit einigen Jahren zu den Themen Selbstführung, Personalführung und Unternehmenskultur einen Beitrag leisten kann. Frau Klein-Franke hat 2008 den dritten Platz beim Constantinus Austria Award für ein aufbauendes Soft-Skill-Programm bekommen, das sie für Studierende entworfen hat. Folgenden Text hat sie mir in einer privaten Mail im November 2010 zugesandt:

> »Wir haben zum Beispiel am MCI schon immer etwa 15 Prozent der Unterrichtszeit, die diesem Thema gewidmet sind. Darunter fallen dann Kommunikation, Teambuilding, Präsentation, Moderation, interkulturelle Kompetenzen und Führungs-, Konflikt- und Verhandlungstrainings. Im Vergleich ist das eher viel, an

Universitäten zum Beispiel in Deutschland sehe ich verpflichtende Kurse oft erst in PhD-Programmen oder als freiwilliges Angebot in entsprechenden Servicezentren.

Zu meiner eigenen Überraschung fangen aber systematische Soft-Skill-Programme gerade erst an. Anders als beispielsweise in Mathematik, Sprachen, Wirtschaft oder anderen Schulfächern, wo jedem klar ist, dass aufbauend unterrichtet werden muss, werden Soft Skills eher im ›Bauchladen‹ mit etwas beliebigen inhaltlichen Zusammensetzungen unterrichtet.

Für die Universität Harvard beispielsweise gab es Anfang 2009 (mit der Finanzkrise) ein Memorandum, dass ein systematisches Soft-Skill-Curriculum in die MBA-Programme aufgenommen werden sollte – obwohl es schon recht lange Harvard(!)-Studien gibt, wie solche Fähigkeiten aufgebaut werden könnten.

Gerade in diesem Bereich der sozialen und persönlichen Kompetenzen sagen Abschlussnoten endgültig nichts mehr aus, das heißt, es gibt keine Vorselektion der Studierenden entsprechend dieses Themas (vereinzelt kommt das allerdings. Zum Beispiel in der Medizin in Graz wurde ein Situational-judgement-Test als Studieneintrittsprüfung eingeführt). Das MCI und andere Fachhochschulen haben den Luxus, durch Aufnahmegespräche zumindest einzelne persönliche und soziale Kompetenzen im Aufnahmegespräch beobachten und bewerten zu können. Insgesamt ist aber das Spektrum der Kompetenzen mit den Studierenden, die dann in den Kursen sitzen, außerordentlich unterschiedlich.

Das ergibt die nächste Schwierigkeit: mit so heterogenen Gruppen muss sehr an Basiskompetenzen begonnen werden, die Lerngeschwindigkeit – sowieso langsamer als bei kognitivem Stoff – zudem unterschiedlich. Weiter ist es zwar möglich, eine begründete Bewertung der Entwicklung von Soft Skills zu geben, ist in der Wirkung aber sehr viel schwieriger als konstruktive Kritik, d.h. letztlich als Hilfestellung und Ermutigung zum Weiterlernen zu vermitteln. Denn gerade hier findet Entwicklung vorwiegend dadurch statt, dass wir innerlich, also auch emotional, berührt werden, aus der eigenen Komfortzone herausmüssen, um einen nächsten Lernschritt machen zu können. Eine Benotung wird hier schnell als Wertung der ganzen Person wahrgenommen, das ist bei Wissensprüfungen emotionsloser gestaltbar.«

Diese Beschreibung macht deutlich, dass die Vermittlung von Soft Skills schwieriger sein mag als die rein fachlicher Inhalte. Nichtsdestotrotz gehören gerade diese Fähigkeiten systematisch ausgebildet.

Mit den unterschiedlichen Schulungen des H.B.T.-Trainings für Mitarbeiter, Führungskräfte, Personalverantwortliche und Geschäftsführer möchte ich besonders im Bereich der fundierten Persönlichkeitsentwicklung Lücken schließen. Ein Mensch, der sich selbst gut kennt und balanciert zu steuern vermag, kann seine gesamten fachlichen Kompetenzen erfolgreich auf die Straße bringen. Gefühle sind oftmals der Trägerstoff für Informations- und Wissensweitergabe. Die Beziehungsqualität zu sich selbst und anderen kann über so vieles entscheiden.

Nicht nur der Mensch, sondern auch die Organisation sollte dazulernen

Neben der persönlichen Weiterentwicklung stellt sich natürlich die spannende Frage, ob nur Menschen oder auch Organisationen an Intelligenz dazugewinnen können? Hängt die Intelligenz einer Organisation immer von der Persönlichkeit der jeweiligen Akteure ab oder bildet sich über die Jahre auch innerhalb des Systems eine eigene, personenunabhängige Fähigkeit aus, um beispielsweise mit den Anforderungen des Marktes flexibel umgehen zu können, Prozesse optimal zu steuern, Fehlerquellen auszuschalten?

> T. Matsuda hat in den 80er-Jahren des letzten Jahrhunderts den Begriff der organisationalen Intelligenz eingeführt (1993: Organizational intelligence: theory of collectively intelligent behaviors and engineering of effective information systems in the complex organizations; Tokyo). »Er unterscheidet zwischen organisationaler Intelligenz als Prozess und als Produkt. Bei ersterem liegt der Fokus auf den Entscheidungsprozessen in einem Unternehmen und deren Analyse. Zweites versteht er als Integration von Informationssystemen im Unternehmen: Daten über die Realität, Informationen über die Auswertung dieser Daten und organisationale Intelligenz als strukturierte und wirkmächtige Gesamtheit aller Informationen. Matsuda sieht die organisationale Intelligenz gleichbedeutend mit der Problemlösungsfähigkeit des Unternehmens unter der optimalen Ausnutzung der Ressourcen.« (Lehner 2009, S. 132).

Hans Oberschulte (1996) verbindet die organisationale Intelligenz mit dem organisationalen Lernen. Für ihn bedeutet diese Definition die Kompetenz eines Unternehmens, neue Herausforderungen und Aufgabenstellungen gekonnt zu meistern. Diese Fähigkeit subsumiert sich aus organisatorischer Lernfähigkeit, organisatorischem Wissen und organisatorischem Gedächtnis, die im Zusammenspiel die Geschwindigkeit und Qualität von Lösungsprozessen ausmachen. Dabei können Probleme oder Aufgabenstellungen der externen Umwelt oder organisationsinterne Themen anvisiert werden.

Die organisationale Intelligenz kann sowohl bei der reaktiven Anpassung als auch der aktiven Gestaltung der Umwelt wirksam werden. Als Messgröße für Intelligenz kann man die Schnelligkeit sowie Qualität des Erkennens und Reagierens des Unternehmens auf Markt- und Umweltentwicklungen heranziehen. Dabei kann die Software der Organisation, die Wissensdatei, das Vermögen zu alternativen Prozessketten und anderem mehr eine große Bedeutung spielen. All diese Aspekte übernehmen beim Thema »Resilienz« auch eine wichtige Funktion.

In der Organisationsforschung gelten Chris Argyris und Donald A. Schön als die Pioniere, da sie es waren, die zwischen dem Lernen von Menschen im Unternehmen und dem eines ganzen Unternehmens differenziert haben. Denn:

> »[…] it is clear that organizational learning is not the same thing as individual learning, even when the individuals who learn are members of the organization. There are too many cases in which organizations know less than their members. There are even cases in which the organization cannot seem to learn what every member knows. Nor does it help to think of organizational learning as the prerogative of a man at the top who learns for the organization.« (Argyris/Schön 1978, S. 9).

Meiner Beobachtung nach können Organisationen sehr wohl ein eigenes Wissen aufbauen, das ihnen auch unabhängig von bestimmten Mitarbeitern zur Verfügung steht und bei deren Ausscheiden verbleibt. Dazu gilt es aber zum Beispiel optimierte Prozessketten schriftlich festzuhalten oder ganz gezielt Informations- und Wissensdateien zu konstituieren, die kontinuierlich erweitert und gepflegt werden.

> »Was passiert, wenn erfolgreiche, intelligente Leistungsträger als Team eine Organisation oder Institution verlassen und das gleiche Team einer anderen Organisation beitritt, wie es beispielweise immer wieder im Investment Banking oder im Consulting vorkommt? Wird dann die bisherige Organisation dümmer und die neue Organisation intelligenter? Nein, fast immer beobachtet man, dass von dem eben noch so sehr erfolgreichen Team bei weitem nicht mehr die Ergebnisse gebracht werden, die sie eben noch – in der bisherigen Organisation – zu leisten in der Lage waren.« (Greve 2010, S. 27)

Hohe Leistung unter Druck abzurufen, hängt sicher mit vielen Faktoren zusammen. Gerade im Leistungssport kann man bei Gruppenspielen beobachten, wie winzige Verschiebungen in der Mannschaftsaufstellung oder in Strategie und Taktik große Resonanzen nach sich ziehen. Was genau den Kitt einer Gemeinschaft ausmacht, der sie zusammenhält und über widrigste Umstände hinwegträgt, wissen oft nur die Teilnehmer selbst. Spezifische (Verhaltens-)Normen, Regeln und Rituale, die jeweils im System ausgehandelt wurden und werden, spielen dabei eine große Rolle. Zwischen Menschen wirken immer unsichtbare Beziehungsbänder, über die Vertrauen, Anerkennung, Identifikation, Sinn- und Wertverständnis hin- und hergetauscht werden. Neben formal definierten Informationswegen bilden sich oftmals informelle Kanäle, auf denen sich Mitteilungen und Hinweise rasend schnell verbreiten können.

➔ Beispiel

Vorletztes Jahr wurde ich von einer Firma gebeten, das Thema »Resilienz« für den Fall einer Grippepandemie »durchzuspielen«. Die Firma wollte ein Worst-Case-Szenario assoziieren und sich auf verschiedene unerwartete Situationen vorbereiten. Schnell wurde deutlich, dass unter hohem Stress nicht unbedingt die Führungskräfte der formalen Hierarchie die nötige Autorität und Klarheit aufbieten würden, um verängstigten Mitarbeitern die obsolete Orientierung zu geben. In diesem Fall erschienen die informellen Führer der einzelnen Teams geeigneter für die Aufgabe, als »Leuchttürme im Sturm« Ruhe und Kraft auszustrahlen. Diese Diskussion lenkte den Blick auf ein spannendes Themenfeld, in dem sich die Frage auftat, wo genau sich im Unternehmen Kraft, Vertrauen, Freude, Unkompliziertheit und Direktheit entfalten.

Relevante Faktoren erkennen und kreativ weiterentwickeln

Im Buchteil I führte ich schon das Bild der zwei Säulen ein: Ein Unternehmen steht auf zwei Beinen, dem fachlichen und dem menschlichen; ist eines der Beine unzureichend ausgeprägt, humpelt das ganze System. Im Folgenden möchte ich klassische Faktoren zusammentragen, die eine Firma belastungsfähig, flexibel und widerstandkräftig machen.

Schauen wir zunächst auf das »fachliche Bein«. Auf Zahlen-Daten-Fakten-Ebene braucht es:

- fachliche Kompetenz in den Schlüsselpositionen, beginnend beim Aufsichtsrat, Geschäftsleitung, Führungskräfte, Controlling, Personalabteilung und so weiter
- Vermeidung von klassischen Managementfehlern, gegebenenfalls konsequente Stellenumbesetzung
- Finanzierungsstabilität und ein vorzeitiges Krisenwarnsystem
- neutrales, zuverlässiges, »unbestechliches« Controlling
- flexible Marktanpassung mit dem Ohr direkt am Kunden – Produkte müssen den aktuellen Bedürfnissen des Kunden entsprechen
- effiziente Produktionsplanung – möglichst keine Überproduktionen
- hohes Dienstleistungsverständnis – schnelle und professionelle Abwicklung der Kundenbedürfnisse
- weitsichtige Investitionen und Expansionen
- Markenpflege – ein deutlich herausgearbeitetes Alleinstellungsmerkmal

Genauso wichtig sind die Aspekte des »menschlichen Beins«:

- konsequente Rollenklärung – Hierarchien und Aufgabenfelder sollten exakt eingehalten werden
- Unternehmenswerte dürfen nicht nur als Lippenbekenntnisse in der Hochglanzbroschüre abgedruckt oder als schönes Plakat an der Wand hängen – sie müssen tatsächlich gelebt werden und nicht zu leeren Worthülsen verkommen. Weniger ist mehr an dieser Stelle.
- transparente, intelligente Informationsketten, wertschätzende Kommunikation
- Egozentrik, Narzissmus, fehlende Außenorientierung von einzelnen Personen wird nicht akzeptiert
- kontinuierliche strategische Reflexion und konstruktive Hinterfragung des gewählten Kurses – Querdenker werden eingeladen, mitzudenken
- hohe Führungskultur
- kultivierte Fehler- und Kritikkultur
- gutes Verhältnis zwischen Betriebsrat/Gewerkschaft und Geschäftsführung – nicht kuschen, aber Augenhöhe – Fairness gegenüber Arbeitnehmern
- dem Mitbewerber nicht hinterherlaufen, sondern die eigene Kernkompetenz kennen und pflegen

→ Personalstrategie ist integriert in Unternehmensstrategie – ein Händchen für das Personal: die richtigen Leute am richtigen Platz

Nun, mit gesundem Menschenverstand sind all diese Punkte theoretisch leicht zusammengetragen – die Praxis beweist, dass es eine klare Ausrichtung und viel Cleverness sowie Biss verlangt, um den guten Erkenntnissen Taten folgen zu lassen. Mein Anliegen ist es, ein Unternehmen nicht schon zu Anfang mit hochfliegenden Theorien zu erschrecken, sondern konstruktiv an der Stelle anzusetzen, an der sich die Organisation mit all den beteiligten Menschen befindet.

Vernetzte Maßnahmen

Symptom und Ursache unterscheiden

Die meisten Unternehmen kommen mit einem ganz konkreten Anliegen auf mich zu. Oftmals ist eine Mitarbeiterbefragung der Auslöser für den ersten Dialog. Die Umfrage hat unangenehme Erkenntnisse zutage gefördert, die die Geschäftsführung irritieren, wachrütteln oder gar zum Handeln zwingen. Es kann sich um eine schlechte Bewertung der Führungskräfte handeln, um verlorenes Vertrauen in die Strategie der Geschäftsleitung, um Kritik an der Informationspolitik oder eine gesamte Hinterfragung der Ausrichtung und des Werteverständnisses der Firma. In letzter Zeit wenden sich allerdings mehr und mehr Unternehmen an mich, die sich alle mit dem gleichen Phänomen konfrontiert sehen: Ihr Krankenstand steigt signifikant. Dabei werden als Ursache immer häufiger anhaltender Stress und psychosoziale Belastung genannt (s. S. 332 ff.).

Gerät ein Unternehmen erst einmal in die Spirale von zunehmenden Ausfällen, kann sich eine unkontrollierte Kettenreaktion in Gang setzen. Zumeist müssen die verbleibenden (noch gesunden) Kollegen die anfallende Arbeit selbstverständlich mitübernehmen. Da diese Personen häufig selbst schon am Anschlag ihrer Kräfte stehen, löst die steigende Arbeitsverdichtung auch bei ihnen Überlastung, Frust, Ärger bis hin zur totalen Resignation aus. Die Arbeitsatmosphäre verschlechtert sich tagtäglich, und es besteht die große Gefahr, dass auf firmeninterne oder externe Kundenbedürfnisse nur noch unzureichend eingegangen wird. Es versteht sich von selbst, dass in diesem Klima hauptsächlich Dienst nach Vorschrift geleistet wird. Weder existieren die Zeit noch die Kraft für innovatives, kreatives Denken, noch können Zusatzleistungen erledigt werden, die einen direkten, positiven Einfluss auf die Kundenbindungen nehmen würden. Diese Gemengelage kann für eine Firma höchst brisant werden – und sie ist gar nicht so leicht aufzulösen.

Auch Unternehmen können in den Burnout geraten

Der Unternehmensberater Gustav Greve widmet sich in seinem Buch »Organizational Burnout« (2010) dem Thema und deckt darin versteckte Phänomene ausgebrannter Organisationen auf. Seine Ergebnisse sind in folgendem Interview, das Lars Borchert führte, zusammengefasst (veröffentlicht auf www.heute.de, 30.12.2010):

»Um im Wettbewerb zu bestehen, müssen Firmen immer rascher auf veränderte Märkte reagieren. Eine stabile Betriebskultur könne sich kaum noch entwickeln, sagt Unternehmensberater Gustav Greve. Statt zu Erfolgen komme es oft zur Lähmung, zum Burnout.

heute.de: Wo sehen Sie die Parallele zwischen dem Burnout eines Menschen und dem eines Unternehmens?
Gustav Greve: Auch bei Unternehmen erkennt man ein Burnout daran, dass sie sich in einem Zustand der Erschöpfung, oftmals sogar der Lähmung, befinden und sich nicht mehr selbst davon befreien können.

heute.de: Ist diese Erschöpfung einfach auf die Überarbeitung der Mitarbeiter oder auf Missmanagement der Führungsebene zurückzuführen?
Greve: Das Burnout eines Unternehmens ist nicht nur die Summe individueller Erschöpfung oder die Folge von Missmanagement. Das Phänomen ist sehr viel komplexer, denn es brennt die Unternehmenskultur aus.

heute.de: Wie kann ein Burnout in einem Unternehmen entstehen?
Greve: Wenn Unternehmen nach anfänglichen Erfolgen nicht mehr offen für die veränderten Bedürfnisse ihrer Kunden sind und bei neuen Herausforderungen des Marktes mit alten Rezepten erfolgreich sein wollen, geraten sie in eine tückische Abwärtsspirale.

heute.de: Wie verläuft diese Abwärtsspirale in der Regel?
Greve: Zu den wichtigsten Faktoren gehört eine kraftlose Führung. Wenn die angestrebten Erfolge ausbleiben, erschlaffen oft Energie und Charisma der Führungsperson. Das Management taucht mehr und mehr ab. Vor diesem Hintergrund werden die Ansprüche der zweiten und dritten Ebene nach konsequenter Führung lauter. Das Management aber verwechselt Führung mit Aktionismus. Außerdem verbraucht das Burnout die Energie für die ständige neue Selbstorganisation unter Stress. Das heißt, es fehlen die kreativen Energien für neue Lösungen bestehender Probleme oder gar für Innovationen. Schließlich gehen Unternehmensinhaber oder Aufsichtsräte dazu über, das Management auszutauschen, weil sie ein Signal des Neubeginns setzen wollen. Aber auch die neuen Manager prallen auf die ausgebrannte Organisationskultur.

heute.de: Was bedeutet das für die Mitarbeiter?
Greve: Die Leistungsträger suchen sich in der Regel neue Jobs und die anderen Mitarbeiter kündigen zumindest innerlich. Das Unternehmen oder die Organisation verliert das Know-how und die Leistungsbereitschaft seiner Angestellten.

heute.de: Ist das Burnout von Unternehmen ein neues Phänomen, das mit unserer heutigen Arbeitswelt zusammenhängt? Welche Unternehmen sind besonders anfällig dafür?
Greve: Nachdem heute Unternehmen, aber auch öffentliche Institutionen, immer schneller, effizienter, flexibler und internationaler, also immer intelligenter, agie-

> ren müssen, um ihre Position im globalen Wettbewerb zu halten, haben sie kaum noch Chancen, eine stabile Kultur zu entwickeln, oder gar die Zeit, die Beschäftigten immer wieder neu mental auf den Strukturwandel vorzubereiten. Nur intelligente Organisationen sind heute wettbewerbsfähig und gerade diese sind prädestiniert für ein Burnout. Der Grund: Diese Hochleistungsorganisationen sind sensibel wie Rennpferde, behandelt werden sie aber wie Lastesel.«

Die Assoziation, den Begriff »Burnout« für ein ganzes Unternehmen anzuwenden, wurde in einem Bericht zum Davoser Weltwirtschaftsgipfel am 27.01.2011 nochmals getoppt:

> »Der Gründer des Weltwirtschaftsforums, der deutsche Professor Klaus Schwab, rief bei der Eröffnung am Mittwoch die Teilnehmer noch zu ›konstruktivem Optimismus‹ auf. Doch dann verriet der 72-Jährige, dass bei Gesprächen mit Wirtschaftsführern zwar ein ›Mikro-Optimismus‹ festzustellen, auf globaler Ebene jedoch ein ›Makro-Pessimismus‹ spürbar sei. Die Welt leide unter Burnout. Ständig würden neue Brände gelöscht, so Schwab.« (Heinz-Peter Dietrich in »Ratlos in Davos«, dpa, veröffentlicht auf heute.de)

Gleich, ob wir Probleme nun auf Makro- oder Mikroebenen betrachten, es wird immer wieder klar, dass wir es heutzutage mit vielschichtigen, komplex verstrickten Zusammenhängen zu tun haben, die sich nur selten durch punktuelle Interventionen lösen lassen. Zurück zur konkreten Beratungssituation.

Konkrete Vorgehensweise

Wie ich es an anderer Stelle schon betont habe, gilt es, zu Anfang eine genaue Bestandsaufnahme und Analyse der Situation zu machen. So schlage ich schon im ersten Gespräch vor, zunächst eine Standortbestimmung vorzunehmen, um differenziert zwischen Symptom und Ursache der Geschehnisse unterscheiden zu können (mehr dazu im nächsten Kapitel). Erst innerhalb dieses Workshops offenbaren sich die wahren Inhalte, die es zu bearbeiten gilt, die genaue Ausrichtung und der tatsächliche Bedarf an Maßnahmen in den Bereichen »Beratung, Training und Coaching«. Neben diesen Erfordernissen ist vor allem auch die Bereitschaft zu klären, inwieweit sich die Firma beziehungsweise die maßgeblichen Personen auf einen tief gehenden Entwicklungsprozess einlassen möchten. Ein Resilienz-Training eignet sich nicht dafür, mal schnell ein Pflaster auf die Wunde zu kleben und danach zur Tagesordnung überzugehen. Es braucht Entschiedenheit, Beharrlichkeit, Zeit und auch Budget, um die wesentlichen Problemstellungen auch tatsächlich anzugehen.

Während der Konzepterstellung greife ich zum einen auf meine eigenen Erfahrungen und meinen persönlichen Arbeitsansatz zurück. An dieser Stelle präsentiere ich die zehn (möglichen) Schritte zur organisationalen Resilienz:

→ genaue Standortbestimmung mit der Geschäftsführung
→ Projekt- und Kommunikationsplanerstellung
→ gezieltes Resilienz-Training der Führungskräfte
→ systematisches Einzelcoaching von »Schlüsselpersonen«
→ Resilienz-Training der Mitarbeiter
→ Stärkung der Teams und Schnittstellen
→ Konfliktklärung zur Verminderung von Reibungsverlusten
→ Ausbildung eines internen Resilienz-Beraters, der den Trainingstransfer begleitet
→ Überprüfung und Weiterentwicklung von Strukturen
→ Erfolge feiern, Resilienz für das Employer Branding nutzen

Zum anderen ist es mir aber auch wichtig, den aktuellen Stand der Unternehmens- und Führungskultur zu eruieren und an den bisherigen Erfahrungen der Mitarbeiter anzuknüpfen. So lasse ich mir von der Personalabteilung die gesamten Maßnahmen der letzen Jahre im Bereich der Personal-, Führungs-, Kultur- und Gesundheitsmanagemententwicklung vortragen. Immer wieder ist es spannend, zu hinterfragen, welche der Aktionen tatsächlich Positives bewirkt haben. Dies sagt viel über die Mentalität und innere Haltung der Mitarbeiter und der Geschäftsführung aus. Wir gehen dabei bisherige Trainingsunterlagen durch, und ich vermerke mir den theoretischen Wissensstand und das praktische Umsetzungs-Know-how. Aus all diesen Informationen leite ich einen möglichen Handlungspfad ab, den ich in einem ersten vorläufigen Angebot zusammenfasse. Die Trainingsmaßnahmen werden für jedes Unternehmen individuell zusammengestellt.

Sollte eine Organisation an einer fundierten, nachhaltigen Weiterentwicklung interessiert sein, ist es unerlässlich, zentrale Inhalte durch zusammenhängende Prozessketten durchzudeklinieren. Tragfähige Widerstandskraft lässt sich nur kultivieren, wenn das Unternehmen die Kerngedanken der Resilienz in seine gesamte Kultur und Strategie mitimplementiert.

Resilienz ist eine innere Haltung, quasi eine Brille, durch die man Menschen und Prozesse betrachten, entwickeln und vernetzen kann. Die im Schaubild beispielhaft visualisierte Prozesskette kann für eine systematische, zusammenhängende Personal- und Organisationsentwicklung sehr unterstützend wirken. Schon in der Ausschreibung, im Vorstellungsgespräch und im Auswahlverfahren weist das Unternehmen den Bewerber auf Grundwerte und Einstellungen hin, auf die in der Firma durchgehend geachtet wird. Eine aufmerksame Einarbeitung und unterstützende Fortbildung helfen dem Mitarbeiter, die von ihm geforderten Kompetenzen auszubilden beziehungsweise weiterzuentwickeln. Gezieltes Teamtraining vernetzt die Fähigkeiten von Einzelpersonen und lässt vielfältige Synergien entstehen. Je konsequenter eine bestimmte innere Haltung und Ausrichtung durch sämtliche Strukturen und Prozesse hindurch verfolgt wird, umso kraftvoller kann sich eine Gesamtwirkung entfalten. Eine genaue Evaluation, Überprüfung, Verbesserung und Nachsteuerung der Maßnahmen schafft zunehmende Vertrautheit mit der Materie.

Im besten Fall entwickelt die gesamte Unternehmensmannschaft, quer durch alle Ebenen, ein gemeinsames Verständnis, wie sie sich in der heutigen, von schnellen Veränderungen geprägten Arbeitswelt optimal aufstellen kann. Dieser Bewusstseinsprozess kann nur gelingen, wenn man als Berater dem Unternehmen, besser gesagt den Menschen, kein fertiges Konzept aufdrückt. Es ist ratsam, eine gemeinsame Form des Lernens zu kreieren, die sich aufmerksam an den Anliegen, dem Charakter, den Fähigkeiten und Ressourcen des Kunden orientiert.

Mein Ziel ist es, ein Unternehmen so schnell wie möglich zum selbstständigen Lernen zu ermächtigen. Die folgenden Trainingsstufen sind so aufgebaut, dass mein eingebrachtes Fachwissen von der Firma zügig adaptiert und selbstständig weiterentwickelt werden kann. Je schneller und sicherer das Unternehmen seine Entwicklung selbst gestalten kann, umso erfolgreicher und wertvoller schätze ich meine Arbeit ein. Am meisten freut es mich, wenn Seminarteilnehmer ihr neu erlerntes Wissen sofort an Kollegen weitergeben können. Sobald sie Einsicht und Erfahrung nicht nur für sich selbst verwenden, sondern an andere Personen transferieren, verankern sich die Inhalte viel stärker in ihnen. Vorbild sein zu dürfen, kann enorm beflügeln …

Genaue Standortbestimmung mit der Geschäftsführung

Zusammensetzung des ersten Workshops

Für den Ablauf einer Standortbestimmung gibt es verschiedene Möglichkeiten. Zunächst ist zu klären, wer bei diesem ersten, offenen Gedankenaustausch – bei dem möglichst Klartext gesprochen werden sollte – dabei sein kann. Die gewählte Zusammensetzung ist zumeist ein Spiegel der kommunikativen Gepflogenheiten im Unternehmen. Herrscht eine vertrauensvolle Gesprächskultur, in der sowohl Führungskräfte als auch Mitarbeiter dazu aufgefordert werden, ihre Meinung frei zu äußern, wird sich die erste Runde aus diesen verschiedenen Personenkreisen zusammenfügen können.

Bisher habe ich Standortbestimmungen in den unterschiedlichsten Konstellationen vorgenommen:

- → ausschließlich mit dem Geschäftsführerkreis,
- → Geschäftsführerkreis erweitert mit Personalabteilung,
- → Geschäftsführerkreis erweitert mit Personalabteilung und Führungskräften sowie
- → Geschäftsführer, Führungskräfte, Betriebsratsvertreter und interessierte Mitarbeiter.

Ich wurde auch schon gebeten, Workshops mit verschiedenen Teilnehmern nacheinander abzuhalten: erst mit der Geschäftsführung, dann mit dem Betriebsrat, den Führungskräften und Mitarbeitern. Wie ich schon darlegte, gibt es die unterschiedlichsten Spielarten. Wichtig dabei ist nur zweierlei: Dass sich Unternehmen und Berater mit der gewählten Form wohlfühlen und die nötigen Informationen zusammengetragen werden können. Die Übungen »Die Unternehmensampel« und »Die Unternehmenslinie« dienen als Beispiele dafür, in welcher Form in die Standortbestimmung eingestiegen werden kann.

Auch in diesem Kontext gelten für mich die Spielregeln der Gruppenarbeit (s. S. 95 f.). Ich starte mit einer Vorstellungsrunde und lade danach die Teilnehmer ein, ihre eigenen Spielregeln zu formulieren. Ich erkläre ihnen die Haltung des bewertungsfreien Forschens, die zur Unterscheidung von Symptom und Ursache führen soll. Da die behandelten Themen oftmals brisant sind, gilt es, besonders auf eine behutsame Prozesssteuerung und einen respektvollen Umgang zu achten. Die darauf folgende Übung beschreibt den Einsatz eines World Cafés, in dem alle Mitarbeiter gleichzeitig zu ihrer Meinung befragt werden können.

Welche Übung beziehungsweise welches Format ich wähle, ist abhängig von der individuellen Situation, der Fragestellung und Offenheit des Unternehmens. Es ist zu bedenken, dass eine sorgfältig gestaltete Standortbestimmung sowohl die Fähigkeiten als auch die Defizite von Menschen und Strukturen ans Licht befördert. Diese möglichst unvoreingenommene Arbeit im Forschungslabor ist für viele Menschen gewöhnungsbedürftig. Klares Hinschauen kann wehtun, irritieren, verängstigen … Mit all diesen emotionalen Komponenten muss ich rechnen und Methoden bereithalten, sie angemessen ausbalancieren. Die vorgestellte Reihenfolge macht deutlich, wie man von der Dosierung erst »niederschwellig« einsteigen kann, damit sich die Teilnehmer an die Arbeitsweise gewöhnen können. Je stabiler und sicherer sich die beteiligten Personen in dem Prozess bewegen, umso präziser kann die Untersuchung und »Wahrheitsfindung« gestaltet werden.

↘ Übung

Die Unternehmensampel

Einführung Die meisten Teilnehmer einer Organisation haben ein recht gutes Gespür sowohl für die besonderen Kompetenzen als auch für die Einschränkungen der eigenen Firma. Auf die Fragen (nach dem Ampelprinzip)
→ Was läuft bei euch gut (grün)?
→ Wo seht ihr euch in einer guten Mitte aufgestellt (gelb)?
→ Was erscheint euch verbesserungswürdig (rot)?
werden zumeist klare und realistische Einschätzungen abgeliefert. Mithilfe dieses simplen Untersuchungsformats kommen die Teilnehmer locker ins Gespräch und tauschen sich zunächst über Inhalte aus, die ihnen zumeist schon geläufig sind. Zwei weitere Fragen präzisieren die Wahrnehmung und leiten die Aufmerksamkeit auf Themen, die vielleicht bekannt, aber bisher nicht offen angesprochen wurden.

Ziel Erste Bestandsaufnahme zum Thema »Unternehmensresilienz« unter Berücksichtigung der menschlichen und sachlichen Faktoren. Ausarbeitung der Stärken und Schwächen und den jeweiligen Verantwortlichen.

Material Flipcharts, Pinnwände, Stifte, Papier.

Möglichkeit zur Kleingruppenarbeit Die Übung eignet sich besonders für Gruppenarbeit. Idealerweise stellt sich pro Pinnwand eine Gruppe von vier bis fünf Personen zusammen. In der Regel überlasse ich es den Teilnehmern selbst, in welcher Konstellation sie sich zusammenfügen möchten. Ich weise aber darauf hin, dass die Diskussion ertragreicher wird, wenn sich Personen mit unterschiedlichen Blickpunkten und Erfahrungswerten zusammenfinden und offen diskutieren.

Übungsablauf
Schritt 1: Befestigen Sie auf der Pinnwand ein großes Papier, und beschriften Sie es mit folgenden Feldern:

Die Unternehmensampel

	menschlich	fachlich
Tabus (liegen hinter allem)		
No-go (dunkelrot)		
verbesserungs-würdig (rot)		
gute Mitte (gelb)		
läuft gut (grün)		

→ Menschliche Ebene: läuft gut
→ Menschliche Ebene: gute Mitte
→ Menschliche Ebene: (dringend) verbesserungswürdig

→ Sachliche Ebene: läuft gut
→ Sachliche Ebene: gute Mitte
→ Sachliche Ebene: (dringend) verbesserungswürdig

Schritt 2: Gehen Sie in der Gruppe folgenden Fragen nach: Welche menschlichen und sachlichen Aspekte fallen uns zu den Themen »Widerstandskraft, Flexibilität und Belastungsfähigkeit« ein? In welchen Bereichen sehen wir das Unternehmen gut oder sogar hervorragend aufgestellt, bei welchen Inhalten bewegt es sich im mittleren Bereich, und wo gibt es dringenden Verbesserungsbedarf?

Schritt 3: Nehmen Sie sich Zeit zur Diskussion. Notieren Sie sich dann Ihre Gedanken und Empfindungen zu den verschiedenen Rubriken. Alle wesentlichen Blickpunkte werden aufgenommen, auch wenn sich die Gruppe nicht immer einig sein mag.

Schritt 4: Sobald diese Facetten umfassend bearbeitet wurden, widmen Sie sich einer weiteren Frage: Gibt es in Ihrer Organisation »No-gos«, das heißt, werden Dinge umgesetzt, die aus professioneller Sicht eigentlich nicht möglich sind? Notieren Sie Ihre Gedanken hierzu auf dem Flipchart.

Schritt 5: Nun gehen Sie im Austausch noch einen Schritt weiter: »Gibt es in Ihrer Firma Tabuthemen?« Auch hierzu schreiben Sie bitte Ihre Eindrücke nieder.

Schritt 6: Die Ergebnisse aus den Kleingruppen werden jetzt in der großen Runde vorgestellt. Dabei kann die ganze Gruppe nach vorne treten und präsentieren – oder jeweils eine Person aus der Arbeitsgemeinschaft. Zumeist kommt es zu einem regen Austausch über die einzelnen Wahrnehmungen. Übereinstimmungen als auch Abweichungen in der Betrachtung treten zutage.

Schritt 7: Die Übung kann fortgesetzt werden. Die Kleingruppen finden sich wieder zusammen, priorisieren und detaillieren ihre Beschreibungen. Defizite und Störfelder werden präzise herausgearbeitet und die jeweiligen verantwortlichen Personen beziehungsweise Teams oder Gremien definiert. Im nächsten Schritt widmet sich die Gruppe den Fragen: Wohin möchten wir uns entwickeln? Was ist unsere Ausrichtung?
Erste mögliche Maßnahmen können beschrieben und zusammengetragen werden. Auch diese Ergebnisse werden in der großen Runde vorgestellt und diskutiert.

Aus der Praxis

Miteinander warmlaufen ist wichtig

Mit diesem simplen Übungsaufbau, der es letztendlich doch schon in sich hat, habe ich als »Warming-up-Phase« beste Erfahrungen gemacht. Die Teilnehmer können frei aus sich heraussprudeln – viele nutzen den Rahmen, um Dinge anzusprechen, die ihnen schon lange unter den Nägeln brennen. Da in den Kleingruppen jede Person zu Wort kommt, werden die gesamten Perspektiven zusammengetragen und miteinander abgeglichen. In den meisten Fällen kommt es in der Betrachtung zu großen Übereinstimmungen, oftmals ringt die Firma schon lange mit bestimmten Problemen, die sie bisher nicht lösen konnte. Besonders spannend ist dabei die Verteilung beziehungsweise die Verflechtung von menschlichen und sachlichen Aspekten.

Die zwei vertiefenden Fragen bringen auf jeden Fall Leben in die Bude. Spätestens beim Thema »Tabu« werden alle wach im Raum. Manchmal werde ich von Mitarbeitern gebeten, diese bisher verschwiegenen Themen auf ein Extrablatt zu schreiben und quasi neutral, aus meiner Autorität heraus, der Geschäftsführung zu unterbreiten. Der Bitte komme ich nach und vertiefe anschließend das Thema »Offenheit versus Angst und Strafe«.

Die Unternehmensampel hat die Funktion eines großen Fischernetzes, mit dem zunächst alle Gedanken und Empfindungen eingefangen werden, die im Raum schweben. Im weiteren Verlauf werden die einzelnen Facetten aus der Perspektive der Ursache-Wirkungs-Kette genauer eruiert. Schritt für Schritt kommt es zu einer Differenzierung, die Teilnehmer ordnen ihre Wahrnehmungen und priorisieren erste Maßnahmen. Während dieser ersten Dialogrunde erproben die Teilnehmer ihre Fähigkeit zu offenem Austausch. Voraussetzung für ein ehrliches Gespräch ist natürlich das gegenseitige Vertrauen, sodass kritische Beiträge nicht abgewertet oder gar bestraft werden. Dazu vereinbare ich zu Anfang der Übung beispielsweise die folgenden

Gesprächsregeln: »Jeder Beitrag ist wertvoll. Wir hören einander zu und lassen uns aussprechen.« Auch der Berater kann in dieser Übung die aufrichtige Bereitschaft zu gegenseitigem Verstehen überprüfen. Sollte er daran Zweifel hegen, kann er seinen Arbeitsauftrag mit der Geschäftsleitung nochmals hinterfragen.

↘ Übung

Die Unternehmenslinie

Einführung Nach der aktuellen Bestandsaufnahme kann es hilfreich sein, sich näher mit der Entwicklungsgeschichte des Unternehmens zu beschäftigen. Gerade in Organisationen, in denen viele Menschen schon mehrere Jahre lang zusammenarbeiten, haben sich – ähnlich wie in der persönlichen Biografielinie (s. S. 125 ff.) – emotionale Gepäckstücke angesammelt, die es liebevoll zu entrümpeln gilt.
Auch ist es interessant zu erfassen, in welcher Phase des Lebenszyklus sich das Unternehmen gerade befindet. Ähnlich wie ein Mensch durch verschiedene Lebens- und Vitalitätsphasen wandert, bewegen sich Organisationen durch wechselnde Zeitstufen, in denen sich Widerstandskraft und Flexibilität verschieden offenbaren. Folgende charakteristische Phasen können bei einem Unternehmen herausgefiltert werden:

- → **Die Zeit der Ideensammlung**, die geprägt ist von Kreativität, Enthusiasmus und sprühender Energie.
- → **Der Aufbau**, einhergehend mit großem Engagement und Einsatz für die Sache, jeder unterstützt jeden, alles ist möglich, Stress wird nicht als Belastung, sondern als Inspiration wahrgenommen.
- → **Der Erfolg**, die Organisation wächst und gedeiht, Kooperation, Innovation und Flexibilität entfalten sich ganz natürlich, zwischen den Abteilungen bestehen starke Vernetzungen, Geschwindigkeit entsteht durch Vertrauen und direkten, unkomplizierten Informationsaustausch.
- → **Kontinuierliches Wachstum**, stabile Organisation, eingespielte Prozesse, wachsende Bürokratie, starke informelle Strukturen, Bildung von einzelnen Fürstentümern, abnehmende Innovationen, zunehmendes Sicherheitsdenken, emotionale Sattheit, Anspruchshaltung.
- → **Die Gefahr der Erstarrung** durch verfestigte Strukturen, die keine Kreativität mehr gestatten, starkes Neben- beziehungsweise Gegeneinanderarbeiten, Resignation, Dienst nach Vorschrift, Energie wird intern verschlissen.
- → **Die Auflösung**, letzte Versuche der Reorganisation, Verlust der Kunden, Mitbewerber ziehen vorbei, drohende Insolvenz.

Diese Beschreibung ist wie jede Art der Systematisierung eine Vereinfachung von vielschichtigen Entwicklungslinien, die sich in jeder Firma höchst variabel abspielen. Und doch ist es eine interessante Perspektive, die in die Übung miteinfließen kann.

Ziel Bildliche Darstellung der Unternehmensentwicklung auf sachlicher und menschlicher Ebene und der daraus resultierenden Resilienz. Abgleich der verschiedenen Betrachtungen, Möglichkeit zu tieferem Austausch über persönliche Erfahrungen, Erinnerungen, Muster und Prägungen.

Material Kreppbänder, Seile, Moderationskarten.

Möglichkeit zur Kleingruppenarbeit Die Übung kann alleine, zu zweit oder zu dritt absolviert werden. Jeder der Gruppenteilnehmer legt sein eigenes Schaubild, danach kommt es zu einem Austausch in der Kleingruppe. Die einzelnen Gruppen können sich gegenseitig »besuchen«, sich ihre auf dem Boden ausgebreiteten Bilder zeigen und von ihren Erfahrungen berichten.

Übungsablauf

Schritt 1: Legen Sie sich mit dem Kreppband eine Zeitschiene, die die bisherigen Lebensjahre des Unternehmens abbildet. Mithilfe der Moderationskarten können Sie Jahreszahlen vermerken. Diese Zeitschiene erzeugt auch eine imaginäre Mittellinie, um die herum Sie die drei Seile platzieren.

Schritt 2: Das erste Seil dokumentiert die Entwicklungsgeschichte des Unternehmens auf Zahlen-Daten-Fakten-Ebene. Mit dem Seil können Sie die Höhen und Tiefen der Firmengeschichte abbilden und auch weitere Besonderheiten vermerken.

Die Unternehmenslinie

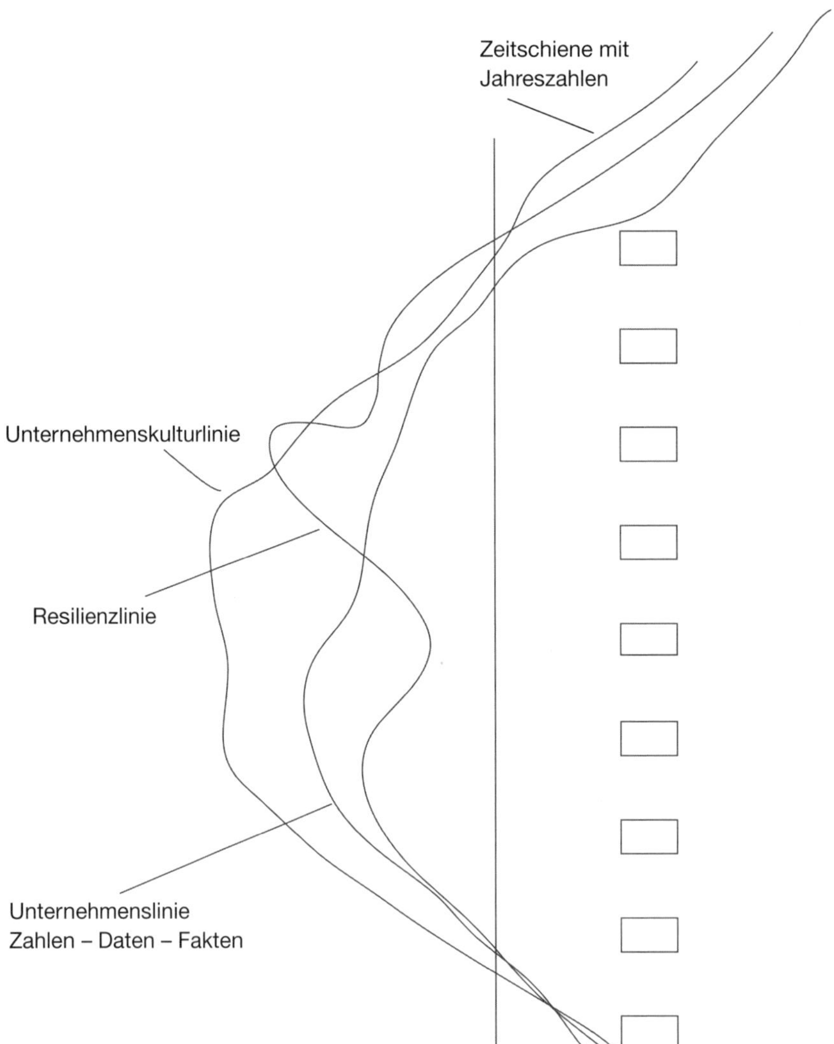

Schritt 3: Das zweite Seil symbolisiert die Entwicklung des Unternehmens auf menschlicher Ebene. Wie hat sich aus Ihrer Sicht die Kultur der Organisation entfaltet? Bilden Sie auch hier die von Ihnen empfundenen Zyklen »schwungvoll« ab.

Schritt 4: Mit dem dritten Seil stellen Sie die von Ihnen wahrgenommene Resilienz des Unternehmens dar – aus dem Zusammenwirken der menschlichen und sachlichen Faktoren.

Schritt 5: Zur Erinnerung an bestimmte Ereignisse oder Phasen können Sie Moderationskarten beschriften und in dem Schaubild platzieren.

Aus der Praxis

Die Rückschau kann tiefe Gefühle freisetzen

Die Unternehmenslinie ist eine Übung, bei der ich vorher nur schwer einschätzen kann, welche Emotionen sie auslösen wird. Natürlich sammle ich von Anfang an Hinweise und Informationen über die Unternehmensentwicklung und die emotionale Grundverfassung der einzelnen Beteiligten. Je differenzierter wir uns aber den menschlichen Verflechtungen mit all den Hoffnungen, Enttäuschungen, Verletzungen und Irrungen und Wirrungen zuwenden, umso emotionaler wird das Geschehen.

➔ Beispiel

Vor einigen Jahren initialisierte ich die Übung mit einer Geschäftsführer- und Bereichsleitergruppe, die sich zum Teil schon über 20 Jahre lang kannte. Bei der Vorstellungsrunde am Abend wirkten die Herren eher nüchtern, verstandesorientiert, abgeklärt und mit allen Wassern gewaschen. Hinter dieser trockenen, rationalen Fassade kochten aber viele Gefühle, die sich im Rahmen dieser Unternehmenslinie blitzartig öffneten. Denn in ihrer Erinnerung tauchten natürlich nicht nur die glücklichen, erfolgreichen Zeiten auf, für die sie sich stolz und fröhlich auf die Schulter klopfen konnten. Nein, auch die gescheiterten Projekte, geplatzten Träume, unfairen Versetzungen, Karrierebrüche etc. traten zum Vorschein. Das Seminar schenkte endlich den angemessenen Rahmen, um über viele unverarbeitete Situationen zu sprechen.

Es ist unvorstellbar, wie viel Kraft und Engagement in diesen alten Geschichten gebunden liegt. Da es im beruflichen Umfeld nur selten Gelegenheit gibt, über tiefer gehende Gefühle zu reden, werden diese Emotionen – in denen pure Energie schlummert – meistens verdrängt und vergraben. Da wir beim Thema »Resilienz« ja beständig auf der Suche nach den »Energiefressern« sind, landen wir hier an genau der richtigen Stelle, um Entlastungen vorzunehmen.

Auch die Betrachtung der Lebenszyklen kann in erschütternden Erkenntnissen gipfeln. Da ich es ja meistens mit Unternehmen zu tun habe, die sich eher an einem entkräfteten, festgefahrenen als an einem vitalen, energievollen Punkt ihrer Geschichte befinden, ist der Spiegel der Lebenszyklen hart zu ertragen – hat aber erweckende Wirkung! Viele sehen sich auf der absteigenden Linie ihres Erfolgs. Bisher versuchten sie es mit der Taktik »Mehr vom Alten, das wird schon wie immer helfen, uns über Wasser zu halten«. Die Einsicht, dass sie sich in einer komplett anderen Unternehmensphase befinden, lässt sie genauer hinschauen – dies öffnet den Blick für neue Handlungsoptionen. Die Torwartlegende Oliver Kahn meinte zu diesem Thema: »Es ist ungleich einfacher, in kurzer Zeit erfolgreich zu werden, als sich lange Jahre an der Spitze zu halten. Es gibt kaum Vorbilder dafür, man muss hierfür seine eigene Strategie finden.« Diese Aussage kann ich gut nachvollziehen und sehe sie in vielen meiner Beratungsgesprächen bestätigt.

Die folgende Übung bietet die Möglichkeit einen großen Personenkreis beziehungsweise die gesamte Belegschaft in die Standortbestimmung miteinzubeziehen.

↘ Übung **World Café mit einem größeren Mitarbeiterkreis**

Was ist ein World Café? Die Methode »World Café« wurde von den beiden US-amerikanischen Unternehmensberatern Juanita Brown und David Isaacs entwickelt. Sie ist eine zugleich einfache und sehr wirkungsvolle Methode, um eine mittlere oder große Gruppe von Menschen in ein sinnvolles Gespräch miteinander zu bringen, zu einem gemeinsamen Thema das kollektive Wissen und die kollektive Intelligenz zutage zu fördern und dabei auch den Spirit der Gruppe zu revitalisieren.
Die Methode »World Café« fußt auf der zentralen Bedeutung des Gesprächs zwischen Menschen. Durch dieses Gespräch wird gelernt, wird die Realität neu interpretiert und werden Netze von Verbindungen geknüpft. Zukunft entsteht – in jeder Organisation und überhaupt – aus einem Gewebe von Gesprächen. Das Setting eines World Cafés ist sehr informell. Leitidee ist die entspannte Atmosphäre eines Straßencafés, in dem sich Menschen zwanglos unterhalten. Die Teilnehmer sitzen an kleinen Tischen, an denen jeweils vier bis fünf Menschen Platz finden können. Die zwanglose Atmosphäre und die kleinen Gruppen bewirken, dass die Teilnehmer beginnen, sich für einander zu interessieren und sich wirklich zuzuhören. Sie verteidigen keine Positionen, sondern lassen sich auf ihr Gegenüber ein.
Ein World Café dient dazu, ein Gespräch zu führen, das ein Thema hat. Es geht um eine Frage oder um eine aufeinander abgestimmte Sequenz von Fragen. Das World Café macht die gemeinsame Antwort der Teilnehmer aus diesen Fragen sichtbar. Auch wenn es in der Regel nicht darum geht, Maßnahmen zu erarbeiten, sieht doch jeder Beteiligte neue Handlungsmöglichkeiten für sich, die er vorher nicht gesehen hatte.
Ein World Café ist sinnvoll, wenn

- → das Wissen und die Intelligenz vieler für ein komplexes Thema genutzt werden sollen,
- → man will, dass »alle mit allen reden« und »alle zusammen denken«,
- → die gemeinsame Sicht aller zu einem Thema oder einer Frage deutlich werden soll oder
- → der Input eines Redners in einer Gruppe sinnvoll verarbeitet werden soll.

Ausführliche Informationen zum World Café finden Sie auf der Homepage von Matthias zur Bonsen: www.all-in-one-spirit.de unter »Werkzeuge«.

Zum Ablauf Ein World Café dauert 45 Minuten bis drei Stunden: Die Teilnehmenden sitzen im Raum verteilt an Tischen mit jeweils vier bis acht Personen. Die Tische sind mit weißen, beschreibbaren Papiertischdecken und Stiften beziehungsweise Markern belegt. Ein Facilitator oder Moderator führt als Gastgeber zu Beginn in die Arbeitsweise ein, erläutert den Ablauf und weist auf die Verhaltensregeln, die Café-Etikette, hin. Im Verlauf des World Cafés werden zwei oder drei unterschiedliche Fragen in aufeinander folgenden Gesprächsrunden von 15 bis 30 Minuten an allen Tischen bearbeitet. Für jeden Tisch gibt es einen Gastgeber. Zwischen den Gesprächsrunden mischen sich die Gruppen neu. Nur die Gastgeber bleiben die ganze Zeit über an einem Tisch: Sie begrüßen neue Gäste, resümieren kurz das vorhergehende Gespräch

und bringen den Diskurs erneut in Gang. Das World Café schließt mit einer Reflexionsphase ab. Die richtigen Fragen sind wesentlicher Erfolgsfaktor für ein World Café. Deshalb wird der Entwicklung dieser Fragen in der Planungsgruppe – gebildet aus einem repräsentativen Querschnitt der zu erwartenden Teilnehmer – besondere Aufmerksamkeit gewidmet. Die Fragen dienen als Attraktor. Sie sind einfach formuliert und sollen auf den Dialog neugierig machen.
Die Rolle der Gastgeber ist in Wikipedia (Stand März 2011) wie folgt beschrieben: »Die Gastgeber, die sich freiwillig melden sollen, haben im World Café eine besondere Bedeutung. Sie achten darauf, dass eine offene, klare und freundliche Atmosphäre entsteht. Die Gastgeber bleiben in der Standardvariante für alle Dialog-Runden an ihrem Tisch und verabschieden in den Übergängen die Gäste, begrüßen die Neuankömmlinge und fassen die Kerngedanken und wichtigsten Erkenntnisse der vorherigen Runde zusammen. Im Verlauf des Gesprächs sorgen sie dafür, dass sich alle beteiligen können und dass wichtige Gedanken, Ideen und Verbindungen von allen auf die Tischdecken geschrieben und gezeichnet werden.«

Einführung Manche Organisationen stehen an einem Punkt, an dem sie zur Standortbestimmung nicht nur einen kleinen, ausgewählten Kreis einladen möchten, sondern eine größere Runde von Mitarbeitern befragen möchten. Das kann bei kleineren Betrieben die gesamte Belegschaft oder eine größere Gruppe Interessierter sein. Ein World Café kann man mit zwölf Personen, aber auch mit mehr als 1.000 Teilnehmern durchführen.
Wer eine aufmerksame, tragfähige Resilienz-Kultur entwickeln und praktisch umsetzen möchte, sollte alle Mitarbeiter der Firma auf ihren unterschiedlichen Verantwortungsebenen bewusst in den Entwicklungsprozess miteinbeziehen. Eine gemeinsam entwickelte Vertrauenskultur ist das Fundament der praktischen Umsetzung.
Vertrauen entsteht durch gegenseitiges Zuhören. Leider wird Mitarbeitern oft viel zu wenig zugehört. Ihre wichtigen Erfahrungswerte von der Basis werden zu wenig ernst genommen und unzureichend analysiert. In vielen Fällen kennen die Mitarbeiter die Schwachstellen des Unternehmens viel genauer als die Führungsspitze. Sie erleben hautnah, was intern schiefläuft: innerhalb ihres Teams, im Austausch mit den unterschiedlichen Abteilungen, in der Produktentwicklung, bei Prozessen und Dienstleistungen, im Umgang mit Lieferanten und im direkten Kontakt mit dem Kunden. Das World Café ist eine wunderbare Methode, um diesen wichtigen Erfahrungen des täglichen Ablaufs Raum zum Ausdruck zu gewähren.

Ziel In kurzer Zeit erhalten Sie wichtige Informationen zu der täglich »gefühlten Wirklichkeit« der Mitarbeiter. Die kreative Atmosphäre lenkt den Blick konsequent auf Lösungen. Es entstehen Energie und Spannkraft, um mit Problemen und Störfallen proaktiv und konstruktiv umzugehen.

Mögliche Fragen Das World Café lebt von prägnanten Fragen, die am besten von den Beteiligten selbst aufgeworfen werden. Zum Thema »Resilienz« eignen sich folgende Fragen:

→ Was schenkt uns Widerstandskraft? Was raubt uns Energie und Stärke?
→ Bei welchen Aufgabenstellungen agieren wir schnell und flexibel? Wann reagieren wir träge und langsam? Wie können wir unsere Flexibilität und unser Tempo systematisch anheben?
→ Was steigert Belastungsfähigkeit – für die Einzelperson, für ein Team, für ein Gesamtunternehmen?
→ Was verstehen wir unter Resilienz? Wie können wir sie gezielt fördern?

Auswertung Die Ergebnisse der einzelnen Tische können von den Gastgebern in Summe vorgetragen werden. Bei einer größeren Teilnehmerzahl bietet es sich an, eine Beamerpräsentation vorzubereiten, um die gesammelten Erkenntnisse am Ende der Gespräche noch einmal an die Wand zu werfen.

Aus der Praxis

Nur wer es mit der Umsetzung wirklich ernst meint, sollte Mitarbeiter befragen

Mit einem größeren Personenkreis in solch einen intensiven Forschungsprozess einzusteigen, ist eine faszinierende Geschichte. Zu Anfang sind die Teilnehmer meist noch zurückhaltend und müssen sich in dem ungewohnten Ambiente zurechtfinden. Je wohler sie sich in den lockeren Gesprächsrunden fühlen, umso lebendiger und einfallsreicher gestaltet sich das Brainstorming. Das unvoreingenommene Reden und offene Zuhören schafft eine besondere Atmosphäre, die eine Initialzündung für einen wirksamen Entwicklungsprozess bilden kann.

Hierzu müssen aber die Geschäftsführung, die Personalabteilung und die Führungsriege voll und ganz hinter dem Projekt stehen. Ich habe an dieser Stelle schon ordentliches Lehrgeld bezahlt.

↗ Beispiel

Einer meiner Kunden schien an der Befragung seiner Mitarbeiter sehr interessiert. Wir konzipierten ein World Café für die gesamte Belegschaft von 240 Personen und konnten die Veranstaltung äußerst erfolgreich in inspirierter, warmherziger Atmosphäre umsetzen. Die Mitarbeiter hatten im Laufe eines Nachmittags eine spannende Analyse der Unternehmenssituation herausgearbeitet und eine Fülle von guten Ideen zusammengetragen, um die Firma wieder richtig auf Vordermann zu bringen. Am Ende der Veranstaltung wurden Termine festgelegt, zu denen die Mitarbeiter über die weitere Vorgehensweise und Umsetzung der vorgeschlagenen Maßnahmen informiert werden sollten.

Daraufhin passierte gar nichts mehr. Die Firma hatte einige große Aufträge abzuwickeln, und über dem operativen Geschäft verblassten all die guten Eindrücke und Inspirationen des Zusammentreffens. Obwohl ich die Geschäftsleitung mehrmals darauf hinwies, die Offenheit und das Engagement der Mitarbeiter nicht zu enttäuschen, kam es zu keiner angemessenen Aktion – woraufhin im gesamten Unternehmen die Atmosphäre deutlich abkühlte. Ich wurde von vielen Mitarbeitern händeringend gebeten, nicht locker zu lassen, was ich auch nicht tat – aber es führte zu nichts.

Rückblickend erkannte ich, dass ich zu Anfang die tatsächliche Bereitschaft zur Weiterentwicklung im Geschäftsführerkreis zu wenig hinterfragt hatte.

Aus dieser schmerzhaften Lehre habe ich viel mitgenommen. Ich lasse mich daher nur noch auf größere Mitarbeiterveranstaltungen ein, wenn die folgenden Schritte schon verbindlich festgelegt sind.

Sollte mithilfe der vorgestellten Übungen die erste Analysephase noch nicht zufriedenstellend abgeschlossen sein, kann ich weitere Übungen anwenden. Gewinnen alle Beteiligten den Eindruck, dass die Klärungsphase sorgfältig durchlaufen wurde, steht nun der nächste Schritt an.

Projekt- und Kommunikationsplanerstellung

Mit gesundem Menschenverstand ans Werk gehen

Nach einer genauen Standortbestimmung der Unternehmenssituation geht es um die Erstellung eines Projektplanes, der die Stärkung der Unternehmens-Resilienz fokussiert verfolgt. Bisherige positive Maßnahmen und Strukturen zum Beispiel in der Personal- und Organisationsentwicklung, der Unternehmens- und Führungskultur, der Kommunikation und des Gesundheitsmanagements werden in die Planung integriert und sinnhaft erweitert. Wurde durch eine differenzierte Analyse der tatsächliche Auslöser eines Defizits aufgedeckt, können Themen durch verschiedene Abteilungen hindurch verfolgt und ihre Umgestaltung von Grund auf angepackt werden.

Weiche Faktoren sind heute zu harten Fakten mutiert – dieser spannenden Tendenz gilt es Rechnung zu tragen. Aus meiner Erfahrung gehören menschliche Stellgrößen genauso systematisch in Managementprozessen abgebildet, wie es bisher mit den sachlichen Einflussfaktoren geschieht.

Klar definierte Ziele, die durch exakt umrissene Maßnahmen in vernünftigen Prozessketten realisiert, kontrolliert und nachgesteuert werden, haben eine hohe Chance, Erfolgsgeschichte zu schreiben. Eine nüchterne, konsequente Herangehensweise mag in manchen Unternehmen noch ungewöhnlich erscheinen – umso mehr liegt es an der Kompetenz des Beraters, den Gewinn und Nutzen solch einer Vorgehensweise herauszukristallisieren.

Befrage ich meine Kunden und Klienten nach ihren bisherigen Erfolgsquoten in der Schulung von weichen Faktoren, hält sich ihre Begeisterung meist in Grenzen. Immer wieder wird das gleiche Phänomen geschildert: Entwicklungsprozesse werden mit großem Enthusiasmus angegriffen, oft lösen pompöse Kick-off-Veranstaltungen gewaltige Erwartungen aus. Auf den ersten Metern werden der angeheizte Optimismus und das Engagement von der Belegschaft mitgetragen, doch bei auftauchenden Hürden und Widerständen herrscht die große Gefahr, dass das anvisierte Ziel nicht konsequent und glaubhaft verfolgt wird. Überall lauert die Fallgrube, dass das operative Geschäft, mit seinen täglich drängenden Herausforderungen, persönliche Reifungsprozesse überdeckt oder gar wegschwemmt. So macht es Sinn, sich zunächst kleine, realistische (Teil-)Ziele zu stecken, um an diesen mit aller Beharrlichkeit und Durchsetzungskraft dranzubleiben. Dazu braucht es natürlich die Bereitschaft und Verbindlichkeit aller Beteiligten zu einer konstruktiven Zusammenarbeit.

Hat sich durch die Standortbestimmung eine erste Marschrichtung herausgeschält, erscheint es angebracht, in der Planungsphase alle Verantwortlichen ins Boot zu holen. Neben der Geschäftsführung und der Personalabteilung braucht es gegebenenfalls das Gespräch mit den Bereichsleitern, dem Betriebsrat, den Betriebsärzten und anderen mehr. Durch gemeinsame Abstimmungen und Absprachen kann ein präziser Projektplan geschaffen und entschieden auf den Weg gebracht werden. Zuständigkeiten gehören definiert, Rollen und Schlüsselpositionen überprüft, realistische Zeit- und Ressourcenpläne ausgearbeitet.

Eine transparente, zuverlässige Informationspolitik sollte alle Maßnahmen begleiten und miteinander verbinden. Es sollten auch Regeln der Verbindlichkeit und Kontrolle konstituiert werden, die von allen Personen akzeptiert und selbstverantwortlich eingehalten werden. Die gemeinsam fixierte Ausrichtung sollte mit Klarheit und Verpflichtung eingeschlagen werden. Handlungskonsequenz und Beharrlichkeit entscheiden letztendlich über den gesamten Erfolg. Wenn die Planung stimmt und alle Beteiligten mit Überzeugung und Elan ans Werk gehen, steht einer Umsetzung nichts im Wege. Hürden, die lange nicht geknackt wurden, können nun systematisch überwunden werden.

Die folgende Übung, die in unterschiedlichen Kontexten konkretisiert werden kann, hilft ungemein, Ziele realistisch anzupacken. Sie demonstriert, in welcher Form man Veränderungen systematisch durchführen kann und greift dabei die Erkenntnisse der Neurobiologie zum Thema »Potenzialentfaltung« auf.

Übung **Raus aus der Box**

Einführung Viele Menschen und Gruppen bewegen sich über Jahre hinweg in einem bestimmten Korridor ihrer Potenzialentfaltung. Ohne dass sie es bemerken, steuern unbewusste Emotionen ihre täglichen Verhaltensweisen und Interaktionen. Um eine tatsächliche Neuerung in einer eingespielten, automatisierten Gefühls-, Denk- und Handlungswelt hervorzurufen, gilt es, mit einem mutigen Schritt aus der persönlichen Komfortzone herauszutreten. Sobald wir Menschen aus einem eingefahrenen Muster ausbrechen und unsere wohlbekannte »Gedankenautobahn« verlassen, werden unterschiedliche Emotionen und Gedankenketten in Bewegung gesetzt (s. S. 122 ff.). Dabei können so unterschiedliche Empfindungen wie Angst, Bequemlichkeit, Freude oder Neugierde auftauchen. Unser Organismus hält gerne am Bekannten fest, weil dieser Zustand Sicherheit und Stabilität suggeriert. Genauso wie unser eigenes System hat sich auch unser Umfeld an bestimmte Eigenarten und Verhaltensweisen von uns gewöhnt. So sind Personen in unserer nächsten Umgebung vielleicht gar nicht begeistert, wenn wir plötzlich unser altbekanntes, einschätzbares Profil verändern. Oft fühlen sie sich durch unsere Positionsveränderung genötigt, auch ihre Verhaltensweisen auf den Prüfstand zu legen – das kann Konflikte hervorrufen. All diese inneren und äußeren Widerstände müssen im Vorfeld einkalkuliert und aktiv in den Wandel integriert werden.

Um eine tief eingeschliffene Handlungsweise oder Situation wirklich zu überwinden, muss man sehr klar und konsequent ans Werk gehen. Erst einmal gilt es, ein kraftvolles Ziel beziehungsweise eine Vision zu schaffen, die mit einer hohen Motivation und Leidenschaft ausgestattet ist. Als Nächstes müssen alle unbewussten Glaubenssätze und Überzeugungen identifiziert werden, damit der Umgestaltungsprozess nicht ungewollt aus alter Gewohnheit untergraben werden kann. Wichtig ist außerdem die eindeutige Definition kleiner, realistischer Teilschritte, die für die beteiligten Personen machbar sind. Mit folgender Übung können die einzelnen Stufen plastisch ausgelegt und Schritt für Schritt durchlaufen sowie überprüft werden.

Ziel Genaue Prozessaufschlüsselung einer fundierten, nachhaltigen Verhaltensänderung. Realistische Maßnahmenerstellung auf menschlicher und fachlicher Ebene für Projektplan.

Material Langes Seil, große, runde Moderationskarte, kleine Moderationskarten, Stifte.

Möglichkeit zur Kleingruppenarbeit Die Übung kann zu zweit absolviert werden. Dabei wird Schritt 1 alleine durchgeführt – ab dann begleitet der Kollege in der Rolle des Coachs den Prozess. Danach werden die Rollen getauscht. Die Übung kann aber auch im (Projekt-)Team gemeinsam durchlaufen werden. Die einzelnen Schritte werden zusammen erarbeitet und im Dialog immer wieder abgestimmt.

Übungsablauf
Schritt 1: Definieren Sie das große Ziel oder ein Teilziel Ihres Projektes, das Ihnen sehr am Herzen liegt und das Sie unbedingt erreichen möchten. Schreiben Sie es in einer klaren, knappen Formulierung auf die große, runde Moderationskarte nieder. Dann formulieren Sie Ihre bisherige »Komfortzone«, bildhaft gesprochen: Ihre »Box«, in der Sie sich innerhalb Ihrer Organisation befinden. Um Ihr Lebensgefühl plastisch auszudrücken, legen Sie mithilfe eines Seils diese Komfortzone aus.

Box

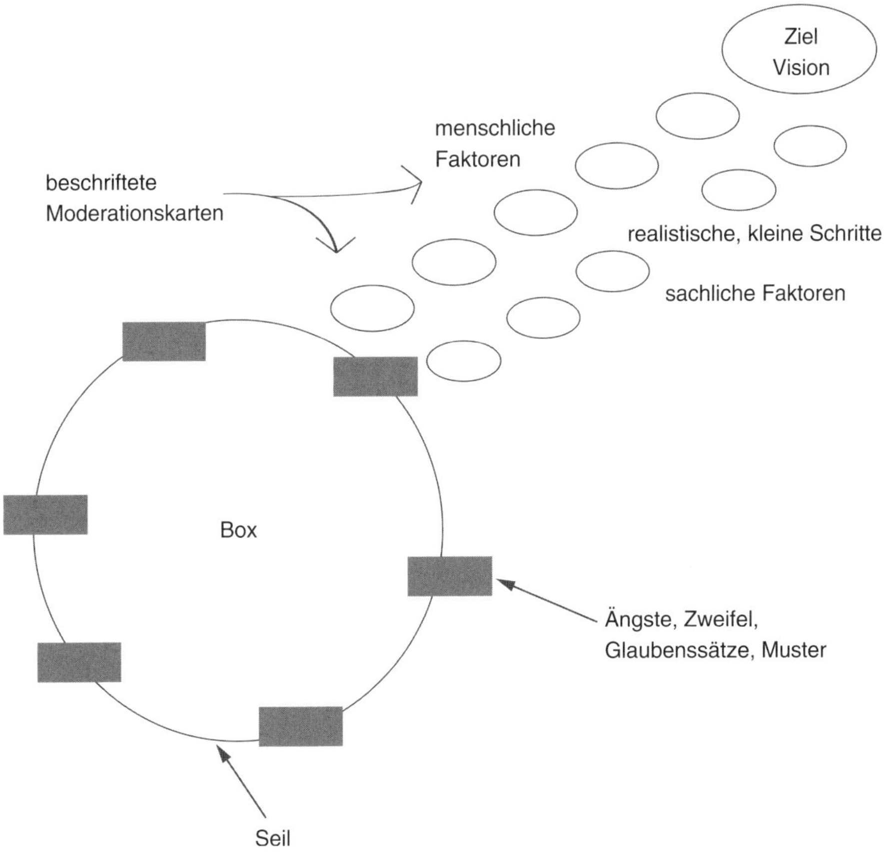

Schritt 2: Treten Sie auf Ihre Zielkarte und stellen Sie sich durch und durch vor, dass Sie dieses Ergebnis erreicht haben. Ihr Kollege, in der Rolle des Coachs, interviewt Sie dabei nach den Botschaften Ihres Körpers, der Gefühle, des Verstandes und der Seele – und kontrolliert, ob Sie dieses Ziel auch wirklich glücklich stimmt. Sollte in Ihrem System eine Irritation auftreten, können Sie Ihre Zielsetzung so lange testen und umdefinieren, bis Sie Ihre Ausrichtung als stimmig erleben.

Schritt 3: Nun treten Sie in Ihr bisheriges Arbeitsgefüge beziehungsweise Organisationsgefüge und spüren genau dem Unterschied nach: Wie fühlt er sich in Ihrer altbekannten Situation an im Gegensatz zu dem Zustand des realisierten Ziels? Lassen Sie sich Zeit, in Ruhe zu erforschen, welche Vorteile Ihnen Ihr bisheriger Zustand gebracht hat! Im weiteren Verlauf studieren Sie, welche tief verankerten Glaubenssätze, Überzeugungen, Muster und Prägungen Sie in Ihre Box gebracht haben und nun darin verweilen lassen. Die Glaubenssätze, Ängste, Zweifel, Bequemlichkeiten, guten Gründe etc. werden auf Moderationskarten niedergeschrieben und in oder um das Seilbild ausgelegt.

Schritt 4: Prüfen Sie, ob Sie bereit sind, aus Ihrer altbekannten Arbeitssituation herauszutreten und etwas Neues zu wagen. Sobald es für Sie stimmig ist, verlassen Sie Ihre Box und bewegen sich auf Ihr Ziel zu. Sie definieren klare, realistische Teilschritte auf Sach- und Beziehungsebene, die Sie Ihr Vorhaben systematisch gelingen lassen. Schlüsseln Sie gemeinsam jeden bisherigen Widerstand beziehungsweise jegliche Ausrede und Entschuldigung auf. Machen Sie sich Ihr persönliches Entwicklungspotenzial sichtbar – und fassen Sie Mut und Verständnis, dass Sie nichts und niemand an Ihrer Erfüllung hindern kann, wenn Sie konsequent an Ihren Entscheidungen festhalten. Die Teilschritte werden auf Moderationskarten geschrieben und können die Grundlage für einen Projektplan bilden.
Sollten Sie spüren, dass Sie noch nicht bereit sind, Ihre jetzige Komfortzone zu verlassen und Sie innerliche oder äußere Umstände dazu zwingen, in dieser Konstellation zu verharren, dann setzen Sie sich auf keinen Fall unter Druck! Extrahieren Sie Perspektiven, mit denen Sie Schritt für Schritt an Ihrer inneren Haltung arbeiten können. Mit Geduld werden sich weitere Möglichkeiten auftun.

Schritt 5: Zum Schluss durchwandern Sie noch einmal den gesamten Prozess und inspizieren die Ergebnisse. Aus den definierten Schritten können Sie gemeinsam einen Projekplan erarbeiten, der die üblichen Fallgruben des operativen Geschäfts detailliert berücksichtigt.

Aus der Praxis

Bisherige Hinderungsgründe systematisch miteinbeziehen

»Raus aus der Box« ist eine tolle Übung, um schnell auf den Punkt zu kommen. Durch ihre verschiedenen Stufen wird ein in sich komplexer Prozess transparent und nachvollziehbar dokumentiert. Der Klient oder eine Gruppe sind als Erstes herausgefordert, ein gutes Ziel zu formulieren. »Gut« bedeutet: nicht zu klein und nicht zu groß, den wahren Anliegen und Sehnsüchten entsprechend, unter Berücksichtigung der realen Bedingungen und Ressourcen.

Durch das Hineinstellen in das Anliegen und den sorgfältigen Abgleich mit den Botschaften von Körper, Herz, Verstand und Seele kann die Ausrichtung aufmerksam überprüft und hinterfragt werden. Ein stimmiges, emotional positiv aufgeladenes Ziel kann regelrecht als Magnet dienen und unglaubliche Energien freisetzen. Man sieht es Personen sofort an, wenn sie auf einem erfüllenden Herzenswunsch stehen: Ihr Körper richtet sich auf, die Augen strahlen, ihre Stimme wird fest und klar.

Betreten Sie danach Ihren Seilkreis als Abbild Ihres jetzigen Arbeits- beziehungsweise Organisationsgefüges, spricht Ihr Körper zumeist auch Bände. Er bringt unmissverständlich zum Ausdruck, wie Sie tatsächlich empfinden – und diese Emotionen gilt es, sichtbar zu machen. Gefühle auf Moderationskarten zu schreiben und übersichtlich auf dem Boden auszulegen, kann enorm Augen öffnend wirken. Unbewusste Gefühle und Empfindungen, die bisher die Umsetzung von guten Vorsätzen sabotiert haben, können aufgeschlüsselt und bewusst integriert werden. Die Definition von kleinen, realistischen Teilschritten, die sich auf sachlicher und menschlicher Ebene abbilden, erzeugt auf dem langen Weg zum Ziel jede Menge Halte- und Ankerpunkte. Wem es mit seiner Potenzialentfaltung wirklich ernst ist, kann mit dieser Systematik jede noch so verzwickte Problemstellung lösen. Der wichtigste Punkt dabei ist, dass die bisher unbewussten »Verhinderer« ans Licht gebracht werden, und jeder noch so unangenehme oder beängstigende Aspekt eine Würdigung und Zuordnung findet. Die Sichtbarmachung, Wertschätzung und Integration ungeliebter Anteile der eigenen Person, einer Gruppen- oder auch Unternehmensdynamik können gänzlich neue Entwicklungswege extrahieren.

Diese Art der Projektplanerstellung unterscheidet sich von einer mental gesteuerten Vorgehensweise, da sie viel Raum für feingestimmte Wahrnehmungen und Empfindungen lässt. Auch an dieser Stelle beweist sich die wahre Bereitschaft eines Unternehmens, sich auf neue Wege und inspirierende Experimente einzulassen.

Gezieltes Resilienz-Training der Führungskräfte

Kompetenzen für die globalisierte Arbeitswelt entwickeln

Die gezielte Schulung von Führungsverantwortlichen rangiert bei der Resilienz-Entfaltung zumeist an erster Stelle. Wie schon erörtert, hat das Arbeitsleben in den letzten Jahrzehnten so enorm an Komplexität und Geschwindigkeit zugenommen, dass Menschen in Unternehmen und Organisationen mit ständigen Veränderungsprozessen zurechtkommen müssen. Führungskräfte sind besonders herausgefordert, sich selbst und ihre Mitarbeiter ruhig und stabil durch vielschichtige Prozesse zu geleiten. Wie hochspezialisierte Bergführer müssen sie mit den unterschiedlichsten Einflussfaktoren flexibel umgehen – und dafür vor allem sich selbst gut kennen und ausgeglichen steuern können. Dabei müssen sie gleichzeitig verschiedene Anspruchsgruppen bedienen: Die Unternehmensleitung, den Kunden, die Zulieferer, die Kollegen, die Mitarbeiter im eigenen Team, gegebenenfalls die persönliche Assistenz, die Familie, den Freundeskreis, die eigenen Bedürfnisse ... Führungsverantwortliche haben viele Bälle gleichzeitig in der Luft, und keiner sollte verloren gehen!

Hier eine Beschreibung direkt aus der Praxis, die mir die Personalabteilung einer Firma als Vorinformation für eine Veranstaltung zusandte:

↗ Beispiel

»Unsere Führungskräfte unterliegen in diesen Monaten zahlreichen zusätzlichen Belastungen:

- → personelle Umschichtungen: Hinzukommen/Verlust von Mitarbeitern als Funktionsträger an die jeweils andere Unternehmensgruppe
- → Abgeben und Hinzubekommen von Aufgaben
- → Finden der eigenen Vorstellung von Führungsaufgaben bei veränderten oder erweiterten Aufgaben
- → Entwickeln eines neuen persönlichen Konzeptes für den neuen eigenen Verantwortungsbereich
- → Einarbeiten der Mitarbeiterinnen und Mitarbeiter in veränderte/erweiterte Aufgaben
- → Erkennen von Ängsten und Befürchtungen zur neuen Arbeitssituation
- → Motivation der Mitarbeiter für die Veränderungen als Chance
- → Klärung von Schnittstellen bei Übergabe/Übernahme erweiterter/anderer Aufgaben
- → Erstellen und Abstimmung von Beurteilungen und Zwischenzeugnissen.«

Mit solch einem Arbeitspaket sind viele Führende zusätzlich zu ihrem normalen operativen Arbeitsalltag konfrontiert – nicht als Ausnahmeerscheinung, sondern als Dauerzustand. Durch die Geschwindigkeit der Veränderungen sind Geschäftsführer und Führungskräfte angehalten, sich vor allem im menschlichen, sozialen und kommunikativen Bereich weiterzuentwickeln. Sie brauchen ein klares, felsenfestes Werteverständnis – schnelle Auffassungsgabe – vernetztes Denken – Verständnis für komplexe Zusammenhänge – einen gesunden, realistischen Menschenverstand – passendes, maßvolles Auftreten – Begeisterung und Kraft für ständige Veränderung – gelungene Kommunikation – effiziente Interaktion – die Fähigkeit, Wesentliches von Unwesentlichem zu unterscheiden – hohe soziale Kompetenz – ausgereiftes Führungsverhalten – differenzierte Wahrnehmung von Belastungsgrenzen – kompetente Selbststeuerung – Selbstverantwortung für die eigene Gesundheit und Life-Balance – Eigenengagement und Selbstdisziplin …

Um all diese Fähigkeiten entfalten und umsetzen zu können, braucht es kontinuierliche, gezielte Schulung, die es Geschäftsführern und Führungskräfte erlaubt, ihren Platz im Unternehmen souverän und erfolgreich ausfüllen zu können. Im Buchteil IV wird auf die besondere Form des Resilienz-Trainings für Führende eingegangen. Die folgende Übung präzisiert den ersten Einstieg einer solchen Schulung – es handelt sich um eine erste Bestandsaufnahme der persönlichen Fähigkeiten und Einschränkungen.

↘ Übung

Realistisches Stärken- und Schwächenprofil

Einführung Gerade erfolgreiche, schnell wachsende Unternehmen haben das Problem, die höchst wichtigen Positionen der Führungsverantwortlichen optimal zu besetzen. Oftmals werden Personen aus ihrer fachlichen Kompetenz heraus befördert, denen die emotionale Intelligenz zur achtsamen Mitarbeiterleitung noch fehlt. Die Situation ist für alle Beteiligten äußerst unbefriedigend. Oder es wird Personen, die sich in einem kleineren Kreis von Angestellten sicher bewegen, die Verantwortung für größere Teams übertragen – auch dies bedingt Reibungsverluste und Negativerlebnisse.
Der andere Fall ist aber ebenso gut möglich: dass der Führende eine »gute Hand« für Menschen besitzt, sich mit der fachlichen Materie aber zu wenig auskennt beziehungsweise auseinandersetzt. Hier kann es zu Anerkennungsverlusten aus sachlichen Gründen kommen. Wie so oft, geht es gerade in diesem Kontext darum, eine gesunde Mitte zu finden. Eine Führungskraft kann und braucht kein Übermensch zu sein, sollte sich aber der geforderten Aufgabenfelder wohl bewusst sein. Ein realistischer Selbstbild- und Fremdbildabgleich kann ein inspirierender Ausgangspunkt sein, um die eigenen Fähigkeiten systematisch zu erweitern – oder sich gegebenenfalls von Aufgabenfeldern zurückzuziehen.

Ziel Überprüfung der eigenen Kompetenz in folgenden Feldern:
- → Fachliches
- → Organisatorisches
- → Soziales
- → Führung
- → Selbstführung

Anschließend werden die einzelnen Bereiche in ihrem Zusammenwirken aus der Perspektive der Resilienz inspiziert.

Material Pinnwände oder DIN-A3-Papier, Stifte.

Möglichkeiten zur Kleingruppenarbeit Die Selbsteinschätzung wird von jeder Person alleine durchgeführt. Danach kommt es zum Austausch und Feedback – das Selbstbild wird mit den Eindrücken und Wahrnehmungen der Kollegen verglichen. Dies kann in einem Zweiergespräch geschehen, in einer Kleingruppe und/oder in der großen Runde.

Übungsablauf
Schritt 1: Gehen Sie in der Gruppe die fünf unterschiedlichen Kompetenzfelder durch, und tragen Sie gemeinsam Eigenschaften zusammen, die für die einzelnen Themenfelder relevant erscheinen.
Im Bereich »Führung« können es Kriterien wie zum Beispiel Mitarbeitergespräche, Feedback geben, Kritikgespräche führen, Delegieren, Priorisieren, Strategieentwicklung, Leitung von Meetings, Führung der Assistenz sein.

Schritt 2: Beschriften Sie ein großes Papier mit den fünf Bereichen und unterteilen Sie diese nochmal in:
→ hohe Kompetenz
→ gute Mitte
→ verbesserungswürdig

Stärken – Schwächen – Profil

	fachlich	organisatorisch	sozial	Führung	Selbstführung
hohe Kompetenz					
gute Mitte					
verbesserungswürdig					

Schätzen Sie sich selbst ein, und ordnen Sie Ihre Stärken und Schwächen auf der Skala ein. Sie erstellen damit einen Gesamtüberblick über Ihre derzeitigen Fähigkeiten und Ihre potenziellen Entwicklungsmöglichkeiten. Betrachten Sie das Zusammenwirken Ihrer Fähigkeiten beispielsweise in Bezug auf innere Stärke, Ruhe, Kraft, Klarheit, Belastungsfähigkeit, Flexibilität.

Schritt 3: Gleichen Sie Ihr eigenes Selbstbild mit dem Eindruck ab, den die Kollegen (beziehungsweise die Mitarbeiter, der Arbeitgeber, der Coach) von Ihnen gewonnen haben. Überlegen Sie gemeinsam, in welche Ihrer Potenziale Sie gezielt Energie investieren möchten beziehungsweise sollten, um insgesamt Ihre persönliche Resilienz zu erhöhen.

Aus der Praxis

Mut zur Lücke

In der Zusammenarbeit mit Spitzensportlern sticht mir eine Eigenschaft besonders ins Auge: ihre Offenheit, besser gesagt, ihr dringendes Bedürfnis, so schnell wie möglich aus Fehlern zu lernen. Leistungssportler haben es komplett verinnerlicht, dass sie nur durch Erlebnisse in Grenzsituationen ihr Spektrum erweitern können. So suchen Sie bewusst die Grenzerfahrung, in der sie scheitern oder auch einen großartigen Lernerfolg erzielen können. Durch Trainingssituationen haben sie natürlich die Möglichkeit, sich erst einmal in abgepolstertem Terrain, quasi ins Unreine, zu erproben. Dafür müssen sie im Wettbewerb umso mehr ertragen, im Licht der Öffentlichkeit zu stehen. Jeder kleinste Fehler wird beäugt und zerpflückt. Um berechtigte oder unfaire Kritik möglichst unbeschadet überstehen zu können, brauchen diese Spitzensportler an sich eine hohe Resilienz.

Ihr zum Teil stählernes Selbstvertrauen hilft ihnen, Mut zur Lücke zu zeigen. Diese innere Courage würde ich vielen Führungskräften auch wünschen, um möglichst zügig ihr eigenes Spektrum – zum Wohle aller – erweitern zu können. Leider existiert in deutschen Schulen, Universitäten und Unternehmen kaum eine ausgeprägte Fehlerkultur. Ganz im Gegenteil – von klein auf werden wir dazu getrimmt, bei Schwäche Strafe zu erwarten. Diese Atmosphäre hindert uns daran, unser eigentliches Potenzial neugierig auszuloten und somit die Chance zu einer gezielten Fortentwicklung zu nutzen. Die meisten meiner Seminarteilnehmer bitten zwar um Feedback, wirken aber extrem angespannt, sobald es zu einer ehrlichen Einschätzung kommt.

So gilt es, die Übung sehr feinfühlig anzumoderieren und während der Dialoge auf eine wertschätzende, unterstützende Kommunikation zu achten. Gelingt es den Teilnehmern, sich selbst unvoreingenommen und möglichst wertfrei einzustufen, können sie mit dem Feedback konstruktiv umgehen. Somit ist eine starke Basis für den weiteren Trainingsaufbau gelegt. Mehr dazu ab S. 246.

Systematisches Einzelcoaching von »Schlüsselpersonen«

Manche Themen lassen sich nur im Einzelcoaching bearbeiten

In den Resilienz-Trainings versammeln sich zumeist Menschen, die tief liegende Fragestellungen in sich bergen: große Verantwortung, viel Arbeit, hoher Druck, wenig Zeit, Beruf und Privatleben, die unter einen Hut passen sollen ... Das ist die Lebenssituation vieler Geschäftsführer und Führungskräfte, die für ihren Job – ähnlich wie die Leistungssportler – von Haus aus eine hohe Stressresistenz benötigen. Manchmal wird das System aber komplett überlastet, und der Akkustand neigt sich einem bedenklichen Tiefstand zu. Sobald wir die Übung »Das Energiefass« (s. S. 117 ff.) ansteuern und ich die Frage nach dem individuellen Energiepegel stelle, offenbart sich ein ernst zu nehmendes Bild. Gerade in den Führungskräftetrainings zeigt sich, dass vielen Teilnehmern schon längere Zeit nur noch 20–50 Prozent ihres Kräftepotenzials zur Verfügung stehen.

Innerhalb des gemeinsamen Trainings können viele Fragen und beachtliche Probleme beackert werden. Je intensiver es sich allerdings um private beziehungsweise biografische Themen handelt, desto eher sollte zu der Gruppenarbeit eine Einzelbegleitung hinzugezogen werden, um gewichtigen Inhalten sorgfältig auf den Grund zu gehen.

Geschäftsführer wählen zumeist von Anfang an die Möglichkeit des Einzelcoachings, da sie sich in diesem Rahmen sicherer fühlen. Nach positiver Erfahrung dringen sie darauf, dass auch weitere, für das Unternehmen wichtige Funktionsträger sich auf einen Einzelprozess einlassen. Das Einzelcoaching, das sich meistens über zwei bis drei Tage erstreckt, ist das stärkste Mittel, das mir zur Verfügung steht, um einen Menschen in seiner Resilienz-Entfaltung zu stärken. An dieser Stelle möchte ich kurz die Grundstrukturen des H.B.T.-Coachings reflektieren. Im »Handbuch Integrales Coaching« wird die Methode anhand vieler Übungen und Fallbeispiele ausführlich vorgestellt.

Stabile Grundstruktur für den Coachingprozess

Im Einzelcoaching arbeite ich mit einem klar definierten Kernprozess, den ich mit den meisten meiner Klienten durchlaufe. Dieser strukturierte Handlungspfad hat sich im Laufe der Jahre herausgebildet. Das bedeutet: Ich habe ihn nicht theoretisch zusammengestellt, sondern er ist praxisnah durch die Bedürfnisse der Klienten gewachsen. Wie ich schon ausführte, kommt die Mehrheit der Personen mit einem speziellen Anliegen zu mir – ihnen geht die Kraft aus, sie sehen keinen Sinn mehr in ihrer Arbeit, der Körper zeigt ernst zu nehmende Symptome, sie kommen mit den Problemen ihrer Mitarbeiter nicht zurecht und vieles mehr. Diese von ihnen benannte Thematik ist genau der Schuh, der sie drückt. Mit dieser konkreten Problematik ist oftmals eine Vielzahl anderer Inhalte verwoben, die mit dem Grundthema verbunden sind oder direkten Einfluss darauf nehmen.

Daher ist es sinnvoll, die Person von Beginn an in ihrer gesamten Lebenskonstellation zu erfassen. Nur so können auch verzweigte Abhängigkeiten sichtbar gemacht werden. Gleichzeitig werden wesentliche Einflussfaktoren in der Entwicklungsgeschichte des Klienten systematisch herausgefiltert. Aus vielen Erfahrungen weiß ich, dass die Wurzeln der aktuellen Probleme meistens in tief verankerten Mustern und Prägungen verborgen liegen, die den Menschen unbewusst steuern.

Allein durch die Betrachtung der aktuellen Lebenssituation und der persönlichen Entwicklungsgeschichte ergeben sich folgende Themen, die jeden der Klienten betreffen:

- → gegenwärtige Lebensgestaltung
- → biografischer Lebensweg
- → Glaubenssätze, Muster und Prägungen
- → Ausprägung des inneren Richters, des Antreibers (Über-Ich)
- → Beziehungsfähigkeit zu sich selbst und anderen
- → aktive Nutzung von Ressourcen
- → Selbstvertrauen, Selbstbewusstsein
- → bewusster Umgang mit Grenzen
- → Einschränkungen durch Traumatisierung (oder psychische Störungen)
- → Pflege des persönlichen Energiehaushalts
- → Auftreten, Klarheit und Präsenz
- → Ausrichtung, Umsetzung und Handlungskonsequenz

Für all diese Themen habe ich entsprechende Übungen generiert, die sich in einem Einzelcoaching direkt und einfach anwenden lassen. Schritt für Schritt verwebe ich die einzelnen Inhalte in einem aufeinander aufbauenden Handlungsstrang. Dieser Prozessablauf gliedert sich in vier Stufen: Klärung, Entlastung, Ausrichtung und Umsetzung.

Die einzelnen Schritte lassen sich zwar begrifflich voneinander abgrenzen. Während der praktischen Arbeit gestalten sich ihre Übergänge allerdings fließend. So kann ein Übungsaufbau, der im Hauptfokus das Thema Klärung verfolgt, auch entlastend oder ausrichtend wirken. Während der ersten Prozessstufe können sich schon Impulse für Umsetzung und Handlungsoptionen ergeben, diese sollten dann aber durch vertiefende Übungen hinterfragt und abgesichert werden.

Der Kernprozess

Als Erstes nehme ich mit dem Klienten (wie in der Teamarbeit) eine genaue Standortbestimmung vor. In dieser Phase setze ich Übungen ein, die alle relevanten Lebensfelder und Themen in einer Gesamtschau abdecken. Mithilfe des Human-Balance-Kompasses (s. S. 60) erarbeite ich eine übersichtliche Grundstruktur, von der aus ich unterschiedliche Aufgaben ableiten kann.

Der Klient untersucht seine aktuelle Situation, indem er sich sowohl die Lebensfelder in ihrer Qualität und Ausformung einzeln betrachtet als auch das Zusammenspiel aller Motive überprüft. Er erforscht die einzelnen Rollen, die er im Leben übernommen hat; dabei beleuchtet er seine Stärken und Schwächen, Kompetenzen und Ressourcen.

Sobald sich seine gegenwärtige Situation transparent erschließt, wenden wir uns der Biografie im Detail zu. Es wird geklärt, welche seiner Erfahrungen hier und heute konstruktiv und unterstürzend auf ihn einwirken und welche seiner Erlebnisse einen einschränkenden oder gar destruktiven Einfluss auf ihn haben. Immer wieder höre ich von Klienten folgende Aussage:

↗ Beispiel

»Ach, eigentlich weiß ich, wie sich mein Leben bisher aufgebaut hat. Ich habe schon mehrfach versucht, meine Denk- und Verhaltensweisen zu ändern – aber das geht nicht so einfach. Ich stoße mit meinen Bemühungen immer wieder an Grenzen und falle in alte Muster zurück. Ich müsste mir viel mehr Zeit nehmen. Und vor allem müsste ich endlich mit Konsequenz an meinen Veränderungswünschen dranbleiben.«

Die Menschen, die ins Coaching kommen, kennen ihre Themen – sie benötigen aber eine wirkungsvolle, konkrete Unterstützung, um ihre inneren Hürden tatsächlich überwinden zu können. Dafür braucht es tiefer gehende Methoden, mit deren Hilfe es zu Entlastung und Heilung kommen kann. Tief gebundene, verstrickte Energien können mit der passenden Methodik selbst in kurzer Zeit freigesetzt werden. Alte Wunden, die oft schon über Jahrzehnte mitgeschleppt werden, treten ans Licht und können durch achtsam angeleitete Prozesse Schritt für Schritt erkannt und verwandelt werden. Diese vielschichtigen, feinsinnigen Transformationsprozesse, in die Körper, Herz, Verstand und Seele gleichwertig eingebunden sind, bilden das Herzstück des Einzelcoachings, denn hier passiert die wahre Weiterentwicklung. Klienten, die Altlasten abwerfen, erleichtern ihren Lebensrucksack von schweren Gepäckstücken. Aus dieser befreiten Position fällt es ihnen viel leichter, Ziele und Visionen anzuvisieren und sich an eine kraftvolle Umsetzung ihrer Anliegen zu machen.

Den Kernprozess begleitet ein gezieltes Bewusstseinstraining, das den Klienten von Anfang an in die Pflicht der Selbstverantwortung nimmt. Es bietet ihm realistische Schritte, mit denen er aus eigener Kraft sein Glück schmieden kann. Der Erfolg des Coachings dependiert von beiden Personen: von der Integrität, der Einfühlsamkeit und Klarheit des Coachs genauso wie von der Authentizität, der Offenheit und Konsequenz des Klienten.

Resilienz-Training der Mitarbeiter

Ruhe, Kraft und Effizienz

Erfreulicherweise begegnen mir immer mehr Firmen, die sowohl ihren Führungskräften als auch allen anderen interessierten Mitarbeitern resilienzfördernde Maßnahmen zur Verfügung stellen (ausführliche Beschreibung im Buchteil II). Zunehmend erkennen Geschäftsführer, dass die körperliche sowie geistige Kraft und Gesundheit ihrer Arbeitnehmer die Basis von dauerhafter Leistungsfähigkeit bilden. Da viele Mitarbeiter heute unter großer Anspannung leiden, gehört die Fähigkeit der verantwortungsbewussten Selbststeuerung aktiv geschult. Vielen Menschen fällt es leichter, Anforderungen von außen nachzugeben, als für sich selbst gut zu sorgen. Die klare Formulierung und Zufriedenstellung der eigenen Bedürfnisse bleibt allerdings unverzichtbar.

Bin ich mit mir selbst im Lot? Bemerke ich, in welchen Bereichen meines Lebens ich mich übernehme? Kann ich Grenzen setzen? Respektiere ich Grenzen? Was hilft mir im Alltag, mich in meiner ruhenden Mitte zu verankern? Kann ich mir selbst Glück und Erfüllung schenken? Wie lerne ich offen und neugierig mit Veränderungen umzugehen? Bei diesen Fragen klar zu sehen, hilft in jeder Beziehung. Wertschätzung und Respekt, die man sich selbst entgegenbringt, sind die Basis authentischen Wirkens in der Welt. Durch die tiefe Reflexion von Denk- und Verhaltensmustern lassen sich Symptome der Überbelastung an ihrer Wurzel erkennen und dauerhaft verändern. Innere Stabilität in Zeiten ständiger Veränderung und Komplexitätsbewältigung fungieren dabei als zentrale Themen, genauso wie die sorgfältige Pflege des persönlichen Energiehaushalts. Die Fähigkeit zur klaren Kommunikation wird umfassend geschult – auch der proaktive Umgang mit Konflikten.

Das Resilienz-Training unterstützt zum einen den einzelnen Mitarbeiter, mit sich selbst und anderen bewusst umzugehen. Zum anderen regt es aus verschiedensten Perspektiven an, die neu gewonnenen Erkenntnisse in das private und berufliche Umfeld hineinzutragen. So gehen am Ende eines Trainings die Teilnehmer in Kleingruppen der Frage nach, wie sie die innere Haltung der Widerstandskraft und Beweglichkeit in ihrem Team beziehungsweise im Unternehmen aktiv verwirklichen können. Ich fordere sie explizit dazu auf, bei der Entwicklung einer gemeinsamen Kultur konstruktiv zu agieren. Viele Personen sind sehr dankbar, dass ihnen das Unternehmen die Fortbildung finanziert hat, und möchten nun durch ihr Engagement für das Thema etwas zurückgeben. Diese Energie sollte von Unternehmensseite unbedingt genutzt und durch firmeninterne Maßnahmen vorangetrieben werden. Eine weitere Möglichkeit, Synergien optimal auszunutzen, besteht darin, mit gesamten Teams Resilienz-Trainings zu initiieren.

Stärkung der Teams und Schnittstellen

Kraft von innen nach außen freisetzen

In den letzten Jahren hatte ich öfter das Vergnügen, mit Hochleistungsteams arbeiten zu können, die für ein wichtiges Projekt zusammengestellt wurden. Jedes Teammitglied an sich galt als Experte auf seinem Gebiet und hatte genaue Vorstellungen, wie er seine Aufgabenbereiche anpacken wollte. Innerhalb eines Teams braucht es neben der fachlichen Kompetenz aber auch viel Kommunikationsgeschick, das nicht jedem in die Wiege gelegt ist. Gerade Spezialisten können für sich allein gesehen äußerst erfolgreich sein. In dem Moment, wo es um Abstimmung und Zusammenspiel geht, kann sich ihre Selbstwirksamkeit aber komplett verändern. Dieses Phänomen tritt natürlich in jeder Art von Gruppenarbeit auf.

Eine Kette ist so stark wie ihr schwächstes Glied. So gilt es, in einem Team jedes einzelne Mitglied in seinem persönlichen Potenzial wahrzunehmen, zu fördern und zu einem optimalen Teamplayer auszubilden. Dabei ist eine gelungene Kommunikation das Fundament effizienter Interaktion. Auch die Entlastung des Teams von hemmenden und blockierenden Faktoren setzt Kräfte frei und erlaubt eine engagierte Konzentration auf die gemeinsamen Fähigkeiten. Gegenseitiges Vertrauen und das Erleben von Sinn sowie Freude am gemeinsamen Werk wirken als der stärkste Antrieb auf dem Weg zum Erfolg.

Das Thema »Resilienz« bettet eine Teamschulung in einen besonderen Hintergrund. Ich möchte sagen, dieser spezielle Fokus kann wie ein Turbo agieren und viele wichtige Aspekte direkt auf den Punkt bringen. Die Einladung zu einem Training der inneren Widerstandskraft und Flexibilität löst in vielen Menschen ein besonderes Interesse aus, über tiefer liegende Zusammenhänge in der eigenen Person und im Wechselspiel mit dem Umfeld nachzudenken. Gerade mit den »Hochleistern« konnte ich fantastische Erfahrungen sammeln, wie viel positiven Einfluss die Arbeit an der inneren Haltung jedes Einzelnen auf die Interaktion im Team ausübt. Das gemeinsam gewachsene Vertrauen und Verständnis setzten große Energien frei. Anspruchsvolle Ziele können konkretisiert, straffe Zeitpläne eingehalten, nötige Ressourcen klaglos nachgeschoben werden. Innere Ordnung kann Höchstleistung entfalten – das habe ich eindrucksvoll erleben dürfen!

Im Buchteil V fokussiere ich detailliert auf diese spezielle Form des Teamtrainings. Nun folgt eine Übung, die als guter »Opener« für den Gruppenprozess fungieren kann.

↘ Übung **Das Teamrad**

Einführung Viele Teams wenden sich mit einem bestimmten Problem auf fachlicher oder menschlicher Ebene an mich, das wie immer mit vielen anderen Aspekten korrespondiert. Um ihnen diese Gesamtkonstellation bildhaft vor Augen zu führen, lasse ich sie am Boden ein Abbild ihres Teamgefüges in Form eines Rads legen. Durch die spielerische Aufgabenstellung kommen sie mit vielfältigen Facetten ihrer Zusammenarbeit ungezwungen in Kontakt. Sie bewegen sich, arbeiten am Boden, können sich das Schaubild betrachten und gleichzeitig durchwandern – mehrere Sinneskanäle sind von Anfang an involviert.

Ziel Die Untersuchung der Teamsituation unter Berücksichtigung unterschiedlicher Aspekte. Genaue Aufschlüsselung der einzelnen Themengruppen und Verständnis für die gegenseitige Abhängigkeit der Bereiche.

Material Ein langes Seil (zum Beispiel ein Bergsteigerseil), kurze Seile (zum Beispiel Sprungseile), eine runde Moderationskarte, weitere Moderationskarten, Schreibbrett, Stifte und Papier.

Übungsablauf
Schritt 1: Die Gruppe trägt gemeinsam relevante Aspekte ihrer Teamarbeit zusammen. Das können spezifische Resilienz-Themen sein als auch andere (letztendlich spielen alle in die Thematik hinein):
- → Widerstandskraft des Teams
- → Klarheit in Zielen und Visionen
- → Rollenbesetzung und Aufgabenverteilung
- → deutliche Ansagen
- → Prozessketten und Schnittstellen
- → Flexibilität und Umgang mit unvorhergesehenen Veränderungen
- → Information
- → Kommunikation im Team
- → Kommunikation zwischen Führungskraft und Mitarbeiter
- → Verbindlichkeit in den Absprachen
- → Vertrauen
- → Konsequenz
- → Belastungsfähigkeit der einzelnen Teammitglieder
- → Zeitmanagement und Zeitressourcen
- → Eigenmotivation und Selbstverantwortung

Es sollten nicht mehr als acht bis zehn Themenbereiche zur Weiterbearbeitung evaluiert werden. Für jeden Aspekt wird ein Blatt beschriftet.

Schritt 2: Mit dem langen Seil legt die Gruppe einen großen Kreis, ein Rad, auf dem sie die einzelnen Blätter intuitiv anordnet.

Schritt 3: Nun stellen sich die Teilnehmer die Frage nach dem inneren »Kraftzentrum« ihrer Zusammenarbeit und platzieren die runde Moderationskarte symbolisch als Nabe in den Kreis – mit nahem oder weitem Abstand zu den einzelnen Bereichen, ganz wie es ihrer gefühlten Wirklichkeit entspricht.

Schritt 4: Die kurzen Seile werden nun bildlich als Speichen ausgelegt. Fühlt sich die Gruppe in einem Aspekt besonders gut aufgestellt, legen sie das Seil fest und stark, 100 Prozent ganz nach außen. Fühlen sie sich dagegen in einem der Themenfelder weniger sicher, gestalten sie das Seil dementsprechend (dünner, eckiger, weniger weit nach außen). Am Ende soll ein Abbild ihres »Teamrads« entstehen, das mehr oder weniger rund läuft.

Das Teamrad

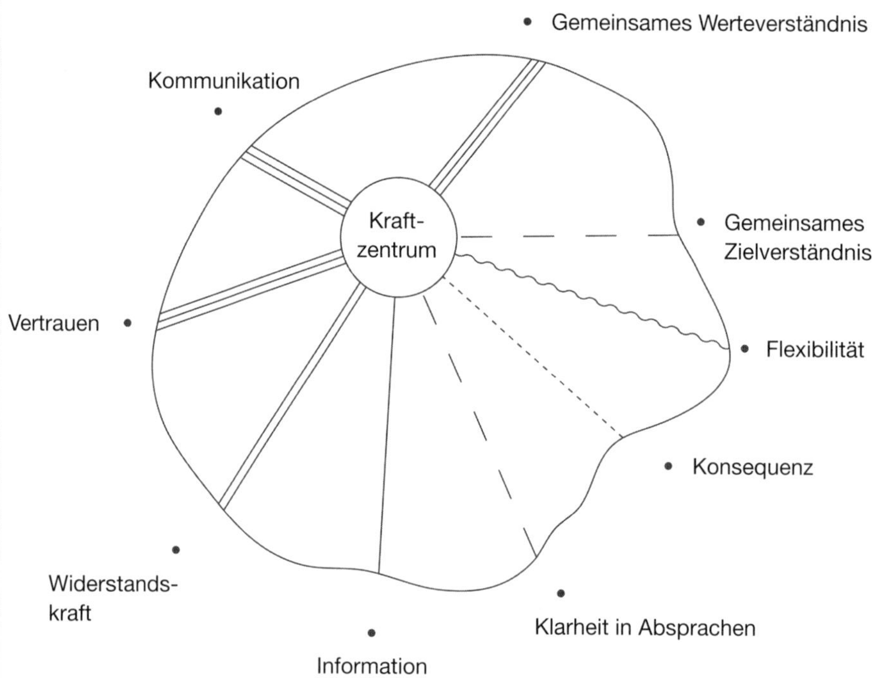

Schritt 5: Die intuitiven Einschätzungen werden durch ein tiefer gehendes Gespräch überprüft. Jeder Aspekt wird genau durchgesprochen, passende Praxisbeispiele auf Moderationskarten vermerkt und in das Rad mit hineingelegt. Möglicherweise verändert sich durch die genaue Beschäftigung mit dem Inhalt noch die Interpretation der Speichen.

Schritt 6: Die Gruppe lässt das ganze Rad auf sich wirken. Nachdem der Ist-Zustand der Zusammenarbeit sorgfältig analysiert ist, benutzt die Gruppe die Struktur des Teamrads, um als Nächstes den Soll-Zustand abzubilden. In welche Richtung soll sich ihre Zusammenarbeit in den nächsten Wochen und Monaten entwickeln?

Schritt 7: Das neue Bild wird ausgelegt, um genau aufzuschlüsseln, welche einzelnen Schritte es braucht, um vom Ist zum Soll zu gelangen. Die Teilnehmer besprechen einen ersten Maßnahmenkatalog und halten ihn schriftlich fest. Wichtig dabei ist es, auf kleine, realistische Schritte zu achten, die die Gruppe tatsächlich realisieren kann und will.

Aus der Praxis

Ein Bild sagt mehr als tausend Worte

Gerade in der Teamarbeit ist es besonders wirkungsvoll, mit Übungsaufbauten im dreidimensionalen Raum zu arbeiten. Die Gruppenmitglieder kommen gemeinsam ins »Arbeiten« – durch die Bildsprache können bisher unausgesprochene, heikle Themen zwanglos integriert werden.

Die ersten Diskussionen ergeben sich durch die Erstellung des Schaubilds. Da es in den meisten Fällen zu abweichenden Wahrnehmungen kommt, braucht es eine gewisse Zeit, bis sich die Gruppe auf die erste Darstellung geeinigt hat. Die weiterführenden Arbeitsschritte vertiefen ihre Gespräche und Einlassungen in die einzelnen Themenfelder.

Die Betrachtung des Teamrads aus einigen Metern Abstand generiert einen interessanten Gesamtblick: Wo eiert das Rad, hat es quasi einen Achter – und an welchen Stellen überträgt es die PS voll auf die Straße? Das Sinnbild kann wichtige Gedanken und Gefühle zutage fördern und zu gänzlich neuen, überraschenden Impulsen anregen. Bilder gehen direkt ins Herz, da sie Unsichtbares sichtbar machen und berühren lassen.

Das Ziel der Übung ist nicht, das perfekte, richtige Bild zu erzeugen – sondern es sind die Gespräche, die sich bei der Erstellung daraus ergeben. Ein erster Prozess der Bewusstwerdung zur Team-Resilienz wird in Gang gebracht und kann durch nachfolgende Übungen systematisch verstärkt werden.

Die Übung eignet sich auch dazu, in einem größeren Rahmen stattzufinden. Mehrere Teams können gleichzeitig an der Aufgabe arbeiten und sich danach, in der großen Runde, ihre Ergebnisse präsentieren. Das offene Gespräch und der Austausch über ihre unterschiedlichen Erfahrungen und Einschätzungen ihrer Belastungsfähigkeit, Flexibilität, Veränderungsbereitschaft und so weiter fördert ein gemeinsames Kennenlernen und verbessert die Schnittstellenkommunikation. Dem Berater liefert diese erste Standortbestimmung natürlich jede Menge »Futter«, um den nachfolgenden Handlungsstrang an den brennenden Bedürfnissen des Teams auszurichten. Treten durch die Übung Konflikte beziehungsweise Krisenherde zutage, die sich innerhalb des Gruppenkontextes schwer bearbeiten lassen, können diese in einem speziellen Kleingruppencoaching behandelt werden.

Konfliktklärung zur Verminderung von Reibungsverlusten

Konflikte bergen hohe Energie in sich

Spannungen und Auseinandersetzungen gehören zum beruflichen und privaten Leben dazu. Sie können sich an kleinen, belanglosen Details entzünden oder durch gewichtige Themen ins Rollen gebracht werden. So oder so – Aggressionen sind ein Ausdruck von hoher Energie. Wer sich über etwas aufregt, ist beteiligt, betroffen, berührt. Das Geschehen ist ihm nicht egal – ganz im Gegenteil, es geht ihn etwas an und ist ihm wichtig. Im günstigsten Fall schaffen es Kontrahenten, Reibungsenergie in Entwicklungsenergie umzusetzen – dann wurde der Konflikt konstruktiv genutzt. Oftmals finden Streitigkeiten aber keinen positiven Kanal für die angestauten Emotionen, und die kostbare Kraft zerreibt sich in endlos wiederholenden Gedanken- und Gesprächsschleifen.

In vielen Konflikten geht es nicht nur um das gegenwärtige Thema mit all den dazugehörenden Gefühlen. Alte Verletzungen aus vergangenen, ähnlichen Erfahrungen werden in das heutige Geschehen mit eingeflochten und erzeugen ein undurchsichtiges Gefühlsknäuel, welches es Schritt für Schritt zu entwirren gilt. An dieser Stelle ist ganz besonders das Training des Achtsamkeitsmuskels gefragt. Aufmerksame Beobachtung und Zuordnung der eigenen Gefühle, Gedanken, Interpretationen, Muster und Prägungen sind wesentliche Schlüssel, um Verstrickungen lösen zu können.

In extremen Belastungssituationen und eskalierenden Auseinandersetzungen erscheint es allerdings kaum möglich, Ruhe und Überblick zu bewahren. Gerade in diesen Augenblicken erweist es sich als umso wichtiger, größere Zusammenhänge im Auge zu behalten. Im Kontext der Ökonomie, in dem die Ratio besonders betont wird, werden viele Entscheidungen aus zutiefst emotionalen, unumgänglich wirkenden Beweggründen getroffen. Ich konnte häufig beobachten, wie irrationale, oft unbewusste Verflechtungen großen Einfluss auf Geschäftsentwicklungen ausübten. Weit tragende Konsequenzen müssen oft noch über Jahre ausgehalten werden. Sich für diese Thematik eine erfahrene Begleitung zu suchen, ist kein Zeichen von Inkompetenz, sondern von hoher Intelligenz – denn sie kann kostenträchtige Fehlentscheidungen, Fehlinvestitionen sowie Reibungsverluste bei den Beschäftigten vermeiden.

Der Coach oder Mediator entzerrt schwierige Gesprächssituationen und hilft, sich brisanten, emotional aufgeladenen Themen maßvoll zuzuwenden. Er öffnet und hält den Raum, in dem jede Partei ihren persönlichen Blickpunkt vorträgt. Angestaute Gefühle und Gedanken sollten ungehindert zum Ausdruck gelangen können. Nur so lassen sich komplexe Verstrickungen Schritt für Schritt entschlüsseln und eine tragende Versöhnung einleiten. Miteinander können Lösungswege entworfen werden, die die Anliegen aller Beteiligten berücksichtigen.

Für die Resilienz eines Unternehmens bleibt ein proaktiver Umgang mit Spannungen und Widerstreiten unerlässlich. Ungeklärte Konflikte sind gewaltige Energiefresser und Stressoren, die den täglichen Belastungen der normalen Geschäftsabwicklung eine weitere Bürde hinzufügen. Oft behindern sie operative Abläufe und können ganze Projekte zum Scheitern bringen. Wer es schafft, Meinungsverschiedenheiten kreativ aus dem Weg zu räumen, bringt eingefrorene Kräfte wieder ins Fließen. Meistens geht es den Beteiligten um Anerkennung, Wertschätzung und um das Thema »Ich will gesehen und geachtet werden«. Produktivität und Effizienz stehen in direkter Abhängigkeit von respektvollem Umgang und gelungener Kommunikation.

Ein anderer, sehr ernst zu nehmender Fall sind Machtspiele und Narzissmus. Personen, die nur auf ihren eigenen Vorteil bedacht sind und nicht das Wohlergehen der gesamten Firma anstreben, schwächen eine Organisation ungemein. Die schleichende Bildung von individuellen Fürstentümern entzieht einem Unternehmen Geschwindigkeit, Flexibilität und Schlagkraft. Zur Wahrung der eigenen Besitzstände wird in vielen Fällen mit harten, im äußersten Fall bis zu allerhärtesten Bandagen gekämpft, um Claims zu sichern und abzugrenzen. Bei näherer Betrachtung, so wie es in einem Einzelcoaching oder einer Konfliktklärung möglich ist, offenbart sich hinter all dem harten, egoistischen Auftreten oftmals erschütternde Hilflosigkeit. Narzissmus ist immer ein Zeichen von minimalem Selbstvertrauen, was mithilfe von radikalen Übersprunghandlungen kaschiert werden soll. Geschäftsführer sollten an dieser Stelle glashart auftreten können und sich von einzelnen Personen nicht auf der Nase herumtanzen lassen. Es ist ein heikles Thema, das eine hohe innere Reife voraussetzt.

Unabhängig von der Thematik und Gewichtung des Konflikts ist es erfahrungsgemäß einfacher, Auseinandersetzungen proaktiv zu bearbeiten, also nicht zu warten, bis Kontroversen zunehmend an Fahrt aufnehmen und mit Ansage an die Wand rauschen. Die folgende Übung dient dazu, aus einer nüchternen Perspektive heraus Störfelder zu identifizieren, um mit Ruhe und Abstand mögliche Lösungswege zu eruieren.

↘ Übung **Das Störfelddiagramm**

Einführung In vielen Unternehmen lastet auf den einzelnen Mitarbeitern ein hoher Arbeitsdruck. Oftmals muss immer mehr Arbeit von immer weniger Menschen gemeistert werden. Diese Konstellation hinterlässt auf organisatorischer und struktureller Ebene ihre Spuren.
Ein kleines Beispiel zur Verdeutlichung: Festgelegte Prozessketten können durch die veränderten Begleitumstände nicht mehr eingehalten werden. Mitarbeiter sollten flexibel reagieren können, werden aber durch eingefahrene Strukturen daran gehindert. Diese Diskrepanz verursacht Spannungen und kann große Missverständnisse auslösen. Oftmals verlieren Streitende den Überblick, an welcher Stelle das Problem seinen Anfang genommen hat.
Neben diesen fachlichen Hindernissen ist es auch auf menschlicher Ebene wesentlich, manche Hürde zu überspringen. Stress lässt Menschen dünnhäutig werden. Ungenaue Kommunikation und mangelnde Wertschätzung können schnell in Verstimmungen und Kränkungen

münden. Wut und Aggression, gefolgt von Enttäuschung und Resignation, scheinen vorprogrammiert zu sein. Mit ein wenig Voraussicht lassen sich Spannungsfelder umgehen.

Ziel Sie schaffen sich einen Überblick über Ihr Beziehungsgeflecht und identifizieren bestehende oder zu erwartende Spannungsfelder. Störungen beziehungsweise Konflikte werden auf ihren Ursprung untersucht, danach werden Möglichkeiten der Klärung zusammengetragen. Energieräubern wird der Boden entzogen.

Material Schreibbrett oder Flipchart, bunte Stifte.

Möglichkeit zu Kleingruppenarbeit Die Übung kann in Kleingruppen stattfinden. Der einzelne Teilnehmer führt die ersten drei Schritte alleine durch und setzt sich dann zur weiteren Reflexion mit seinen Kollegen zusammen. Manche Störfelder sind emotional allerdings so aufgeladen, dass es in der Übung die direkte Begleitung des Coachs braucht, um das Thema umsichtig behandeln zu können. Ziel der Arbeit ist es, die Selbstverantwortung und den persönlichen Handlungsspielraum des Klienten zu stärken – dazu braucht es Einfühlungsvermögen, Beharrlichkeit und klares Feedback.

Übungsablauf
Schritt 1: Tragen Sie auf einem DIN-A3-Blatt oder einem Flipchartbogen Ihr berufliches Beziehungsgeflecht in Form eines Schaubilds zusammen. In der Mitte des Blatts markieren Sie mithilfe eines Symbols sich selbst und listen Schritt für Schritt alle wichtigen Personen auf, mit denen Sie beruflich in Verbindung stehen. Bezeichnen Sie den Anlass, die Inhalte und die Rollen der Begegnung. Für die Qualität der einzelnen Beziehungen finden Sie Symbole. Markieren Sie, ob Sie die einzelnen Begegnungen belasten, unter Stress setzen, verärgern, resignieren oder erfreuen, entlasten und motivieren.

Schritt 2: Sobald Sie Ihr Beziehungsdiagramm fertiggestellt haben, können Sie sich dieses wie einen Spiegel vor Augen halten und auf sich wirken lassen. Achten Sie dabei auf die direkten, authentischen Impulse Ihres Körpers, Ihrer Gefühle, Ihres Verstandes und Ihrer Seele.

Schritt 3: Untersuchen Sie die einzelnen Beziehungen im Überblick. Wo tauchen Irritationen und Störungen innerhalb des Netzwerks auf? Haben sie einen organisatorischen/fachlichen Hintergrund oder geht es um die Chemie zwischen den Personen? Wie funktioniert dabei Ihre Kommunikationsstrategie? Mit welchen Menschen fühlen Sie sich wohl? In welcher Konstellation fruchtet Ihre Art und Weise, auf Menschen zuzugehen? In welchen Fällen kriselt es offen oder verdeckt? Wo gilt es, eine Bombe zu entschärfen, bevor sie unvermittelt explodiert? Betrachten Sie die einzelnen Beziehungen auch unter dem Aspekt der gegenseitigen Abhängigkeit. Innerhalb eines Unternehmens gilt es immer, die Mikropolitik zu beachten und diplomatisch auszugleichen.

Schritt 4: Unterscheiden Sie zwischen menschlichen und fachlichen Wurzeln des Geschehens. Widmen Sie sich erst den sachlichen Störfeldern, und offenbaren Sie die Ursache-Wirkungs-Kette. An welcher Stelle bietet sich Ihnen der größte Hebel, um das Problem zu mildern oder aus der Welt zu schaffen? Welche Personen beziehungsweise Gruppen, Gremien et cetera brauchen Sie zur Lösung, und welchen Weg der Kommunikation beziehungsweise Information sollten Sie dabei beschreiten?

Schritt 5: Widmen Sie sich im nächsten Schritt der menschlichen Seite. Suchen Sie sich für eine vertiefende Analyse zwei, drei Konfliktkonstellationen heraus, die Sie genauer beleuchten möchten. Anhand verschiedener Beispiele können Sie Ihre persönliche Art studieren, wie Sie Beziehungen aufbauen und mit schwierigen Situationen umgehen. Achten Sie dabei auf vier Hauptaspekte:

→ **Hierarchie** (vertikale Bewegung)
dominant
auf Augenhöhe
devot

→ **Nähe** (horizontale Bewegung)
distanziert
ausgeglichen
übergriffig

→ **Wertschätzung**
zu stark
angemessen
zu schwach

→ **Grenzen**
rigide
balanciert
schwammig

Schritt 6: Reflektieren Sie Ihre verschiedenen Beziehungsrollen. Kristallisieren Sie Rollenpräferenzen heraus. Gehen Sie der Frage nach, was Sie mit Ihrer Verhaltensweise bezwecken, und überprüfen Sie, ob Ihre Handlungen im gewünschten Ergebnis resultieren. Achten Sie auf eine möglichst bewertungsfreie Haltung; Konflikte sind oft »heiß« und können starke Betroffenheit auslösen. Gehen Sie in langsamen Schritten voran und nehmen Sie Ihre feinen Emotionen wahr.

Aus der Praxis

Die Übung kann unerwartete Wendungen zutage fördern

Das Störfelddiagramm kann präventiv durchgeführt werden, bevor eine Meinungsverschiedenheit überzuschäumen droht. Sie bietet eine wunderbare Möglichkeit, um ungeliebte Themen ins Bewusstsein zu rufen und Mut zu machen, heikle Gemengelagen geradeheraus anzusprechen und anzupacken. In aggressionsgeladenen Klärungsgesprächen hilft sie, die Situation abzukühlen und den forschenden Blick in Erinnerung zu rufen.

Konfliktpartner kauen meistens schon länger an ihren Themen herum und kommen mit festgefahrenen Meinungen zu einem Klärungsgespräch. Ihre Sichtweisen werden von starken Gefühlen flankiert, und es braucht Zeit sowie Unabdingbarkeit, um sich diesem festgezurrten Paket konstruktiv anzunähern. In der Regel arbeite ich mit Kontrahenten zunächst jeweils alleine, um ihren persönlichen Blickpunkt genau zu verstehen. In diesem Einzelcoaching bitte ich den Klienten, die Situation aus einer weiteren Perspektive anzusteuern. In welcher Form hat sich der Konflikt aufgebaut? Welche Anteile hat der Klient selbst dazu beigetragen? Kennt er das Konfliktthema beziehungsweise die ausgelösten Gefühle schon aus anderen Kontexten? Oftmals lassen sich Reibungspunkte bis in die Herkunftsfamilie zurückverfolgen. In diesem Fall werden im Laufe des Coachings Projektionen und Übertragungen transparent gemacht – das aktuelle Geschehen verliert an Dramatik, da quälende Emotionen in einem anderen Bezugsfeld verortet werden können.

Ich bitte beziehungsweise fordere alle Beteiligten zu genauer Selbstreflexion und selbstverantwortlicher Haltung auf – denn Schuldzuweisungen wurden zumeist schon genügend ausgetauscht. Mit dieser Vorbereitung können sich Konfliktgespräche meist konstruktiv entwickeln – wichtig ist immer die Balance und Fairness innerhalb des Gesprächs. Jede Partei muss ihr Gesicht wahren und einen direkten Nutzen aus der gemeinsamen Lösung ziehen können. Sobald sich Gemütsbewegungen beruhigen, kann der Blick auch auf sachliche Zusammenhänge fallen. Viele Konflikte verknüpfen sich de facto mit einem ungenauen Organisationsaufbau, mit rigiden Prozessketten, mangelhaften Rollenbeschreibungen, unsauberen Schnittstellen. An dieser Stelle bedarf es einer korrekten Analyse, um die rechten Verbesserungsschritte einleiten zu können. Dabei geht es nicht um Schnellschüsse, sondern um weitsichtige Konzepte, deren gewissenhafte Erarbeitung sich an die Konfliktklärung anschließen sollte.

Ausbildung eines internen Resilienz-Beraters, der den Trainingstransfer begleitet

Firmeninterne Kompetenz steigern – Transfer dauerhaft absichern

Zur fruchtbaren Implementierung der vorgestellten Maßnahmen braucht es innerhalb der Firma eine Person, die sowohl all die verschiedenen Resilienz-Trainings mit Mitarbeitern, Führungskräften und Teams als auch die Beratungsgespräche mit der Geschäftsführung und der Personalabteilung praxisbezogen verfolgt und weiterbearbeitet. Die angesprochenen und erarbeiteten Inhalte müssen unbeirrt wiederholt, im Alltag fest verankert und im Abgleich mit der Praxis beharrlich weiterentwickelt werden. Um diese nachhaltige Umsetzung abzusichern, kann die Firma einen externen Transfercoach installieren. Der Vorteil einer von außen kommenden Person ist, dass sie innerhalb des Unternehmens neutral auftreten und Themen nüchtern sowie »schmerzfrei« anzusprechen vermag. Der Nachteil daran ist, dass ein Externer die vielen kleinen, subtilen Verflechtungen einer gewachsenen Organisation nicht kennt und zumeist lange Zeit braucht, um dieses Gefüge intuitiv verstehen zu können.

Meine Intention geht mittlerweile in eine andere Richtung: Ich möchte Firmen die große Bereicherung eines internen Experten offerieren. So biete ich eine Ausbildung zum Resilienz-Berater an. Sie wird von Personalern, Führungskräften, speziellen Beauftragen der Firma oder gar Geschäftsführern selbst genutzt. Es sind Menschen, die sich selbst, ein Team oder ein Unternehmen ruhig und sicher durch bewegte, herausfordernde Zeiten führen beziehungsweise begleiten möchten.

Mit der Ausbildung zum H.B.T.-Resilienz-Berater möchte ich Unternehmen komprimiertes Fachwissen und erprobte Übungen und Tools zur Verfügung stellen, um menschliche und fachliche Faktoren gemeinsam unter die Lupe zu nehmen und weiterzuentwickeln. Hintergrundwissen und praktisches Handwerkszeug kommen aus dem Bereich der Beratung, des Trainings und des Coachings.

Die Arbeit des Resilienz-Beraters verfolgt mehrere Ziele: Er kann die Einzelperson in ihrer Selbststeuerung und Selbstwirksamkeit fundiert fördern. Dies dient einer direkten Burnout-Prävention. Er unterstützt Führungskräfte in ihrer persönlichen Balance und bei der Begleitung ihrer Mitarbeiter. Er fördert Teams in ihrer Widerstandskraft und Flexibilität. Er überprüft Strukturen und Prozesse und regt zu direkten Verbesserungen an. Somit verhilft er der gesamten Organisation zur Entwicklung von innerer Stärke, Anpassungs- und Belastungsfähigkeit.

Die Ausbildung möchte auch zur Schaffung einer neuen Stelle in Unternehmen inspirieren: dem Resilienz-Manager, der sich explizit für die optimale Entfaltung von Potenzialen und Synergien auf fachlicher und menschlicher Ebene einsetzt. Eine

Firma mit hoher Mitarbeiterzahl kann mehrere Personen als »Resilienz-Leuchttürme« ausbilden, um in vielen verschiedenen Bereichen auf die konsequente Realisierung zu achten.

Die Schulung umfasst sechs Module:

- → Modul I: Die gezielte Entwicklung persönlicher Resilienz
- → Modul II: Die umfassende Ausbildung organisationaler Resilienz
- → Modul III: Die besondere Position der Führungskraft
- → Modul IV: Das Zusammenspiel im Team und an den Schnittstellen
- → Modul V: Burnout-Prävention und Gesundheitsmanagement
- → Modul VI: Die Verantwortung der Geschäftsführung

Da das Training äußerst praxisbezogen verläuft, können die Teilnehmer schon nach dem ersten Modul in die Anwendung gehen. Mir macht es große Freude, bei dieser direkten Umsetzung beratend zur Seite zu stehen. Das Thema »Resilienz« birgt so vielfältige Facetten in sich und bietet so immense Möglichkeiten, mit ihm zu »spielen«.

Im nächsten Kapitel folgt ein Praxisbericht von einem guten Freund und Kollegen von mir aus Südtirol, dessen Firma – in der er als Resilienz-Berater agiert – ich über einen längeren Zeitraum begleiten konnte. Es ist faszinierend zu hören, was er alles in Gang setzen und miteinander verbinden kann. Dies zeigt die Qualität und das Potenzial eines Resilienz-Beraters.

Rückenwind im betrieblichen Alltag

Reinhard Feichter

> »Die Erkenntnis lehrt mich, dass ich nichts bin.
> Die Liebe lehrt mich, dass ich alles bin.
> Dazwischen fließt mein Leben.«
> *Sri Nisargadatta Maharaj*

Synergien bewusst nutzen – neue Potenziale erschließen

Strukturen und Rahmenbedingungen schaffen, die dazu beitragen, dass sich persönliche und betriebliche Resilienz entfalten kann.

Als Personalentwickler und »Betriebsseelsorger« beschäftige ich mich viel mit Menschen und deren Talenten, mit deren Sorgen und Ängsten, aber auch mit systemischen Zusammenhängen und Fragen wie den folgenden: Was läuft zwischen Menschen ab, und was prägt das Erleben und Sehnen besonders? Was sind die Schlüssel zu Erfolg, Zufriedenheit und Wohlergehen? Wie können wir schwierige Situationen bestmöglich meistern und was aus Konflikten lernen? Was sind die Lernaufgaben bei Härteschlägen und wie damit umgehen? Was muss ich tun, um das Glück auf meiner Seite zu haben? Wieso werden einfache Dinge mitunter so kompliziert? Was macht eine gute Unternehmenskultur aus?

Von meiner schulischen Grundausbildung her bin ich Betriebswirt und gewohnt, rational zu denken und mit Zahlen und Fakten umzugehen. Während des Wirtschaftsstudiums aber habe ich einen Schwenk gemacht in Richtung Pädagogik und Sportwissenschaften, Psychologie und Spiritualität. Das hat meine Interessen so stark gebunden, dass ich große Lust und Freude generiert habe, mich mit Menschen sowie für deren Entwicklungsmöglichkeiten möglichst vielseitig einzusetzen.

Mein heutiges Tätigkeitsfeld ist zu einem guten Teil auch jenes eines Coachs und Resilienz-Beraters. Für zwei Familienunternehmen mit rund 600 beziehungsweise 100 Mitarbeitenden bin ich in diesen Bereichen sehr vielseitig und ganzheitlich tätig.

Die Fähigkeiten und Möglichkeiten der Mitarbeiter sind weitaus reichhaltiger als der erste und zweite Blick es oft meinen lassen. Diese erweisen sich bei entsprechender Förderung zumeist als äußerst beeindruckend und vielfältig. Gerade in einer Welt, in der Wissen, Können und Informationen über zahlreiche Kanäle, Sender und YouTubes vermittelt werden, erleben wir ein Feuerwerk an menschlichen Talenten und Einzigartigkeiten.

Ich erlebe aber genauso viele Hindernisse, Einschränkungen und reduzierte Nutzungen. Manches davon ist selbst konstruiert, gewissermaßen »hausgemacht«, wenn auch häufig unbewusst, anderes sind erschwerende Umstände von außen. Wir kennen die Hundeleinen, wo das Herrchen den Bewegungsradius vorgibt. Unsichtbarer, jedoch trotzdem wirksam sind begrenzende »Leinen« wie Vorurteile, einseitige Sichtweisen oder Intoleranzen, welche den individuellen Handlungsraum massiv restringieren können und nicht selten Ursachen für Konflikte sind.

Welche konkreten Beispiele aus dem Alltag, wie resiliente Akzente in einem Unternehmen gesetzt werden können, lassen sich plakatieren? Was macht ein Unternehmen, dessen Kultur sowie die Mitarbeiterinnen und Mitarbeiter stark? Was schafft Sinn? Wie können wir auf problematische Situationen reagieren? Wie kann sich auch in schwierigen Zeiten persönliche und betriebliche Resilienz entwickeln?

Die nachfolgenden Beispiele aus meinem Alltag sollen zum Reflektieren, Weiterdenken und -entwickeln anregen zur Förderung von resilienten Menschen in resilienten Unternehmen.

- → **Führungskräfte sind oft mächtig (und) einsam.** Verschiedene Untersuchungen unterstreichen, dass sich viele Menschen und auch Führungspersonen gern überschätzen. Manager treffen erstaunlich häufig unkluge Entscheidungen mit teils verheerenden Folgen. Ein Grund dafür ist, dass sie in ihrer Machtfülle oft sehr weit gehen können, bevor eine Fehleinschätzung sichtbar und offenkundig wird. Viele Krisen in unserem wirtschaftlichen und politischen Umfeld demonstrieren uns das sehr deutlich. Um dies zu vermeiden, braucht es einen steten, offenen und ehrlichen Dialog, damit Unternehmen vor krassen Fehlentscheidungen bewahrt werden. Als Coach unterstütze ich deshalb Führungskräfte dabei, ihre eigenen Erfahrungen nutzbar zu machen und Feedback systematisch sowie bewusst einzuholen und auszuwerten (besonders Feedback von engen Freunden und Kollegen). Dadurch steigen das gemeinsame Wissen und die »Selbsterkenntnis« eines Unternehmens, gleichzeitig reduzieren sich Risiko und Einsamkeit beim Führen.
- → **Entscheidung und Umsetzung ziehen sich zu lange hin.** Ständig stehen Unternehmen und deren Führungskräfte vor Entscheidungen. Jedes erfolgreiche Unternehmen basiert auf einer Serie von erfolgreichen Entscheidungen. Das Schwierigste ist nicht die Tat, sondern die Entscheidung zur Tat. In meiner Begleitung von Menschen geht es wesentlich darum, sie in ihren täglichen Handlungen in die Richtung der getroffenen Entscheidungen zu »verpflichten«. Seit beispielsweise Hansjörg es sich zur Gewohnheit gemacht hat, zeitgerechte und klare Beschlüsse zu fällen, regelmäßig und konsequent seine Ergebnisse zu überprüfen und gegebenenfalls flexibel nachzukorrigieren, hat er seine Effizienz vervielfacht.
- → **Mitarbeiter schieben ihre Verantwortung ab.** Oskar sah sich oft als Opfer und Hintergangener in seiner Abteilung. Er bemängelte die spärliche Kommunikation und verspürte zu wenig Vertrauen und Verantwortung seitens der Führung. Dies äußerte sich bei ihm durch häufiges Klagen und Jammern. Wir kennen es alle: Es ist leicht, hinzuzeigen und anzuklagen, dass viel zu viel Unkraut auf dem Acker gewachsen ist. Nützlicher freilich ist es, selbst seinen Anteil zu erkennen, den Acker

umzustechen und gekonnt zu bepflanzen. Vorgebrachte Entschuldigungsgründe von Mitarbeitern signalisieren uns recht deutlich, welcher Mensch mit welchen Bedürfnissen und Handlungserfahrungen vor uns steht. Wenn wir Entwicklung und Reife haben wollen, müssen wir auf Selbstverantwortung hinarbeiten. Seit Oskar die »Chance« Selbstverantwortung erkannt hat, gedeihen sein Selbstbewusstsein, sein Engagement und sein Wohlbefinden bei der Arbeit.

- **Konflikte zwischen Mitarbeitern.** Im Arbeitsalltag kommt es zwischendurch unweigerlich zu unterschiedlichen Sichtweisen. Kleine und subtile, aber auch sehr heftige und machtvolle Auseinandersetzungen können die Folge sein. Mal ist es eine bewusste Ausgrenzung, dann wieder eskaliert ein Streit, manches zieht sich über Monate und Jahre hin, anderes bricht aus, ist aber auch gleich wieder weg. Wieder ein Beispiel: Franz und Werner sitzen im gleichen Büro, die Kommunikation ist jedoch aufgrund verschiedener Vorkommnisse auf ein Mindestmaß reduziert und frostig. Drumherum haben sich schon Seilschaften gebildet. Ich wurde als neutrale Instanz gerufen und einbezogen, um in Einzel- und Gruppencoachings gemeinsam mit allen Beteiligten Win-win-Lösungen zu finden und die Zusammenarbeit positiv zu stärken.
- **Spannungen zwischen Führungskraft und Mitarbeitern.** Dieter ist Verwaltungsführungskraft, Kornelia arbeitet seit acht Jahren engagiert und selbstständig im Betrieb, seit einem halben Jahr gehört sie zu seiner Abteilung. Er wünscht sich laufendes Informiert- und Einbezogenwerden, sie sehnt sich nach ihren alten Freiheiten zurück. Die sehr unterschiedlichen Zugänge, Erwartungshaltungen und Charaktere resultierten in laufenden Spannungen und mündeten in einer für ihn untragbaren Eskalation. In einem Vorgespräch bin ich über den Sachverhalt informiert worden und habe mich dann für ein Syncronizing-Coaching entschieden. Diese Sonderform des Coachings (s. www.synchronizing.de) hilft, einen möglichen eigenen Ausgangspunkt rasch zu orten und wertschätzend zu besprechen. Angelehnt an das klassische Ampelsystem Grün-Gelb-Rot wird dabei die Weiterentwicklung von positiven Verhaltensweisen erörtert, wenn plötzlich oder konstant Stress und Druck hinzukommen. Dies ruft oft einen Aha-Effekt hervor. Hernach geht es um das Finden von konkreten Handlungsschritten, wo das eigene Potenzial wieder gelebt und andere konstruktiv einbezogen werden können.
- **Umgang mit Sturheit und mangelnder Einsicht.** Auf die Frage einer bekannten öffentlichen Persönlichkeit, was ihre größte Schwäche sei, antwortete diese: Sturheit. Und die größte Stärke? Sturheit! Jede Eigenschaft kann sich je Situation positiv, aber auch eher hinderlich auswirken. Häufig erlebe ich zumindest bei einem Konfliktpartner ein äußerst starkes Beharren auf der eigenen Meinung und relative Unfähigkeit, den Standpunkt des anderen zumindest anzuhören. Jean Paul, deutscher Schriftsteller des 19. Jahrhunderts, schlägt zur Wahrheitserlangung vor, jeder solle versuchen, die Meinung seines Gegners zu verteidigen. Um dies ansatzweise schon erreichen zu können, bediene ich mich gerne zirkulärer Fragestellungen und schaffe Außenperspektiven. Dissoziierte Betrachtung erleichtert die Selbsterkenntnis. Es hilft, sich selbst möglichst oft von außen anzuvisieren und zu

beobachten oder bewusster nachzufragen, wie einen andere in bestimmten Situationen sehen und erleben.

- **Krisen bei Mitarbeitern. Partnerschaftskrise – Mitarbeiter vor Trennung**. Es kommt immer häufiger vor und trifft doch viele ziemlich unerwartet. Da ist dann guter Rat teuer, angemessene Unterstützung notwendig. Stärkend in solchen Situationen sind meist offene Gespräche, Erzählungen von helfenden Erfahrungen, konkrete Tipps, die anderen geholfen haben; besonders nützlich ist es auch, passende Kontaktadressen oder Erstgespräche zu vermitteln für Beratung, Therapie oder Coaching. Es war ein unterstützendes Signal des Unternehmens, dass dem bewährten Mitarbeiter der Beginn der externen Begleitung vom Arbeitgeber eingeleitet und bezahlt wurde (gerade, weil auch das Vielarbeiten Mitursache war). Rechtzeitiges, präventives Erkennen und Ansprechen ist auch hier praktikabel. Es müssen aber oft mit Nachdruck sehr konkrete Schritte gesetzt werden.
- **Krankheit oder Sucht eines Mitarbeiters oder im unmittelbaren Umfeld**. Wie sehr darf oder soll ich in die Privatsphäre vordringen? Ich meine, in einem guten Arbeitsklima dürfen die Mitarbeitenden auch manches voneinander mitbekommen. In diesem Fall wird es sehr geschätzt, wenn der Betrieb kompetente Hilfe anbietet. Der Vater von Laura hat beispielsweise Alzheimer. Erst spät wird die große Verantwortung erkannt, welche die Mitarbeiterin übernehmen »musste«. Erste Anzeichen von Depression waren die Folge von empfundener Überanstrengung zwischen »top im Job« und »daheim allein«. Hier waren rascheste Intervention und die Hilfe bei der Suche einer Pflegestelle sowie der offene Austausch mit der Mitarbeiterin entscheidend für ihre eigene Gesundheit.
- **Burnout-Anzeichen**: In turbulenten Zeiten können viele Mitarbeiter an ihre Grenzen stoßen. Immer öfter überschreiten fähige und engagierte Personen aber auch ihre Grenzen und erkennen die Gefahr erst (zu) spät. Im Prinzip ist jede intensive Arbeit, die auch emotionale Anforderungen verlangt, eine potenzielle Gefahr auszubrennen. Das Gefährliche am Burnout ist, dass sich diese Erkrankung schleichend entwickelt und die Betroffenen erst nach Jahren an den Punkt gelangen, wo der Akku leer ist und sie total erschöpft sind. Entsprechend ist es für die Umwelt schwierig, die Symptome zu deuten. Häufen sich Gereiztheit, Lustlosigkeit, das Gefühl, den Anforderungen nicht mehr gewachsen zu sein, Rückzug von den Kollegen und Freunden etc., muss reagiert werden. Ausreichend Entspannung und Auszeiten sind wichtig, abschalten können, geregelte(!) Pausen und Zeit für Essen sind Pflicht. Oskar beispielsweise arbeitete immer bis nach 20 oder 21 Uhr, haute sich rein, tat sich schwer beim Delegieren. Ida hatte Antreiber und Ehrgeiz für durchschnittlich 60 und mehr Wochenstunden. Betriebe tun gut dran, ihrerseits präventiv zu reagieren und aktiv Unterstützung und Sicherheit zu geben, Arbeit abzunehmen, im offenen Dialog Lösungen zu suchen, Begleitung und Weiterbildung zu aktivieren. Bei Ida war es nötig, sich gemeinsam mit dem Terminkalender hinzusetzen und Urlaub sowie Freizeiten fix einzuplanen und diese wie Unternehmensziele zu behandeln und zu realisieren!

- **Begleitung bei besonderen Schicksalsschlägen** wie beispielsweise Tod eines engen Angehörigen. Menschen reagieren sehr unterschiedlich auf plötzlichen Verlust oder Schockerlebnisse. Es dauert meist Monate, ehe eine »Normalisierung« eintritt. Paula hat ihren Partner durch einen Unfall verloren. Es ist, als ob ihr der Boden und die Lebensgrundlage entzogen worden wären. Die Arbeit und der Kontakt mit Menschen fällt ihr schwer – sehr schwer. Viel Verständnis, (zwei!) offene Ohren, Toleranz, Flexibilität in der Arbeitszeitgestaltung und bewegende »Spaziergespräche« sind zarte Bausteine für ein neu zu gießendes Fundament. Der Trauerprozess ist sehr individuell, also bei jedem Menschen anders. Geregelte Arbeit fungiert häufig als Hauptsäule zum »Wiederaufrichten«. Paula sagt: »Ich werde in meiner Trauer ernst genommen, zugleich aber auch abgelenkt und erlebe menschliche Nähe.«
- **Wirtschaftskrise – angespannte Situation im Unternehmen**. Sobald der Wind von außen schärfer bläst und die gewohnten oder erhofften Zahlen über einen längeren Zeitraum nicht erreicht werden, kann sich in einem Wirtschaftsbetrieb beträchtliche Nervosität breitmachen. Auch während der jüngsten Wirtschaftskrise war dies in vielen Unternehmen der Fall. Hier sind besondere Sorgfalt und Bedachtheit gefragt. Klarheit, Sicherheiten und Transparenz, kombiniert mit nachvollziehbaren Maßnahmen und Zukunftsvisionen, werden von vielen Mitarbeitern erhofft oder gar erwartet. Wir haben uns für den offenen Dialog und einfache Botschaften entschieden, die vom Firmenchef klar und unmissverständlich vermittelt wurden: »Niemand wird entlassen. Du bist wichtig, gerade jetzt! Wir packen es an und wir schaffen es!« In einem moderierten Workshop wurden dann von allen Abteilungen Aktivitäten und Maßnahmen gesammelt und in einem abschließenden Gespräch mit der Geschäftsleitung abgesegnet. Das hat positive Widerstandskraft geweckt!
- **Coachings.** Wie kann ich Menschen auf ihrem Weg stärken und ihr Potenzial freisetzen, damit sie es (besser) nutzen können? Ich habe viele spannende Coachings miterlebt. Schon in kurzen Einheiten (60 Minuten) können beachtliche Erfolge und Handlungsklarheit erzielt werden. Was im Sport seit vielen Jahren üblich ist, hat in den letzten Jahren ebenso in der Wirtschaft Fuß gefasst: Jedes Unternehmen ist gut beraten, wenn es die Kraft des Coachings nutzt. Ich empfehle, eine interne Coachingkultur zu konstituieren, heißt, Führungskräfte in diese Richtung zu qualifizieren und bewusst auch externe Coaches zur Reflexion und Begleitung von Mitarbeitern und Führungskräften hinzuzuziehen. Je nach Sachlage entscheiden die Führungskraft und ich, ob ein externer Coach, er oder ich dranbleiben.
- **Teamentwicklung** – den Mannschaftsgeist spüren. Zusammenarbeit soll Spaß machen. Zahlreiche Teams haben noch Entwicklungspotenzial dorthin. Bei Fahrzeugen sind wir es gewohnt, einen jährlichen Check/die Revision zu machen, um das Zusammenspiel der Komponenten und das Feintuning zu optimieren. Bei Teams sehe ich die gleiche Notwendigkeit. Ein oder zwei Tage sind erfahrungsgemäß eine sehr gute Investition für Teams, um ihre Feinabstimmung zu finden. Solche Tage bringen vieles zur Sprache und werden zur Grundlage für die Zusam-

menarbeit im oft hektischen Arbeitsalltag. Die Fragestellungen können vielfältig sein, zum Beispiel: Wie zufrieden sind wir mit unserem Zusammenspiel und den Ergebnissen? Wer ist Motor, wer Gasgeber, Bremser, Katalysator …? Mit welchen Auswirkungen? Welche Stärken, Schwächen, Gefahren und Chancen orten wir (SWOT-Analyse)? Welche Bedürfnisse und Erwartungen zeigen sich? Das Einbeziehen der Teamspieler in kreative Workshops mit auflockernden und spielerischen Outdoor-Elementen wird in aller Regel sehr positiv aufgenommen.

→ **Kamingespräch »Boxenstop«.** In vielen Unternehmen gibt es eine langjährige Tradition, Ziele, Strategien und Visionen genau festzulegen. Wie steht es aber um die Dynamik untereinander? Wie wird ein offener und vertrauensvoller Austausch auf Führungsebene kultiviert? In lockerer Atmosphäre bei offenem Kaminfeuer und einem guten Tropfen Wein können alltägliche Themen nachhaltig-stärkend ausgetauscht werden. Meist gebe ich einen Themenkomplex ganz grob vor (zum Beispiel: Was vermehrt bei uns Druck und Stress, und wie gehe ich damit um? Wofür bekommt man in unserer Firma am leichtesten Anerkennung? Wo könnte es mehr sein? Welche Fehler helfen uns letztlich weiter?). Ich bleibe aber stets offen und flexibel für »neue« Themen, die entstehen können. Eine dezente Führung der Kamingespräche hat sich bewährt.

→ **Weiterbildung – Stärkung der Persönlichkeit.** Es gibt viele gute Inhalte und Methoden, keine Frage. Entscheidend für mehr oder weniger Erfolg ist letztlich aber vor allem die Persönlichkeit des Mitarbeiters. Entsprechend bringen beispielsweise persönlichkeitsbildende Kurse, Kommunikationsseminare, Umgang mit Konflikten einen Mehrwert, auch weil die Mitarbeiter diese Kurse vielfach als persönlichen Gewinn erkennen. Das interessierte Nachfragen und Unterstützen der Führungskraft zwischen den Seminartagen beim Mitarbeiter trägt signifikant zu mehr Engagement und Einsatz bei der Realisierung bei. Bereichernd und fruchtbar sind gemeinsame, regelmäßige Fortbildungen von Teams. Beim Südtiroler Familienunternehmen Sportler, ein Sportartikelhändler mit 20 Filialen in Österreich und Norditalien, ist beispielsweise die Führungscrew verpflichtet, laufend die »kreative« Schulbank zu drücken, um in den Sicht- und Handlungsweisen neue Spielformen kennenzulernen und durch bewusstes Reflektieren eigene und andere Muster besser durchbrechen zu können.

→ **Zusammenspiel der Bereiche untereinander.** Jedes Puzzleteil trägt zum Gesamtbild seinen Teil bei, jede Speiche an einem Rad hat eine ganz zentrale Bedeutung. So verfügt auch das Zusammenspiel der Bereiche und Abteilungen eines Unternehmens über entscheidende Bedeutung. Sind sich die einen der Prägnanz der anderen bewusst und können sie sich mit Wertschätzung begegnen, gegenseitig fördern und fordern, Synergien erzeugen, wird gemeinsamer Erfolg möglich. Durch erlebnisbetonte Seminare, Ausflüge, Sitzungen und Ähnliches kann dies gestärkt werden. Für mich ist zum Beispiel das offene und vertrauensvolle Zusammenspiel mit dem Inhaber und dem Personalchef entscheidend für den gemeinsamen Erfolg.

- → **Große Ferien für/vom großen Job.** Längere Auszeiten von Mitarbeitern sind mitunter für den Betrieb eine beträchtliche organisatorische Herausforderung. Die Gründe sind vielfältig, ob für eine sechs Monate lange Weltreise, drei Monate fürs Schaffen der eigenen vier Wände, 100 Tage Australien, die Pflege der sterbenskranken Mutter, ein halbes Sabbatjahr oder einfach einmal langes Entspannen an einem Stück. Auch wenn es – gerade bei Mitarbeitern in Führungsrollen – einer guten Planung und Organisation bedarf, solche Möglichkeiten machen den Betrieb attraktiv, steigern die Identifikation und erhöhen die Motivation des »Urlaubers« nachher zusätzlich.
- → **Exerzitien – Zeiten der Besinnung**. Sehr spannend erlebe ich Tage der Besinnung und des Rückzuges, um in stimmiger Atmosphäre seinen Weg zu beleuchten, sich zu vertiefen, Dynamiken zu erkennen, sich zu sortieren und neu auszurichten für die nächste Zeit. Zunehmend mehr Unternehmer konkretisieren dies regelmäßig und kehren sehr bereichert, ideen- und energiegeladen zurück.
- → **Die Geschäftsleitung und die Führungskräfte bekochen und bedienen** ihre Mitarbeiter als Dankeschön für den wertvollen Einsatz bei einer Neueröffnung. Der Aspekt der Gastfreundschaft und des Bedienens erhält dadurch eine ganz besonders schmackhafte Note. Ein würdiger Rahmen macht den Abend zu einer Einzigartigkeit.
- → **Unterstützung bei Schulden oder Kreditaufnahme.** Der Konsumrausch erfasst viele und bringt unerwartete finanzielle Notstände. Mancher Konsumkredit von skrupellosen Finanzierungsgesellschaften hat durch eine Unsumme an nichtkalkulierten Spesen schon so manche Familie nahe an den finanziellen Abgrund getrieben. Wir haben hier als Betrieb in letzter Zeit immer wieder sehr bewusst sensibilisiert sowie informiert und dazu Beratung und betriebliche Hilfsprogramme angeboten.
- → **Weihnachtsfeier mit Meditation und Spendenkorb**. Stimmige und gesellige Weihnachtsfeiern sind wichtige Momente, um »Danke« zu sagen und Gemeinschaft zu leben. Ein Chor aus Mitarbeitern, »Engele-Bengele-Geschenke« und Ähnlichem können wertvolle Ergänzungen zu einem guten Essen sein. Positiv aufgenommen wird von den rund 400 Mitarbeitern auch die jährliche Bild-Text-Meditation. Dazu gehört ein Spendenaufruf für Menschen in Not. Die Geschäftsleitung verzehnfacht die gesammelten Spenden, die auf acht Projekte weltweit aufgeteilt werden.
- → **Mitarbeiterzeitschrift** mit Informationen des Unternehmens, aber auch persönlichen Großereignissen der Mitarbeiter wie beispielsweise Hochzeit, Geburt eines Kindes, sportliche Erfolge, spannende Reisen forcieren ein besseres Kennenlernen, ein Sich-geschätzt-, -informiert- und -wohlfühlen im Unternehmen.
- → **Danke sagen mit erlebnisbetonten Aktivitäten.** Es gibt viele Formen, um Anerkennung zum Ausdruck zu bringen und Dankeschön zu sagen. Besonders nachhaltig sind gemeinschaftsfördernde Natur- und Gruppenerfahrungen wie zum Beispiel eine Skitour durch unberührte Winterlandschaften, Sonnenaufgang auf luftiger Höhe, Iglubau mit eigenen Händen, Teilnahmen an Laufevents bis hin zu

gemütlichen Radausflügen und Bootsfahrten. Auch kulinarische oder kulturelle Leckerbissen bereichern solch ein nachhaltiges Gemeinschaftsgefühl.

- **Flexible Arbeitszeitmodelle.** Eine der großen Herausforderungen für Betrieb wie Mitarbeiter bleibt die Vereinbarkeit von Familie, Beruf und Freizeit. Jedes Unternehmen und jede Person, die darin tätig ist, hat ihre Bedürfnisse und Notwendigkeiten. Wird hier gemeinsam eine gute Abstimmung gefunden, hat das weitreichende positive Konsequenzen für alle Beteiligten.
  Ivan ist ein sehr fleißiger und verlässlicher Mitarbeiter. Er sieht die Arbeit und die Löcher, die es immer wieder zu stopfen gilt und springt dabei sehr disponibel ein. Er zögert aber, wenn es darum geht, sich oder seine (familiären) Bedürfnisse zu benennen, weil er dann Nachteile befürchtet. Als ich darauf aufmerksam gemacht wurde und wir uns zusammenfanden, war in 15 Minuten eine passende Lösung auf dem Tisch. Für sechs Monate wurde pro Woche ein halber Tag Zeitausgleich vereinbart – abwechselnd am Dienstag und Donnerstag, je in Abstimmung mit seinen beiden Abteilungskollegen.
- **Sonderaktionen für Mitarbeiter und deren Familien.** Neben der Betriebswelt gibt es für jeden Berufstätigen eine Familienwelt. Auch wenn sie getrennt gesehen werden (können), der Mitarbeiter vereint in sich die beiden Welten. Insofern wird es doch vielfach geschätzt, wenn es da oder dort Berührungspunkte zwischen diesen gibt. Diese können sehr unterschiedlich und vielfältig sein wie etwa ein Betriebs-Familienausflug, Familienrabatte und besonders vergünstigte Familien-Einkaufstage oder -abende, Einladungen zu Theater-, Sport-, Musik- oder anderen Freizeitveranstaltungen, Prämiengutscheine für Familienurlaub. Ehepartner und Kinder kriegen so auch ein kleines Stück der »anderen wichtigen Lebenswelt« mit und können diese damit auch besser verstehen.
- **Teilnahme an Wettbewerben oder Audits.** Aktionen von Bundesländern, Unternehmerverbänden, Stiftungen und Ähnliches können für Unternehmen eine interessante Herausforderung sein, um sich mit anderen zu messen. Sie können eine fundierte Analyse und wertvolle Maßnahmen für Mitarbeiter mit sich bringen wie zum Beispiel bei der Nominierung der »familienfreundlichsten Betriebe«, bei Aktionen wie »Mit dem Rad zur Arbeit«, »Gesunder Rücken« oder »Gesunder Betrieb«. Eine erfolgreiche Teilnahme und die sichtbaren Bemühungen rund um die geforderten Kriterien erzeugen sehr positives Echo in der Belegschaft und bringen dem Unternehmen auch Werbung sowie einen Imagegewinn.

Dies sind Beispiele von Situationen und Gegebenheiten, wie sie im beruflichen Alltag sehr häufig auftreten können. Ein zeitnahes und qualifiziertes Aufgreifen und Angehen mit angemessenen und kreativen Akzenten ist wesentlich, um persönliche und betriebliche Stärke zu entfalten und Verbundenheit zu schaffen.

Der feste Glaube an Menschen und deren Potenzial ist der beste Türöffner

»Nur selten erahnen wir das gewaltige Ausmaß unserer Fähigkeiten.«

Julius Segal

Ein Herzensanliegen von Führungskräften muss es sein, die Türen zu den Potenzialen der Mitarbeiter zu öffnen, sodass Kompetenz und Kreativität fließen können. Die Stärken sind unterschiedlich, und genau diese gelebten Stärken und unterschiedlichen Sichtweisen, die aufhorchen lassen und zum Weiterdenken anregen, sind es, die einem Betrieb Erfolg bringen. Entscheidendes läuft über die Gedanken, Überzeugungen und Werte. Sie erzeugen die Wahrnehmung – die Art, wie wir unsere Welt sehen und erleben, – sei es zum Besseren wie zum »Schlechteren«. Gleiches gilt für jeden Kollegen und Mitarbeiter. Jeder besitzt »sein Objektiv«.

Aufgrund unserer Erziehung, unseren persönlichen Erfahrungen und Erlebnissen bilden wir Glaubenssätze und Einstellungen. Habe ich einen Fotoapparat mit Zoom, lassen sich Einstellungen rasch verändern, ein Filter hilft schärfen oder verzerren, und mit der richtigen Software habe ich unzählige Variations- und Beeinflussungsmöglichkeiten.

Bei einem Jahreszielgespräch oder in einem Konflikt ist es spannend, sich gemeinsam mit den Beteiligten auf die Entdeckungsreise zu begeben. Wodurch sind bestimmte Gedanken entstanden, und wofür sind die herrschenden Einstellungen und Einschätzungen hinsichtlich einer angestrebten Problemlösung nützlich oder hinderlich?

Die Einflüsterer können vielfältig sein: das Bedürfnis nach Anerkennung, Angst oder Sorge, Neid oder Ich-Bezogenheit, oder auch Antreiber wie: »Sei perfekt!« »Sei schnell!« »Mach es allen recht!« »Streng dich an!« »Sei stark!« Sie sind oft unmerklich in der Kindheit tief eingepflanzt worden, zum Beispiel mit Aussagen wie »Komm, beeil dich …«, »Weine nicht schon wieder …«, »Schreib schöner …«, »Wenn du das und das nicht machst, dann wirst du so wie Onkel Max …«, »Ein Indianer kennt keinen Schmerz …«.

Prägungen erkennen und nutzen

Wie, wann und mit welchen Auswirkungen Samen aufgehen und prägen, veranschaulichen uns das Leben und der Alltag. Reflexion und Meditation, Schicksalsschläge und Krisen, Therapie und Coaching können uns beim Entdecken unterstützen. Unsere Erziehung prägt uns lange – bis tief ins Erwachsenenalter hinein.

Wir sammeln im Laufe unseres Lebens bewusst wie unbewusst eine Vielzahl an Mustern, Denk- und Verhaltensweisen und bewegen uns naturgemäß innerhalb dieser. Sie liefern uns ein Stück Sicherheit und Geborgenheit, und wir navigieren entsprechend ortskundig zwischen den (selbst) geschaffenen, subjektiven Wirklichkeiten und verteidigen sie, wie und wo wir es für gut halten. Es sind unsere Landkarten der

Wirklichkeit, subjektive Realitäten, aber nicht die objektive Realität – wie sie zum Beispiel häufig gern mit einem »So ist das« deklariert wird.

Die weise Stimme in uns

Wir sind aber nicht Gefangene unserer Erziehung, Sichtweisen und subjektiver Wirklichkeiten. Wir können sie und unsere Wahrnehmung ganz entscheidend beeinflussen. Unsere Werte und Überzeugungen müssen und dürfen nicht ein Zufallsprodukt sein und bleiben. Wir haben in uns eine innere Stimme, welche uns erkennen hilft, was für uns und andere »gut« und »richtig« ist.

Um diese innere Stimme zu hören, muss ich allerdings auch Momente und Orte der Ruhe, des Nachsinnens und Reflektierens bewusst aufsuchen, die Seele baumeln lassen. Ich kann dies im Alltag in kürzester Zeit erledigen, wenn ich die Technik und Fähigkeit einmal beherrsche. Eine rote Ampel wird dann zum Ruhepol statt zum Stressfaktor.

Ich arbeite viel mit Verkäuferinnen und Verkäufern zusammen, die in Ausverkaufs- und Aktionszeiten Höchstleistungen erbringen müssen. Wer die Fähigkeit der raschen Regeneration beherrscht, wer sich gut auf bevorstehende Ereignisse »einstellen« kann, wer weiß, wofür er es macht – hat entscheidende »Wettbewerbsvorteile« und steht wie ein Fels in der Brandung. Diese Verkäuferinnen und Verkäufer sind eines der Geheimnisse erfolgreicher Handelsunternehmen.

Es ist nicht entscheidend, *was* in unserem Leben passiert, sondern *wie* wir damit umgehen. Resilienter Rückenwind entsteht durch bewusstes Innehalten, durch das innerliche Ausrichten, das Gewichten auf das Wesentliche und das Schöpfen kraftvoller Energien für die Welt »draußen«. Diese präsentiert sich mir nämlich, je nachdem, wie ich mich spüre und sein lasse.

Aus welchem Pool an Werkzeugen und Möglichkeiten wählen wir aus? Oder kommt es mitunter gar nicht zur Wahl, weil so manche Spur derart eingefahren ist, dass die Reaktion völlig automatisiert und damit unkontrolliert abläuft? Bei bestimmten Personen reicht ein Reizwort, und die Emotionen marschieren unaufhaltsam ähnlich einer Dampflok – wenn sie richtig eingeschürt mal in Schwung kommt, ist sie schwer zu bremsen.

Beim Denken und der Wahrnehmung verhält es sich ähnlich. Ist unser Vorstellungsvermögen limitiert, haben wir einen fixierten Blick und beschränken uns auf eine – unsere – Sichtweise; damit beengen wir auch unsere Handlungs-, Verhaltens- und Lösungsmöglichkeiten.

Es ist ebenfalls vergleichbar mit der Adaptation unserer Sinne. Wir gewöhnen uns an einen Zustand, so wie wir die verbrauchte Luft in einem überfüllten Raum erst dann deutlich wahrnehmen, sobald wir einmal »austreten« und dann mit »Frischluft«-Sinneswahrnehmungen wieder hereinkommen. Plötzlich ist es drinnen nicht mehr zum Aushalten. In manchen Betrieben passen sich die Leute »schön langsam« an herrschende Verhältnisse, bestehende Prozesse, und das Betriebsklima an.

Wenn ein Reiz dauerhaft existiert, reagieren die Sinneszellen nicht mehr darauf, damit unser Gehirn nicht mit Informationen überflutet wird. Es wäre völlig überfordert. So setzen wir auch im Arbeitsalltag unbewusst manchen Filter oder nehmen die Situation einfach hin – weil wir uns daran gewöhnt haben. Gewisse Informationen, Fragen oder Empfehlungen von neuen Mitarbeitern werden geschickt abgelenkt, auch wenn sie für eine Standortbestimmung und Weiterentwicklung sehr nützlich sein könnten.

Automatismen und Kontinuität haben zweifelsohne ihre wichtigen Aufgaben. Als Paarling (s. das Wertquadrat von Schulz von Thun) sollten sich aber jedenfalls auch Veränderung und situative Reaktion dazugesellen. Gemeinsam agieren sie systemerhaltend und treiben zugleich eine befruchtende Veränderung voran. Im Zusammenspiel werden sie selbstregulierend und toleranter gegenüber Störungen, die es immer geben wird.

Mit Herz, Hirn und Hand

Damit Potenziale wirklich genutzt werden können, braucht es die Einheit von Körper, Geist und Seele. Oder anders gesagt: Aktionen mit Herz, Hirn und Hand.

Wie wir unseren Körper fit, leistungs- und widerstandsfähig machen können, lehren uns viele Ratgeber und leben uns Spitzensportler anschaulich vor. Die Trennlinie zur Selbstausbeutung und zum körperlichen Raubbau durch Aussicht auf kurzfristige Erfolge mittels Drogen ist allerdings nurmehr schwer zu ziehen.

Auch im Berufsleben haben unterschiedlichste Aufputschmittel Einzug gehalten. Die mittelbaren Folgen zeigen sich schön langsam durch Burnout, Beziehungskrisen, Sinnleere.

Konstante, gesunde Bewegung aber ist für uns alle Lebenselexier, Quelle für umfassende Entspannung und Erholung. Auch für die geistige Fitness gibt es heute mehr Quellen denn je, aus denen geschöpft werden kann. Wissen kann in unglaublicher Menge in Sekundenbruchteilen weltweit abgerufen und beliebig gespeichert werden. Auf winzigen Speichermedien finden sich ganze Bibliotheken wieder, und tragbare Geräte erlauben uns Mobilität ohne Beschränkungen.

Mitunter müssen wir uns fragen, ob die Seele da noch mitkommt? Für viele Organisationen ist dies eine relevante Frage.

Seelsorge – Begleitung auf Augenhöhe

Nicht umsonst ist deshalb »Seelsorge« nach wie vor ein aktuelles Thema. Wir sollten gut für sie – unsere Seele – sorgen, ihr Raum und Stimme verleihen. Eine spirituelle Begleitung sowie Hilfestellung auf Augenhöhe zu aktuellen Themen und bei seelischer Not ist zunehmend Mangelware. Der Beichtstuhl – ein christlich-traditioneller Reflexions- und Lossprechungsort – ist für viele »out«; professionelle Begleitung wird häufig erst (sehr) spät in Anspruch genommen.

Nicht, dass die Notwendigkeit nicht mehr vorhanden wäre. Im Gegenteil. Viele Menschen leben mit einer inneren Unruhe, sind gewissermaßen in einem ständigen Suchmodus und surfen durch die (virtuelle) »Weltgeschichte(n)«. Das bringt natürlich auch einen Energieverschleiß mit sich, der sich oft erst in einem zweiten und dritten Moment in einem anderen Mäntelchen wie Einsamkeit, Midlife-Crisis, Ausgebranntsein … bemerkbar macht.

Auch die neuen Kommunikationsplattformen und -medien wie Facebook unterstreichen das Bedürfnis nach Zuwendung und Nähe. Und neben der körperlichen und mentalen Verbundenheit strebt eine innere Sehnsucht nach dem »Einssein«, dem Sich-Getragen-Fühlen und der Verbundenheit mit dem Ganzen und dem Universum.

In vielen Unternehmen wird manches davon in den Marketingabteilungen aufgegriffen und in Leitbildern sowie Werbebotschaften transportiert. Die eigentliche Aufgabe liegt aber bei den Personal(entwicklungs)abteilungen. Hier können oder müssen mehr als früher die Nöte, Ängste und Sorgen, aber auch Bedürfnisse und Anfragen der Mitarbeiter aufgefangen werden.

Zum Aufblühen bringen

Offene, wertschätzende Begleitung im Betrieb und ehrliche, konstruktive Auseinandersetzung mit mir als Person und mit meinen Leistungen werden meist mehr unbewusst als lautstark gefordert. Die echte Anerkennung, das Erkennen der Fähigkeiten und wertschätzendes Artikulieren lässt aber Menschen aufblühen.

Die allermeisten Menschen zeigen gern ihre Schokoladeseite und bringen ihre besten Seiten zum Erklingen, wenn das Umfeld stimmt. Insofern ist es eine zentrale Aufgabe des Betriebes und der Führungskräfte, eine Umgebung zu kreieren, welche energiereiches Schaffen erlaubt.

Die Leichtigkeit des Spiels ist auch Wegweiser für erfolgreiches Arbeiten. Anerkennung und Wertschätzung sind der Humus, der starke Pflanzen wachsen lässt. Aber auch der Humus muss immer wieder gekonnt erzeugt werden. Jeder Boden hat seine eigenen Gesetze und Speicherkapazitäten. Wer mit starken, widerstandsfähigen Kolleginnen und Kollegen arbeiten möchte, sollte – wie ein weitsichtiger Landwirt – immer wieder auf gute Bodenbeschaffenheit achten und ihm die nötigen Nährstoffe zukommen lassen. Ein guter Freund – Biobauer – erfreut beispielsweise zahllose Passanten mit herrlichen Sonnenblumen sowie bunt gemischten Blumenwiesen, und diese verleihen zugleich dem Boden die Kraft, um für Obstbäume und Weinreben guter Nährboden sein zu können. Nicht jedes Jahr kann eine neue Rekordernte produziert werden, Wachstum ist nicht eindimensional. Und: reine Leistungs- und Monokulturen sind anfälliger, weniger resistent gegen äußerliche Einflüsse und Schädlinge und – unnatürlich.

Die Verschiedenheit der Menschen, die divergierenden Stärken, die Vielfalt der Denkweisen machen Unternehmungen letztlich stark, und dafür gilt es, laufend die Basis zu legen.

Einer starken Zukunft entgegen

Unternehmen, die Mitarbeiter involvieren und ihnen Raum und Gewicht offerieren, bauen an ihrer Zukunft. Zunehmend stärker sieht sich deshalb in erfolgreichen Unternehmen die Führungskraft mehr als Coach denn als »Befehlshaber«, getreu nach dem Motto: »Wer fragt, der führt«.

Den richtigen Leuten die »richtigen« Fragen zu stellen, anstatt (ungefragt) Antworten zu geben, ist eine großartige Fähigkeit. Sie vermittelt auch das Weltbild: Jeder ist wertvoll und wichtig. Jeder ist seines Glückes Schmied. Wir können wesentlich unser Leben nach unseren Wünschen gestalten und aktiv handelnd Einfluss auf unser Schicksal nehmen. Wer seine Antwort selbst findet, wird sie in der Regel besser und nachhaltiger aufnehmen.

Ich erlebe in vielen fortschrittlichen Unternehmen einen Tsunami an Informationen, eine Flut, die ungebremst hereinbricht, wenn man einmal einige Tage seinen Laptop oder das Outlook unbeachtet lässt. Das Geschwindigkeitsspiel scheint unbegrenzt nach oben zu schießen, die Anforderungen und der subjektiv empfundene Druck werden zunehmend größer. So wird eine wendige und vermeintlich notwendende Flexibilität gefordert, eine Anpassung an ständige Veränderungen von außen. Entstehende Überforderung wird gesellschaftlich wie individuell mit ertragender Mehrarbeit und zunehmender Sprachlosigkeit beantwortet, bis es zum Crash kommt.

Es bedarf hier stark verankerter Werte, eines verlässlichen Kompasses, großer Überzeugung, gepaart mit Disziplin und Achtsamkeit, um nicht auf stürmischer See vom Kurs abzugleiten. Der Führungsspitze kommt dabei entscheidende Bedeutung zu, denn sie gibt mit ausgerufenen Parolen und eigenem Beispiel die Richtung und den Maßstab vor. Ein Kapitän trägt große Verantwortung – für das Schiff und die Besatzung.

Georg Oberrauch, der Inhaber der Firma Sportler, hat beispielsweise zu Beginn der Wirtschaftskrise und eines Organisationsentwicklungsprozesses im Jahr 2008 gleich als Allererstes unmissverständlich klargestellt, dass es im Unternehmen keine Entlassungen geben werde, auch wenn die Lage angespannt sei. Dies hat mitgeholfen, wieder Sicherheit zu erzeugen und in einem Fahrwasser von Vertrauen und Verlässlichkeit motiviert Fahrt aufzunehmen.

Selbsterkenntnis erfüllt Leben

»Fahrt aufnehmen« meint, handlungsfähig zu sein, aktiv das Ruder in der Hand zu halten, tätig zu bleiben, anpacken zu können und die Kontrolle zu sichern. Das Gefühl: »Ich kann die Situation beeinflussen und steuern« ist äußerst wichtig.

Gerade eine zu geringe Kontrollüberzeugung und der Zweifel an den eigenen Fähigkeiten nähren Stressgefühle. Der Weg zu innerer Ruhe und Gelassenheit verläuft immer über Selbsterkenntnis. Es geht zunächst darum, Stresssymptome und -empfindungen sowie lokalen Druck zu erkennen und rechtzeitig zu (re)agieren, sich helfen zu lassen oder aktiv Unterstützung zu holen.

Die Erleuchtung wird gern als »Stein der Weisen« bezeichnet, als besonders erstrebenswerten Weg. Seit Jahrtausenden suchen und finden Menschen passende spirituelle Übungen und Meditationen für fruchtbare Gedanken- und Seelenarbeit. Selten war es so einfach, über neue Medien Informationen und passende Angebote dazu zu bekommen. Durch die Unterstützung fähiger Lehrmeister können wir rascher zu Selbsterkenntnis und einem erfüllten Leben gelangen.

Die Eigenreflexion sehe auch ich als Brücke zur Erkenntnis und zur Mitte unseres Seins. Ich verstehe in diesem Zusammenhang Coaching als Türöffner zur ureigenen Schaltzentrale. Es ist ein gemeinsames Freilegen der energiereichen Ressourcen und zentralen inneren Botschaften, die im Alltag gern untergehen. Durch gezielte Fragen soll ein Zugang zum Erfahrungsschatz bereits erfolgreicher Lösungs- und Bewältigungsstrategien geschaffen werden. Dadurch können Mitarbeiter dort anknüpfen, wo sie sich sicher und gut fühlen; das bedingt in der Regel rasche und erfolgreiche Lösungen sowie gelungene Aktionen.

Der Schlüssel zu mehr Erfolg liegt nach meiner Erfahrung sehr häufig am »gesunden« Selbstbewusstsein und Selbstwertgefühl. Beides sind positive Empfindungen für den eigenen Wert, auf die in irgendeiner Weise jeder Mensch angewiesen ist. Sie sind eng mit eigener Leistung, Erfolg, Glück, persönlicher Zufriedenheit, lebendiger Lebenshoffnung und gelingender innerer Emanzipation und Freiheit verbunden.

Das wirkliche Zutrauen in seine eigenen Kräfte, das Kennen und Einsetzen der mitunter schlummernden Talente muss ein zentrales Anliegen jeder Personalentwicklung sein.

Kräfte fließen

Es ist ein feines Zusammenspiel der Kräfte eines jeden, so wie in einer Mannschaft oder einem Unternehmen. Ist dies präsent, kann befreit aufgespielt werden, wie in vielen Mannschaftssportarten laufend zu beobachten ist.

Ein anderes schönes Beispiel ist die Musik. Ob in einem Orchester oder in einem Chor – die spürbare Harmonie bleibt ausschlaggebend, auf die Feinabstimmung untereinander kommt es an. Spielt sich jemand zu stark in den Vordergrund, leidet das Gesamtwerk. Es bedarf aber vieler Übung, Proben und Trainingseinheiten – allein für sich und gemeinsam im Ensemble oder Plenum. Gefragt sind selbstbewusste und kompetente Musiker, die zum richtigen Zeitpunkt ihren Beitrag leisten – mal ein verzauberndes Solo, dann ein kollektives Fortissimo – gewaltig und beeindruckend. Wenn es fließt, dann fließt es, und wenn es läuft, dann läuft es einfach. Auch wenn die Gründe dafür unterschiedlich interpretiert werden, Grundwahrheiten für gemeinsamen Erfolg hören sich immer wieder ähnlich an:

- → begeisterter Einsatz mit Herz, Hirn und Hand
- → Wertschätzung und Interesse für jeden Einzelnen (»Ich bin wertvoll!«)
- → echte Anerkennung für meine Stärken und die erbrachte Leistung

- → wohlwollendes und stärkendes Betriebsklima, auch Teamgeist genannt
- → tragfähige Beziehungen, wo mann/frau so sein kann, wie er/sie ist
- → Konflikt- und Fehlerkultur, die konstruktiv neue Perspektiven zulässt …

Wir brauchen für ein gutes Zusammenspiel mehr Dialog denn Diskussion. Dialog meint das Fließen von Sinn und das Erschließen von Bedeutung durch die einbezogenen Menschen. Der Dialog soll ermöglichen, den Voraussetzungen (Ideen, Annahmen, Überzeugungen) und Gefühlen von Menschen auf den Grund zu gehen, die unterschwellig ihre Interaktionen beherrschen.

Diskussionen, wie ich sie häufig in Organisationen, Betrieben und Teams erlebe, weisen oft die Tendenz auf, dass verschiedene Sichtweisen aufeinanderprallen, die sich gern auch verhärten. Beim Dialog geht es um den Gewinn für alle Beteiligten durch neue Einsichten und Erkenntnisse in einem kreativen Feld.

Es braucht nicht viel. Eine kurze Einführung, eine Moderation, die sich zum rechten Zeitpunkt einbringt, vielleicht einen »Dialogstab« zur Regulierung der Redefolge und die grundsätzliche Bereitschaft der Teilnehmenden, sich auf den Prozess einzulassen und gemeinsam Neues zu produzieren.

Ein echter Dialog stärkt die Beteiligten, schafft soziale Netzwerke und gipfelt in neuen Erkenntnissen und Lösungen. So wird die Spannkraft des Dialogs zum Trampolin, das uns alle miteinander höher springen und neue Verbindungen entstehen lässt.

Auch ein Schwenk zur Gehirnforschung plausibilisiert deutlich, dass es auch hier Verbindungen sind, die den Ausschlag über unsere Leistungsfähigkeit geben. Diese Prozesse, in denen neue Verbindungen entstehen oder sich bestehende neuronale Verschaltungen verändern und damit neue Netzwerke schaffen, in denen unser Wissen gelagert wird, geschehen ein Leben lang. Das menschliche Gehirn ist bis zum Lebensende plastisch, das heißt durch Erfahrungen und Lernen veränderbar. Allerdings ist die jeweilige Lerngeschwindigkeit dem Alter entsprechend verschieden. In der Kindheit ist die Lerngeschwindigkeit rasant.

Kurz resümiert: Was wir interessant finden und was für uns sinnvoll ist, wollen wir in unser Netzwerk einbinden. Wiederholtes Auffrischen verstärkt und beschleunigt die Verbindungsgeschwindigkeit und Auffindbarkeit.

Dies ist auch sonst auffällig. Wo gemeinsame Interessen herrschen, entstehen sinnerfüllte Beziehungen. In diesem Kontext finde ich die Aussage von Viktor Frankl bemerkenswert: Prinzipiell kann der Mensch seinem Leben in jeder Situation Sinn abgewinnen oder geben, solange er bei Bewusstsein ist. Der Vater der Logotherapie spricht aus beeindruckender Lebenserfahrung an, dass es an uns liegt, unserem Handeln Sinn zu verleihen.

Günstiges Klima für das Wachsen

Letztlich geht es um ein Klima des Verstehens, der Anerkennung und des Wohlfühlens, damit auch die nötige Leistung erbracht werden kann. Ein offener, kollegialer und wertschätzender sowie herzlicher, interessierter und humorvoller Umgang untereinander sind eine hervorragende Basis, um großen Herausforderungen gestärkt zu begegnen.

Mitarbeiter wachsen und bringen sich dort in besonderer Weise ein, wo sie echtes Interesse an ihrer Person und an ihren Leistungen verspüren. Der authentische und offene, mitfühlende Umgang bei Krisen spielt hier genauso rein wie eine Unternehmens- oder Organisationskultur, welche Fehler zulassen kann. Beim Hobeln fallen Späne, und nicht jeder Handgriff kann immer gleich gut sitzen – dieses Wissen besitzen wir. Wenn Mitarbeiterinnen und Mitarbeiter spüren, dass engagiertes Bemühen und Handeln auch mal anders als erhofft verlaufen kann und darf, und dass bei »unglücklichen« Fehlern vor allem Rückenstärkung, Unterstützung und Verbesserung denn Schelte und Verantwortungsentzug die Folge sind, dann maximieren sich Identifikation und Einsatz noch mehr. Erfahrungsgemäß wächst so der Ehrgeiz, es das nächste Mal unbedingt besser zu machen und es »allen« beweisen zu wollen.

Ein intaktes und spürbares Fangnetz für den Fall, dass ich es brauche, trägt ganz beträchtlich zur gefühlten Sicherheit, Einsatzbereitschaft und Handlungsfähigkeit bei. Fitsein für herausfordernde Zeiten wird durch Vertrauensvorschuss besonders unterstützt. Ehrliches Interesse, gutes Hinhören und unterstützendes Dasein und Begleiten befruchten die Beziehung sowie das Ergebnis. Es ist ein gekonntes Spiel von Vertrauen und förderlichen Abstimmungen und »Checks« nötig. Es darf und soll viel zugetraut werden; zugleich ist es wichtig, in kollegialer Tuchfühlung zu bleiben.

Eine bunte Mischung

Meine Rolle ist eine noch rare, aber äußerst spannende Mischung aus Berater und Coach, Führungskraft und Kollege, Freund und Helfer, Moderator und Trainer, Initiator und Koordinator, Projektleiter und interessierter Beobachter im Hintergrund, Zuhörer und Fürsprecher. In einer Art Stabsstelle befinde ich mich natürlich in engem Austausch mit der Firmenleitung und den Führungspersonen, aber genauso fungiere ich als Ansprechperson für jede Mitarbeiterin, jeden Mitarbeiter und Lehrling, der/die Unterstützung benötigt.

Ich agiere aus einer Position heraus, welche mir viel Frei- und Spielraum erlaubt, um stimmige Lösungen zu eruieren. Ich verpflichte mich zu Vertraulichkeit und stärke die Beteiligten im Selber-eine-Lösung-finden oder bringe mich aktiv als Sprachrohr und Lösungsmotor ein, je nachdem, was gewünscht wird und was weiterbringt. Mit dem Fokus auf die Firmenwerte und drei Grundpfeiler des Erfolgs (begeisterte Kunden, begeisterte Mitarbeiter und gutes Betriebsergebnis) gibt es viele Wege und Freiheiten, um ein passendes Resultat zu finden.

Mein Einfluss auf Personen und Unternehmen nährt sich weniger aus einer definierten Machtposition, sondern vielmehr aus einer offenen, transparenten, wertschätzenden und konstruktiven Auseinandersetzung mit den Menschen und Inhalten sowie aus dem Ringen eines optimalen Zusammenspiels zwischen den handelnden Personen.

Diese Stärkung und Unterstützung hilft den Mitarbeitern und dem Betrieb, knifflige Situationen und kleinere wie größere Schwierigkeiten konstruktiv und offen anzugehen und zu meistern.

Wo ich akute Störungen orte, spreche ich sie an. Meine Position gestattet mir dabei ein rasches, offenes und direktes Handeln. Es liegt in meinem Ermessen, wen ich dabei einbeziehe und informiere. Es gilt, in jedem Unternehmen die rechte Balance zu finden zwischen guter Information und Einbindung der (betroffenen) Personen, ohne aber zu überladen, zu kompliziert oder langatmig zu werden. Ich genieße Vertrauen und habe weit reichende Handlungsspielräume, was auch eine entscheidende Voraussetzung ist, um gute Lösungen zu recherchieren. Gute Lösungen sind solche, wo sich alle Beteiligten als Gewinner sehen, wo Verständnis und Wertschätzung füreinander wachsen, Lernen und Entwicklung möglich sind und ein Fortschritt in der Sache erzielt wird.

Als Verantwortlicher für den Bereich Weiterbildung und als Personalentwickler, als Moderator wichtiger Meetings oder als Coach und Berater arbeite ich sowohl auf der menschlichen wie auf der inhaltlichen, auf der individuellen wie auf der strukturellen sowie kollektiven Ebene.

Für ein nachhaltiges Ausüben dieser Funktion ist Schweigenkönnen eine zentrale Eigenschaft und Voraussetzung. Es bedarf großer Vertraulichkeit und einer sensiblen Abstimmung mit den jeweils Agierenden. Es gilt, wertschätzend zu kommunizieren und Sprachrohr zu sein – von unten nach oben und von oben nach unten. Das birgt natürlich da und dort auch die Gefahr, zwischen die »Fronten« zu geraten. Als Vermittler, Botschafter und Kundschafter erhalte ich Wertschätzung, muss mir diese aber laufend neu erwerben. Anerkennung und Unterstützung für diese anspruchsvolle Arbeit bekomme ich von den Menschen, mit denen ich arbeite, aber auch von der Firmenleitung. Beides tut gut!

Wir leben und gestalten Zukunft

Eine unserer größten Aufgaben ist es, jetzt und hier unser Potenzial zu leben und zugleich heute schon die Basis für eine kraftvolle und tragfähige Zukunft zu schaffen. Es ist angebracht, unterschiedliche Pole in ein Ganzes zu vereinen, wollen wir nicht einseitig werden. Was wir heute leben und gestalten, sind die Pfeiler für morgen. Wir alle spüren, dass in allen Lebensbereichen vielfältige Herausforderungen auf uns warten. Jede Zeit hat ihre Anforderungen. Aufgrund der vielseitigen Entwicklungen und der Globalisierung ist die Komplexität nicht weniger geworden. Viele Ereignisse und Veränderungen der jüngsten Vergangenheit können uns aber zuversichtlich stimmen.

Was gibt es Schöneres, als Menschen zu stärken und sie beim Wachsen zu begleiten und damit zum motivierenden Rückenwind für resiliente Persönlichkeiten zu werden? Es heißt, optimistisch zu bleiben, zugleich offen und beweglich, damit wir die Vielfalt und den Reichtum des Lebens in seiner Ganzheit erleben und erfahren können.

Abschließend noch ein Gedankenexperiment, das beim Finden der eigenen Passion hilfreich sein kann: Wenn es keine Grenzen gäbe, was für ein Mensch wärest du gerne? Welche Aufgaben würdest du gerne in Angriff nehmen? Und wie genau würde deine Wunschzukunft aussehen? Kommuniziere mit deiner inneren Begeisterung, und höre genau auf die Signale, die dir deine Herzenswünsche einflüstern.

Unser Sein und Tun soll immer mehr ein Aufbruch zu einer neuen Qualität von Leben sein.

Überprüfung und Weiterentwicklung von Strukturen

Gebrannte Kinder

Jede Organisation bildet über Jahre hinweg feste Strukturen aus, die wie ein Gerüst die ganze Unternehmung stützen und halten. Dieses innere Gefüge spiegelt sich in der Außen- und Innenarchitektur der Firma, der Aufbau- und Ablauforganisation, dem sich daraus ergebenden Organigramm, den beschriebenen Rollen und Aufgabenfeldern, den Softwareprogrammen, den Produktionsmaschinen, den geschilderten Prozessabläufen, definierten Schnittstellen, Qualitätsmanagementprogrammen, Controlling, Rechtsfragen und Fortbildungsprogrammen wider. Eine Firma ist wie eine Maschine mit vielen verschiedenen Zahnrädern, die alle für sich gut laufen sollten und gleichzeitig im Zusammenspiel perfekt aufeinander abgestimmt sein müssen. Je komplexer eine Organisation zusammengesetzt ist, umso anspruchsvoller gestaltet sich die reibungslose Abstimmung.

In vielen Unternehmen sind Strukturen einfach mitgewachsen. Die Firma hatte zunehmend Erfolg und musste oft unter Zeitdruck schnelle Lösungen kreieren, um ihre (neuen) Kunden überzeugend zufriedenzustellen. So entstanden wichtige Prozessanordnungen eher aus der Not heraus als aufgrund weitsichtiger Planung. Diese Notlösungen können über viele Jahre sogar funktionieren, vor allem wenn die beteiligten Personen gut aufeinander eingespielt sind und die Mängel des Systems selbstredend mit ausgleichen. Erhöhter Druck und zunehmende Geschwindigkeit können diese aus operativen Herausforderungen gewachsenen Gebilde aber gehörig erschüttern und in die Gefahr des Einsturzes bringen. Warnzeichen hierfür sind Überbelastungen bei den Verantwortungsträgern, die die auftretenden Löcher zunächst aus eigener Energie zu stopfen versuchen.

Ich hatte schon einige Geschäftsführer und Bereichsleiter bei mir im Einzelcoaching sitzen, die mit ihren Kräften komplett am Anschlag standen. Sie versuchten gleich Herkules, fehlgeleitete Organisationsstrukturen durch tägliches Nachsteuern im Kleinen zu retten. Dass dies ein sinnloses Unterfangen ist, lässt sich oft nur mit Abstand erkennen – und selbst dann ist es nicht einfach, eine schnelle und gute Lösung für die Problematik zu finden.

Selbst wenn Organisationen mangelhaft zusammengefügt sind, können solche Systeme über lange Zeit erfolgreich agieren – dieser Umstand trägt eher selten zur kritischen Selbstreflexion bei. Alle Beteiligten haben sich an die Situation gewöhnt, und selbst wenn Mitarbeiter täglich unter den augenfälligen Missständen stöhnen, heißt das noch lange nicht, dass sie sich einem konstruktiven Veränderungsprozess bereitwillig anschließen würden. Der Mensch ist ein Gewohnheitstier und entwickelt auf einmal automatisierte Denk- und Verhaltensweisen sowie Suchtstrukturen. Von daher gilt es, sehr genau zu überprüfen, an welcher Stelle es lohnenswert erscheint, in das Getriebe einzugreifen beziehungsweise wann man es dringend tun sollte … und auf welche Art und Weise man die Beteiligten dazu bewegen kann, die geplanten Veränderungen aktiv mitzutragen. Neben den eingefahrenen Gewohnheitstieren, die ihre kuriosen Arbeitsabläufe lieben (O-Ton: »Das war doch schon immer so …«), existiert noch eine andere Variante von Menschen, die sich häufig in Konzernen findet: Viele Mitarbeiter scheuen Veränderungsprozesse, da sie durch wiederholt schlechte Erfahrungen zu gebrannten Kindern wurden. Mit den Jahren haben sie jede Menge Umstrukturierungen mitgemacht, die nur selten eine Verbesserung ihrer Situation hervorgerufen haben. Oftmals waren diese Prozesse zu wenig ausgereift oder wurden nur halbherzig verwirklicht. Dass aus dieser Inkonsequenz keine Erfolgserlebnisse, sondern Motivationskiller erwachsen, erscheint nicht verwunderlich.

Die Verantwortung für Veränderung muss von allen Beteiligten getragen werden

Die heutige Arbeitswelt verlangt allerdings ein radikales Umdenken. Das Hervorheben und endlose Repetieren von Negativerlebnissen verstopft Verstand und Herz für neue Erfahrungen. Führende und Mitarbeiter sollten aus ihren Erlebnissen lernen und sie dann bewusst hinter sich lassen. Aufeinander zugehen, miteinander sprechen, Verbesserungen suchen, größte Flexibilität generieren, sich selbst und Strukturen kontinuierlich weiterentwickeln, den Wandel aktiv suchen, statt ihn abzulehnen und misstrauisch auf der Bremse zu stehen – diese innere Haltung ist unumgänglich, um sich vom Wettbewerb nicht an die Wand drücken zu lassen.

Burnout – ob auf persönlicher oder organisatorischer Ebene – ist aus meiner Erfahrung zu ungefähr 70 Prozent hausgemacht. Ein Großteil der kräftezehrenden Belastungen befindet sich bei genauer Prüfung interessanterweise im eigenen Handlungsspielraum der betroffenen Person beziehungsweise der Organisation. Mit Klarheit und Konsequenz lassen sich viele dieser Energieräuber aus dem Weg räumen – es braucht nur den Willen und die Offenheit zu genauer Analyse, ausgewogener Zieldefinition, systematischer Planung und – wie könnte es anders sein – beharrlicher Umsetzung.

Im Moment sind Prozesse ständig im Fluss und in der Weiterentwicklung, und das ist wahrscheinlich auch gut so. Somit haben die pompös aufgesetzten Kick-off-Veranstaltungen, bei denen Mitarbeiter sich laut oder leise fragten: »Und welche Sau wird jetzt wieder durchs Dorf getrieben?« ausgedient. Was es braucht, sind ganz andere, sensiblere Kommunikationsforen. Führende und Mitarbeiter sollten sich gemeinsam in offenen Gesprächsrunden versammeln und mit Ruhe sowie Abstand auf ihre Arbeitsleistung und Effizienz schauen: »Was setzen wir ein, und was kommt dabei heraus? Stimmen Input und Output? Wie geht es uns dabei persönlich – arbeiten wir uns auf oder gewinnen wir an Kraft? Lohnen sich unsere Opfer? Was können wir tun, wo haben wir den stärksten Hebel zur Verbesserung? Wie können wir kleine, realistische Schritte setzen, die uns schnellstmöglich voranbringen? Sind alle bereit, ihre Verantwortung dabei zu übernehmen?«

Wandel braucht Zeit und Klugheit – keine hektischen Hauruck-Aktionen. Wer allerdings stetig dranbleibt, hat gute Chancen, sich schnell und ergebnisreich vorwärts zu bewegen. Die folgende Übung bietet die Möglichkeit, dem Thema »Resilienz« auch auf struktureller Ebene auf die Spur zu kommen.

↘ Übung

Das Unternehmens-Energiefass

Einführung Ähnlich wie eine Einzelperson ihren persönlichen Energiehaushalt kontrollieren sollte, können ganze Organisationen ebenfalls eine Energiebilanz ziehen. Auch auf diesem Terrain verfolgen die Teilnehmer simple Fragen, bei deren Vertiefung sich hochkomplexe Themen offenbaren können. Ein Unternehmen kann man wie einen menschlichen Organismus interpretieren, der sich gesund, lebendig und kraftsprühend anfühlen mag, ausgestattet mit einem widerstandsfähigen Immunsystem. Oder er kränkelt herum, verliert an Leistungsfähigkeit, Ausdrucksstärke und Belastbarkeit. Die Ergebnisse einer präventiven Analyse, quasi einer Vorsorgeuntersuchung, sind um vieles einfacher zu bearbeiten, als wenn der Patient schon an der Beatmungsmaschine hängt. Die Energiefass-Übung gehört bei resilienzsensiblen Unternehmen zum regelmäßigen Check dazu – für die Mitarbeiter, Führungskräfte, für Teams oder die Geschäftsleitung.

Ziel Klarheit über den organisationalen Kräftehaushalt auf struktureller Ebene, Identifizierung von »Energiefressern und Energiespendern«. Definition von realistischen Veränderungsmaßnahmen.

Material Flipchart oder DIN-A3-Papier, bunte Stifte.

Möglichkeit zu Kleingruppenarbeit Die Übung kann in Zweierteams oder in Kleingruppen konkretisiert werden. Anschließend treffen sich alle Teilnehmer in der großen Runde, um die Einschätzungen und Vorschläge zu plausibilisieren und zu diskutieren.

Übungsablauf
Schritt 1: Wählen Sie zunächst ein Symbol für den Energiespeicher Ihres Unternehmens, und malen Sie dieses auf ein Flipchart auf. Zu wie viel Prozent ist die Energiebatterie geladen, das heißt, wie agil, wendig, belastungsfähig, kreativ, innovativ, schlagkräftig etc. kann das Unternehmen nach innen und außen auftreten?

Schritt 2: Gehen Sie den Fragen nach:
- → Was schenkt uns Kraft und Energie auf struktureller Ebene?
- → Was dagegen schwächt die Organisation und entzieht ihr Vitalität und Stärke?
- → Was können erste, realistische Schritte sein, um diese Energiebilanz positiv zu beeinflussen?

Schritt 3: Legen Sie für verschiedene Personen beziehungsweise Gruppen Bodenanker aus, und stellen Sie sich auf den Platz der jeweiligen Person.
- → Wie erlebt Ihr Kunde Ihr Unternehmen zu genannten Themen?
- → Wie sieht Sie Ihr Mitbewerber, und was macht er gegebenenfalls anders?
- → Wie erleben Sie Ihre Zulieferer, Berater, Banken und andere wichtige Außenstehenden?

Schritt 4: Tragen Sie alle Ihre Eindrücke zusammen, und ziehen Sie eine ehrliche Bilanz aus dem Ganzen.

Aus der Praxis

Lösungswege gemeinsam erarbeiten

In meinen Beratungen begegnen mir viele Unternehmen, die in kürzester Zeit ihre Energiefresser benennen können. In der differenzierten Analyse kommt es allerdings zu längeren Diskussionen – diese Auseinandersetzungen sind ihnen bekannt, da sie ihre Probleme schon länger in der Hand drehen und wenden. Spätestens wenn es um die Lösung geht, schlagen die Wellen hoch. Altbekannte Für und Wider werden zum x-ten Mal auf den Tisch geschmissen – oftmals wirken diese Diskussionen wie ein gordischer Knoten, der zerschlagen sein will.

Unser Leben ist knifflig beschaffen. In den seltensten Fällen präsentiert es uns eindeutige Lösungswege. Entscheidungen sind meistens mit vielen Fragezeichen und Risiken behaftet. Kann man mangelhafte Prozesse durch eine gesamte Umstrukturierung mit einem Schlag aus dem Weg räumen? Oder bietet die Salami-Taktik einen günstigeren Weg, bei dem es sich unkomplizierter nachsteuern lässt? So oder so – Entscheidungen müssen letztendlich von allen Beteiligten mitgetragen werden. Gute Entscheidungen können durch mangelndes Engagement zu schlechten Entscheidungen mutieren. Risikobelastete Entschlüsse können durch leidenschaftlichen Einsatz großen Erfolg initiieren. Dieser Triumph wird allerdings nur eintreten, wenn Betroffene von Anfang an ins Boot geholt werden. Veränderungsprozesse brauchen in jeder Phase eine hohe Aufmerksamkeit – Achtsamkeit und Wachheit steuern die Entwicklungsdynamik.

Höre ich während des Resilienz-Trainings den akuten Belangen der Teilnehmer zu, kann ich unterm Strich drei Hauptbelastungsfelder benennen:

- → die persönliche Biografie und der individuelle Charakter, aus denen heraus sich die individuelle Selbststeuerung ergibt
- → die innere Reife der direkten Führungskraft, in deren Abhängigkeit sich die Arbeitsatmosphäre entfaltet
- → die Qualität der Unternehmensstrukturen und Unternehmenskultur, die Resilienz begünstigen oder torpedieren

Diese verschiedenen Facetten gilt es gleichzeitig zu bedenken und zu bearbeiten – dann ist mit dem größten Umsetzungstransfer der verschiedenen Maßnahmen zu rechnen.

Erfolge feiern, Resilienz für das Employer Branding nutzen

Positionieren Sie sich am Markt als attraktiver Arbeitgeber

Unternehmen, die es mit ihrer Kultur wirklich ernst meinen und sich die Mühe geben, sie über Jahre hinweg akribisch zu entfalten, sollten diese internen Entwicklungsprozesse stolz nach außen präsentieren. Durch den immer akuter werdenden Fachkräftemangel und die demografischen Verschiebungen wird es für Firmen zunehmend wichtiger, kontinuierlich auf sich als attraktiver Arbeitgeber aufmerksam zu machen.

Immer mehr Arbeitnehmer achten bei ihrer Bewerbung auf die Kultur, die Arbeitsatmosphäre und die Entwicklungsmöglichkeiten innerhalb des Unternehmens. Vieles ist ihnen neben der Arbeit wichtig: ihre Gesundheit, ihre Partnerschaft, der Bezug zu ihren Kindern und ihren Eltern sowie ihr soziales Netzwerk. Durch die Verknappung auf dem Arbeitsmarkt macht es Sinn, die Qualität der Unternehmens- und Führungskultur intern anzuheben und extern zu dokumentieren. Das Thema »Resilienz« kann dabei eine tragende Rolle spielen. Kultur ist keine Frage ethischen Handelns mehr, sondern sie zahlt sich schlichtweg aus.

Heutzutage bestehen verschiedene Angebote, um sich die gesamte Unternehmenskultur oder spezielle Themenfelder auditieren zu lassen. Gute Erfahrungen habe ich beispielsweise gemacht mit den Anbietern

- Great Place to Work
- Beruf und Familie
- Corporate Health Award (EuPD Research)
- SCOHS Social Capital & Occupational Health Standard
- Move Europe (BKK Bundesverband)

Durch eine Zertifizierung bilden sich folgende Vorteile:

- Unternehmen erhalten durch ein systematisches Feedback ein Steuerungsinstrument zur Planung und Nachhaltigkeitsprüfung ihrer Personalinstrumente.
- Unternehmen reduzieren durch das Zertifikat die Prozesskosten bei der Kreditvergabe oder Kapitalbeschaffung.
- Gegenüber dem Personalmarkt, aber auch gegenüber Kunden und Auftraggebern, erhalten Unternehmen eine positive Außendarstellung ihrer nachhaltigen Personalarbeit. Daraus resultieren entscheidende Wettbewerbsvorteile im Bereich Arbeitnehmergewinnung und Bindung.

Dazu einige Erfahrungswerte des Arbeitgeberwettbewerbs »Great Place to Work«, (s.: http://www.greatplacetowork.de/great/index.php), die mir von teilnehmenden Firmen schon bestätigt wurden:

↗ Beispiel

»Optimierung der Arbeitsplatzqualität zeigt Resultate

An ausgezeichneten Arbeitsplätzen fördert die Art, wie mit den Mitarbeitern umgegangen wird, signifikant die Wettbewerbsvorteile des Unternehmens. Unsere jährlichen »Beste Arbeitgeber«-Untersuchungen bestätigen, dass ausgezeichnete Arbeitgeber von folgenden Faktoren profitieren:

- → qualifiziertere Bewerbungen für offene Stellen,
- → geringere Personalfluktuation,
- → Reduzierung der betrieblichen Gesundheitskosten,
- → höhere Kundenzufriedenheit und Kundenbindung,
- → größere Innovationskraft, Kreativität und Risikofreude,
- → höhere Produktivität und Wirtschaftlichkeit.

Die besten Arbeitgeber übertreffen ihre Mitbewerber

Zahlreiche unabhängige Studien zeigen, dass Unternehmen der amerikanischen FORTUNE Besten-Liste (»100 Best Companies to Work for in America«®) höhere Renditen als ihre Mitbewerber erzielen. Investitionen in Ihre Mitarbeiter sind Investitionen für den Erfolg Ihres Unternehmens. Eine umfassende Überprüfung des amerikanischen Arbeitsministeriums von mehr als 100 Untersuchungen, die die Beziehung zwischen fortschrittlichen mitarbeiterorientierten Maßnahmen und verbesserten wirtschaftlichen Ergebnissen prüfte, ergab:
Es besteht eine positive Beziehung zwischen Schulung, Motivation und Übertragen der Verantwortung an die Mitarbeiter und Verbesserungen hinsichtlich der Produktivität, der Mitarbeiterzufriedenheit und der finanziellen Leistungskraft.
Bei der Entwicklung und Implementierung einer Personalstrategie mit fortschrittlichen Personalmaßnahmen hat sich eine Kombination aus verschiedenen Maßnahmen als effektiver erwiesen als die Verwirklichung von nur einer Maßnahme.
Der Einfluss fortschrittlicher Personalmaßnahmen ist bei längeren Fristen größer (drei Jahre und länger); dies zeigt, dass die Maßnahmen in die gesamte Arbeitsumgebung integriert werden müssen, um daraus Vorteile zu generieren.
Untersuchungen aus anderen Bereichen zeigen die gleichen Effekte und Zusammenhänge auf.

Betriebswirtschaftlicher Nutzen

Unabhängige Finanzanalysten haben in den USA die finanzielle Leistung der besten Arbeitgeber seit dem Erscheinen des Buches ›The 100 Best Companies to Work For in America‹ (von Robert Levering und Milton Moskowitz, 1984 und 1993) untersucht und begleiten seit 1998 kontinuierlich jedes Ranking der »100 besten Arbeitgeber« des Magazins »Fortune«. Bei Betrachtung verschiedener Rentabilitätsindikatoren verdeutlichen die Daten das Ausmaß, in dem die börsennotierten Unternehmen unter den 100 attraktivsten Arbeitgebern Amerikas durchgehend im 10-Jahres-Zeitraum die größten Aktienindizes übertreffen.«

Auch in Deutschland gibt es hierzu Untersuchungen. 2009 bewies erstmals eine groß angelegte Studie der Bundesagentur für Arbeit und Soziales: Unternehmenskultur, Arbeitsqualität und Mitarbeiterengagement fördern nachhaltig den Unternehmenserfolg. Die vorgestellte Studie macht auf umfassender empirischer Basis deutlich, dass eine mitarbeiterorientierte Unternehmenskultur und das damit eng verbundene Engagement der Beschäftigten bis zu 31 Prozent des finanziellen Unternehmenserfolgs erklären können. Gleichzeitig wird ersichtlich, dass dieses Potenzial in vielen Firmen nicht ausreichend genutzt wird.

In meinem Beratungskonzept ist das Thema »Employer Branding« ein wichtiger Baustein. Ich rege Unternehmen dazu an, ihr internes Engagement nach außen hin transparent zu gestalten – denn so können Sie wiederum von engagierten Bewerbern auf dem Arbeitsmarkt gefunden werden. Erfolge gehören aufgezeigt und auch gefeiert. Wertschätzung und Freude über erreichte Ziele steigern die Motivation, an differenzierten Entwicklungen mit Witz und Biss dranzubleiben.

Da Führungskräfte in diesen Prozessen zumeist eine sehr wichtige Rolle übernehmen, habe ich neben der allgemeinen Resilienz-Schulung spezielle Übungsschritte konzipiert, um Verantwortungsträgern praxisnahe und bedarfsgerechte Inhalte vermitteln zu können.

04

Die besondere Position der Führungskraft

Edda Koch-Königer: Der Mensch – Warum leben wir?

»Beim Thema Führung geht es heute ja nicht mehr darum, auf ruhigem Wasser Ruderboot-Mannschaften nach genau definierten Regeln gegen die Konkurrenz-Boote anzutreiben. Vielmehr müssen Führungskräfte mit ihren Teams in Schlauchbooten durch unberechenbare Wildwasser navigieren. Die Gefahren hinter der nächsten Kurve können nur bewältigt werden, wenn alle blitzschnell, flexibel und furchtlos agieren, mit einem klaren Blick auf das gemeinsame Ziel.«

(Alexandra Altmann im Vorwort zum Buch »Führen unter neuen Bedingungen« von Stephen Covey, 2010)

Resilienz-Training für Führende

Balancierte Führung in stürmischen Zeiten

Führende sind heutzutage besonders gefordert, sich selbst und ihre Anvertrauten ruhig und sicher durch stürmischen Wellengang zu manövrieren. Kommt es bei ihnen selbst oder ihren Mitarbeitern zu ständiger Überlastung, braucht es kompetente Unterstützung, um ein schleichendes Ausbrennen zu verhindern. In meinen Vorträgen, in denen sich hauptsächlich Vertreter von Personalabteilungen über das Thema »Resilienz« informieren möchten, werden auffallend viele Fragen gestellt, die sich auf die besondere Position der Führungskraft beziehen:

- → Wie kann ein Führender erkennen, dass sich ein Mitarbeiter überlastet fühlt?
- → Gibt es klassische Symptome, die einen drohenden Burnout ankündigen?
- → Existieren Blender, die sich hinter Jammern und Klagen verbergen wollen, und wie kann man sie erkennen und ihnen Grenzen aufzeigen?
- → Was macht ein Führender, wenn ein Mitarbeiter tatsächlich am Anschlag seiner Kräfte ist, aber es sich selbst nicht eingestehen möchte?
- → Wie geht er mit steigendem Krankenstand und der sich daraus ergebenden Mehrbelastung der gesunden Mitarbeiter um?
- → Wie integriert er einen zurückkehrenden Mitarbeiter nach einer Kur beziehungsweise einer Therapie?
- → Und wie kommt der Verantwortungsträger selbst mit all seinen eigenen Belastungsgrenzen zurecht?

Manchmal wirkt es, als ob der Fragende von mir ein schnelles Patentrezept in die Hand gedrückt bekommen möchte, um diese kniffligen Fragestellungen möglichst schnell vom Tisch zu bekommen. Dieser Eindruck lässt Rückschlüsse auf den eigenen Energiehaushalt des Personalverantwortlichen zu. Auch diese Personengruppe steht augenscheinlich unter hohem Druck und weiß sich gerade bei Anstieg der psychosozialen Erkrankungen nur schwer zu helfen. So haben wir es mit einer unseligen Verkettung zu tun: Dem Führenden fehlen die nötigen Kompetenzen, um seinen Führungsaufgaben umfänglich nachkommen zu können, dadurch gerät er selbst ins Straucheln. Der Personalentwickler, der ihn an dieser Stelle unterstützen sollte, muss sich über mögliche Lösungswege erst einmal klar werden. Hat er ein erstes schlüssiges Konzept erarbeitet, erfährt er in der Umsetzung häufig zu wenig Rückendeckung von seiner Geschäftsführung und verliert durch zähe Aufklärungs- und Überzeugungsarbeit selbst an Kraft. Dem Mitarbeiter fehlen die authentischen Vorbilder, an denen er sich eine balancierte Selbststeuerung abschauen kann. Appellsätze wie »Pass auf dich auf. Lerne zu priorisieren und zu delegieren. Gehe früher nach Hause. Suche dir Unterstützung, wenn du es alleine nicht schaffst …« verhallen wirkungslos im Orbit, sofern das gesamte Umfeld sich abweichend – wenn nicht gar gegensätzlich – verhält.

Führende agieren oft als Stoßdämpfer zwischen verschiedenen Anspruchsgruppen.

Führende fungieren oft als Stoßdämpfer

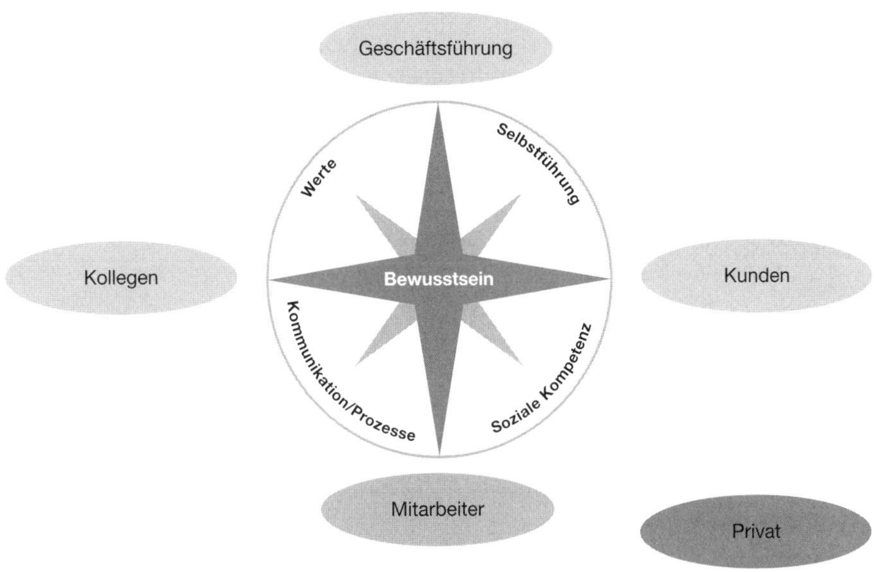

Außer ihrem Team haben sie es mit ihrem Vorgesetzten, mit ihren Kollegen und ihren (internen und externen) Kunden zu tun. Neben ihrem beruflichen Netzwerk werden sie auch privat von unterschiedlichen Menschen in Anspruch genommen. So ist es nicht überraschend, dass mir viele Verantwortungsträger berichten, sie hätten sich selbst mit ihren eigenen Bedürfnissen über die Jahre vergessen. Damit eine Führungskraft ihren Mitarbeitern tatsächlich kraftvoll und einfühlsam zur Seite stehen kann, braucht es aber genau das Gegenteil.

Führende müssen sich mit der Kunst der souveränen Selbststeuerung ausgiebig beschäftigen, sie individuell reflektieren, hinterfragen, für sich erobern, üben, üben, üben und in ihrem eigenen Leben erfolgreich integrieren – nur dann können sie als authentisches, überzeugendes Vorbild agieren. Dass es zur Entfaltung dieser selbstverantwortlichen Haltung und inneren Reife eines längeren Lernprozesses bedarf, erklärt sich von selbst. Und so lautet meine Antwort auf die unterschiedlichen Fragen der Personalentwickler: »Um einem Mitarbeiter hilfreich zur Seite stehen zu können, muss eine Führungskraft gelernt haben, für sich selbst gut zu sorgen.« Diese Aussage mag ernüchternd klingen – einen anderen Weg beziehungsweise eine Abkürzung kenne ich leider nicht. Und dennoch: Wer sich entschlossen und durchdacht ans Werk macht, kann selbst in kurzer Zeit schon große Lernschritte für sich verbuchen.

Systematisches, fundiertes Training zeigt schnelle Wirkung

Eine gezielte Schulung von Führungskräften kann mit einer Informationsveranstaltung beginnen, bei der die vielfältigen Aspekte von Resilienz zunächst theoretisch präsentiert werden. Dieser erste Vortrag beziehungsweise Workshop dient der Information und Sensibilisierung und schenkt Raum für Fragen sowie Erfahrungsaustausch. Bei dieser kognitiven Art der Vermittlung sollte es aber nicht bleiben. Für einen tiefer gehenden Lernprozess braucht es neben dem Verstand natürlich die Einbeziehung von Körper, Herz und Seele – und ein wenig Zeit, um sich den zu erschließenden Fähigkeiten auch sorgfältig widmen zu können.

In meiner Resilienz-Schulung für Führende starte ich mit den im Buchteil II vorgestellten Basisübungen (zwei Module à 2,5 Tage):

- → Innehalten – die Kunst der kleinen Pause.
- → Standortbestimmung und Rollenklärung sowie Stärken- und Schwächenprofil.
- → Das Energiefass füllen.
- → Den Lebensrucksack entlasten.
- → Die inneren Antreiber ausbalancieren.
- → Grenzen setzen – Grenzen wahren – Grenzen öffnen.
- → Konflikte aktiv angehen.
- → Konsequente Ausrichtung auf Handlungsspielräume.
- → Halt im Netzwerk.
- → Verankerung in der eigenen Kraft und Ruhe.

Mit den zehn Lernstufen wird ein solides Grundverständnis für die persönliche Resilienz gelegt. Wenn wir den Führungskompass betrachten, sind wesentliche Themen der zwei rechten Quadranten bearbeitet: »Ich – Selbststeuerung« und »Du – Soziale Kompetenz«. Diese werden nun systematisch vertieft und mit den Themen der nächsten zwei Quadranten »Wir – Kommunikation/Prozesse« und »Sein – Klarheit in den Werten« erweitert. Das gesamte Führungstraining umfasst insgesamt drei oder vier Module (7,5 beziehungsweise zehn Tage). In den nächsten Kapiteln schildere ich Kernthemen, die ich für die Resilienz-Schulung als unerlässlich erachte. Im ersten Schritt durchläuft der Führende selbst die einzelnen Aufgaben und realisiert die Erkenntnisse im eigenen Leben. Im zweiten Stepp trainiere ich die Teilnehmer insofern, dass sie die Inhalte und Übungen auch mit ihren Mitarbeitern, ihren Kollegen und gegebenenfalls mit ihren Vorgesetzen ansprechen und durchführen können. Mit einer sorgfältigen Schulung der Führungskräfteebene können Unternehmen somit viele ihrer Mitarbeiter gleichzeitig erreichen – es ist ein gut investiertes Geld …

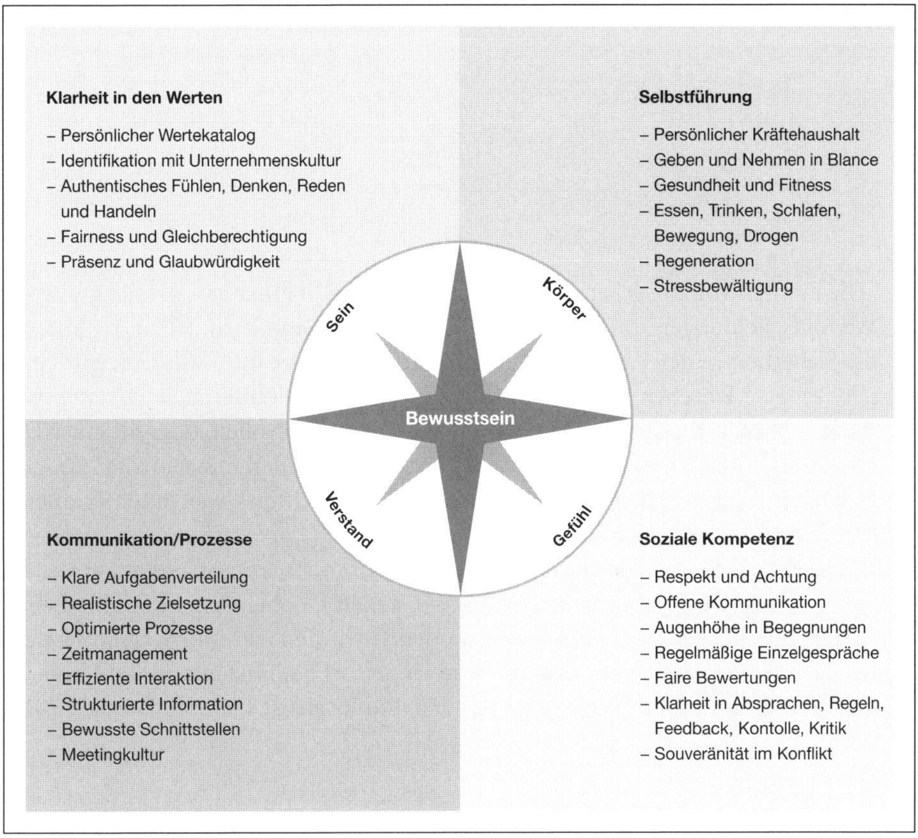
Klarheit in den Werten
– Persönlicher Wertekatalog
– Identifikation mit Unternehmenskultur
– Authentisches Fühlen, Denken, Reden und Handeln
– Fairness und Gleichberechtigung
– Präsenz und Glaubwürdigkeit
Selbstführung
– Persönlicher Kräftehaushalt
– Geben und Nehmen in Blance
– Gesundheit und Fitness
– Essen, Trinken, Schlafen, Bewegung, Drogen
– Regeneration
– Stressbewältigung
Sein
Körper
Bewusstsein
Verstand
Gefühl
Kommunikation/Prozesse
– Klare Aufgabenverteilung
– Realistische Zielsetzung
– Optimierte Prozesse
– Zeitmanagement
– Effiziente Interaktion
– Strukturierte Information
– Bewusste Schnittstellen
– Meetingkultur
Soziale Kompetenz
– Respekt und Achtung
– Offene Kommunikation
– Augenhöhe in Begegnungen
– Regelmäßige Einzelgespräche
– Faire Bewertungen
– Klarheit in Absprachen, Regeln, Feedback, Kontolle, Kritik
– Souveränität im Konflikt

Klarheit in den Werten

»Die meisten von uns leben in einem Umfeld, das von ihnen fast nie tief greifende Wertentscheidungen verlangt. Wer von uns muss je sein Leben, seinen Wohlstand, die Sicherheit seiner Familie aufs Spiel setzen, indem er für etwas Gerechtes eintritt: einen Menschen vor der Verfolgung durch die Polizei einer Diktatur verstecken oder sich gegen Schläge stellen, die andere bedrohen, oder an einer Demonstration teilnehmen, deren Teilnehmer damit rechnen müssen, im Gefängnis zu landen? Wie viele von uns verzichten auf etwas Wichtiges, weil ihnen ein moralischer Aspekt noch wichtiger ist?
Aber gerade weil wir so wenig riskieren, darf man von uns etwas anderes erwarten: dass wir uns jeden Tag erinnern, wofür wir stehen möchten, ein bewusstes Leben führen, uns der Momente entsinnen, an denen wir den eigenen Werten nicht gewachsen waren und es von uns selbst verlangen, es beim nächsten Mal besser zu machen.« (*Giovanni di Lorenzo* im Artikel »Wofür stehst Du?« in: Die Zeit 2010, S. 13)

Authentisches Fühlen, Denken und Reden hält gesund

Jeder Mensch trägt Werte in sich. Es sind ethische und moralische Grundhaltungen, die sich aus verschiedenen Aspekten zusammenfügen:

- → Zeitlose Grundprinzipien der Schöpfung, die in jedem Menschen angelegt sind.
- → Persönliche Überzeugungen, die im eigenen Charakter begründet liegen und durch Lebenserfahrung heranreifen.
- → Zeitabhängige Grundsätze, die von Familie, Gesellschaft und Religion vermittelt werden.

Auch wenn im praktischen Alltag eher selten über Sinn und Wert des Lebens gesprochen wird, sind es genau diese Grundhaltungen, die auf unsere Selbstführung, unsere Beziehungen, unsere Lebensqualität und unsere Gesundheit immensen Einfluss ausüben. Wohlbefinden und Zufriedenheit korrespondieren in engem Zusammenhang mit der Sinnhaftigkeit unseres Tuns und Handelns. Ein Mensch, der auf Dauer gezwungen wird, gegen seine innerste Überzeugung Tätigkeiten zu verrichten, wird wütend und verweigert sich. Oder er resigniert und stumpft ab. Kann dagegen eine Person einer Arbeit nachgehen, die in Deckungsgleichheit zu seinen inneren Anliegen steht, beweist er höchstes Engagement und entfaltet von alleine eine hohe Motivation. In dieser Atmosphäre sprudeln Kreativität und Austausch. Eine Idee wächst aus der anderen hervor, und Projekte, die zunächst unrealisierbar erscheinen, finden durch die gemeinsame Kraft begeisterter und überzeugter Menschen einen Weg ins Leben.

Zwischen diesen beiden Polen befindet sich ein breit gefächertes Mittelfeld unterschiedlichster Emotionen, wie zum Beispiel: Das Leben fühlt sich nicht wirklich leer (sinnlos), aber auch nicht wirklich erfüllt (sinnvoll) an. Das persönliche Potenzial und die individuelle Berufung kommen ein wenig, aber nicht wirklich befriedigend zum Ausdruck. Vieles ist im Leben schon erreicht, und gleichzeitig sind wesentliche Herzensanliegen noch nicht umgesetzt.

Betrachten wir in diesem Kontext den Grundgedanken der Resilienz: »Was gibt mir Energie – was nimmt mir Energie?«, wird klar, dass die Frage nach dem eigenen Wertekatalog extrem wichtig ist. Stress hat immens viel mit persönlicher Interpretation zu tun. Objektive Stressoren mutieren durch subjektive Zuordnung zu Belastungen … oder auch nicht. Menschen, die mit ihrem Handeln sinnhaft verbunden sind, haben eine viel höhere Stressresistenz, als Personen, die mit ihrer Arbeit nur wenig beziehungsweise gar nicht identifiziert sind. Im Ehrenamt fühlen sich Verantwortungsträger nach tagelangen Einsätzen erschöpft und müde, aber nur selten ausgebrannt. In Firmen begegnen mit Mitarbeiter, die schon nach einer Stunde Arbeit völlig am Ende sind – weil ihr Innerstes im Widerstreit mit der zu verrichtenden Tätigkeit steht. In solch einer Konstellation ist der Burnout vorprogrammiert.

Gerade Führungskräfte sind an dieser Stelle besonders gefährdet. Oftmals müssen sie Inhalte, Entscheidungen und Zielvorgaben vertreten und durchsetzen, die nicht ihren eigenen Vorstellungen entsprechen. In den Trainings habe ich schon verzweifelte Berichte gehört, wie sich Führende im Spagat zwischen Loyalität dem Unternehmen gegenüber und dem eigenen gesunden Menschenverstand zerreißen. Die folgende Übung dient dazu, dieses schmerzhafte Erleben schrittweise ins Bewusstsein zu holen und in einen konstruktiven Dialog zu überführen.

↘ Übung

Werte im Alltag verankern

Einführung Das Thema »Werte« regt dazu an, innezuhalten und die eigene Geschichte mit Abstand zu betrachten. Es braucht Zeit und Ruhe, um den lauten und leisen Empfindungen auf den Grund zu gehen. Viele unserer Werte sind in frühesten Kindertagen entstanden und sind eng an unsere Prägungen sowie Glaubenssätze gekoppelt. Jede Familie hat für sich Tugenden geprägt, die bewusst oder unbewusst auf das Zusammenleben einwirken und manches Mal dramatische Konsequenzen nach sich ziehen können.
Hinzu kommt der ganz persönliche Wertekatalog, der eng mit dem eigenen Charakter und der individuellen Lebensgeschichte verknüpft ist. All das vermischt sich mit den gesellschaftlichen, kulturellen sowie religiösen Werten unseres Landes und ergibt eine Mischung, die kollektive als auch individuelle Erfahrungen in sich vereint.
Eine Organisation bildet mit ihrer selbst definierten Kultur ein großes Dach, unter dem sich Menschen mit zum Teil sehr unterschiedlichen Wertevorstellungen versammeln. Das ist an sich schon ein aufregendes Geschehen. Erschwerend kommt dazu, dass die von Unterneh-

mensseite theoretisch definierte Kultur in der Praxis oftmals nicht umgesetzt beziehungsweise eingehalten wird. Das kann beträchtliche Gewissenskonflikte hervorrufen, die das ganze Unternehmen und einzelne Mitarbeiter langfristig schwächen können.

Ziel Klarheit über die eigenen Werte und die Möglichkeiten, diese tiefen Anliegen im Alltag konkretisieren zu können. Abgleich mit dem aktuellen Umfeld und Definition von persönlichen Handlungsspielräumen.

Material Papier, Stifte.

Möglichkeiten zur Kleingruppenarbeit Die Übung eignet sich besonders für den Austausch in der Gruppe. Jeder Teilnehmer widmet sich den vorgestellten Fragen erst alleine – danach kommt es zum Dialog in der Klein- beziehungsweise Großgruppe.

Übungsablauf Widmen Sie sich nacheinander folgenden Fragen und notieren Sie Ihre Antworten:

Schritt 1: Was ist mir wirklich wichtig? Welche Werte sind für mein Leben bedeutsam?

Schritt 2: Wann und wo kommen Sinn und Werte in meinem privaten Leben bisher praktisch zum Ausdruck?

Schritt 3: Wann und wo kommen Sinn und Werte in meinem beruflichen Leben bisher praktisch zum Ausdruck?

Schritt 4: Welche meiner innersten Überzeugungen kann ich noch tatkräftiger im täglichen Denken, Reden und Handeln verwirklichen? Was wünsche ich mir? Was ist meine Sehnsucht, meine Vision?

Schritt 5: Bei welchen Inhalten muss ich mich der gelebten Kultur des Unternehmens unterordnen, und welche Ausstrahlung hat dies auf mich? Wie finde ich mit dieser Situation einen konstruktiven Umgang? Welche Handlungsspielräume besitze ich, um die Unternehmenskultur positiv zu gestalten?

Schritt 6: Tauschen Sie sich mit den anderen Teilnehmern offen über Ihre Erkenntnisse aus. Achten Sie ganz besonders auf den Zusammenhang von Werten, Energiehaushalt und Resilienz.

Aus der Praxis

Authentisches Wertemanagement macht den Unterschied

In ihrer Grundstruktur ähneln sich die meisten Organisationen, da sich auf der Sachebene Aufbau und Abläufe wiederholen beziehungsweise branchenweit übertragen lassen. Den großen Unterschied, das Alleinstellungsmerkmal zum Wettbewerb, machen allerdings die Unternehmenskultur und das Wertemanagement aus. Welche machtvollen Stellhebel Geschäftsführer damit an der Hand haben, um sich im engen Feld der Mitbewerber abzusetzen, beachten sie zumeist viel zu wenig. Es gehört zwar zum guten Ton, Unternehmenswerte zu erarbeiten und aufwendig in Hochglanzbroschüren zu präsentieren. Sich an diesen inneren Kompass tatsächlich zu halten, nicht nur bei schönem Wetter, sondern gerade dann, wenn die Wellen höher schlagen – diese Haltung ist in der Unternehmenslandschaft bisher leider nur vereinzelt anzutreffen. Wobei Deutschland, mit seinem über Jahrhunderte gewachsenen Kulturgut, besonders geeignet wäre, in diesem Thema weltweiter Vorreiter zu werden.

Wie schon beschrieben, treibt die Fragestellung nach den eigenen Werten vielen Führungskräften die Tränen in die Augen. Die meisten berichten, in ihren Unternehmen hätten gerade in den letzten Jahren viele Veränderungen stattgefunden. Früher seien Zusagen und Versprechen noch verbindliche Aussagen gewesen. Die Belastungsfähigkeit und das Leistungsvermögen der Mitarbeiter sei im Auge behalten und besonderes Engagement nicht nur gesehen, sondern auch honoriert worden. Zielsetzungen hätten einen realistischen Bezug zu den täglichen Arbeitsabläufen gehabt und wären für die meisten Mitarbeiter erreichbar gewesen. Das gemeinsame »Werkeln« hätte Spaß gemacht und Kraft geschenkt. Wertgefühl und Stolz wären keine leeren Worte gewesen – man hätte sich zugehörig und innerlich beheimatet gefühlt. Das sei heute nicht mehr selbstverständlich. Augenscheinlich ist dies nicht einmal mehr in den Firmen der Fall, die für ihre Kultur bislang weithin bekannt und berühmt waren. Viele Führende hinterfragen zunehmend die Marschrichtung ihrer Unternehmen, denn sie spüren am eigenen Leib, welchen Preis sie dafür zu zahlen haben.

Die Übung »Werte im Alltag verankern« wirft tief gehende Fragestellungen auf, für die es zumeist keine schnelle Lösung gibt. Es gilt, konsequent im Forschungslabor zu bleiben, keine Schuldzuweisungen zu produzieren, sondern ideenreich den Blickpunkt zu wechseln. Unternehmensleiter sehen sich selbst ungeheuren Sachzwängen und Ansprüchen ausgeliefert und finden oft keinen anderen Weg, als Druck nach unten weiterzugeben. Verständnis für Zusammenhänge zu entdecken heißt aber nicht, sich gottergeben in ein Schicksal zu fügen, das augenscheinlich keinen Erfolg verspricht.

Motivation und Engagement beginnen bei der Identifikation. Wenn Mitarbeiter das Vertrauen in die Unternehmensleitung verloren haben, tut sich die direkte Führungskraft immens schwer, ihr Team motiviert, gesund und leistungsstark auf Kurs zu halten. Um nachhaltig Resilienz zu erzielen, heißt es auch, produktive Renitenz zu entwickeln. Je mehr Führungskräfte sich auf Kollegenebene zusammenschließen und ihren Vorgesetzten klares, nutzbringendes Feedback liefern, umso eher lassen sich gemeinsame, aufbauende Wege aus dem Werteverfall herauskristallisieren.

Sinn und Werte sind für mich kein weiches, sondern ein knallhartes Thema. Wer auf menschlicher Ebene ambitionierte Anliegen durchsetzen möchte, braucht ein glasklares Auftreten, Diplomatie und Unerschütterlichkeit, um sich von entgegengehaltenen Sachzwängen nicht vom Tisch wischen zu lassen. Werte verlangen Rückgrat – sie benötigen Kraft … und schenken Kraft. Sie fordern auf, Stellung zu beziehen, aktiv auf Systeme einzuwirken und gegebenenfalls auch die Entscheidung zu treffen, sich von unverbesserlichen Systemen zu trennen.

Führungskultur erwächst aus den inneren Werten des Verantwortlichen. Seine Ausrichtung und Fähigkeit, sich Menschen interessiert, offen, klar und authentisch zuzuwenden, bestimmt die Chemie, die sich zwischen ihm und seinen Mitarbeitern bilden kann. Gelungene Kommunikation schafft Vertrauen und resultiert in effizienter Zusammenarbeit. An dieser Schnittstelle verbinden sich menschliche und sachliche Ebene aufs Engste.

Führung ereignet sich durch Beziehung

Die aktive Pflege des Beziehungsbandes

Sobald sich zwei Menschen begegnen, bildet sich zwischen ihnen spontan eine individuelle Chemie aus. Für diese Chemie langt oft schon der erste Eindruck, das erste Händeschütteln, die ersten paar Worte. Sind sich beide vom Fleck weg sympathisch, haben sie Glück miteinander. Sie werden schnell und einfach in ein gutes Gespräch und in eine konstruktive Zusammenarbeit finden.

Sind sich die Personen dagegen unsympathisch, sollten sie von Anfang an aktiv an der Ausbildung eines Beziehungsbands arbeiten. Stellen Sie sich vor, zwischen Ihnen und dem anderen fließt ein Strom. Ist dieser Fluss breit und stark ausgeprägt, können Informationen in Form von Schiffen leicht von einem zum anderen Ufer passieren. Ist diese Verbindung allerdings nur ein Rinnsal, fällt es größeren Schiffen – also komplexeren Informationen – schwer, ihren Weg zu bahnen. Wird auf diese Fahrstraße zuweilen auch noch ein Kriegsschiff gesetzt – ein Konfliktgespräch oder eine unliebsame Kritik – kommt der Fährverkehr schnell zum Erliegen.

Um eine durchgehend fruchtbare Kommunikation abzusichern, bedarf es also einer umsichtigen, präventiven Pflege des Beziehungsbandes.

Was stärkt eine Beziehung?

Echtes Interesse. Offener, lebendiger Austausch – nicht nur über Fachthemen. Warmlaufen, bevor es zur Sache geht. Hierfür müssen Führende kreativ und weitherzig werden, besonders wenn es sich um einen für sie unangenehmen Mitarbeiter handelt. Oft spiegelt dieser Mensch ungeliebte Anteile der eigenen Persönlichkeit wider – umso schwieriger gestaltet sich der natürliche Kontakt.

Die aktive Pflege des Beziehungsbands ist in alle Richtungen prägnant: zum Mitarbeiter, zum Kollegen, zum Kunden, zum Partner, zu den Kindern, zu Freunden und Bekannten … Auch beim direkten Vorgesetzten gilt es, diese Dynamik immer im Auge zu behalten. Der Chef ist für jeden Mitarbeiter eine wichtige, ausschlaggebende Person. Ob man beruflich erfolgreich ist und sich bei der Arbeit wohlfühlt, hängt ganz entscheidend von diesem gemeinsamen Verhältnis ab. Durch eine positive oder negative Beurteilung des Vorgesetzten können Entwicklungen gefördert oder gebremst werden. Überall menschelt es – persönliche Zu- und Abneigung entscheidet weitgehend darüber, ob man gerne zur Arbeit geht oder nicht.

Was steht auf der Stirn geschrieben?

Bei einem Beziehungsband kommt es nicht nur auf die gesprochenen oder geschriebenen Worte an. Das, was Sie darüber hinaus denken, fühlen, empfinden, steht auf Ihrer Stirn geschrieben und ist für jedermann lesbar. Wenn Sie nun in einer Besprechung das Spruchband durchtickern haben: »Von dir halte ich gar nichts. Fachlich bist du eine Null, auch wenn du mein Vorgesetzter bist. Und menschlich halte ich dich für einen Waschlappen – da kannst du autoritär auftreten, so viel du willst«, können Sie sich vorstellen, was Sie beim anderen auslösen.

Er wird nicht gerade begeistert sein, denn er empfängt von Ihnen eine Doppelbotschaft. Auf dem mentalen Empfangskanal werden Sie ihm wahrscheinlich gesellschaftsüblich höflich und angemessen begegnen. Ihre ganze Ausstrahlung und Haltung erzählt aber eine andere Geschichte. Menschen in höheren Positionen fühlen sich leicht angegriffen und bedroht, von daher sind sie für solche subtilen Schwingungen sehr empfänglich.

Finden Sie heraus, ob Sie zu Ihrem Vorgesetzten – oder wer auch immer Ihr Sparringspartner in dieser Situation ist – ein authentisches offenes Verhältnis aufbauen können. An dieser Stelle ist Ehrlichkeit vor sich selbst und Einfallsreichtum gefragt. Sollte diese Person Dinge verkörpern, die Sie auf keinen Fall gutheißen können und die Ihrem persönlichen Wertekatalog widersprechen, dann sollten Sie sich für einen »geordneten Rückzug« entscheiden. Ergreifen Sie die Verantwortung, und kümmern Sie sich tatkräftig um eine realistische Neuordnung der Verhältnisse – das kann bis zu einer selbst eingeleiteten Kündigung gehen.

Je verantwortlicher Sie diesen Veränderungsprozess in Angriff nehmen, umso eher können Sie ihn auch selbst steuern. Negieren Sie dagegen die schlechte Beziehung, und lassen Sie die Dinge laufen, wird irgendwann Ihr Vorgesetzter eine Entscheidung treffen. Dann haben Sie doppelt schwer zu tragen: einmal an der Veränderung und zum anderen an dem Erleben, ohnmächtiges Opfer zu sein.

Zauberschlüssel »Wertschätzung«

Letztendlich hängt die Qualität einer Beziehung immer davon ab, ob Wertschätzung zwischen den Beziehungspartnern hin- und herschwingt. Jeder Mensch verlangt danach, gesehen und geschätzt zu werden. Es ist ihm ein Grundbedürfnis wie Nahrung, Schlaf, Flüssigkeit und Sinnlichkeit. Wertschätzung berührt Herz und Seele und öffnet Menschen füreinander.

»Nicht geschimpft ist genug gelobt!« Dieser kollektive Glaubenssatz muss radikal aus unserem Denken und Fühlen ausradiert werden, denn er versperrt den einfachsten Weg, den Menschen zueinander finden können: über ein freundliches Wort, ein Lachen, ein schlichtes Dankeschön.

Hier ein kurzer Abstecher ins Privatleben – betrachten Sie unter dem Fokus »Wertschätzung« Ihre Partnerschaft: Wann haben Sie Ihrem Partner das letzte Mal dafür gedankt,

- dass er einkaufen war,
- Wäsche gewaschen hat,
- die Wohnung geputzt und aufgeräumt hat,
- ein leckeres Essen zubereitet hat,
- dass er da ist, an Sie denkt, Sie unterstützt, Sie liebt …?

Sie werden vielleicht denken: »Was soll das, all diese Dinge sind normal, dafür brauche ich keinen Dank auszusprechen.« Spätestens in dem Moment, wo all diese selbstverständlich wirkenden Dinge plötzlich nicht mehr da sind und zur freien Verfügung stehen, wandelt sich der Blickwinkel. Einen Lebenspartner an der Seite zu haben, der mit all seinen Stärken und Schwächen sowie seiner Andersartigkeit einen fantastischen, entwicklungsfördernden Abrieb bietet, ist ein besonderes Lebensgeschenk. Wie jede andere Partnerschaft auch sollte eine Liebesbeziehung wie eine Pflanze verstanden werden, die Sonne, Wasser, Nährstoffe und Zuwendung braucht, um gedeihen zu können.

Nehmen Sie nie etwas für selbstverständlich! Achten Sie auf die Wirkung, die Sie auf Ihren Liebsten haben! Freut er sich, wenn Sie kommen? Oder sind Sie ihm eine Enttäuschung? Gerade Führungskräfte schieben wegen ihrer langen Arbeitszeiten die Bedürfnisse der Familie oft zur Seite. Das kann über viele Jahre gut gehen, doch irgendwann rächt sich dieses Prozedere. »So wie ich in den Wald hineinrufe, so schallt es mir auch entgegen.«

Liebe wird der empfangen, der Liebe verschenkt. Das Gleiche gilt für Anerkennung, Respekt, Verständnis, Kooperationsbereitschaft. Wer Beziehungen aktiv gestaltet, vereinfacht sein Leben. Er kann alte Verstrickungen Schritt für Schritt lösen und neue gekonnt umgehen. Je klarer Sie in Ihrem Fühlen, Denken, Reden und Handeln anderen Personen gegenüber auftreten, umso weniger Energien werden Sie in Missverständnissen und Konflikten verlieren. Energien, die Sie an anderer Stelle produktiv einsetzen können, zum Beispiel, um Potenziale in sich selbst und anderen freizusetzen.

Führung braucht Zeit und wirkliches Interesse

Die gleichen Prinzipien, die im Privatleben wirken, beeinflussen auch die beruflichen Beziehungen. Mitarbeiter möchten von ihrem Vorgesetzten wahrgenommen werden, sie möchten ihn »spüren« und nicht nur mental, sondern auch emotional begreifen können. Zum einen braucht der Mitarbeiter Unterstützung und Wertschätzung, zum anderen aber auch klare Ansagen und deutliches Feedback. Ein Beziehungsband zu pflegen, bedeutet nicht einen ständigen »Kuschel-Kurs« zu fahren und eine »Wir-haben-uns-alle-lieb«-Atmosphäre künstlich aufrecht zu erhalten, ganz im Gegenteil:

Potenziale entfalten sich durch Liebe und Klarheit, und das bedeutet, sich Zeit zu nehmen für wirkliche Auseinandersetzungen. So einfach es klingt, so schwierig ist es, dies im Beziehungsalltag umzusetzen.

In den Seminaren frage ich die Teilnehmer, welche Erfahrungen sie selbst mit Führung gemacht haben: »Welche Führungskraft hat sich Ihnen als positives Beispiel eingeprägt? An welchen Ihrer Verwandten, Lehrer, Trainer denken Sie gerne zurück? Wer hat in Ihrem Leben sinnhaft gewirkt und eindrückliche Spuren hinterlassen?«

➚ Beispiel

Eine Klientin berichtete einmal ganz aufgeregt von ihrem Segellehrer. Während sie erzählte, bekam sie rote Wangen vor Begeisterung: »Ich machte meinen Segelschein auf Elba, und was zunächst als lockerer Urlaub geplant war, entpuppte sich zunehmend als eine Tortur. In der Gruppe waren nur Männer, die sich auf dem Segelboot sehr schnell zu Hause fühlten. Ich dagegen war auf dem Wasser wie mit zwei linken Händen ausgestattet und stellte mich bei sämtlichen Manövern wie ein Trottel an. Zusätzlich zu den mitleidigen Blicken meiner Kollegen begann ich, mich selbst innerlich unablässig zu beschimpfen. Wertschätzende Kommentare des Lehrers erreichten mich gar nicht – ich hatte das Gefühl, er sagte sie eh nur aus Trost und meinte sie nicht ernst. An einem stürmischen Tag übten wir Anlegemanöver mit einer Jolle. Nachdem ich dreimal an der anvisierten Boje vorbeischoss, wollte ich völlig entnervt die Flinte ins Korn werfen.

Da kannte ich meinen Lehrer aber schlecht. Es schien, als hätte er auf diesen Moment gewartet, um mir all meine Versagensängste und abwertenden Muster aufzuzeigen. Er setzte sich zu mir ins Boot und nahm mich richtig hart ran. Insgesamt steuerte ich die Boje achtmal an, bis ich sie endlich traf und das Boot vertäuen konnte. Zwischenzeitlich tobte es in mir vor Wut und Verzweiflung. Vor Tränen sah ich kaum mehr etwas. Meinem Lehrer, der mein ganzes inneres Theaterstück wohl verfolgte, war das einfach egal – er stieg auf mein Drama nicht ein. Er ließ mich nicht aus, nahm mich ernst, glaubte an mich … und führte mich zum Erfolg. Als ich die Jolle endlich vertäut hatte, war ich so stolz – und danach war das Eis gebrochen. Ich besaß wieder zwei rechte Hände und hatte viel Spaß auf dem Boot. Diesen Menschen, mit seiner Geduld und liebevollen Härte werde ich nie vergessen.«

Wow – nach ihrer Erzählung waren wir alle ganz gerührt und betroffen. Jeder wusste genau, wovon sie sprach und auch, wie selten er diese Erfahrung bisher gemacht hat beziehungsweise selbst weitergeben konnte. Fördern und fordern – diese simple, mächtige Formel ist so einfach zu verstehen und so schwierig in ihrer Anwendung. Die Grundpfeiler im Beziehungsverhalten werden, wie alle anderen Strategien auch, in den frühesten Kindertagen gelegt. Wer hatte schon Eltern und Lehrer, die in der Beziehungsgestaltung klar und offen agieren konnten? Die meisten Vorbilder im Elternhaus und in der Schule litten unter Beschränkungen im Ausdruck ihrer Gefühle, die sich in ihrer eigenen Kinderzeit tief verankert hatten.

Zu einer fundierten Führungskräfteschulung gehört unbedingt das Bewusstmachen von Mustern und Prägungen. Neben der schon vorgestellten Übung (s. S. 130 ff.) beziehen sich die zwei folgenden Varianten auf die Beziehungskompetenz des Führenden. Die erste der zwei Aufgaben ist eine ganz besondere, intensive Fragetechnik, die sich in den unterschiedlichsten Kontexten anwenden lässt.

Übung

Dyade (nach Enlightenment Intensive) – Individuelle Prägungen in der Beziehungsfähigkeit

Enlightenment Intensive, auch »Sag mir, wer du bist«, ist eine kontemplative Form der Selbsterfahrung, die 1968 von Charles Berner, einem kalifornischen Kommunikationswissenschaftler, entwickelt wurde. Kern der Methode ist die dyadische Begegnung. Je zwei Teilnehmer sitzen sich gegenüber, meist in größeren Gruppen in einer langen Reihe. Einer fragt seinen Partner: »*Sag mir, wer du bist!*« Der Partner antwortet mit immer mit den gleichen Worten beginnenden Sätzen: »*Ich bin jemand, der* ...« Er beendet diesen Satz mit einer Aussage über sich selbst. In pausenloser Folge spricht er ständig neue Sätze mit stetig neuen Aussagen und Erkenntnissen über das, was er glaubt, zu sein. Der Fragende hört aufmerksam zu, ohne aber selbst etwas zu äußern. Nur wenn der Antwortende eine größere Pause macht, sozusagen nachdenklich in sich selbst versinkt und nicht mehr weiterspricht, holt er ihn aus dieser Versunkenheit durch die Wiederholung der Aufforderung: »*Sag mir, wer du bist!*«.
Im Gruppentraining kann diese Technik in der Form angewendet werden, dass sich jeweils zwei Teilnehmer eine bestimmte Frage 10–15 Minuten lang wiederholt stellen. Diese schlichte, nach innen führende Methode wirkt sehr stark und erreicht eine natürliche Bewusstseinsveränderung. Die offene Frage erscheint wie ein Stein, der, in einen See geworfen, mit der Zeit immer tiefer sinkt. Der See ist in diesem Fall das Bewusstsein des Befragten. Seine ersten Antworten kommen meistens aus »oberen Schichten« seiner Wahrnehmung, auch Alltagsbewusstsein genannt. Diese ersten Antworten sind dem Klienten bekannt, da er sie schon oft formuliert hat. Beantwortet er die Frage mehrmals hintereinander, so sinkt sie von alleine in andere Bewusstseinsfelder, und er antwortet aus einem unbewussten, intuitiven Raum.
In diesem Kontext können Sie auch unlogische Fragen stellen. Sollte ein Klient zum Beispiel schon lange unter einer bestimmten Situation leiden und behaupten, er hätte sie schon oftmals verändern wollen, es aber nicht getan, dann fragen Sie: »Welchen Vorteil haben Sie davon, diese Situation aufrecht zu erhalten?« Die Frage muss auf alle Fälle klar verständlich und eindeutig formuliert sein.

Ziel Offene Fragestellung zur gezielten Prozessvertiefung. Die ruhige Wiederholung stets derselben Frage öffnet die Wahrnehmung für neue Blickpunkte und tiefer liegende Antworten.

Übungsablauf
Schritt 1: Durchlaufen Sie mit Ihrem Kollegen zwei Durchgänge à jeweils ungefähr 15 Minuten. Sie sind zunächst der Fragende, Ihr Gegenüber antwortet. Danach tauschen Sie die Rollen. Erforschen Sie als Erstes folgendes Thema: »Welche deiner Muster und Prägungen fördern dich in deiner Beziehungsfähigkeit?«

Schritt 2: Sie stellen die Frage in ruhiger Wiederholung. Sie hören der Antwort zu, bedanken sich und fragen erneut. Sie manipulieren Ihr Gegenüber weder durch Kommentare, Mimik noch Körpersprache. Sie bleiben ein neutraler Begleiter, der durch seine Präsenz die offene Selbsterforschung unterstützt.
Der Befragte lässt die Frage in sich wirken und spricht alles aus, was ihm einfällt. Seine Gedanken müssen nicht geordnet sein oder einer Logik entsprechen – alle Eindrücke sind willkommen, genauso wie sie sich zeigen möchten. Sollte der Befragte keinen Impuls zum Sprechen haben, lassen Sie ihm Zeit zum Schweigen. Die Frage wird ihm weiterhin ruhig gestellt.

Schritt 3: In der nächsten Runde widmen Sie sich der diametralen Frage: »Welche deiner Muster und Prägungen behindern dich in deiner Beziehungsfähigkeit?«

Schritt 4: Lassen Sie zwischen und nach den beiden Durchgängen Ihrem Kollegen ein wenig Zeit, um seine Gedanken und Empfindungen in sich reifen zu lassen!
Nach den beiden Durchgängen tauschen Sie die Rollen und wiederholen die bisherigen Schritte.

Schritt 5: Tauschen Sie sich gemeinsam über Ihre Erkenntnisse aus. Danach kommt es zum Dialog in der großen Gruppe.

Aus der Praxis

Tiefe Berührung

Vor einigen Jahren machte ich diese Übung im Rahmen eines Bereichsleitertrainings. Die Verantwortlichen von allen wichtigen Abteilungen saßen zusammen und reflektierten recht offen über fördernde und behindernde Verhaltensmuster. In ihrem täglichen Zusammenspiel stolperten sie immer wieder über unzureichende Kommunikation an den Schnittstellen, die sie trotz gezielten Trainings bisher nicht abbauen konnten. Gut gemeinte Vorsätze und automatisierte Appellsätze hatten keine Verbesserung gebracht. Zu ihren persönlichen Prägungen und Mustern hatten sie noch keinerlei Übungen gemacht und stürzten sich nun voll Neugierde ins Abenteuer »Selbsterforschung«.

Die Dyadenarbeit vertiefte ihre bisherigen Diskussionen zum Thema. Jeder der Teilnehmer ließ sich auf die Erforschungsfragen ehrlich ein und entdeckte in kurzer Zeit eklatante Zusammenhänge zwischen tief verankerten Verhaltensmustern und kommunikativen Hürden, die er bisher nicht überspringen konnte. Einige aus der Runde erzählten von einprägsamen Kindheitserfahrungen, die sie bis heute stark beeinflussten. Besonders erschütternd war die Erzählung einer »taff« auftretenden Vertriebsleiterin, die all ihre Kollegen gehörig auf Trab hielt. Sie wurde für ihre unnachgiebige Selbstdisziplin geschätzt, schoss im Kontakt mit ihren Kollegen und Mitarbeitern aber leider weit übers Ziel hinaus. Jede Arbeit musste perfekt erledigt werden, und geregelte Arbeitszeiten kannte sie nicht – diesen Anspruch stellte sie auch an die anderen.

Während der Übung traten uralte, lang verdrängte Kinderbilder auf. Ihre Eltern waren Alkoholiker, und als Kind musste sie sich um die verwahrloste Wohnung kümmern. Nachmittags wurde sie mit zwei Tüten losgeschickt, um Bier zu holen – für das kleine Mädchen war dies eine schlimme, beschämende Erfahrung. Sie schwor sich, niemals so ein entwürdigendes Leben führen zu müssen oder es gar ihren Kindern zuzumuten. So trieb sie sich mit eiserner Härte durchs Leben und kämpfte sich aus ärmlichsten Verhältnissen hoch. Während sie sprach, liefen ihr dicke Tränen die Wangen hinunter. Wir alle waren sehr, sehr berührt von ihrer Offenheit und ließen ihre Worte erst mal wirken. Wir verordneten uns eine Pause, in der jeder alleine spazieren ging.

Als wir uns wieder zusammensetzten, agierte die ganze Runde stark aufeinander bezogen und herzlich zugewandt. Ihre Beziehungsqualität hatte mit dieser gemeinsamen Erfahrung einen geheimnisvollen Sprung nach oben gemacht. Für alle vorgetragenen Probleme wurden gemeinsam Lösungswege kreiert, die sich – oh Wunder – auch tatsächlich in der Praxis realisierten. In der Gruppe waren Verständnis und Vertrauen gewachsen, die Beziehungsbänder hatten sich verbreitert, und so konnten Informationen ungehindert fließen. Diese positive Erfahrung übertrug sich schrittweise ebenfalls auf ihre Teams.

Auch die nächste Aufgabe eignet sich ganz besonders, um tief eingeprägte Verhaltensmuster im Führungsverhalten aufzudecken.

↘ Übung **Biografielinie im Führungskontext**

Einführung Die Übung habe ich im Buchteil II schon ausführlich beschrieben (s. S. 125 ff.). Im Kontext des Führungstrainings wiederhole ich sie gerne mit verändertem Fokus. Für den Teilnehmer bedeutet die Wiederaufnahme zumeist eine spannende Vertiefung, mithilfe derer er seine Biografie immer differenzierter aufzuschlüsseln vermag.

Ziel Sie betrachten Ihre gesamte Lebenslinie. Sie begeben sich auf Spurensuche nach Erlebnissen, Prägungen, Glaubenssätzen und übernommenen Handlungsmustern, die Sie in Ihrem Führungsverhalten geprägt haben.

Material Langes Seil, Moderationskarten, Schreibbrett und Stifte.

Möglichkeit zur Kleingruppenarbeit Die Übung kann alleine oder in einer Zweiergruppe gemacht werden. Beide Teilnehmer absolvieren Schritt 1–5 alleine, danach gehen sie gemeinsam durch ihre Biografielinien: Der eine erzählt, der andere hört aufmerksam zu und fragt nach, wenn er an bestimmten Stellen Unklarheiten erkennt oder zu einer Vertiefung anregen möchte. Nach der Übung kommt es zu einem Austausch in der großen Gruppe.

Übungsablauf Tragen Sie Erlebnisse zusammen, die Sie zum Thema »Führung« als prägend erlebt haben. Es können Erfahrungen mit Mutter und Vater sein, mit Großeltern, Geschwistern, Lehrern, Mitschülern, Freunden, in der Dorfgemeinschaft, in der Kirche, im Sportverein, in der Ausbildungszeit, im Beruf, an der Uni, in der Ehe, in der Elternschaft und so weiter.

Schritt 1: Als Erstes sammeln Sie alle Ihre Erinnerungen bunt gemischt auf einem Schreibbrett. Lassen Sie sich dazu ein wenig Zeit; meistens tauchen tief vergrabene Erinnerungen auf.

Schritt 2: Übertragen Sie die wichtigsten Erinnerungen (es können 10–15 Stück sein) auf Moderationskarten und deskribieren Sie sie
→ mit einigen prägnanten Wörtern,
→ und einem Symbol.

Schritt 3: Nehmen Sie das lange Seil und legen nun Ihr gesamtes Leben aus (Start vor der Geburt), mit allen Höhen und Tiefen, die Ihre persönliche Lebensgeschichte ausmachen. Mithilfe des Seils können Sie bildhaft die Ausschläge nach oben und unten widerspiegeln.

Schritt 4: Dann platzieren Sie die Moderationskarten nach der zeitlichen Abfolge der Ereignisse in die Lebenslinie hinein.

Schritt 5: Sobald das Schaubild liegt, treten Sie einen Schritt zurück und betrachten Ihre Lebenslinie als Ganzes.

Schritt 6: Gehen Sie nun Schritt für Schritt die Lebenslinie durch und fragen Sie sich:
→ Was habe ich zum Thema Führung erlebt und
→ wie habe ich die Erfahrungen verarbeitet?
Sie können die Linie als Ganzes durchwandern und die Erlebnisse insgesamt wirken lassen. Oder Sie bleiben bei einem für Sie wichtigen Ereignis stehen und vertiefen die Wahrnehmung.

Schritt 7: Lassen Sie zum Abschluss der Übung die Vielzahl der Erlebnisse ganz bewusst auf sich wirken. Führen Sie sich klar vor Augen, welche Personen und Situationen sich in Sie »eingebrannt« haben. Welche verschiedenen Führungsstile haben Sie am eigenen Leib erlebt, und wie war die Wirkung der unterschiedlichen Verhaltensweisen? Welche Haltung und Handlungsweisen haben Sie übernommen, sodass Sie sie heute in Ihrem Umfeld wiederholen?

Aus der Praxis

Rollen aus dem Familienkontext wandern mit

Die meisten Teilnehmer meiner Seminare haben in ihren Firmen schon diverse Führungstrainings durchlaufen. Der tatsächliche Gewinn dieser Schulungen ist oftmals unzureichend – die wichtigen »Knackpunkte«, über die sie im Alltag ständig stolpern, werden durch die Art der Schulungen nicht wirklich berührt beziehungsweise verändert. Ich nehme diese Erfahrungen direkt in den Fokus und baue tiefer gehende Aspekte der Menschenkunde in jedes meiner Trainings mit ein (s. »Handbuch Integrales Coaching«). Im Rahmen der Resilienz-Trainings für Führende werden diese psychotherapeutisch geprägten Inhalte von den Klienten offen angenommen. Letztlich sagte ein Teilnehmer: »Du machst ja ›Therapie light‹ mit uns. Zum Therapeuten würde ich nie gehen – ich bin ja nicht krank – aber diese Übungen helfen mir sehr.«

Damit hat er einen wichtigen Punkt angesprochen. 95 Prozent der Führungskräfte, die mir bisher begegnet sind, führen – trotz diverser Schulungen – genauso, wie sie es in Kindertagen von ihren Eltern und Lehrern an sich selbst erfahren und unbewusst übernommen haben. Diese tief eingeschliffenen, automatisierten Strategien im Beziehungsaufbau, in der Kommunikation, im Umgang mit Konflikten, beim Thema »Grenzen setzen« und vielem anderem mehr sind fest verankert und gehören so selbstverständlich zum eigenen Handlungsrepertoire, dass sie kaum hinterfragt werden. Unter Stress werden diese alten Muster erst recht abgerufen, da der in der Blutbahn zirkulierende Hormoncocktail dazu zwingt, auf rudimentäre Programme zurückzugreifen.

So halte ich es für eine der wichtigsten Inhalte einer Führungskräfteschulung, sorgfältig auf die tief verwurzelten Gefühls-, Denk- und Handlungsmuster einzugehen. Erst wenn der Führende seine persönlichen Muster erkannt und aufgeschlüsselt hat, kann er mithilfe des »Achtsamkeitsmuskels« (s. S. 135) hinderliche Verhaltensprogramme schrittweise auflösen beziehungsweise umstrukturieren. Wer sich in seiner inneren Haltung zu reflektieren und zu steuern weiß, kann im nächsten Schritt schon gelernte Führungstools anwenden.

Gute Führung braucht Zeit

Unterschiedliche Hürden erschweren die Umsetzung

Wer sich den galoppierenden Anstieg psychosozialer Erkrankungen vor Augen hält, weiß, dass gute, klare, einfühlsame Führung mehr denn je gefragt ist. Belastete Mitarbeiter, die ständig unter Strom stehen, brauchen an ihrer Seite einen (selbst-)erfahrenen Mentor, der Fallgruben und Stolpersteine kennt und zu umschiffen hilft.

Um dieser anspruchsvollen Aufgabe gerecht werden zu können, muss der Führende für verschiedene Ebenen unterschiedliches Rüstzeug bereithalten. Er sollte

- → sich selbst gut kennen und aufmerksam für sich sorgen können,
- → wissen, für welche Werte er steht,
- → seine eingespielten Beziehungsmuster beobachten und ausbalancieren sowie seine Fähigkeiten auf menschlicher Ebene gezielt weiterentwickeln,
- → sein fachliches Führungs-Einmaleins beherrschen,
- → bei seinen Vorgesetzten die Zeit zum Führen einfordern (am besten gemeinsam mit Kollegen),
- → mit seinen Mitarbeitern und Kollegen offen über das Verhältnis von Belastung und Ressourcen sprechen und es aktiv steuern und
- → Fachwissen zum Thema »Burnout« und vielen anderen Themen besitzen.

Glücklich kann sich schätzen, wer in ruhigeren Zeiten schon seine Hausaufgaben machte, und einige dieser Punkte im Griff hat. Ansonsten heißt es wirklich, Gas geben, um gezielt am persönlichen Spektrum zu arbeiten.

Ähnlich wie ich in Organisationen auf Spurensuche gehe, welche Themenbereiche schon bearbeitet und mit erfolgreichen Maßnahmen hinterlegt wurden, rege ich Führende an, ihre gesamten Kompetenzen unter die Lupe zu nehmen (s. S. 193 f.). Schnell wird klar, dass viele der benötigten Fähigkeiten in ihnen schon angelegt beziehungsweise geschult wurden, und dass ihnen zur Nutzung ihrer Kapazitäten nur noch einige wichtige Puzzleteile fehlen.

Nehmen wir das Beispiel »Zeitmanagement«, da es beim Aufbau von Führungsresilienz ein wichtiger Baustein ist. Führende müssen sich optimal organisieren können, denn sie brauchen Zeit und Raum, um gute Erkenntnisse und Überzeugungen ins Leben bringen zu können. Seminare wurden zumeist schon besucht, das heißt, theoretisches Wissen über Mittel der optimalen Selbstorganisation besteht, es wird nur zu wenig angewendet. Dieser Umstand lässt vermuten, dass es neben dem fachlichen Wissen um andere Defizite geht. Um diese individuellen Blockaden ins Licht zu heben, wähle ich verschiedene Übungen, die ich situationsabhängig variieren kann.

↘ Übung **Dyade (ausführliche Anleitung s. S. 250 f.)**

Die offene Fragetechnik der Dyade ist eine wunderbare Methode, um subtilen Inhalten auf die Spur zu kommen. Folgende Fragen bieten sich zur Untersuchung an:

- → In welchen Situationen deines Lebens fällt es dir leicht, ein gutes Zeitmanagement einzuhalten?
- → In welchen Bereichen deines Lebens fällt es dir schwer, ein gutes Zeitmanagement einzuhalten?
- → Welchen Vorteil ziehst du daraus, dir wenig Zeit zum Führen zu nehmen?
- → Welche Nachteile ergeben sich daraus?
- → Was unterstützt dich darin, übernommene Aufgaben voll und ganz auszufüllen?
- → Was hindert dich daran, all deinen Aufgaben angemessen nachzukommen?

Diese oder ähnliche Fragen helfen, den Blickwinkel zu weiten und Defizite auf ihre Ursache hin zu erforschen. Kann die Führungskraft sich ihren Tag nicht angemessen einteilen (zum Beispiel sie kommt in Gesprächen nicht auf den Punkt und verliert viel Zeit, sie kann nicht delegieren, sie priorisiert nicht, sie überzieht Meetings etc.)? Darf sie es nicht (zum Beispiel durch Ansagen des inneren Antreibers oder äußere Vorgaben)? Oder will sie es nicht (zum Beispiel sie hat Angst vor zu großer Nähe, Unsicherheit im direkten Kontakt mit Mitarbeitern, wenig echtes Interesse an Menschen)?
Je nachdem, wie sich die individuelle Konstellation der Teilnehmer herauskristallisiert, wähle ich die nächsten Schritte. Die folgende Analyse hilft, bei der täglichen Arbeitseinteilung genau hinzuschauen.

↘ Übung **Input-Output-Analyse**

Einführung Führungskräfte müssen oft einen Spagat vollbringen zwischen operativen Aufgaben, Begleitung ihrer Mitarbeiter, strategischen Belangen, Projektplanungen, Meetings mit Kollegen beziehungsweise Vorgesetzten, Reisen, Kundengesprächen und vieles mehr. In diesem Trubel fällt es nicht leicht, den Überblick zu bewahren und täglich die Prioritäten zu identifizieren. Wer zu tief in sein Geschäft verstrickt ist, verliert die Vogelperspektive, die es für die richtige Zeiteinteilung braucht.
Neben den Aspekt der Übersicht gesellt sich noch eine weitere, spannende Perspektive dazu: Kenne ich meine Vorlieben und Abneigungen in den verschiedenen Tätigkeitsfeldern? Lasse ich mich durch die tägliche Hetze dazu verleiten, unangenehme Aufgabenfelder, in denen ich mich nicht so sicher fühle, schnell mal unter den Tisch fallen zu lassen? In welchem Verhältnis stehen der Input und der Output meiner eingesetzten Leistungskraft? Der nächste Übungsaufbau eignet sich wunderbar, um all diese Fragen genauer zu inspizieren.

Ziel Genaue Effizienzanalyse der verschiedenen Aufgabenbereiche. Entwurf eines realistischen Maßnahmenkatalogs zur Verbesserung der persönlichen Zeiteinteilung.

Material Moderationskarten, Stifte, Seile oder Klebebänder.

Möglichkeiten der Kleingruppenarbeit Diese Übung kann alleine – in anschließender Reflexion mit dem Coach – erledigt werden – oder auch im Rahmen einer Kleingruppenarbeit. Hierfür finden sich zwei bis drei Teilnehmer zusammen und ziehen sich an einen ruhigen Platz zurück. Jeder absolviert Schritt 1–3 zunächst alleine, danach kommen die Personen in einen offenen Austausch über ihre Erkenntnisse. Nach dieser Kleingruppenarbeit findet ein Austausch in der großen Runde statt, in der der Coach und Trainer die Erkenntnisse jedes einzelnen Teilnehmers abruft.

Übungsablauf
Schritt 1: Legen Sie mit den Seilen einen inneren und äußeren Kreis. Der innere Kreis symbolisiert Ihren persönlichen Standpunkt, aus dem heraus Sie in die Übung starten. Den äußeren Kreis unterteilen Sie in drei Felder:

- → Bereich 1: Bei welchen Tätigkeiten, Aufgaben, Themen stimmen Ihr eingesetzter Aufwand und das erreichte Ergebnis überein?
- → Bereich 2: Bei welchen Tätigkeiten, Aufgaben, Themen betreiben Sie zu wenig Aufwand?
- → Bereich 3: Bei welchen Tätigkeiten/Aufgaben/Themen betreiben Sie zu viel Aufwand?

Schritt 2: Stellen Sie sich zunächst in den inneren Kreis, und lassen Sie die Fragen auf sich wirken. Betreten Sie nach Ihrer bevorzugten Reihenfolge die drei Untersuchungsräume – zwischen den Feldwechseln treten Sie immer wieder in den inneren, neutralen Kreis zurück. Achten Sie dabei auf die Botschaften von Körper, Herz, Verstand und Seele. Definieren Sie tägliche Arbeitsabläufe sowie längerfristige Projekte, und beschriften Sie jeweils eine Moderationskarte, die Sie in dem jeweiligen Feld niederlegen.

Schritt 3: Passen Sie zum Schluss die Größe der Felder der tatsächlichen Gewichtung der Themen an, um den Umfang der jeweiligen »Baustelle« sichtbar zu machen. Dies verdeutlicht Ihre Rollenpräferenz.

Schritt 4: Treten Sie einen Schritt zurück, lassen Sie das Ganze mit Abstand auf sich wirken. Gehen Sie in Ruhe Ihre Erkenntnisse durch und betrachten sie mögliche Zusammenhänge.

Schritt 5: Legen Sie sich einen genauen Maßnahmenplan an, in welcher Form Sie die Thematik anpacken und in kleinen, realistischen Schritten für sich verändern möchten. Welche Rolle haben Sie übernommen, und welche Aufgabenfelder möchten Sie priorisieren? Mit welchen Personen sollten Sie über Ihre neue Arbeitsgewichtung sprechen, und welche Unterstützung brauchen Sie dazu?

Aus der Praxis

Keine Zeit »liegen zu lassen« ist eine Kunst

Die Kommentatoren bei alpinen Abfahrtsläufen haben eine wunderbare Redewendung: Der Rennläufer lässt in bestimmten Passagen Zeit liegen … oder auch nicht. Die Zeitmessung im Zieleinlauf bringt es gnadenlos auf den Punkt, wie gut ein Athlet auf der Piste die Ideallinie gefunden und seine PS optimal auf die Strecke gebracht hat. Mit der Effizienz-Analyse kann ein Klient in ähnlich nüchterner Form die Ergebnisse seiner Arbeitsleistung betrachten. Für welche Aufgabenfelder wurde er eingestellt? Erfüllt er diese Rolle umfänglich oder weicht er ab? Entsprechen seine Handlungen den eigenen Vorstellungen und/oder den Bedürfnissen seines Umfelds? Wo zeigen sich Defizite, und welche Handlungsspielräume bieten sich an?

So simpel die Aufgabenstellung auf den ersten Blick wirkt, umso mehr Stoff lässt sich bei genauer Betrachtung aus dem Untersuchungsformat generieren. Jeder Mensch hat Vorlieben in seinen Tätigkeitsfeldern, quasi eine Schokoladenseite, die sich unbemerkt immer wieder in den Vordergrund schiebt. Erinnern wir uns an den Führungskompass, wird klar, dass das Aufgabenfeld von Verantwortungsträgern weit gespannt ist und schier gegensätzliche Kompetenzen abverlangt. Verständlich, dass dabei die eine oder auch andere ungeliebte Aufgabe unter den Teppich rutscht. Das Gleiche gilt im Kontakt mit Personen. Menschen, mit denen man sich gerne umgibt und mit denen einem der Austausch leichtfällt, werden öfter kontaktiert als Nervensägen, die einem den ganzen Tag verderben können. All diese Aspekte sind menschlich, manipulieren aber eine professionelle Arbeitsabwicklung und sollten bewusst im Auge behalten werden. Wenn eine Führungskraft merkt, dass sie sich tatsächlich mehr Zeit für ihre Mitarbeiter nehmen möchte, muss sie ihre Arbeitsabläufe konsequent umschichten. Tätigkeiten, die sich als weniger effizient herauskristallisieren, können gezielt abgebaut werden, dadurch öffnen sich Zeit und Raum für priorisierte Aktivitäten.

Umgang mit persönlichen Grenzen

Immer wieder die Balance zwischen Geben und Nehmen finden

In den vorangegangenen Kapiteln wurden hauptsächlich Facetten beleuchtet, die sich mit der Außenwirkung der Führungskraft beschäftigen. An dieser Stelle möchte ich den Blick noch einmal nach innen wenden und die Beziehungsfähigkeit zu sich selbst in den Fokus nehmen. Führende haben den lieben langen Tag viel zu geben. Sie bewegen sich zwischen den unterschiedlichsten Anspruchsgruppen, die alle ihr Recht auf Beachtung und Erfüllung ihrer Bedürfnisse einfordern. Viele berichten von einem anstrengenden Arbeitstag, der höchste Konzentration, Präsenz und Engagement einfordert. Kommen sie am Abend nach Hause, wartet ihre Familie und sehnt sich (zu Recht) auch nach Aufmerksamkeit und Zuwendung. Schon oft habe ich den Satz gehört: »Zwischen all diesen Rollen habe ich mich selbst vergessen. Es fällt mir schwer, meine wahren Gefühle zu spüren. Meine eigenen Bedürfnisse kenne ich kaum mehr.«

Auf der Verstandesebene können diese Menschen meinen Erklärungen gut folgen: Wer viel gibt, muss für sich selbst auch nehmen können! Ein resilienter Mensch achtet bewusst auf sein persönliches Wohlergehen. Er kennt seinen Energiehaushalt und frequentiert regelmäßig seine Tankstellen, die ihm Kraft und Gleichgewicht schenken. Er kennt seine persönlichen Grenzen und beutet sich nicht selbst aus. Er lässt es auch nicht zu, dass andere ihn aussaugen. Kommt er mit Belastungen selbst nicht zurecht, weiß er, sich Hilfe zu holen. Da er sich selbst gut steuert, kann er seinen Mitarbeitern erfahren zur Seite stehen und ihnen ein Beispiel dafür geben, im täglichen Trubel nicht unterzugehen.

All diese Ausführungen sind für die Teilnehmer verständlich und mit dem gesunden Menschenverstand sofort nachzuvollziehen. Bei der Umsetzung scheitern sie aber doch, da ihre tief verankerten Glaubenssätze ihnen schnell ein Schnippchen schlagen. Denn Verantwortungsträger haben nicht von ungefähr diese Aufgabe angestrebt. Viele von ihnen haben schon in frühesten Kindestagen eine bestimmte Rolle im Familiensystem übernommen, die mit Arbeit und Verpflichtung verknüpft war. Gerade Kinder, die in Handwerks- oder Landwirtschaftsbetrieben, in der Gastronomie oder anderen Dienstleistungsunternehmen groß geworden sind, haben es mit der Muttermilch aufgesogen, was Gewissenhaftigkeit und Pflichterfüllung bedeuten. Sie haben von klein auf das Arbeiten gelernt. Auch schicksalhafte Familienkonstellationen, in denen Elternteile oder Geschwister erkrankt waren oder gar starben, zwangen Kinder und Jugendliche dazu, sich schon in jungen Jahren an hohe Belastungen zu gewöhnen. Ihre Rolle war meist mit einer Art Gewissensschuld verbunden (»Ich bin gesund und möchte helfen …«). Die frühe Verantwortung setzte sich dann fort zum Beispiel in Rollen als Klassensprecher, Jugendtrainer oder Pfadfindergruppenleiter.

Diese Personen haben es tief verinnerlicht, mehr auf andere zu achten als auf sich selbst. Sie fühlen sich schuldig, in dem Moment, wo sie den Fokus von außen nach innen richten. Sie beschimpfen sich als Egoisten, wenn sie ihre eigenen Bedürfnisse wahrnehmen und erfüllen. Das ist allerdings nur die eine Seite der Medaille. Da auch sie keine Supermänner mit endlosen Kraftreserven sind, finden sie ihre Kompensationen, die ihnen zumeist nicht bewusst sind. Dieser blinde Fleck kann vielfache Verdrehungen verursachen. Denn eine ausgelaugte Führungskraft, die es zwar gut meint, bietet ihren Mitarbeitern (und auch Kindern) ein miserables Vorbild. Die folgende Übung ist ein sehr tief gehendes, mächtiges Instrument, um Verstrickungen in der Herkunftsfamilie aufzudecken. Zur Anwendung braucht der Coach oder Trainer eine fundierte Ausbildung in systemischer Arbeit.

↘ Übung **Die Stuhlaufstellung**

Einführung Um Menschen ihre früh übernommenen Rollen vor Augen zu führen, kann es hilfreich sein, ihnen die Konstellation ihres ursprünglichen Familiengefüges sichtbar und spürbar werden zu lassen. Diese Aufstellung kann mit Stühlen gebildet werden. Die Führungskraft beschäftigt sich dabei intensiv mit dem sozialen Gefüge, in dem er aufgewachsen ist und das ihm maßgebliche Muster sowie Rollenverhalten mitgegeben hat. Durch die Betrachtung dieses Netzwerks im Gesamten und die differenzierte Untersuchung der einzelnen Personen kann die Führungskraft ein facettenreiches Bild über seine Herkunft gewinnen.

Ziel Sichtbarmachung von biografischen Entwicklungen und Verflechtungen im Zusammenspiel mit Eltern, Großeltern und Geschwistern. Verständnis für die einzelnen Lebenswege und Verhaltensweisen durch die Beachtung des gesellschaftlichen und geschichtlichen Kontextes. Identifizierung von eingeschliffenem Rollenverhalten. Überprüfung dieser Muster und Strategien in ihrer Beeinflussung der gegenwärtigen Lebensgestaltung. Emotionale Versöhnung und Loslösung von alten Wunden aus der Kinderzeit.

Material 10–12 Stühle, wenn möglich zwei bis drei verschiedene Stuhltypen, die in Höhe und Breite voneinander abweichen.

Möglichkeit zur Kleingruppenarbeit Da die Übung spezielles Fachwissen und großes Einfühlungsvermögen verlangt, kann sie ausschließlich vom Coach beziehungsweise Trainer realisiert werden. Wenn es dem Klienten recht ist, kann diese Einzelarbeit vor der Gruppe durchgeführt werden. Da die Teilnehmer oft ähnliche Lebensgeschichten mitbringen, können die sich darstellenden, individuellen Erfahrungen auf die eigene Geschichte übertragen werden. Der Übungsablauf wird hier ausnahmsweise aus der Perspektive des Coachs präzisiert.

Übungsablauf
Schritt 1: Der Klient definiert die Personen seiner direkten Herkunftsfamilie (Mutter, Vater, Geschwister) und sucht sich für jeden Einzelnen stellvertretend einen Stuhl aus. Bei der Auswahl sollte er symbolisch die Größe und Breite des Stuhls beachten. Bei der Aufstellung wird allerdings nicht die Körpergröße oder das Gewicht einer Person abgebildet, sondern deren

energetische Ausstrahlung. Wirkt ein Mensch dominant und bestimmend, wird für ihn ein größeres Sitzmöbel herangezogen.
Lebten im Elternhaus enge Verwandte direkt mit der Familie zusammen (beispielsweise Tanten oder Großeltern), werden diese ebenso gleich definiert und mit aufgestellt.
Am Ende setzt der Klient auch noch einen Stuhl für die Zeugenposition ein.

Schritt 2: Hat der Klient alle Stühle ausgesucht, positioniert er sie intuitiv im Raum. Für die Platzierung steckt er einen Zeitrahmen ab, der das Familienleben typisch repräsentiert. Es sollten alle seine Geschwister schon geboren sein und er sich persönlich in einer Altersstufe befinden, an die er sich erinnern kann.
Als Erstes kann er den Stuhl für seine eigene Person platzieren und dann nacheinander die anderen dazugruppieren. Dabei achtet er auf den jeweiligen Abstand und die Zu- beziehungsweise Abwendung unter den stellvertretenden Objekten. Standen sich Personen innerhalb des Familiensystems nahe, wird diese Verbundenheit durch die Stellung und Drehung der Stühle ausgedrückt. Verstanden sich Familienmitglieder wenig oder gar nicht, wird diesem Umstand in gleicher Form Rechnung getragen.
Schenken Sie dem Klienten Mut, spontan ans Werk zu gehen. Jede Formation ist ein Versuch, einer komplexen Wirklichkeit Ausdruck zu verleihen. Sie wird nie ein »perfektes« Abbild sein können – das braucht sie auch nicht!

Schritt 3: Sobald der Klient die Stühle intuitiv platziert hat, treten Sie gemeinsam einen Schritt zurück und betrachten sich das Lebensgefüge im Gesamten. Befragen Sie den Klienten nach den Botschaften von Körper, Verstand, Herz und Seele, und werten Sie diesen ersten Eindruck in Ruhe aus.

Schritt 4: Nacheinander okkupiert der Klient die verschiedenen Stühle, die Reihenfolge kann er sich dabei frei aussuchen. Meistens setzt er sich als Erstes auf den Ich-Stuhl und schildert die Beziehung zu seinen Eltern und Geschwistern aus seiner Sicht. Fordern Sie ihn auf, dabei seinen wahren Gefühlen nachzugehen. Alles, was sich zeigen mag, ist willkommen, auch wenn es in diesem Moment vielleicht einseitig wirkt. Hinterfragen Sie die Rolle, die er im System übernommen hat. Vielleicht musste er dem Vater oder der Mutter früh zur Seite stehen oder er agierte als Stimmungsaufheller innerhalb der Familie – das ewige Sonnenscheinchen. Wie hat diese Rollenzuteilung ihn geprägt, und welche Gefühle wallen bei der Erinnerung daran in ihm auf? Lassen Sie dem Klienten Zeit, um auch tiefer liegenden Emotionen Ausdruck zu verleihen.

Schritt 5: Nach und nach nimmt der Klient auf jedem einzelnen Stuhl seiner Familienmitglieder Platz. Lassen Sie ihn zu Anfang aufmerksam in diese Person hineinspüren: »Was für ein Lebensgefühl hatte dieser Mensch zu der Zeit Ihres Zusammenlebens? Wie viel Selbstvertrauen besaß er? Welchen Belastungen hatte er standzuhalten, welche Bedürfnisse von anderen musste er erfüllen? Welche Visionen und Herzensanliegen verfolgte er? Konnte er seine Wünsche umsetzen? Wie war seine eigene Kindheit verlaufen? Wie verhielt er sich in Beziehungen?« Dieses tiefe Hineinversetzen in das Lebensgefühl der anderen Person ist Grundlage des weiteren Prozesses. Lassen Sie dem Klienten an dieser Stelle Zeit und Muße, sich in den anderen Menschen in all dessen Facetten hineinzufühlen. Am besten spricht der Klient in dieser Rolle in der Ich-Form dieser Person. Erst wenn er in dieser ihm ungewohnten Wahrnehmungsperspektive »mit Haut und Haar« angekommen ist, leiten Sie die Übung weiter an.
Nun beleuchtet der Klient die Qualität ihrer gemeinsamen Beziehung aus den Augen seines Familienmitglieds. Er erforscht dadurch, wie die Personen gegenseitig auf sich wirkten. Er

sollte dabei besonders auf unterschwellige Signale achten, die ausgestrahlt wurden. Es geht also nicht (nur) um das gesprochene Wort, sondern im Besonderen auch um Ausstrahlung, Mimik und Gestik. Welche Doppelbotschaften entstanden womöglich, was sagte der Verstand, was sprachen der Körper, das Herz und die Seele der einzelnen Personen?

Schritt 6: Hat der Klient seine direkte Herkunftsfamilie untersucht, kann er den Kreis auch auf die Großeltern erweitern. Er stellt nun Stühle auch für sie auf und erforscht ihr damaliges Lebensgefühl. Dadurch zeigt sich im Rückblick die Verkettung der weitergegebenen Erfahrungen von einer Generation auf die nächste.

Schritt 7: Der Klient setzt sich auf den Stuhl des Zeugen und inspiziert die ganze Situation von außen. Er deskribiert die Beziehungskonstellation aus dem Blickwinkel eines Außenstehenden. Aus dieser Position kann er die Verbindungen und reaktiven Verkettungen leichter durchdringen.

Schritt 8: Lassen Sie die einzelnen Wahrnehmungen und Erkenntnisse in Ruhe auf den Klienten wirken. In den meisten Fällen setzt dies einen tiefen Verarbeitungsprozess in ihm in Gang. Er durchschaut vergangene Ereignisse aus einer komplett anderen Perspektive – nämlich aus der eines Erwachsenen, der selbst schon das Leben mit all seinen schönen und schwierigen Facetten respektieren gelernt hat.
Bisher hatte er das Verhältnis zu seinen Eltern vielleicht noch aus der Kinderperspektive abgespeichert. Schon in frühen Jahren bildet sich, gespeist durch persönliches Erleben, eine Überzeugung aus: »Meine Eltern lieben mich, weil ich ihnen fleißig zur Hand gehe« oder: »Mein Bruder wird bevorzugt, weil er bessere Noten nach Hause bringt.« Oder: »Ich bin meinem Vater nichts wert, denn er nimmt sich nie Zeit für mich«. Das Kind interpretiert die Ereignisse aus seinem ihm möglichen Verständnis. Es erzählt sich selbst eine Geschichte, die es in seinem Selbstverständnis verankert. Diese Auslegung, die sich in ihm als Gewissheit manifestiert, fungiert wie eine Brille, durch die es dann die Welt betrachtet: »Ich werde geliebt« oder »Ich werde abgelehnt«. Diese Vorannahme hat nach dem Resonanz-Prinzip ungeheure Folgen auf die gesamte Lebensentwicklung. Durch die Übung kann der Klient seine »Kindergeschichte« beiseiteschieben und zu einem reiferen Verständnis der Wechselbeziehungen gelangen.
Sollte der Klient durch besonders schicksalhafte Umstände in seiner Kindheit eine starke Ablehnung gegenüber seinen Eltern beziehungsweise einem Elternteil verspüren, dann bitte ich Sie um eine besonders achtsame, sensible Prozesssteuerung. Setzen Sie den Klienten auf keinen Fall unter Druck, dass er eine vorschnelle Versöhnung anzusteuern hätte. Die Seele wünscht sich sowieso nichts anderes, als Ausgleich und Harmonie zu finden. Aber sie weiß um die wahre Geschwindigkeit, in der sie heilen kann. Vertrauen Sie dieser authentischen Bewegung der Seele – sie kennt den rechten Weg. Ihr Klient wird es Ihnen vielmals danken, wenn Sie ihn geduldig durch diesen berührenden Prozess begleiten.

Aus der Praxis

Rollenpräferenzen können erlöst werden

Dieses tiefe Eintauchen in alte Kindererinnerungen kann zu Herzen gehende Lebensgeschichten zutage fördern. In den letzten Jahren konnte ich Hunderten solcher Schilderungen in Ruhe lauschen. Zunächst erschütterte es mich sehr, wie viel schicksalhafte Verkettungen sich in Familien ergeben können, die sich mit großer Intensität in Kinderseelen einprägen. »Unter jedem Dach ein Ach« – dieses Sprichwort brachte mir eine äußerst liebenswerte Tiroler Klientin bei und spiegelt in simplen Worten, was mir täglich begegnet.

Durch die unendlich dramatischen Ereignisse der Kriegs- und Nachkriegsjahre haben sich in vielen Familien emotionale Abgründe aufgetan, die niemals aufgearbeitet wurden. Unsere Generation hat immer noch mit den Resonanzen dieser verdrängten Seelenerschütterungen zu tun. Gott sei Dank haben wir heute umfassende wissenschaftliche Erkenntnisse und praktische Methoden an der Hand, um unsere Psyche von Altlasten erlösen zu können. Meine Klienten schenkten mir beeindruckende Zeugnisse davon, zu welchen Verarbeitungs- und Heilprozessen Menschen befähigt sind.

Personen, die sich bis zu einer Führungsposition durchgekämpft haben, besitzen zumeist eine gesunde psychische Struktur (der Narzisst, der häufig im oberen Management zu finden ist, bildet eine Ausnahme. Diese innere Kraft hat ihnen bisher ermöglicht, psychische Verletzungen und Entbehrungen zu überwinden und ihr Leben in positive Bahnen zu lenken. Diese natürliche Resilienz wird durch die Trainings gezielt gestärkt und erlaubt es, schmerzhafte Erinnerungen zuzulassen und in einen konstruktiven Verarbeitungsprozess zu steuern. Diese Entlastungsprozesse setzen gebundene Energien frei und können in kurzer Zeit intensive Entwicklungsschübe initiieren.

Um persönliche Resilienz kraftvoll zu entfalten und dauerhaft im Alltag zu implementieren, braucht es neben kognitiv gesteuerten Haltungsänderungen emotionale Heilungsprozesse, die den Menschen tief in seinem Wesenskern »ganz« werden lassen. Solange im psychischen Untergrund noch alte Wunden bluten, verliert ein Mensch innerlich immer wieder Energie. Je mehr er mit sich selbst und seiner Lebensgeschichte im Reinen und »heil« ist, umso heller wird sein Selbst im Alltag strahlen können. Je klarer eine Führungskraft ihre eigene Geschichte aufgeschlüsselt und integriert hat, umso wissender und einfühlsamer kann sie ihre Mitarbeiter begleiten.

Angemessene Begleitung von überlasteten Mitarbeitern

»Viele Führungskräfte setzen noch immer auf ein Paradigma aus dem Industriezeitalter: Für sie sind Menschen wie Maschinen, die man einer effizienten Kontrolle unterwerfen muss. [...] Weshalb ruft ein derartiges Umfeld Angst hervor? Und was sind das für Ängste? In erster Linie haben die Mitarbeiter Angst vor Verlusten – Angst vor dem Verlust des Arbeitsplatzes, der persönlichen Würde, der Sicherheit, des Status oder der Selbstachtung. Vielleicht haben die Leute sogar noch eine tiefere Angst – Angst vor der Bedeutungslosigkeit, in die man versinkt, wenn man wie ein Rädchen in einer Maschine behandelt wird und nicht wie ein kreativer, zielbewusster Mensch. [...]
Führung nach einem Paradigma aus dem »Zeitalter des Wissens« ist viel effektiver. Hier werden die Menschen wegen ihrer Fähigkeit zu lernen, sich anzupassen, innovativ zu sein und unternehmerische Chancen zu ergreifen, geschätzt. Sie werden nicht wie Maschinen behandelt, die man einfach ein- und ausschaltet und irgendwann verschrottet. Wer im Zeitalter des Wissens führen will, muss unterschiedliche Standpunkte würdigen – auch unbequeme.«

Stephen R. Covey (2010, S. 102/103)

Seine Mitarbeiter kennen

Ein Burnout verläuft in Wellen, die in verschiedenen Phasen beschrieben werden. Ich möchte im Kontext dieses Buches vier davon aufgreifen (s. S. 332 ff.).

→ Phase 1: Überaktivität
→ Phase 2: Reduziertes Engagement
→ Phase 3: Tatsächlicher Abbau von Leistungsfähigkeit
→ Phase 4: Verzweiflung

Der Schutz eines Mitarbeiters vor Überlastung beginnt weit vor der Manifestierung der ersten Krankheitssymptome. Er entsteht im normalen, täglichen Umgang zwischen den Teammitgliedern und ihrer Führungskraft. Der Führende sollte all seine Mitarbeiter in ihrer Charakterstruktur (er-)kennen und mit ihren persönlichen Lebensverhältnissen zumindest rudimentär vertraut sein. Natürlich bewegen wir uns in der Arbeitswelt in professionellen Beziehungsgeflechten, in denen Rollen klar definiert und gehalten werden sollen. Es geht also nicht um Freundschaft oder gar Kumpanei; ein ehrliches Interesse an der privaten Konstellation der Mitarbeiter gehört jedoch zu einer guten, begleitenden Führung dazu.

Ob sich ein Mitarbeiter privat in einem glücklichen, stabilen Umfeld bewegen kann oder gerade eine schwierige Trennungssituation durchläuft, seine Eltern pflegen muss oder Kinder durch Schulprobleme hindurchzunavigieren hat – all das wirkt sich auf seine Stressresistenz und Leistungsfähigkeit aus. Mit einem Mensch, der nervlich eh schon »angefressen« ist, ist ein Gespräch anders zu führen als mit einem, der ruhig und sicher in sich selbst ruht. Auch die Aufgabenverteilung sollte dieser Konstellation Rechnung tragen, wobei es sich nicht um dauerhafte Schonprogramme handeln kann, sondern um zeitlich abgegrenzte Sonderregelungen. Das Thema »Aufgabenverteilung« verlangt sowieso eine hohe Sensibilität und Wachheit.

In einem Team befinden sich immer wieder Personen, die durch ihre Arbeitsgeschwindigkeit, ihr Aufnahmevermögen und ihren persönlichen Einsatz hervortreten. Dieser Typ Mitarbeiter ist für eine Führungskraft natürlich äußerst angenehm, da er selbstverantwortlich seine Arbeit abwickelt und oft noch fürs Team mitdenkt. Gerade diesen Mitarbeitern wird schnell mal dieses und jenes zusätzliche Projekt aufs Auge gedrückt, da sie in der Lage sind, mit diesen Themen professionell und zügig umzugehen. Früher, als nach erfolgreichem Abschluss von Sonderprojekten auch wieder eine ruhigere Kugel geschoben werden konnte, regulierte sich die Arbeitsbelastung auf natürlichen Wegen. Heute, wo sich eine Aufgabe an die andere reiht beziehungsweise sich Projekte überlagern und dynamisch ausweiten, kommen rührige Mitarbeiter überhaupt nicht mehr zum Durchatmen.

Bei ihnen herrscht die größte Gefahr, nach der ersten Phase der Überaktivität in eine Negativspirale zu geraten, in der sich mehr und mehr Erschöpfung ansammelt, die schließlich in Resignation und Hilflosigkeit mündet. Leider erfahren viele Leistungsträger für ihren Einsatz nur unzureichende Wertschätzung – und das lässt das persönliche Stressempfinden um ein Vielfaches ansteigen. Letztendlich geht es immer um den Ausgleich von Belastung und Ressource. Wer viele Kraftspender zu nutzen weiß und sich seiner Rückendeckung gewiss ist, kann souverän mit hohem Druck umgehen. Wem wenige Kraftreserven zur Verfügung stehen, und/oder wer sich als Einzelkämpfer wahrnimmt, der wird schneller in die Knie gehen. Die nächste Übung möchte der Führungskraft ein einfaches Instrument an die Hand geben, um die Belastbarkeit der einzelnen Mitarbeiter differenziert einschätzen zu können.

↘ Übung

Pakete sortieren

Einführung Bei produzierenden Gewerben besteht ein Teil des Kapitals aus Maschinen, deren Auslastungskapazität und Wartungsbedarf eindeutig bekannt sind. Im Dienstleistungsgewerbe setzt sich das Kapital hauptsächlich aus Menschen zusammen, die ähnlich eines Maschinenparks einer »Wartung und Pflege« bedürfen. Kürzlich sagte mir ein Geschäftsführer: »Mit unserer Technologie wissen wir ganz genau umzugehen, um sie langfristig einsetzbar zu halten. Mit unseren Mitarbeitern haben wir noch keine geeigneten Wege gefunden, um nachhaltig die Leistungsbereitschaft abzusichern.«

Viele Arbeitnehmer fühlen sich tatsächlich als Packesel, denen immer mehr aufgeladen wird. Aus Loyalität zu ihren Vorgesetzten lassen sie es auch zu, dass sie über die Maßen strapaziert werden – nur ist dieses Denken und Fühlen sehr kurzsichtig. Viel klüger ist es, Belastungsfähigkeit auf Dauer zu betrachten und Aufgabenpakete unter dem Aspekt der Nachhaltigkeit zu verteilen. Um dies im täglichen Trubel bewältigen zu können, gilt es für die Führungskraft immer wieder, aus einem gewissen Abstand heraus Zusammenhänge und Einflussfaktoren anzuvisieren und Gewinn sowie Nutzen von Entscheidungen gegeneinander abzuwägen.

Ziel Sorgfältige Auseinandersetzung mit der Leistungskapazität der einzelnen Mitarbeiter. Sichtbarmachung und Abgleich von Aufgaben und Ressourcen.

Material Stühle, Moderationskarten in zwei Farben, Stifte.

Möglichkeiten zur Kleingruppenarbeit Die Übung kann in Zweiergruppen erledigt werden. Die Teilnehmer durchlaufen Schritt 1–3 zunächst alleine und werden dann von ihren Kollegen weiter durch den Prozess geleitet. Danach kommt es zu einem Austausch in der großen Runde.

Übungsablauf
Schritt 1: Wählen Sie für sich selbst und jeden Ihrer Mitarbeiter einen Stuhl. Ähnlich wie Sie es in der Stuhlaufstellung (s. S. 259) praktiziert haben, gruppieren Sie die einzelnen Sitzmöbel nach der gefühlten Wirklichkeit Ihrer Beziehungen. Positionieren Sie erst sich selbst und dann in freier Reihenfolge die anderen. Mitarbeiter, die Ihnen emotional näher stehen und Ihnen zugewandt sind, stehen auch in diesem Bild, symbolisiert durch den Platzhalter, näher und einander zugewandt. Mitarbeiter, mit denen weniger Bindung besteht, finden ihren Platz entfernter und gegebenenfalls abgewandt.

Schritt 2: Nehmen Sie nacheinander auf jedem der Stühle Platz, und spüren Sie in den Mitarbeiter hinein: »Was für ein Lebensgefühl füllt diesen Menschen aus? Wie viel Selbstvertrauen besitzt er? Fühlt er sich gesund und vital? Welche Belastungen hat er unabhängig von der Arbeit in seinem Privatleben zu stemmen? Steckt er Probleme schnell weg oder neigt er dazu, sich alles zu Herzen zu nehmen? Fühlt er sich gesehen und geachtet? Erfährt er von Ihnen Rückendeckung, Wertschätzung und Halt? Wie erlebt er seine Stellung im Team?« Nehmen Sie sich für dieses Hineinspüren Zeit und Muße – wenn es Ihnen gelingt, sich in Ihren Mitarbeiter aufmerksam hineinzuversetzen, ist diese Fähigkeit Gold wert.

Schritt 3: Notieren Sie auf den Moderationskarten die jeweiligen Aufgaben und Ressourcen, die ein Mitarbeiter besitzt. Wählen Sie hierfür zwei Farben, um die Gewichtung deutlich sichtbar zu machen. Als Ressourcen dienen die persönlichen Fähigkeiten, Zeit, Unterstützung, eine positive Grundeinstellung, Regenerationsmöglichkeiten, Anerkennung.

Schritt 4: Treten Sie zurück und betrachten Sie die Aufstellung mit Abstand. Mit Unterstützung Ihres Kollegen können Sie auf die feinen Botschaften und Impulse von Körper, Herz, Verstand und Seele achten.

Schritt 5: Setzen Sie sich auf jeden einzelnen Stuhl, und überprüfen Sie die Aufgabenverteilung im Team: Wer wird überfordert, wer wird unterfordert? Können die zu erledigenden Aufgaben geschickter verteilt werden? Welche Ressourcen können zusätzlich flott gemacht werden? Was fühlt sich leichter, weiter, fairer an?

Schritt 6: Entwickeln Sie einen Maßnahmenplan, den Sie mit den einzelnen Mitarbeitern beziehungsweise dem ganzen Team besprechen können.

Aus der Praxis

Gesundheit und Leistungsfähigkeit verknüpfen

Vor einigen Wochen berichtete ein Teamleiter von einer interessanten Situation. Er ist schon über 20 Jahre in demselben Unternehmen und hat in dieser Zeit mit seinen verschiedenen Teams große Erfolge feiern können. In den letzten Jahren nahm das Ganze aber eine andere Richtung. Es begann mit einer für ihn sehr schmerzlichen Abwertung. In der Beförderung wurde ihm ein Kollege vorgezogen, und diese Entscheidung wurde von seinem Vorgesetzten nur fadenscheinig begründet. Die Zielvorgaben wurden immer höher gelegt, der Arbeitsdruck stieg, die Anerkennung nahm ab. Vor zwei Jahren erlitt er einen Herzinfarkt – aus seiner Sicht war dies ein deutliches Zeichen für Überforderung, gepaart mit seinem »Herzschmerz« über die menschliche Enttäuschung.

Am Anfang dieses Jahres wurden ihm und seinem Team utopische Ziele gesteckt, die aus heutiger Sicht einfach nicht erreicht werden können. Daraufhin hat er sich mit seinem Vorgesetzten angelegt und in den Raum gestellt, sein höchstes Ziel sei die Gesundheit seiner Mitarbeiter. Dies würde in der Arbeitsabwicklung sein primärer Fokus sein, nachdem sich alles andere zu richten hätte. Seine konfrontativen Aussagen schlugen in der Firma wie eine Bombe ein – zum einen traf er auf Widerstand, gleichzeitig wurde ihm der Freiraum gewährt, ein neues Zielformat zu konzipieren. Innerhalb des Trainings konnte er seine gesamte Wut und Betroffenheit zum Ausdruck bringen, um im nächsten Schritt konkrete Schritte zu entwickeln.

Er entdeckte, dass er sich zunächst mit seiner alten Kränkung, der nicht erfolgten Beförderung, befrieden muss. Erst dann ist er in der Lage, Gemengelagen nüchtern und professionell betrachten zu können. In seine Teamsitzungen wird er die Übungen »Das Energiefass« (s. S. 119 f.), »Grenzen setzen – Grenzen wahren – Grenzen achten« (s. S. 140 f.), »Input-Output-Analyse« (s. S. 255 f.) integrieren. Konflikte im Team und an den Schnittstellen wird er aktiv angehen, um Reibungsverluste abzubauen. »Unveränderbare Welten« möchte er akzeptieren, um nicht durch »pubertären Widerstand« wertvolle Energien zu verlieren. Die Übung »Pakete sortieren« (s. S. 264 f.) half ihm, seine einzelnen Mitarbeiter viel genauer einzuschätzen und die gemeinsame Arbeitslast gerechter und intelligenter zu verteilen. Sein eigenes Stimmungsbild veränderte sich im Laufe der zwei Tage komplett, da er vielschichtige Handlungsspielräume identifizierte, um aus seinem Frust und seiner Aggression auszusteigen.

Ich bin sehr gespannt, wie es weitergeht. Ich kann mir vorstellen, dass er beide Zielvorgaben erreichen kann: die Gesundheit seines Teams zu erhalten und gleichzeitig eine hohe Leistung abzuliefern. Beides ist zu bewältigen, wenn man mit mentaler und emotionaler Intelligenz ans Werk geht.

Entscheidungsstärke in schwierigen Situationen

Geschwindigkeit durch zügiges, konsequentes Entscheiden

Ein weiteres Paradethema von Führungskräften ist die Kunst der klaren Entscheidung, die in eine konsequente Umsetzung münden sollte. Verantwortungsträger müssen ständig kleine oder große Richtungswechsel angeben und mit den sich daraus konstituierenden Folgen leben können. Je erfolgreicher und zielsicherer sich ihre Entscheidungsfindung gestaltet, umso aussichtsreicher wird sich das Unternehmen entfalten können. Ohne überhastet oder gar kopflos zu agieren, wird es immer wichtiger, schnell und transparent zu handeln. Eine gelungene Kommunikation, in der alle Beteiligte frühzeitig ins Boot geholt werden, macht einen Großteil der angestrebten Zielerreichung aus. Hier schließt sich wieder der Kreis zur aktiven Pflege des Beziehungsbandes. Denn Ziele werden meistens im Team erreicht – und nur dann, wenn alle überzeugt und engagiert am gleichen Strang ziehen.

Bei genauerer Betrachtung der Thematik tauchen spannende Fragen auf, über die es sich zu reflektieren lohnt: Besitzt die Führungskraft eine klare Entscheidungsgrundlage, aus der heraus sie Situationen bewerten kann? Kennt sie die relevanten Zahlen, Daten Fakten? Ist sie sich ihrer eigenen beziehungsweise der Unternehmenswerte bewusst? Hat sie den Mut, altvertraute Bahnen zu verlassen und neue Wege zu wagen? Besitzt sie das Durchhaltevermögen, einmal eingeschlagene Wege beharrlich zu verfolgen und sich nicht unnötig verunsichern zu lassen? Schätzt sie die zur Verfügung stehenden Ressourcen auf sachlicher und menschlicher Ebene realistisch ein? Muss sie sich selbst etwas beweisen oder handelt sie souverän und unabhängig? Kann sie Entscheidungen überzeugend kommunizieren und ihre Mitstreiter von der neuen Richtung überzeugen? Was macht sie, wenn etwas schiefgeht? Besitzt sie neben Plan A auch Plan B und C?

Eins ist klar: Um gute, schnelle Einschätzungen einer Gemengelage abliefern zu können, gilt es, mit der Materie wohl vertraut zu sein. Je intensiver und detaillierter man sich mit Prozessen und den ausführenden Personen beschäftigt, umso vielschichtiger gestaltet sich die Betrachtung und Berücksichtigung von möglichen Handlungsoptionen. Neben der gründlichen Auseinandersetzung mit Finessen und Details braucht es aber auch Abstand und den großen Blick aufs Ganze. Der Führende kann sich durch Präsenz und wache Beobachtungsgabe auf unterschiedlichen Ebenen präparieren, um im Moment der Entscheidung nicht überrascht dazustehen.

Der nächste Übungsaufbau offeriert ein Modell zur strukturierten Annäherung an eine Entscheidungsfindung. Er schärft neben dem mentalen Verstand die aufmerksame Wahrnehmung von Köper, Herz und Seele. Intuition und Bauchgefühl lassen sich schulen. Auch wenn es zu Anfang ungewohnt sein mag, sich nicht allein dem Verstand anzuvertrauen, löst die Aufgabenstellung meist großes Interesse aus, sich auf neue Sinneskanäle einzulassen.

Feine Schwingungen wahrnehmen und im Alltag nutzen

Die Führungskraft hat durch die vorangehenden Übungen seine Wahrnehmungsfähigkeit verfeinert. Sie ist sensibilisiert dafür, differenzierte, zum Teil verschlüsselte Botschaften und Informationen aus sich selbst oder aus ihrer Umgebung heraus aufzunehmen und zu dekodieren. Ihr sind quasi Antennen gewachsen, mit denen sie subtile Signale aufzeichnen kann. Diese Fähigkeit kann ihr in vielen Alltagssituationen hilfreich sein.

Um die verschiedenen Facetten der eigenen Feinsensorik möglichst praxisnah näherzubringen, benutze ich wieder den Human-Balance-Kompass, den ich dieses Mal mit den dazugehörenden feinstofflichen Dimensionen hinterlege.

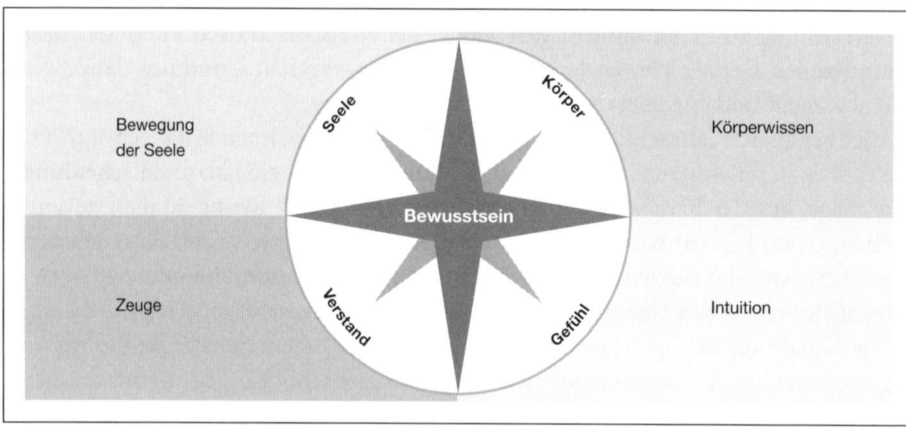

Die Ebenen von Körper, Gefühl, Verstand und Seele sind der Führungskraft derweilen wohl vertraut; sie dienen uns im nächsten Schritt als feste Ausgangsbasis. Auch mit dem Zeugen haben wir schon oft gearbeitet. Auf die authentische Bewegung der Seele achten wir immerzu. Es verlangt von dem Führenden also nur noch einen kleinen Lernschritt, um mit den weiteren Aspekten seines vielschichtigen Radarschirms souverän umzugehen.

Betrachten wir diese Fähigkeiten noch einmal im Überblick: Wir starten mit dem Zeugen. Er ist eine wunderbare Instanz in uns, um Dinge mit Abstand anvisieren zu können. Der Zeuge nimmt wahr, ohne zu interpretieren oder zu bewerten. Sobald er sich zu Wort meldet, offenbart sich die tiefe Dimension, aus der er zu uns spricht. Unser Verstand nimmt Zahlen, Daten und Fakten wahr. Er konzentriert sich auf sichtbare und messbare Details sowie Zusammenhänge. Der Zeuge betrachtet Dinge großzügig und weiträumig. Er bringt Klarheit und Verständnis in jede Situation, da er sie aus einer anderen Bewusstseinstiefe anvisiert.

Um den Zeugen zu spüren, braucht es nicht viel Übung, eher Mut zur Aufrichtigkeit.

Wir brauchen uns im Inneren nur in die Position eines wohlmeinenden, klarsichtigen Freundes zu begeben und können aus dessen Perspektive unser eigenes Leben begutachten. Es ist ein Mysterium, wie präzise und deutlich wir uns selbst erkennen können, sobald wir nur einen kleinen Schritt zurücktreten. Wir selbst wissen genau, wo wir stehen und was wir als Nächstes zu tun haben. Unser Inneres weiß es, und es ist unbestechlich.

Auch der nächste Ratgeber ist leicht zu entdecken. Werden wir achtsam, bemerken wir ein feines Gespür in uns, das sich schon oft im Vorfeld von Ereignissen zu Wort meldet. Die Intuition ist eine Gabe, die uns aus feiner Ahnung leitet. Viele meiner Klienten kennen das Phänomen. Oft wissen sie im Vorhinein, was sie machen oder wovon sie lieber die Finger lassen sollten. Immer wieder höre ich in Erzählungen: »Ich hatte vorher schon so ein bestimmtes Gefühl. Hätte ich ihm nur vertraut.«

Leider fehlt uns häufig das Zutrauen, dieser inneren Stimme schlicht und einfach zu folgen. In unserer vernunftgeprägten Welt geben wir der Intuition wenig Raum. Sie entzieht sich einer logischen Erklärung, und dieser Umstand irritiert. Gleichzeitig ist zu beobachten, dass gerade erfolgreiche Menschen eine gute »Nase« haben. Lebensfluss hängt offensichtlich damit zusammen, ob wir spontan den Fuß wechseln können. Manchmal gilt es, Entscheidungen aus geistiger Klarheit und Rationalität zu treffen, dann wieder meldet sich der Bauch zu Wort und übernimmt die Führung.

Ein weiterer beeindruckender Gesprächspartner ist unser Körper mit seiner ausgeprägten Resonanzfähigkeit. Der Körper gibt unverstellte, authentische Rückmeldung zu den Geschehnissen in unserer Umgebung. Unser Muskelapparat spiegelt die Atmosphäre, in der wir uns bewegen. Bei angenehmer Umgebung bleibt der Körper entspannt, bei Irritationen ziehen sich die Zellen zusammen.

Bleiben Sie nah dran an dieser Bewegung der Zellen: Sie betreten einen Raum, und Ihr Körper sendet aus seinem tiefsten Inneren eine Rückmeldung. Er fühlt sich wohl und entspannt an – oder unter Druck. Manchmal stellt es ihm auch die Nackenhaare auf, weil er Gefahr wittert. Achten Sie dabei auf Ihren Atem, er verändert sich sofort. Er wird flacher oder vertieft sich. Körperwissen ist eine direkte Informationsquelle, die uns anregt, anzuhalten und den authentischen Empfindungen Raum zu verleihen.

↘ Beispiel

Ein ganz praktisches Beispiel: Sie sind sich nicht sicher, ob Sie abends ausgehen oder daheim bleiben sollen. Stellen Sie sich vor Ihrem geistigen Auge vor, wie Sie das Haus verlassen. Achten Sie darauf, wie sich Ihr Körper bei der Vorstellung anfühlt. Freut er sich und öffnet er begeistert seine Zellen? Oder fühlt er sich eher überfordert an und verschließt sich? Wenn wir den Körper befragen, antwortet er immer. Er lädt uns ein, Zusammenhängen auf den Grund zu gehen.

Leider befinden wir uns häufig in Konstellationen, in denen unser Körper deutlich nach Ruhe schreit, wir diesem authentischen Impuls aber aus äußeren Zwängen nicht folgen können. An dieser Stelle ermöglicht uns das bewusste Innehalten, unserem System mindestens eine kurze Erholungspause anzubieten. Mein Organismus reagiert äußerst kooperativ, wenn ich seinen Bedürfnissen Respekt und Achtung schenke und ihnen wenigstens in einer kleinen, verständnisvollen Geste entgegenkomme. Stelle ich bei seinen Anliegen aber meine Ohren auf Durchzug und trimme meinen Körper auf reines Funktionieren, werde ich viele seiner warnenden Hinweise nicht verstehen und die Folgen leidvoll auszubaden haben.

Ein noch differenzierterer Resonanzkörper meines wahren Selbst ist die Seele, mein feingestimmter Wesenskern. Die Seele kann sich ähnlich wie der Körper öffnen und schließen. Über die Beobachtung dieser Bewegung können wir ihre Botschaften am einfachsten studieren. Fühlt sich mein Seelenkörper wohl und angenommen – respektiert in seinem Werteverständnis – beachtet in seinem Verlangen nach Klarheit, Fairness und Gerechtigkeit – ernährt in seiner Sehnsucht nach Schönheit, Ästhetik und menschlicher Größe – berührt durch Wertschätzung und Liebe –, dann öffnet er sich und beschenkt mich mit Lebendigkeit, Präsenz und Wärme.

Die Seele ist grundtief ehrlich. Ich kann ihr nichts vormachen. Ich kann sie mit nichts manipulieren. Gott sei Dank! Sie erzieht mich dazu, genau zu werden. Folge ich ihren zuverlässigen Hinweisen, lehrt sie mich Aufrichtigkeit, kompetente Selbststeuerung, Wachheit, Gelassenheit …

So halte ich die Seele für eine unglaubliche Lehrmeisterin, die in jedem Einzelnen von uns schlummert und auf ihren Einsatz wartet. Wie ein Leuchtturm in der Nacht sendet sie Lichtzeichen, damit wir die Einfahrt zu unserem inneren Heimathafen nicht verpassen.

Wie immer prangt das offene Gewahrsein als leerer, reflektierender Bewusstseinsraum in der Mitte des geistigen Kaleidoskops. All diese Ebenen können mitten im Alltag genutzt werden, um aus verschiedenen Handlungsoptionen einen stimmigen Weg herauszufiltern.

↘ Übung

Das Kaleidoskop

Einführung Entscheidungen zu treffen, wird Führenden nicht immer leicht gemacht. Gerade in der heutigen, komplexen Welt hängen Umstände oft mit vielfältigen Nebenschauplätzen zusammen. Einmal eingeschlagene Wege bergen mannigfache Konsequenzen in sich, die sich erst nach mehreren Schritten offenbaren. Was dann? Wieder umkehren oder den Kurs beibehalten?

Wirken Entscheidungen schon gefährlich, wird es aber erst recht brandheiß, sobald Situationen unentschieden in der Schwebe gehalten werden. Aussitzen kann die Potenzierung von Problemen bedeuten. Auf der anderen Seite lösen sich manche Konflikte in Luft auf, sobald man ihnen durch Stillhalten die Energie entzieht. Die folgende Technik hilft, Entscheidungsprozesse, unter Einbeziehung verschiedener Blickpunkte, systematisch aufzubauen.

Ziel Der Klient lernt, feinsinnige Bewusstseinszustände praxisnah in den Alltag einfließen zu lassen. Er übt sich, unterschiedliche Dimensionen auseinanderzuhalten und deren Inhalte gewinnbringend abzuwägen.

Material Seile, Kreppbänder, Papier, Stifte, Flipchart.

Möglichkeit zur Kleingruppenarbeit Die Übung kann alleine oder mit der Unterstützung eines Kollegen durchlaufen werden. Danach kommt es zum Austausch in der großen Runde.

Übungsaufbau Bauen Sie auf dem Boden mithilfe von Seilen und Kreppbändern den oben angesprochenen Human Balance Kompass nach. Bezeichnen Sie die einzelnen Felder im ersten Durchgang mit Körper, Gefühl, Verstand und Seele. Im zweiten Durchgang wechseln Sie die Kennzeichnung zu Körperwissen, Intuition, Zeuge und Bewegung der Seele. Die Kompassnadel bleibt in beiden Fällen das reflektierende Bewusstsein, das Sie als offenes Gewahrsein pauschalisieren können.

Übungsablauf Überlegen Sie sich die genaue Fragestellung einer anstehenden, für Sie wichtigen Entscheidung, mit der Sie die Übung exemplarisch durchführen möchten. Schreiben Sie die Frage auf ein Flipchart und darunter mögliche Lösungsoptionen. Beschränken Sie sich in diesem Fall auf drei bis vier Optionen. Stellen Sie das Flipchart gut sichtbar neben den Übungsaufbau des Kompasses.

Durchgang 1: Betreten Sie nun nacheinander die einzelnen Kompassfelder und spüren mit Haut und Haar in Ihren ganzen Organismus hinein. Die Reihenfolge der Felder können Sie sich selbst aussuchen. Für viele ist es aber hilfreich, mit dem Blickpunkt der Verstandesebene zu beginnen, da sie ihnen am vertrautesten ist. Zwischen dem Betreten der einzelnen Bereiche positionieren Sie sich immer wieder auf der Kompassnadel »Offenes Gewahrsein« und halten einen Augenblick inne.
Stellen Sie sich bei Ihrer Wanderung durch die einzelnen Bereiche folgende Fragen:

- Zum Feld »Verstand«: Was sagt Ihr Verstand zur ersten Lösungsoption? Tragen Sie alle Zahlen, Daten und Fakten zusammen, die für oder gegen diese Entscheidung sprechen.
- Zum Feld »Gefühl«: Welche Emotionen steigen in Ihnen hoch, wenn Sie sich mit dem ersten Lösungsweg beschäftigen? Was spricht Ihr Herz?
- Zum Feld »Körper«: Welche körperlichen Be- oder Entlastungen werden auf Ihren physischen Energiehaushalt zukommen, wenn Sie sich für die erste Möglichkeit entscheiden (Arbeitsdruck, Reisebelastungen, zeitliche Ressourcen und anderes)?
- Zum Feld »Seele«: Inwieweit entspricht diese Option Ihren Werten und der definierten Unternehmenskultur?

Die Antworten können Sie selbst auf einem Schreibbrett notieren oder Ihr Kollege protokolliert Ihre Aussagen mit.
Nach Option eins werden alle weiteren Entscheidungsmöglichkeiten nach dem gleichen Muster durchgespielt.
Nachdem alle Lösungswege untersucht sind, legen Sie Ihre Notizen sortiert auf den Boden, um sich mit Abstand ein Bild des Ganzen machen zu können. Lassen Sie die versammelten Blickpunkte auf sich wirken, und arbeiten Sie aus dieser Gesamtschau vielleicht schon eine erste Priorität heraus.

Durchgang 2: Nun begeben Sie sich in eine weitere Erforschungsrunde. Diesmal stellen Sie sich folgende Fragen:

- → Zum Feld »Zeuge«: Welche Gesichtspunkte fügt der Zeuge hinzu, wenn er sich mit der ersten Option beschäftigt? Welche weit reichenden Zusammenhänge und möglichen Konsequenzen können Sie aus dieser Perspektive wahrnehmen?
- → Zum Feld »Intuition«: Was sagen Ihr Bauch, Ihre Nase zu der ersten Entscheidungsmöglichkeit? Notieren Sie bitte den allerersten Impuls.
- → Zum Feld »Körperwissen«: Stellen Sie sich vor, Sie haben sich für diesen Lösungsweg entschieden und verkünden ihn Ihrer ganzen Mannschaft. Wie fühlt sich dabei Ihr Körper an? Nehmen Sie ihn als unbelastet war, frei, energievoll, gelassen – oder eher verkrampft, unter Druck, angehalten, mit flachem Atem?
- → Zum Feld »Bewegung der Seele«: Und was sagt Ihr innerster Wesenskern zu dieser Entscheidung? Fühlt er sich stolz, engagiert, identifiziert, voller Ideen und sprühender Leidenschaft – oder ist es für ihn eher ein fauler Kompromiss, dem die Seele mit hängendem Kopf hinterhertrottet? In welche Richtung zieht es die Seele aus tiefster Ehrlichkeit?

Auch in diesem Durchgang durchlaufen Sie sämtliche Möglichkeiten und fassen danach alle Ihre Eindrücke zusammen. Betrachten Sie das Ganze mit Abstand, und treffen Sie dann eine finale Entscheidung. Wohin soll die Reise gehen?

Aus der Praxis

Duale Welt

»Wahrheit kann man nur im Paradox aussprechen.«

Irina Tweedie

In vielen Entscheidungsfällen gibt es keine zu 100 Prozent eindeutige Antwort. Wir leben in einer dualen Welt und kennen kein Licht ohne Schatten. Dennoch wird sich nach dieser umfassenden Überprüfung ein Gesamtbild herauskristallisieren, das Vor- und Nachteile auf verschiedenen Ebenen sichtbar macht.

Und noch ein weiterer Effekt bleibt nicht zu unterschätzen. Hat eine Führungskraft den Eindruck gewonnen, sich mit einer Sache grundtief beschäftigt zu haben, fällt es ihr leichter, sich hinter ihre getroffene Entscheidung zu stellen und sie mit aller Kraft sowie Konsequenz zu verfolgen. Sie vertraut sich selbst – und mit dieser grundlegenden Stärke kann sie selbst falsche Entscheidungen zu richtigen Lösungen hin entwickeln. Kurskorrekturen können immer wieder hilfreich sein, wenn sie aus einem größeren Überblick und nicht aus nervöser Unsicherheit entstehen. Mithilfe der gewonnenen Weitsicht können Ziele auch langfristig verfolgt und ihre Erreichung schrittweise konstituiert werden.

Präsenz in allen Dimensionen ermöglicht Überblick, Weitsicht und verantwortungsvolle, reife Entscheidungen. So hilft das Kaleidoskop in schwierigen Situationen aus sich selbst heraus, Klarheit und Stärke zu erzeugen.

Resilienz geht in Führung

Das Resilienz-Training setzt an anderen Punkten an als bisherige Führungskräfteschulungen. In den H.B.T.-Trainings liegt der Fokus zunächst auf der inneren Haltung des Klienten. Die Verbindung aus Coaching, Psychotherapie, Körperarbeit und Achtsamkeitspraxis schenkt die Möglichkeit, biografische Klärungs- und Entlastungsarbeit in die Gruppenarbeit zu integrieren. Diese profunde Selbsterforschung erlaubt es den Teilnehmern, tief sitzende Blockaden aufzudecken und schrittweise aufzulösen. Natürlich kann ich im Einzelcoaching auf den Klienten noch umfassender und individueller eingehen. Der Vorteil des Trainings ist aber der Austausch in der Gruppe, das Erkennen, dass man mit seinen Problemen nicht alleine dasteht, sondern viele Mitstreiter an der Seite hat. Innerhalb der Module erwachsen tragende Netzwerke, mit denen sich die Teilnehmer in ihrem Alltagstransfer kraftvoll unterstützen können.

Resilienz ist authentische Wesenskraft. Wer Zugang zu ihr findet, schafft die Transformation vom »Hamster im Rad« zum »Fels in der Brandung«. Gerade für Führende ist dieser Prozess eine enorme Bereicherung. Innere Kraft und Ruhe bilden eine Brücke, auf der fachliche und menschliche Kompetenz in die Welt wandern können. Die Führungskraft von heute braucht diesen festen Anker in sich selbst, um sich von nichts und niemanden aus der eigenen Besonnenheit forttragen zulassen. Für diese Souveränität lohnt sich all die innere Arbeit. Denn es profitiert nicht nur der Führende von seinen neu erworbenen Qualitäten, sondern auch sein gesamtes Team. Diesem wunderbaren Zusammenspiel widmet sich der folgende Buchteil.

05

Das Zusammenspiel im Team und an den Schnittstellen

Edda Koch-Königer: Die Liebenden

»Wenige Dinge im Leben können an die Freude heranreichen, die man empfindet, wenn man zu einem meisterhaften Team von Kollegen gehört, die man liebt und von denen man inspiriert wird – oder wenn man mit einem Partner verheiratet ist, mit dem man ein Ehe-Traumteam bildet.«

Lance Secretan (2006, S. 253)

Resilienz-Training für Teams

Der Vorteil von Teamtrainings

Wer sich dem Thema »Resilienz« widmet, stößt auf vielschichtige Bezugspunkte, die immer wieder in die Tiefe führen. In meinen Vorträgen werde ich oftmals darauf angesprochen, inwieweit ich diese Schulungen denn auch mit Teamkollegen konkretisieren kann, die sich täglich im Büro gegenübersitzen. Natürlich ist es ein Unterschied, ob ich ein Seminar leite, in dem sich die Teilnehmer nicht kennen und keinerlei Berührungspunkte haben oder zumindest in unterschiedlichen Abteilungen arbeiten und sich nur selten über den Weg laufen. Die Bereitschaft, sich zu öffnen und über die individuellen Sorgen des privaten und beruflichen Lebens zu reden, ist in diesen bunt zusammengewürfelten Kursen selbstverständlich höher. In vielen Fällen geht es schon in der Vorstellungsrunde richtig zur Sache. Gerade in den Resilienz-Trainings möchten die Teilnehmer offenbar keine Zeit verlieren, denn die meisten sprechen gleich zu Anfang ihre brennenden Themen an. Zum Teil mussten sie über lange Zeit mit all ihren Problemen alleine zurechtkommen und sind sichtlich froh, Herz und Seele erleichtern zu können.

Eine ähnliche Wahrnehmung begleitet mich überraschenderweise auch bei den Teamtrainings. Zumeist halten sich die Mitglieder in der ersten Runde bedeckt und testen die Atmosphäre. Fühlen sie sich aber sicher und wohl, äußern sie leichter ihre Sorgen und Nöte.

Hierbei gilt es für den Trainer, besonders auf die Spielregeln der Gruppenarbeit zu achten (s. S. 95 f.). Mir ist es ein großes Anliegen, dass sich jeder der Teilnehmer seiner Art und seinen Bedürfnissen entsprechend frei in das Seminar einbringen kann. So weise ich bei der gemeinsamen Erstellung der Spielregeln von Anfang an auf wesentliche Aspekte hin: Alle achten auf absolute Vertraulichkeit – die angesprochenen Inhalte bleiben ausschließlich in der Runde und werden auf keinen Fall an Dritte weitergegeben. Jeder der Teilnehmer wählt selbstverantwortlich die für ihn stimmige Dosierung und gibt mir Bescheid, wenn er eine Übung nicht mitmachen möchte. Bei Kleingruppenarbeit können sich die Personen zusammenfinden, die sich gut verstehen und gegenseitig vertrauen.

Viele der Übungen werden erst auf dem Schreibbrett realisiert, der Teilnehmer entscheidet danach, welche seiner Erkenntnisse er offen mitteilen möchte. Mir ist nur wichtig, dass er für sich selbst hinschaut und sich Zusammenhänge klarmacht, er braucht auf keinen Fall öffentlich darüber zu reden. Für Einzelreflexionen stehe ich in den Pausen jederzeit bereit. Kommt es während des Trainings zu Konfliktgesprächen, halte ich besondere Kommunikationsregeln parat (s. S. 292), um die Auseinandersetzung konstruktiv gestalten zu können.

Die Führungskraft kann von Anfang an dabei sein. In manchen Fällen arbeite ich am ersten Tag aber alleine mit dem Team, um ihren Blickpunkten und Anliegen ungefiltert zuhören zu können. Manchmal erscheint es auch nötig, innerhalb der Gruppe etwas zu klären, das mit dem Führenden gar nichts zu tun hat. Er stößt dann am nächsten Tag dazu. Existieren im Team große Spannungen, initialisiere ich vor dem Training Einzelgespräche, um die verschiedenen Charaktere kennenzulernen, ein Beziehungsband zu knüpfen und sie auf die achtsame, ganzheitliche Arbeitsweise vorzubereiten. Diese Vertrauensbasis macht sich äußerst bezahlt, speziell, wenn schon zu Anfang die Emotionen hochfahren und mir wenig Zeit zum »Warming-up« bleibt.

Achtsamkeit und Präsenz wird bei den Resilienz-Trainings von allen Beteiligten gefordert. Der hohe Gewinn der gemeinsamen Konzentration basiert auf der direkten Bearbeitung der täglichen Probleme. Bei gemischten Gruppen kann zwar jeder einzelne Teilnehmer seine persönlichen Fragestellungen unvoreingenommen ansprechen und durcharbeiten – kommt er nach Hause, erwarten ihn aber die gleichen Schwierigkeiten wie zuvor, die er nun aus eigener Kraft zu lösen hat. Bei der Gruppenarbeit ist zwar zu Anfang weniger Zwanglosigkeit vorhanden –, findet das Team jedoch in eine vertrauensvolle Arbeitsatmosphäre, ist der Nutzen aus den gemeinschaftlich durchgeschwitzten Übungen ungleich höher. Neben den Problemstellungen der Einzelperson können teamspezifische Belastungen und Blockaden anvisiert und konstruktiv aus dem Weg geräumt werden. Im »Forschungslabor« können die alltäglichen Verstrickungen und Problemstellungen sich von ganz anderer Seite zeigen als unter Druck im operativen Arbeitsgeschehen.

Eine aufmerksame, maßgeschneiderte Übungsabfolge ist immens wichtig

Auch für die Teamtrainings habe ich einen Kompass (s. S. 278) entwickelt, mit dem ich die geforderten Kompetenzen übersichtlich visualisieren kann:

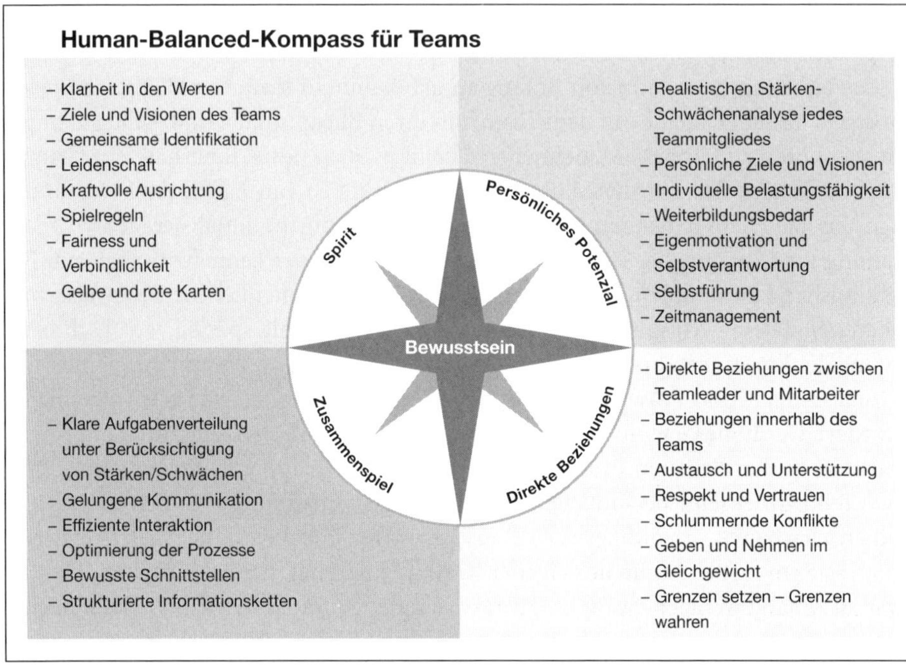

Wie viele der Themen bearbeitet werden können, hängt natürlich von der Zeit ab, die mir das Unternehmen zur Verfügung stellt. Je mehr Budget eingeräumt wird, desto höher steigt die Möglichkeit zur kontinuierlichen Weiterarbeit, und der Transfer in den Alltag gelingt besser. Viele der erlebten Übungen können in die wöchentlichen Meetings integriert werden und helfen der Kollegenschaft, die persönliche und gemeinsame Resilienz nach und nach auszubauen. Ein klar strukturierter, wohl dosierter Aufbau des Trainings unterstützt die Gruppe darin, Vertrauen zu fassen und rasch den Bezug zu ihren praktischen Arbeitsabläufen zu knüpfen. Je schneller sich der reale Nutzen für ihre dringlichen Schmerzpunkte herauskristallisiert, umso motivierter arbeitet die Gruppe mit.

Auch im Teamtraining folge ich meinem Grundaufbau von Klärung – Entlastung – Ausrichtung – Umsetzung. Nach dem gemeinsamen Erstellen von Spielregeln starten wir direkt eine Standortbestimmung ähnlich wie die Unternehmensampel (s. S. 178 ff.). In dieser ersten Analyse offenbaren sich die Stärken und Schwächen, die Belastungen, Reibungspunkte, Chancen, Potenziale, Visionen und Herzensanliegen dieser Mannschaft – und die Reise kann starten. Neben den im Buchteil II, III und IV vorgestellten Übungen, die sich fast alle dazu eignen, sie im Kontext eines Teamtrainings einzusetzen, möchte ich nun noch weitere Übungsaufbauten beleuchten, die sich ganz gezielt mit der Situation eines Arbeitsteams befassen.

Das feine Gleichgewicht von Belastungen und Ressourcen

Die Belastbarkeit der einzelnen Teammitglieder kennen und beachten

»Eine Kette ist so stark wie ihr schwächstes Glied.« Dieses Sprichwort bringt eine einfache Wahrheit direkt auf den Punkt. Um voll Kraft und Schwung gesteckte Ziele erreichen zu können, sollten alle Gruppenmitglieder ihre optimale Leistungsfähigkeit abrufen können. Dass der Energiepegel natürlichen Schwankungen unterworfen ist und von der jeweiligen Tagesform abhängt, gehört zum Spiel. Von diesen zu erwartenden Abweichungen abgesehen, braucht ein funktionierendes Team aber eine zuverlässige energetische Grundkonstitution, auf die sich die ganze Mannschaft verlassen kann.

Hierzu sollten sich die einzelnen Mitglieder selbst gut kennen und steuern können. Mit der Übung »Das Energiefass« (s. S. 119 f.) kann auf lockere Art in das Thema eingeführt werden. Bei Bedarf kann diese wichtige Thematik aber deutlich vertieft werden. Kein Mensch gleicht dem anderen, und so bedarf es individueller Strategien, um Belastungssituationen ausbalancieren zu können.

Das Vulnerabilitäts-Stress-Modell bietet einen guten theoretischen Einstieg, um mit dieser komplexen Materie vertraut zu werden.

Info

Vulnerabilität

Das Wort »Vulnerabilität« (von lat. *vulnus*, »Wunde«) bedeutet »Verwundbarkeit« oder »Verletzbarkeit« und kann auch als »Empfindsamkeit« übersetzt werden. Es findet in verschiedenen wissenschaftlichen Fachrichtungen Verwendung. In der Psychologie wird Vulnerabilität als das Gegenteil von Resilienz betrachtet. Vulnerable Personen werden besonders leicht emotional verwundet und entwickeln eher psychische Belastungsstörungen.

Das Vulnerabilitäts-Stress-Modell ist ein Paradigma der klinischen Psychologie und der Gesundheitspsychologie, das nicht auf eine bestimmte Schule festgelegt ist und biologische, psychologische und Umweltfaktoren verbindet. Das Modell beschreibt die Tendenz eines Menschen, auf eine bestimmte Weise auf Belastungen zu reagieren. Es bildet die Empfindsamkeit der Person in Abhängigkeit zu belastenden Umweltereignissen oder Lebenssituationen ab.

Die Reaktion auf Überforderungen wird beeinflusst durch die Wirkung von Risikofaktoren und Schutzfaktoren. Die zentrale Annahme besagt, dass zum Entstehen einer Störung sowohl Vulnerabilität als auch Stress nötig werden. Eine besondere Sensibilität oder Dünnhäutigkeit kann im ungünstigen Fall unter Einfluss biografischer

Stressoren, situativ-sozialer und/oder körperlich-hormoneller Belastungen im Ausbruch eines Burnouts gipfeln.

Die folgende Abbildung zeigte mir mein Ausbilder Rudolf Schneider, der mich auf die kleine Heilpraktikerprüfung vorbereitete. Ich finde sie besonders einprägsam.

Das Vulnerabilitäts-Stress-Modell

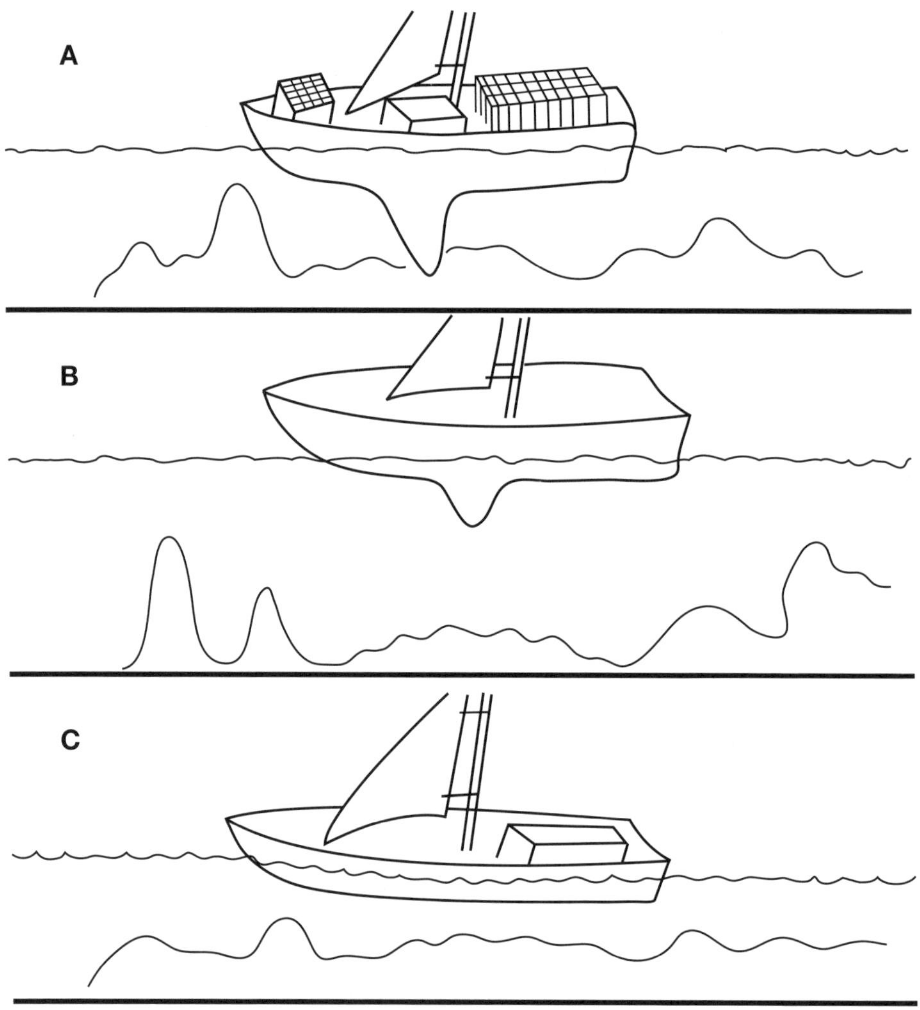

Der Bootskörper in der ersten Abbildung symbolisiert die eigene psychische Konstitution, die sich aus der gegenwärtigen Verfassung und biografischen Prägungen zusammenfügt. Das Schwert, das beim Segeln eigentlich die Stabilität eines Schiffs ausmacht, bedeutet in diesem Beispiel allerdings den Tiefgang des Bootskörpers, also seine Anfälligkeit, auf Grund zu laufen. Die Gepäckstücke im Boot repräsentieren tägliche Belastungen und Probleme, die der Mensch mitführt beziehungsweise über längere Zeit mitschleppt Die Grundlinie in dem Bild signalisiert das Leben an sich – manchmal läuft es glatt, dann wieder wartet es mit unvorhergesehenen Stolpersteinen und Barrieren auf.

Im schlechtesten Fall hat der Bootskörper ein großes Schwert (bedeutet in der Bildsprache hohe Sensibilität), trägt viel Gepäck an Bord (hohe tägliche Belastung), und das Schicksal wartet auch noch mit zusätzlichen Prüfungen auf. In diesem Fall ist der Crash vorprogrammiert – das Schiff wird auf Grund laufen und in seiner Fahrt gebremst werden (der klassische Fall einer Erschöpfungsdepression). Drehen wir das Modell um, dann entdecken wir neben diesen Risikofaktoren die Möglichkeiten, sich selbst zu schützen. Dabei gilt es, die psychische Grundstruktur zu stabilisieren und den Lebensrucksack von bekannten Altlasten sowie beschwerlichen Neuzugängen regelmäßig zu entlasten. Was mir an dieser einfachen Bilderfolge besonders gefällt, ist, dass sie klar und deutlich veranschaulicht, dass ein psychischer Zusammenbruch immer an eine sich langsam aufbauende Vorgeschichte gekoppelt ist. Er ereignet sich nie von einem Tag zum nächsten, sondern baut sich über einen langen Zeitraum auf. Wer die Vorboten lesen möchte, kann sie einfach erkennen. Der nächste Übungsaufbau erweist sich als hilfreich, um an dieser Stelle klarer zu sehen.

↘ Übung

Resilienz-Linie

Einführung Jeder Mensch hat seine ganz eigene Art, mit Druck umzugehen. Der eine ist wie mit einer dicken Elefantenhaut ausgerüstet, ein anderer wirkt eher wie die Prinzessin auf der Erbse. Diese unterschiedliche Stressresistenz subsumiert sich aus verschiedenen Komponenten und verschiebt sich im Laufe eines Lebens. Manche haben als Jugendliche in der Schule bei Prüfungen die Ruhe weg, werden aber mit zunehmendem Alter reizbarer. Andere sind in jungen Jahren sehr stressanfällig und lernen, durch vielfältige Erfahrungen mit ihren Schwachpunkten souverän zu leben.
In einer Gruppe besteht die wunderbare Möglichkeit,

- → voneinander zu lernen und sich kluge Strategien beim Gegenüber abzuschauen sowie
- → Schwachstellen gegenseitig auszugleichen und in Summe stärker aufzutreten.

Hierfür braucht es aber das Verständnis für Zusammenhänge und einen offenen Dialog über die persönlichen Erfahrungen. Ein Team, das es als sportliche Herausforderung erachtet, Stresssituationen gemeinsam in direkter Abstimmung zu meistern, hat immense Vorteile im Wettbewerb.

Ziel Bildliche Illustration der persönlichen Resilienz-Entwicklung in Abhängigkeit von Risiko- und Schutzfaktoren. Austausch über die persönlichen Resilienz-Linien und die auftauchenden Erfahrungen, Erinnerungen, Verhaltensmuster und Prägungen.

Material Klebebänder, Seile, Moderationskarten.

Möglichkeit zu Kleingruppenarbeit Die Übung kann alleine, zu zweit oder zu dritt absolviert werden. Jeder der Gruppenteilnehmer legt sein eigenes Schaubild, danach kommt es zu einem Austausch in der Kleingruppe. Die einzelnen Gruppen können sich gegenseitig »besuchen«, sich ihre auf dem Boden ausgebreiteten Bilder präsentieren und von ihren Erfahrungen berichten.

Übungsablauf
Schritt 1: Legen Sie sich mit dem Klebeband eine Zeitschiene, die ihre bisherige Zugehörigkeit in der Firma beziehungsweise im Team abbildet. Mithilfe der Moderationskarten können Sie Jahreszahlen vermerken.
Diese Zeitschiene fungiert auch als imaginäre Mittellinie, um die herum Sie die drei Seile platzieren.

Schritt 2: Das erste Seil dokumentiert die Belastungen, die Sie in der Firma beziehungsweise in Ihrem Team erfahren haben. Mit dem Seil können Sie die unterschiedliche Intensität der Stressoren, die auf Sie einwirkten, abbilden und zudem weitere Besonderheiten vermerken.

Resilienz-Linie

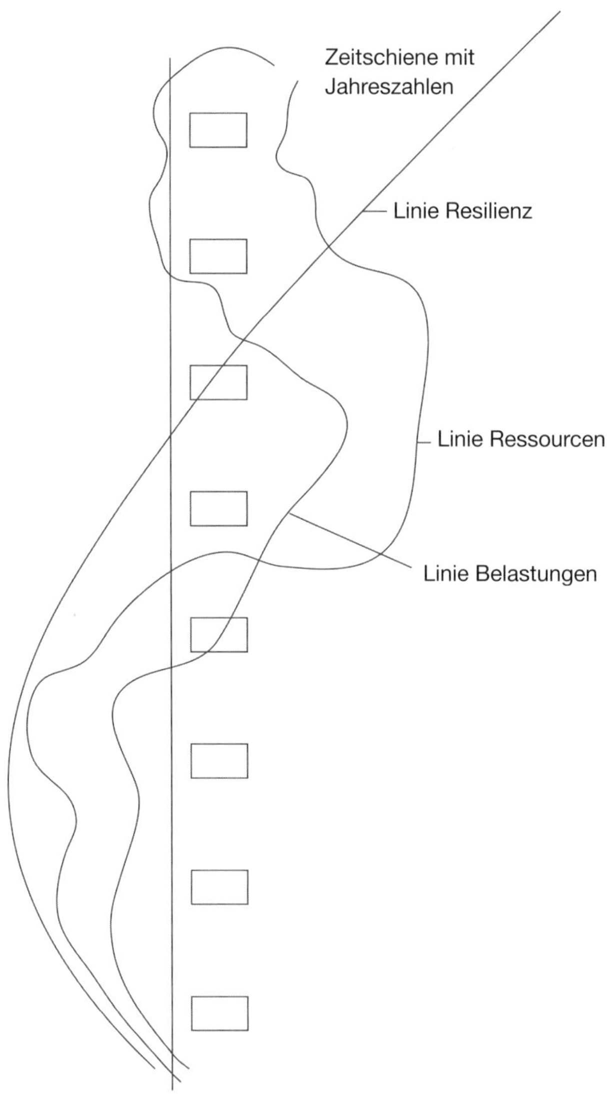

Schritt 3: Das zweite Seil symbolisiert die Ressourcen, die Ihnen in der gleichen Zeit zur Verfügung standen. Wie haben Sie diese unterstützenden Faktoren wahrgenommen, und welche waren Ihnen besonders hilfreich in der Ausbalancierung der Herausforderungen?

Schritt 4: Mit dem dritten Seil dokumentieren Sie Ihre persönliche Resilienz, die sich aus dem Zusammenwirken der Risiko- und Schutzfaktoren ergibt.

Schritt 5: Zur Erinnerung an bestimmte Ereignisse oder Phasen können Sie Moderationskarten beschriften und in dem Schaubild platzieren.

Schritt 6: Tauschen Sie sich mit Ihren Kollegen aus, erweitern Sie Ihren Horizont durch die verschiedenen Interpretationsmöglichkeiten, die sich in jeder Lebenslinie konstituieren.

Aus der Praxis

Der Unterschied zwischen Eustress und Distress

Die Resilienz-Linie ist eine spannende Erforschungsreise zum Thema »Überlastung und konstruktive Bewältigung«. Wie ich schon erwähnte, ist Stress objektiv nicht messbar. Es gibt Ereignisse, über die jeder Mensch sagen wird: »Ja, das ist eine anstrengende Aufgabe!« Wie die Betroffenen die Situation tatsächlich aufnehmen und verarbeiten, steht auf einem ganz anderen Blatt geschrieben. Nach einem Konzept von Hans Selye, einem österreichisch-kanadischen Mediziner, der als Vater der Stressforschung gilt, kann man zwei Arten von Stress differenzieren: negativen Stress (auch Disstress beziehungsweise Dysstress, engl. *distress*) und positiven Stress (auch Eustress).

Bei Wikipedia (Februar 2010) lautet die Definition folgendermaßen:

> »Negativ sind diejenigen Reize, die als unangenehm, bedrohlich oder überfordernd gewertet werden. Stress wird erst dann negativ interpretiert, wenn er häufig auftritt und kein körperlicher Ausgleich erfolgt. Ebenso können negative Auswirkungen auftreten, wenn die unter Stress leidende Person durch ihre Interpretation der Reize keine Möglichkeit zur Bewältigung der Situation sieht (Klausur, Wettkampf oder Ähnliches). In diesem Fall kann Disstress durch die Vermittlung geeigneter Stressbewältigungsstrategien (Coping) verhindert werden.
>
> Disstress führt zu einer stark erhöhten Anspannung des Körpers (Ausschüttung bestimmter Neurotransmitter und Hormone, zum Beispiel Adrenalin und Noradrenalin). Auf Dauer führt dies zu einer Abnahme der Aufmerksamkeit und Leistungsfähigkeit. Bei einer Langzeitwirkung von Disstress sowie fehlenden Copingstrategien kann es zu einem Burnout-Syndrom kommen.
>
> Als Eustress werden diejenigen Stressoren bezeichnet, die den Organismus positiv beeinflussen. Ein grundsätzliches Stress- beziehungsweise Erregungspotenzial ist für das Überleben eines Organismus unabdingbar. Positiver Stress erhöht die Aufmerksamkeit und fördert die maximale Leistungsfähigkeit des Körpers, ohne ihm

zu schaden. Im Gegensatz zum Disstress wirkt sich Eustress auch bei häufigem, langfristigem Auftreten positiv auf die psychische oder physische Funktionsfähigkeit eines Organismus aus. Eustress tritt beispielsweise auf, wenn ein Mensch zu bestimmten Leistungen motiviert ist oder Glücksmomente empfindet.«

Diese wissenschaftliche Beschreibung lässt sich im Alltag überzeugend nachvollziehen. Viele Belastungen wirken auf unser System anregend – wir fühlen uns positiv herausgefordert, und wenn wir die nötigen Kompetenzen besitzen, Aufgaben zu lösen, wachsen wir durch die neue Erfahrung. Oft sind es nur Kleinigkeiten, die den positiven Eindruck von Situationen verändern und ins Gegenteil verkehren können. Das Extrahieren dieser Details richtet den Blick auf direkte Verbesserungsmöglichkeiten.

Die drei Linien machen schnell deutlich, wie jeder Einzelne »tickt«, was ihn an Grenzen treibt und was im Gegensatz dazu eine direkte Kraftreserve bietet. Teams können gemeinsam viel mehr Puffer und Ressourcen aufbauen, als sie selbst vermuten würden. Es braucht Verständnis für sich selbst und den anderen – und eine ehrliche Aussprache über die Auswirkungen der bisherigen Handlungsweisen. In diesen Gesprächen sollten sich angestaute Emotionen entladen dürfen. Unausgesprochene Kränkungen oder Missverständnisse überschatten die Arbeitsatmosphäre – während des Trainings gilt es, diese Energieräuber ans Licht zu heben und auf gute Weise zur Sprache zu bringen.

Teamstärke nach innen und außen

Beziehungskonstellationen sichtbar machen

Nach dieser intensiven Einzelanalyse möchte ich den Teammitgliedern ihre bewussten oder unbewussten Beziehungsgeflechte verdeutlichen. Hierfür wähle ich die Technik einer Skulpturarbeit nach Virgina Satir (1916–1988). Sie war Amerikanerin und genießt den Ruf als eine der bedeutendsten Familientherapeutinnen; oft wird sie auch als die Mutter der Familientherapie bezeichnet. Ich schätze ihre Arbeit ungemein.

Info

Skulpturarbeit

Die Methode der »Skulptur« oder »Familienskulptur« hat sie in den 1970er-Jahren kreiert – den Namen wählte sie in Anlehnung an die Standbilder eines Bildhauers. Die Familien- oder Gruppenmitglieder stellen sich zueinander im Raum auf und wählen dafür einen subjektiv passenden Abstand. Mit ihrer körperlichen Haltung drücken sie ihre Beziehungen untereinander aus und unterstützen diese noch mit Gestik und Mimik. Die einzelnen Personen werden dann nach ihren Gefühlen und Wahrnehmungen befragt.

Eine Teamaufstellung ist eine Weiterentwicklung dieses systemischen Gedankens. Es kann zwischen teaminternen Aufstellungen (bei denen die Teammitglieder für sich selbst stehen) und solchen, bei denen die Teammitglieder durch Vertreter repräsentiert werden, unterschieden werden – im erwähnten Beispiel nehmen die Teilnehmer ihren eigenen Platz ein. Durch die Aufstellungsarbeit wird die Beziehungsdynamik innerhalb des Arbeitsnetzwerks transparent gemacht; dabei können verschiedene Aspekte der Sozialstruktur räumlich und körperlich abgebildet werden.

Eine weitere Form der Methode ist die Organisationsaufstellung, mit der die Makroebene eines Unternehmens reflektiert werden kann. Auch hier geht es um eine Strukturanalyse, die die Qualität der einzelnen Beziehungen widerspiegelt. Vertrauen und Loyalität festigen die Zusammenarbeit, die Informationsströme und die Wissensweitergabe. Unter Belastung zeigt es sich, ob diese Ressource bindet oder ob die tragenden Pfeiler einer Struktur zusammenbrechen. Der Erfolg eines Unternehmens, einer Abteilung oder eines Teams ist abhängig von der »Aufstellung« einzelner Mitarbeiter und von einem gekonnten Beziehungsmanagement.

Übung

Teamaufstellung

Einführung In jeder Gruppe bilden sich neben der offiziellen Rollen- und Aufgabenverteilung inoffizielle Netzwerke aus, über die nicht gesprochen wird. Dabei wirkt die Chemie zwischen den einzelnen Personen kräftig mit. Kollegen, die sich gut verstehen und vielleicht gemeinsame Hobbys teilen, sehen und sprechen sich öfter. In diesem Kontext werden außer den privaten Dingen auch berufliche Informationen ausgetauscht – ohne dass sie es bewusst anstreben, arbeiten diese Menschen effektiver zusammen. Der gleiche Mechanismus funktioniert leider auch andersherum. Mitarbeiter, die sich nicht sympathisch sind oder einfach weniger Anknüpfungspunkte besitzen, müssen ihr Beziehungsband aktiv pflegen, sonst fällt ihnen der professionelle Wissensaustausch schwerer.
Die Aufstellungstechnik ermöglicht es dem Team, all diese bekannten oder unbekannten Beziehungsgeflechte nonverbal zu inszenieren und somit zu plakatieren. Widersprüche oder Abweichungen zwischen dem, was körperlich gemimt wird, und dem, was gesagt wird, können reflektiert werden. Anhand der dargestellten Konstellation kann sich der Trainer ein Bild von dem sozialen Gefüge machen, in dem die Gruppenmitglieder ihre Arbeit verrichten. Während des Übungsverlaufs ist es den Teilnehmern gestattet, spontan eine körperliche Reaktion auf ihre Position zu erfahren, die anschließend auf der verbalen und emotionalen Ebene hinterfragt werden kann.
Durch die Positionierung merkt jeder Einzelne seinen momentanen »Stand«. Ihm wird deutlich, »wo er steht«, »wie er steht«, mit wem er »sich zusammensetzen« oder »sich auseinandersetzen« muss.

Ziel Sichtbarmachung von Beziehungsqualitäten innerhalb der Gruppe. Überprüfung des Ist-Zustands und kraftvolle Ausrichtung auf Verbesserungen.

Übungsablauf Die Übung kann ausschließlich von einem Coach und Trainer mit entsprechender Ausbildung durchgeführt werden. Die Übungsanweisung ist ausnahmsweise aus Trainersicht formuliert.

Schritt 1: Die Teammitglieder gruppieren sich zunächst locker im Raum. Nach und nach wählt jeder einzelne eine für sich stimmige Position, wobei er auf die räumliche Anordnung, seine Haltung, Mimik und Gestik achtet. Kollegen, die sich gut verstehen, positionieren sich dementsprechend nah beinander und zugewandt, bei Unstimmigkeiten kann die »gefühlte Wirklichkeit« durch Abstand und unterschiedliche Blickrichtung symbolisiert werden.

Schritt 2: Lassen Sie der Gruppe Zeit und Raum, ihre Plätze zu finden. Dieser Prozess kann länger dauern, da die einzelnen Teammitglieder verschiedene Positionierungen ausprobieren wollen, bis es sich für alle stimmig anfühlt. Sobald die ganze Mannschaft steht, wird es ruhiger – die Darstellung soll erst einmal ohne Worte wirken können.

Schritt 3: Jeder Teilnehmer berichtet, wie es ihm an seinem Platz ergeht. Achten Sie dabei auf Gedanken, Gefühle, Körperwahrnehmungen und die Bewegung der Seele. Die Aussagen bleiben unkommentiert im Raum stehen.

Schritt 4: Lassen Sie einzelne Personen nach außen treten und verschiedene Blickwinkel einnehmen (der Trainer übernimmt dabei ihre Position als Platzhalter). Wie erlebt er als neutraler Zeuge die Positionierung des Teams? Was erfährt er, wenn er durch die Augen des Kunden blickt, der seine Bedürfnisse optimal erfüllt haben möchte? Wie ist die Wirkung des Teams auf den Geschäftsführer? An die geäußerten Wahrnehmungen schließen sich zunächst keine Diskussionen an – sie sollen erst einmal wirken.

Schritt 5: Nach eingehender Kontrolle der einzelnen Positionen kann sich die Ist-Analyse zu einem Soll-Zustand weiterentwickeln. Die Teilnehmer suchen sich eine neue Position, die ihnen nach all den bisherigen Erfahrungen stimmiger anmutet. Auch dieses Bild braucht Zeit zum Entstehen. Sobald alle Mitglieder ihren Platz gefunden haben, wird das Reden eingestellt. Nach ein paar Minuten der aufmerksamen Wahrnehmung kann die gesamte Formierung aufgelöst werden – die Gruppe braucht danach eine Pause.

Aus der Praxis

Aufstellungen wirken tief

Ich hoffe, dass alleine durch die Beschreibung der Aufstellungsarbeit klar wird, wie tief und kraftvoll diese Methode wirken kann. Viele Teams tragen ein geschöntes Bild ihrer Zusammenarbeit in sich, das mit der gefühlten Realität der einzelnen Mitglieder nur wenig korrespondiert. Durch Gespräche lässt sich diese Diskrepanz kaum aufdecken – ganz im Gegenteil. Im Zuge von Diskussionen herrscht die Gefahr, dass die schon gefestigten Überzeugungen ohne großen Erkenntnisgewinn reproduziert werden.

Sobald sich eine Crew aber in Bewegung setzt und ihre Körperwahrnehmungen sowie Gefühle in Bildersprache verwandelt, schaut das Ganze gleich anders aus. Einer Aufstellungsarbeit kann sich niemand entziehen, denn bei dieser Methode wird der ganze Mensch mit all seinen Sinneskanälen aktiviert und involviert. Auch wenn die entstehende Skulptur erst überraschend, irritierend oder gar schockierend sein mag, bietet sie eine fantastische Arbeitsgrundlage, auf der die nächste Fragestellung wunderbar aufsetzen kann.

Beim Übungsverlauf sollte der Trainer darauf achten, dass sich der Prozess nicht zu sehr in die Länge zieht. Für manche Personen ist das Stehen an sich schon anstrengend, ganz abgesehen von den intensiven Eindrücken, die aus der Arbeit hervorgehen. So sollten das Abfragen der einzelnen Positionen und auch die Ausdehnung auf weitere Blickpunkte relativ zügig realisiert werden. Während des Ablaufs kann sich innerhalb der Gruppe eine intensive Spannung ausbreiten, die oftmals durch aufgeregtes Reden und Lachen von den Teilnehmern minimiert werden möchte. Regen Sie die Mitarbeiter an, diese entstehende Kraft bei sich zu behalten und nicht zu viel zu reden. Je intensiver sie die Eindrücke auf sich eindringen lassen, umso stärker wird der Entwicklungsschub sein, den jeder Einzelne aus dem Übungsaufbau für sich mitnehmen kann.

Nach der Aufstellung bietet es sich an, eine längere Pause zu machen, danach setze ich am gleichen Thema wieder an.

↘ Übung

Was ist mein Beitrag?

Nachdem das Team seine tatsächlichen Beziehungsqualitäten verbildlicht und überprüft hat, wendet sich nun der Blick konsequent auf die Verbesserungsmöglichkeiten. Im zweiten Standbild hat die Gruppe, ohne lange nachzudenken und eher aus dem Bauch heraus, eine gemeinsame Aufstellung gesucht, die sich besser, adäquater, professioneller anfühlt. Dabei wurden die Empfindungen jedes einzelnen Teammitglieds berücksichtigt und auch die Außenblickpunkte mit einbezogen. Ganz wesentlich ist natürlich die Perspektive des Kunden, denn um ihn zufrieden zu stellen, hat sich das Arbeitsteam überhaupt zusammengefunden. Es ist überraschend, wie oft diese Tatsache unter den Tisch fällt. Es gibt genügend Organisationen, die sich hauptsächlich mit sich selbst beschäftigen und die wichtigste Person im ganzen Spiel schier vergessen haben. Auch dieser gefährliche Umstand offenbart sich mithilfe der systemischen Arbeit schnell und direkt.
Wie auch immer das erste und das zweite Standbild geartet sind – nach dieser Erkenntnis geht es nun um die Ausrichtung und Umsetzung der neuen Erfahrungen. Hierzu bitte ich jedes Teammitglied, in die Selbstverantwortung zu gehen und sorgfältig zu hinterfragen, was sein persönlicher Beitrag bei der Weiterentwicklung des Gruppennetzwerks sein kann. Mir geht es dabei nicht um schnelle, gut gemeinte Angebote, die sich wenig später als Lippenbekenntnisse herausstellen. Nein, gefragt ist eine ehrliche Reflexion der tatsächlichen Motivation, Zeit und Aufmerksamkeit in die Beziehungsqualität zu investieren. Erst muss der Wille vorhanden sein, Vertrauen, Kommunikation und Informationsfluss anzuheben, dann finden sich auch die richtigen Wege dafür. Die nächsten Fragen regen dazu an, auf den Punkt zu kommen.

Ziel Ehrliche Analyse des persönlichen Beitrags zu Beziehungskonstellationen im Team. Ausrichtung auf Verbesserungen und verbindliche Vorschläge für selbstverantwortlich umgesetzte Maßnahmen.

Material Schreibbrett, Stifte.

Möglichkeit zur Kleingruppenarbeit Die Übung wird von jedem Teilnehmer alleine auf dem Schreibbrett ausgeführt. Die anschließende Austauschrunde findet direkt in der großen Gruppe statt, da die einzelnen Reflexionen Auswirkungen auf das ganze Team haben.

Übungsablauf Gehen Sie in Ruhe folgenden Fragen nach:
→ Frage 1: Welche Verantwortung trage ich bisher für meine Positionierung im Team und meine Netzwerkpflege?
→ Frage 2: Was habe ich durch die Teamaufstellung erkannt?
→ Frage 3: Was möchte ich tatsächlich ändern?
→ Frage 4: Welche Maßnahmen fallen mir dazu ein, und welche davon möchte ich direkt angehen?
→ Frage 5: An welcher Stelle wünsche ich mir Unterstützung von meinen Kollegen und meiner Führungskraft?

Aus der Praxis

Gänsehaut-Feeling

»Mit Freiheit allein ist es nicht getan. Freiheit ist bloß die halbe Wahrheit [...] Deswegen schlage ich vor, gegenüber der Freiheitsstatue eine ›Verantwortungsstatue‹ aufzustellen.«
(Viktor E. Frankl in »Man's Search for Meaning« 1984)

Im vergangenen Jahr durchlief ich die zwei Übungen mit einem Geschäftsführungsteam mit zwölf Mitgliedern. Sie hatten mich angeheuert, da sie in Entscheidungsprozessen durch endlose Diskussionen immer wieder in Sackgassen gerieten. Ihre Geschäftsentwicklung verlor dadurch gegenüber dem Wettbewerber deutlich an Geschwindigkeit und Flexibilität, und das ärgerte sie zunehmend. In der Vorstellungsrunde berichteten sie, sie würden sich alle prächtig verstehen. Die meisten kannten sich schon von der Universität und pflegten einen recht flapsigen, zum Teil rüden Umgangston miteinander. Nach einer ersten Standortbestimmung, die sich mehr auf Sachthemen bezog, bogen wir gleich in die Teamaufstellung ein.

↗ Beispiel

Beim Prozessbeginn ließ sich die Gruppe viel Zeit, um sich festzulegen. Die Geschäftsführer mäanderten locker durch den Raum und konnten sich nur schwer entscheiden, an welcher Position und in welcher Körperhaltung sie stehen bleiben mochten. Es ergab sich dann ein überraschendes Bild. Die Mannschaft wirkte gar nicht so homogen, wie sie sich zu Anfang dargestellt hatte. Es entstand ein Skulpturenpark aus zwölf Solitären, die sich eher zufällig im gleichen Raum befanden. Natürlich hatten sie auch gemeinsame Bezugspunkte und Zugewandtheiten, ihre Beziehungsbänder erschienen aber eher locker geknüpft und äußerst störanfällig. Das hatten sie nun nicht vermutet! Richtig spannend wurde es, als sie die Außenperspektive einnahmen. Sie spielten verschiedene Kunden durch, aktuelle Mitarbeiter, neue Stellenbewerber und auch ihren wichtigsten Wettbewerber. Das Ergebnis erschütterte sie schwer, denn bei allem Humor mussten sie zugeben, dass ihre abgelieferte Leistung weit hinter ihren eigenen professionellen Maßstäben zurückblieb.
In der Soll-Aufstellung bemühten sie sich tatsächlich um eine zugewandte Haltung. Sie verließen ihre – auf großen Freiraum bedachten – Stellungen und versuchten, zumindest bildlich zu einer neuen Teamkultur zu finden. Nach anfänglichen Berührungsängsten bildeten sie einen Kreis, in dem jeder gleichberechtigt dastand und sie sich alle gut sehen und austauschen konnten. Von ihrer Körperhaltung entspannten sie sich zusehends und hatten immer mehr Spaß an der Sache. Ihr zu Anfang eher cooler Auftritt wirkte wie weggewischt. Lachend entschwanden sie in die Pause.
Die nächste Aufgabe »Was ist mein Beitrag?« unterschätzten sie schwer. Nachdem sich jeder einzelne Gedanken zu den fünf Fragen gemacht hatte, trafen wir uns wieder im Kreis. Die ersten zwei Beiträge waren belangloser Natur, Marke: Wir sollten öfters telefonieren, uns auf Meetings besser vorbereiten, bei Besprechungen unser Handy ausmachen und anderes mehr.
Doch dann schlug die Bombe ein. Denn der dritte Geschäftsführer verließ diese gefahrlose, sehr unverbindliche Gesprächsebene und steuerte eine ganz andere Wahrheitsfindung an. Schonungslos sezierte er seine eigenen Verhaltensweisen der letzten Jahre. Er beschrieb seine persönlichen Egoismen, mit denen er Ängste und Selbstzweifel zu vertuschen gesucht hatte. Er hatte sich neben allen Freundschaftsbekundungen mit seiner Abteilung klammheimlich ein eigenes Fürstentum aufgebaut, mit denen er seine eigenen Bedürfnisse be-

friedigte. Die Gesamtentwicklung der Firma war ihm ziemlich egal. Er sah deutlich, wie sein narzisstisches Verhalten auf andere Abteilungen abfärbte und sein schlechtes Vorbild von Kollegen adaptiert wurde. Mit seinen eigenen Kunden pflegte er ein hervorragendes Verhältnis. Es war ihm aber klar, dass diese Handlungsweisen auf Dauer nicht gut gehen würden und sich jetzt schon extrem geschäftsschädigend ausdrückten.
Während er sprach, lief mir eine Gänsehaut den Rücken hinunter, so klar und präzise schaute er in den Spiegel der Selbsterkenntnis. Seinen Kollegen blieb der Mund offen stehen. Nach seiner kurzen, eindeutigen Ansprache machten wir eine Pause. Seine Kollegen wollten die Fragen für sich selbst noch einmal beantworten, bevor sie in den gemeinsamen Austausch gingen. Durch seine Ehrlichkeit fühlten sie sich angespornt, bei sich selbst ebenfalls genau hinzuschauen. Die nachfolgende Runde war beeindruckend in ihrer Offenheit und Kreativität, aus ihren bisherigen Verhaltensmustern auszubrechen. Diese Übung bildete den Auftakt zu einer höchst spannenden Zusammenarbeit, die wir regelmäßig fortsetzten.

Durch ihren offenen, ehrlichen und auch unkonventionellen Umgang miteinander generierte dieses große Team sowohl innere als auch äußere Stärke. Schon in kurzer Zeit bekamen sie positives Feedback von ihren Mitarbeitern, welche registrierten, dass sich doch einiges bei ihnen verändert hatte. Auch die Beziehungspflege der Kunden konnte deutlich verbessert werden, da alle Abteilungen mehr und mehr an einem Strang zogen. Dies kam dem gesamten Unternehmen zugute.

Aktiver Umgang mit Konflikten

»Führungsqualität hat viel mit einem Klima zu tun, in dem man der Wahrheit ins Auge blickt. Es gibt einen riesengroßen Unterschied zwischen der Aufforderung seine Meinung zu äußern, und wirklichem Zuhören. [...]
Wer Kritik übt, ohne jemanden bloßzustellen, schafft auf Dauer ein Klima, in dem die Wahrheit Gehör findet. Mit den richtigen Leuten an Bord sollte man auf Schuldzuweisungen ganz verzichten können und stattdessen immer versuchen zu verstehen und zu lernen.«

(Jim Collins in »Der Weg zu den Besten« 2006, S. 102/107)

Gesprächsregeln während eines Streits

Auseinandersetzungen können in einem Teamtraining immer wieder auftauchen. Durch die Reflexionen und das sorgfältige Hinterfragen treten Meinungsverschiedenheiten ans Licht, die im Alltag verdrängt oder vergessen werden. Dreht sich der Disput mehr um fachlich-sachliche Fragen, sind die Teilnehmer darin geschult, kontrovers und gleichzeitig fair zu diskutieren. Sobald aber Gefühle im Spiel sind, kann sich eine kühle Fachdiskussion blitzschnell in einen heißen Schlagabtausch verwandeln. Oft werden weiterhin Sachargumente ins Feld geführt, darunter verbergen sich aber Kränkungen und Verletzungen. Zumeist geht es um das Thema »Anerkennung und Wertschätzung«. Jeder der Kontrahenten fühlt sich von seinem Gegenüber nicht gesehen und ist wütend, traurig, resigniert, trotzig, genervt ...

All diese tiefen Emotionen haben eine Vorgeschichte. Denn das Thema »Wertschätzung und Achtung« begegnet uns Menschen ja nicht erst im Berufsleben. Personen, die in ihrer Kinder- und Jugendzeit umfassend Liebe und Respekt erfahren haben, sind oft mit einem satten Polster an Selbstvertrauen ausgestattet. Wenn sie in ihrem Berufsleben einmal weniger Bestätigung erhalten, können sie mit diesem Defizit gelassen umgehen. Menschen, die ihr Grundbedürfnis nach Zuwendung und Anerkennung hintanstellen mussten, wirken an diesem »Nerv« gereizt. Ungerechtigkeiten, die sie als Erwachsene erfahren, öffnen in ihnen alte Kinderwunden und ihre Reaktion auf die gegenwärtige Situation scheint unangemessen zu sein.

Bricht in einem Teamtraining ein Streit aus, gilt es also, genau zu unterscheiden zwischen

- den Sachthemen, die exakt zu diskutieren sind,
- den Emotionen, die sich daran koppeln und die Beachtung finden sollten sowie

→ den Übertragungen und Projektionen, die sich blitzschnell in Gang setzen und die Hintergrundmusik für den gegenwärtigen Konflikt bilden.

Diese Unterscheidung ist nur möglich, wenn die Gesprächspartner Tempo herausnehmen und trotz ihrer inneren Erregung ruhig und achtsam miteinander sprechen. Hier hilft es, Gesprächsregeln einzuführen, mit denen emotional aufgeladene Situationen deutlich entschärft werden können. Themen, die schnell eskalieren, werden entschleunigt und durch entstehende Achtsamkeit transparent aufgeschlüsselt.

↘ Übung **Achtsamkeit im Konflikt**

Einführung Erst verstehen, dann verstanden werden – diese innere Haltung setzt einen tiefen Wandel in einem selbst voraus. Die meisten Menschen wollen erst einmal selbst verstanden werden. Sie hören nicht zu, um zu verstehen. Sie hören zu, um zu antworten. Entweder sie sprechen oder sie bereiten sich vor, zu sprechen. Alles was sie hören, filtern sie durch ihre eigenen Erfahrungen, übertragen ihre persönliche Biografie auf das Leben anderer. Oft werden die eigenen Filme auf das Verhalten des Gegenübers projiziert. Zuhören ist eine Kunst, die verstanden und geübt sein will. Auch hier trifft die goldene Regel zu: Wer sich selbst aufmerksam zuhört, wird sich auch einem anderen Menschen mit Ruhe und Einfühlungsvermögen zuwenden.
Kommunikationsexperten gehen davon aus, dass überhaupt nur zehn Prozent der Gesprächsinhalte über Worte vermittelt werden. Weitere 30 Prozent werden über Töne transportiert, und 60 Prozent gelangen körpersprachlich zum Ausdruck. Bei einfühlendem Zuhören benutzen Sie zwar den Sinneskanal der Ohren, noch wichtiger ist aber, dass Sie mit den Augen und dem Herzen zuhören. Sie lauschen dem Sinn der Worte und erspüren ihre tiefere Botschaft. Ihre Offenheit wird bei Ihrem Gegenüber ankommen und auf der Beziehungsebene wirken. Und das wiederum hat wesentliche Konsequenzen für die Sachebene.

Ziel Entschleunigung des Gesprächs. Achtsame Wahrnehmung trotz hoher Erregung. Offener, ehrlicher, konstruktiver Austausch.

Möglichkeiten der Gesprächsführung Die Anleitung ist aus Sicht des Trainers beschrieben.

Gesprächsregel 1: Stellen Sie mit Ihren Klienten zunächst folgenden Ablauf als Regel auf:
→ Erst hat die eine Person Zeit zum Sprechen (fünf bis zehn Minuten) Die andere Person darf weder dazwischenreden noch kommentieren – sondern hört möglichst aufmerksam zu. Im Bedarfsfall kann sich der Zuhörer Notizen machen, um wichtige Aspekte nicht zu vergessen.
→ Nach der ersten Redezeit geben Sie den Klienten eine Pause (eine Minute bis drei Minuten), damit das Erzählte in Ruhe wirken kann.
→ Danach kommt der zweite Gesprächspartner an die Reihe und spricht.
→ Nach Bedarf können Sie diese Gesprächsabfolge wiederholen (auch in kürzeren Einheiten). Am Ende kann es zu einer offenen Austauschrunde kommen.

Gesprächsregel 2: Auch hier stellen Sie mit Ihren Klienten ein klares Regelwerk auf:
→ Erst spricht der eine Partner und beschreibt eine Situation beziehungsweise trifft eine Aussage zu einem bestimmten Thema.

- → Nun wiederholt der zweite Klient das eben Gesagte mit seinen Worten. Er beschreibt zum einen, was er gehört beziehungsweise verstanden hat. Zum anderen berichtet er davon, was das Gesagte in ihm auslöst.
- → Dann geht der Ball wieder an den Ersten. Er kann »nachkorrigieren«, wenn er das Gefühl hat, nicht richtig verstanden worden zu sein.
- → Das Gespräch wechselt so lange zwischen den beiden hin und her, bis die erste Aussage von beiden Seiten in Inhalt und Wirkung klar verstanden ist. Dann kommt der Zweite mit seiner Sichtweise beziehungsweise Aussage zum Zug.

Diese zwei Gesprächsregeln sind nur Beispiele für eine verlangsamte, aufmerksame Gesprächskultur. Je nach Bedarf können Sie als Coach zusätzliche Gesprächsregeln kreieren.

Aus der Praxis

Reden fruchtet nur, wenn das Herz bereit ist zu verstehen

Leider sind wir in unserem Kulturkreis extrem ungeübt, mit Auseinandersetzungen geradeheraus und undramatisch umzugehen. Sobald sich eine Auseinandersetzung ankündigt, entsteht große Spannung im Raum: Die einen Teilnehmer stülpen ihre Brust heraus und gehen in Angriffshaltung über, andere ziehen eher den Kopf ein und ducken sich weg. In beiden Fällen läuft ein innerer Film ab, eine automatisierte Strategie, die den jeweiligen Personen Schutz und Halt bieten soll. Diese oft unbewussten Verhaltensautomatismen verhindern einen offenen, authentischen Kontakt mit der gegenwärtigen Situation. Vielfach erscheint der Auslöser der Auseinandersetzung gar nicht so dramatisch, doch die einzelnen Übertragungen und Projektionen schieben die Kiste richtig an. Der reale Konflikt entpuppt sich häufig als Stellvertreterkrieg für eine biografische Erfahrung, die im Hintergrund schlummert.

➚ Beispiel

Ich erinnere mich an zwei Kolleginnen, die im gleichen Büroraum ihrer Arbeit nachgingen. Ihre Aufgabenfelder waren sehr ähnlich, vom Charakter wirkten sie aber komplett unterschiedlich. Die eine trat locker auf, immer mit einem Späßchen auf den Lippen, schnell redend, über die Dinge hüpfend. Die andere war das blanke Gegenteil: eher ernst, introvertiert, in ihrer Wortwahl akkurat und präzise. Ihre Reibungspunkte konnte ich mir schon ohne Beschreibung glänzend vorstellen. Die ruhigere Kollegin war stinksauer, weil sie das Gefühl hatte, fleißiger und sorgfältiger zu arbeiten, während die andere mehr Anerkennung und Zuwendung für weniger Leistung absahnte. Die quirlige Kollegin fühlte sich gemaßregelt und wollte von dem Ganzen nichts hören.

Der dahinterstehende Kummer der Frauen war offensichtlich: Beide hatten im Leben ihr Päckchen zu tragen und hatten komplett andere Bewältigungsstrategien geschaffen. Die Anschuldigungen, die sie sich gegenseitig um die Ohren hauten, hatten sie in anderen Kontexten schon oft gehört: Die eine schreckte schon in der Schule ihre Mitschüler durch zu korrektes Auftreten ab, die andere verbaute sich durch ihre zur Schau getragene Lockerheit manche Chance im Leben. Für das Team waren beide in ihrer Unterschiedlichkeit eine Bereicherung.

Schritt für Schritt begann ich erst, mit den beiden eine konstruktive Gesprächsebene aufzubauen. Die Kommunikationsregeln wirkten dabei extrem hilfreich. Ihre Wut und Enttäuschung kochten langsam herunter, dadurch konnten sie sich besser zuhören. Ich gab ihnen ein Bild: Herz und Seele haben Fensterflügel. Wenn ich mich wohlfühle und mich gesehen sowie respektiert weiß, sind diese Fensterläden weit geöffnet, und Botschaften wandern ungehindert hinein und hinaus. Fühle ich mich von heutigen oder früheren Erlebnissen verletzt, zieht mein Inneres die Flügel zu, um nicht weiter verwundet zu werden. Verstehen und Versöhnung können sich nur ereignen, wenn Menschen den Mut aufbringen, ihre Waffen zu senken und die Schutztore zu öffnen.

Während sie sprachen, hörten sie nun auf ihr Herz und bemerkten, bei welchen Aussagen und Interpretationen sich ihr Innerstes öffnete beziehungsweise verschloss. Diese differenzierte Wahrnehmung brachte sie auf eine spannende Spur der Selbsterkenntnis. Die Situation entspannte sich, und das bisher nur zuhörende Team schaltete sich in den Prozess mit ein. Die Kollegen verstanden, wie sie durch oft unbewusste Äußerungen und Gesten bestimmte Interpretationsmuster immer wieder in Gang setzten. Die zwei Kontrahentinnen und die ganze Gruppe nahmen sich vor, aus diesem kräftezehrenden Verhalten auszusteigen und sich gegenseitig viel mehr Aufmerksamkeit zu schenken. Nach dem Gespräch waren gebundene Energien tatsächlich gelöst – es war an den Gesichtern und Körperhaltungen deutlich abzulesen. Hurra!

Geschwindigkeit und Flexibilität

Immer wieder das Bein wechseln

In den bisherigen Übungen hat sich das Team intensiv mit weichen Faktoren beschäftigt. Es wurden

- → die Resilienz eines jeden Mitarbeiters in Abgleich von Belastungen zu Ressourcen herausgefiltert,
- → Möglichkeiten der gegenseitigen Unterstützung und der Ressourcenerweiterung durchgespielt,
- → die Beziehungsbänder und Positionierungen überprüft und die Vision eines verbesserten Netzwerks entworfen,
- → von jedem Teilnehmer seine tatsächliche Bereitschaft zur Weiterentwicklung der Beziehungs- und Kommunikationsebene hinterfragt und dargelegt sowie
- → belastende Konflikte in ruhiger, achtsamer Atmosphäre besprochen und, wenn möglich, aus dem Weg geräumt.

All diese Klärungen und Entlastungen schenken der Gruppe Energie, Zusammenhalt und innere Stärke, die sich intern wie extern bemerkbar macht. Mit dem Fokus auf Resilienz-Entfaltung bin ich bei allen Prozessen auf der Suche nach gebundener, abgelenkter, zerfledderter oder nicht genutzter Energie. Nehmen wir das Bild eines Bachlaufs: Wenn die Quelle schon verschmutzt ist, kann kein klares Wasser sprudeln. Wenn ein Stein im Kanal liegt, reißt der Strom ab, und das Wasser muss sich umständlich andere Wege suchen. Sobald der Bach zu viele Abläufe hat, verliert die Strömung an Kraft und Geschwindigkeit. All diese Bilder lassen sich auch auf den Energiehaushalt einer Arbeitsgemeinschaft transferieren. So beschäftige ich mich zu Anfang besonders mit den menschlichen Themen, um das Zusammenspiel auf dieser Ebene von Störungen und Irritationen zu befreien.

Aber auch ein Team steht auf zwei Beinen, und so werden die Inhalte der Sachebene genauso auf den Prüfstand gelegt. Gerade heute gilt es, die Arbeitsleistungen der einzelnen Mitarbeiter so geschickt miteinander zu verzahnen, das höchstmögliche Geschwindigkeit und Flexibilität dabei herausspringen. In den folgenden Arbeitsschritten geht es um Ziele, Aufgabenverteilungen, Schnittstellen, Risiko- und Ressourcenmanagement, Selbstverantwortung und Teamgeist. Die Übungen bauen aufeinander auf und veranschaulichen die verschiedenen Motive im Zusammenhang.

Übung **Die Ziellinie**

Einführung Los geht es mit dem Wichtigsten: die gemeinsame Ausrichtung. Je bewusster ein Team sich für ein gemeinsames Ziel verbindlich zusammenschweißt, umso eher wird es erfolgreich sein. Jede Person der Gruppe sollte genau wissen, was sie zu tun hat und auch ein präzises Verständnis davon besitzen, welche Aufgaben die Mitstreiter verfolgen. Auch die Führungskraft sollte beurteilen können, ob der Mitarbeiter die vereinbarten Aufgaben verstanden hat und sich bei der Umsetzung selbst gut einteilen kann.
Durch den dreidimensionalen Übungsaufbau kann der Teilnehmer all die Dinge, die er sich vornimmt, nicht nur auf der Verstandesebene inspizieren, sondern auch Körper, Herz und Seele zurate ziehen. Das Durchwandern einer Ziellinie, gepaart mit sorgfältigem Hinspüren auf allen Sinneskanälen, lässt Vorhaben in einem anderen Licht erscheinen. Zeitkorridore und Ressourcen sollten auf ihre Machbarkeit abgeklopft werden. Da heute viel zu oft unrealistische Ziele ausgegeben werden, und die meisten Mitarbeiter an dieser Stelle zutiefst frustriert sind, rate ich deshalb, zu Anfang lieber eine nüchterne Einschätzung vorzunehmen. Es zieht immens Energie ab, wenn das ganze Jahr über unerreichbaren Fristen hinterhergerannt wird. Ein sportliches Herangehen an Arbeitspakete befürworte ich, nur muss die Aufgabenstellung mit gesundem Menschenverstand definiert werden.

Ziel Festlegen und Abgleichen von Zielen der einzelnen Mitarbeiter. Verständnis für die unterschiedlichen Aufgaben. Gegebenenfalls nachsteuern der bisherigen Absprachen.

Material Seile beziehungsweise Klebebänder, Moderationskarten, Stifte.

Möglichkeit zur Kleingruppenarbeit Schritt 2 wird von jedem Teammitglied alleine erledigt, die übrigen Arbeitsstufen durchläuft die Gruppe gemeinsam.

Übungsablauf
Schritt 1: Das Team reflektiert die schon bekannten, offiziellen Ziele, die mit der Führungskraft beziehungsweise Geschäftsleitung abgestimmt wurden. Für die folgende Feinanalyse wird ein genauer Zeitrahmen festgelegt, in dem der Übungsaufbau erfolgt. Zum Beispiel schauen wir uns die nächsten zwei Jahre an mit vier Unterteilungen (Meilensteine), passend zum Geschäftsjahr.

Schritt 2: Jeder Teilnehmer nimmt sich die Arbeitsmaterialien und legt sich als Erstes mithilfe des Seils oder des Klebebands eine Zeitschiene aus. Mit den Moderationskarten werden die zeitlichen Meilensteine markiert. Im nächsten Schritt platziert er alle die von ihm zu erreichenden Inhalte in die Zeitschiene hinein. Wichtig ist dabei, dass er alle seine Ziele konkret schildert.

Schritt 3: Jedes Teammitglied durchläuft mit seinen Kollegen sein Schaubild und stellt dabei seinen persönlichen Zukunftsplan vor.
Auf Sach- und Beziehungsebene wird die Machbarkeit der Inhalte überprüft und miteinander abgeglichen. Durch den dreidimensionalen Aufbau können dabei die Botschaften von Körper, Herz und Seele offen mit einbezogen werden.

Schritt 4: In vielen Fällen stimmt die Dosierung der vorgenommenen Ziele nicht – die Messlatte liegt zu hoch oder zu tief. Es gilt, das richtige Maß zu finden und im gegenseitigen Austausch abzustimmen.

Übung

Projektlandschaft

Einführung Haben die Mitarbeiter ihre einzelnen Ziele dargelegt und abgesprochen, ist es äußerst sinnvoll, diese unterschiedlichen Zeitlinien in einem großen Schaubild zusammenzubringen. Denn nicht nur die einzelne Leistung gilt es zu optimieren – das ist nur das Pflichtprogramm. Die Kür beginnt bei der Feinabstimmung der unterschiedlichen Arbeitsabläufe.
Ein lieber Freund von mir, Edgar Itt, war Hürdenläufer und konnte sich mit der deutschen Mannschaft 1988 bei der Viermal-vierhundert-Meter-Staffel in Seoul für den Endlauf qualifizieren. Das Team war ganz aus dem Häuschen, da sie damit wirklich nicht gerechnet hatten. Die Läufer summierten ihre einzelnen Bestzeiten und stellten fest, dass sie sich selbst unter Abruf ihrer Höchstleistung nur auf den hinteren Rängen platzieren würden. Sie nutzten die verbleibende Zeit, um an ihrer Schnittstelle zu arbeiten: der Staffelübergabe. Dieser Moment, wo das Holz von einer Hand zu anderen wandert, ist nicht zu unterschätzen. Viele Mannschaften haben ihren sicheren Sieg dadurch verspielt, dass sie im Moment der Übergabe zu ungenau oder aufgeregt agiert haben und der kostbare Stab auf den Boden fiel. Die deutschen Läufer konzentrierten sich ganz besonders auf diesen Moment – und oh Wunder – sie errangen eine Bronzemedaille! Was für ein Sieg, der sich aus physischer und mentaler Kraft zusammensetzte.
Mit der »Projektlandschaft« können sich Arbeitsgruppen einen konkreten Überblick darüber verschaffen, an welchen Schnittstellen sie genauso feilen können, um ein Plus an Geschwindigkeit und Flexibilität herauszuholen. Für den Aufbau und Ablauf braucht es oftmals einen halben Tag und einen großen Seminarraum.

Ziel Festlegen und Abgleichen von Zielen. Sichtbarmachung der Schnittstellen und Abhängigkeiten im Arbeitsablauf. Überprüfung der Ressourcen und Risikoanalyse.

Material Seile und Klebebänder, Moderationskarten, Stifte.

Möglichkeiten zur Kleingruppenarbeit Die Teilnehmer agieren alle gleichzeitig, die Übung ist von Anfang bis Ende eine gemeinsame Gruppenarbeit.

Übungsablauf
Schritt 1: In der Mitte des Raums wird für alle zusammen eine Zeitlinie gelegt. Mit den Moderationskarten werden die vereinbarten Meilensteine markiert.
Im nächsten Schritt legt sich jedes Teammitglied seine persönliche Ziellinie. Entlang dieser Achse positioniert jeder die von ihm zu erreichenden Inhalte. Wichtig ist dabei, dass er alle seine Ziele konkret beschreibt.

Schritt 2: Sobald die einzelnen Linien vorhanden sind, können wiederum mit Seilen und Klebebändern die gemeinsamen Schnittstellen und Abhängigkeiten in das Bild hineingelegt werden. So entsteht nach und nach auf dem Boden eine große Projektlandschaft, in der zum einen die Aktivitäten der einzelnen Akteure abgebildet sind, zum anderen deren Zusammenspiel genau ablesbar wird.

Schritt 3: Jedes Teammitglied durchläuft mit seinen Kollegen sein Schaubild und achtet in diesem Durchgang besonders auf die Schnittstellen. Viele Projekte können sich nur reibungslos abwickeln, wenn die einzelnen Bereiche auf eine zeitgenaue Übergabe der einzelnen Arbeitsschritte achten. Auf Sach- und Beziehungsebene wird die Machbarkeit der Zukunftsplanung überprüft und miteinander abgeglichen. Durch den dreidimensionalen Aufbau können dabei die Botschaften von Körper, Herz und Seele offen miteinbezogen werden.

Schritt 4: Im nächsten Schritt werden mögliche Risiken und Ressourcenpuffer betrachtet. Die Gruppe spielt zunächst in Gedanken verschiedene Projektverläufe durch, bis hin zum Worst-Case-Szenario.
Diese unterschiedlichen Vorgänge werden in der Projektlandschaft abgebildet und auf ihre diversen Folgeerscheinungen hin untersucht. Dieser sehr komplexe Arbeitsprozess verhält sich wie ein Mobile – wird an einem Ende gezogen, verändert sich die gesamte Konstellation, und nichts passt mehr zum anderen. Dieses Phänomen gilt es so genau wie möglich zu antizipieren.

Schritt 5: Durch die gesamte, übersichtliche Darstellung lassen sich benötigte Zeit- und Arbeitsressourcen sehr genau erkennen, mögliche Engpässe und Risiken im Voraus ablesen. Aus der Projektlandschaft lassen sich hervorragend konkrete Maßnahmen und Aufgaben ableiten, die sofort schriftlich festgelegt werden.

↘ Übung

Input-Output-Analyse

Einführung Bei der Überprüfung der gesamten Zeitpläne macht es oft Sinn, die im Buchteil IV ausführlich vorgestellte Übung (s. S. 255 f.) auch im Teamkontext anzuwenden. Dieses Mal können die Teilnehmer den drei Fragen auf einem Schreibbrett nachgehen und danach ihre Erkenntnisse in großer Runde diskutieren.

Ziel Sorgfältige Untersuchung des Zeitmanagements. In welchem Verhältnis stehen Input und Output?

Material Schreibbrett, DIN-A3-Papier, Stifte.

Übungsablauf
Schritt 1: Nehmen Sie auf einem Blatt Papier eine Dreiteilung vor:
→ Bereich 1: Bei welchen Tätigkeiten, Aufgaben, Themen stimmen Aufwand und Ergebnis überein?
→ Bereich 2: In welchen Situationen betreiben Sie zu wenig Aufwand?
→ Bereich 3: In welchen Situationen betreiben Sie zu viel Aufwand?

Schritt 2: Gehen Sie das Blatt in Ruhe durch. Analysieren Sie, in welchen Bereichen Sie Zeit verlieren, die Sie in anderen Gebieten dringend brauchen. Unterscheiden Sie
→ zwischen persönlichen Verhaltensweisen,
→ organisatorischen Themen sowie
→ Absprachen und Zusammenarbeit mit anderen Personen.

Schritt 3: Übertragen Sie die gewonnenen Erkenntnisse zudem noch in die »Projektlandschaft«.

Übung

Grenzüberschreitung mit System

Einführung Die Teammitglieder haben sich mit ihren Zielen und Arbeitsabläufen ausführlich beschäftigt. Durch das gemeinsame Arbeiten, das Auslegen der Seile, das Spannen der Klebebänder über den Boden, die Beschriftung und Positionierung der Moderationskarten, das Hineinspüren, die Diskussionen und das Umsortieren ist ihnen ihr gemeinsames Projekt sehr vertraut geworden.
Mit der nächsten Übung lade ich die Teilnehmer ein, noch einen Schritt weiter zu gehen – sie können Experten im Bereich der systematischen Grenzüberschreitung werden. Sie nehmen einen Rollenwechsel vor, sind nicht mehr interne Mitarbeiter, sondern externe Berater, die die gesamte Situation mit Abstand betrachten können. Folgendes Szenario soll von ihnen bearbeitet werden: Das Zeitfenster für die Erreichung der Teamziele verkürzt sich um 20 Prozent. Sie werden als Spezialisten eingeladen, diese Situation zu analysieren und kreative, ungewöhnliche Vorschläge zu unterbreiten. Hierfür können sie die gewohnten Bahnen ihres Denkens verlassen – jede Idee ist willkommen. Einstein formulierte den wunderbaren Satz: »Die signifikanten Probleme, vor denen wir stehen, lassen sich nicht auf derselben Ebene lösen, auf der wir sie geschaffen haben.«
Seine Aussage beinhaltet zwei aufregende Aspekte:

- → Erstens: Dass Probleme in ihrer Darstellung und Auswirkung auf verschiedenen Ebenen wahrnehmbar sind. Das heißt, dass wir Ebenen definieren müssen, auf denen wir die Folgen eines Themas begutachten können.
- → Zweitens: Dass die bestehenden Probleme von uns selbst erschaffen worden sind. Diese Annahme gewährt uns die gewaltige Freiheit, auf genaue Spurensuche zu gehen: Mit welcher meiner Denk-, Fühl- oder Verhaltensweisen erschaffe ich mir eine Realität, die mir zum Problem wird. Und welche Handlungsspielräume besitze ich, um zu einem tragenden Lösungsweg zu finden.

Ziel Aktivierung der Teammitglieder als verantwortliche Lösungsfinder. Entwicklung von gänzlich neuen, unkonventionellen Vorgehensweisen. Anregung zum spielerischen Denken.

Material Flipchart, Stifte.

Möglichkeit zur Kleingruppenarbeit Das Team spaltet sich in Kleingruppen auf. Bei komplexeren Projekten kann sich jede der Crews ein Thema vorknöpfen. Danach kommt es zum Austausch in der großen Runde.

Übungsablauf
Schritt 1: Als Erstes definiert die Gruppe Ebenen beziehungsweise Perspektiven, aus denen sie die Thematik reflektieren kann. Dann startet sie ihre Untersuchung. Sie analysiert die Schwierigkeit aus verschiedenen Blickpunkten und leitet hiervon mögliche Handlungsspielräume und Verantwortliche ab.

Schritt 2: Aus seiner genauen Analyse kann das Team einen Projektplan konzipieren, wie es die Problematik angreifen und zu einer guten Entwicklung bringen möchte.

Schritt 3: Die einzelnen Gruppen präsentieren im großen Kreis. Blickpunkte werden offen diskutiert. Konkrete Maßnahmen können hypothetisch festgelegt werden – somit hat das Team für unerwartete Engpässe Handlungsoptionen in der Tasche.

Aus der Praxis

Eine Übung bereitet die nächste vor

Mit den in diesem Buchteil vorgestellten Übungen lassen sich mehrere intensive Tage Resilienz-Teamtraining gestalten. Die ersten Tage fokussieren auf die persönliche, menschliche, kommunikative Ebene, im nächsten Schritt werden die Fach- und Sachthemen unter die Lupe genommen. Beide Inhaltsstränge hängen eng zusammen und verzahnen sich während des Teamprozesses immer offensichtlicher. Dadurch erwächst bei allen ein Grundverständnis, was ein resilientes Team auszeichnet. Nichts Schöneres, als wenn eine Mannschaft Blut leckt und von sich aus richtig anbeißt.

↗ Beispiel

Dieses tolle Erlebnis hatte ich mit einem Hochleistungsteam, das sich für ein wichtiges Projekt zusammengefunden hat. Zum Teamtraining erschienen 22 Personen, die mich und meinen Co-Trainer sowohl erwartungsfroh als auch misstrauisch beäugten. Einer ließ gleich Dampf ab: »Ich hoffe, wir müssen nicht wieder ein blödes Floß zusammenbauen. Diese Art Teamtrainings habe ich dick …« Ich konnte ihn gleich beruhigen, stellte ihm aber weit schwierigere Aufgaben in Aussicht – und so kam es auch. Die einzelnen Mitglieder waren alle Fachexperten und sehr verstandlastig. So musste ich darauf achten, sie in ihrer Sprache abzuholen und in der richtigen Dosierung mit der ganzheitlichen Arbeit vertraut zu machen. Dies gelang recht gut, und im Laufe des ersten Tages öffneten sich die meisten, tauschten sich rege mit ihren Kollegen aus und hatten zunehmend Spaß an den Aufgabenstellungen. Bis zum Abend konnten wir die wichtigsten weichen Themen bearbeiten.

Am nächsten Tag ging dann richtig die Post ab. Wir starteten flott mit der Ziellinie und bauten bald darauf die Projektlandschaft auf. Der gesamte Seminarraum füllte sich mit den Seilen, Klebebändern und Moderationskarten – es war imposant, ihr verzwicktes, in sich verschachteltes Projekt bildlich vor sich liegen zu haben. Diese visuelle, dreidimensionale Darstellung half ihnen immens, Fehlplanungen und möglichen Stolpersteinen auf die Spur zu kommen. Sie durchforsteten die gesamte Projektlandschaft auf Ungereimtheiten und steuerten an vielen Stellen nach. Was mich besonders freute, war, dass sie nicht nur dachten, sondern fühlten. Diese Schnelldenker hatten tatsächlich Gefallen gefunden am Hinspüren, und so konnten sie den Übungsaufbau in vielfältiger Weise nutzen.

Jeder der Teilnehmer durchwanderte mit großer Aufmerksamkeit seine Zeitlinie und inspizierte die Machbarkeit seiner Aufgaben mit den Empfindungen von Körper, Herz und Seele. Im Laufe des Tages entstand eine extrem kollegiale, kooperative Arbeitsatmosphäre. Ihr bis dahin schier unlösbares, übermächtiges Projekt teilte sich in übersichtliche Teilschritte auf, die von den 22 Personen verstanden und innerlich mitgetragen wurden.

Während wir arbeiteten, entwickelten ihre Computerspezialisten ein Programm, um die Projektlandschaft digital übertragen zu können. Mit großer Akribie bauten sie auch das Risiko- und Ressourcenmanagement ein und durchliefen die Input-Output-Analyse. Das absolute Highlight des Tages war aber die letzte Übung. Die Truppe war so ausgelassen, dass sie sich in bester Stimmung in die Kleingruppen verzog. Aus den einzelnen Seminarräumen hörte ich schallendes Gelächter und angeregtes Stimmengewirr. Die Gruppen waren im »Flow«, das war eindeutig. Dementsprechend spannend und intelligent sahen ihre Ergebnisse zum Thema »Grenzüberschreitung« aus. Sie hatten pfiffige, ungewöhnliche, freche Lösungswege im Angebot. Das Durchspielen eines noch extremeren Zeitplans, als es eigentlich von ihnen erwartet wurde, gab ihnen einen Extraschuss Sicherheit mit, ihre ambitionierten Ziele anzugehen. Im Verlauf der nächsten Monate hielten sie tatsächlich alle ihre Zeitangaben ein!

Unnachgiebige Handlungskonsequenz

»Jede Organisation möchte gerne die beste sein, aber den meisten fehlt die Disziplin, sich schonungslos klar zu machen, worin sie der Beste sein können, und der Wille, alles Notwendige zu unternehmen, um dieses Potenzial zu realisieren. Was ihnen fehlt, ist die Disziplin im Kampf ums kleinste Detail.«

(Jim Collins in »Der Weg zu den Besten 2006, S. 16)

Gemeinsame Verbindlichkeit – auch wenn es schwerfällt

Trommelwirbel – wir nähern uns dem Höhepunkt der Veranstaltung: Jedes Teammitglied verpflichtet sich zu überprüfbaren, messbaren Umsetzungsschritten!

Theoretisches Wissen bringen meine Seminarteilnehmer genügend mit, woran es meist mangelt, ist die unbedingte Konsequenz, das tägliche Leben mit all den eingeschliffenen Denk-, Fühl- und Handlungsweisen tatsächlich umzukrempeln. Der Vorteil am Teamtraining ist, dass die Weiterentwicklung nicht nur von einer Person angestrebt, sondern von der ganzen Gruppe mitgetragen wird. Gemeinsame Entscheidungen schaffen Verbindlichkeit – auf dieses Pfund setze ich in der Gruppenarbeit.

Ich fasse nochmals zusammen: Um kraftvoll ins Handeln zu kommen, kann ich günstige Voraussetzungen schaffen. Es braucht

- ein klar definiertes, sinnvolles, anziehendes Ziel, mit dem ich mich identifizieren kann – es kann herausfordernd sein, darf mir aber keine Angst machen;
- Verständnis über meine Muster, Prägungen, Ängste und Glaubenssätze, die mich daran hindern können, dieses Herzensanliegen real werden zu lassen;
- eine balancierte, ausgeruhte Tagesform, die es mir erlaubt, ohne Stresshormone im Blut meiner Arbeit nachzugehen;
- kleine, realistische Teilschritte, die auf menschlicher und sachlicher Ebene gewährleisten, dass ich mein Ziel erreiche;
- Präsenz und Achtsamkeit, mit denen ich mir ständig auf die Finger schaue und Kursabweichungen liebevoll korrigiere;
- Sparringspartner, die mich in meinem Entwicklungsprozess begleiten und mir gegebenenfalls Grenzen aufzeigen, wenn ich mich verlaufe, unterfordere oder überfordere sowie
- Freude und Wertschätzung für kleine Erfolge, die mir die Kraft zum Weitergehen schenken.

Im Teamtraining geht es um eine besondere Variante solch eines Veränderungsprozesses, da sich mein Verhalten mit dem der anderen verknüpft. Zu einem gewissen Anteil hängt meine Fortentwicklung an dem Voranschreiten der anderen – und umgekehrt. Alle sitzen im gleichen Boot und können sich zu Konsequenz und Beharrlichkeit gegenseitig animieren ... oder den gemeinsamen Schlendrian fördern. Diese zweite Variante habe ich allerdings noch nie erlebt.

Mit den nächsten zwei Übungen wird die Klarheit und Verbindlichkeit der Einzelperson und der ganzen Gruppe herausgestellt und dokumentiert. Damit werden die Ergebnisse des Trainings messbar und überprüfbar gemacht.

↘ Übung

Ich gehe in die Verantwortung

Einführung »Es gibt nichts Gutes, außer man tut es.« Dieser Satz von Erich Kästner dürfte uns allen schon einmal begegnet sein. Früher fand ich ihn zu simpel, heute halte ich ihn für recht treffend. Mit der H.B.T.-Methode besteht die Möglichkeit, vielschichtige Ursachen für Verhaltensweisen zu erforschen. Durch die psychotherapeutischen Herangehensweisen, die Körperarbeit, die Achtsamkeitspraxis und die Einbeziehung neurobiologischer Erkenntnisse werden auf profunde Art entwicklungshemmende Blockaden im persönlichen und organisationalen System aufgespürt und systematisch abgetragen. Das Teammitglied lernt, sich selbst aufmerksam zu reflektieren, und erarbeitet sich einen Methodenkoffer, mit dem es tatkräftig ans Werk gehen kann. Im Laufe des Trainings gewinnt es an Selbstvertrauen, auch schwierige Brocken in Angriff zu nehmen. Durch die systematische Zerlegung in Teilschritte können selbst größere Veränderungsprozesse in Angriff genommen werden. Sind alle bisherigen Hinderungsgründe beseitigt und fehlende Kompetenzen sorgfältig geschult worden, gibt es keine Entschuldigung mehr.
Der Erfolg liegt nunmehr in der Hand jedes einzelnen Teammitglieds – in seiner Selbstverantwortung und Disziplin, sich von dem eingeschlagenen Kurs nicht abbringen zu lassen.

Ziel Anstehende Verbesserungen werden klar definiert. Das Teammitglied geht aktiv in die Eigenverantwortung und bezeichnet verbesserungswürdige Themen in seinem Handlungsspielraum. Gleichzeitig bittet er um Unterstützung von seinen Kollegen, Vorgesetzten und gegebenenfalls der Geschäftsführung. Innerhalb einer Gruppe unterstützt diese Übung die Klärung und das gegenseitige Verständnis.

Material Pinnwände, Flipcharts, Stifte.

Möglichkeiten zur Kleingruppenarbeit Jedes Teammitglied führt Schritt 1 alleine durch, danach werden die Ergebnisse der gesamten Gruppe vorgetragen.

Übungsablauf
Schritt 1: Jedes Gruppenmitglied geht an einem eigenen Flipchart folgenden Fragen nach:
- → Was möchte ich in meinem Arbeitsalltag verbessern? Welche Themen knöpfe ich mir gezielt und verbindlich vor?
- → Wie kann ich meine eigene Resilienz erhöhen?
- → Welche Unterstützung brauche ich dabei von
  - meinem Kollegen?
  - meiner Führungskraft?
  - der Geschäftsführung?

Schritt 2: Alle Flipcharts werden an den Pinnwänden im Raum aufgehängt. Die Teilnehmer gehen rundherum und lesen gegenseitig ihre Blätter.

Schritt 3: Die Teilnehmer treten nacheinander vor die Gruppe und berichten von ihrer Selbsteinschätzung, ihren Zielen, Anliegen und Wünschen. Die Gruppe gibt offenes Feedback. Die Punkte, in denen der Teilnehmer um Unterstützung bittet, werden mit den angesprochenen Personen erörtert.

Schritt 4: Maßnahmen werden verbindlich notiert und mit einem Zeit-, Kontroll- und Kommunikationsplan versehen. Sind für die Einzelperson alle Vorgehensweisen geklärt, kann die Übung in gleicher Art für das ganze Team realisiert werden.

Übung

Wir gehen in die Verantwortung

Einführung Mit diesem Übungsformat kann sich die Mannschaft nochmals eng zusammenschließen. Alle internen Fragen, Probleme, Verantwortlichkeiten, Zuständigkeiten, Belastungen und Ressourcen, Ziele und Visionen sind ausgiebig besprochen worden. Nun kann sich die Gruppe fokussiert mit seiner Außenwirkung beschäftigen und auch unter diesem Blickpunkt das Thema »Resilienz« betrachten.
Erinnern wir uns noch einmal an den wichtigsten Arbeitsauftrag: externe als auch firmeninterne Kunden mit ihren vielfältigen Wünschen und Bedürfnissen optimal zufriedenzustellen. Die Qualität eines Teamauftritts subsumiert sich, wie immer, aus sachlichen und menschlichen Faktoren. Zum einen geht es darum, was eine Truppe leistet – messbar durch Zahlen, Daten, Fakten. Mindestens genauso wichtig ist aber die Außenwirkung in Bezug auf Kommunikation, Pflege des Beziehungsbands, Freundlichkeit, Flexibilität und Kundenorientierung. Hinzu kommt der Blickpunkt der Geschäftsführung, für die die Fähigkeit zu unternehmerischem Denken eine große Bedeutung hat. Angrenzende Abteilungen werden auf das kollegiale Zusammenspiel achten. Ein Team hat also verschiedene Bezugsgruppen, auf deren Anforderungen es überlegt und weitsichtig zu antworten gilt. Genauso hat die Arbeitsgruppe ihre eigenen Standpunkte, Ansprüche und Bedürfnisse, die es nach außen hin unmissverständlich kommunizieren sollte.

Ziel Überprüfung des Außenauftritts und Ideensammlung für Weiterentwicklungen.

Material Flipchart, Stifte.

Möglichkeiten zur Kleingruppenarbeit Die Teilnehmer setzen sich in Kleingruppen zusammen und treffen sich anschließend zum Austausch in der großen Runde.

Übungsablauf
Schritt 1: Die Kleingruppen gehen am Flipchart folgenden Fragen nach:
Wie wirken wir
- → auf unseren Kunden?
- → auf die Kollegen anderer Abteilungen, mit denen wir eng zusammenarbeiten?
- → auf unsere Führungskraft?
- → auf unsere Geschäftsführung?
- → In welcher Form vermitteln wir Resilienz?

Schritt 2: Was können und wollen wir tun, um unsere Außenwirkung anzuheben?

Schritt 3: Wie können wir unsere Team-Resilienz nach außen hin verbessern?

Schritt 4: Wie können wir andere in ihrer Resilienz unterstützen?

Schritt 5: Sobald das Team durch Analyse und klärende Gespräche genau herausgefiltert hat, welche Verhaltensweisen sie verändern beziehungsweise neu einführen möchten, wird ein verbindlicher Maßnahmenkatalog erstellt.

Aus der Praxis

Vom Ich zum Wir

Die Übung »Ich gehe in die Verantwortung« schafft einen schönen und auch spannenden Rahmen, innerhalb dessen sich jedes Teammitglied vor der Gruppe einzeln präsentieren kann. Im vorherigen Prozess waren die Teilnehmer ja schon mehrfach aufgefordert worden, Stellung zu beziehen und ihre persönliche Meinung sowie die angestrebten Veränderungsschritte den Kollegen darzulegen. Sie saßen bei diesen Präsentationen in einem kleineren oder größeren Kreis zusammen. Nun aber treten sie vor die Gruppe und zeigen sich in ihrer Selbstverantwortung wie auf einer Bühne. Jeder von ihnen hält einen kurzen Vortrag zu den Schritten, die er nun mit großer Sorgfalt und Verbindlichkeit angehen wird. Dieser andere Rahmen unterstreicht die Bedeutung und Tragweite ihrer Aussagen. Ihre Körperhaltung, ihre Mimik, Gestik, Wortwahl – die gesamte Präsenz und Ausstrahlung – rücken in den Mittelpunkt der Wahrnehmung, und das verleiht dem Redner Wachheit, Spannung und Kraft.

Schon während des Trainings achte ich darauf, dass die Teammitglieder möglichst oft in Ich-Botschaften sprechen. Das fällt ihnen zumeist sehr schwer. »Man« sollte dies und jenes machen, »wir« fühlten uns so und so – diese nichtssagenden, unverbindlichen Umschreibungen werden ständig benutzt. Auffallend ist, dass je emotionaler die beschriebenen Situationen werden, die Redner noch schneller auf die Formulierung »man« ausweichen. Als könnten sie sich mit dieser sprachlichen Distanzierung unangenehme Gefühle vom Hals halten. Da es mein Anliegen ist, Menschen in Kontakt mit ihren Emotionen zu bringen, bleibe ich bei ihrer Wortwahl sehr genau dran.

In der Sprache spiegelt sich wider, inwieweit eine Person mit sich selbst verbunden ist und aus ihrer eigenen Mitte heraus von sich spricht. Klärungs- und Entlastungsprozesse zeigen nur ihre Wirkung, wenn sich der Einzelne in den Mittelpunkt der Wahrnehmung rückt. Das ist kein falscher Egoismus, sondern ein wesentlicher Schritt, um eine kraftvolle Handlungsfähigkeit zu erlangen.

Die Wirkung auf die Kollegen ist beeindruckend, wenn ein bisher stiller, schüchterner Mensch vorne steht und mit klarer, fester Stimme vorträgt: »Ich werde in den nächsten Wochen Punkt eins, zwei und drei umsetzen. Hierfür brauche ich die Zusammenarbeit von Person A, B, C. Bitte unterstützt mich in meinen Anliegen.« Mit diesen deutlichen Ansagen kommt Leben in die Bude.

Wenn sich im nächsten Schritt das ganze Team in seiner Außenwirkung reflektiert, kann diese Kraft der einzelnen Personen direkt übertragen werden. Innere und äußere Stärke entstehen durch die Authentizität und das Selbstbewusstsein jedes Einzelnen. Je autarker und reflektierter Personen in sich selbst geerdet sind, werden sie sich, unabhängig von Stimmungen oder Dynamiken, die mal nach oben oder mal nach unten tendieren, ins Team einbringen. Ein resilienter Mensch agiert aus sich selbst heraus. Er bringt sich aus Interesse, nicht aus Abhängigkeit in eine Gemeinschaft ein. Je mehr Freigeist und Eigenengagement, gepaart mit unternehmerischem Denken in einem Team oder einer Organisation pulsen, umso widerstandsfähiger wird es beziehungsweise sie mit ständigen Veränderungen und neuen Herausforderungen umzugehen wissen. In dieser Arbeitsatmosphäre ist es ganz normal, sich gegenseitig regelmäßig Feedback zu liefern. Dabei kann das eigene Selbstbild mit dem Eindruck, den die anderen von einem gewonnen haben, abgeglichen werden.

Übung **Selbstbild – Fremdbild**

Einführung Wertschätzendes, konstruktives zugleich ehrliches, direktes Feedbackgeben ist eine Kunst. Seinem Gegenüber eine Reflexion auf die Wirkung seines Verhaltens zu schenken, ist eine bedeutsame Fertigkeit, die wir leider auch nicht in der Schule lernen. Je enger Menschen zusammenarbeiten und in ihrer Leistungsfähigkeit voneinander abhängen, umso elementarer benötigen sie den gegenseitigen Spiegel.
Nach einem intensiven Teamtraining ist in der Gruppe so viel Vertrauen und Offenheit gewachsen, dass die Teilnehmer zum Abschluss einer Feedbackrunde zumeist neugierig gegenüberstehen. Klären Sie im Vorfeld dennoch ab, ob alle für diese Übung bereit sind. Vielleicht haben einige Personen schlechte Erfahrungen in Kritikgesprächen gemacht und sind an dieser Stelle scheu oder verletzt. Wer sich dieser Übung nicht aussetzen möchte, kann als Feedbackgeber teilnehmen – vielleicht fasst er dadurch den Mut, diese Erfahrung auch selbst auszuprobieren.
Der Übungsaufbau bietet eine klare Struktur und Hilfe, einfach und direkt zu sprechen. Durch die Ruhe und Konzentration kann sich eine intensive Kraft entfalten.

Ziel Der Gruppenteilnehmer formuliert sein eigenes Selbstbild und kann es direkt mit dem Fremdbild der anderen abgleichen. Durch den klaren Übungsaufbau kann das Feedback tief wirken, ohne zerredet zu werden.

Material Sechs Stühle, die sich in zwei Reihen gegenüberstehen.

Möglichkeiten zur Kleingruppenarbeit Die Übung wird mit dem gesamten Team durchgeführt. Sollte die Gruppe zu groß sein und der Ablauf zu lange dauern, kann sie aus Zeitersparnis geteilt werden.

Übungsablauf Die Moderation sollte von einem erfahrenen Trainer geleitet werden. Die Übungsanleitung ist aus seiner Sicht beschrieben.

Schritt 1: Positionieren Sie die Stühle in zwei sich gegenüberstehenden Reihen. Beschriften Sie die einzelnen Sitzmöbel:

Reihe Selbstbild
- → Warum bin ich ein resilientes Teammitglied?
- → Was hindert mich daran, ein resilientes Teammitglied zu sein?
- → Neutraler Stuhl

Reihe Fremdbild
- → Erstes Fremdbild durch die gewählte Person: Warum bist du ein resilientes Teammitglied? Was hindert dich daran, ein resilientes Teammitglied zu sein?
- → Zweites und drittes Fremdbild durch freie Personen: dieselben Fragen.

Schritt 2: Erklären Sie die einzelnen Schritte. Bitten Sie darum, dass sich alle Beteiligten diszipliniert an den Übungsaufbau halten. Das heißt, alle Mitwirkenden wählen zum Einstieg die gleiche Formulierung. Die Sprecher halten sich kurz und meiden ausschweifende Wiederholungen. Wer nicht spricht, hört aufmerksam zu. Es kommt zu keinen Kommentaren oder Zwischenfragen. Die getroffenen Aussagen werden als solche stehen gelassen.

Schritt 3: Ein Teammitglied beginnt und benennt eine Person, von der er sich ein Feedback wünscht. Zwei Freiwillige kommen dazu, alle drei besetzen ihre Stühle.

Schritt 4: Das Teamitglied spricht zunächst über sein Selbstbild. Dazu wählt er in freier Reihenfolge Stuhl 1 und 2 und bringt seine Selbsteinschätzung zum Ausdruck. Dann setzt er sich auf den neutralen Stuhl 3 und hört sich genau das Feedback der anderen Personen an.

Schritt 5: Es beginnt der ausgewählte Feedbackgeber, die beiden anderen schließen sich an. Unbedingt die genannten Regeln beachten. Das Gesagte bleibt unkommentiert, damit es erst einmal wirken kann.

Schritt 6: Sollten Sie das Gefühl haben, dass das Feedback bei einem der Betroffenen tiefere Fragen ausgelöst hat, besteht die Möglichkeit, am Ende des gesamten Übungsdurchlaufs noch eine klärende Aussprache anzuhängen.

Aus der Praxis

Geheimnisvolle Wesenskraft

Beim Schreiben dieses Buchteils sind in mir viele berührende Erinnerungen aus den letzten Jahren aufgestiegen, in denen ich unterschiedlichste Teams durch Entwicklungsprozesse begleiten konnte. Gruppenprozesse gehen unter die Haut – für die Teilnehmer, aber auch für den Trainer. Wie oft habe ich innerlich schon geschwitzt und mitgefiebert, ob die einzelnen Personen den Mut fassen, sich zu öffnen und sich ihrer tatsächlichen Wahrheit zu stellen. Viele Hochs und Tiefs sind dabei zu durchwandern, Ängste und Widerstände anzunehmen und aufzulösen. Oft habe ich das Gefühl, dass es so etwas wie einen »Segen von oben« braucht, damit sich tief verfahrene Situationen doch noch zum Guten wenden können. Nach solchen Tagen falle ich abends tief erschöpft ins Bett.

Bei der Durchführung der vorgestellten Übungen trägt der Coach und Trainer natürlich eine große Verantwortung. Die Qualität und Intensität eines Gruppenprozesses dependiert zu großen Teilen vom Leiter. Ich behaupte, dass der Verlauf eines Trainings schon in der Vorstellungsrunde initiiert wird. Spätestens während der gemeinsamen Erstellung der Spielregeln sollten die Teilnehmer klar und deutlich spüren können, zu welcher Art der Erforschungsreise sie vom Trainer eingeladen werden. Die richtige Dosierung der Inhalte und die stimmige Übungsabfolge liegen in der Kunstfertigkeit des Gruppenleiters. Als noch entscheidender für den Prozessverlauf erachte ich allerdings seine innere Haltung, seine Präsenz, Wärme und Klarheit, durch die sich seine Lebenserfahrung ausdrücken. Ein Trainer, der zum Beispiel undeutlich spricht und in seiner Körpersprache keine Vitalität und Offenheit transportiert, wird es schwer haben, die Gruppe zu Lebendigkeit und Mitteilsamkeit anzuregen. Aufrichtigkeit und Authentizität stecken an. Wenn ein Trainer einem Team Vertrauen schenkt, wird diese wunderbare Herzensqualität in die Prozesse mit hineinfließen.

Das Wort »Resilienz« wird im heutigen Verständnis zumeist mit Widerstandskraft, Flexibilität und Belastungsfähigkeit assoziiert. Diese Eigenschaft beschreibt aus meiner Sicht die Oberfläche oder Außenhaut dieser geheimnisvollen Wesensstärke. Darunterliegend sehe ich weitere Qualitäten: Vertrauen, Mut, Selbstbewusstsein, Liebe, Durchhaltevermögen, Treue, Kreativität, Lebensfreude, Dankbarkeit – all diese Wesenszüge spielen mit hinein in die Fähigkeit, ob sich eine Einzelperson oder eine Gruppe aufgeräumt und munter durchs Leben bewegen kann. Mir ist es eine große Freude, wenn die innere Arbeit einen Beitrag dazu leisten kann, dass ein Mensch seine Potenziale entdecken und entfalten kann. Wenn ein Teamtraining gelungen ist und die Teilnehmer lachend und beschwingt von dannen ziehen, danke ich immer der großen Schöpferkraft. Ich freue mich jedes Mal aufs Neue, wenn ein innerer Prozess mehr Leichtigkeit, Freude, Gesundheit und Erfolg bedingt – dafür lohnt sich dann auch der ganze Einsatz!

06

Burnout-Prävention und Gesundheitsmanagement

Edda Koch-Königer: Das Schiff

»Die neue Medizin, die in unserer Zeit im Entstehen ist, achtet den Patienten als ganze Person, als etwas, was viel größer ist als jeder pathologische Prozess, sei es nun eine Infektion oder eine chronische Erkrankung [...] Sie erkennt an, dass jeder von uns, ganz gleich, wie alt er ist, was seine Geschichte und was sein Ausgangspunkt ist, riesige, unerkundete und ungenutzte innere Ressourcen des Lernens, des Wachsens und der Heilung besitzt.«

Jon Kabat-Zinn in »Zur Besinnung kommen« (2006, S. 573)

Betriebliches Gesundheitsmanagement neu interpretieren

Aufklärung versus Stigma

Betriebliches Gesundheitsmanagement erfährt in den letzten Jahren zunehmend mehr Aufmerksamkeit. Viele Betriebe haben für rein körperliche Bedürfnisse auch schon viele, gute Angebote im täglichen Alltag verankern können: den Wasserspender auf dem Gang, den reich gefüllten Obstkorb in der Cafeteria, ergonomische Bürostühle, Rückenschule, Laufkurse, Ernährungsberatung, regelmäßigen Gesundheitscheck und vieles mehr. Diese Aktionen erscheinen mir wie ein direkter Spiegel unseres heutigen gesellschaftlichen Bewusstseinsstands. Zum Thema »körperliche Gesundheit, Fitness, Figur, Beauty und Wellness« finden sich am Zeitungsstand und im Buchhandel Unmengen von Publikationen. Auch wenn die Informationen und Ratschläge nur einen Teil der Bevölkerung erreichen, ist insgesamt das Allgemeinwissen über gesunde Ernährung und Bewegung gewachsen. Durch den rapiden Anstieg psychosozialer Erkrankungen wendet sich das öffentliche Interesse nun auch der seelischen Gesundheit zu. Langsam wächst das Verständnis, dass psychische Erkrankungen aus der bisherigen Stigmatisierung erlöst gehören. Durch Aufklärung und offenes Gespräch steigen natürlich die Chance, Krankheitssymptome im Vorfeld zu erkennen, ernst zu nehmen und ihnen präventiv entgegenzusteuern.

Das Aktionsbündnis Seelische Gesundheit (www.seelischegesundheit.net) initiierte 2010 ein Antistigma-Projekt zur Entwicklung und Umsetzung einer Strategie zur Bekämpfung von Stigmatisierung und Diskriminierung psychisch erkrankter Menschen. So schrieben Professor Dr. Wolfgang Gaebel, Düsseldorf, Dipl.-Pol. Wiebke Ahrens MA, Berlin, und Dipl.-Psych. Pia Schlamann, Düsseldorf (Empfehlungen und Ergebnisse aus Forschung und Praxis, Juli 2010, S. 4, Download):

> »Jeder dritte bis vierte Deutsche erkrankt im Laufe seines Lebens an einer psychischen Störung. Dennoch sind psychische Erkrankungen ein Tabu in unserer Gesellschaft und mit Diskriminierung und Stigmatisierung in der Schule, am Arbeitsplatz, in der Familie und im Freundeskreis verbunden. Stereotype über psychische Krankheiten sind in der Allgemeinbevölkerung weit verbreitet, zu psychisch erkrankten Menschen wird im Allgemeinen Distanz hergestellt, über eigene seelische Erkrankungen nicht gesprochen. Obwohl das Thema seelische Gesundheit seit einiger Zeit eine immer zentralere Bedeutung in der politischen und gesellschaftlichen Debatte bekommt, so zum Beispiel im Zusammenhang mit dem Europäischen Pakt zur psychischen Gesundheit (2008) und den WHO-

> und EU-Konferenzen zur seelischen Gesundheit am Arbeitsplatz, ist die Diagnose »psychisch krank« noch immer mit einem Stigma versehen, das gravierende Folgen für die Betroffenen hat. Es schadet dem Selbstwertgefühl und den sozialen Netzwerken, verschlechtert den Krankheitsverlauf und reduziert die Lebensqualität. Zugleich ist es der Früherkennung psychischer Erkrankungen abträglich und damit auch der Prävention schwerer psychischer Störungen. Vor diesem Hintergrund werden in Deutschland seit ungefähr fünf Jahren von verschiedenen Institutionen und Organisationen Antistigma-Projekte durchgeführt. Diese Projekte fokussieren insgesamt auf einige wenige Zielgruppen, sind häufig nicht breitenwirksam implementiert und nur zum Teil auf ihre Wirksamkeit hin geprüft worden – häufig unter Verwendung mangelhafter Evaluationsmethoden. Im Rahmen des vom Bundesministerium für Gesundheit geförderten Antistigma-Projekts des Aktionsbündnisses für Seelische Gesundheit soll diesen Defiziten begegnet werden. Vorgesehen ist die Umsetzung einer wissenschaftlich fundierten und evaluierten Intervention in einem relevanten Bereich mit dem Ziel einer nachhaltigen Reduktion von Stigma und Diskriminierung aufgrund psychischer Erkrankung in unserer Gesellschaft.«

Auch wenn sich diese Aufklärungsarbeit noch zäh gestaltet, ist sie ein wesentlicher Baustein im konstruktiven Umgang mit psychosozialen Erkrankungen. Allerdings geistert in vielen Köpfen immer noch die Einstellung herum, der Besuch beim Therapeuten oder Coach sei nur etwas für erkrankte oder vorbelastete Personen. So begegnen mir im Wirtschaftskontext die unterschiedlichsten Vorannahmen. Ich treffe zum einen auf Geschäftsführer oder Personalverantwortliche, die dem Thema »Resilienz« großes Interesse entgegenbringen und es als positiven, konstruktiven Beitrag zur Leistungsfähigkeit sowie Potenzialentfaltung der Mitarbeiter betrachten. Zum anderen erlebe ich das blanke Gegenteil: Unternehmensvertreter, die sich einer fundierten Gesundheitsförderung rein aus materiellem Druck zuwenden. Der Krankenstand steigt, und die Überbelastung der Mitarbeiter hinterlässt monetäre Schäden – das heißt, die Firma wird dazu gezwungen, etwas zu tun, ob sie sich dabei für tiefer gehende Inhalte interessiert oder nicht. Zwischen diesen weit auseinanderliegenden Blickpunkten gibt es selbstverständlich die unterschiedlichsten Schattierungen. In den meisten Fällen treffe ich auf eine Mischform: Das Unternehmen spürt, dass es seine Mitarbeiter besser unterstützen muss, möchte es auch gerne, ist aber unsicher, welche Art der Schulung tatsächlich hilfreich ist. Eine weitere wichtige Frage ist der Titel der Fortbildungsmaßnahme, der auf keinen Fall Vorurteile wecken und bestimmte Schubladen aufspringen lassen sollte.

Für diese unterschiedlichen Ausgangsituationen habe ich Vorträge und Präsentationen entwickelt, mit deren Hilfe ich auf die verschiedenen Blickpunkte und Fragestellungen eingehen kann. Zunächst ist es mir wichtig, den integralen, ganzheitlichen Fokus der Arbeitsmethode begreifbar zu machen. Mit einfach verständlichen Bildern versuche ich, die einzelnen Dimensionen des Menschen vorzustellen. Dabei gehe ich der Frage nach, was einem Menschen Kraft, Gesundheit und Entfaltungsmöglichkeit schenkt beziehungsweise nimmt, und zwar auf körperlicher, emotionaler, mentaler und seelischer Ebene. Während einer solchen Präsentation achte ich besonders darauf, nur selten medizinische und psychologische Fachbegriffe zu verwenden, sondern eine direkte, praxisnahe Sprache zu wählen, die für mein Gegenüber leicht zugänglich ist.

Im nächsten Schritt übertrage ich den mehrperspektivischen Blick von der Einzelperson auf das Zusammenspiel im Team und in der Organisation. Die verschiedenen H.B.T.-Kompasse (s. S. 65 und 66) bieten mir dabei eine anschauliche Systematik, um vielschichtige Verflechtungen übersichtlich zu veranschaulichen. Die angesprochenen Inhalte sind mit dem gesunden Menschenverstand leicht nachzuvollziehen. So gelingt es mir in den meisten Fällen, selbst kritische Zuhörer in einen konstruktiven Austausch zu bringen.

Betriebliches Gesundheitsmanagement (BGM) spielt in diesem Zusammenhang natürlich eine wichtige Rolle. Um meine Vorstellung eines ganzheitlichen BGM darzulegen, habe ich folgenden Kompass entworfen:

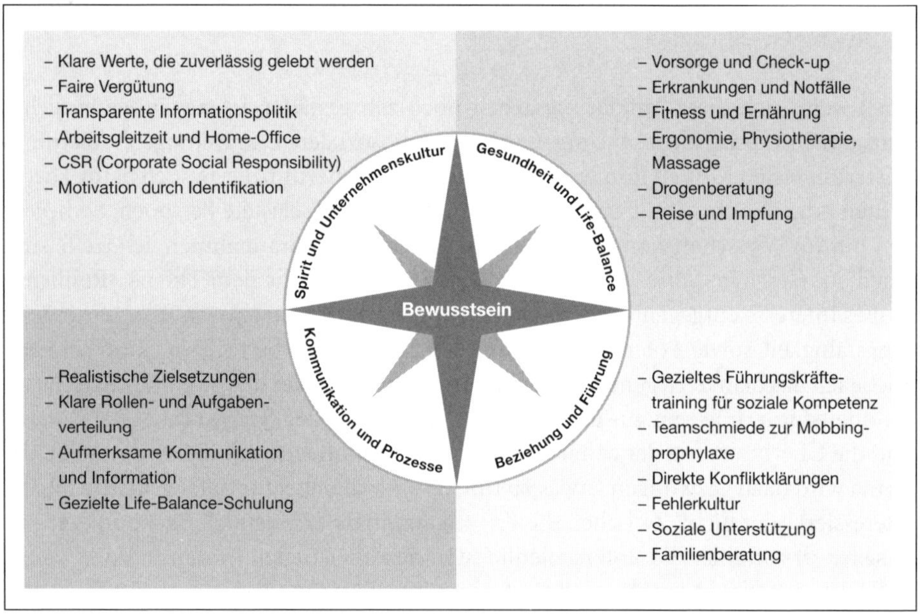

In ihm bilden sich viele Maßnahmen ab, die in Firmen bisher anderen Schulungsbereichen zugeordnet werden, wie zum Beispiel Führung, Kommunikation, Teambuilding, Unternehmenskultur und anderes. Mein Anliegen ist es, diese fragmentierende Betrachtung aufzulösen und zu verdeutlichen, mit welcher Dynamik Einzelaspekte aufeinander einwirken. Physische und psychische Gesundheit hängen von so immens vielen Faktoren ab, dass bisherige BGM-Konzepte meist zu kurz greifen und neu interpretiert werden sollten. Der innovative Begriff der Resilienz schafft eine gute Möglichkeit, bisherige Zuordnungen auf den Prüfstand zu legen und gemeinsam eine erweiterte Wahrnehmungsschärfe zu entfalten.

↗ Beispiel

Kürzlich führte ich ein spannendes Gespräch mit einer Betriebsärztin, die schon seit Jahren versucht, die Aufmerksamkeit und das Verständnis der Geschäftsführung für ihre Beobachtungen zu gewinnen. Sie ist schon über 20 Jahre im Unternehmen und konnte hautnah die gesundheitliche Entwicklung und die persönlichen Bedürfnisse der einzelnen Mitarbeitergruppen in der Produktion, Verwaltung und Führung beobachten: »Am Anfang meiner Tätigkeit standen noch Arbeitsunfälle, Wirbelsäulenerkrankungen und Grippewellen im Vordergrund. Für diese Erkrankungen konnten wir in Absprache und mit Unterstützung der Unternehmensleitung wirksame Gegenmaßnahmen entwickeln. Seit einigen Jahren rutschen aber ganz andere, eher psychosomatische Krankheitssymptome in den Vordergrund. Für diese subtile Problematik finde ich allerdings kein Gehör. Da es zu keiner Auseinandersetzung und Ursachenforschung kommt, verpassen wir viele Chancen, um Präventivprogramme zu entwickeln.«

Als externer Berater habe ich bessere Karten, ungewöhnliche Inhalte zu thematisieren. Oftmals spreche ich dabei nichts anderes an, als es Personen aus dem Unternehmen bereits formuliert haben. »Der Prophet gilt nichts im eigenen Lande …« Diese schmerzliche Erfahrung haben mir schon viele Personaler geschildert. Eine Informationsveranstaltung für die Unternehmensleitung kann in diesem Fall ein guter Einstieg sein, um über Dinge zu reden, die bisher unter den Tisch fielen. Wichtig ist es dabei, praxisnahe Beispiele für Lösungswege aufzuzeigen und erste, realisierbare Schritte anzubieten. Eine Kollegin von mir widmet sich schon lange der ganzheitlichen Betrachtung von betrieblichem Gesundheitsmanagement und wendet dabei das Modell von Ken Wilber, dem Vordenker der integralen Theorie, an. Im nächsten Kapitel folgt ihr spannender Bericht.

Ganzheitliches Gesundheitsmanagement

Susanne Leithoff

Strategien zum betrieblichen Gesundheitsmanagement entwickeln, Prozesse gesundheitsfördernd gestalten, Produktivität und Kosten optimieren, Gesundheitsförderungsprogramme umsetzen, all das funktioniert nur mittels nachhaltiger Beteiligung der in einem Unternehmen beschäftigten Menschen. Voraussetzung für wirkungsvolle Veränderungsprozesse ist es zu verstehen, wie Organisationen als menschliche Gemeinschaften handeln, wie Betriebs- und Entscheidungsprozesse mit psychischen und sozialen Prozessen gekoppelt sind, und das Wissen, wie Organisationen als Ganzes gesunden können.

Modernes Gesundheitsmanagement berücksichtigt alle Bereiche der im Unternehmen arbeitenden Menschen sowie alle Unternehmensfunktionen. Es dient dem Menschen und der Organisation.

Das setzt voraus, dass das Unternehmen nicht ausschließlich der maximalen Gewinnorientierung folgt, sondern neben der Zielsetzung eines wirtschaftlichen Gewinns auch weitere »Gewinne« anstrebt. Gesunde Arbeitsbedingungen für Mitarbeiter und eine inspirierende Unternehmenskultur werden dann beispielsweise ebenso als unternehmerischer Gewinn betrachtet wie innovative Beiträge zur individuellen Entwicklung der Menschen innerhalb der Organisation (Galuska 2004).

Dieser Beitrag beschreibt einen neuen Ansatz in der Gesundheitsförderung, der der Komplexität eines ganzheitlichen betrieblichen Gesundheitsmanagements gerecht werden kann. Die zugrunde liegende integrative/integrale Betrachtungsweise überwindet die klassische Einteilung in verhältnis- und verhaltensorientierte Gesundheitsförderung und ermöglicht eine mehrperspektivische Gesamtschau auf die Prozesse, die für Gesundheit in einem Unternehmen notwendig sind.

Prozesse und Interventionen des betrieblichen Gesundheitsmanagements werden damit nicht grundsätzlich neu erfunden, sondern neu geordnet, gewichtet und transparent in ihren Abhängigkeiten und Wechselwirkungen. Durch diese differenzierte und umfassende Vorgehensweise kann es gelingen, bisher unentdecktes Gesundheitspotenzial von Mensch und Unternehmen nutzbar zu machen.

Wachsende Komplexität eines ganzheitlichen, betrieblichen Gesundheitsmanagements

Veränderung der Arbeitsbedingungen

Mit dem Übergang von der Industrie- zur Dienstleistungs- und globalen Informationsgesellschaft haben sich die Arbeitsbedingungen, Belastungen und die Anforderungen an Mitarbeiter erheblich verändert.

Die physischen Belastungen beim Ausüben der Arbeit sind im Laufe der letzten hundert Jahre stark zurückgegangen. Der Einsatz von Maschinen und der allgemeine technische Fortschritt haben dazu beigetragen, dass es immer weniger Arbeitsplätze gibt, die schwerste körperliche Arbeit erfordern. Auch die Vermeidung von Schadstoffen am Arbeitsplatz, wie zum Beispiel Blei, Staub oder Asbest, ist in den Organisationen der Industrieländer heute selbstverständlich (Kentner 2003).

Dagegen haben die psychischen, mentalen, emotionalen und sozialen Arbeitsbelastungen im Zuge der dynamischen Erschließung neuer Branchen und Märkte, der stetigen Ausweitung des Dienstleistungs- und Informationssektors sowie durch Anwendung neuer Arbeits- und Organisationsformen ein stärkeres Gewicht bekommen (Badura/Ritter/Scherf 1999).

Die Entwicklung des Gesundheits- und Gesundheitsförderungsverständnis

Eine umfassendere Definition von Gesundheit ist schon seit 1946 in der Verfassung der Weltgesundheitsorganisation (WHO) verankert. Demnach ist »...die Gesundheit ein Zustand des vollständigen körperlichen, geistigen und sozialen Wohlergehens und nicht nur das Fehlen von Krankheit oder Gebrechen.« (WHO 1946).

Diese Definition vermittelt bereits eine differenzierte Betrachtung des Begriffs »Gesundheit«. Seit 1946 wird also zwischen der physischen, geistigen und auch sozialen Dimension von Gesundheit unterschieden.

Mit der Ottawa Charta führt die WHO 1986 eine weitere Dimension der Gesundheit ein; die die Bedeutung der emotionalen Ebene betont: »Gesundheit ist ein zentraler Bestandteil des alltäglichen Lebens. Sie wird gefördert durch die Kompetenz zur aktiven Bewältigung des Lebens, zur Problemlösung und durch die Fähigkeit, die eigenen Gefühle zu regulieren.« (WHO 1986).

Geht man davon aus, dass sich in diesen Definitionen auch der Zeitgeist, die aktuelle Haltung und die Bedürfnisse einer Gesellschaft spiegeln, stellt man fest, dass schon vor mehr als 60 Jahren ein durchaus ganzheitliches Gesundheitsbewusstsein vorhanden war. Gesundheit umfasste schon damals neben den Aspekten des körperlichen, sichtbaren Gesundheitszustands auch die geistigen, kognitiven Fähigkeiten sowie die soziale Dimension, die Fähigkeit also, zwischenmenschliche Beziehungen und soziale Gemeinschaften zu gestalten. Dass auch die emotionale Dimension – und damit das Vermögen mit Gefühlen umzugehen – für die Erhaltung von Gesundheit entscheidend ist, ist seit mehr als 20 Jahren integraler Bestandteil unseres Gesundheitsbilds.

Eine zeitgemäße Fortschreibung dieser Tendenz muss das wachsende Bedürfnis der Menschen nach Sinn und Erfüllung – auch am Arbeitsplatz – berücksichtigen. Die früher aufrechterhaltene Trennung zwischen materieller Existenzabsicherung durch Arbeit und Sinnsuche außerhalb der Arbeitswelt, in Familie, Verband oder spiritueller Gemeinschaft, wirkt zunehmend obsolet. Bei einer Aktualisierung des ganzheitlichen Gesundheitsbegriffs im betrieblichen Gesundheitsmanagement scheint es daher dringend geboten, das wachsende Bedürfnis der Menschen nach Sinn und Erfüllung im Arbeitskontext ebenfalls zu berücksichtigen. Damit wird nicht zuletzt der seelischen und spirituellen Dimension von Gesundheit Rechnung getragen.

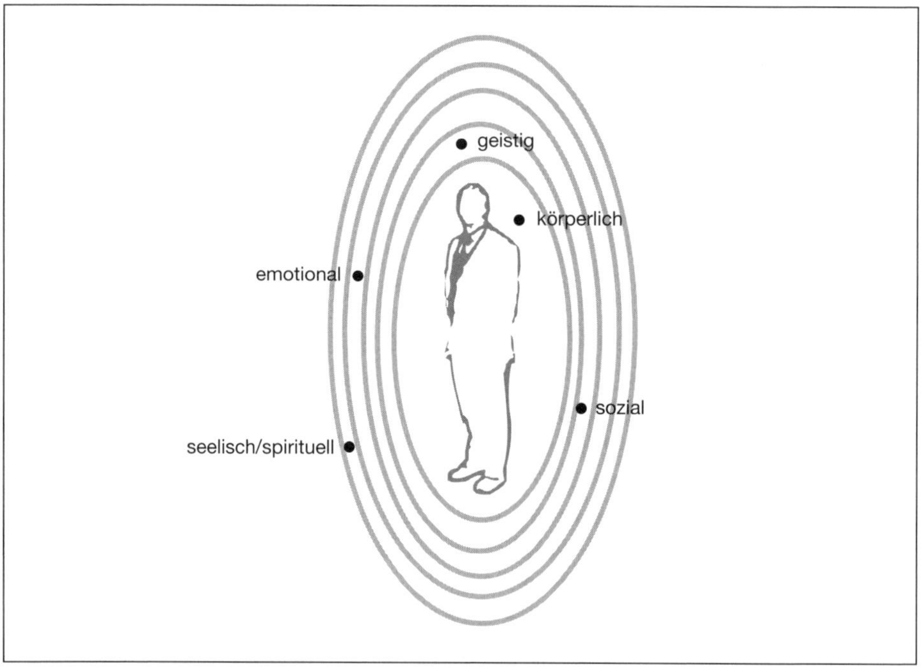

Dimensionen der Gesundheit

Gesundheitsförderung im Sinne der schon erwähnten Ottawa-Charta der Weltgesundheitsorganisation »[…] zielt auf einen Prozess, allen Menschen ein höheres Maß an Selbstbestimmung über ihre Gesundheit zu ermöglichen und sie damit zur Stärkung ihrer Gesundheit zu befähigen« (1986).

In der Luxemburger Deklaration zur betrieblichen Gesundheitsförderung in der Europäischen Union von 1997 heißt es: »Betriebliche Gesundheitsförderung (BGF) umfasst alle gemeinsamen Maßnahmen von Arbeitgebern, Arbeitnehmern und Gesellschaft zur Verbesserung von Gesundheit und Wohlbefinden am Arbeitsplatz. Dies kann durch eine Verknüpfung folgender Ansätze erreicht werden: Verbesserung der

Arbeitsorganisation und der Arbeitsbedingungen, Förderung einer aktiven Mitarbeiterbeteiligung, Stärkung persönlicher Kompetenzen.«
Ganzheitliches Gesundheitsmanagement in Unternehmen ist somit ein kontinuierlicher, komplexer Prozess, der alle Dimensionen der Gesundheit integrierend, sowie die verschiedenen Perspektiven einschließend, gleichermaßen eine gesunde Entwicklung von Organisation und Mitarbeitern anstrebt. Ein Prozess also, der auf das subjektive Erleben und das Verhalten der Mitarbeiter ebenso Einfluss nimmt wie auf die Gestaltung der unterschiedlichen Unternehmensbereiche.

Damit ist modernes Gesundheitsmanagement im Kontext anderer – im Unternehmen etablierter – Führungsprinzipien und Managementansätze zu betrachten. Sinnvoll ist zum Beispiel die Vernetzung mit und Integration in:

- ➔ Qualitätsmanagementsysteme (beispielsweise EFQM, ISO 2001, TQM)
- ➔ Steuerungsmodelle (Balanced Scorecard)
- ➔ Führungsinstrumente (Leitlinien, Zielvereinbarungen, Feedbacksysteme)
- ➔ Personalmanagement (Personalentwicklung, Fortbildungsprogramme)
- ➔ Marketinginstrumente (interne und externe Kommunikation)

So können im Sinne eines Integrierten Management Systems (IMS) Ressourcen geschont, Doppelstrukturen vermieden und Synergieeffekte genutzt werden.

Theorie-Praxis-Problem

Obwohl in den theoretischen Ansätze und Leitlinien zur betrieblichen Gesundheitsförderung schon lange eine ganzheitliche Vorgehensweise gefordert wird, finden wir in der Praxis noch viel zu wenig Unternehmen und Organisationen, die ein entsprechendes Bewusstsein und wirksame Programme zum Gesundheitsmanagement entwickelt haben. Das liegt zum einen sicherlich an der Komplexität der zu betrachtenden Faktoren. Zum anderen aber vor allem daran, dass sich Bedürfnisse und Ziele des oder der Menschen im Unternehmen und Bedürfnisse und Ziele dieser Organisation an einzelnen Fronten unversöhnlich gegenüberzustehen scheinen oder sich zum Teil sogar gegenseitig ausschließen.

Die ökonomischen Auswirkungen eines betrieblichen Gesundheitsmanagements bilden oft das vorrangige Interesse der Unternehmensführung. Diese einseitige Ausrichtung lässt die Chancen und den gemeinsamen Nutzen für Mitarbeiter, Organisation und das Sozialsystem aus dem Blick geraten.

Ein wirksamer Ansatz für das betriebliche Gesundheitsmanagement muss folglich gleichermaßen pragmatisch, das heißt an den gegebenen Bedingungen orientiert, wie umfassend sein. Ein Ansatz also, der alle Aspekte der Gesundheitsförderung berücksichtigt, ordnet und die einzelnen Bereiche, Instrumente, Methoden und Interventionen verbindet und zueinander in Beziehung setzt.

Ein integrativer/integraler Ansatz im betrieblichen Gesundheitsmanagement

Als ein Ansatz, der sich dieser Herausforderung stellt, kann die integrale Theorie nach Ken Wilber (1996) gelten. Der zeitgenössische amerikanische Philosoph hat, aufbauend auf einem integralen Ansatz, das Vier-Quadranten-Modell entwickelt, das eine mehrperspektivische Betrachtung ermöglicht. Wilbers Integraler Ansatz und sein Vier-Quadranten-Modell sollen hier im Ansatz vorgestellt und auf das Feld des betrieblichen Gesundheitsmanagements angewandt werden.

Eine integrale Leitlinie im Gesundheitsmanagement ist als Landkarte zu verstehen, die einen eindeutigen Bezugsrahmen für das Verständnis von Gesundheitsförderung im Unternehmen und die Umsetzung wirksamer Maßnahmen vor Ort definieren kann. Sie kann einen Beitrag dazu leisten, die konfliktreichen Spannungen zwischen den unterschiedlichen Bedürfnissen und Zielen von Menschen und Organisationen aufzulösen. Für Wilber ist die Perspektive bedeutsam, aus der heraus wir das Geschehen betrachten. Ein integraler Ansatz bedeutet in seinem Sinn die »Sicht aus zehn Kilometern Höhe« (Wilber 1996).

Wenn wir aus der »Vogelperspektive« auf ein Unternehmen schauen, lässt sich das gesamte Geschehen in vier Perspektiven einordnen: Erfassen wir eine Organisation in ihrer Gesamtheit, wählen wir die kollektive Perspektive für unsere Betrachtung. Liegt unser Fokus dagegen auf der Betrachtung der einzelnen Mitarbeiter, schauen wir aus der individuellen Sicht oder Perspektive auf das Geschehen. Sowohl die kollektive

Vier-Quadranten-Modell nach Wilber

als auch die individuelle Perspektive kann einmal in ihrer innerlichen und in ihrer äußerlichen Ausprägung betrachtet werden. Die Innenseite erfasst das Subjektive, das Erlebte, den psychischen, emotionalen, geistigen und seelischen Bereich. Die Außenseite ist das objektiv Beobachtbare, das Messbare, das empirisch Nachweisbare, das Sichtbare und drückt sich im Verhalten und in der physischen Erscheinung aus.

In der Anwendung dieses Modells auf das betriebliche Gesundheitsmanagement in Unternehmen unterscheiden wir zwischen der Innenwelt und der Außenwelt jedes einzelnen Mitarbeiters und der Organisation als Ganzem.

Innenwelt der Mitarbeiter: Gesundheit und Leistungsfähigkeit werden auch entscheidend dadurch bestimmt, Sinn und Erfüllung im beruflichen Wirken zu finden. Die obere linke Perspektive beleuchtet diesen Aspekt und betrachtet die Werte der Menschen im Unternehmen. Was bedeuten zum Beispiel Glück, Selbstverwirklichung, Freiheit, Lust, Freude und Verantwortung für den Einzelnen? Ebenfalls erfasst werden die subjektiv empfundenen Belastungen wie beispielsweise Stress, Überforderung oder Angst.

Außenwelt der Mitarbeiter: Der obere rechte Quadrant zeigt auf, was vom einzelnen Mitarbeiter im Außen sichtbar wird: das beobachtbare, individuelle Verhalten allgemein sowie das persönliche Gesundheitsverhalten. Untersucht werden zum Beispiel das Ernährungs- und Bewegungsverhalten und der Umgang mit Alkohol oder Nikotin. Außerdem werden hier alle individuell messbaren Faktoren verortet. Relevanz haben beispielsweise Arbeitsergebnisse, Abschlüsse und Qualitätsnachweise des Einzelnen. Ebenso alle Parameter zum Gesundheitszustand wie Gewicht, Größe, Blutwerte, EKG und anderes mehr.

Innenwelt der Organisation: Der untere linke Quadrant umfasst die große Anzahl intersubjektiver Faktoren, die für menschliche Interaktionen von Bedeutung sind. Wie gehen beispielsweise die Menschen im Unternehmen miteinander um, wie kommunizieren sie miteinander, welche Werte vertritt das Unternehmen, welche Unternehmenskultur, welche Führungskultur hat sich im Unternehmen etabliert?

Kultur und Arbeitsklima haben entscheidenden Einfluss auf die Gesundheit der Mitarbeiter. Die gemeinsame Ausrichtung auf Werte und Ziele sowie eine funktionierende Kommunikation auf allen Ebenen haben gesundheitsfördernde Wirkung.

Außenwelt der Organisation: Das Zusammenwirken aller Bereiche nimmt entscheidenden Einfluss auf Wirtschaftlichkeit und Qualität. Hierzu werden alle messbaren Faktoren der Organisation wie Strukturen, Prozesse und Ergebnisse betrachtet. Der untere rechte Quadrant betrifft also alle materiellen, ökonomischen und sozialen Faktoren der Organisation. Hier liegt der Fokus auf Zahlen, Daten, Fakten sowie auf Regeln, Verordnungen und Vorschriften (zum Beispiel Arbeitschutz, Arbeitssicherheit, Unfallverhütung).

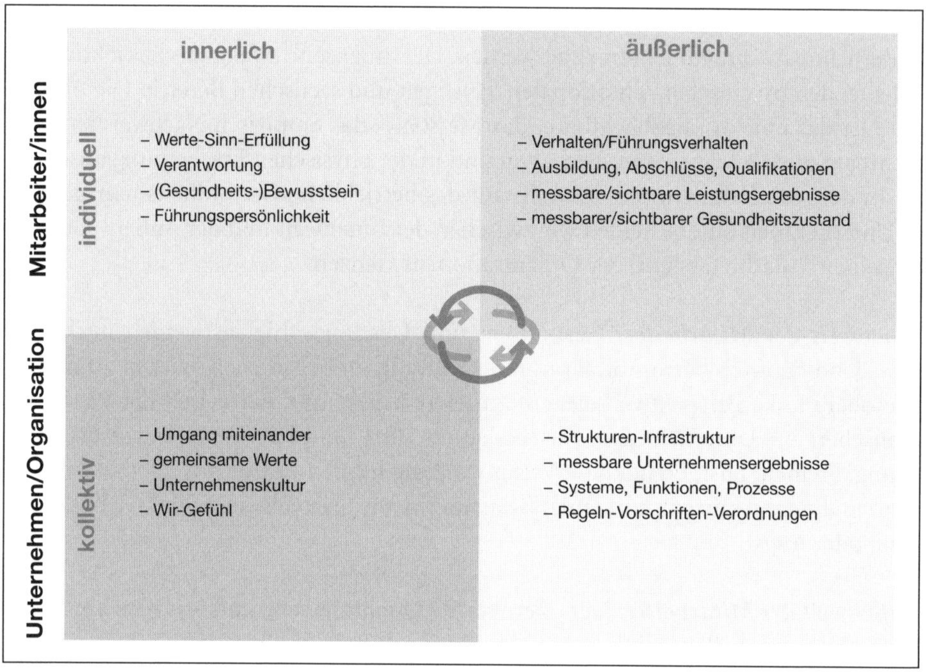

Perspektiven einer Organisation

Das Zusammenwirken aller Perspektiven

Mit dieser einfachen Systematik lassen sich alle zu betrachtenden Faktoren ordnen, alle Perspektiven und alle Ebenen, die physische, geistige, soziale, emotionale und seelische mit einschließen. Ausschlaggebend ist das Verständnis, dass jeder einzelne Faktor einer Perspektive alle anderen Perspektiven beeinflusst und hier vielleicht unerwünschte oder gewünschte Ergebnisse hervorbringt.

Interventionen im Unternehmen aktivieren also immer Veränderungen in allen vier Perspektiven, mit unterschiedlichen Schwerpunkten, in Abhängigkeit von den angestrebten Zielen der jeweiligen Maßnahmen. So wirken sich Veränderungen der Führungspersönlichkeit (oben links) direkt auf das Führungsverhalten (oben rechts) aus, welches wiederum die Unternehmenskultur (unten links) beeinflusst und von dieser beeinflusst wird, aber auch in Interaktion mit den Prozessen und Strukturen (unten rechts) des Unternehmens steht.

Die Einführung eines SAP-Systems (unten rechts) wirkt sich unmittelbar auf die Freiheit des Einzelnen in der Gestaltung seines Arbeitsprozesses (oben links) und sein Arbeitsverhalten aus (oben rechts), was wiederum auf das Klima der Organisation Einfluss nimmt (unten links).

Es geht also darum, die Interdependenz oder Abhängigkeit und Wechselwirkung der einzelnen Perspektiven im Blick zu haben beziehungsweise die kohärente Dynamik, also das Zusammenwirken, den Zusammenhalt des Inneren und des Äußeren zu verstehen. Betrachten wir jede Veränderung, alle Prozesse und jede Intervention im Unternehmen auf diese Weise, können wir erst die Tragweite von Entscheidungen und Maßnahmen einschätzen.

Für die betriebliche Gesundheitsförderung bedeutet das, dass alle vier Perspektiven zur Erhaltung und Wiederherstellung von Gesundheit in ihrer Gesamtheit, Interdependenz und Kohärenz betrachtet werden müssen.

Ansätze im betrieblichen Gesundheitsmanagement

Die klassische Einteilung der Ansätze im Gesundheitsmanagement in »verhaltensorientiert« und »verhältnisorientiert« weist darauf hin, dass ihr Fokus hauptsächlich auf den beiden Perspektiven der rechten Quadranten liegt. Verhaltensorientierte Maßnahmen zielen auf den oberen rechten, verhältnisorientierte Interventionen auf den unteren rechten Quadranten. Mit einer integralen Betrachtungsweise werden damit jedoch nur die Hälfte aller Möglichkeiten zur Ursachendiagnostik, Prävention und gesundheitsfördernden Intervention erschlossen.

Einen Ansatz, der vorwiegend im oberen linken Quadranten wirkt, könnte man als »psychisch orientiert« bezeichnen, während ein Ansatz im unteren linken Quadranten als »sozialorientiert« (im Sinne von zwischenmenschlich, intersubjektiv) beschrieben werden könnte. Der Fokus der linken Perspektiven liegt somit auf dem psychosozialen Bereich.

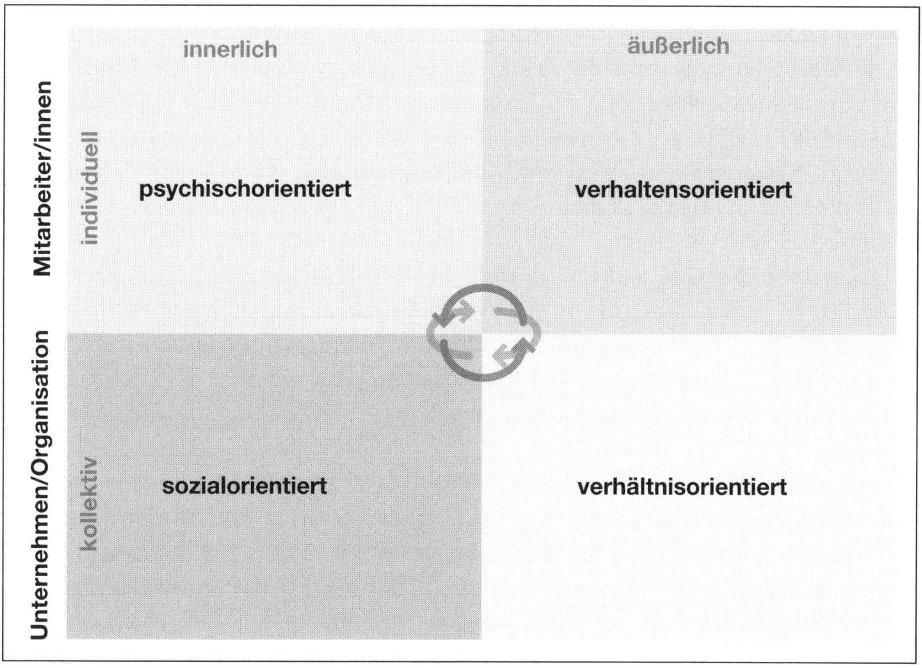

Perspektiven des betrieblichen Gesundheitsmanagement

Wirksames und nachhaltiges Gesundheitsmanagement muss auch die beiden linken Quadranten mit einschließen und das Zusammenspiel der einzelnen Perspektiven erfassen.

Folgt man diesem integralen Modell, lassen sich alle bisherigen Ansätze des Gesundheitsmanagements und der Gesundheitsförderung problemlos je nach Intention und Schwerpunkt zuordnen und integrieren. Eine solche integrative/integrale Sicht fördert die Vernetzung mehrerer Ansätze. Statt »entweder – oder« gilt »sowohl – als auch«. Sogenannte konventionelle Ansätze der betrieblichen Gesundheitsförderung haben somit durchaus auch im modernen Gesundheitsmanagement einen Platz.

Verhältnisorientiertes Gesundheitsmanagement

Die Wurzeln des betrieblichen Gesundheitsmanagements sind in der unteren rechten Perspektive verankert. In den letzten 100 Jahren wurde viel Energie für Bereiche der Arbeitswelt aufgewendet, die in diesem Quadranten liegen. Ressourcen wurden genutzt und geschaffen, um Betriebe zu sichereren, gesünderen Orten zu machen. Sozialgesetze sowie Vorschriften und Verordnungen zu Arbeits- und Gesundheitsschutz reichen bis ins 19. Jahrhundert zurück. (Nachzulesen bei der Unternehmensgeschichte des TÜV-Rheinland unter: http://www.tuev.com/de/geschichte_von_duev_zum_tuev_rheinland.

Angetrieben von der Notwendigkeit, die Schwachstellen der technischen Revolution zu überwinden, galt es Anfang des letzten Jahrhunderts, der neuen arbeitsbedingten Unfallgefahren und Erkrankungsrisiken Herr zu werden.

So brachte zum Beispiel die Erfindung der Dampfmaschine viele Arbeitsplätze und erhebliche Möglichkeiten der Produktionssteigerung hervor. Die Druckregulation in den Kesseln war jedoch zunächst so unzureichend entwickelt, dass es immer wieder zu schweren Explosionen kam. Zur Sicherung ihrer Produktionsanlagen gründeten die Unternehmer deshalb in Eigeninitiative einen Verein zur Überwachung der Dampfkessel (DÜV). Hieraus gingen 1936 die Technischen Überwachungsvereine (TÜV) hervor, die heute weltweit in rund 30 Geschäftsfeldern aktiv sind. Der Erfolg dieser Initiative hat Standards im Arbeitsschutz gesetzt und definiert bis heute moderne Sicherheitsaspekte von Arbeitsplätzen und Arbeitsbedingungen.

Es gehört zu den heutigen Errungenschaften, dass wir neue Technologien und Wissen erfolgreich zur Unfallverhütung und zum Arbeitsschutz, zur Arbeitssicherheit einsetzen.

Die Anzahl der tödlichen Arbeitsunfälle ist seit ihrer Erfassung im Jahr 1960 laut der Bundesanstalt für Arbeitsschutz und Arbeitsmedizin rückläufig (nachzulesen im Bericht »Sicherheit und Gesundheit bei der Arbeit 2009«. TM Zeitreihen. http://www.baua.de/nn_53880/de/Informationen-fuer-die-Praxis/Statistiken/Unfaelle/meldepflichtige-Arbeitsunfaelle/pdf/Tabellen-Zeitreihen.pdf. Stand: 15.03.2011). So sind die großen Erfolge in diesem Bereich offensichtlich. Erhebliche Fortschritte zur Gesundheitsförderung wurden im selben Zeitraum auch durch bessere Arbeitszeiten erzielt. Aus heutiger Sicht ist kaum vorstellbar, dass Anfang der 19. Jahrhunderts eine Sechstagewoche, bei täglichen Arbeitszeiten von bis zu 16 Stunden, durchaus üblich war.

Sicherheitstechnische, arbeitsrechtliche und soziale Verbesserungen haben also erheblich dazu beigetragen, Betriebe und die in ihnen verrichtete Arbeit sicherer zu machen. Doch es hat sich gezeigt, dass mit der alleinigen Ausrichtung auf die technischen und sozialen Rahmenbedingungen der Arbeitswelt die Häufigkeit berufsbedingter Erkrankungen nicht reduziert werden konnte. Im Gegenteil: Die Anzahl der berufsbedingten Erkrankungen ist sogar gestiegen – trotz immer besser werdender medizinischer Versorgung und immer umfangreicheren Aufwendungen für Prävention.

Das Einrichten ergonomischer Arbeitsplätze sowie die flexiblere Gestaltung der Arbeitszeitstrukturen, die es ermöglichen, Familie und Beruf besser zu vereinbaren, sind weitere Beispiele eines verhältnisorientierten Gesundheitsmanagements, um dem Missverhältnis der Zunahme berufsbedingter Erkrankungen trotz steigender Präventionskosten entgegenzuwirken.

Verhaltensorientiertes Gesundheitsmanagement

Auch die verhaltensorientierte Gesundheitsförderung hat eine lange Tradition. Sie setzt auf die direkte Beeinflussung und Modifikation des Mitarbeiterverhaltens.

In vielen Betrieben werden heute Maßnahmen zur gesunden Ernährung, Bewegung und Entspannung ergriffen. Die Qualität und Auswahl der angebotenen Speisen in Unternehmenskantinen hat sich erheblich verbessert. Angebote zum Betriebssport oder die Beteiligung an beziehungsweise Übernahme von Kosten für einen Fitnessstudiovertrag durch den Arbeitgeber sind inzwischen häufig zu finden. Vielfach werden in Unternehmen Kurse zur Raucherentwöhnung oder zur Stress- und Konfliktbewältigung angeboten. Dass solche Angebote, bei regelmäßiger und langfristiger Anwendung, einen wichtigen Gesundheitsschutz darstellen, ist unstrittig. Viel zu oft werden solche Interventionen jedoch noch isoliert als Einzelmaßnahmen, ohne Einbindung in ein Gesamtkonzept, in Betrieben umgesetzt. Nachhaltig positive Effekte bleiben dann häufig aus (Ulmer/Gröben 2004).

Die Investitionen und die Aufmerksamkeit, die den rechten Quadranten zufließen, tragen stetig dazu bei, den Arbeitsplatz zu einem sicheren Ort zu machen. Sie dienen dazu, die Gesundheit der Arbeitnehmer zu schützen und zu fördern. Tatsächlich scheinen die Ergebnisse der Fehlzeiten und Krankenstände in Unternehmen den Erfolg der gesundheitsfördernden Maßnahmen zu bestätigen.

In den letzten Jahren sind die Krankenstände kontinuierlich gesunken. Im Jahr 2006 wurde der niedrigste Wert seit mehr als zehn Jahren gemessen (Küsgen/Macco/Vetter 2008). Diese Entwicklung ist aber nicht allein auf den medizinischen Fortschritt und die Investition in Prävention und betriebliches Gesundheitsmanagement zurückzuführen. Umfragen haben gezeigt, dass die angespannte Lage auf dem Arbeitsmarkt dazu führt, dass viele Arbeitnehmer auf eine Krankmeldung verzichten, um ihren Arbeitsplatz nicht zu gefährden (ebd.).

Somit ist in der Angst vor dem Verlust des Arbeitsplatzes ein entscheidender Grund für die aktuelle Entwicklung zu sehen. Dadurch wird deutlich, dass es notwendig ist, den Fokus der Betrachtung verstärkt auf die psychosozialen Aspekte des Gesundheitsmanagements zu richten.

Psychisch orientiertes Gesundheitsmanagement

Für die wachsende Bedeutung eines psychisch orientierten Gesundheitsmanagements spricht auch die Tatsache, dass der Krankenstand insgesamt zwar rückläufig ist, psychische Erkrankungen hingegen aber seit einigen Jahren stark zunehmen und vermehrt zu Arbeitsausfällen führen. Psychische und psychosomatische Erkrankungen stellen mittlerweile die vierthäufigste Ursache für Fehlzeiten in deutschen Unternehmen dar und haben einen immer größer werdenden Anteil an Frühinvalidität und Erwerbsminderung. Die WHO prognostiziert einen weiteren Anstieg an psychischen Erkrankungen und unterstreicht damit den Präventions- und Handlungsbedarf im psychosozialen Gesundheitsmanagement.

Folgerichtig erkennen viele Unternehmensführungen zunehmend den Einfluss der sogenannten weichen Faktoren auf die Entwicklung und den Erfolg ihres Unternehmens. Die individuelle Qualifizierung und Förderung der Mitarbeiter nach ihren persönlichen Zielen, Werten, Einstellungen, Fähigkeiten, Fertigkeiten und Leidenschaften steht hier ebenso im Mittelpunkt der Betrachtung wie die Erfassung der Ursachen für Stress, Angst, Fehlbelastungen, Über- und Unterforderung am Arbeitsplatz.

Insbesondere dem oberen linken Quadranten wird bei den meisten Ansätzen des betrieblichen Gesundheitsmanagements viel zu wenig Beachtung geschenkt. Das liegt unter anderem daran, dass die hier zu betrachtenden Faktoren kaum objektivierbar und messbar sind, sodass der unmittelbare Nachweis der Interventionswirksamkeit meist nur schwer zu erbringen ist. Oder anders ausgedrückt: Was nicht messbar ist, findet im betrieblichen Gesundheitsmanagement kaum Niederschlag.

Mittel- und langfristig werden sich aber gerade die Unternehmen eine gute Wettbewerbsposition verschaffen, die ihren Mitarbeitern individuelle Entwicklungsmöglichkeiten eröffnen, ihnen Sinnangebote machen und Erfüllung in ihrem beruflichen Wirken bieten.

Das Know-how, Engagement, die Unternehmensverbundenheit und die Leistungsbereitschaft des Mitarbeiters sind moderne Schlüssel zur nachhaltigen Gestaltung der Mitarbeitergesundheit. Dafür gilt es, die Selbstmanagementfähigkeiten zur Reduzierung von Stress und Konflikten bei Mitarbeitern auszubilden, ihnen individuell angemessene Verantwortung zu übertragen, Gestaltungsfreiheiten einzuräumen und ihnen Angebote zur besseren Vereinbarkeit von Beruf und Familie zu machen.

Der in den letzten Jahren eingeführte Ansatz der Work-Life-Balance greift hier insbesondere die Ausgewogenheit zwischen dem privaten und dem beruflichen Leben auf. Tatsächlich werden die Grenzen zwischen diesen beiden Lebensbereichen immer fließender, sodass es im Grunde mehr um eine »Lifebalance at Work« geht. Angestrebt wird die individuelle und in allen Bereichen gesunde und ausgewogene Gestaltung des eigenen Lebens.

Hier setzt auch der Ansatz der Salutogenese an. Er geht auf den israelischen Wissenschaftler Aaron Antonovsky (1997) zurück. Antonovsky sieht als Basis der menschlichen Gesundheit und des Erhaltens der Gesundheit gute Erfahrungen durch verstehbare, handhabbare und sinnhafte Aufgaben (gut organisierte, klare, nachvollziehbare und zu bewältigende Arbeitsaufgaben). Hierüber entwickelt sich dann das sogenannte Kohärenzgefühl. Er führt aus, dass Menschen mit einem starken Kohärenzgefühl, mit einem Sinn für Gleichgewicht, eine ausgeprägte Widerstandsfähigkeit besitzen.

Dieses Kohärenzgefühl – als Grundstimmung oder Grundsicherheit, innerlich Halt zu finden, aber auch in den Arbeitsbeziehungen Unterstützung und Halt zu haben – hilft, die Gesundheit in verschiedenen Lebensbereichen zu erhalten.

Die salutogenetische Gesundheitsförderung befasst sich umfassend mit der Perspektive des oberen linken Quadranten, schließt aber auch die sozialorientierten Aspekte des Quadranten unten links mit ein.

Sozialorientiertes Gesundheitsmanagement

Alle Ansätze zur Entwicklung und Erhaltung einer gesunden und gesundheitsfördernden Unternehmenskultur sind im unteren linken Quadranten zu verorten.

Die kollektive Ausrichtung an den Unternehmenswerten, der Zusammenhalt, das gemeinsame unternehmensbezogene Denken sowie eine kooperative Zusammenarbeit zwischen den einzelnen Unternehmensbereichen und Abteilungen entfalten sich erst über die Art der Organisationskultur. Die aktive Gestaltung der Unternehmenskultur ist damit ein wichtiger Erfolgsfaktor im betrieblichen Gesundheitsmanagement.

Das Great Place to Work® Institute ermittelt jährlich die 100 besten Arbeitgeber Deutschlands. Maßgeblich für die Wertung ist das Maß an Vertrauen, das in der Organisation vorherrscht, oder anders formuliert, der Grad an Vertrauenskultur. Dieses Vorgehen basiert auf den zentralen Erkenntnissen langjähriger Forschungen des Instituts – die besagen, dass Vertrauen zwischen Management und Mitarbeitern die entscheidende Größe ausgezeichneter Arbeitsplätze ist.

»Im Mittelpunkt unserer Definition ausgezeichneter Arbeitsplätze – an denen die Mitarbeiter ›den Menschen vertrauen, für die sie arbeiten, stolz sind auf das, was sie tun, und Freude an der Zusammenarbeit mit anderen haben‹ – steht die Idee, dass die Qualität eines ausgezeichneten Arbeitsplatzes durch drei miteinander verbundene Arten von Beziehungen bestimmt ist: der Beziehung zwischen Mitarbeitern und Management, der Beziehung zwischen Mitarbeitern und ihrer Arbeitstätigkeit sowie dem Unternehmen beziehungsweise der Organisation, der Beziehung zwischen Mitarbeitern untereinander.« (Hauser u.a. 2007)

Die ausgezeichneten Unternehmen bestätigen die Korrelation zwischen einer gesunden Unternehmenskultur und niedrigen Krankenständen. Den größten Einfluss auf den Krankenstand hat der faire Umgang der Mitarbeiter miteinander. Insbesondere, wenn verdeckte Machenschaften oder Intrigen im Unternehmen vorkommen, steigt der Krankenstand.

Integratives/integrales betriebliches Gesundheitsmanagement

Die Zuordnung der hier vorgestellten Beispiele im betrieblichen Gesundheitsmanagement in die jeweiligen Quadranten eines integralen Modells zeigt, dass jeder Ansatz aus Sicht der jeweiligen Perspektive bedeutsam und richtig ist. Die Qualität eines integrativen/integralen Ansatzes liegt darin, nicht auf eine einzelne Perspektive reduziert zu sein. Das Führungsteam für ein solches betriebliches Gesundheitsmanagement verfügt über die Fähigkeit, sich jenseits einer Perspektive zu verankern. Es ist in der Lage, eine Metaposition oder auch aperspektivische Position zu beziehen.

Der Betrachter kann so frei wählen, eine der vier Perspektiven oder aber die Metaposition einzunehmen. So können die verschiedenen Perspektiven bei der Entfaltung eines ganzheitlichen Gesundheitsmanagements erfahren, gewichtet und integriert werden. Der paradigmatische Fortschritt einer integrativen/integralen Gesundheitsförderung liegt also nicht in der Entdeckung und Nutzung der linken Quadranten, sondern vielmehr in der Vernetzung und Nutzung aller Perspektiven sowie in dem Erkennen von Wechselwirkungen der gesundheitsfördernden Maßnahmen.

Corporate Health Identity

Ganzheitliches Gesundheitsmanagement kann aber nur dann nachhaltig gelingen, wenn sich die Kraft der Vision und des Ziels einer »gesunden Organisation«, ausgehend von der Unternehmensführung, konsequent über alle Managementbereiche bis hin zum einzelnen Mitarbeiter entfalten kann. Es bedarf einer Gesundheitsidentität, die den Mitarbeitern und damit dem ganzen Unternehmen dient, die den Gedanken und die Haltung der Fürsorge und Unterstützung zur individuellen Entfaltung des Einzelnen trägt. Ein solcher Entwicklungsprozess braucht Zeit, um sich kohärent über alle Quadranten in Balance und Stimmigkeit auszubreiten.

Im Sinne einer Corporate Health Identity des Unternehmens spiegelt sich das Bewusstsein für eine gesunde Organisation dann in allen Unternehmensbereichen wider und berührt zum Beispiel das Personalmanagement ebenso wie die Organisationsentwicklung, das Marketing, die Öffentlichkeitsarbeit, die Produktentwicklung oder das Qualitätsmanagement.

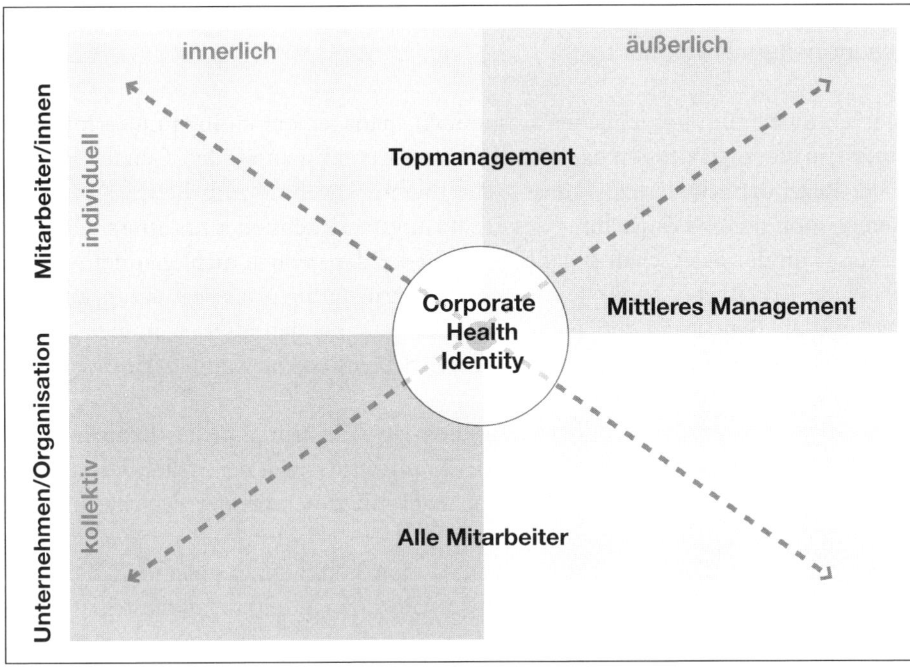

Entfaltung einer Corporate Health Identity

Authentische Führung für eine gesunde Organisation

Die wirksame Implementierung eines ganzheitlichen Gesundheitsmanagements ist somit eine anspruchsvolle und komplexe Management- und Führungsaufgabe, die vom Top-Management ausgeht und als Unternehmensziel zu definieren ist.

Schlüssel für solch eine ganzheitliche, die gesamte Organisation umfassende Gesundheitsvision und -identität ist die Haltung der Unternehmensführung zum Gesundheitsmanagement. Der Grad der Identifizierung der Führungskräfte mit dem Ziel der gesunden Organisation über alle beschriebenen Perspektiven ist die Grundlage für den Erfolg und die Nachhaltigkeit eines betrieblichen Gesundheitsmanagements. Deshalb gilt es zunächst die Mitglieder des Top-Managements in ihrer eigenen Gesundheitsentwicklung und ihrem persönlichen Gesundheitsbewusstsein zu schulen und zu sensibilisieren. Sie müssen über die notwendigen Fähigkeiten verfügen (und diese eben oft erst erwerben), um gesundheitsfördernde Maßnahmen authentisch im Unternehmen zu verankern.

Authentisch sein bedeutet hier Vorbild sein und die angestrebten betrieblichen Gesundheitsziele bei sich selbst umzusetzen.

Der innere Standort entscheidet über den Erfolg des Gesundheitsmanagements

Interventionen zum betrieblichen Gesundheitsmanagement können nur erfolgreich sein, wenn die Angebote von den Mitarbeitern angenommen werden. Genau hier liegt in der Regel die Schwierigkeit, dass gut gemeinte Angebote zum Beispiel zur Raucherentwöhnung, zur Umstellung des Ernährungsverhaltens oder zur Stressreduktion teilweise von der Belegschaft sogar gewünscht werden, jedoch nicht genutzt werden, sobald der Arbeitgeber konkrete Angebote eingerichtet hat. Das liegt daran, dass der Wert und die Bedeutung der eigenen »Gesundheit« bei den Menschen, die aktiv im Unternehmen arbeiten (also nicht krankgeschrieben sind) meist nur gering einzustufen ist.

Solange es einem gut geht, ist Gesundheit an sich kein aktuelles Bedürfnis, das nach Befriedigung strebt. Sobald man aber krank wird, steigt der Stellenwert der Gesundheit innerhalb der eigenen Bedürfnisskala mit zunehmender Verschlechterung des Gesundheitszustandes rapide an.

Analog zu der Bedürfnispyramide von Maslow könnte man unterschiedliche Levels von Gesundheit differenzieren, die in der folgenden Abbildung dargestellt werden.

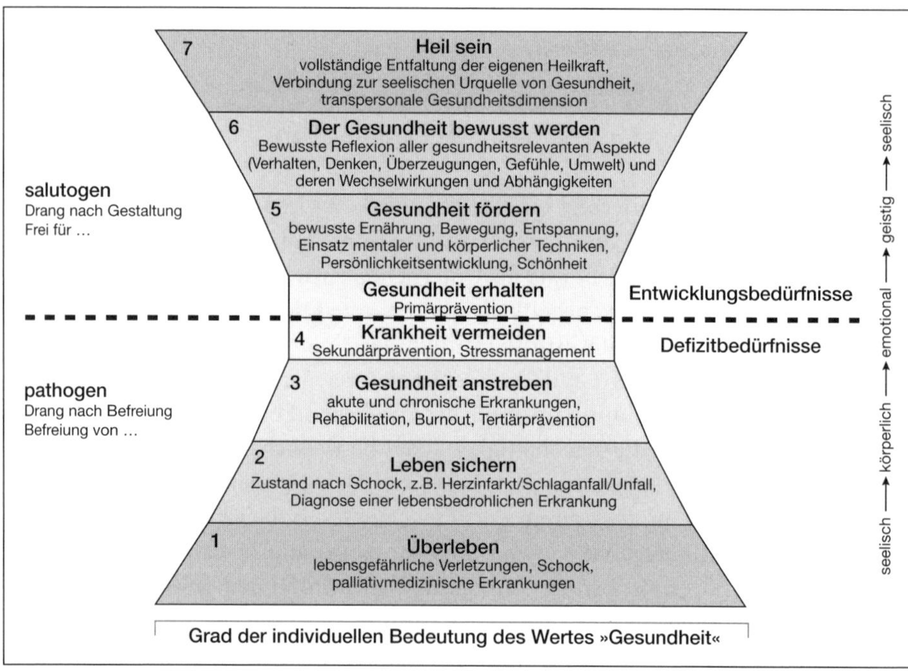

Differenzierungsmodell der Gesundheitslevel

Über den Erfolg der Maßnahmen zum betrieblichen Gesundheitsmanagement entscheidet der innere Standort, von dem aus der Bedarf motiviert und die Ziele definiert werden, und welche Bedeutung der Gesundheit im Unternehmen beigemessen wird. Sieht die Unternehmensführung die Gesundheit ihrer Mitarbeiter als Mittel zum Zweck, damit sie möglichst leistungsfähig und belastbar sind, effektiv und effizient arbeiten um die Produktivität zu steigern? Sollen in erster Linie die Kosten für krankheitsbedingte Ausfälle möglichst gering gehalten werden, um dem Unternehmensergebnis zu dienen? Oder soll die Organisation dem Mitarbeiter dienen und einen Raum schaffen, in dem er sein höchstes Potenzial und damit auch maximale Gesundheit entfalten kann?

Solange das Gesundheitsmanagement pathogen, also von dem Streben der Vermeidung von Krankheiten und Ausfällen her begründet ist (untere Hälfte der Grafik auf Seite 328), zielen gesundheitsfördernde Angebote auf Mitarbeiter, die eigentlich kein Interesse daran haben, da sie sich gesund fühlen. Erst wenn das Unternehmen Gesundheit als Wert an sich im Unternehmen lebendig werden lässt und entsprechende Mehrkomponentenprogramme etabliert, die alle Perspektiven des Unternehmens einschließen, kann das BGM auf Resonanz bei den Mitarbeitern stoßen und gemeinsam mit ihnen erfolgreich weiterentwickelt werden (obere Hälfte der Grafik). Dann wird zum Beispiel die Ästhetik der Arbeitsumgebung, des Verhaltens miteinander und der Führung zum gesundheitsfördernden Faktor im Unternehmen.

Schlechte Führung macht krank

↘ Beispiel

Die Heiligenfeld Kliniken in Bad Kissingen sind spezialisiert auf Führungskräfte und Manager, die unter anderem durch schlechte oder nicht funktionierende Führungsprozesse krank werden. Typische Krankheitsbilder wie Depressionen, Burnout, Angsterkrankungen oder chronische Erschöpfungszustände können auf beiden Seiten der Führung, also bei den Führenden und den Geführten, entstehen. Dabei sind die Symptome meistens nicht Ausdruck von zu viel Arbeit, sondern von zu viel entseelter Arbeit. Wenn der Sinn der Arbeit nicht erkannt oder eigene Werte mit der Arbeit nicht gelebt werden oder darin verloren gehen, kann die Arbeit den Menschen heute nicht mehr ausreichend nähren. Körperliche und seelische Erkrankungen können die Folge sein.

Im Oktober 2010 starteten 21 leitende Ärzte und Professoren psychosomatischer Kliniken einen Aufruf (s. S. 37 ff.) im »Focus« Magazin zur psychosozialen Lage in Deutschland (Galuska/Loew/Vogler 2010). Sie berichten dort über die drastische Zunahme psychischer Erkrankungen und fordern eine gesellschaftliche Debatte über die Arbeitswelt, um den volkswirtschaftlichen Schaden durch fehlgeleitete Werte und unzureichende Führungskompetenzen nicht ins Unermessliche steigen zu lassen. Sinn- und Lebensorientierung sollen für die Tätigen eine größere Bedeutung erlangen als die derzeit im Vordergrund stehende Profit- und Leistungsorientierung. Dr. Joachim Galuska, Ärztlicher Leiter, Gründer und geschäftsführender Gesellschafter der Heiligenfeld Kliniken ist selbst Mitinitiator des bundesweiten Aufrufs und setzt im therapeutischen Ansatz genauso wie im Heiligenfelder Führungskonzept auf Selbstführung. Er beschreibt sein Heiligenfelder Führungskonzept in seinem Eröffnungsvortrag beim Kongress »Wirtschaften mit Geist und Seele« der Akademie Heiligenfeld in Bad Kissingen am 29.05.2008 folgendermaßen:

> »Mit der Definition und Festlegung persönlicher Ziele, Werte und Visionen im Rahmen der Selbstführung wird die Selbstbestimmung sichtbar, die in der eigenen Seele verankert ist. Auf diese Weise bildet die Selbstführung das Fundament der Führungsidentität, die sich dann auf den anderen Führungsebenen spiegeln und weiterentfalten wird. Erst dann entstehen Synergien, die auf die ganze Organisation zurückstrahlen und diese durch ausgezeichnete Ergebnisse oder einen exzellenten Ruf lebendig machen.«
> »Essenzielle Fragen der Selbstführung sind: Wie gestalte ich meine Arbeit, meine Arbeitszeit, meine Arbeitsabläufe, mein Verhältnis von Arbeit, Familie, Freunden, Freizeit und so weiter? Wie steuere ich meine inneren Zustände, um zu guten Entscheidungen zu kommen? Bin ich Reagierender oder Agierender? Wie gehe ich mit komplexen Situationen um? Besitze ich Raum für Kreativität? Steht mein Wirken im Einklang mit meinem innersten Anliegen und meinen inneren Werten? Selbstführung bedeutet, in der Mitte meines Handelns zu stehen, mich selbst, meinen Umgang mit meinen Mitarbeitern und mein Arbeitsfeld aktiv gestalten zu können.«

So konkretisiert Dr. Galuska das Heiligenfelder Verständnis von Selbstführung, das auch im Gesundheitsmanagement des Unternehmens fest verankert ist.

Ein Ansatz, der auch nach außen Resonanz zeigt. Die Heiligenfeld Kliniken wurden im Rahmen des bundesweiten Wettbewerbs »Beste Arbeitgeber im Gesundheitswesen« am 27. Januar 2011 erneut mit dem 1. Platz in der Kategorie »Kliniken« vom Great Place to Work Institute® ausgezeichnet.

Umsetzung eines integrativen/integralen Gesundheitsmanagements in der Praxis

Der Umsetzungsplan eines integrativen/integralen Gesundheitsmanagements folgt im Ablauf den bekannten Phasenmodellen. Dabei sind im Wesentlichen zu unterscheiden:

- → Diagnose- oder Analysephase
- → Planungsphase
- → Umsetzungsphase
- → Evaluationsphase

Für alle Phasen gilt die Berücksichtigung und Anwendung aller vier Quadranten. In der *Analysephase* werden somit die Potenziale und Defizite von Mitarbeitern und Unternehmen sowohl in ihrer individuellen als auch in ihrer kollektiven Auswirkung erfasst. Zur Diagnostik der psychosozialen Perspektiven eignen sich insbesondere die Instrumente der Mitarbeiterbefragung per Fragebogen und gegebenenfalls durch Einzelgespräche. So kann verifiziert werden, in welchem Maß Freude und Sinn bei der Arbeit empfunden werden, welche psychischen Fehlbelastungen oder Ängste vorherrschen und wie die Qualität der Unternehmenskultur von den Menschen im Unternehmen beurteilt wird. Die Auswertungen zum Beispiel von Fehlzeitenstatistiken, Betriebsbegehungen und medizinischen Untersuchungen eignen sich zur Bestandsaufnahme der verhaltensorientierten und der verhältnisorientierten Perspektive. Auch für die Konzeptionserstellung gilt, dass Maßnahmen der betrieblichen Gesundheitsförderungen in allen Perspektiven definiert und umgesetzt werden.

Die *Evaluierungsphase* erfasst, ob die jeweiligen Maßnahmen in der Erreichung des Teilziels der jeweiligen Perspektive und des Gesamtziels der Organisation erfolgreich waren. Sie zeigt darüber hinaus auf, welche Interdependenzen und Wechselwirkungen die Interventionen in den unterschiedlichen Quadranten hervorrufen.

Für ein wirkungsvolles und nachhaltiges Gesundheitsförderungsprogramm werden deshalb höchste Flexibilität, Transparenz sowie die Bereitschaft zur kontinuierlichen Modifizierung der Umsetzungsschritte unter fortwährender Einbeziehung aktueller Evaluationsergebnisse vorausgesetzt.

Fazit

Ein integrativer/integraler Ansatz im betrieblichen Gesundheitsmanagement kann der Komplexität der zu berücksichtigenden Faktoren einer »gesunden Organisation« umfassend gerecht werden. Hierfür werden sowohl konventionelle als auch neuere Ansätze nach dem Vier-Quadranten-Modell sinnvoll geordnet und integriert.

Die Fähigkeit der aperspektivischen, bewertungs- beziehungsweise gewichtungsfreien Betrachtung ermöglicht die Gesamtschau auf die Ursachen von Gesundheitsstörungen und auf die Wirkungen der Gesundheitsförderung. So können bisher ungenutzte betriebliche Potenziale der Gesundheitserhaltung und -wiederherstellung genutzt werden.

Dabei ist der Grad der Gesundheitsidentität bei Mitarbeitern und Organisation für den langfristigen und nachhaltigen Erfolg eines betrieblichen Gesundheitsmanagements entscheidend. Diese Aspekte werden für erfolgreiche Unternehmen insbesondere vor dem Hintergrund eines sich abzeichnenden Fachkräftemangels in vielen Bereichen differenzierter Industrie- und Dienstleistungsgesellschaften an Bedeutung gewinnen. Mitarbeiter werden den Wert des Sich-gesund-Fühlens als ein Kriterium bei der Wahl ihres Arbeitgebers immer stärker in den Vordergrund stellen. Neben Aufstiegs- und Gehaltsforderungen werden Unternehmen mit potenziellen Mitarbeitern konfrontiert sein, die ihren Arbeitgeber nach gesundheitsorientierten Kriterien aussuchen werden.

Was ist Burnout? Anzeichen, Symptome, Behandlungsmethoden

Ein typischer Phasenverlauf

Burnout, ein Begriff, der heute in so vieler Munde ist, wird aus medizinischer Sicht nicht als Krankheit mit eindeutigen diagnostischen Kriterien wahrgenommen. Der deutsch-amerikanische Psychoanalytiker Herbert J. Freudenberg, der in New York lebt, kreierte vor 35 Jahren diese Wortschöpfung. Mit seinem 1974 in den USA publizierten Aufsatz »Staff Burnout« und im 1980 erschienenen Buch »Burn Out: The High Cost of High Achievement« entfachte er eine erste Diskussion um das Burnout-Syndrom. Er beschrieb es als eine körperliche, emotionale und geistige Erschöpfung aufgrund langanhaltender beruflicher Überlastung und nahm es zunächst bei helfenden Berufen wahr.

Mehr und mehr wurde die Symptomatik aber auch bei anderen Berufsgruppen beobachtet und beschrieben. Neben der Erschöpfung, welche nicht nur physisch, sondern auch psychische und mentale Auswirkungen zeigt, werden in vielen Fällen auch Zynismus, Demotivation und reduzierte Leistungsfähigkeit geschildert. Überschneidungen mit den Symptomen von Depression und Neurasthenie sind häufig. Vegetative Begleiterscheinungen sind ebenfalls nicht selten.

Es gibt mehrere anerkannte Methoden zur Diagnose eines Burnouts:

- Das *Maslach-Burnout Inventor (MBI,)* bei dem Aussagen aus den Kategorien »Emotionale Erschöpfung, Depersonalisierung und Leistungszufriedenheit« nach Intensität und Häufigkeit abgefragt werden.
- Das *Tedium Measure (TM,)* in dem Aussagen nur bezüglich ihrer Häufigkeit beantwortet werden.
- *Trierer Inventar zum chronischen Stress:* Es erfasst auf der einen Seite die Anforderungen (Arbeitsüberlastung, soziale Überlastung und Erfolgsdruck) und auf der anderen Seite die mangelnde Bedürfnisbefriedigung (Unzufriedenheit mit der Arbeit, Überforderung, Mangel an sozialer Anerkennung) sowie soziale Spannungen und Isolation. Der Test wurde anhand verschiedener Alters- und Berufsgruppen validiert.

Neben diesen Messinstrumenten, welche vor allem eine qualitative Aussage machen, existieren auch quantitative Tests, die feststellen, ob ein Burnout vorliegt und wie schwerwiegend es ist. Als Beispiel sei das für die Universität Zürich entwickelte BSI (Burnout-Screening Inventory) genannt.

Ein Burnout entwickelt sich stets in einem Prozess, den man in verschiedene Phasen klassifizieren kann. Es gibt allerdings keinen typischen Verlauf des Burnouts. Infolgedessen wurden auch zahlreiche Phasentheorien formuliert, unter anderem von Herbert J. Freudenberger selbst sowie von M.L. Lauderdale, Jerry Edelwich, Stevan Hobfoll, Christina Maslach und Cary Cherniss. Freudenberger und Lauderdale haben dabei viele Fallstudien im wirtschaftlichen Kontext gemacht. Edelwich, Maslach und Cherniss befassen sich intensiv mit dem Personenkreis aus helfenden Berufen. Hobfoll geht auf beide Gruppen ein.

In meinen Vorträgen und Seminaren möchte ich den Teilnehmern einen ersten, verständlichen Überblick über einen möglichen Prozessverlauf gewähren. Ich beleuchte vier Phasen, die sich in der gefühlten Wirklichkeit eines Klienten oft überschneiden und in der Reihenfolge verschieben können. Typisch ist ein schleichender Verlauf, der zunächst verdrängt und mit vermehrtem Engagement kompensiert werden soll:

Erste Phase: Überaktivität

→ übertriebenes Engagement/Hyperaktivität
→ Gefühl der Unentbehrlichkeit
→ Verleugnung eigener Bedürfnisse
→ überhöhtes Bedürfnis nach Anerkennung
→ Perfektionismus
→ sich beweisen müssen

Zweite Phase: Reduziertes Engagement

→ Verlust positiver Gefühle
→ allgemeines Gefühl, abzustumpfen und härter zu werden
→ Kontaktverlust
→ negative Einstellung zur Arbeit
→ Beginn der »inneren Kündigung«
→ zunehmende Schuldzuweisung auf andere
→ entsprechende Reaktionen des Umfelds werden oft als Mobbing erlebt

Dritte Phase: Tatsächlicher Abbau der Leistungsfähigkeit

→ Konzentrationsschwächen bei der Arbeit
→ Desorganisation: unsystematische Arbeitsplanung
→ Entscheidungsunfähigkeit
→ verringerte Initiative
→ rigides Schwarz-Weiß-Denken
→ Dienst nach Vorschrift
→ Widerstand gegen Veränderungen aller Art

Vierte Phase: Verzweiflung
→ verstärkte Hilflosigkeitsgefühle
→ existenzielle Verzweiflung
→ Sinnlosigkeit
→ »Energiespeicher« füllen sich nicht mehr auf
→ psychische beziehungsweise psychosomatische Symptome
→ klinische Auffälligkeit und Gefährdung

In diesem Vier-Phasen-Model können sich viele Zuhörer wiederfinden. Es verleiht ihnen eine erste Orientierung, an welchem Punkt sie selbst oder gegebenenfalls einer ihrer Mitarbeiter stehen. Die klare Darstellung ist ein guter Einstieg, um vielfältige Aspekte des Krankheitsbilds aufzugreifen. Bei Informationsveranstaltungen für Führungskräfte liefert es die Möglichkeit, Wahrnehmung zu schärfen und Beobachtungen ordnen zu können.

Ursachen und mögliche Behandlungen

Das Hauptproblem für die Konzeption wirksamer Maßnahmen zur Vorbeugung und Behandlung besteht darin, dass Burnout nicht als Krankheit mit klar definierten Symptomen und Ursachen anerkannt ist. Sicherlich helfen zahlreiche Entspannungs-, Atem- und Meditationsübungen sowie verschiedene sportliche Aktivitäten. Sie treffen aber nicht den Kern des Problems. Begutachten wir zunächst noch einmal die auslösenden Faktoren.

Situationsfaktoren: Eine Veröffentlichung der OSHA aus dem Jahr 2007 listet die auslösenden Faktoren auf und benennt sie folgendermaßen: »neu auftretende und zunehmende psychosoziale Risiken für Sicherheit und Gesundheitsschutz bei der Arbeit.« Die Europäische Agentur für Sicherheit und Gesundheitsschutz am Arbeitsplatz ermittelt, analysiert und verbreitet gute praktische Lösungen, wissenschaftliche Forschungsarbeiten und Statistiken, um so eine Kultur der Risikoprävention zu fördern und Arbeitsplätze sicherer, gesünder und produktiver zu gestalten. Die Agentur informiert über die neuesten Entwicklungen in den Bereichen »Sicherheit und Gesundheitsschutz« bei der Arbeit (s. http://osha.europa.eu/fop/germany/de/front-page).

Hervorgehoben werden unter anderem:

→ unsichere Arbeitsverhältnisse im Kontext eines instabilen Arbeitsmarkts
→ zunehmende Anfälligkeit von Arbeitnehmern im Kontext der Globalisierung
→ neue Formen von Arbeitsverträgen
→ Gefühl der Arbeitsplatzunsicherheit
→ alternde Erwerbsbevölkerung
→ lange Arbeitszeiten
→ Intensivierung der Arbeit

- → schlanke Produktion und Outsourcing
- → hohe emotionale Anforderungen bei der Arbeit
- → unzureichende Vereinbarkeit von Beruf und Privatleben

Diese Aussagen decken sich mit meinen täglichen Erfahrungen in der Wirtschaftswelt. Sie beschreiben aber nur die eine, die berufliche Seite der Medaille. Für viele Menschen spielt sich ihr Privatleben ebenfalls in hochkomplexen Feldern ab. Da sich die traditionelle Kleinfamilienstruktur auflöst, leben viele Personen in sogenannten Patchworkfamilien, in denen Kinder von verschiedenen Elternteilen zusammen aufwachsen. Neben den daraus resultierenden emotionalen Spannungen gestaltet sich oft auch die schulische Begleitung als sehr zeitintensiv. Zudem müssen immer mehr Pflegeaufgaben von Familienangehörigen übernommen werden. Selbst von Natur aus resiliente Personen, die mit guten Bewältigungsstrategien ausgerüstet sind, können bei diesen vielfältigen Belastungen ins Straucheln geraten. Manchmal bildet sich für Unternehmen dadurch eine unselige Verkettung. Da ausgebrannte Mitarbeiter immer weniger Arbeitsleistung erbringen können, müssen ihre Kollegen die Mehrarbeit mit übernehmen. So kann es zu Kettenreaktionen innerhalb eines Teams kommen.

Die Gegenmaßnahmen können entsprechend auf der betrieblichen Ebene erfolgen und beispielsweise folgende Serviceleistungen offerieren: Verkürzung von Schichten, Umsetzungen von mehr oder längeren Arbeitspausen, Sonderurlaub bis hin zu sogenannten Sabbaticals, Jobrotation, Teilzeitarbeit, Leistungsfeedback, mehr Selbstbestimmungsmöglichkeiten bei der Arbeitsausführung, Mitspracherecht bei Entscheidungen, Garantieren von Arbeitsplatzsicherheit, das Angebot von Coaching und Supervision, Angebote zur Kinderbetreuung und vieles mehr.

Persönlichkeitsfaktoren: Neben den sehr ernst zu nehmenden Situationsfaktoren schlagen aus meiner Wahrnehmung aber besonders die persönlichen psychischen Strukturen zu Buche. An dieser Stelle bewegen wir uns wieder auf dem Terrain der Muster, Prägungen und Glaubenssätze. Ein Mensch, der es von Kindertagen an tief verinnerlich hat, dass er nur Anerkennung findet,

- → wenn er anderen ständig hilfreich zur Seite steht (Helfersyndrom),
- → jede Arbeit möglichst akkurat ausführt (Perfektionist),
- → wenn er keine klaren Grenzen zieht (»Sprachfehler«: kann nicht Nein sagen),
- → wenn er alles unter Beobachtung hat (Kontrollzwang),
- → sich Belastungen schönredet (Idealist),

hat es ungemein schwer, im Sturm der täglichen Herausforderungen innere Balance zu finden. Sein innerer Antreiber (s. S. 130) torpediert ihn ständig mit scharfen Anweisungen im Kasernenton:

- → Sei perfekt!
- → Streng dich an!

- → Beeil dich!
- → Sei stark!
- → Mach es den anderen recht!
- → Du bist ein Egoist, wenn du dich um dich selbst kümmerst!

Ein derartiges inneres Gespräch ist für einen Burnout-Anfälligen typisch.

All diese persönlichen Schwachstellen können im Laufe eines Resilienz-Trainings aufgedeckt und schrittweise gestärkt werden. Wichtig ist dabei, dass der Klient durch seine Symptome nicht schon komplett in der Selbststeuerung irritiert ist. Auch wenn er sich am Anschlag seiner Kräfte wahrnimmt, braucht er eine gewisse Handlungsfähigkeit, um die ersten, kleinen, realistischen Verbesserungsschritte selbstständig realisieren zu können. In der Anfangsphase kann es bei richtiger Begleitung zu schneller, spontaner Erholung kommen; das hängt auch von Ursache und Auslöser des Burnouts ab. Manchmal reicht eine Veränderung in der bisherigen Aufgabenstellung, ein Gespräch mit der Führungskraft, eine Umverteilung von Belastungen auf mehrere Schultern.

Manche der Klienten haben allerdings schon zu viel Kontrolle über ihr Leben verloren und brauchen dringend eine Beratung durch Fachkräfte wie Ärzte und Psychologen, gegebenenfalls auch in Form eines Klinik- oder Rehaaufenthalts. Wichtig ist das Sich-Eingestehen der eigenen Konstitution – nur dann kann sich der Mensch aktiv Hilfe suchen. Hierfür braucht es dringend eine Entstigmatisierung des Themas. Nur wenn sich ein Betroffener gesellschaftlich nicht vorverurteilt fühlt, wird er unvoreingenommen professionelle Unterstützung in Anspruch nehmen. Dies ist für seine Gesundung unerlässlich, denn im fortgeschrittenen Stadium vergeht ein Burnout-Syndrom nicht einfach so. Ein Mensch muss es sich erlauben, sich aktiv auszuklinken, um Körper und Geist Ruhe und Abstand zu verschaffen. Holt er sich diese physische und psychische Erholung nicht, wird sein Körper sie durch zunehmende Symptome gnadenlos einfordern.

Hier noch ein interessanter Aspekt zum Thema »Behandlung«. Viele Burnout-Patienten erhalten die Diagnose einer Erschöpfungsdepression und es wird eine Behandlung mit Antidepressiva eingeleitet. Experten wie Freudenberger als auch Burisch warnen davor, einen Burnout einfach einer Depressionen gleichzustellen. Sie betonen beide, dass die Burnout-Behandlung so lange nicht erfolgreich sein wird, wie man glaubt, sie unter das weite Feld der Depressionen unterordnen zu können.

Ein Burnout ist oftmals das Ergebnis massiver Erschöpfung. Dadurch weicht die Burnout-Depression ganz erheblich von anderen Depressionen ab, die häufig eine starke Antriebslosigkeit mit sich bringen. Der Patient mit einem fortgeschrittenen Burnout dagegen muss dauernd gegen seinen inneren Antrieb kämpfen, der ihn weiter in die Erschöpfung treibt. Viele Antidepressiva enthalten antriebssteigernde Substanzen – und katapultieren die Person weiter in den Teufelskreislauf des »Müssens«, liefern ihn erneut der »inneren Peitsche« aus. Es könnte bedeuten, dass dieser Effekt die Suizidgefahr erheblich erhöht.

Abgesehen von diesen möglichen Gefahren ist es mein großes Anliegen, Klienten noch im Anfangsstadium der Erkrankung begleiten zu können und ihnen jegliche Einnahme von Psychopharmaka zu ersparen. Deren Nebenwirkungen sind erheblich und beeinflussen negativ das Selbstbewusstsein eines Menschen. In meiner Funktion als Resilienz-Coach, Trainer oder Berater sollte ich auf alle Fälle mit den Grundzügen des Krankheitsbilds vertraut sein und über ein gutes Netzwerk von Ärzten, Psychotherapeuten und klinischen Einrichtungen verfügen. Weitere Informationen zum Thema können über die Hinweise im Literaturverzeichnis (s. S. 396) eingeholt werden.

Kosten und Nutzen betrieblicher Gesundheitsprävention

Die Kosten haben sich verschoben

Um in Betrieben eine gezielte und nachhaltige Resilienz-Förderung verwirklichen zu können, braucht es Budget, Zeit und Ressourcen. Damit Geschäftsführer für dieses Projekt Geldmittel zur Verfügung stellen, müssen sie von der Kosten-Nutzen-Rechnung überzeugt sein. Zu Recht argumentieren sie, ihre bisherigen Gesundheitsförderungen seien schon gut ausgebildet und jedem zugänglich. In vielen Betrieben konnten in den letzten Jahrzehnten durch betriebliche Arbeitssicherheit und Gesundheitsschutz große Verbesserungen und hohe Standards beim Schutz vor Arbeitsunfällen und Berufskrankheiten erreicht werden. So ist zum Beispiel die Anzahl der meldepflichtigen Arbeitsunfälle bei den Unfallversicherungsträgern der öffentlichen Hand von 130.098 im Jahr 2005 auf 107.682 im Jahr 2007 zurückgegangen. Diese Zahlen sind bemerkenswert und verdeutlichen, welch monetäres Gewicht im Arbeitsschutz steckt. Ein noch viel höherer Return-on-Investment liegt allerdings bei Präventionsmaßnahmen im Bereich der psychosozialen Gesundheit, wie im Folgenden dargelegt wird.

Burnout kostet mehr als Dauerhochleistung bringt

> »Was es Unternehmen kostet, wenn Mitarbeiter durch Burnout ausfallen, hat die Psychologin und Arbeitswissenschaftlerin Dr. Dagmar Siebecke in einem Rechenexempel gegenübergestellt [...] Siebeckes Rechnung stützt sich zum einen auf die Arbeitskosten je Vollzeitkraft im produzierenden Gewerbe, die laut Institut der Deutschen Wirtschaft Köln (IW) pro Jahr 56.090 Euro ausmachen, was einem Tagessatz von 254 Euro entspricht. Ein Burnout führt laut Weltgesundheitsorganisation WHO zu einer Arbeitsunfähigkeitsdauer von 30 Tagen im Durchschnitt pro Kalenderjahr. Rechnet man dies mit dem täglichen Kostensatz um, kommt man alleine im produzierenden Gewerbe auf durchschnittlich 7.750 Euro reine Arbeitskosten je Mitarbeiter für Absentismus durch Burnout.
> Doch richtig teuer wird der Präsentismus, wenn Mitarbeiter weiter zur Arbeit gehen, obwohl sie eigentlich längst zum Arzt gehen müssten. Die Arbeitswissenschaftler und -mediziner schätzen, dass in Deutschland der Kostenfaktor von Präsentismus viermal höher ist als der von Fehltagen kranker Mitarbeiter – denn wer krank ist, arbeitet zwar irgendwie, aber nie so gut, wie wenn man gesund ist

und voll leistungsfähig. Für das verarbeitende Gewerbe kommt Siebecke damit auf rund 39.000 Euro pro Jahr an Kosten … Gerade in den Wissensberufen mit höher qualifizierten Mitarbeitern kann Präsentismus mehr Schaden anrichten, als Nutzen schaffen – sie kosten mehr, als sie dadurch für das Unternehmen verdienen können … Wenn also scheinbar gesunde Mitarbeiter, die aber eigentlich krank sind, Entscheidungen von großer wirtschaftlicher Tragweite zu fällen haben, dann steht richtig Geld der Firma auf dem Spiel. Beim einen bedeutet dies vielleicht Tausende, beim anderen Millionen – in jedem Fall kostet es Geld, nicht auf der Höhe zu sein und falsch zu entscheiden.« (Siegfried Gänsler und Thorsten Bröske in »Die Gesundarbeiter« 2010, S. 35 f.)

Beispiele für finanzielle Verluste

Wer an sich selbst oder in seinem direkten Umfeld schon einmal erlebt hat, was für einen Menschen ein aufziehender Burnout bedeuten kann, der wird die Kosten-Nutzen-Rechnung von Präventivmaßnahmen mit anderen Augen sehen. Neben all dem persönlichen Kummer und Leid des Betroffenen und seiner nächsten Angehörigen verursacht diese Erkrankung ungemeine Kollateralschäden im Netzwerk.

Hier zwei Beispiele aus dem letzten Jahr:

↘ Beispiel

Eine Firma rief mich an, eine ihrer besten Führungskräfte sei vor einigen Monaten in eine Erschöpfungsdepression gerutscht. Der Mann verbrachte zwei Monate in einer psychosomatischen Klinik und kehrte danach wieder in den Job zurück. Leider war er aber nicht mehr der Alte. Er, der früher der beste und erfolgreichste Kommunikator und Netzwerkbauer der Firma war, wirkte ständig bedrückt und in sich zurückgezogen. Der Personaler meinte zu mir, das Unternehmen würde jede nur denkbare Maßnahme finanzieren, die diesen Mann in seiner psychischen Gesundheit unterstützen könnte. Tatsächlich erschien er einige Monate regelmäßig zum Einzelcoaching – ausschlaggebend für seine Stabilisierung war aber ein Workshop mit der Geschäftsführung, in dem die Druckpunkte und Überlastungen der Führungsebene genau herausgearbeitet und entsprechend verbessert wurden.
Ein erkrankter Mitarbeiter ist oftmals ein Detektor für Unstimmigkeiten und Defizite im ganzen System. Durch einen therapeutischen Heilungsprozess und die gezielte Schulung seiner Selbststeuerung kann er für sein persönliches Wohlergehen sorgen. Sobald er aber in das »kranke« System zurückkommt, können die alten Symptome in abgeschwächter Form wieder auftauchen. Es braucht die Offenheit der Kollegen und Vorgesetzten, Umstände zu hinterfragen, um sich gemeinsam weiterzuentwickeln. In der besagten Firma traf ich auf Personen, die sich dieser Standortbestimmung interessiert zuwandten – welch ein Glücksfall! Die Firma stellte im Nachhinein fest, dass es menschlich und auch finanziell für sie viel besser gewesen wäre, erste Anzeichen und Aussagen des Mitarbeiters ernst zu nehmen und sich der Problematik frühzeitig ehrlich zu widmen.

Ein weiteres Beispiel bezieht sich auf einen Geschäftsführer. Ein Unternehmensberater rief mich an und schilderte mir eine verzwickte Situation. In einem Unternehmen, das er schon länger begleitete, wirkte der Geschäftsführer seltsam verändert. Seit einigen Monaten zog er sich mehr und mehr zurück, was zur Folge hatte, dass sich alle anstehenden Entscheidungen unsäglich verzögerten. Das Ganze spitzte sich zu, nachdem der Unternehmensleiter sich stundenlang in seinem Büro »verschanzte« und nur noch seine Assistentin sprechen wollte. Aber auch sie zog mit einer dringlichen Unterschriftenmappe unterm Arm unverrichteter Dinge wieder ab. Da die Firma an sich in einer prekären Situation steckte, wurde dem Berater das Verhalten langsam mulmig. Er hatte handfeste Bedenken, ob das Unternehmen durch die unterlassenen Entscheidungen nicht in eine Insolvenz hineinrauschen könnte. Keiner der Mitarbeiter traute sich, auf den Geschäftsführer zuzugehen, und der Unternehmensberater wollte sich von mir einen Rat holen, wie er sich in dieser heiklen Situation richtig verhalten konnte.

In so einem Moment ist guter Rat wahrlich teuer. Es gibt kein Patentrezept im Umgang mit erkrankten Personen, denn jede Konstellation stellt sich wieder anders dar. Auf alle Fälle verlangt es den Mut und das Einfühlungsvermögen der umgebenden Beteiligten, eine schleichend steigende Handlungsblockade nicht totzuschweigen, sondern den abdriftenden Menschen in angemessener Form anzusprechen.

↗ Beispiel

Im besagten Fall fand sich ein Aufsichtsrat, der sich seiner Verantwortung bewusst war und trotz seiner Unsicherheit »das Kind beim Namen nannte«. Er half dem Geschäftsführer, einen geordneten Rückzug anzutreten, bei dem er sein Gesicht wahren konnte. Nach einigen Monaten der Auszeit kehrte dieser zurück und konnte nach einigen Umstrukturierungen und Entlastungen das Unternehmen erfolgreich weiterführen. Diese Hängepartie war noch einmal gut gegangen dank der Wachheit und Zivilcourage des Beraters, der sich von der lähmenden Energie eines eskalierenden Burnouts weder einlullen noch abschrecken ließ.

In den letzten Jahren begegnen mir immer mehr solch zugespitzter Situationen, in denen ausgesprochene Notfallinterventionen benötigt werden. Weitaus klüger und günstiger ist es natürlich, Symptome bei einzelnen Personen oder in der gesamten Organisation im Frühstadium zu erkennen und präventiv gegenzusteuern. Die meisten meiner Kunden interessieren sich für die Resilienz-Förderung, da die klassischen Kennzahlen des Krankenstands und der Mitarbeiterfluktuation bedenklich in die Höhe schießen. Ihre Ausfälle durch Präsentismus sind weitaus schwieriger zu beziffern, sollten aber deswegen nicht aus dem Auge verloren werden.

Die Kunst, weiche Faktoren in harte Zahlen zu gießen

Es ist nicht einfach, für weiche Faktoren tragfähige Kennzahlen zu generieren. Auf dem Gebiet der Resilienz stehen wir ganz am Anfang und können uns nur an Erfahrungswerte aus anderen Forschungsgebieten anlehnen. Vor zwei Jahren machte ich hierzu eine Fortbildung zum Thema »Human-Capital-Management« (HCM), die mir zwar nicht den »Stein des Weisen« vermitteln konnte (der wurde bisher noch nicht gefunden), aber viele interessante Denkanstöße geliefert hat.

Die Kernaussage des HCM besteht darin, dass Mitarbeiter nicht nur als Kostenfaktor, sondern als Vermögenswert akzeptiert werden und Teil des betrieblichen immateriellen Vermögens sind. Dadurch tragen sie wesentlich zum langfristigen Unternehmenserfolg und damit zur nachhaltigen Unternehmenssicherung bei.

Als betriebliches Humankapital zählen:

- das in den Mitarbeitern verkörperte individuelle Humankapital: Hierunter sind die Fähigkeiten, Fertigkeiten, Wissen, Erfahrung, Motivation und Innovationsfähigkeit der Mitarbeiter zu fassen.
- die Personalprozesse (dynamisches Humankapital): Dazu gehören alle Vorgänge zur Beschaffung, Entwicklung, Einsatz und Freisetzung der Mitarbeiter. Im Wesentlichen ist damit das betriebliche Personalwesen gemeint.
- die Personalstrukturen (strukturelles Humankapital): Darunter sind sowohl Aufbau und Organisation des Personalbereichs als auch die aus dem Personalmanagement resultierende Mitarbeiterstruktur (nach Qualifikationen, Alter, Geschlecht und so weiter) zu verstehen.

Die Planung, Steuerung und Kontrolle des betrieblichen Humankapitals ist Gegenstand des sogenannten Humankapital-Managements, englisch »Human Capital Management« (HCM) oder »Human Asset Management«. Die Idee dabei ist unter anderem, zahlengesteuerte Unternehmensleiter in einer Sprache und einer Logik abzuholen, die ihnen wohl vertraut ist und die sie direkt verstehen.

HCM muss sich zum Mitarbeiter als elementarem Vermögenswert des Unternehmens bekennen

> »In Unternehmen gibt es schöne Lippenbekenntnisse wie ›Unsere Mitarbeiter sind uns wichtig‹ – und zwei Wochen später werden 5000 Mitarbeiter entlassen. Die Begründung läuft im Regelfall auf die Reduktion des Personalkostenblocks hinaus. Der Mitarbeiter ist für diese Unternehmen primär ein Kostenfaktor – egal, wie man es im Einzelfall verbrämt. Ähnliches passiert bei einer Fusion oder einer Akquisition: Hier besteht das ›Synergiepotenzial von zehn Prozent‹ im Regelfall in einem Personalabbau von zehn Prozent der Mitarbeiter.
> HCM hat sich mit dem Mitarbeiter als Vermögens- beziehungsweise Kapitalwert zu befassen! Richtiges HCM beruht dabei streng auf der Formel: Unternehmenswert = Bilanzvermögen + Humankapital + sonstige immaterielle Vermögenswerte. Vor allem hierdurch lässt sich in das Personalmanagement eine qualitativ neue Denkrichtung einbringen. Wird dort neben dem üblichen Personalkostenblock zwingend auch der HC-Wert vermögensorientiert ausgewiesen, so kann dies durchaus zu interessanten Resultaten führen: etwa dann, wenn eine Reduktion der Personalkosten zu einer überproportionalen Reduktion des HC-Wertes führt und damit eine potenzielle Fehlentscheidung signalisiert. […] HCM hat sich in einer verantwortlichen Weise mit einem Gut auseinanderzusetzen, das eine ganz besondere Spezifität mit sich bringt: mit dem Mitarbeiter! Er ist mehr als eine bewertbare Schachfigur, nämlich vor allen Dingen ein eigenverantwortliches Wesen, das auch beschließen kann, das Unternehmen zu verlassen oder bei ihm zu

bleiben. Deshalb kann und darf die Bewertung des Human Capitals unter keinen Umständen aus der Denkschule der Bilanzfachleute heraus vorgenommen werden. Hier sind vor allem die Personalmanager gefragt: und zwar sowohl bei der allgemeinen Konzeption als auch bei der einzelfallspezifischen Realisation.« (Dr. Christian Scholz, Dr. Volker Stein und Roman Bechtel in der Zeitschrift Personalwirtschaft 5/2003, S. 50)

Es ist und bleibt ein komplexes Thema, in dem wir noch viele weitere Erkenntnisse zu sammeln haben. In der Praxis mache ich es so, dass ich in Unternehmen möglichst bald den Controller konsultiere und mit ihm in aller Ruhe seine Beobachtungen und Erfahrungen der letzten Jahre durchspreche. Diese Personen kennen ihre Firma ganz genau und liefern mir zumeist auf direkte, unspektakuläre Art wichtige Hinweise, an welchen Stellen die Organisation Geld verliert. Diese Informationen baue ich in meine Präsentationen für die Geschäftsführung ein. Sollte sich ein Unternehmen für längerfristige Maßnahmen entscheiden, gilt es, eine differenzierte Evaluation zu konzipieren, aus der heraus sich für das Unternehmen wesentliche Kennzahlen ableiten lassen.

Die derzeitigen Trends auf dem Arbeitsmarkt, geprägt alleine durch die Demografie und den steigenden Fachkräftemangel, lassen verschiedenste Aspekte in Hochrechnungen mit einfließen. Der folgende Gastbeitrag von Rudolf Kast, ehemaliger Personalchef der SICK AG, unterstreicht, wie ein Unternehmen verantwortlich und vorausschauend mit dem Thema der nachhaltigen Gesundheitsförderung umgehen kann.

Resilienz und Demografie?

Rudolf Kast

»Lebenslang gesund arbeiten« (LEGESA) als vernetztes Projekt bei der SICK AG

SICK ist einer der weltweit führenden Hersteller von Sensoren und Sensorlösungen für industrielle Anwendungen. Das Unternehmen mit Stammsitz in Waldkirch im Breisgau beschäftigt mehr als 5.000 Mitarbeiter, hat 50 Tochtergesellschaften und Beteiligungen in 30 Ländern sowie viele spezialisierte Fachvertretungen rund um den Globus.

Seit 2003 nimmt das Unternehmen am Wettbewerb »Deutschlands Beste Arbeitgeber« teil. Nach diversen Auszeichnungen in den Vorjahren gewann SICK Anfang 2009 den Sonderpreis in der Kategorie Gesundheit und wurde zum wiederholten Mal mit dem Sonderpreis »Förderung älterer Mitarbeiter« ausgezeichnet.

Der globale Wettbewerb und die damit einhergehenden Veränderungen in der Welt der Arbeit erfordern neue Führungs- und Organisationsstrukturen. Gerade die Vergangenheit hat gezeigt, dass die Unternehmen im internationalen Wettbewerb Vorteile besitzen, die auf eine partnerschaftliche Unternehmenskultur setzen. Denn motivierte und zufriedene Mitarbeiter, die sich mit Aufgabe und Unternehmen identifizieren, sind ein wichtiger, positiver Erfolgsfaktor.

Für die betriebliche Gesundheitspolitik ändern sich unter diesem Vorzeichen Ausgangsposition und Zielsetzung. Die ersten und wichtigsten Anliegen jeder glaubwürdigen betrieblichen Gesundheitsförderung müssen Wohlbefinden und Gesundheit der Beschäftigten sein. Gesundheit ist Voraussetzung und Ergebnis einer kontinuierlichen Auseinandersetzung. Damit wird auf die Mehrdimensionalität von Gesundheit im Sinne eines nicht nur körperlichen, sondern auch eines psychischen und sozialen Wohlbefindens hingewiesen. Deshalb verbindet die betriebliche Gesundheitspolitik mit Prävention und Gesundheitsförderung große Hoffnungen: eine Verbesserung der persönlichen Gesundheit unserer Mitarbeiter, ihrer individuellen Lebensqualität und damit die Förderung der Beschäftigung und Weiterbeschäftigung gerade auch der älteren Mitarbeiter.

So wird deutlich, dass betriebliches Gesundheitsmanagement und persönliche Resilienz untrennbar miteinander verknüpft sind.

Betriebliches Gesundheitsmanagement (BGM) in der Historie bei der SICK AG

Gesundheitsförderung sowie ein umfassendes Verständnis vom Gesundheitsbegriff haben bei SICK AG lange Tradition und sind im Leitbild zur Gesundheitsförderung und -vorsorge verankert. Daran anknüpfend wurden mit der Entwicklung eines BGM-Konzepts die Eckpfeiler geschaffen, um anstelle von Insellösungen unverbundener Einzelaktivitäten Gesundheitsmanagement als Organisationsentwicklungsprozess zu begreifen.

Das aktuelle Programm betrieblicher Gesundheitsförderung der SICK AG setzt sich aus zahlreichen Maßnahmen zur Erschließung von Gesundheitspotenzialen einerseits wie auch zur Reduzierung beziehungsweise Vermeidung von Risiken andererseits zusammen. Die Teilnahme am Forschungsprojekt »Lebenslang gesund arbeiten« (LEGESA) schließt die Lücke zur demografischen Betrachtungsweise betrieblicher Personalpolitik bei der SICK AG. LEGESA als Demografieprojekt hat den Anspruch, betriebliche Prävention in den unterschiedlichen Bereichen mit deren aktuellen Problemstellungen zu integrieren.

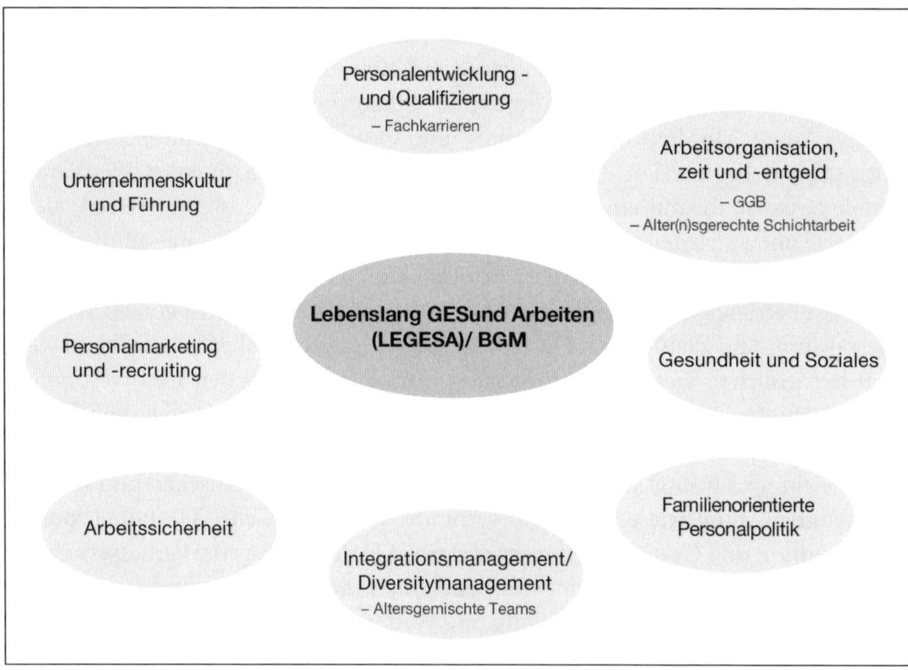

LEGESA als integratives Projekt bei der SICK AG

Das Forschungsprojekt »Lebenslang gesund arbeiten« (LEGESA)

LEGESA ist Bestandteil eines Forschungsverbundes und Teilprojekt der Fokusgruppe »Gesundheitsförderung im demographischen Wandel« unter dem Metaprojekt »Strategischer Transfer im Arbeits- und Gesundheitsschutz« (StArG). Bundesministerium für Bildung und Forschung (BMBF).

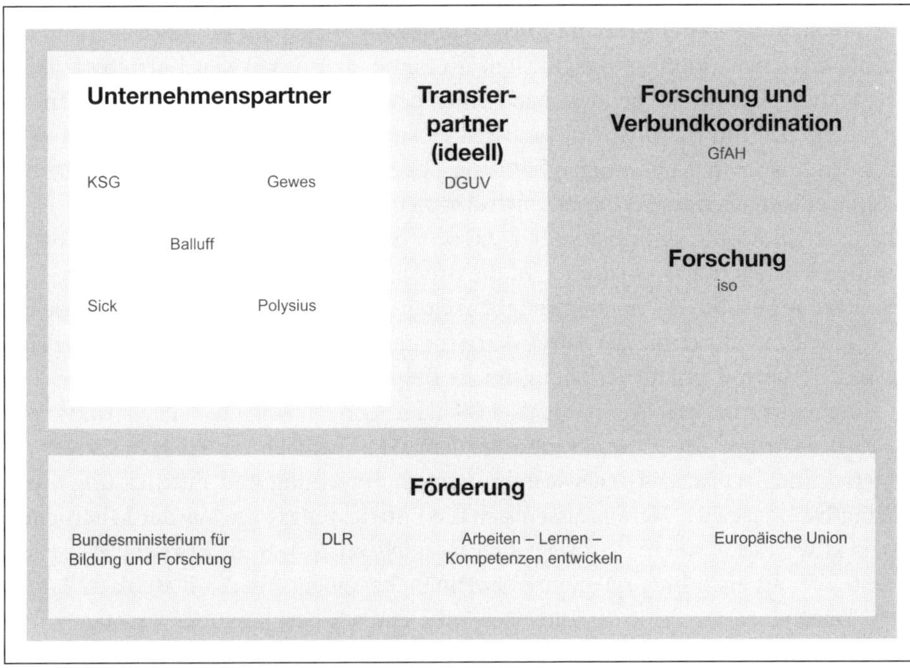

Forschungsverbund LEGESA (Gesellschaft für Arbeitsschutz- und Humanisierungsforschung mbH (GfAH 2007)

Ziel von LEGESA ist eine demografiesensible Erneuerung der betrieblichen Gesundheitspolitik und die Entwicklung eines betriebsübergreifenden Curriculums zur demografieorientierten Prävention. Dabei geht es vor allem um die Behebung und Milderung psychischer Fehlbelastungen, die eine Herausforderung der modernen Arbeitswelt darstellen. Ein zukünftiger Präventionsgedanke reicht weit über den klassischen Arbeits- und Gesundheitsschutz und übliche Verhaltensprävention hinaus und verlangt, neue Wege zu gehen.

Im Rahmen dieser Zielsetzung werden bei der SICK AG im Forschungsprojekt LEGESA vier Themenfelder bearbeitet. Dabei handelt es sich keineswegs um neu geschaffene Ansatzpunkte, sondern vielmehr um eine Anlehnung an bereits existierende Vorhaben beziehungsweise um Projekte, die unter der Projektüberschrift LEGESA in Richtung Demografiefestigkeit weiterentwickelt werden:

→ *Erster Ansatzpunkt »Fachlaufbahn«:* Altersgerechte Entwicklungswege.
→ *Zweiter Ansatzpunkt »Altersgemischte Gruppen«:* Chancen und Herausforderungen der Altersdiversität.
→ *Dritter Ansatzpunkt »Ganzheitliche Gefährdungsbeurteilung« (GGB):* Alterssensitive GGB.
→ *Vierter Ansatzpunkt »Arbeitszeitgestaltung«:* Alter(-n)sgerechte Schichtarbeit.

Das ***Themenfeld »Altersgerechte Entwicklungswege«*** zielt auf eine Erweiterung der beruflichen Entwicklungsmöglichkeiten im Sinne eines vertikalen Karrierepfads ab. Entwicklungsingenieure geraten nach einer gewissen Betriebszugehörigkeit an die Peripherie des Innovationsprozesses, weil es an motivierenden Entwicklungswegen fehlt. Mit Ausnahme von wenigen Führungspositionen gibt es jedoch keine Angebote, die eine entsprechende Wertschätzung vermitteln. Bedenkt man, dass der Erfolg eines Hightech-Unternehmen wie der SICK AG von Innovationsprozessen in allen Ebenen und Bereichen getragen wird, so wird die Brisanz dieses Themenfeldes deutlich. Eine Erweiterung beruflicher Aufstiegsmöglichkeiten in vertikale Bereiche bedeutet gleichzeitig eine Flexibilisierung der Arbeitskarriere und bietet einen wichtigen Beitrag zum gesunden Altern durch abwechslungsreiche Berufsverläufe.

Ausgangspunkt des Themenfelds »Fachlaufbahn« bildet ein Altersstrukturvergleich der Gruppe der Entwicklungsingenieure im Vergleich zur SICK AG sowie die Untersuchung typischer Berufswege im Bereich Forschung und Entwicklung durch qualitative Interviews. Daraus lassen sich die Entwicklungswege aus der Mitarbeiterperspektive rekonstruieren. So zeigt sich beispielsweise, dass die kritische Phase, die sowohl Alt- als auch Jungingenieure benennen, bei einem Alter von 40 bis 42 Jahren liegt. Darüber hinaus gibt die Interviewreihe einen Überblick über wichtige Kriterien, die eine Definition der Kompetenzen ermöglicht, welche bei der Konzeption der Fachlaufbahn von Bedeutung sind.

Interviews und Altersstrukturanalyse haben gezeigt, dass der Bedarf an der Fachlaufbahn besteht. Trends haben sich bestätigt beziehungsweise wurden bestärkt: »Projektleiter« oder »Teamleiter« sind keine wirkliche Alternative zur Führungskarriere, da der Wunsch dieser Mitarbeiter sehr stark in die Richtung geht, sich langfristig etwas aus der unmittelbaren Projektarbeit zurückzuziehen, jedoch im Rahmen von fachübergreifenden Tätigkeiten und neuen Technologiefeldern ihre fachlichen Erfahrungen ausspielen zu können.

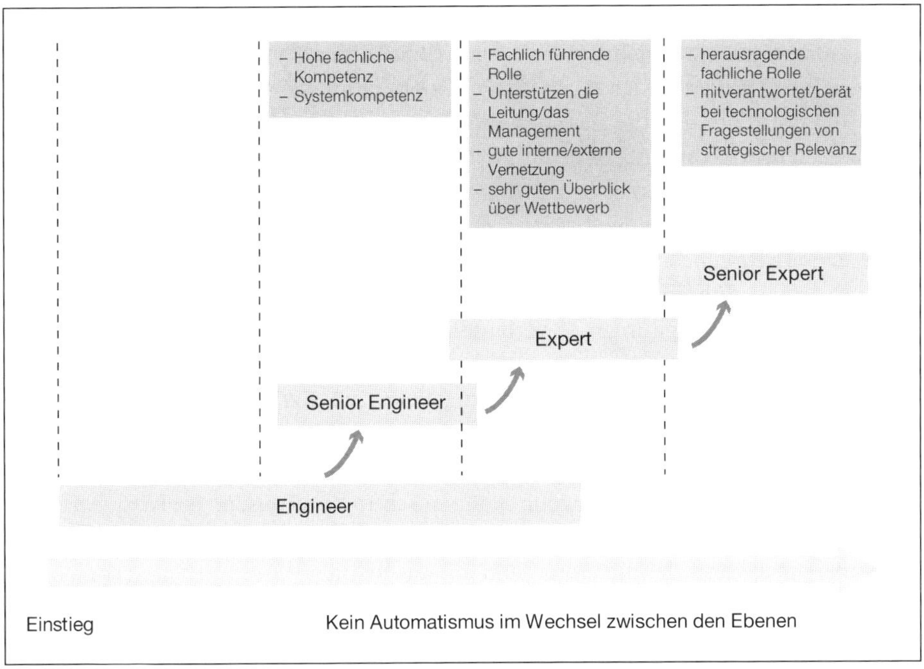

Entwicklungsperspektive Fachlaufbahn bei SICK AG

Die Leistung von LEGESA ist es, als Antriebsmotor die Fachlaufbahn durchzusetzen. Das von der Personalentwicklung mit potenziellen Fachlaufbahnaspiranten gemeinsam entwickelte Konzept ist ein Beispiel für die Entwicklung persönlicher Resilienz von Führungskräften, die durch einen Wechsel in die Fachlaufbahn eine neue Perspektive erhalten.

Im ***Themenfeld »Chancen und Herausforderungen der Altersdiversität«*** stellt sich eine ganz andere Ausgangssituation dar. Altersgemischte Arbeitsgruppen als Form der Kooperation werden durch den demografischen Wandel in Zukunft immer häufiger werden. Wie in vielen Unternehmen, gibt es auch bei der SICK AG bereits eine Vielzahl an altersgemischter Teams im Unternehmen. Ihre Zusammensetzung entsteht jedoch bisher mehr als Zufall denn als Resultat personalpolitischer Intervention (Krüger 2006). Allgemeine Empfehlungen über Chancen und Risiken altersgemischter Teams lassen sich anhand der aktuellen Forschungslage nicht identifizieren; vielmehr zeigen die Befunde, dass Kontextfaktoren und organisatorische Bedingungen ausschlaggebend für die Produktivität altersgemischter Gruppen sind (Wegge/Roth/Schmidt 2008). Die Brisanz für ein Demografieprojekt wie LEGESA liegt dabei vor allem bei dem Aspekt des Wissenstransfers und einer möglichen Variation des Belastungsgeschehens unterschiedlicher Altersgruppen.

Ein Ziel dieses Themenfeldes im Rahmen des Forschungsprojektes LEGESA liegt zum einen darin, durch eine Altersstrukturanalyse einen systematischen Überblick über die Alterszusammensetzung auf Kostenstellenebene zu erhalten. Darüber hinaus sollen anhand qualitativer Interviews von Mitgliedern altersdiverser Arbeitsgruppen Chancen und Herausforderungen dieser Kooperationsform rekonstruiert werden. Diese Teilschritte bilden die Basis für die Konzeption von Handlungsempfehlungen zu Chancen und Bedingungen produktiver Altersmischung bestehender und neu geschaffener Arbeitsgruppen bei der SICK AG.

In Bezug auf das Alter zeigt sich, dass die SICK AG insgesamt ein vergleichsweise junges Unternehmen ist. Dies ist vor allem auf ein enormes Wachstum in der Vergangenheit zurückzuführen. Die genauere Betrachtung zeigt, dass diese »Verjüngung« jedoch nicht in allen Abteilungen so verlaufen ist. So existieren neben stark jugendzentrierten Bereichen auch solche mit einem hohen Anteil an Mitarbeitern über 50 Jahren (Reindl 2009a). Eine Sekundärauswertung liefert zusätzliche Informationen über beispielsweise Bereiche, die eine ebenfalls extrem hohe Repräsentanz an Mitarbeitern in der Gruppe 51–65 beziehungsweise eine hohe Repräsentanz in der Altersgruppe 20–35 oder aber eine ausgewogene Altersmischung aufweisen. So wird beispielsweise augenfällig, dass Mitarbeiter, die Produktionsarbeit (Produktion und Logistik) verrichten, insgesamt deutlich älter sind als solche, die »Wissensarbeit« (Forschung, Entwicklung, IT, Verwaltung, Sales und Marketing) leisten (Reindl 2009). An diese Analyse schließt sich als Ergo die Frage: Wie kann dieser Befund bewertet werden? Ist Altersmischung per se positiv zu bewerten, oder gibt es Einschränkungen und/oder Bedingungen? Aufbauend auf diese deskriptive Analyse geben qualitative Interviews tiefere Einblicke in die Begründungszusammenhänge und die Bedeutung des Faktors »Alter« bei der SICK AG. Interessanterweise zeigen altersgemischte Arbeitsgruppen aus der Perspektive der Befragten ein salutogenes Potenzial. Das außergewöhnlich gute Generationenverhältnis im Unternehmen lässt sich sicherlich nicht zuletzt auf eine wertschätzende, altersindifferente Unternehmenskultur zurückführen. Diese zeigt sich beispielsweise durch eine vergleichsweise hohe Weiterbildungsbeteiligung der Mitarbeiter 50+ von 49 Prozent. Ergebnis der Interviewreihe ist es ebenfalls, das kalendarische Alter durch den Begriff der Betriebszugehörigkeit zu ersetzen: Nicht das kalendarische Alter ist es, sondern vielmehr die Dauer der Zugehörigkeit zum Unternehmen, die bei der Altersmischung von den Mitarbeitern als relevant erachtet wird. Es sind vor allem Wissens- und Erfahrungsunterschiede in altersgemischten Gruppen, die als bedeutungsvoll wahrgenommen werden.

Diese kulturellen Errungenschaften der Zusammenarbeit altersgemischter Teams sind als Ergebnis vieler miteinander vernetzter Maßnahmen zu begreifen und damit letztlich ein Beitrag zu umfassender organisatorischer Resilienz.

Das ***Themenfeld »Alterssensitive Ganzheitliche Gefährdungsbeurteilung (GGB)«*** setzt an einem Projekt an, welches bereits seit Jahren im Unternehmen (weiter-)entwickelt wird mit dem Ziel, ein für die Bedürfnisse der SICK AG zugeschnittenes Analysetool zur Erfassung der ganzheitlichen Gefährdungsbeurteilung zu entwickeln.

Psychosoziale Belastungen sind seit den 1960er-Jahren auf dem Vormarsch (Greif 1991) und inzwischen selbstverständlicher Teil der Arbeitsrealität (Bamberg/Mohr/Rummel 2003). Seit 2005 wird bei der SICK AG die ganzheitliche Gefährdungsbeurteilung in Pilotbereichen durchgeführt, in der neben den klassischen Gefährdungsbereichen auf physischer und ergonomischer Ebene vor allem die psychischen Belastungen moderner Arbeitswelt im Zentrum stehen. Durch einen Methodenmix aus Fragebogen, Tätigkeitsanalysen und der Erfassung besonderer Arbeitsereignisse werden physische und psychische Belastungen, Gefährdungen und Ressourcen erhoben und anschließend in Workshops bearbeitet. Langfristiges Ziel ist es, die in der GGB erfassten und in der täglichen Arbeit neu hinzugekommenen Gefährdungen über spezifisch dafür entwickelte Plattformen in den Arbeitsalltag zu integrieren und zu bearbeiten. Diese Präventionspolitik gegenüber Burnout stellt einen weiteren wichtigen Baustein der organisatorischen und persönlichen Resilienz-Entwicklung dar.

Ein weiteres Ziel ist es, im Rahmen des Forschungsprojektes LEGESA die GGB mit der demografischen Brille zu betrachten und entsprechend um alterssensitive Elemente zu erweitern. In ergänzender Funktion soll im verwendeten Fragebogen die Alters- und Alternsfrage Aufnahme in die Architektur der Gefährdungsbeurteilung finden. Damit sind die Berücksichtigung der Belastungsbiografie (Fokus Vergangenheit) und die Belastungskarriere (Fokus Zukunft) fester Bestandteil künftiger Pilotbereiche. So liefert das erweiterte Instrument detaillierte Aussagen zum Umgang mit älteren Mitarbeitern, der Eignung des derzeitigen Arbeitsplatzes für Ältere, den persönlichen Entwicklungschancen sowie der intergenerationellen Zusammenarbeit.

Beim ***Themenfeld »Alternsgerechte Schichtarbeit«*** handelt es sich um eine Aktivitätenmatrix, die die Ausgangsfrage stellt: Was müssen wir heute bei der Schichtarbeit beachten, um langfristige Beschäftigungsfähigkeit zu gewährleisten? Dabei stellt der Begriff der Beschäftigungsfähigkeit die Schnittmenge zwischen Gesundheit, Wirtschaftlichkeit und Work-Life-Balance dar. Gesundheit und Beschäftigungsfähigkeit hängen in nicht unerheblichem Maß von Faktoren ab, die sich außerhalb des Firmentors befinden. Zum aktuellen Zeitpunkt gibt es unterschiedliche Modelle von Schichtarbeit in den betroffenen Bereichen. Insgesamt weisen die derzeitigen Schichtarbeitsmodelle eine unzureichende Berücksichtigung der demografischen Entwicklung auf: Schichtarbeit wird mehr und mehr als Belastung erfahren, vor allem vonseiten älterer Mitarbeiter. Aus den Ergebnissen der Ganzheitlichen Gefährdungsbeurteilung von Schichtarbeitsbereichen weiß man, dass gesundheitliche Beeinträchtigungen darüber hinaus im Laufe der Beschäftigungsbiografie zunehmen. Hinzu kommt, dass eine immer stärker auf den Kunden bezogene Produktion eine zunehmende Flexibilisierung von den Bereichen verlangt.

Ziel des Themenfelds »Alternsgerechte Schichtarbeit« ist es, die Möglichkeiten der »Humanisierung« der Schichtarbeit für Ältere herauszuarbeiten und ein gesundheitsgerechtes Schichtarbeitsmodell zu entwickeln, das für alle Altersgruppen gangbar ist. Dabei ist die Ermöglichung des Ausstiegs eine Facette. Im Mittelpunkt jedoch steht die Diskussion der »Lebensphasenorientierung« und nicht die des Ausstiegs. Ein zukünftiges Modell zur Schichtarbeit soll darüber hinaus der Erhaltung der Arbeits- und Beschäftigungsfähigkeit der Mitarbeiter (organisatorische und persönliche Resilienz) dienen und eine bessere Planbarkeit für die Mitarbeiter zum Beispiel im Fall einer Notwendigkeit der Pflege von Angehörigen ermöglichen. Schließlich soll ein neues Modell auch den zunehmenden Erfordernissen der Flexibilisierung und damit dem Erhalt der Wirtschaftlichkeit Rechnung tragen.

Neben einer Bestandsaufnahme existierender Schichtsysteme im Unternehmen wie auch andernorts praktizierter, innovativ anmutender Schichtmodelle wird deutlich, dass der Schlüssel bei der Entwicklung eines neuen Schichtmodells in der Lebensphasenorientierung liegt. Als weitere zentrale Schwachstelle vorhandener Schichtmodelle im Unternehmen zeigt sich der Konflikt zwischen Maschinenlaufzeiten und monetären Anreizen der Nachtschicht auf der einen Seite und der Gesundheit der Mitarbeiter auf der anderen Seite. Viele Mitarbeiter berechnen die Nachtschichtzuschläge in ihre Lebensplanung mit ein. Bestandsaufnahme und Gruppeninterviews mit Mitarbeitern aus allen Schichtbereichen haben schließlich zum Modell der »freiwilligen und begrenzten Dauernachtschicht« geführt. Auf den ersten Blick mag es paradox anmuten, dieses Modell an der einen oder anderen Stelle entgegen arbeitswissenschaftlicher Erkenntnisse wie beispielsweise die von Beermann (2005) als Ergebnis gesundheitsverträglicher Schichtsysteme zu nennen. Dieses Modell ist jedoch in enger Kooperation mit den betroffenen Mitarbeitern entstanden und dementsprechend genau auf deren Bedürfnisse zugeschnitten. Bei näherer Betrachtung wird deutlich, dass das Modell große Vorteile mit sich bringt. Müssen sich nach dem »alten« Modell relativ viele Mit-

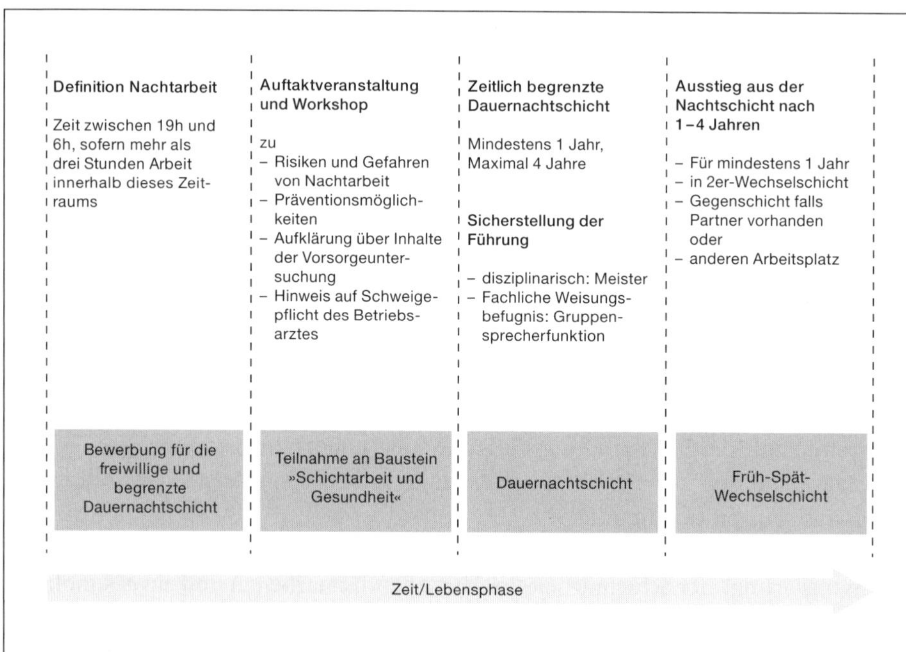

Modell der freiwilligen und begrenzten Dauernachtschicht bei der SICK AG arbeiter immer wieder auf eine Phase der Nachtarbeit einstellen und den biologisch, sozial und psychisch komplizierten Wechsel im 3-Schicht-Betrieb bewältigen, so können sich mit dem neuen Modell einzelne Mitarbeiter für einen festgelegten Zeitpunkt zur Nachtschicht melden.

Vor allem für ältere Mitarbeiter, die die Nachtschicht als Belastung empfinden, stellt sich dies als eine Entlastung dar. Das Modell impliziert darüber hinaus, dass Mitarbeiter die Nachtschichtzuschläge nur noch für begrenzte Zeit in ihre Planung integrieren können. Damit bewegt man sich weg vom gefährlichen Denkmuster »Geld gegen Gesundheit«. Zudem ist das neue Modell an einen Baustein zur Sensibilisierung der eigenen Gesundheit gekoppelt. Ein interaktiver Baustein zu Risiken und Gefahren der Nachtarbeit und Präventionsmöglichkeiten ergänzt die klassischen Vorsorgeuntersuchungen. Insgesamt erhöht sich durch das neue Modell der freiwilligen und begrenzten Dauernachtschicht die Planbarkeit sowohl für die Mitarbeiter als auch für das Unternehmen und bietet gleichzeitig die Möglichkeit des Ausstiegs aus der Nachtarbeit.

Die Ergebnisse aus dem Projekt LEGESA – ein (Zwischen-)Fazit

Zurückblickend sind durch das Projekt LEGESA auf die ausgewählten Themen bezogen unterschiedliche Leistungen erbracht worden: Beim Themenfeld »Fachkarrieren« beispielsweise hat das Projekt maßgeblich dazu beigetragen, das in den Köpfen der Akteure schon lange gehegte Vorhaben zu vervollständigen und in die Tat umzusetzen. Die Ganzheitliche Gefährdungsbeurteilung als Werkzeug wird künftig um den demografischen Blickwinkel erweitert durchgeführt werden. Beim Themenfeld »Altersgerechte Schichtarbeit« wurden völlig neue Wege gegangen, indem ein Konzept entwickelt wurde, welches sich zwar punktuell über wissenschaftliche Erkenntnisse zur Konstruktion von Schichtmodellen beziehungsweise Schichtarbeit hinwegsetzt, was jedoch zugunsten einer »maßgeschneiderten« Lösung geschieht, die sich sehr eng an den Bedürfnissen der Mitarbeiter vor Ort orientiert. Die Untersuchungen im Themenfeld »Chancen und Risiken der Altersdiversität« zeigt, dass die Altersmischung im Unternehmen geschätzt wird und die Chancen durch das Kreieren von günstigen Voraussetzungen noch optimiert werden können, um damit beispielsweise Synergieeffekte zum Erfahrungs- und Wissensaustausch zwischen den Generationen der Betriebszugehörigkeit zu erzeugen.

Vor allem die Bearbeitung des Themenfeldes zur Altersdiversität, aber auch desjenigen zur Alternsgerechten Schichtarbeit hat ganz beiläufig noch einen zusätzlichen Effekt erzielt, der nicht unerheblich erscheint: Sich im Rahmen des Forschungsprojektes mit dem Thema »Demografie« auseinanderzusetzen, hat nicht nur das offenkundige Ziel, in den beschriebenen Themenfeldern konkrete Produkte in Form von Handlungsempfehlungen, Konzepten, Modellen uns anderes mehr zu entwickeln. Die Beteiligung an diesem Projekt impliziert gleichermaßen eine Kulturaufgabe, die Auseinandersetzung mit den Herausforderungen des demografischen Wandels in das

Unternehmen zu tragen und so zur Sensibilisierung beizutragen. Es gab beispielsweise bei Interviewpartnern mehrfach Äußerungen in diese Richtung, sich über das befragte Thema vorher noch gar keine Gedanken gemacht zu haben. Auch dies ist als Anschubleistung eines Bewusstseinsprozesses zu bewerten.

Insgesamt fördert LEGESA das Unterstützen von Umdenkprozessen und schafft Bewusstsein für zukünftige Herausforderungen wie beispielsweise einer veränderten Rolle des klassischen Arbeits- und Gesundheitsschutzes (Reindl 2009b). Es geht nicht um Prävention für die Mitarbeiter, sondern vielmehr um Prävention mit den Mitarbeitern. Damit einher geht eine Fokusänderung im Betrieblichen Gesundheitsmanagement: Im Mittelpunkt steht nicht die Risikovermeidung, sondern die Ressourcenstärkung, also die Widerstandskraft und Flexibilität der Organisation und der Mitarbeiter zu stärken. Mit diesem Konzept der Resilienz soll einem veränderten Belastungsspektrum der modernen Arbeitswelt Rechnung getragen werden. Innovative Präventionsansätze brauchen demzufolge ein erweitertes Akteurs-Setting als Ergänzung für die traditionellen Akteure im Arbeits- und Gesundheitsschutz. Schließlich ist der Titel des Projektes »Lebenslang gesund Arbeiten« gleichsam als Ziel zu verstehen, welches in Form einer interdisziplinären Aufgabe als Organisationsentwicklungsprozess zu begreifen ist. Um das Ziel von LEGESA nachhaltig zu verfolgen, muss sich Gesundheitspolitik in der täglichen Arbeits- und Personalpolitik wiederfinden.

Konsequente Schulung der Führungskraft zum Erkennen und zum Umgang mit Burnout

Was kann ein Unternehmen tun?

Im Buchteil III habe ich verschiedene Möglichkeiten plausibilisiert, wie ein Unternehmen in eine fundierte und nachhaltige Resilienz-Förderung einsteigen kann. Als besonders wichtig erachte ich die genaue Standortbestimmung, aus der heraus sich zielgenaue Maßnahmen ableiten lassen. In einigen Fällen beschreite ich mit Unternehmen allerdings einen anderen Weg. Wir starten direkt mit einer Informationsveranstaltung für Führungskräfte.

Der Hintergrund davon ist, dass manche Personaler die Inhalte von Resilienz und Burnout-Prävention erst schrittweise in ihr Unternehmen implementieren können, da sie von der Geschäftsführung wenig Interesse beziehungsweise Rückendeckung erfahren. Ein unverbindlicher Vortrag kann in dieser Situation erste Informationen geben und weitere Neugierde auslösen. Während solch eines Vortrags spreche ich von

- → dem geforderten Kompetenzprofil einer Führungskraft in der globalisierten Arbeitswelt,
- → den komplexen Herausforderungen, mit denen kleine und große Unternehmen zurechtkommen müssen,
- → von persönlichen und organisationalen Symptomen der zunehmenden Überlastung,
- → den Phasen eines Burnouts,
- → der sorgfältigen Pflege des persönlichen Energiehaushalts,
- → den unterschiedlichen Dimensionen des Menschen: Körper, Herz, Verstand, Seele und Bewusstsein,
- → der sorgfältigen Unterscheidung von Ursache und Wirkung,
- → von Mustern und Glaubenssätzen, durch welche sowohl Personen als auch Organisationen unbewusst gesteuert werden,
- → vom sorgfältigen Umgang mit sich selbst,
- → von aufmerksamer Begleitung überforderter Mitarbeiter sowie
- → den Zusammenhängen zwischen Führung, Gesundheit, Werten und Kommunikation.

Aus der Präsentation dieser verschiedenen Aspekte resultieren zumeist viele Fragen, die tiefer gehende Probleme erahnen lassen. Zur Abrundung der Veranstaltung biete ich oft noch eine praktische Übung an, die die Teilnehmer direkt und praxisnah ins eigene Erleben bringt. Durch die spontan auftauchenden Fragen und Reaktionen kann das Unternehmen die Dringlichkeit der besprochenen Inhalte abschätzen und gegebenenfalls weitere Schritte einleiten.

In den meisten Fällen erlebe ich Führende, die mit der eigenen Betroffenheit und der ihrer Mitarbeiter nur schwerlich angemessen umgehen können. Sie brauchen in ihrem täglichen operativen Geschäft dringend Unterstützung und sind unsicher, dieses Anliegen frank und frei zu formulieren. Manchmal bitten sie mich, als eine Art Vermittler zwischen ihnen und der Geschäftsführung zu agieren. Ich versuche, ihre Anliegen ehrlich und gleichzeitig diplomatisch anzusprechen und mit der Unternehmensleitung Maßnahmen zu schaffen, die den Blickpunkten und Anliegen beider Seiten entsprechen.

Sollte ich allerdings von Anfang den Eindruck gewinnen, dass die Geschäftsführung den Vortrag als eine Art Alibiveranstaltung plant und auf mögliche auftauchende Bedürfnisse sowieso nicht eingehen möchte, ziehe ich mich an dieser Stelle zurück. Die Materie verlangt Verantwortung und Ernsthaftigkeit, sonst sollte man sie lieber gar nicht anschneiden.

Rollenwechsel erfordert gezielte Schulung

Führungskräfte haben durch ihren direkten und ständigen Kontakt zum Mitarbeiter eine besondere Verantwortung beim Thema »Gesundheit«.

Früher agierten sie hauptsächlich als eine Art »Sicherheitsmanager« im Arbeits- und Gesundheitsschutz. Dieser ist als Führungsaufgabe gesetzlich festgelegt und besagt, dass der Führende eine hervorgehobene Fürsorgepflicht für die Gesundheit seiner Mitarbeiter trägt. Diese wird wahrgenommen, indem Firmen Hilfsmittel wie zum Beispiel Schutzausrüstungen zur Verfügung stellen, ihre Mitarbeiter über Arbeitssicherheit informieren und sie darin unterweisen, ihre Verhaltensweisen zu überprüfen und gegebenenfalls zu korrigieren. Und natürlich sollten sie selbst eine Vorbildfunktion einnehmen.

Heutzutage wird neben dieser Funktion noch eine ganz andere Rolle von ihnen verlangt, die wir aus der Resilienz-Perspektive als »Ressourcenmanager« titulieren können. Dem persönlichen Auftreten und der reifen Menschenkenntnis der Führungskraft kommt im Rahmen der betrieblichen Gesundheitsfürsorge nun eine noch viel tragendere Rolle zu. Hierzu ein provokantes Statement, das ich letztlich von einem Bundesministerialrat vom Bundesministerium für Arbeit und Soziales hörte:

➘ Beispiel

»Ich glaube, heute sterben mehr Mitarbeiter an schlechten Führungskräften als an Arbeitsunfällen.« Auf mein Nachfragen erklärte er, dass er einen direkten Zusammenhang zwischen den vielen psychosomatischen und psychosozialen Erkrankungen und unzureichenden Führungsleistungen sehe. Weiterführend meinte er, dass viele gute Maßnahmen, die über das betriebliche Gesundheitsmanagement installiert werden, sich hauptsächlich der körperlichen Gesundheit widmen, die Psyche dabei aber noch nicht erfasst wird. Das betrifft auch die bisherigen Arbeitsschutzgesetze.

Ich kann mich dieser Vermutung anschließen, möchte aber besonders auf den Punkt verweisen, dass Führungskräfte für ihre »neuen« Aufgaben auch eine andere Art der Schulung benötigen. Der Führende muss sich selbst und seine Mitarbeiter sehr genau kennen, um Arbeitslasten angemessen verteilen zu können und umsichtig für die nötigen Ressourcen auf sozialer, organisatorischer und personeller Ebene zu sorgen.

Der wirtschaftliche Wettbewerb wird zunehmend von der Ressource »Gesundheit und Persönlichkeitsentwicklung« geprägt werden. Zu diesem innovativen Perspektivwechsel möchte ich Geschäftsführer ermutigen, und so widme ich ihnen den nächsten Buchteil.

07

Die Verantwortung der Geschäftsführung

Edda Koch-Königer: Dualiät

»Wir brauchen eine intelligente Form des Wirtschaftens, die in unseren tiefen, inneren Werten gründet und die zugleich effizient unter den jeweils gegebenen realen Bedingungen wirkt und funktioniert – und dies ist eine ›Kunst des Wirtschaftens‹.«

Dr. Joachim Galuska in » Die Kunst des Wirtschaftens« (2010, S. 10)

Was ist mir wirklich, wirklich wichtig?

»Was will ich wirklich wirklich?«, diese Frage stellt Frithjof Bergman, Philosoph und Begründer der New-Work-Bewegung, in seinem Buch »Neue Arbeit, neue Kultur« (2004). Er möchte damit Mut machen, tiefer zu schauen, was Leben ausmacht. Was sind meine ureigenen Fähigkeiten? Was kann sich durch mich in der Welt verändern? Wo bringe ich meine Zeit und Kraft ein? Wofür setze ich mein Leben, mein Arbeitsleben ein? Gute, wichtige Fragen – die es in sich haben und Zeit sowie Raum verlangen, um sich ihnen angemessen anzunähern.

↗ Beispiel

Eine Runde von Geschäftsführern wollte sich dieser Auseinandersetzung stellen und lud mich letztes Jahr ein, sie durch diesen Prozess zu moderieren. Es kam ein Kreis von 20 Unternehmensleitern zusammen, die sich für zwei Tage in ein Kloster zurückzogen, um beruflich und privat eine Standortbestimmung anzustreben. Sie alle besaßen eine gehörige Portion Berufs- und Lebenserfahrung, und ich war sehr gespannt darauf zu hören, was diese Menschen zu berichten hatten. Im Einladungsbrief bat ich sie, ein Bild und einen Text beziehungsweise ein Zitat mitzubringen, das ihre momentane Situation und Bedürfnislage zum Ausdruck brachte.

Die einzelnen Personen kannten sich untereinander nicht, von daher ging ich von einer offenen Gesprächsrunde aus, in der niemand ein Blatt vor den Mund nehmen würde. Was ich erleben durfte, übertraf meine Vorstellungen bei Weitem. Nach einer kurzen Vorstellung fragte ich die Anwesenden, was genau denn ihr Anliegen sei, um sich die Zeit für eine solche Standortbestimmung zu nehmen. Der erste Geschäftsführer, der sich zu Wort meldete, zog sofort ein Foto aus der Tasche, auf dem seine Familie zu sehen war. In kurzen, klaren Worten schilderte er uns seine Situation: bewegtes Berufsleben – mittelständische Firma zu großem Erfolg geführt – die letzten Jahre zunehmende Arbeitsverdichtung – hohe Komplexität – extremer Wettbewerbsdruck – steigender Stress bei ihm selbst und seinen Mitarbeitern – zusätzliche Belastung durch die Wirtschaftskrise – wegen des beruflichen Engagements schon immer großes Verständnis von der Familie eingefordert – dadurch angeschlagene Beziehungen zu seinen Liebsten – gesundheitliche Probleme – zunehmende Sinnfragen: »Wo stehe ich? Welchen Preis zahle ich für mein bisheriges Leben? Habe ich mein Engagement in die richtigen Entscheidungen investiert? Woher nehme ich meine Kraft und Leidenschaft, wenn ich in eine Zukunft blicke, die für mich mit großen Sorgen und Zweifeln behaftet ist? Welche Welt übergeben wir unseren Kindern? Stellen sich meine Mitarbeiter ähnliche Fragen?« Das Bild seiner Familie hatte er mitgebracht, weil er Angst hatte, sie zu verlieren.

Seine Worte, schlicht und einfach gesprochen, standen messerscharf im Raum. Erst herrschte einen Moment Stille – und dann legte der Nächste los. Einer nach dem anderen berichtete offen mit authentischen Worten von seinem Lebensgefühl – wobei sich viele der Berichte deckten. Eine durchgehende Fragestellung war die der Balance: Ist es möglich, ein Gleichgewicht in sich selbst und in der gesamten Lebens- beziehungsweise Geschäftsführung zu finden? Gleichgewicht zwischen:

↗ Beispiel

- → Profit und Werten
- → Kunden- und Mitarbeiterorientierung
- → Kurzfristigkeit, hoher Rendite und nachhaltigem Wachstum
- → Leistungsorientierung und psychosozialer Gesundheit
- → Wettbewerbsdruck und langfristigen Strategien
- → Entscheidungen aus Kopf oder Bauch
- → beruflicher und privater Erfüllung

Dieser erste rasante Einstieg war der Auftakt für zwei intensive Tage reichen Gedankenaustauschs. Ich lud die Runde ein, in ein offenes Forschungslabor zu treten und möglichst bewertungsfrei die verschiedenen Themenfelder anzuvisieren. Dabei sollten sie besonders auf die Verflechtung von Ursache und Wirkung achten und zwischen Symptom und Wurzel differenzieren lernen. Diese Aufgabe reizte sie sofort! Ich zeigte ihnen Übungsaufbauten, mit deren Hilfe sie einzelne Inhalte in ihrem systemischen Zusammenhang inspizieren konnten. Und ich bat sie, bei all ihren Betrachtungen nicht nur ihren Verstand, sondern auch ihr Herz und ihre Seele dabei zu Wort kommen zu lassen. Diese ganzheitliche, integrale Herangehensweise war ihnen neu, aber sie gingen mit großem Interesse an die Arbeit.

Freude an innerer Erforschung und Austausch

Die gemeinsame Arbeitszeit verging wie im Flug.

↗ Beispiel

Jeder einzelne der Geschäftsführer nutzte die zwei Tage im Kloster für eine genaue Standortbestimmung. Wir unterschieden genau zwischen Umständen und Lebenseinflüssen, die von ihnen persönlich gestaltet werden konnten, und jenen, auf die sie keinerlei Einfluss hatten. Mit diesen unveränderbaren Welten beschäftigten sie sich nicht weiter, sondern lenkten ihren Fokus ganz und gar auf ihren eigenen Handlungsspielraum. Sie definierten Themen, in denen sie sich konkret weiterentwickeln wollten. Im Rahmen des Forschungslabors packten wir mehr und mehr die Lupe aus und untersuchten den Ursprung vieler Denk- und Verhaltensweisen. Mithilfe einfacher Achtsamkeitsübungen demonstrierte ich ihnen, wie sie sich von einschränkenden Mustern und Prägungen dauerhaft befreien konnten.

Trotz mancher Zweifel und konträrer Auffassungen, die wir in lebhaften Diskussionen miteinander austrugen, war ihre Neugierde geweckt. Mit klar definierten Hausaufgaben und einem Sparringspartner an der Seite, um sich gegenseitig auf die Finger zu schauen, zogen sie von dannen. Ein Jahr lang hörte ich nichts mehr von ihnen.

Als wir uns diese Ostern wieder trafen, war die Wiedersehensfreude groß. Alle waren das Jahr über fleißig gewesen und übten sich an der hohen Kunst der balancierten Lebens- und Geschäftsführung. Es war hochspannend, den einzelnen Erfahrungsberichten zu lauschen. Da fast alle Teilnehmer wiedergekommen waren, lag es auf der Hand: Die innere Erforschung hatte sie gepackt, und ihre persönlichen Erlebnisse damit waren vielversprechend. In den folgenden Tagen vertieften beziehungsweise erweiterten wir sämtliche beruflichen und privaten Themen. Es gab ähnliche Fragen wie im Vorjahr, sie wurden aber noch deutlich intensiver diskutiert: Der ökonomische Druck und der daraus folgende ständige Reformzwang hätten zu einer höchst problematischen »Blase« sich verdichtender Probleme geführt, die lange kaum wahrgenommen worden sei, nun aber, ähnlich wie bei der aktuellen Wirtschafts- und Finanzkrise, platzen könnte.

Einer der Teilnehmer gelangte zu dem Schluss: »Wir haben noch nicht den richtigen Ansatzpunkt gefunden. Viel zu oft bleiben wir an der Oberfläche stecken und verbessern nur Symptome, anstatt den Kern der Ursache zu erreichen. Spätestens unter hoher Belastung fallen wir trotz guter Vorsätze immer wieder in alte, beschränkende Denk- und Handlungsmuster zurück. Gerade jetzt, in diesen bewegten Zeiten, müssen wir dringend zu neuen, flexibleren Handlungsweisen finden. Diese Handlungen sollten einem klaren Selbst- und Werteverständnis entspringen. Unsere Mitarbeiter, gleich in welcher Position, brauchen kraftvolle Unterstützung, um ihre Fähigkeiten umfassender zu erkennen und zuverlässiger anwenden zu können.«

Die allgemeine Entwicklung in Politik und Wirtschaft entsprach nicht ihrem persönlichen Wertekatalog. Auch der Ausblick in die Zukunft erschien nicht gerade rosig.

↗ Beispiel

Ein älterer Geschäftsführer berichtete, dass er sich zunehmend immer die gleiche Frage stellte: »Was ist mir wirklich wichtig?« Wieder einmal schwieg die Gruppe betroffen. Ich entschied mich, an die Teilnehmer eine offene Frage zu richten, die sie dieses Mal in einer Dreiergruppe auf einem Spaziergang bearbeiteten. Die Frage lautete: »Was macht für mich ein sinnvolles Leben aus?« Ich bat sie, diese Frage mithilfe der »Dyaden-Technik« (s. S. 250ff.) zu erforschen.

Für die Geschäftsführer war die Methodik zunächst gewöhnungsbedürftig, sie fanden aber großen Gefallen an ihr. Es tat ihnen gut, in aller Ruhe ihren Gedanken nachzugehen und sie anderen Personen gegenüber zu artikulieren. Da sie es gewohnt waren, ständig Kommentare auf ihre Aussagen zu erhalten, war diese Situation ein völlig neues Erleben. Sie bemerkten, dass sich ihre Gedanken immens verdichteten und ganz von alleine ein tieferes Wissen in ihnen anzapften. So gewann unsere Diskussion eine völlig neue Qualität, in der sich die weite, für uns Menschen schwer greifbare Dimension unserer Schöpfung widerspiegelte. Das Thema »Sinn und Werte« wurde in einem erweiterten Kontext verstanden – dadurch konnten andere, authentische Kraftquellen erschlossen werden, mit denen sie nun die von ihnen beschriebene subtile »Problemblase« anpacken wollten.

Wir trennten uns wiederum mit dem Versprechen, uns im nächsten Jahr von Neuem auf den Prüfstand zu bringen. Jeder hat sein eigenes Leben mit all seinen Herausforderungen zu meistern. Und doch »fliegen wir im Verbund«. Das ist ein schönes Gefühl.

Im Kontext dieser Klostertage verwende ich den Begriff der Resilienz nur im übertragenen Sinn – denn auch ohne diese Kraft direkt zu benennen, schwingt das Geheimnis der Entfaltung innerer Stärke in so vielen Erfahrungen mit.

Auch Geschäftsführer brauchen Spiegel

Führung kann einsam machen

In den letzten Jahren konnte ich in meiner Zusammenarbeit mit Unternehmensleitern die unterschiedlichsten Facetten dieses Berufsbilds erfahren. Die Verantwortung, die diese Personen zu tragen haben, ist enorm, und viele ringen damit, mit dieser hochkomplexen Aufgabenstellung in einer für sie balancierten Form umzugehen. Gerade der ehrliche, aufrichtige Austausch mit Kollegen könnte ihnen wichtige Impulse und Inspirationen vermitteln – dazu scheint es leider viel zu selten zu kommen.

↗ Beispiel

Ich erinnere mich an ein Seminar hoch in den Bergen. Gemeinsam mit dem Extremkletterer Stefan Glowazc und einer ausgesuchten Bergführermannschaft leiteten wir einen Workshop, in dem sich die weltweiten Geschäftsführer eines Großkonzerns besser kennenlernen sollten. Der Ablauf war eine Mischung aus Vorträgen, Gesprächen, Übungen in Kleingruppen, gemeinsamen Wanderungen und Klettereinlagen. Die Teilnehmer fühlten sich in dem Seminarhaus mitten in den Alpen vor imposanter Bergkulisse sehr wohl und tauten zunehmend auf. Dennoch blieben sie im Umgang miteinander immer kontrolliert und seltsam zurückhaltend. Besonders auffallend wurde dies am Abend, als wir in der Hütte gemütlich am großen Tisch saßen. Die Bergmannschaft, die den Tag über hochkonzentriert die Manager durch den Fels geleitet hatten, saß ausgelassen zusammen. Die Männer, alle mit recht markanten, wettergegerbten Gesichtern ausgestattet, foppten sich gegenseitig, und es breitete sich eine herzlich-raue Atmosphäre aus, in der es viel zu lachen gab. Spätestens als sie ihre Bergsteigeranekdoten auspackten, konnte man nur noch mit offenem Mund, zwischen Lachen und Staunen gefesselt, diesen Könnern ihres Metiers bewundernd zuhören. Die Geschäftsführer waren sichtlich fasziniert von diesen leidenschaftlichen, unerbittlichen Hochleistungsexperten. Gleichzeitig fiel es ihnen immens schwer, sich in dieser lockeren Runde zu entspannen. Sie strahlten eine Reserviertheit aus, von der sie sich nicht lösen konnten.

Als wir nach drei Tagen im Nieselregen von der Hütte abstiegen, führte ich mit den Teilnehmern noch interessante Gespräche. Sie hatten die Tage in der wilden Natur sehr genossen und freuten sich, von ihren weltweiten Kollegen einen neuen Eindruck bekommen zu haben. Gleichzeitig äußerten einige ihre Traurigkeit, die in ihnen aufstieg, als sie die Bergführertruppe hautnah erlebten. Einer sagte mir: »Diese Menschen agieren in ihrem Job hochprofessionell und gehen sehr klar und direkt miteinander um. Keiner von ihnen kann sich einen Fehler leisten, jeder hängt vom anderen ab und trägt höchste Verantwortung für sich selbst und die Truppe. Diese Ernsthaftigkeit ist ihnen immer anzumerken. Aber abends lassen sie los – man spürt ihre tiefe Kameradschaft und Verbundenheit. So eine Stimmung habe ich in meinem Kollegenkreis noch nie erlebt. Bei uns existiert keine wirkliche Offenheit – zu groß ist die Angst, sich eine Blöße zu geben und Macht und Ansehen zu verlieren. Ich lebe in einer einsamen Welt.«

Das Gefühl der Einsamkeit vernehme ich immer wieder von Unternehmensleitern und Vorständen. Zum einen fröstelt es sie im Kollegenkreis und auf all ihren Reisen, Verhandlungen und gesellschaftlichen Events. Zum anderen fühlen sie sich von ihren eigenen Mitarbeitern nicht richtig gesehen und in ihrem Engagement und ihrer Fürsorge nicht geachtet. Im täglichen Geschäft fällt es ihnen gar nicht so auf, aber sobald sie für einen Augenblick aus der ständigen Betriebsamkeit heraustreten, bemerken sie, wie selten sie echte Wertschätzung erfahren. Zudem fällt auf, wie wenig gute und ehrliche Gesprächspartner sie tatsächlich besitzen.

Gerade auf Geschäftsführerebene haben offene Seminare, in denen sich die Teilnehmer untereinander nur vom »Hörensagen« kennen, eine besondere Wirkung. Der Bedarf an einem freimütigen, ungeschminkten Austausch unter Gleichgesinnten beziehungsweise Gleichbetroffenen ist immens groß. In der Abschlussrunde der Seminare höre ich öfters die Aussage: »Was ich dieser Runde anvertraut habe, habe ich noch niemandem erzählt, nicht einmal meiner Frau.« Diese Feststellung ist rührend und erschreckend zugleich. Denn gerade Verantwortungsträger, die eine Vielzahl von bedeutsamen Entscheidungen zu treffen haben, sollten ständig die Möglichkeit haben, sich in einer respektvoll-kritischen Runde austauschen zu können. Zum einen, um Sachentscheidungen radikal und weitsichtig zu hinterfragen und dahinterliegende Emotionen zu durchschauen. Zum anderen, um die eigene Person in ihrer Wirkung auf Führungskräfte, Mitarbeiter, Kunden und so weiter immer wieder neu zu überprüfen.

Je schwerer die Macht und die Verantwortung wiegen, die ein Mensch auszufüllen hat, umso größer ist die Gefahr, dass er abhebt und die Bodenhaftung verliert. Wer traut sich, ihm Paroli zu bieten und ihn auf seine blinden Flecken hinzuweisen, wenn er sich auf dem Holzweg befindet? Das können nur Personen sein, die unabhängig sind und keine bösen Folgen zu befürchten haben. Oder Freunde, die diese Beziehung ernst nehmen und sich vor fruchtbaren Auseinandersetzungen nicht scheuen. Klug ist, wer um diese Fallgruben weiß und sich mit starken, intelligenten Menschen umgibt, die einen klaren Spiegel aufzeigen können. Geschäftsführer sollten sich aktiv um so ein wichtiges Korrektiv kümmern.

Mut zur Lücke

Habe ich es mit Firmen zu tun, die es mit der Pflege ihrer Unternehmenskultur ernst meinen, sind die Geschäftsführer hoch interessiert daran, bei den Entwicklungsprozessen ihrer Mitarbeiter dabei beziehungsweise ein Teil des Ganzen zu sein. In diesem Fall findet die offene Reflexion zu ihrer Person nicht in einem speziellen, gesonderten Kollegenkreis statt, sondern im Kontext ihrer eigenen Firma. Die Unternehmensleiter nehmen von Anfang an bei den Resilienz-Trainings teil und können durch die intensive Kleingruppenarbeit auch ihre eigenen Themen bearbeiten.

Allein die Übung »Stärken-Schwächen-Profil« (s. S. 193 f.) gibt vielfältige Möglichkeiten, das eigene Verhalten und die Wirkung auf andere sorgfältig zu betrachten. Besondere Freude macht es mir, wenn sich ein Unternehmensleiter für seine Innenschau, neben den Personen, die ihn gut kennen, auch ungewöhnliche Gegenüber wählt, wie zum Beispiel einen Mitarbeiter oder einen Auszubildenden, mit dem er im täglichen Geschäftsablauf nicht oft zu tun hat. Bei offener Atmosphäre kann der Führende immens hilfreiche Informationen erhalten, wie sein Auftreten tatsächlich im Unternehmen ankommt. Dieser direkte, lebendige Austausch bringt andere Facetten zutage, als es zum Beispiel eine Mitarbeiterumfrage ermöglicht.

Natürlich laufen solche Übungen nicht immer reibungslos ab. Gerade in Unternehmen, in denen sich Probleme über einen längeren Zeitraum angestaut haben, können zunächst Konflikte und Meinungsverschiedenheiten entstehen.

↗ Beispiel

Vor einigen Jahren erlebte ich eine spannende Situation. Der Geschäftsführer eines mittelständischen Betriebs, der mich zu einer Standortbestimmung mit seinen Führungskräften eingeladen hatte, war felsenfest davon überzeugt, in seinem Betrieb herrsche »eitel Sonnenschein«. Schon am ersten Vormittag offenbarte sich aber ein anderes Bild. Die Führungskräfte hatten dem Training regelrecht entgegengefiebert, um in dieser neutralen Atmosphäre aufzuzeigen, wo sie schon seit längerer Zeit der Schuh drückte. Da sie im täglichen Umgang eine besonders herzliche und freundschaftliche Atmosphäre pflegten, war es ihnen bisher nicht gelungen, unangenehme Wahrheiten konsequent anzusprechen. Der Unternehmensleiter fiel daher aus allen Wolken, als er sich einer geballten Ladung von Kritikpunkten ausgesetzt fühlte. Da er eine recht energievolle Person ist, ging er erst einmal richtig in die Luft. Die Situation drohte zu eskalieren; so machten wir zunächst eine Pause, in der alle spazieren gingen und »runterkühlen« konnten. Nachdem die ersten Emotionen verraucht waren, konnten wir die verknäulte Gemengelage in Ruhe auseinandernehmen.

Im Laufe des Nachmittags verschob sich für den Geschäftsführer sein gesamtes Weltbild. Das musste er zunächst verkraften. Am Abend saß ich einige Stunden mit ihm zusammen, um die vielen, für ihn zum Teil irritierenden, Erkenntnisse in eine ihm verständliche Ordnung zu bringen. Der Hauptvorwurf der Führungskräfte lautete, die Firma würde zu familiär und zu harmonisch geführt werden, wodurch wichtige Reibungsprozesse entfielen. Sie wünschten sich größere Auseinandersetzung und Hinterfragung ihrer eingespielten Umgangsformen. Damit hatte er nun überhaupt nicht gerechnet, und es zwang ihn zu einer radikalen Überprüfung seiner Rolle und seines Auftretens. Im Verlauf des Abends zückte er irgendwann eine Flasche Grappa und bot mir einen Schluck an. Mit breitem Schmunzeln meinte er: »Dass es so schlimm mit Ihnen kommt, hätte ich nicht gedacht. Aber nun ist es schon einmal so, wir werden das Beste daraus machen!« Nun konnte er die ganze Konstellation auch mit Humor betrachten. Am nächsten Morgen trat er vor seine Führungsmannschaft und bot ihnen einen neuen Kurs an. Gemeinsam entwickelten sie eine neue Diskussionskultur, mit der sie ihre eingespielten Kommunikationsmuster aushebeln wollten. Sie brauchten hierfür natürlich einige Anläufe und auch weitere Unterstützung. Mit großer Faszination konnte ich beobachten, wie sie blinde Flecken systematisch angingen und sich dadurch in ihren Prozessen spürbar verbessern konnten.

Ehrlichkeit kann wehtun – das steht außer Frage. Und dennoch schafft Klarheit einen Rahmen, um professioneller arbeiten zu können. Im Forschungslabor stehen und sich nicht zu schnell mit einfachen, bequemen Antworten abspeisen zu lassen, verlangt Rückgrat … und schenkt Wettbewerbsvorteile.

Die Entwicklung des Unternehmens aus verschiedenen Blickwinkeln vorantreiben

An schon bekannte Managementwerkzeuge anknüpfen

Neben einer fundierten Persönlichkeitsentwicklung möchte ich Geschäftsführern auch Anregungen liefern, um aktuelle Probleme und Defizite in einem weiter gesteckten Rahmen zu betrachten. Durch die Balanced Scorecard sind die meisten damit vertraut, Themen aus verschiedenen Perspektiven zu beleuchten. Die Dimensionen der BSC werden für den jeweiligen Zweck beziehungsweise die jeweilige Organisation individuell zusammengestellt. Sie beschreiben aber fast immer die Finanzperspektive (Return) und die Kundenperspektive (Output), meist auch die Prozessperspektive (Prozess) und die Potenzial- oder Mitarbeiterperspektive (Input).

Ein weiteres, auch schon bekanntes Werkzeug ist das Integrierte Managementsystem (IMS), das Methoden und Instrumente zur Einhaltung von Anforderungen aus verschiedenen Bereichen, wie zum Beispiel Qualität, Umwelt und Arbeitsschutz, in einer einheitlichen Struktur verknüpft. Durch Nutzung von Synergien und die Bündelung von Ressourcen ist im Vergleich zu einzelnen, isolierten Managementsystemen ein effizienteres Agieren möglich.

Der Umfang eines IMS hängt von den Erfordernissen der jeweiligen Organisation ab. Es besteht aus allgemeinen und fachspezifischen Modulen, kann aber neben den klassischen Managementsystemen für Qualität und Umwelt noch weitere Bereiche enthalten, zum Beispiel Arbeitsschutzmanagement, Risikomanagement, Sicherheitsmanagement und anderes mehr. 2003 gab das Bayerische Staatsministerium für Wirtschaft, Infrastruktur, Verkehr und Technologie in Zusammenarbeit mit weiteren Organisationen einen Leitfaden für kleinere und mittlere Unternehmen heraus, der die Vorzüge eines IMS deutlich herausstreicht (www.stmwivt.bayern.de/fileadmin/Web-Dateien/Dokumente/wirtschaft/Integriertes_Managementsystem.pdfS 2003, S. 7 f.):

> »Integrierte Managementsysteme tragen einer bereichsübergreifenden Betrachtung Rechnung, die jeden Verantwortlichen in seinem Bereich und in den von ihm bearbeiteten Prozessen ganzheitlich für die Qualität, Umwelt, Arbeitsschutz usw. mitverantwortlich macht […]
> Integrierte Managementsysteme vermeiden Insellösungen, die häufig dadurch entstehen, dass:
> → identische Abläufe und Tätigkeiten aus unterschiedlichen Blickrichtungen beschrieben werden,

→ Managementsysteme zum Teil redundant und widersprüchlich nebeneinander stehen,
→ Einzelsysteme nicht den Blick auf ein gemeinsames Ganzes richten: Im Sinne von »das Ganze ist mehr als die Summe der Teile«.

Aus diesen schon bekannten und erprobten Arbeitsmodellen heraus lade ich dazu ein, noch einen Schritt weiterzugehen. Die H.B.T.-Methode verfolgt das Ziel, einzelne Bereiche und Systeme auf fachlicher und menschlicher Ebene zugleich aus einer übergeordneten Perspektive zu betrachten, in sinnhafte Bezüge zu setzen und daraus integrierende Prozessketten abzuleiten. Für diese Analyse wird nicht nur der Verstand, sondern auch die emotionale und geistig-seelische Intelligenz mit einbezogen.

Zusammenhänge erkennen – Synergien bewusst nutzen

Zur übersichtlichen Darstellung weicher Faktoren habe ich den Balanced-Kompass für Organisationen kreiert, der in einfacher oder komplexer Form zur Anwendung gebracht werden kann.

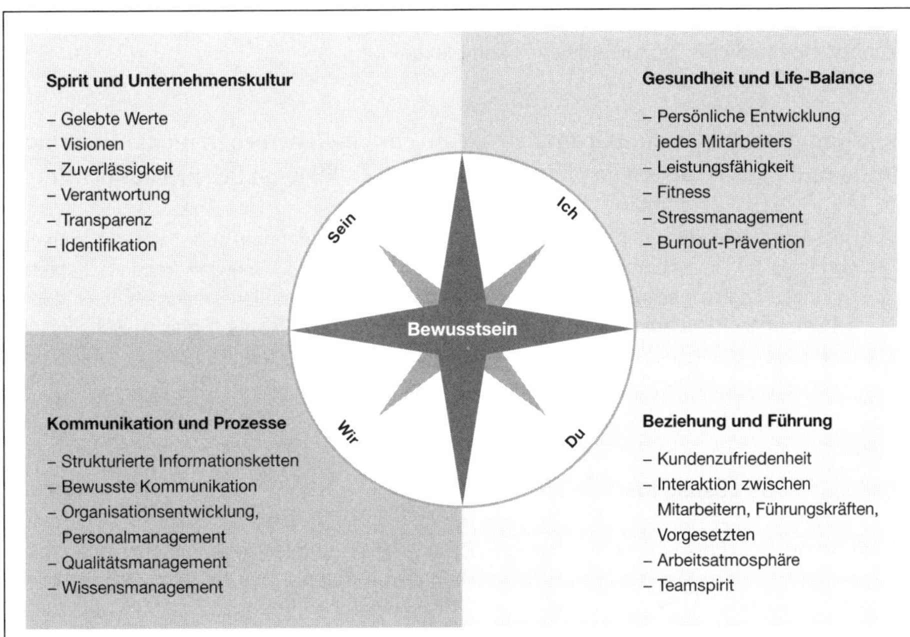

Balanced-Kompass für Organisationen in einfacher Form

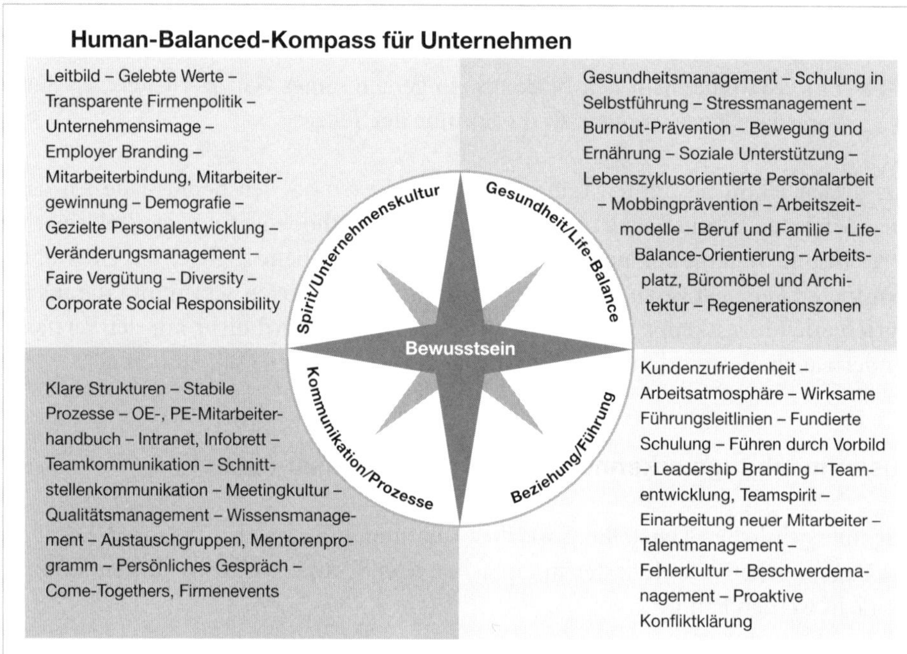

Balanced-Kompass für Organisationen in komplexer Form

Diese Kompasse bilden eine Grundmatrix, um einzelne Themen in ihren Zusammenhängen und Auswirkungen inspizieren zu können. Es folgt ein Beispiel aus der Praxis:

↗ Beispiel

Bei einem Workshop mit der Überschrift »Integrale Unternehmensführung« versammelten sich etwa 20 Unternehmensleiter, die von unterschiedlichsten Schwierigkeiten berichteten: zu langsame Prozessketten, mangelnde Wissens- und Informationsweitergaben, Probleme mit einzelnen Führungskräften, Mobbing, sich abkapselnde Teams, Streit an Schnittstellen und vieles mehr. Ich bot ihnen folgende Übung an, die sie in Kleingruppen von zwei bis drei Personen absolvierten.

↘ Übung

Das Lösungsrad

Einführung Ein Unternehmen subsumiert sich aus vielen unterschiedlichen Bereichen, die im besten Fall harmonisch zusammenspielen. In den meisten Fällen hat eine Organisation aber ihre Stärken und Schwächen, die in der unterschiedlichen Professionalität der einzelnen Akteure beziehungsweise Teams und Abteilungen sichtbar werden.
Mit dem Lösungsrad können verschiedenen Einflussfaktoren, die auf ein Problem einwirken, in ihrer individuellen Ausprägung und in ihrem Zusammenklang reflektiert werden. Sowohl positive als auch negative Kettenreaktionen werden transparent und können auf Folgeerscheinungen sowie Konsequenzen überprüft werden. Als Grundlage der Untersuchung dient der Organisations-Balanced-Kompass. Der Blick auf das ganze System lässt einzelne Details in

einem anderen Licht erscheinen. Dieser Perspektivwechsel kann die Konzentration auf völlig neue Themen lenken.

Ziel Ein aktuelles Problem soll unter Einbeziehung verschiedener Einflussgrößen anvisiert werden. Die einzelnen Punkte, Personen, Bereiche werden in ihrer Gewichtung aufgeschlüsselt und im Gesamtgefüge begutachtet. Dadurch wird das Verständnis für die Abhängigkeit der einzelnen Aspekte geweckt. Neben dem Verstand werden auch Körper, Herz und Seele zu ihren authentischen Impulsen befragt.

Material DIN-A3-Papier oder Flipchart, Stifte.

Übungsablauf
Schritt 1: Jeder Teilnehmer beschreibt sein Hauptproblem, zum Beispiel zu langsame Prozessketten, und sammelt alle Faktoren, die zu diesem Problem führen können, wie unklare Zielvorgaben, mangelnde Kompetenz der Mitarbeiter, demotivierte Mitarbeiter (demotiviert wodurch?), mangelnde Führungsqualität, Probleme in der Organisation, unpassende Software beziehungsweise Maschinen, schlechte Absprachen an den Schnittstellen, Lieferprobleme (Material, Information, Ressourcen), Inkonsequenz in der Umsetzung von Absprachen, unklare Rollen- beziehungsweise Aufgabenverteilung, fehlende Kontrolle, fehlende Konsequenzen bei mangelhafter Leistung und so weiter.
Neben den beeinträchtigenden Faktoren können genauso stabilisierende Motive aufgenommen werden. Allein dieses sorgfältige Zusammentragen von hineinspielenden Faktoren kann augenöffnend wirken.

Schritt 2: Der Teilnehmer zeichnet auf dem Blatt einen großen Kreis (ein Rad symbolisierend) und ordnet etwa 10–15 der eruierten Aspekte intuitiv auf der Kreisbahn an.

Schritt 3: Als Nabe dieses Rads nimmt er sein geschildertes Problem. Er überlegt sich, ob die Schwierigkeit genau in der Mitte der verschiedenen Einflussgrößen liegt oder einer Thematik ganz nah steht. Er zeichnet diese Nabe ein – mit nahem oder weitem Abstand zu den einzelnen Bereichen, ganz wie es seiner gefühlten Wirklichkeit entspricht.

Schritt 4: Von der Nabe zu den einzelnen Aspekten kann er nun Speichen einzeichnen, die die Verbindung zur Thematik symbolisieren. Diese können dünn oder dick gestaltet sein, rund, eckig, klar oder mit Fragezeichen versehen und so weiter.

Schritt 5: Im weiteren Prozess arbeiten zwei Personen zusammen. Ein Kollege hält das Blatt mit ein wenig Abstand in die Höhe, damit der Teilnehmer das gesamte Bild auf sich wirken lassen kann. Wo »eiert« das Rad am stärksten? Welche Aspekte schwächen die Lage? Durch welche Komponenten erfährt sie Stabilität?
Zuerst wird der Verstand befragt, nach Wahrnehmungen, Einschätzungen, Gedankenblitzen. Danach das Herz – welche Gefühle und Intuitionen treten bei der Betrachtung des Bildes auf? Was spricht der Körper, welche authentischen Impulse sendet er? Und was spricht die Seele? Was sagt sie aus ihrer weitsichtigen, reifen Perspektive, die tief im Wissen um Wahrheit und Werte verwurzelt ist?

Das Lösungsrad

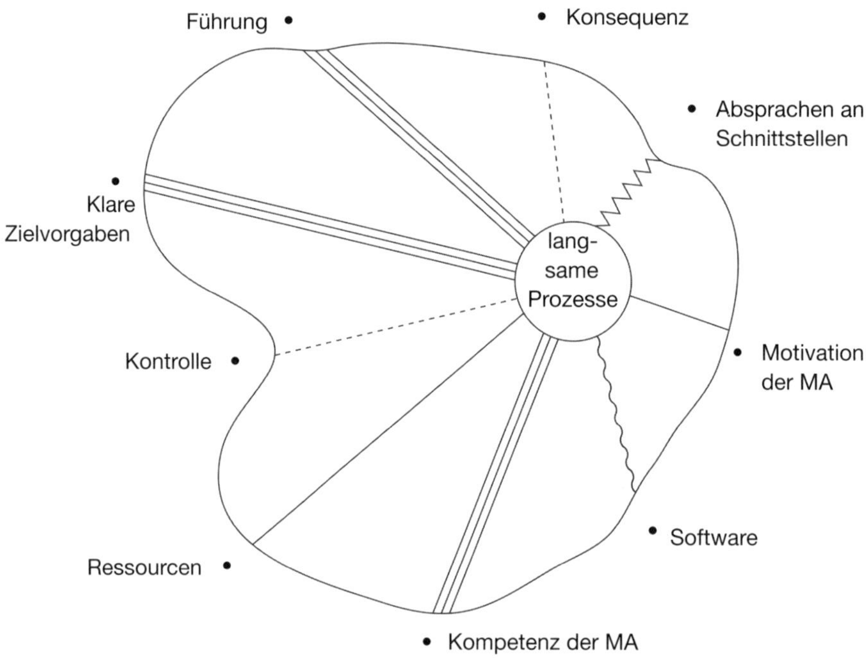

Schritt 6: Die Teilnehmer lassen das ganze Rad auf sich wirken. Nachdem der Ist-Zustand der Problemlage sorgfältig analysiert ist, wird die Struktur des Lösungsrads benutzt, um als Nächstes den Soll-Zustand abzubilden. In welche Richtung soll sich das aufeinander einwirkende Gebilde in den nächsten Wochen und Monaten entwickeln? Welche kleinen, realistischen Schritte und Maßnahmen können und wollen die Teilnehmer sofort angehen?

Aus der Praxis

Der Bewegung der Seele folgen

Beispiel

Da der Workshop nur auf drei Stunden angelegt war, musste sich die Gruppe beeilen. Da die Teilnehmer aber mit großer Neugierde an die Arbeit gingen, kam es zu einem quirligen Stimmengewirr. Jeder zeichnete zunächst sein persönliches Lösungsrad, danach coachten sich die Teilnehmer gegenseitig in der tieferen Erforschung. Es war eine höchst lebendige Runde, in der die unterschiedlichsten Emotionen zum Ausdruck gebracht wurden. Alle waren überrascht, welche Komplexität in so kurzer Zeit erfasst und weiterentwickelt werden konnte.
Im Abschlusskreis, in dem ich sie nach ihren Erkenntnissen und verbindlichen Maßnahmen befragte, tauchten überraschende Antworten auf. Die Teilnehmer berichteten, dass ihnen die übersichtliche Struktur der Übung helfe, Zusammenhänge aufzudecken. Dieser erste Schritt allein war sehr wohltuend, sich von der Problemfixierung zu lösen und »das große Bild« zu betrachten. Aus der Verstandesperspektive boten sich ihnen verschiedene Möglichkeiten, um an das Themengeflecht heranzutreten. Spannend wurde das Ganze, als sie

danach noch die drei anderen Dimensionen befragten. Intuitiv verlagerte sich ihr Interesse auf andere Lösungswege, und sie begannen, ihre bisherigen Einschätzungen nochmals zu revidieren. Diese Verschiebung in ihrer ursprünglichen Wahrnehmung gab ihnen schwer zu denken. Besonders faszinierte sie die Botschaft ihrer Seele.

Einer der Geschäftsführer erzählte, er habe einen besonderen Bezug zum Musikmachen und diese Beschäftigung habe ihn schon immer mit großer Inspiration erfüllt. In seinem Büro stand eine verstaubte Gitarre, und er nahm sich als Maßnahme vor, jeden Tag in seinem Arbeitszimmer zehn Minuten diesem Instrument zu widmen und ein wenig zu improvisieren. Er war sich sicher, dass ihm in dieser Zeit die richtige Einschätzung von Dingen und auch ein kreativer Lösungsweg »zufliegen« würde.

Ein anderer Unternehmensleiter teilte mit, dass er sich als wichtigste Maßnahme mitnehmen würde, aktiv auf seine Seele zu hören: »Ich weiß, dass in meinem Innersten ein sicherer Kompass wohnt, den ich nur zu befragen habe. Wenn ich mit meinen Mitarbeitern spreche, werde ich daran denken, dass jeder von ihnen auch diesen Kompass in sich trägt, und ihre Seele achten.« Diese berührende Aussage ließ ich als Schlusswort stehen.

Wenige, authentische Werte konsequent verwirklichen

Ein neuer Standort

Einer, der sich dem beseelten Management ganz und gar verschrieben hat, ist der Arzt und Unternehmensleiter Dr. Joachim Galuska der Klinikgruppe Heiligenfeld in Bad Kissingen. In seiner Akademie richtet er regelmäßig hochkarätige Kongresse aus, um einen neuen Geist in die Wirtschaft zu tragen.

> »Wir spüren, dass wir einen neuen Standort brauchen, einen neuen, anderen Halt als den einer einfachen Theorie des Marktes, der alles richtet, oder einer politischen Position, mit der wir identifiziert sind, oder eine Religion, an die wir glauben. Dieser Halt ist jenseits aller Theorien und Perspektiven zunächst einmal tief in unserem Inneren, in unserem Wesen als Mensch, in der Essenz unseres Seins, in der Tiefe und Weite unserer Seele. Wenn wir uns aufmachen zu spüren, was uns wirklich wesentlich ist, ergeben sich wie von selbst die gegenwärtig viel gesuchten Werte, die auch unser Wirtschaftsleben leiten können. Denn unsere Arbeit ist nicht dazu da, der Geldvermehrung zu dienen, sondern mit unserer Arbeit dienen wir der gemeinsamen Gestaltung unseres Lebens als Menschen. Wenn wir uns fragen, was eigentlich das Leben ausmacht, so spüren wir in der Tiefe genau, dass ein erfülltes Leben mehr ist als die Befriedigung unserer Bedürfnisse, mehr als oberflächliche Kontakte und Erfahrungen in virtuellen Welten. Erfüllung hat vielmehr zu tun mit tiefen menschlichen Begegnungen und der Verwirklichung eines Sinns im Leben, der über uns hinausgreift, mit der Entfaltung von Schönheit, mit einem tiefen Verstehen dessen, was ist, und dessen, was nicht ist, und mit einer Präsenz und Bewusstheit, mit der wir alle unser Tun durchdringen. Wie können wir wirtschaften, wenn es um das Wesentliche geht, wenn wir verankert sind in der Tiefe und Weite unserer Seele?« (2010, S. 124)

Manch einem mag die Wortkombination »beseeltes Wirtschaften« fremdartig erscheinen, und doch erlebe ich gerade hierfür so viele gute Beispiele.

↗ Beispiel

Vor einigen Jahren kamen zwei junge Geschäftsführer zu mir, die ein expandierendes Unternehmen in der Beratungsbranche führen. Bei vielen ihren Kunden erlebten sie die klassische Form des Managements, deren Auswirkungen sie nicht wirklich überzeugten. Aus ihrer neutralen Beobachterposition entdeckten sie verschiedene Bereiche, die sie in ihrer Organisation ganz anders machen wollten. Sie baten mich um eine längerfristige Begleitung auf ihrem Weg ins Unternehmertum.

Den eigenen Weg kreieren: Die beiden hatten die Gabe, sich mit großer Akribie komplexen Fragen zuzuwenden. Sie wollten sich von außen nichts vorkauen lassen, sondern ihre ganz eigenen Beobachtungen machen und entsprechende Schlüsse ziehen. Daher kam ihnen die Idee des Forschungslabors gerade recht. Bei unseren Treffen steckten wir zunächst den Rahmen, welche Themen sie sich vorknöpfen wollten, und dann starteten wir mithilfe verschiedener Übungsaufbauten in genaue Untersuchungen. Dabei blieb kein Stein auf dem anderen – jedes noch so kleine Detail wurde von ihnen aufgegriffen und sorgfältig »in der Hand gewogen«. Ganz besonders beschäftigte sie die Frage, in welcher Form sie gut wachsen könnten. Mit ihrer ersten Stammmannschaft von etwa 50 Mitarbeitern kamen sie bisher gut zurecht, stießen aber an ihre ersten Grenzen. Tausend Fragen bewegten sie: »Wie finden wir die richtigen Mitarbeiter? Brauchen wir Hierarchien? Wer ist für eine Führungsrolle geeignet? Wie viel Gehalt zahlen wir unseren Mitarbeitern? Wie viel Geld zahlen wir uns selbst? Welche Perspektiven können wir bieten? Wie erlebt uns unser Kunde? Was unterscheidet uns vom Wettbewerb? Welche sozialen Projekte können wir unterstützen? Sollen wir uns als Chef ansprechen lassen? Können wir schlechten Mitarbeitern kündigen …«

Es war spannend und witzig, ihren unkonventionell geführten Gesprächen beizuwohnen. Sie bekamen von mir den Spitznamen »Die jungen Wilden« in Anlehnung an die Köche Stefan Marquard und Holger Stromberg und deren Freundeskreis, die seit 1997 einen neuen Wind in die Gastronomieszene tragen. Dieser wilde Haufen aus kreativen und eigenwilligen Köpfen raufte sich zu einer schlagfertigen Truppe zusammen und revolutionierte die bisherige Kochlandschaft. Ihr Credo lautet: »anders. jünger. wilder. wer denkt, in der haute cuisine, der feinen küche, geht es steif zu, kann seit einigen jahren sein blaues wunder erleben: wir köche können auch anders. um das kochen voranzutreiben, brechen wir regeln und gehen mit mut, ideen und dem gewissen kick neue wege.

besonders am herzen liegt uns der nachwuchs in den küchen. wir wollen für den kochberuf begeistern!

anders: mut regeln zu brechen.

jünger: dem nachwuchs eine plattform bieten.

wilder: blutwurststrudel mit gebratener jacobsmuschel … noch Fragen?

für uns ist kochen religion.«

(http://www.junge-wilde.de/club/club.shtml)

In diesem Bild konnten sich die kreativen Unternehmensleiter gut sehen und fühlten sich angespornt, auch ihre besondere Note zu kreieren. Während unserer Arbeit mussten sie viele provokante Fragen ertragen, inwieweit sie sich in ihren täglichen Handlungen tatsächlich von anderen Organisationen unterschieden. Manchmal gerieten sie regelrecht in Rage, da sie sich nicht richtig gesehen und verstanden fühlten. Nach diesen kurzen Emotionsschüben fanden sie aber schnell in die forschende Haltung zurück und ließen sich jede Art der Hinterfragung gefallen. Dieses ernsthafte, aufrichtige Interesse, neue Wege zu gehen, die mit ihrer persönlichen innersten Wahrheit übereinstimmten, zeigte bald Wirkung. Trotz der Finanz- und Wirtschaftskrise verstanden sie es, ihr Unternehmensschiff sicher durch die hohen Wellen zu manövrieren und errangen sich, trotz manch harter Entscheidung, bei ihren Mitarbeitern großen Respekt. Ihre Authentizität, die einige Ecken und Kanten aufwies, kam bei ihren Leuten gut an.

Im nächsten Schritt wurde ein Seminar mit ihrer ersten Führungskräfteriege abgehalten, um deren individuelle Werte herauszuarbeiten. Die beiden Geschäftsführer hegten eine tiefe Aversion gegen die allseits beliebten Hochglanz-Unternehmenskultur-Broschüren. So wählten wir einen ganz anderen Weg. Während der zwei Tage begaben sich die Führenden auf eine offene Spurensuche, welche Werte ihnen theoretisch etwas bedeuteten und welche dieser Tugenden sie tatsächlich in ihrem Alltag konkretisierten. Uns interessierte nur, für was sie wirklich geradestehen konnten – selbst, wenn sie sich unter Stress und Druck befanden.

Aus dieser ehrlichen Betrachtung heraus resultierten einige wenige Werte, zu denen sich alle verbindlich bekennen konnten. Für jeden dieser Werte legten wir einen Flipchartbogen an und füllten diesen mit assoziierenden Bildern und Begriffen sowie praktischen Beispielen aus dem Alltag. Jeder überlegte sich bis ins Detail, in welcher Form sich diese Anliegen nun in seinem Denken, Fühlen und Handeln konsequent integrieren ließen. Mögliche Schwierigkeiten und Hemmnisse wurden sofort in Betracht gezogen und mit kreativen Lösungswegen versehen (s. Übung: Raus aus der Box, S. 188ff.).
Am zweiten Tag gesellten sich die beiden Geschäftsführer dazu und wurden in den bisherigen Prozess integriert. Auch sie visualisierten nochmals ihre wesentlichen Leitlinien, und es entstand ein höchst wertschätzender, fruchtbarer Austausch. Allen war ganz klar, wofür sie stehen – jeder für sich und auch gemeinsam. Sie wussten ganz genau, in welcher Weise sie diese wenigen kraftvollen Werte im beruflichen und privaten Alltag realisieren würden. Am Ende des Seminars gingen wir in die Natur und vollzogen ein Ritual. Wir verbrannten all die Flipcharts und Arbeitspapiere. Von ihrem Prozess existierte nichts Schriftliches mehr – sie wollten ihre Werte allein in ihrem Herzen und ihrer inneren Haltung verankert wissen. Es war ein starker Moment, dessen Kraft sie in ihren Alltag mitnahmen.

Auch sie boxen sich täglich durch all ihre externen und internen Probleme durch. Aber sie sind tatsächlich eine freche Bande geworden, die ihren authentischen Wahrnehmungen und Impulsen größte Aufmerksamkeit schenkt. Sie sind bei ihrer Unternehmung voller Leidenschaft und mit Herz und Seele dabei. Ihr Erfolg und ihr Lebensglück geben ihnen Recht.

Es folgt nun ein Beitrag von einem extrem innovativen, glücklichen Geschäftsführer, den ich im letzten Jahr kennenlernen durfte und der mich sehr beeindruckt.

Glücklich führen oder mit Vertrauenskultur zu ganzheitlichem Unternehmenserfolg

Uwe Rotermund

Glücklich führen?

Eine glückliche Hand bei der Führung, wer wünscht sich das nicht? Doch kann man erwarten, dass Führung auch glücklich macht, wo doch die Anforderungen an eine Führungskraft, insbesondere an den Geschäftsführer, erheblich gestiegen sind? Viele Unternehmen befinden sich auf dem Weg von der Industriekultur zur Wissensökonomie, wo ganz neue Regeln gelten. Mitarbeiter fordern größere Freiheiten und Mitwirkungsmöglichkeiten, auf der anderen Seite bedeutet die gestiegene weltweite Transparenz einen zunehmenden Kostendruck auf die Unternehmen und deren Kapitäne. Und natürlich sind unsere Kunden anspruchsvoller geworden. Sie erwarten von uns als ihrem Dienstleister gleichzeitig einfache Vielseitigkeit, hochindividuelle Standards, preisgünstigen Luxus und ökologische Globalität. Alles Widersprüche in sich, die nur schwer aufzulösen sind. Mit anderen Worten, die Welt des Topmanagers hat an Anspruch beziehungsweise Komplexität und Veränderungsgeschwindigkeit deutlich zugenommen.

Mit welchen Rezepten lassen sich Unternehmen im zweiten Jahrzehnt des 21. Jahrhunderts jetzt souverän steuern, sodass Führung nicht nur funktioniert, sondern auch Spaß macht, den Unternehmenslenker glücklich macht und angemessene Erfolge sichert? Sicher nicht mit den Steuerungsmechanismen der Industriegesellschaft, sondern mit einer gehörigen Portion an Mut, Loslassen, Visionsstärke, Vertrauensvorschuss und einer Vorbildfunktion, die eine einzigartige Unternehmenskultur erlebbar macht. Das Zukunftsinstitut nennt dies »metastrategische Führung«. Dabei können wir uns auch ein Stück weit von der »economy of scales« verabschieden, denn Loslassen bedeutet oft Dezentralisierung, und Dezentralisierung kann Redundanz bedeuten. Früher war es Ziel der Effizienzpäpste, Redundanzen und Doppelarbeiten zu vermeiden, heute ist es ein Bestandteil von dezentralem effizientem Management. Das ist so lange hilfreich, wie es ein zentrales und von vielen getragenes Ziel- und Wertesystem gibt.

Ich habe in den letzten 15 Jahren als geschäftsführender Gesellschafter von noventum mit meinem Unternehmen und mit vielen meiner Kunden den atemberaubenden Wandel erleben dürfen und dabei glückliche und unglückliche Unternehmenslenker kennengelernt und meine Rückschlüsse gezogen, was helfen kann, seines Glückes Schmied zu sein.

Ich selbst zähle mich zu den glücklichen Schmieden, dem das (Zufalls-)Glück oft gewogen war und dem es gelungen ist, Glück(-lichkeit) wertzuschätzen und darauf zu achten, dass ich dem (Zufalls-)Glück eine Chance gebe, die Glück(-lichkeit) des Geschäftsführers herbeizuführen. Im Folgenden möchte ich dazu einige Erfahrungen, Strukturen, Grundsätze aus ganz persönlicher Sicht darstellen. Dies ist kein Ratgeber oder Managementhandbuch, sondern ein Erlebnisbericht, dessen Übertragbarkeit jeder für sich selbst prüfen muss.

noventum consulting – eine kleine Erfolgsgeschichte

noventum consulting macht heute als mittelständisches IT-Consultingunternehmen eine recht gute Figur. In den letzten beiden Jahren wurden wir vom »Great Place to Work Institute« zum besten Arbeitgeber Deutschlands in der Kategorie bis 500 Mitarbeiter gewählt. Unsere Fluktuationsrate ist sehr gering, die Kundenliste sehr solide, unsere Bekanntheit hoch, unser Netzwerk mit Multiplikatoren beträchtlich. Auch können wir auf einige internationale Standorte verweisen; unser Wachstum und unser Gewinn sind ordentlich. Kurzum, wir werden von nahezu allen unseren Wettbewerbern ein wenig beneidet und können richtig stolz auf das Erreichte sein. Wie war diese kleine Erfolgsgeschichte möglich?

Angefangen hat meine unternehmerische Tätigkeit Ende des Jahres 1996, als ich im Rahmen eines Management-Buyouts die Mehrheit meiner als Gesellschaft ausgelagerten kleinen Niederlassung in Münster für einen recht hohen Kaufpreis erwarb. Ein sehr mutiger Schritt, der sich sicher hauptsächlich aus einer Kombination von unternehmerischem Gestaltungswillen und dem Bedürfnis nach Kontinuität erklären lässt. Ausgestattet mit viel Pioniergeist, unbändiger Energie und einem Team, von dem man nur träumen kann, konnten wir in der Zeit von 1996–2001 unsere Mitarbeiterzahl von 15 auf 80 erhöhen und unseren Umsatz ebenfalls mehr als verfünffachen – das alles mit reinem IT-Beratungsgeschäft, ohne externes Kapital, alles aus dem Cashflow beziehungsweise den Gewinnen finanziert. Wir waren ein hochmotiviertes, sorgloses, unkonventionelles, glückliches Team von Jägern und Sammlern mit mir als Primus inter Pares und als Orientierungsfigur. Das waren jedoch nicht allein die Zutaten zu unserem Erfolgsrezept, denn flankierend hatten wir die zu uns passenden Organisations- und Steuerungssysteme aufgebaut. Schon früh hatten wir unsere Prozessdokumentation, unsere Key-Performance-Indikatoren, Mitarbeiterentwicklungsvereinbarungen, Vorgesetztenbeurteilungen und Kundenzufriedenheitsanalysen aufgebaut und durch die Einführung einer ISO-9000-Zertifizierung und einer Balanced Scorecard institutionalisiert. Unsere hochdynamische Organisation wurde durch diese Standards auf gemeinsame Ziele und Werte ausgerichtet und war es gewohnt, durch eine Vielzahl von Feedbackschleifen zu lernen und sich weiterzuentwickeln.

Eine Zäsur dieser Jubelatmosphäre mussten wir dann im Jahr 2002 erleben. Wie nahezu alle IT-Beratungsunternehmen mussten wir, bedingt durch die IT-Krise, dramatische Umsatzeinbrüche kompensieren, ein nie gelernter Überlebenskampf musste gefochten werden. Wir haben schnell gelernt, das Unternehmen zügig wieder auf die Erfolgsspur gebracht und haben doch in dieser Zeit unsere Unschuld, jedoch nicht unsere ehrliche und wertschätzende Gradlinigkeit verloren. Erstmalig musste sich unsere Familie – so fühlten wir uns – von einigen Familienmitgliedern trennen und diese in die Wüste schicken. Ein Prozess, der so notwendig wie schmerzhaft war und aus dem wir am Ende gestärkt und erwachsen hervorgehen konnten.

Seit 2003, also seit nunmehr acht Jahren, entwickeln wir kontinuierlich und etwas behutsamer als in den wilden Spät-90ern unser Unternehmen. Selbst die Weltwirtschaftskrise im Jahre 2009 hat kaum Auswirkungen auf noventum gehabt. Auf der einen Seite ist die positive Entwicklung durch die außerordentlich stark ausgeprägte Vertrauensbeziehung zu unseren Kunden und Mitarbeitern zu erklären, auf der anderen Seite hat sich noventum mit einem systematischen »Future-Management«-Ansatz, mit der konsequenten Anwendung des »Great-Place-to-Work«-Prinzips und mit der mutigen Implementierung eines Internationalisierungskonzeptes die Voraussetzungen für die offensichtliche »Future Fitness« geschaffen.

Mit Future Management zur Future Fitness

Nach den Erfahrungen der Krise im Jahr 2002 und bei der Suche nach Möglichkeiten, solch eine Bedrohung zukünftig früher erkennen zu können und eine Gegenstrategie zu entwickeln, bin ich auf einer Unternehmertagung durch einen Vortrag von Matthias Horx, dem Gründer und Gesellschafter des Zukunftsinstitutes, fasziniert worden. Erstmalig wurden mir die Zusammenhänge der zehn Megatrends deutlich, welche unsere Welt in den nächsten Dekaden verändern werden. Zusätzlich machte ich mich mit einer Methode der Future Management Group, der Methode der fünf Zukunftsbrillen, vertraut, mit der sich Unternehmen in fünf sequenziellen Schritten gut für die Zukunft aufstellen können, und zwar von der Analyse der wahrscheinlichen Zukunft, über die kreative Entwicklung von Geschäftsideen, über die Bündelung von Geschäftsideen zu einer Vision, über die Betrachtung unerwarteter Risiken, bis hin zur Umsetzung einer entsprechenden Strategie.

Neu an diesen Ansätzen war für mich, dass ich lernte, nicht mehr von den Anforderungen der Gegenwart Lösungen für die Zukunft zu bauen, sondern mich gedanklich in das nächste Jahrzehnt zu versetzen und von dort aus »zurückzurechnen«, was in den letzten zehn Jahren alles erforderlich war, um jetzt (in der angenommenen Zukunft) erfolgreich zu sein. Diese Sichtweise ist natürlich nicht frei von Irrtümern, denn bei aller statistischen Analyse der Zukunftsforscher bleibt die Zukunft hochgradig unprognostizierbar. Viele sogenannte schwarze Schwäne, das heißt unvorhersehbare Ereignisse, werden unser Unternehmen in der Zukunft stark beeinflussen. Und doch ist die aktive Beschäftigung mit wahrscheinlichen Veränderungen eine hervorragende Methode, Future Fitness zu erwerben. Es bietet die Chance, zeitlich vor den Kunden wichtige Entwicklungen zu antizipieren und sich nicht allein auf die Anforderungen seiner Kunden zu beschränken. Wie sagte Henry Ford: »Wenn ich meine Kunden gefragt hätte, was sie benötigen, hätten sie gesagt: schnellere Pferde«.

Konkret habe ich aus unseren Future-Management-Aktivitäten der letzten Jahre unser Internationalisierungskonzept, eine umfassende und markenwertsteigernde Unternehmensvernetzung sowie viele Bausteine zur Bildung eines »Great Place to Work« abgeleitet. Darüber hinaus haben wir durch die starke Einbeziehung all meiner Mitarbeiter in Zukunftsworkshops eine besondere Trendsensibilität erreicht, sodass eine große Zahl unserer Mitarbeiter der Zukunft kreativ und optimistisch entgegenblickt.

Mit Vertrauenskultur zu einem »Great Place to Work«

Das Konzept »Great Place to Work« des gleichnamigen, in den USA gegründeten Instituts macht für mich sehr deutlich, worauf es bei dem Wandel von der Industriegesellschaft zur Wissens- oder Kreativökonomie ankommt: Auf Vertrauen statt Kontrolle. Auf Individualisierung statt Masseneffizienz. Auf Wertschätzung statt Leistungsdruck. Auf Fairness statt Gewinnmaximierung. Das faszinierende an dieser Sichtweise ist, dass damit nicht nur die Zufriedenheit der Mitarbeiter deutlich steigt, sondern dass gleichzeitig auch eine intelligente Voraussetzung für den wirtschaftlichen Erfolg des Unternehmens gegeben ist, sofern die Vertrauenskultur durch eine starke Orientierung mittels eines allgegenwärtigen Ziel- und Wertesystems ergänzt wird. Fast alle Menschen wollen Spitzenleistungen erbringen. Eine Führungskraft der Zukunft muss dieses Potenzial »nur« entfesseln. Die Methodik von »Great Place to Work« bietet dazu einen hervorragenden Ansatz.

Die erste Dimension der Great-Place-to-Work-Methode ist das individuelle Erleben der Unternehmenskultur aller Mitarbeiter im Unternehmen, der sogenannten »Trust Index«. Dabei führt das Great Place to Work Institute anonyme Befragungen in Form von etwa 60 Fragen zu den Themen »Glaubwürdigkeit des Managements«, »Respekt des Managements gegenüber den Mitarbeitern«, »Fairness zu allen Mitarbeitern«, »Teamgeist der Mitarbeiter untereinander« und »Stolz der Mitarbeiter auf das Unternehmen« durch. Die Befragten haben so die Chance, auf Thesen wie »Mein Chef ist kompetent« oder »Ich würde meinem besten Freund empfehlen, hier zu arbeiten« ihre Zustimmung oder Ablehnung geschützt mitzuteilen.

Für die zweite Dimension, dem sogenannten »Culture Audit«, analysieren Mitarbeiter des Great Place to Work Institutes die Strukturen, Prozesse und Werkzeuge des Human Ressource Managements zur systematischen Pflege einer vertrauensvollen, wertschätzenden und leistungsorientierten Unternehmenskultur. Hierzu müssen die Unternehmen, die sich einer Analyse unterziehen, in neun Bereichen Ihre jeweiligen Maßnahmen erläutern und beweisen. Wie werden neue Mitarbeiter akquiriert und integriert? Wie inspiriert die Führung die Mitarbeiter und wie vermittelt sie die Ziele und Werte des Unternehmens? Wie wird umfassend und glaubwürdig informiert? Wie hört die Führung auf Ideen, Wünsche und Beschwerden der Mitarbeiter? Wie zeigt die Führung Wertschätzung gegenüber den Mitarbeitern? Wie werden individuelle und umfassende Mitarbeiterentwicklungskonzepte erstellt? Wie zeigt das Unternehmen gegenüber seinen Mitarbeitern Fürsorge? Wie werden außergewöhnliche Ereignisse gefeiert? Wie werden die Früchte des Erfolgs geteilt?

Beide Dimensionen werden in der Folge zusammengeführt und zu einer Gesamtpunktzahl aggregiert, mit welcher die Unternehmen in verschiedenen Größenklassen in den Wettbewerb gehen, um am Ende als eines der 100 Unternehmen mit dem Gütesiegel »Bester Arbeitgeber Deutschlands« auftreten zu dürfen. Dieser Wettbewerb spornt natürlich den Sportsgeist an und ist im Erfolgsfall ein wichtiger Baustein im Employer Branding beziehungsweise bei der Akquisition neuer Mitarbeiter.

Das Unternehmen noventum consulting hat sich seit 2006 ununterbrochen dem Great-Place-to-Work-Wettbewerb gestellt. Nachdem wir mit der Platzierung 92 in den Wettbewerb eingestiegen sind, konnten wir uns kontinuierlich über die Plätze 42, 13 bis zum Vizemeister steigern. In den letzten beiden Jahren haben wir schließlich zweimal in Folge die Nr. 1 in der Gruppe der Unternehmen von 50–500 Mitarbeitern in Deutschland belegt. Dabei ist die Prämierung und die damit verbundene Außenwirkung nur ein wichtiger Aspekt. Weitaus bedeutender ist die Chance zur weiteren Verbesserung der Arbeitsplatzqualität, welche wir durch »Benchmarking«, also durch den Vergleich mit Europas besten Arbeitgebern, erreichen konnten.

Auffallend, wenn auch nicht überraschend, ist, dass sich nahezu alle sogenannten »Best Practices« bei »Great Place to Work« sehr stark mit den Thesen der Zukunftsforscher decken. Mit anderen Worten: Ich stelle fest, dass ein »Great Place to Work« hochgradig zukunftsfähig ist und dass andersherum die konsequente Beschäftigung mit Zukunftsmanagement eine gute Voraussetzung für eine Spitzenplatzierung bei »Great Place to Work« ist.

Persönliche Orientierung auf sieben Säulen

Welchen Beitrag kann der Geschäftsführer zum Erreichen der Unternehmensziele leisten? In dem Hierarchiemodell der Industriegesellschaft ist er für alles verantwortlich, lässt sich durch seine Stäbe beraten und unterstützen und delegiert dann kaskadenmäßig nach unten. Für mich sieht das Führungsmodell eines modernen Unternehmens in der Wissensökonomie ein wenig anders aus. Um mit den Worten des dm-Chefs Götz Werner zu sprechen, ist ein Geschäftsführer nicht für *alles*, sondern für das *Ganze* verantwortlich. In diesem Sinne ist der Führende Visionär, Befähiger und Dienstleister statt Befehlszentrale und Obercontroller. Führung heißt dabei, seinen Mitarbeitern Anreize zu bieten, so dass es sich lohnt zu folgen.

Meine Rolle als Visionär, Befähiger und Dienstleister habe ich auf sieben Säulen gestellt, die mir selbst jederzeit die notwendige Orientierung geben. Jede einzelne Aktion gibt mir persönlich Sinn, sofern sie zur Stärkung einer der sieben Säulen beiträgt beziehungsweise den ernsthaften Versuch unternimmt, dies zu tun. Die sieben Säulen sind wiederum in einer ganzheitlichen Ursache-Wirkungs-Kette im Gesamtunternehmenszweck eingebaut. Damit kann ich mir und meinem Umfeld die so wichtige

Orientierung in einem komplexen Umfeld geben. Konkret heißen meine sieben Säulen

→ Führung und Kommunikation,
→ Markt und Vertrieb,
→ noventum consulting international,
→ Future Management,
→ Networking,
→ Gesellschafter und Finanzen und
→ Corporate Social Responsibility,

die ich im Einzelnen noch etwas ausführen möchte.

Die ***Säule »Führung und Kommunikation«*** beinhaltet meine Aktivitäten zur Erzeugung einer glaubwürdigen und attraktiven Unternehmensvision, zur Sicherstellung einer umfassenden, ehrlichen und unterhaltsamen Information an alle Mitarbeiter sowie zum Herunterbrechen der Unternehmensvision in konkrete Ziele, Prozesse, Performanceindikatoren und Verantwortlichkeiten. Ebenso wichtig ist die regelmäßige persönliche Kommunikation mit meinen Führungskräften in gegenseitigen Feedback- und Entwicklungsgesprächen. Nicht zu unterschätzen ist weiterhin die positive Wirkung von »Management by walking around« und einer stets offenem Tür, mit der die persönliche Präsenz für alle Mitarbeiter ermöglicht wird und Berührungsängste und Kommunikationsbarrieren schon im Keim erstickt werden.

In der ***Säule »Markt und Vertrieb«*** genieße ich es, sowohl mit meinem Vertriebs- und Marketingteam Strategien zur weiteren Markenstärkung, Marktdurchdringung und für Wachstum zu entwickeln, wie auch mit meinen geschätzten Kunden häufig in persönlichen Gesprächen außergewöhnliche Projekte zu planen. Das Vertrauen zu spüren, welches unserem Unternehmen beziehungsweise unseren Mitarbeitern dabei seitens unserer langjährigen Kunden entgegengebracht wird, verschafft mir dabei ein ganz besonderes Glücksgefühl.

Meine dritte ***Säule »noventum consulting international«*** entspringt einer Leidenschaft mit den Aktivitäten rund um noventum consulting international, welche besonders hohe Anforderungen an Ausdauer stellt. Es ist für ein Unternehmen unserer Größe schon ungewöhnlich, aus eigener Kraft ein umfassendes Konzept zum Dienstleistungsexport zu entwickeln und umzusetzen. Viele meiner Mitarbeiter haben inzwischen mitgeholfen, Geschäftspläne zu schmieden, Mitarbeiter im Ausland zu begeistern und zu akquirieren, Kunden zu gewinnen und Projekten erfolgreich ins Ziel zu verhelfen. Der Beweis der direkten Wirtschaftlichkeit des internationalen Engagements muss noch erbracht werden, jedoch schon jetzt ist deutlich, welchen Qualitätssprung das Unternehmen durch die vielfältige Auseinandersetzung mit dem internationalen Geschäft in London, Istanbul, Johannesburg und Durban gemacht hat. Fühlte ich mich vor einigen Jahren noch als einsamer Missionar im Unternehmen in dem Internationalisierungsanspruch, so befriedigt es mich heute sehr, dass das internationale Geschäft inzwischen ein kaum noch wegzudenkender Bestandteil unserer Unternehmensidentität ist.

In ähnlicher Weise habe ich vor einigen Jahren begonnen, meine vierte ***Säule »Future Management«*** als komplett neues Geschäftsfeld aufzubauen. Back to the roots! Als einer von zehn sogenannten Servicemanagern habe ich die Verantwortung für die Planung, Kommunikation, Akquisition und Projektdurchführung von Innovationsprojekten für unsere Kunden übernommen. Rückblickend kann ich feststellen, dass der erwartete Nutzen tatsächlich eingetreten ist. Mit der Bereicherung unseres Leistungsportfolios um »Future Management« konnten wir ein echtes, wettbewerbsdifferenzierendes Profil entwickeln, damit unseren Markenwert steigern und unaufdringlich Topmanagementkontakte aufbauen und pflegen. Die gerufenen Geister wird man bekanntermaßen nicht mehr los, so dass ich inzwischen einen nicht unerheblichen Teil meiner Zeit wieder in Projekten verbringe. Das ist schön, denn die Zeit, die ich für dieses Thema einsetze, bringt nicht nur für unser Unternehmen gute Geschäftschancen, sondern mir persönlich unerschöpfliche Inspirationen.

Meine fünfte ***Säule »Networking«*** ist ein recht ausgelutschter Begriff für fachübergreifende und kurzfristig zweckfreie Kommunikation mit Entscheidern und Multiplikatoren. Im Rahmen der intensiven Auseinandersetzung mit zukunftsorientierten Geschäftsmodellen habe ich beschlossen, dem »Networking« für unser Unternehmen eine herausragende Bedeutung zuzuschreiben und meine Zeit entsprechend stark hierfür einzusetzen. Dabei steht die Suche nach neuen Vertriebskanälen nicht im Vordergrund. Das Hauptziel des fachübergreifenden Networkings ist persönliche Inspiration durch spannende Menschen und Steigerung von Bekanntheit und Markenwert. Zu meinen Networking-Gruppen zählen Politiker, Unternehmensverbände, IT-Fachverbände, soziale Organisationen, Hochschulprofessoren, Künstler und viele andere mehr. All diese etwas entfernteren Geschäftsfreunde behandle ich mit der gleichen Wertschätzung wie meine direkten Kunden. Ich lade sie zu Veranstaltungen ein und tausche mich oft und intensiv mit ihnen aus. Wenn daraus einmal eine überraschende Geschäftschance entsteht, ist mir das sehr recht, jedoch nicht meine Erwartung.

Die ***Säule »Gesellschafter und Finanzen«,*** also der Umgang mit dem Gesellschafter und die Liquiditätssicherung des Unternehmens, stellt meine sechste Säule dar. Spätestens seit der IT-Krise 2002 legen mein Managementteam und ich einen sehr großen Wert darauf, dass wir warm angezogen sind für eine mögliche erneute Krise. Das hat sich in 2009 sehr bewährt, konnten wir doch auch dank frühzeitiger liquiditätssichernder Maßnahmen die Weltwirtschaftskrise völlig unbeschadet meistern.

Die letzte und jüngste Säule meiner persönlichen Geschäftsorientierung ***»Corporate Social Responsibility«*** ist der umfassende und konsequente Einsatz für Sozialprojekte unterschiedlicher Art. Ich bin zutiefst davon überzeugt, dass das moderne Unternehmen nicht die Gewinnmaximierung auf der Agenda haben sollte, sondern ausreichend Gewinne generieren sollte, um das Unternehmen sicher zu entwickeln und darüber hinaus einen bedeutenden gesellschaftlichen Beitrag leisten zu können. Und damit meine ich nicht nur werblich genutzte Sozialprojekte, die am Ende helfen sollen, den Umsatz zu steigern. »Tue Gutes und rede darüber« ist sicher ein legitimer Ansatz, jedoch ist eine umfassende »Corporate Social Responsibility« mehr. Für noventum heißt dies unter anderem, dass die Mitarbeiter eingeladen sind, sich dort stark einzubringen. Unser Unternehmen stellt Mitarbeitern, die sich für ein ihnen am Herzen liegendes Sozialprojekt engagieren wollen, unbürokratisch ein Budget zur Verfügung. Darüber hinaus verfolgt das Unternehmen noventum langfristige Projekte, insbesondere im Bereich der Bildungsförderung.

Am Ende eines jeden Arbeitstags kann ich recht genau zuordnen, welche meiner sieben Säulen ich zu stärken versucht habe. Das macht tatsächlich jeden Tag zu einem erfolgreichen Tag. Selbst wenn es nur bei dem Versuch der Stärkung geblieben ist, bleiben jedoch die Erkenntnis und der Lerneffekt. Auch das ist Erfolg. Die sieben Säulen inklusive der Unterpunkte hängen in meinem Büro als Mindmap vor meinen Augen. Sie sind immer transparent und sind in meinem Hirn eingebrannt. Sie sind Bestandteil meiner Hardware.

Jedes Jahr analysiere ich kritisch, welche Aktivitäten in welcher Säule mehr Aufmerksamkeit erfordern, und gleichzeitig akzeptiere ich ohne Defizitgefühl, dass manche Aktivitäten in den Säulen jetzt nicht reif sind. Vielleicht hilft mir diese Betrachtung auch dabei, dass ich nie das Gefühl habe, keine Zeit zu haben, denn ich habe mich ja für die Fokussierung meiner Aufmerksamkeit und meiner Energie entschieden. Und wenn einmal etwas dazwischenkommt, was auch bei mir wie bei jedem Menschen nicht selten passiert, gelingt es mir recht gut, diese »Störung« als »Einladung« zu werten, wie es die Impro-Spezialisten sehen. Betrifft die Störung eine meiner Säulen, fällt es mir leicht, umzupriorisieren. Ist die Störung außerhalb der sieben Säulen, hat sie es verdient, ignoriert zu werden. Oder es gibt gute Gründe, sie als Bestandteil einer Säule aufzunehmen, denn die Säulen sind ja nicht »in Stein gemeißelt«, sondern ein lebendes virtuelles Gebilde in meinem Kopf.

Gibt es ein Leben außerhalb des Unternehmens für mich? Ja, selbstverständlich, und zwar ein sehr intensives. Mit meiner Frau teile ich mein Leben mit Liebe, Wertschätzung, Toleranz und Achtsamkeit. Darüber hinaus liegen in meiner Rolle als aktiver siebenfacher Familienvater weitere aufregende Herausforderungen parat. Selbstverständlich ist mir zudem wichtig, dass ich immer wieder zu mir selbst finde und sozusagen mit mir selbst verbunden bin. Die Prinzipien meiner privaten Orientierung funktionieren im Übrigen genauso wie im beruflichen Umfeld. Auch hier lebe ich mein Leben in sieben Säulen, die mit den Überschriften »Familie«, »Freunde«, »Wellness«, »Hobby und Reisen«, »Bildung«, »Organisation und Finanzen«, »Selfness« versehen sind. Und auch in der privaten Dimension verspüre ich Zeitsouveränität in jeder der verfügbaren 84.400 Sekunden des Tages.

The business of business is business? Was ist Erfolg?

»The business of business is business« – keine Spielereien, pure Erfolgsorientierung, wobei Erfolg wirtschaftliches Wachstum und Gewinnmaximierung ist. So haben wir es in den Hochzeiten der Industriekultur gelernt, erlebt und als selbstverständlich akzeptiert. Doch viele zukunftsorientierte, verantwortungsbewusste Unternehmer, Politiker und gesellschaftliche Multiplikatoren sehen das aktuell etwas differenzierter. Volkswirtschaften kann man nicht nur nach dem Bruttoinlandsprodukt, sondern auch nach dem NHI, dem National Happiness Index bewerten, andere nationale Erfolgsindizes integrieren zusätzlich auch noch den ökologischen Fußabdruck. Wendet man diese Faktoren auf die Staatengemeinschaft an, ergibt sich ein sehr ungewohntes Bild der führenden Nationen.

Heruntergebrochen auf Unternehmen und deren Geschäftsführer lohnt es sich, den Begriff »Erfolg« ebenfalls einmal kritisch zu hinterfragen. Ist es wirklich richtig, dass alle Performanceindikatoren letztendlich nur ein Ziel haben, nämlich die mehr oder wenig dauerhafte Gewinnmaximierung? Kann es nicht auch sein, dass es neben einer guten Gewinnentwicklung zusätzlich Selbstzweck ist, einen sozialen Beitrag zu leisten, und zwar ohne den werblichen Hintergedanken zur letztendlichen Gewinnsteigerung?

Wir haben uns im Management von noventum diese Frage ebenfalls gestellt und sind zu der Überzeugung gelangt, dass wir den Begriff »Erfolg« in drei voneinander unabhängige Ziele differenzieren wollen. Das erste Element von Erfolg ist der Klassiker: das Erzielen eines angemessenen Gewinns, mit dem sich das Unternehmen sicher entwickeln kann und damit seine Unternehmensmission erfüllen kann. Das zweite Element ist bei noventum die Freude und Zufriedenheit aller Mitarbeiter, und zwar nicht, damit diese zweckgebunden zum ersten Ziel beitragen, sondern einfach, weil es die Lebensqualität erhöht. Mit anderen Worten: Eine wertschätzende Unternehmenskultur ist kein Luxus, der in der Krise geopfert wird, sondern eine Selbstverständlichkeit, die in der Krise sicher durch eine außerordentliche Solidarität honoriert wird. Dieses Vertrauen bringe ich meinen Mitarbeitern entgegen. Das dritte Erfolgselement ist die Fähigkeit, vielfältige soziale Projekte außerhalb des Unternehmens zu fördern und dabei die Mitarbeiter intensiv zu involvieren.

Jedes der drei noventum-Erfolgskriterien kann und muss natürlich im Sinne einer Balanced Scorecard gemessen und gesteuert werden. Im ersten Fall sind das die uns allen gut bekannten Zahlen im Unternehmen in den verschiedenen Dimensionen, im zweiten Fall helfen die Analysen aus den Great-Place-to-Work-Befragungen und Audits als Orientierung, und für den dritten Bereich des sozialen Engagements lässt sich das soziale Engagement und anderes anhand von Kosten und Zeitaufwänden beobachten.

An dieser Stelle lohnt sich auch wieder ein Blick auf den Zitatenschatz von Götz Werner, der meint: »Gewinn ist nie das Ziel eines Unternehmens. Gewinne sind lediglich eine Voraussetzung für das Unternehmen, sich zu erneuern.« Recht hat er, finde ich!

Zwischenbilanz und Ausblick

Nach 15 Jahren unternehmerischer Tätigkeit möchte ich eine Zwischenbilanz ziehen. Ich habe sicherlich außerordentlich viel Glück bei meinen Entscheidungen gehabt, insbesondere bei der Auswahl meiner Teammitglieder. Das hat mir in den frühen Jahren den Freiraum beschert, der es mir erlaubte, Strukturen aufzubauen, mit denen es mir offensichtlich gelang, die gestiegene Komplexität ohne das Gefühl der Überforderung zu bewältigen und außerdem viel Zeit für Gedanken über die Zukunft zu haben.

Ein weiteres Geheimnis meines Glücks ist sicherlich die Fähigkeit und Bereitschaft, Vertrauen zu schenken. Vertrauen entlastet und reduziert Komplexität, vorausgesetzt der Betraute ist in der Lage, mit seiner gegebenen Verantwortung vertrauenswürdig umzugehen. Dass dies möglich ist, ist meine Verantwortung. Dass Vertrauen auch schon einmal enttäuscht wird, ist kein Grund, dies nicht wieder zu tun, solange die Vertrauensbilanz positiv ist. Wenn in einer Organisation das Management den Mitarbeitern vertraut und umgekehrt, entsteht Selbstvertrauen und eine kollektive Energie, die man spürt, wenn man das Unternehmen betritt und wenn unsere Mitarbeiter bei unseren Kunden durch die Tür kommen. Ich finde das großartig.

Eine weitere Voraussetzung zur Bewältigung von Komplexität einer Organisation ist die Übernahme von Verantwortung. Schuldzuweisungen und Angst vor Fehlern rauben Energie und blockieren Lösungen. Wenn alle Mitglieder der Organisation in die Lage versetzt sind, für sich selbstverständlich Verantwortung zu übernehmen, ist dies wie Öl in einem gut eingespielten Räderwerk.

Schließlich möchte ich noch einen letzten Grundsatz hervorheben. Ich habe Zeit. Weil ich nichts machen muss, denn ich entscheide, was ich machen möchte. Selbst wenn ich mich für den Einsatz von Zeit für eine Tätigkeit, die mir nicht gefällt, entscheide, war diese Entscheidung souverän. Ich kann keinem anderen Menschen dafür die Verantwortung geben.

Das Unternehmen noventum ist nach meiner Einschätzung für die Zukunft gut aufgestellt. Alle Teammitglieder haben mit Energie und Leidenschaft etwas gesät, auf dessen Ernte wir uns freuen dürfen. Insbesondere erwarte ich deutliche Entwicklungsschritte im internationalen Geschäft, das Vordringen in neue Regionen und das Erlernen des Umgangs mit Kollegen aus weiteren Kulturkreisen. Auch gehe ich davon aus, dass wir nicht weit von einem Tipping Point (nach Malcolm Gladwell), das heißt einem Punkt eines heftigen Anstiegs, in der Bekanntheit und dem damit verbundenen Markenwert stehen. Bei allen aufregenden Wachstumschancen werden wir uns auch immer wieder Erneuerungen, Irritationen, Rückschlägen und Enttäuschen gegenüber sehen. Diese kreative Zerstörung ist systemimmanent und wird uns Ansporn zum Lernen und Entwickeln sein.

Resilienz ist ein Thema für die Unternehmensstrategie

Sich neuen Wirklichkeiten stellen

Widerstandskraft, Flexibilität und Belastungsfähigkeit – diese Fähigkeiten erschließen sich durch kontinuierliche Selbstreflexion. Mit sich selbst Freundschaft schließen, im eigenen Leben Platz nehmen und bewusster Gestalter seiner Tage werden – diesen Entwicklungsprozess sollten Mitarbeiter, Führungskräfte und Geschäftsführer gleichermaßen durchwandern. Die aufmerksame Pflege der persönlichen Resilienz kann ein ganz normaler Teil des Lebens werden, die im täglichen operativen Geschehen, genauso wie in der übergeordneten Strategieentwicklung einer Organisation, selbstverständlich miteinbezogen wird. Sie gehört fest in der Unternehmenskultur geerdet – nur dann kann auch ein Unternehmen insgesamt mit all seinen Strukturen anpassungsfähig, elastisch und gleichzeitig standhaft nach innen und außen auftreten.

Während eines Vortrags auf einem großen Managementkongress schaute mich ein Direktor ganz entgeistert an und meinte: »Wenn ich Ihren Ausführungen richtig folge, dann bedeutet die Resilienz-Entwicklung eine Umstellung meiner gesamten inneren Haltung sowie Lebenseinstellung und in Folge davon eine beständige Veränderung meiner Denk- und Handlungsweisen, ob beruflich oder privat. Resilienz ist also immer da?!« Ich antwortete dem Mann, er habe mit dieser Annahme den Nagel auf den Kopf getroffen. Und dieser Prozess sei als offene Einladung zu verstehen, bei der jeder Schritt auf seine Wirksamkeit hin überprüft wird.

Bereichert die innere Weiterentwicklung das Leben, wird man den Weg engagiert beschreiten, ansonsten wird man ihn wieder verlassen. Man kann dabei auch eine Rast einlegen oder den Kurs gemäß neuen Bedürfnissen und Erkenntnissen korrigieren. Nur eins bleibt dieser Prozess auf alle Fälle: eine beständige Reise mit vielen kleinen Schritten.

Um diese Entscheidung zu einer ernst gemeinten beharrlichen Auseinandersetzung mit der eigenen Person drücken sich noch viele Verantwortungsträger.

> »Führungskräfte sind seit Langem keine Appellausgeber mehr und Mitarbeiter verstehen sich selbst schon lange nicht mehr nur als Befehlsempfänger. Die Team- und Gruppenarbeit, die flachen Hierarchien und funktionalen Organisationsstrukturen, ob in Matrixorganisationen oder im Projektmanagement, erfordern einen neuen, kommunikativen und partizipativen Typus von Manager. Auch das ist nicht mehr neu, denn in vielen Unternehmen wurden Führungskräfte in den letzten Jahren auf Diversity-, Change-, Leanmanagement, und wie die entwickel-

ten Modebegriffe alle heißen, eingestellt. Auch der Coachingansatz hat in vielen Führungsetagen Einzug gehalten, und die lösungs- und zukunftsorientierte Herangehensweise hat sich ebenso bewährt wie eine ganzheitliche, systemische Betrachtungsweise, die es ermöglicht, in Zusammenhängen und Vernetzungen zu denken. Die notwendige, persönliche Veränderung aber, die dazu förderlich, um nicht zu sagen eine notwendige Voraussetzung ist, wurde nur spärlich vollzogen, denn eine Verhaltensänderung geht mit einer neu zu entwickelnden Haltung einher, und diese findet nicht nur auf einer oberflächlichen Ebene statt, dazu bedarf es eines Bewusstwerdens im Sinne einer Selbstreflexion und einer Änderung von Überzeugungen und Werten unter Umständen auf einer sehr persönlichen und tieferen Strukturebene in sich selbst.« (*Michael Tomaschek* 2010, S. 203)

Wovor haben wir Angst?

In meinen Kursen begegnen mir so viele Menschen, die Unmengen von Zeit, Kraft und Geld in Weiterbildungen investiert haben, um sich verschiedenste Kompetenzen und Fertigkeiten anzueignen. Dabei haben sie sich aber noch nie eingehend und systematisch mit der eigenen Person, der persönlichen Charakterstruktur, ihrer Möglichkeit zur balancierten Lebensführung und klaren Selbststeuerung, ihren eigenen Wünschen, Zielen, Visionen, Herzensanliegen, ihren individuellen Mustern und Prägungen, ihren Ängsten und Sehnsüchten, ihrem ureigenen Potenzial, ihrer Berufung oder dem »Klang« ihres Wesens auseinandergesetzt.

Die Inhalte des Resilienz-Trainings irritieren sie zu Anfang, lösen Bedenken aus, Widerstände und Fragezeichen. Die Arbeit im Forschungslabor verlangt hohe Konzentration und den Mut zur Ehrlichkeit. Und dennoch fangen die meisten sehr schnell Feuer und sind mit größtem Engagement dabei, sich selbst zu erkunden. Ich hatte noch in keinem einzigen Kurs Probleme, die Motivation meiner Teilnehmer zu wecken – ganz im Gegenteil. In vielen Abschlussrunden höre ich: »Schade, dass es schon vorbei ist! Es war anstrengend, aber spannend und lebensbereichernd. Der intensive, freimütige Austausch mit den Kollegen war so wohltuend. Wann sehen wir uns wieder?«

Diese Beobachtung lässt mich annehmen, dass die Arbeit an der eigenen Person ein ganz normaler Vorgang ist, der zu unserem Leben dazugehören sollte. Naturvölker hatten ihre Rituale, die die verschiedenen Lebenszyklen begleiteten und zum regelmäßigen Innehalten aufriefen. Über Jahrtausende übernahmen die Religionen, die Philosophen und Mystiker diese Rolle, die Menschen dazu aufzufordern, über ihr eigenes Leben nachzudenken. Diese starken Institutionen schwinden – der einzelne Mensch wird in eine ungeheure Selbstverantwortung entlassen. Und hat nun endlich die Freiheit, Grundbedürfnisse, deren Befriedigung er nach außen verlagert hat, in sich selbst freizulegen und eigene Wege der Erfüllung einzuschlagen. Die Angst davor, sich selbst im Spiegel zu betrachten, überlagert die unbeschreibliche Freude, sich selbst kennenzulernen und in Besitz zu nehmen.

Diese Angst ist unbegründet.

Neue Wege wagen

Trauen wir uns also zu einem Bewusstseinssprung: Führende können auf ihr gesamtes menschliches Potenzial zurückgreifen und neben ihren kognitiven Fähigkeiten gezielt ihre körperliche, emotionale und geistig-ethische Intelligenz entfalten.

Gute Führung, die einen anderen Menschen substanziell erreicht, sinnhaft berührt und in seinen persönlichen Fähigkeiten und Potenzialen freisetzt, lässt sich einfach beschreiben und ereignet sich noch viel zu selten. Kriterien, die die aufmerksame Begleitung eines Menschen im Wesentlichen ausmachen, sind schnell zusammengetragen: Respekt, Wertschätzung, Vorbild durch Fachwissen, Professionalität und Leidenschaft. Fördern und Fordern im rechten Maß. Hohes Werteverständnis. Gradlinigkeit, Wärme, Authentizität und Fairness … alles Eigenschaften, die einen Menschen in guter Balance beschreiben zwischen Kopf, Hand, Herz und Seele.

Wenn ich mir die Erfindungsgabe und Innovationsfähigkeit des Menschen allein auf wissenschaftlichem und technischem Gebiet anschaue, mag es mir nicht plausibel erscheinen, dass wir nicht auch über die Hürde einer fundierten Persönlichkeitsentwicklung springen können. Was es braucht, ist die Ausrichtung und die Entschiedenheit, diesen Bereich in den Fokus des täglichen Handelns zu rücken.

Da gerade Geschäftsführer um die Ecke denken können, Bedürfnisse erkennen, die sonst noch keiner sieht, und daraufhin eine gewaltige Energie entfalten können, Strategien kreieren und sie erfolgreich umsetzen, appelliere ich besonders an die Unternehmensführer, sich das Thema »Persönlichkeitsreifung« auf die Agenda zu schreiben.

Die Wirtschaft übt in so vielen Bereichen Einfluss auf alle anderen Gesellschaftsfelder aus. Sie sollte sich auch an diesem Punkt stark machen und als Vorreiter neue Pfade beschreiten. Einer meiner Firmenkunden fördert zum Beispiel mit jedem internen Resilienz-Training gleichzeitig die Schulung von Führungskräften in einem Sozialprojekt. Dieser Verein könnte sich solche Trainings alleine nicht leisten und profitiert nun durch den »Überschuss« des Wirtschaftsbetriebes.

»Die Freiheit, alles denken, alles versuchen zu können, ist ein Luxus, den man wohl nur als Unternehmer hat.« – Diese Erkenntnis des Jungunternehmers Max Pohl, der Äthiopien flächendeckend auf Solarenergie umstellen möchte (s. Brand eins, 13. Jahrgang, Heft 3, März 2011, S. 81), richtet den Blick auf die ungeheure Verantwortung von Geschäftsführern. Kein Berufsstand hat so viel Macht und Handlungsspielraum, unsere Welt positiv als auch negativ zu prägen.

Wie setzen Sie, lieber Leser, Ihre innere Kraft und Überzeugung im täglichen Leben um?

Ausklang: Den Schlussstein setzen

Viele Menschen haben Sehnsucht …

- → … die eigene innewohnende Kraft und Ruhe zu spüren,
- → … die individuellen Potenziale zu erfassen und auszuschöpfen,
- → … Einheit und Verbundenheit mit sich selbst, mit anderen und der Welt zu erleben.

Diese Erfahrungen wünschen sich viele Erdenbürger. Und obwohl dieser Zustand der inneren Erfüllung mit seinen verschiedensten Zugangswegen seit Jahrtausenden erforscht wird, gelingt es nur wenigen Menschen, sich diesem Erleben zu öffnen und es dauerhaft in ihrem Leben zu verwirklichen. Woran liegt das? Ist diese Vertrautheit mit sich selbst und dem Leben tatsächlich so schwer zu erreichen? Sind die bisher erforschten Wege nur für wenige Personen geeignet? Widmet sich die Menschheit dieser Thematik doch noch zu oberflächlich beziehungsweise zu spezifisch?

Mit diesen grundsätzlichen Fragen gilt es, sich offen zu befassen. Aus meiner heutigen Sicht sollten wir unser Verständnis und unseren praktischen Umgang mit Bewusstseinsentwicklung und Selbstentfaltung auf den Prüfstand legen. Denn wir stehen vor einem Phänomen: Auf der einen Seite haben wir Menschen ein umfassendes Wissen und Methodenspektrum angesammelt, um unsere geistigen Potenziale zum Wohle unserer selbst und anderer zu entfalten. Auf der anderen Seite ist zu konstatieren, dass diese Erkenntnisse nur von wenigen Menschen genutzt werden. Dabei braucht unsere Gesellschaft so dringlich Achtsamkeit und Bewusstsein.

Den Schlussstein setzen

Die Baumeister früherer Jahrhunderte mussten sich für die Statik ihrer imposanten Gebäude kluge Konstruktionen ausdenken. Für die Stabilität eines Bogens oder eines Rippengewölbes kamen sie auf eine geniale Idee: Sie erfanden den Schlussstein – als verbindendes Element aller tragenden Teile. Es ist der abschließende Stein am höchsten Punkt oder an der Hauptknotenstelle und ist entweder keilförmig oder rund ausgebildet. Er spielt für die gesamte Gestaltung eine entscheidende Rolle und nimmt dadurch eine zentrale Position ein: Erst wenn der Schlussstein gesetzt ist, kann sich der Bogen, das Gewölbe oder die Kuppel frei und selbstständig tragen. Das Lehrgerüst, das bis dahin die gesamte Stabilität gesichert hat, wird entfernt, und jeder einzelne Stein kann seine volle Funktion übernehmen.

Diese kluge, simple Konstruktion, die gewaltige Kuppeln leicht und schwebend erscheinen lässt, hat mich schon immer fasziniert. Der Schlussstein ist für mich das Sinnbild für die innere Mitte des Menschen, seinen Wesenskern, sein Selbstbewusstsein. Erst wenn ein Mensch diese Mitte in sich entdeckt hat und kraftvoll ausfüllt, können all seine Fähigkeiten und Potenziale ihre eigentliche Funktion aktivieren. Die Verankerung im ureigenen Wesenskern lässt uns Menschen zu »freitragenden Geschöpfen« werden. Wer in seiner Mitte ruht, kann die verschiedensten Facetten seiner Person ausleben und miteinander ausgleichen. Er kann sich selbst in seinen verschiedensten Ausprägungen und Lebensfeldern entfalten und genießen. Dabei sitzt er eben nicht zwischen allen Stühlen, sondern ruht stabil und sicher inmitten des Geschehens. Die alles verbindende Kraft unserer selbst kann und möchte in uns entdeckt und aufgeschlüsselt sein.

Wir Menschen konnten gerade im letzten Jahrhundert in so vielen unterschiedlichen Wissensbereichen große Erkenntnis gewinnen. Expertentum breitet sich dadurch aus, die Spezialisierung in einzelnen Segmenten, die Fragmentierung von großen zusammenhängenden Systemen.

Vergessen wir dabei nicht das große Ganze! Treten wir immer wieder einen Schritt zurück und betrachten wir das gesamte Bild. So viele einzelne Bögen sind schon ausgebildet – richten wir doch nun den Fokus auf die Mitte des Ganzen.

Lernen wir, den Schlussstein zu setzen.

Die Gastautoren

Dr. Reinhard Feichter ist Pädagoge, Sportwissenschaftler und Geschäftsführer der Personal Consulting KG in Bozen/Südtirol. Er arbeitet seit über zwanzig Jahren als Trainer und Erwachsenenbildner und seit zehn Jahren als Personalentwickler und Coach für das Familienunternehmen Sportler (Sportartikelhändler mit 20 Filialen in Norditalien und Westösterreich). Er ist Vater von drei prächtigen Kindern. Prägend war er viele Jahre auch haupt- und ehrenamtlich in der kirchlichen und internationalen Kinder- und Jugendarbeit tätig.

Ressourcen- und erlebnisorientiertes Lernen, sowie Sich-Bewegen und -Weiterentwickeln stehen im Zentrum seiner Arbeit. Er begleitet Führungskräfte, Teams und Einzelpersonen, Eltern und Familien zu mehr Achtsamkeit und Bewusstheit und damit zu mehr Präsenz, Freude, Erfolg und Zufriedenheit im Alltag.

Kontakt: Dr. Reinhard Feichter, Leuben 37, I-39100 Bozen, E-Mail: reinhard.f@sportler.com, www.sportler.com

Erik Händeler ist als Buchautor und Zukunftsforscher vor allem Spezialist für die Kondratiefftheorie der langen Strukturzyklen. Nach einem Tageszeitungsvolontariat und Tätigkeit als Stadtredakteur in Ingolstadt studierte er in München Volkswirtschaft und Wirtschaftspolitik. 1997 wurde er freier Wirtschaftsjournalist, um die Konsequenzen der Kondratiefftheorie in die öffentliche Debatte zu bekommen: Nachdem uns Computer nicht mehr so wie früher noch produktiver machen, ist der Wohlstand der Zukunft vor allem eine Investition in Menschen. Bücher: »Die Geschichte der Zukunft – Sozialverhalten heute und der Wohlstand von morgen«, »Kondratieffs Welt« und das Hörbuch »Der Wohlstand kommt in langen Wellen«.

Kontakt: Erik Händeler, Beethovenstraße 1, 85101 Lenting. Tel.: 0177-7251571, 08456-5503, Homepages: www.kondratieff.biz und www.neuearbeitskultur.de.

Rudolf Kast ist seit 1995 Leiter Personal- und Sozialwesen bei der SICK AG in Waldkirch. Seit 1997 ist er Mitglied der Geschäftsleitung des Unternehmens. Er ist Rechtsanwalt und Anwaltsmediator (DAA). In der Vergangenheit arbeitete er bei der Bundesvereinigung der deutschen Arbeitgeberverbände, als Personalreferent bei der Braas GmbH sowie als Personalleiter der Region Mitte bei Siemens-Nixdorf. Er ist Mitglied im Vorstand des Deutschen Demografie-Netzwerks (ddn) sowie des Fachbeirats der Zeitschrift Personalwirtschaft. Die Personalarbeit der SICK AG wurde in den letzten Jahren mehrfach im Rahmen des Wettbewerbs Deutschlands Beste Arbeitgeber ausgezeichnet.
Kontakt: Rudolf Kast. Die Personalmanufaktur, Burgblick 17, 79299 Wittnau. Tel.: 0761-1307801, Homepage: www.diepersonalmanufaktur.de.

Susanne Leithoff, Diplom-Kauffrau, Health Managerin und Coach, ist Gründerin und Leiterin der Unternehmensberatung für gesunde Organisationsentwicklung mit den Schwerpunkten: Ganzheitliches betriebliches Gesundheitsmanagement, Corporate Health Identity and Responsibility, Lifebalance at Work und Unternehmenskulturentwicklung. Seit mehr als zwölf Jahren arbeitet sie als selbstständige Beraterin, Projektmanagerin, Trainerin und Coach zur gesunden Entfaltung von Organisation und Mitarbeitern in Unternehmen des Gesundheitswesens.
Kontakt: Susanne Leithoff, Leithoff-Unternehmensberatung für gesunde Organisationsentwicklung, Taunusstraße 20, 65183 Wiesbaden. Tel.: 0611-9003702, Homepage: www.gesunde-organisationsentwicklung.de.

Uwe Rotermund ist seit 1997 geschäftsführender Mehrheitsgesellschafter des IT-Managementberatungsunternehmens noventum consulting GmbH. Er berät dabei persönlich seine Kunden in den Themen Zukunftsmanagement und Vertrauenskultur. Neben der Projektarbeit und der Führung seines 100-Personen-Unternehmens engagiert er sich insbesondere im Horx'schen Zukunftsinstitut, im Bundesverband Mittelständische Wirtschaft, im BITKOM, in der IHK, im DGFP und im Münster Marketing. Sein Unternehmen noventum consulting wurde in 2010 und 2011 vom Great Place to Work Institute zum attraktivsten Arbeitgeber Deutschlands in der Gruppe der Unternehmen bis 500 Mitarbeiter gekürt.
Kontakt: Uwe Rotermund, noventum consulting GmbH, Münsterstraße 111, 48155 Münster. Tel.: 02506-930212, Homepage: www.noventum.de

Literaturverzeichnis

Anton, S. (2009): Altersdiversität als Chance und als Risiko aus kognitionspsychologischer Perspektive. Nicht veröffentlichte Studienabschlussarbeit, Universität Freiburg.

Antonovsky, Aaron (1997): Salutogenese. Zur Entmystifizierung der Gesundheit. Tübingen: dgvt.

Appel, Frank (8.12.2010): Lehrer bekommen zu wenig Feedback. General-Anzeiger, S. 3.

Argyris, Chris/Schön, Donald A. (1999): Die lernende Organisation. Grundlagen, Methode, Praxis. Stuttgart: Klett-Cotta.

Argyris, Chris/Schön, Donald A. (1978): Organizational Learning: A Theory of Action Perspective, Reading, Mass. u. a.: Addison-Wesley.

Badura, Bernhard/Ritter, Wolfgang/Scherf, Michael (1999): Betriebliches Gesundheitsmanagement. Ein Leitfaden für die Praxis. Berlin: edition sigma.

Bamberg, E./Mohr, G./Rummel, M. (2003): Vorwort der Herausgeberinnen. In: M. Resch (Hrsg.), Analyse psychischer Belastungen. Verfahren und Ihre Anwendung im Gesundheitsschutz. Bern: Huber, S. 5–6.

Bayerisches Staatsministerium für Wirtschaft, Infrastruktur, Verkehr und Technologie (2003): Integriertes Managementsystem. Ein Leitfaden für kleinere und mittlere Unternehmen. München (www.stmwivt.bayern.de/fileadmin/WebDateien/Dokumente/wirtschaft/Integriertes_Managementsystem.pdfS.).

Beermann, B. (2005): Leitfaden zur Einführung und Gestaltung von Nacht- und Schichtarbeit. 9. Auflage. Bundesanstalt für Arbeitsschutz und Arbeitsmedizin (Hrsg.). Dortmund.

Belschner, Wilfried (2007):Der Sprung in die Transzendenz. Hamburg: LIT.

Bergmann, Fritjhof (2004): Neue Arbeit, neue Kultur. Freiamt im Schwarzwald: Arbor.

Berkes, F. (2007): Understanding uncertainty and reducing vulnerability: lessons from resilience thinking. Nat Hazards 41: S. 283–295.

Borchert, Lars: Wenn ein Unternehmen erschöpft ist. Ein Interview mit Gustav Greve. URL: http://www.heute.de/ZDFheute/inhalt/22/0,3672,8176726,00.html, 12.01.2011.

Bonsen, Matthias zur; www.all-in-one-spirit.de.

Bundesanstalt für Arbeitsschutz und Arbeitsmedizin (BauA) (2010): Zeitreihen – Unfallgeschehen – Gesamtzahlen.

Bundesanstalt für Arbeitsschutz und Arbeitsmedizin (BauA) (2010): Zeitreihen – Anerkannte Berufskrankheiten.

Cohen, Peter/Rott, Alfred/Weichert, Heidegunde (2006): Die verschwenderische Kraft der Augenblicke. Norderstedt: Books on Demand GmbH.

Collins, Jim (2006): Der Weg zu den Besten. 6. Auflage. München: dtv.

Covey, Stephen R. (2010): Führen unter neuen Bedingungen. Offenbach: Gabal.

Dispenza, Dr. Joseph (DVD 2006): What the Bleep Do We Know? TAO Cinemathek.

Darnhofer, I. (2005): Resilienz und die Attraktivität des Biolandbaus für Landwirte. In: Groier, M./Schermer, M. (Hrsg.): Zwischen Professionalisierung und Konventionalisierung – Biolandbau in Österreich im internationalen Kontext. Wien: Bundesanstalt für Bergbauernfragen, S. 67–84.

Darnhofer, I. (2010): Strategies of Family Farms to Strengthen their Resilience. Environmental Policy and Governance 20, S. 212–222.

Drüner, Annette (2009):Vortrag in der Ausbildung zur Krippenberaterin »Geborgen und Frei – Kinder bis drei«. Diakonisches Werk: Hannover.

Domschke, W./Scholl, A. (2002): Grundlagen der Betriebswirtschaftslehre. 2. Auflage, Berlin: Springer.

Frankl, Viktor E. (1984): Man´s search for Meaning. New York: Touchstones Books.

Gaebel, Prof. Dr. Wolfgang, Düsseldorf/Ahrens, Dipl.-Pol. Wiebke MA, Berlin/Schlamann, Dipl.-Psych. Pia, Düsseldorf (Juli 2010): Konzeption und Umsetzung von Interventionen zur Entstigmatisierung seelischer Erkrankungen: Empfehlungen und Ergebnisse aus Forschung und Praxis. Aktionsbündnis Seelische Gesundheit: Berlin. www.seelischegesundheit.net.

Gänsler, Siegfried/Bröske, Thorsten (2010): Die Gesundarbeiter. Hamburg: Murmann.

Galuska, Joachim (2004): Pioniere für einen neuen Geist in Beruf und Business. Bielefeld: J. Kamphausen.

Galuska, Joachim (Hrsg.) (2010): Die Kunst des Wirtschaftens. Bielefeld: J. Kamphausen.

Galuska, Joachim/Loew, Thomas/Vogler, J. (2010): Burnout-Alarm, Psychosoziale Krisen bedrohen als Massenphänomen Wirtschaft und Gesellschaft. In: Focus Nr. 43/10 vom 25.10.2010.

Gesellschaft für Arbeitsschutz- und Humanisierungsforschung mbH (GfAH) (2007): Lebenslang gesund arbeiten – legesa. Der Forschungsverbund. http://www.lebenslang-gesund-arbeiten.de [20.10.2009].

Gottwald, Christian: Neurobiologische Aspekte einer bewusstseinszentrierten Psychotherapie. Im Internet abrufbar unter: www.gehirnundkoerper.de/artikel/IV-Gottwald.pdf. Stand Dezember 2009.

Great Place to Work, www.greatplacetowork.de/great/index.php.

Greif, S. (1991). Stress in der Arbeit – Einführung und Grundbegriffe. In: Greif, S./Bamberg, E./ Semmer, N.: Psychischer Stress am Arbeitsplatz. Göttingen: Hogrefe, S. 1–28.

Greve, Gustav (2010): Organizational Burnout. Wiesbaden: Gabler.

Gunderson, L. H./Holling, C. S. (2002): Panarchy: understanding transformations in human and natural systems. Washington DC: Island Press.

Hartmann, Dorothea (2011): Lernen in Organisationen. Zur Rekonstruktion des analytischen und interventionistischen Potenzials von Chris Argyris und Donald A. Schöns Theory of Action für die Entwicklung sozialwissenschaftlicher Organisationsforschung. Wiesbaden: Sozialwissenschaftlicher Verlag (im Erscheinen).

Hauser, Frank: Great Place to Work. Köln: http://www.greatplacetowork.de.

Hauser, F./Schubert, A./Aicher, M. (2007): Abschlussbericht zum Forschungsprojekt »Unternehmenskultur, Arbeitsqualität und Mitarbeiterengagement in den Unternehmen in Deutschland«. Arbeitsministerium für Gesundheit und Soziales (Hrsg.). Informationen unter: http://www.inqa.de/Inqa/Redaktion/Zentralredaktion/PDF/2007-12-27-personalmagazin-abschlussbericht ,property=pdf,bereich=inqa,sprache=de,rwb=true.pdf.

Hildebrand, Bruno (2006): Resilienz, Krise und Krisenbewältigung. In: Hildebrand, Bruno/Welter-Enderlin, Rosmarie: Resilienz – Gedeihen trotz widriger Umstände. Heidelberg: Carl-Auer.

Hüther, Gerald (2009): Bedienungsanleitung für ein menschliches Gehirn. 9. Auflage, Göttingen: Vandenhoeck & Ruprecht.

Hüther, Gerald (2010) aus: Wunder der Motivation von Jochen Niehaus/Robert Thielicke, Focus 25/2010, S. 97.

Hüther, Gerald (2009): Biologie der Angst. 9. Auflage, Göttingen: Vandenhoeck & Ruprecht.

Hüther, Gerald (2009): Von der Ressourcennutzung zur Potentialentfaltung. In: profile, Nr. 18, S. 5–9.

James, William (1892, 1910): Psychologie. New York: Holt.

Junge Wilde: www.junge-wilde.de/club/club.shtml.

Kabat-Zinn, Jon (2006): Zur Besinnung kommen. Freiamt im Schwarzwald: Arbor.

Kentner, M. (2003): Arbeitsmedizin im Betrieblichen Gesundheitsmanagement. In: Badura, B./ Hehlmann, T. (Hrsg.): Betriebliche Gesundheitspolitik. Der Weg zur gesunden Organisation. Berlin, Heidelberg, New York: Springer.

Knöbl, I./Kogler, M./Wiesinger, G. (1999): Landwirtschaft zwischen Tradition und Moderne – Über den Struktur- und Wertewandel in der österreichischen Landwirtschaft. Wien: Bundesanstalt für Bergbauernfragen.

Krüger, D. (2006): Veränderungsprozesse in der Arbeits- und Personalpolitik vor dem Hintergrund der demographischen Entwicklung. Handlungsansätze für die betriebliche Praxis. Kassel: Universitätspresse, Dissertation.

Küsgens, I./Macco, K./Vetter, C. (2008): Krankheitsbedingte Fehlzeiten in der deutschen Wirtschaft im Jahr 2006. In: Badura, B./Schröder, H./Vetter, C. (Hrsg.): Fehlzeiten-Report 2007, Heidelberg: Springer.

Leggewie, Claus (2010): Begegnungen mit dem Unvorhergesehenen. In: Zehnder, Egon. International Focus 01/2010, S. 26.

Lehner, Franz (2009): Wissensmanagement: Grundlagen, Methoden und technische Unterstützung. München: Hanser.

Lorenzo, Giovanni di/Hacke, Axel (2010): Wofür stehst Du? Köln: Kiepenheuer & Witsch.

Luxemburger Deklaration zur betrieblichen Gesundheitsförderung in der Europäischen Union. Europäisches Netzwerk für betriebliche Gesundheitsförderung. 1997.

Mandela, Nelson (2009): Ein guter Kopf und eine gute Hand sind eine ideale Verbindung. In: Zuckermann, Andrew (2009): Weisheit. München: Knesebeck.

Meyer, C. F. (1955): In: Der ewige Brunnen (Hrsg: Ludwig Reiners). München: C.H. Beck.

Perrow, Charles (1989): Normale Katastrophen. Die unvermeidbaren Risiken der Großtechnik, Frankfurt am Main/New York: Campus.

Pert, Candace, Doktorin der Pharmakologie, (DVD 2006) What the Bleep Do We Know?

Pohl, Max (2011): Vergesst Sezuan – schaut nach Horb. In: Brand eins, 13. Jahrgang, Heft 3, März 2011, S. 81.

Reindl, J. (2009a): Ergebnisse der Altersstrukturanalyse. Nicht veröffentlichte Präsentation, Saarbrücken: Institut für Sozialforschung.

Reindl, J. (2009b): Neue Aufgaben für Multiplikatoren. Die Mobilisierung der Laienkompetenz. In: Henning, L./Richter, A./Hees, F. (Hrsg.), Tagungsband zur Jahrestagung 2008 des BMBF-Förderschwerpunktes. Aachen: Wissenschaftsverlag Mainz, S. 167–173.

Rosenberg, Marshall B. (2001): Gewaltfreie Kommunikation. Paderborn: Junfermann.

Rutter, Michael (2000): Resilience reconsidered: Conceptual considerations, empirical findings, and policy implications. In: Shonkoff, J. P./Meisels, S. J. (Hrsg.): Handbook of early childhood intervention. Cambridge: Cambridge University Press, S. 651–682.

Saint-Exupéry, Antoine de (1999): Wind, Sand und Sterne, 25. Auflage, Düsseldorf: Karl Rauch.

Schnabel, Ulrich (02.12.2010): Vom geistreichen Nichtsstun. Hamburg, Die Zeit, Nr. 49.

Scholz, Dr. Christian/Stein, Dr. Volker/Bechtel, Roman (2003): Zehn Postulate für ein Human-Capital-Management. personalwirtschaft 5/2003.

Secretan, Lance (2006): Inspirieren statt motivieren! Bielefeld: J. Kamphausen.

Sprenger, Reinhard K. (2008): Gut aufgestellt. Frankfurt am Main: Campus.

Steininger, Markus (September 2010): Diplomarbeit – Anpassungsfähigkeit landwirtschaftlicher Familienbetriebe im Vollerwerb im Ackerbaugebiet. Wien: Studienrichtung: 890, Landwirtschaft Studienschwerpunkt: Agrarökonomik.

Terzani, Tiziano (2007): Noch eine Runde auf dem Karussell. München: Knaur Taschenbuch.

Tomaschek, Michael (2010): Salutogenes Management. In: Galuska, Joachim (Hrsg.): Die Kunst des Wirtschaftens. Bielefeld: J. Kamphausen.

Ulmer, J./Gröben, F (2004): Gesundheitsförderung im Betrieb: Postulat und Realität, 15 Jahre nach Ottawa – Umsetzung des Settingansätze, Karlsruhe:.

Wegge, J./Roth, C./Schmidt, K.-H. (2008): Eine aktuelle Bilanz der Vor- und Nachteile altersgemischter Teamarbeit. Wirtschaftspsychologie, 3, S. 30–43.
Weick, Karl E./Sutcliffe, Kathleen (2003): Das Unerwartete managen. Wie Unternehmen aus Extremsituationen lernen, Stuttgart: Klett-Cotta.
Wilber, Ken (1996): Eros, Kosmos, Logos, Frankfurt am Main: Wolfgang Krüger.

Buchempfehlungen

#01
Resilienz – Widerstandskraft und Flexibilität in Zeiten ständigen Wandels

Bentner, Ariane/Krenzin, Marie (2011): Lösungsfokussiert gut beraten. Konzepte & Methoden für die psychosoziale Praxis. Darmstadt: Surface.
Cyrulnik, Boris (2007): Mit Leib und Seele. Wie wir Krisen bewältigen. Hamburg: Hoffmann & Campe.
Fergen, Andrea/Kurzer, B. (2005): Psychische Belastungen beurteilen – aber wie? Eine betriebliche Handlungshilfe für Gefährdungsbeurteilungen. Handlungshilfe des Projekts »Gute Arbeit«. Frankfurt am Main: IGM.
Fröhlich-Gildhoff, Klaus/Rönnau-Böse, M. (2009): Resilienz. München: UTB.
Gruhl, Monika (2010): Die Strategie der Stehauf-Menschen. Krisen meistern mit Resilienz. Freiburg: Kreuz.
Rampe, Micheline (2005): Der R-Faktor: Das Geheimnis unserer inneren Stärke. München: Knaur.
Seligman, Martin E. P. (2010): Der Glücksfaktor. Warum Optimisten länger leben. Köln: Bastei Lübbe.
Siegrist, Ulrich (2010): Der Resilienzprozess. Ein Modell zur Bewältigung von Krankheitsfolgen im Arbeitsleben. Wiesbaden: VS.
Gänsler, Siegfried/Bröske, Thorsten (2010): Die Gesundarbeiter. Hamburg: Murmann.

#02
Die gezielte Entwicklung persönlicher Resilienz

Hüther, Gerald (2009): Bedienungsanleitung für ein menschliches Gehirn. 9. Auflage, Göttingen: Vandenhoeck & Ruprecht.
Hüther, Gerald (2009): Biologie der Angst. 9. Auflage, Göttingen: Vandenhoeck & Ruprecht.
Lorenzo, Giovanni di/Hacke, Axel (2010): Wofür stehst Du? Köln: Kiepenheuer & Witsch.
Rosenberg, Marshall B. (2001): Gewaltfreie Kommunikation. Paderborn: Junfermann.
Ulrich Schnabel (02.12.2010): Vom geistreichen Nichtsstun. Hamburg: Die Zeit, Nr. 49.
Liedloff, Jean (1984): Auf der Suche nach dem verlorenen Glück. München: C.H. Beck.
Storch, Maja/Krause, Frank (2009): Selbstmanagement – ressourcenorientiert. 4. Auflage, Bern: Hans Huber.
Singer, Wolf/Ricard, Matthieu (2008): Hirnforschung und Meditation. Ein Dialog. Frankfurt am Main: Suhrkamp.
Storch, Maja/Cantieni, Benita/Hüther, Gerald/Tschacher, Wolfgang (2006): Embodiment. Bern: Hans Huber.

#03
Die umfassende Ausbildung organisationaler Resilienz

Greve, Gustav (2010): Organizational Burnout. Wiesbaden: Gabler.
Egon Zehnder: International Focus 01/2010: Resilienz.
Heike Leypold (2009): Das Resilienzmodell als bestimmender Einflussfaktor für erfolgreiche Organisations- und Personalentwicklung. Berlin: Logos.

#04
Die besondere Position der Führungskraft,

#05
Das Zusammenspiel im Team und an den Schnittstellen,

#07
Die Verantwortung der Geschäftsführung

Fromm Barbara/Fromm, Michael (2006): Führen aus der Mitte: Werden Sie ECHT in Arbeit und Leben – finden Sie Erfüllung und Erfolg. Bielefeld: J. Kamphausen.
Secretan, Lance (2006): Inspirieren statt motivieren! Mit Leidenschaft zum Erfolg – so leben und führen Sie besser. Bielefeld: J. Kamphausen.
Senge, Peter/Scharmer, C. Otto/Jaworski, Joseph/Flowers, Betty S. (2008): Presence. Human Purpose and the Field of the Future, London: Nicholas Brealey.
Covey, Stephen R. (2010): Führen unter neuen Bedingungen. Offenbach: Gabal.
Mettler-v. Meibom, Barbara (2006): Wertschätzung. München: Kösel.
Kothes, Paul J./Rosmann, Nadja (2006): Hören Sie auf zu rennen. Bielefeld: J. Kamphausen.
Tillmetz, Eva (2000): Familienaufstellung. Zürich: Kreuz.
Thomann, Christoph/Prior, Christian (2007): Klärungshilfe. 3. Auflage, Reinbek bei Hamburg: Rowohlt.
Stephen R. Covey (2006): Der 8. Weg. Offenbach: Gabal.
Dörner, Dietrich (2004): Die Logik des Mißlingens. Strategisches Denken in komplexen Situationen, Reinbek: Rowohlt.
Faschingbauer, Michael (2010): Effectuation: Wie erfolgreiche Unternehmer denken, entscheiden und handeln. Stuttgart: Schäffer-Poeschel.
Weick, Karl E./Sutcliffe, Kathleen M. (2003): Das Unerwartete managen: Wie Unternehmen aus Extremsituationen lernen, Stuttgart: Schäffer-Poeschel.
Bergmann, Fritjhof (2004): Neue Arbeit, Neue Kultur. Freiamt im Schwarzwald: Arbor.
Galuska, Joachim (Hrsg.) (2010): Die Kunst des Wirtschaftens. Bielefeld: J. Kamphausen.
Kobjoll, Klaus (2001): Motivaction. 4. Auflage, Frankfurt am Main: mvg.
Scharmer, C. Otto (2009): Theorie U – Von der Zukunft her führen. Heidelberg: Carl-Auer-Systeme.
Dueck, Gunter (2008): Abschied vom Homo Oeconomicus. Berlin: Eichborn.
Horx, Matthias (2008): TECHNOLUTION. Frankfurt am Main: Campus.
Taleb, Nassim Nicholas (2007): Der schwarze Schwan. München: Hanser.
Härtl-Kasulke, Claudia (2011): Lernen mit Emotion und Intuition. Der freudvolle Weg zum effizienten Lernen. Arbeitsbuch für Manager, Personalentwickler und Selbstlerner. Bergisch-Gladbach: Breuer & Wardin.

#06
Burnout-Prävention und Gesundheitsmanagement

Badura, Bernhard/Walter, Uta/Hehlmann, Thomas (2010): Betriebliche Gesundheitspolitik: Der Weg zur gesunden Organisation. Berlin: Springer.
Greve, Gustav (2010): Organizational Burnout: Das versteckte Phänomen ausgebrannter Organisationen. Wiesbaden: Gabler.
Ilmarinen, Juhani/Tempel, Jürgen (2002): Arbeitsfähigkeit 2010 – Was können wir tun, damit Sie gesund bleiben? Hamburg: VSA.
Wenn Arbeit krank macht – Burnout: http://de.facebook.com/note.php?note_id=152298178140563

Ausklang: Den Schlussstein setzen

Almaas, A. H. (2007): Forschungsreise ins innere Universum. Freiamt im Schwarzwald: Arbor.
Belschner, Wilfried (2007): Der Sprung in die Transzendenz. Hamburg: LIT.
Cohen, Peter/Rott, Alfred/Weichert, Heidegunde (2006): Die verschwenderische Kraft der Augenblicke. Norderstedt: Books on Demand GmbH.
Kabat-Zinn, Jon (2006): Zur Besinnung kommen. Freiamt im Schwarzwald: Arbor.
Santorelli, Saki (2000): Zerbrochen und doch ganz. Freiamt im Schwarzwald: Arbor.
Tolle, Eckhart (2002): Jetzt! 5. Auflage, Bielefeld: J. Kamphausen.
Packer, Toni (1996): Der Moment der Erfahrung ist unendlich. Berlin: Theseus.